U0190317

三峡水文志

1877—2022

长江水利委员会水文局
长江三峡水文水资源勘测局 编

主　编　李云中　闫金波

副主编　叶德旭　赵　灵　赵俊林　刘天成　王宝成

长江出版社
CHANGJIANG PRESS

图书在版编目（CIP）数据

三峡水文志 ： 1877—2022 / 长江水利委员会水文局长江三峡水文水资源勘测局编 .
—武汉 ： 长江出版社，2023.10
ISBN 978-7-5492-9211-0
Ⅰ . ①三… Ⅱ . ①长… Ⅲ . ①三峡 - 水文工作 - 概况 -
1877-2022 Ⅳ . ① P337.263.3

中国国家版本馆 CIP 数据核字（2023）第 203692 号

三峡水文志 ： 1877—2022
SANXIASHUIWENZHI ： 1877—2022
长江水利委员会水文局长江三峡水文水资源勘测局 编

责任编辑：郭利娜 闫彬
装帧设计：汪雪
出版发行：长江出版社
地　　址：武汉市江岸区解放大道 1863 号
邮　　编：430010
网　　址：https://www.cjpress.cn
电　　话：027-82926557（总编室）
　　　　　027-82926806（市场营销部）
经　　销：各地新华书店
印　　刷：湖北金港彩印有限公司
规　　格：880mm×1230mm
开　　本：16
印　　张：22.25
彩　　页：48
拉　　页：1
字　　数：600 千字
版　　次：2023 年 10 月第 1 版
印　　次：2023 年 11 月第 1 次
书　　号：ISBN 978-7-5492-9211-0
定　　价：168.00 元

谨以此志献给

长江水利委员会水文局长江三峡水文水资源勘测局

五十周年华诞!

◀ 1926年3月24日由扬子江技术委员会设测的BRASSBM铜质水准标，是宜昌水文站扬委吴淞高程系统的引据点

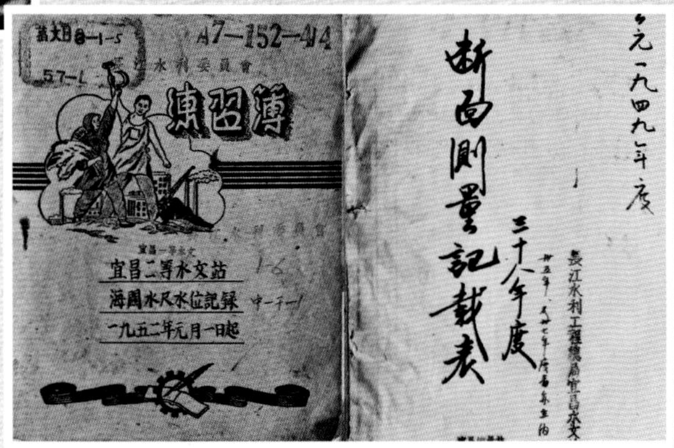

宜昌二等水文站
海關水尺水位記錄
一九五二年元月一日起

斷面測量記載表
三十八年度

▶ 1949年宜昌水文断面测量资料册、1952年二等水文站海关水尺水位观测记录本

◀ 1951年8月6日宜昌水文站购置的第一艘木制测船

► 1955 年 8 月 1 日宜昌水文站进行高含沙量测验，图为三仓采样器近底悬沙测验

◄ 1957 年 1 月宜昌一等水文站首次开展水化学分析

► 1957 年宜昌水文站成功实现流速仪测流

◀ 1959 年 5 月 10 日宜昌流量站建成水位自记台，并投入试用

▶ 1959 年 8 月 16 日，宜昌流量站在木船上安装水轮机械化全套设备进行水文测验

◀ 1960 年 9 月宜昌站副站长储荣民在测验现场

▶ 1960 年代水文测验采用六分仪定位

◀ 1962 年宜昌站开展推移质测验

▶ 1962 年宜昌站推移质沙样过滤现场处理

▲ 1970年代宜实站测船过青滩（川江险滩之一）

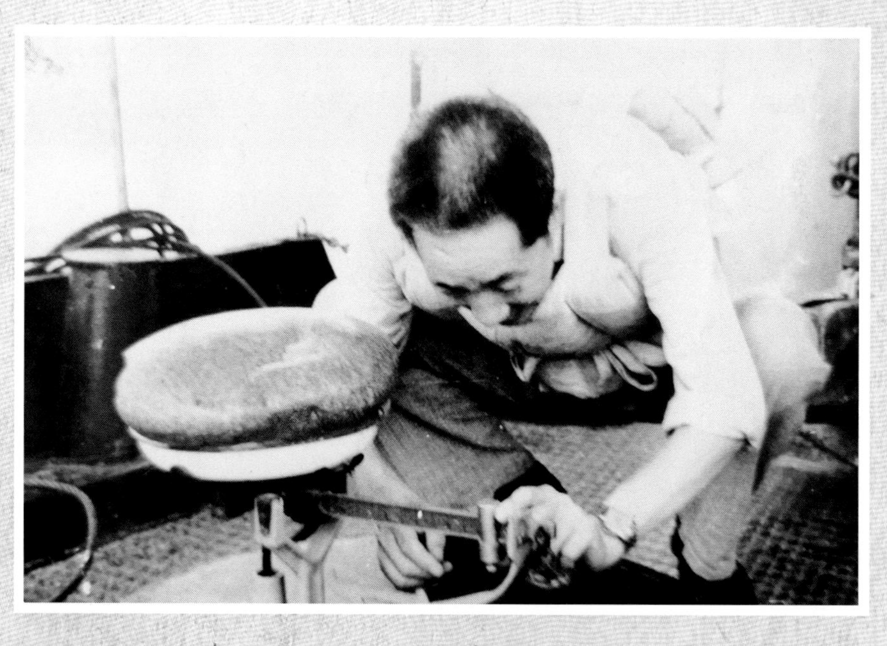

▲ 1973年7月5日在南津关17号断面测量卵石推移质，其中最大一颗卵石直径237毫米，重约10千克。图为李赤峰称量卵石

▲ 1974 年宜昌站浮标测流

▲ 1975 年 3 月宜实站成立河道队，采用回声仪测深

◀ 1975年9月20日庆贺自建测船宜实1号下水，宜实站党支部书记秦嗣田讲话

▶ 1975年9月20日，宜实站自己动手新建“宜实1号”铁木结构水文测量机船。吴思聪（左一）、屈万寿（左二）、车国兴（右2）、苏家林（右一）受表彰

▲ 1976年8月29日宜实站成功进行南津关航道船舶航迹线测量

◀ 1979 年 3 月 19 日宜实站获湖北省大庆式企业表彰

▶ 1979 年王显福研制成功水文断面测量自动报点器

▶ 1979年王显福（右）、吴思聪（左）等在自建的维修小工厂制造铅鱼

◀ 1980年为葛洲坝工程大江截流龙口水文监测自行研制的无人测验双舟，储荣民在调试仪器

▶ 1980年12月自制的无人双舟拖往葛洲坝截流龙口测验

▲ 1981 年 1 月水文 628 轮在葛洲坝截流龙口进行水文监测

▲ 1981 年 1 月无人双舟在葛洲坝截流龙口实施水文监测

◀ 1982年10月17日葛洲坝三江拉沙，水文628轮测流，自制无人双舟载自研同位素低含沙量仪测量含沙量

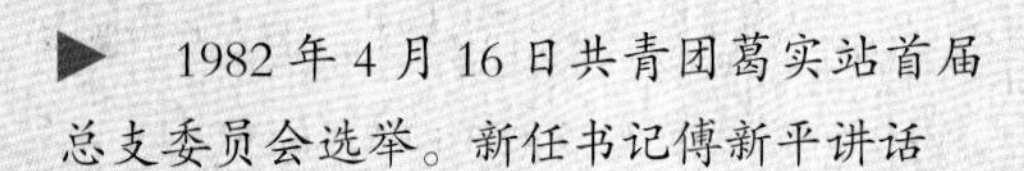

▶ 1982年4月16日共青团葛实站首届总支委员会选举。新任书记傅新平讲话

◀ 1983年12月15日南津关专用水文站大型蒸发场建成投入运行。图为韩庆菊在观测雨量

▶ 20世纪80年代测量通信使用肩背式对讲机。1974年11月20日在外业测量中开始使用对讲机

◀ 1983年12月葛洲坝水位遥测系统通过水文局验收，并投入试运行。图为唐六一在操作遥测设备

▶ 1984年6月水情科李春香手工拍发水情电报

▲ 1995年9月23日中共三峡局第一次党员大会，党委书记戴水平作报告

▲ 2005年10月11日河道队新党员在三峡测量工地宣誓

▲ 1996 年 6 月 26 日共青团三峡局第一届团员大会选举

▲ 2016 年 7 月 1 日，三峡局召开中国共产党建党 95 周年纪念大会

▲ 2022 年 8 月 29 日，三峡局党员干部廉政教育活动

▲ 2022 年 8 月 29 日三峡局开展党员干部廉政教育活动，图为班子成员（从左到右分别为叶德旭、王宝成、李云中、闫金波、赵灵）

▲ 2008 年 5 月 15 日向四川汶川地震灾区人民捐款献爱心，李云中代表三峡局捐款 10000 元

▲ 2008 年 6 月 19 日三峡局举办汶川抗震救灾事迹报告会，樊云、谭良、叶德旭、左训青、胡家军、王平（从左至右）等报告抗震救灾先进事迹

▲ 2019 年 1 月 18 日三峡局班子成员向职工拜年恭贺新禧

▲ 2000 年，工会主席李建华（右）接受长江工会主席陈功奎（左）为三峡局代授的湖北省模范职工之家牌匾

▲ 2020 年 1 月 20 日三峡局工作会表彰先进，闫金波（右一）为王定鳌等先进个人颁奖

▲ 2000—2020 年制定、汇编规章制度和精细化管理手册与指南

▶ 1996 年 4 月 2 日三峡工程黄陵庙水文站架设水文专用吊船缆道施工现场

◀ 2011 年 4 月 19 日宜昌水文站水文吊船缆道钢塔维护施工现场

▶ 2015 年 5 月 28 日新建的宝塔河水位自计站站房

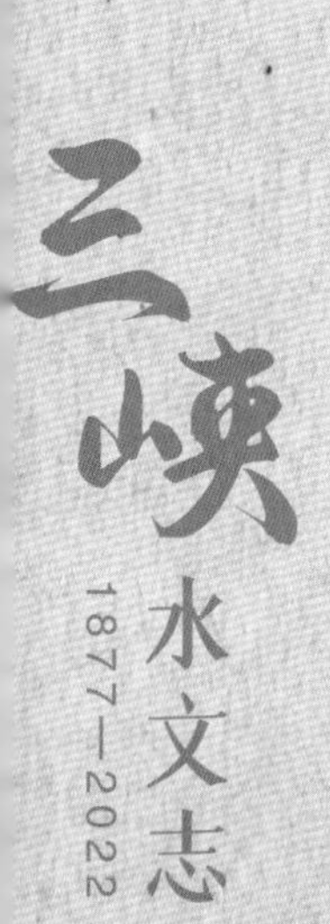

▶ 2018 年 7 月 8 日水文 205 轮测船在三峡大坝坝前测量

▶ 2017 年 7 月 8 日新建造的水文 101 轮测船在宜昌水文断面测验

◀ 2021 年 11 月 12 日宜昌水文站站房改建主体工程竣工并通过验收

▲ 2004年8月宜昌站开展水文测验设备技术革新，胡焰鹏（右1）组织现场测试

▲ 2007年10月24日第25届国际标准化组织水文测验技术委员会委员及有关专家在黄陵庙水文站业务考察

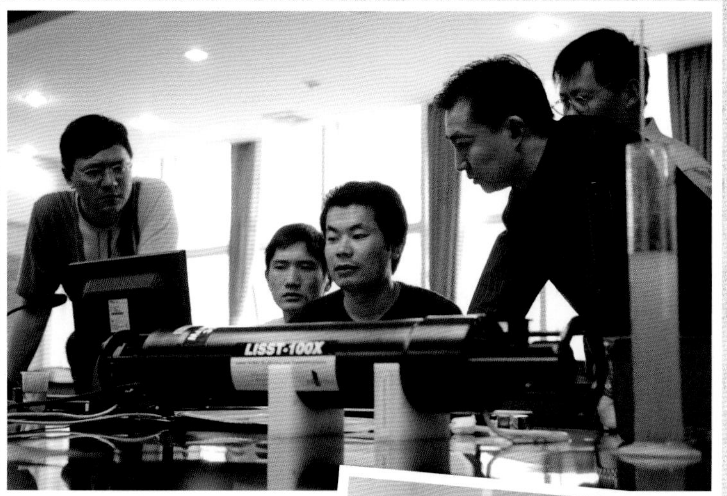

◀ 2008 年 5 月进行 LISST-100X 现场测沙仪技术培训

▶ 2015 年 11 月 11 日韩其为院士（前排中）在三峡局作水库泥沙学术讲座及泥沙科学研究方法培训

◀ 2016 年 9 月 29 日三峡局举办水文测验技术交流会

▶ 2017年4月1日开展滑坡体应急演练方量现场测算

◀ 2019年8月三峡局档案管理工作通过水利部规范化管理二级单位评估

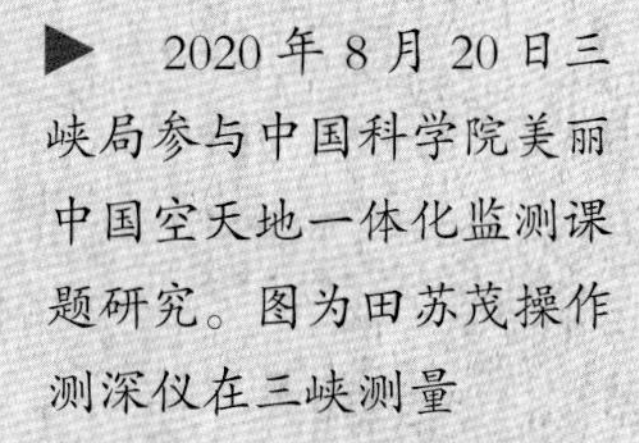

▶ 2020年8月20日三峡局参与中国科学院美丽中国空天地一体化监测课题研究。图为田苏茂操作测深仪在三峡测量

▲ 2021 年 5 月 4 日闫金波（左一）、叶德旭（二后）、柳长征（右一）在枝江河道测量现场指导无人机地形测量

▲ 2021 年 5 月 22 日职工技能比武流速仪拆、洗、装现场

▶ 2004年7月30日黄陵庙水文站H-ADCP在线流量监测系统投入试运行

◀ 2008年8月8—24日（北京奥运会期间）运用多波束和水声呐系统在三峡大坝坝前全天候连续开展安保水下异物探测扫测工作

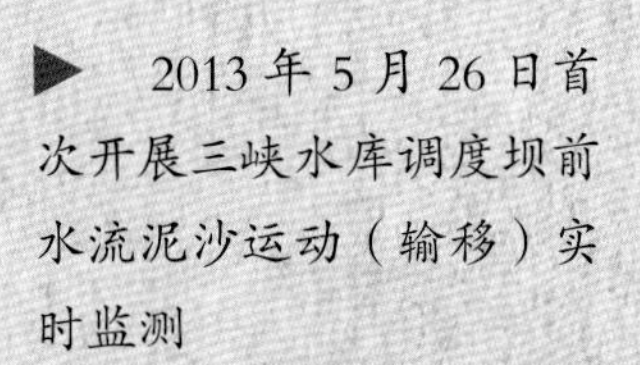

▶ 2013年5月26日首次开展三峡水库调度坝前水流泥沙运动（输移）实时监测

▶ 2018年7月8日采用LISST−100X（现场测沙仪）开展三峡坝前含沙量垂线分布及其颗粒级配监测

▶ 2021年5月21日黄陵庙站采用ADCP测流

◀ 2020年7—8月三峡水库连续出现5次编号洪水。7月7日，三峡坝前抢测1号洪峰水文资料

▲ 2016 年 3 月 1 日运用 GNSS 宜昌江段进行水下地形测量

▲ 2016 年 8—12 月首次运用动态船载三维激光扫描仪、无人船测量系统、机器人等先进设备开展三峡水库干流水道地形观测

▲ 2020年4月完成“引江补汉”工程取水口岸上地形测绘

▲ 2022年10月19日张黎明操作动态船载三维激光扫描系统仪扫测河道陆上地形

▲ 2016 年 3 月 1 日三峡水环境监测中心监测人员在宜昌江段开展水环境生态监测

▲ 2016 年 1 月 25 日三峡局引进的全国产化水质自动监测站在三峡水库庙河水文站投入正式运行

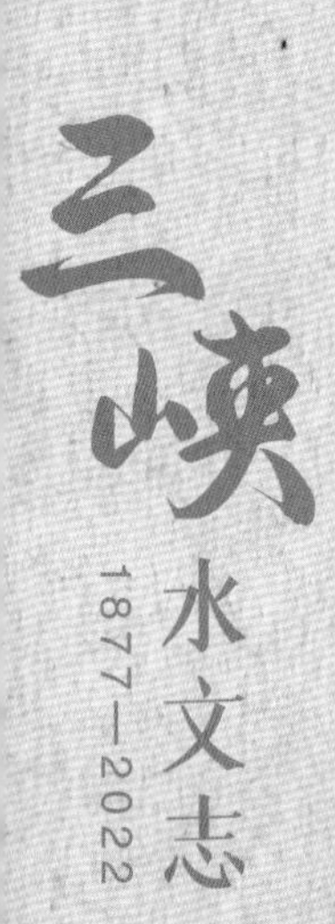

▲ 1996年三峡水环境监测中心通过国家计量认证。图为2022年8月新实验室工作现场

▲ 2020年9月15日三峡水环境监测人员安装调试三峡生态空天地一体化监测设备

▲ 1995 年 1 月水情室李春香（前）、何正先采用无线电报传递水雨情信息

▲ 2007 年实现了水情会商系统远程异地可视会商。图为 2021 年 10 月 28 日李秋平（前）在水情预报中心机上作业

▲ 2022年9月2日三峡水情自动报汛工作现场

▲ 2022年9月2日三峡水情通信中心王文胜在机房维护设备

▲ 2011 年 7 月 8 日胡春梅在宜昌蒸发站观测 20 平方米大型蒸发池蒸发量

▲ 2011 年 7 月 8 日朱喜文（左）等在宜昌蒸发站观测土壤墒情

▲ 2013 年 8 月 1 日，三峡局兴建的三峡水库第一座水面漂浮蒸发实验站在长江巴东水域正式投入运行

▲ 2022 年 7 月宜昌蒸发站观测场全景

▲ 2006年2月16日至3月2日，三峡局开展葛洲坝水库下游胭脂坝洲滩床沙组成调查，图为采用试坑法现场分析床沙颗粒级配

◀ 2005年10月28日，三峡局开展三峡水库淤积泥沙干容重测验，图为采用锥式采样器现场采集淤积物原状沙样

▲ 1997 年 11 月 8 日三峡工程大江截流成功，三峡局圆满完成水文监测任务

◀ 1997 年 11 月戗堤强进占前夕，三峡大江截流龙口进行无人测船定位

▶ 2002 年 11 月水文 206、风云二号测船在三峡明渠截流河段进行水文监测

▲ 2002 年 11 月 6 日水文测船在三峡导流明渠截流合龙前夕，实施龙口水文要素监测

▲ 2002 年 11 月 6 日水文监测人员在合龙龙口戗堤庆祝截流成功

◀ 2000年4月李云中、叶德旭（左二）、于飞、李平参加西藏易贡滑坡抢险水文监测。这是国内首次开展堰塞湖水文应急抢险监测

◀ 樊云、谭良、胡家军、王平、刘建华等7人参加了汶川地震抢险救灾水文监测，并圆满完成测报任务。图为2008年6月8日叶德旭（左）、左训青（右）运用激光枪监测唐家山堰塞湖渗流量

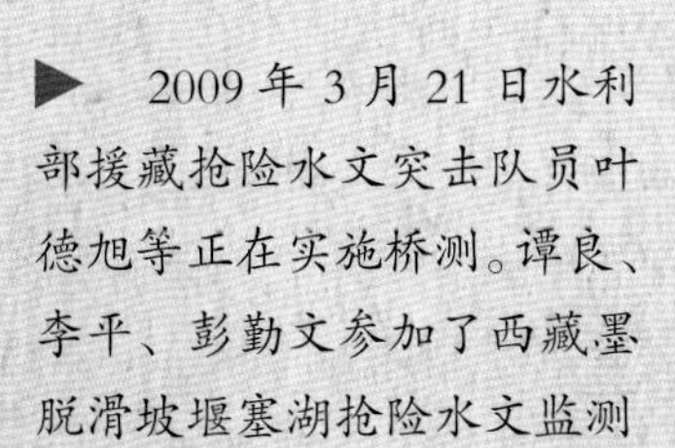

▶ 2009年3月21日水利部援藏抢险水文突击队员叶德旭等正在实施桥测。谭良、李平、彭勤文参加了西藏墨脱滑坡堰塞湖抢险水文监测

◀ 2011 年 8 月 4 日在青海湖运用星站 GPS 进行控制测量。青海湖容积测量项目 12 月底通过水利部验收

▶ 2013 年 10 月 11 日柳长征（左）、伍勇（右）等在缅甸孟东水文站测量。车兵等十多名水文技术人员先后在赤道几内亚、刚果、厄瓜多尔、尼加拉瓜、泰国、尼泊尔等地开展水文项目监测

◀ 2014 年 8 月 1 日三峡水文职工在西藏塔若错运用星站 GNSS 等高新技术实施测控制测量。2011—2020 年长江水文先后完成了羊卓雍措等 9 个西部高原重要湖泊测量任务

▲ 2002年11月5日水利部副部长陈雷（左二）、长江委总工程师郑守仁（左一）在三峡水文测船上，视察指导三峡明渠截流水文监测工作

▲ 2002年11月6日三峡工程导流明渠截流成功，中国长江三峡工程开发总公司总经理陆佑楣（右一）与戴水平（右3）在截流现场握手致谢

▲ 2002年11月日张光斗院士（左一）在三峡明渠截流水文测船上指导水文测报工作，孙伯先（右一）介绍监测情况

▲ 2007年5月9日湖北省省长罗清泉（右一）在宜昌站视察防汛工作，黄忠新（左二）汇报水文测报情况

▲ 2008年2月22日长江委主任蔡其华（左四）、水文局党委书记宋志宏（右一）等领导慰问三峡局退休职工刘昌凉（左三）戴水平（右二）陪同

▲ 2010年9月3日长江委副主任魏山忠（左一）、总工程师金兴平（左二）等在宜昌站调研指导工作，李云中（右一）汇报宜昌站最大卵石推移质测验情况

▲　2011 年 8 月 2 日水利部副部长矫勇（中）等领导在青海湖容积测量现场慰问邱晓峰（左二）等长江水文工作者

▲　2017 年 6 月 20 日湖北省委常委、宜昌市委书记周霁（左二）来宜昌水文站视察防汛测报工作。李云中（右一）汇报宜昌历史特大洪水情况

▲ 2022年9月8日水文局程海云（中）等领导在宜昌站指导工作。闫金波（左一）汇报工作

▲ 2022年9月8日长江委主任马建华（左二）、水文局程海云（右一）等领导在宜昌水文分局调研、指导工作，闫金波（左一）陪同

▲ 1997年11月8日，江泽民、李鹏等党和国家领导人在三峡工程工地与季学武、郭一兵、戴水平等长江水文工作者代表合影

◆ 第一届编纂委员会、修志组及顾问组（1986 年 4 月）

1. 编委会

主　　任：龙应华　胡君继

副 主 任：储荣民　刘道荣　戴水平　黄光华

成　　员：傅新平　李建华　洪庭烈　王化一　佘绪平　钟先龙　吴学德　钟友良　阮祥太　郑家文　陈道才　李培庆　李赤锋　向熙珣　向熙珑　王斯延　李良静

2. 修志组

组　　长：郑家文

成　　员：龙应华　储荣民　刘道荣　向熙珑　佘绪平　钟友良　吴学德　钟先龙　李赤锋　杨维林　李培庆　任国雄　陈世安

编辑人员：孙伯先　左晓春　杨明凤

3. 顾问组

秦嗣田　吕汉泉　刘昌凉

◆ 第二届编纂委员会、修志组及顾问组（2012 年 7 月）

1. 编委会

主　　任：戴水平　李云中

副 主 任：樊　云　赵俊林　叶德旭　李建华　聂勋龙

委　　员：张年洲　谭　良　于　飞　赵　灵　柳长征　牛兰花　闫金波　高千红　吕淑华　全小龙　王宝成　黄忠新

2. 修志组

组　　长：樊　云

副 组 长：赵俊林　赵　灵

成　　员：张伟革　邹柏平　王定鳌　高千红　张　祎　刘天成

3. 顾问组

秦嗣田　胡君继　孙伯先　刘道荣　邹柏平　张宏汉

◆ 第三届编纂委员会、修志组及顾问组（2022 年 3 月）

1. 编委会

主　　任：李云中　闫金波

副 主 任：叶德旭　赵　灵　刘天成　樊　云

成　　员：谭　良　牛兰花　邹　涛　黄忠新　柳长征　林涛涛　李秋平
　　　　　高千红　张辰亮　全小龙　王宝成　石明波

2. 修志组

组　　长：赵　灵

副 组 长：杨　波　杜林霞　胡焰鹏

成　　员：王定鳌　陶　冶　聂金华　孟　娟　彭洁颖　张伟革　程　雯

3. 顾问组

秦嗣田　胡君继　孙伯先　戴水平　李建华　于　飞　聂勋龙
张年洲　陈松生　赵俊林　汪劲松　吕孙云

篇　名	主要编纂人员
总　述	李云中　闫金波　张伟革　孟　娟　程　雯　杨　波　彭洁颖
大事记	赵　灵　樊　云　李云中　王定鳌　邱晓峰　胡名汇　杜林霞
机构与沿革	闫金波　李云中　王定鳌　黄忠新　杜林霞　简　弈　孟　娟
综合站网建设	李云中　全小龙　柳长征　胡焰鹏　聂金华　陈文重　李贵生
水文测验与资料整编	叶德旭　李云中　胡焰鹏　王宝成　柳长征　石明波　田苏茂
水文泥沙情报预报	闫金波　刘天成　李云中　邹　涛　李秋平　胡琼方　赵国龙
水质水生态监测评价	李云中　高千红　李贵生　彭春兰　江玉娇　陈文重　叶　绿
工程泥沙原型观测调查	刘天成　李云中　樊　云　柳长征　谭　良　全小龙　牛兰花
水库水文科学实验研究	李云中　闫金波　刘天成　牛兰花　林涛涛　向　荣　张馨月
水文改革发展与服务	王宝成　李云中　陶　冶　赵　艳　李　平　张辰亮　孟　娟
附　录	李云中　曾雅立　胡焰鹏　张释今　王宇岩　石明波　王玉涛 柳长征　伍　勇　孙　林　刘峥鹏　朱喜文　张鹏宇　田苏茂
附　图	张伟革　聂金华　叶德旭　谭　良　李云中　赵　灵　孟　娟 傅新平　洪廷烈　刘道荣　刘奋斗　熊国荣
全文统稿及修订人：李云中　樊　云　谭　良　柳长征　王定鳌　张伟革　赵俊林	

编辑组

主　　编： 周长征

执行主编： 黄学才

副 主 编： 王　宏　金　攀　傅　菁　孟　娟

责任编辑： 冯　莹　万茜婷　孟婧勔　周　翔　张彬彬

序

长江发源于青藏高原，纳冰川细流直下金沙，过盆地汇成滔滔巨流，劈崇山峻岭，开巍巍夔门，冲南津关口，造就了举世无双的长江三峡（瞿塘峡、巫峡、西陵峡之总称）。以雄伟、幽深、险峻著称的三峡“西控巴渝收万壑，东邻荆楚压群山”，是“蜀道难，难于上青天”之险道，因其独特的自然地理资源条件成为修建综合开发治理长江关键水利枢纽工程的绝佳河段。三峡水利枢纽工程经历了设想、规划、勘测、设计、科研、论证等阶段，并在1970年开始实战准备（兴建葛洲坝水利枢纽工程），1994年正式开工兴建，2003年蓄水发电，2020年竣工验收，正式发挥防洪、发电、航运、供水等巨大的综合效益。

伴随着长江航运和防洪、抗旱、水利工程建设、生态文明建设……三峡水文走过了艰难曲折、生机蓬勃的发展历程。

从无到有。宜昌，古称夷陵，位于湖北省西南部、三峡出口、长江上中游分界点，被喻为“三峡门户”、“川鄂咽喉”，是“上控巴蜀、下引荆襄”之地。1876年宜昌被辟为通商口岸，1877年4月1日宜昌海关水尺设立，逐日定时观测水位。这是三峡地区第一个近代水位站，在长江流域仅晚于1865年设立的汉口海关水尺。1946年5月，国民政府扬子江水利委员会设立宜昌水文站，除观测水位外，还增加了流量和含沙量等观测要素。

从小到大。中华人民共和国成立后，宜昌水文站由湖北省宜昌市军事管理委员会接管，1950年移交给刚刚成立的长江水利委员会（1956年改称长江流域规划办公室）管理。此后，宜昌水文站经历了二等水文站、一等水文站、中心水文站、流量站、管理区等发展阶段，并接管了三峡气象站、支流清江上的恩施站等水文测站。1960年1月，长江流域规划办公室（1989年更名为长江水利委员会）批准设立了三峡工程水文站，与宜昌水文站合署办公，统筹负责三峡工程坝址区域水文原型观测和调查研究工作。

1970年12月30日，作为三峡水利枢纽工程的试验坝，葛洲坝水利枢纽工程破土动工。为满足工程建设所需，宜昌水文站开展了坝区水文、泥沙、河势等原型观测工作。为充实力量，经长江流域规划办公室批准，1973年4月1日正式成立宜实站。1982年3月宜实站变更为葛实站。1994年成立三峡局，并保留葛实站建制，也是长江水利委员会水文局唯一保留实验站建制的勘测局。

从三峡地区第一个近代水位站，到国家重要水文站，再到全方位服务“国之重器”，一路走来，三峡水文走过了不平凡的发展之路。特别是中华人民共和国成立以来，迎来了欣欣向荣、蓬勃发展的新时期。三峡水文立足于服务长江安澜，“镇守”三峡门户，开展防汛测报和水库泥沙冲淤、河势河床演变、絮凝沉降、异重流、往复流、泡漩流、横波涌浪、过机泥沙、水面蒸发、土壤墒情、水质水生态等观测调查与实验研究，让每一次洪水留下痕迹，让每一粒沙子留下踪影，让河流健康留下足迹……

2023 年 4 月 1 日，是长江水利委员会长江三峡水文水资源勘测局（以下简称“三峡局”）成立 50 周年纪念日，也是三峡地区开始有水文正式连续记录 146 年的纪念日。三峡局组织编纂了《三峡水文志（1877—2022）》一书，回顾三峡水文 146 年水文观测的历史，记述三峡局 50 年来服务长江防洪、水资源管理、水生态保护、大型水利工程建设等开展的主要生产科研活动，收录三峡局组织史，以及三峡局站网建设、水文测验与资料整编、水文泥沙预测预报、水质水生态监测评价、工程泥沙原型观测调查、水库水文科学实验研究等项工作的内容。

《三峡水文志（1877—2022）》具有百年水文文化、工程泥沙原型观测调查、水库水文科学实验研究等特色，是一部记述长江防汛抗旱、水资源利用和水生态文明建设的专业志，是一部围绕保护长江、开发三峡的水文文化重要文献。翻开这部志书，难忘宜昌被帝国主义强行开放为通商口岸、宜昌水位记录因日本侵略中断缺失的曾经屈辱历史；欣喜因葛洲坝水利枢纽工程而生、因三峡水利枢纽工程而兴、因新时代中国特色社会主义赋予新发展内涵而不断发展壮大的三峡局。一分辛勤，一分收获；一分耕耘，一分喜悦。我对此志书的出版表示祝贺，对三峡水文发展取得的成绩表示祝贺，同时也寄予美好的祝愿于本序中。

水文事业是国民经济和社会发展的基础性公益事业。回首过去，我们看到了三峡水文接续奋斗、来之不易的发展成绩，也体会到三峡水文团结拼搏、乘势而上、开拓进取的精神。展望未来，希望三峡局坚持和加强党的领导，发扬成绩，持续加强水文现代化建设，健全数字化、网络化、智能化水文测报体系，使水文测报更精准、更高效、更安全，也为基层水文职工工作和生活创造更好的条件。

百年文化积淀，50 年风雨历程。新时代，新征程；新起点，新机遇。我衷心祝愿三峡局放眼世界，励精图治，进一步拓展业务领域，迈向更加美好的明天，继续谱写水文现代化建设精彩篇章！

2023 年 10 月

PREFACE

前　言

长江葛洲坝水利枢纽工程在1970年12月至1974年10月期间，经历开工、停工、复工的艰难局面，为适应工程建设需要，经长办批准，在宜昌水文站基础上于1973年4月成立了宜实站，1982年3月经水利部批准升格为葛实站，1994年为适应三峡工程建设成立了三峡局，同时保留葛实站建制。由此可见，三峡水文从无到有，在探索江河奥秘，支撑长江防洪、开发治理保护，服务"国之重器"三峡工程中逐步成长壮大，从刚开始的水位观测，逐步增加降水、水温、流量、泥沙（悬移质、推移质、河床质）、蒸发气象、土壤墒情、水化学、水环境、水生态等原型观测调查工作，并延伸到水文水资源分析评价、水文泥沙预测预报、水面蒸发实验研究、水库泥沙淤积观测研究、河势河床演变观测研究、防洪影响评价、水资源论证、排污口论证、采砂论证、河湖健康评价、山洪灾害调查评价等业务领域。

三峡水文在146年发展实践中，经历了清朝末年的衰落、民国时期的苦难历程，直至1949年宜昌解放，三峡水文才逐步迎来了突飞猛进的稳步快速发展。在1973年成立宜实站以来的50年中，涌现出许多默默无闻的水文工作者，记录着三峡水文支撑服务长江防洪、水利工程建设、水库运行调度、水生态环境保护等工作的艰辛、智慧、能力、风采、创见、成就、业绩和经验。因此，编纂《三峡水文志（1877—2022）》既是三峡水文历史的发展传承，也是新时代、新阶段、新起点的客观需要。不知过去，无以图将来。鉴古知今，继往开来，本专业志具有资治、存史、教化、交流的现实意义，是单位文明创建的重要成果，也是三峡水文文化的重要组成部分。

《三峡水文志（1877—2022）》分卷首、正文、卷尾三大部分。卷首列序、前言、凡例等内容。正文以总述、大事记为目，列8章。总述是全志之主线，"纵横结合"叙述三峡水文的测区特点、发展历程、主要工作和主要成就；大事记是三峡水文纵横发展之里程碑记，记述具有首创性、转折性、典型性、代表性，以及对当时和后续有较大影响的大事要事；第1章机构与沿革，记述宜昌海关水尺（水位站）、宜昌站、宜实站、葛实站、三峡局等站点、机构及其沿革；第2章综合站网建设，记述各个发展时期水位、流量、泥沙、降水、蒸发、水质、实验等站网、河流（水库）泥沙冲淤演变观测断面布置，以及主要技术装备等情况；第3章水文测验与资料整编，记述水文测验要素观测技术演变及资料整理、整编、汇编情况；第4章水文泥沙情报预报，记述水文情报、洪水预报、水库及航运水位波动预警、泥沙预测预报等情况；第5章水质水生态监测与评价，从水化学分析、水质监测、水生态监测等方面，记述各个时期监测设置、分析要素选择、监测频次与技术方法等；第6章工程泥沙原型观测调查，记述三峡河道（水库）泥沙观测技术，原型观测（水下地形、固定断面、特殊水流、床沙、干容重等监测）主要成果等；第7章水库水文科学实验研究，记述大型水利枢纽水文实验研究工作，包括截流龙口水力学条件、特殊水流条件、水库淤积与坝下游冲刷演变治理、水库水面蒸发、大坝泄流曲线等实验研究；第8章水文改革发展与服务，记述改革发展、公益服务、专业有偿服务等工作。卷尾列附录、附图、参考文献及跋。

在原《葛实站志汇编》（1987年11月）和《长江志季刊（三峡水文水资源勘测专辑）》（2002年第1期总第69期）基础上，三峡局于2012年7月启动《三峡水文志》的编纂工作，成立编纂委员会和专门工作班子，参与人员达数十人，在长江委档案馆和水文局各处室的指导下，收集整理了三峡局50年发展史料，包括在《水文》《人民长江》《水利水电快报》等杂志发表的专辑、论文、专著和学术交流文献，以及《以水共舞——宜昌水文实验站成立30周年回忆录》（2003年）和《风雨三峡水文40载》（2013年）等文集，于2016年完成部分志稿的初稿。2022年3月三峡局在策划建局50周年纪念时，再次组织专班骨干力量，全面修编、新编、补充、完善，终成志书。

中华民族自古就有“治天下者以史为鉴、治郡国者以志为鉴”的古训，由此可见编史修志是我国独有的优良传统。《三峡水文志（1877—2022）》作为长江三峡区域水文水资源、工程泥沙原型观测、水文科学实验研究的总结和史料汇编，也是长江水文志的重要组成部分，更是三峡水文文化的重要组成部分。《三峡水文志（1877—2022）》的问世，得到了长江委及水文局领导、专家的大力支持。在本志编纂和志稿审查过程中，长江志总编室（长江年鉴社）王宏、熊正安和宜昌博物馆向光华副馆长等史志专家给予了热情指导，长江出版社在出版中付出了辛勤劳动，在此一并表示诚挚的感谢！

编　者

2023年3月

凡 例

一、《三峡水文志（1877—2022）》是以长江三峡自然区域为范围，以水文水资源行业管理机构为载体，以专业技术支撑服务长江防洪、葛洲坝与三峡工程建设为重点，兼顾自然地理、历史文化、社会经济等内容的水文专志。记述原则是立足当代、贯通古今，详今略古，力求思想性、科学性、资料性的统一。

二、本志以文为主，辅以插图（表）和附录（图、表）。总述采用“纵横结合”方式，分若干版块；大事记以“编年体为主，纪事本末体为辅”的顺时记事方法；各章节均采用记述文体，只记事实，不加评述，寓观点于记事之中。

三、本志记述年代，上限为1877年4月，下限断至2022年12月，个别重大事物记述至脱稿之日。对时代的划分，按1840年前称古代，1840—1949年称近代，1949年中华人民共和国成立后称当代。

四、本志总述和大事记不编章节。专业门类和相关业务划分章、节，以章为领属，节为实体，按1.1、1.1.1、1.1.1.1及（1）、①等序号表示，全志目录排列至节。

五、各种名称的使用均遵循规范规定。名词术语一般以出版的各学科词典为准；机构名称在篇中首次出现时用全称并注明简称，此后则用简称；国内地名以地图出版社出版的《中华人民共和国行政图册》为准，古代地名不同时，加注今地名；外国国名、地名、人名、机构、报刊的称谓，均以新华社译名为准。

六、本志采用语体文和记述体编纂，标点符号参照国家质量技术监督局发布的《标点符号用法》，各种数据一般采用档案数据，缺失则取有关部门（单位）提供的数据。

七、计量单位遵照1984年颁布的《中华人民共和国法定计量单位》规定。旧计量单位名称仍照实记载，有确定换算值的加以附注。图表和文字叙述，使用计量单位的国际符号，计量和计数使用阿拉伯数字，对超过千和千万的多位数，改成以“万”和“亿”作单位。

八、中国共产党中央委员会简称中共中央。长江水利委员会（长江流域规划办公室）各个阶段的简称：1950年2月至1956年10月称“长委会”，1956年10月至1989年6月称“长办”，1989年6月至1996年6月称“长委”，1996年6月以后称“长江委”。长江三峡水文水资源勘测局各个阶段的简称：1973年4月至1982年3月称“宜实站”，1982年3月至1994年8月简称“葛实站”，1994年8月以后称“三峡局”。与三峡局合署办公的机构和公司简称：长江三峡水环境监测中心简称“三峡中心”，长江三峡水文预报中心简称“预报中心”，长江三峡水政监察支队简称“三峡支队”，长江三峡水文应急抢险支队简称“应急支队”，宜昌市禹王水文科技有限公司简称“禹王公司”。

本志主要机构的全称和简称对照，见下表：

主要机构全称及简称一览表

序号	机构全称	机构简称 / 开始时间
1	扬子江水道讨论委员会	扬委会 /1922
2	扬子江技术委员会	扬委会 /1922
3	扬子江水道整理委员会	扬委会 /1928
4	扬子江水利委员会	扬委会 /1935
5	长江水利工程总局	水利局 /1947
6	长江水利委员会	长委会 /1950、长委 /1989、长江委 /1996
7	长江中游工程局	中游工程局 /1950
8	长江流域规划办公室	长办 /1956
9	水文处、水文局	水文处 /1953、水文局 /1980
10	长江水利科学研究院、长江水利水电科学研究院、长江科学院	长科院 /1956
11	汉口水文总站	汉总 /1956
12	沙市水文区（分）站、荆江河床实验站	沙市区（分）站 /1953、荆实站 /1957
13	葛洲坝工程局	葛洲坝工程局 /1970
14	宜昌水文实验站	宜实站 /1973
15	长江水源保护局、长江水资源保护局、长江流域水资源保护局	水保局 /1976
16	长江水质监测中心站、长江流域水环境监测中心	监测中心 /1978
17	长江水源保护局宜昌监测站、长江水资源保护局宜昌水资源保护监测站	宜昌监测站 /1978
18	葛洲坝水力发电厂	葛电厂 /1980
19	长江葛洲坝水利枢纽水文实验站	葛实站 /1982
20	长江三峡水环境监测中心	三峡中心 /1993
21	国务院三峡工程建设委员会	三建委 /1993
22	国务院三峡工程建设委员会办公室	三峡办 /1993
23	中国长江三峡工程开发总公司	三峡总公司 /1993
24	中国长江三峡集团公司	三峡集团 /2009
25	三峡集团流域枢纽管理运行中心	流域中心 /2010
26	中国长江电力股份有限公司	长江电力 /2002
27	三峡水利枢纽梯级调度通信中心	梯调中心 /2002
28	长江三峡水文水资源勘测局	三峡局 /1994
29	宜昌市禹王水文科技有限公司	禹王公司 /1998
30	长江三峡水文预报中心	预报中心 /2002
31	长江三峡水政监察支队	三峡支队 /2000
32	长江三峡水文应急监测支队	应急支队 /2011
33	长江口水文水资源勘测局	长江口局 /1994
34	长江中游水文水资源勘测局	中游局 /1994
35	国家防汛抗旱总指挥部	国家防总 /1992
36	长江勘测规划设计研究院	设计院 /1994
37	中国水利水电科学研究院	中国水科院 /1994
38	长江防汛抗旱总指挥部	长江防总 /1962
39	长江防汛抗旱总指挥部办公室	长江防办 /1962
40	长江上游水文水资源勘测局	上游局 /1994
41	汉江水文水资源勘测局	汉江局 /1994
42	丹江口水库实验站、丹江口水利枢纽水文实验站	丹实站 /1964

目　录

CONTENTS

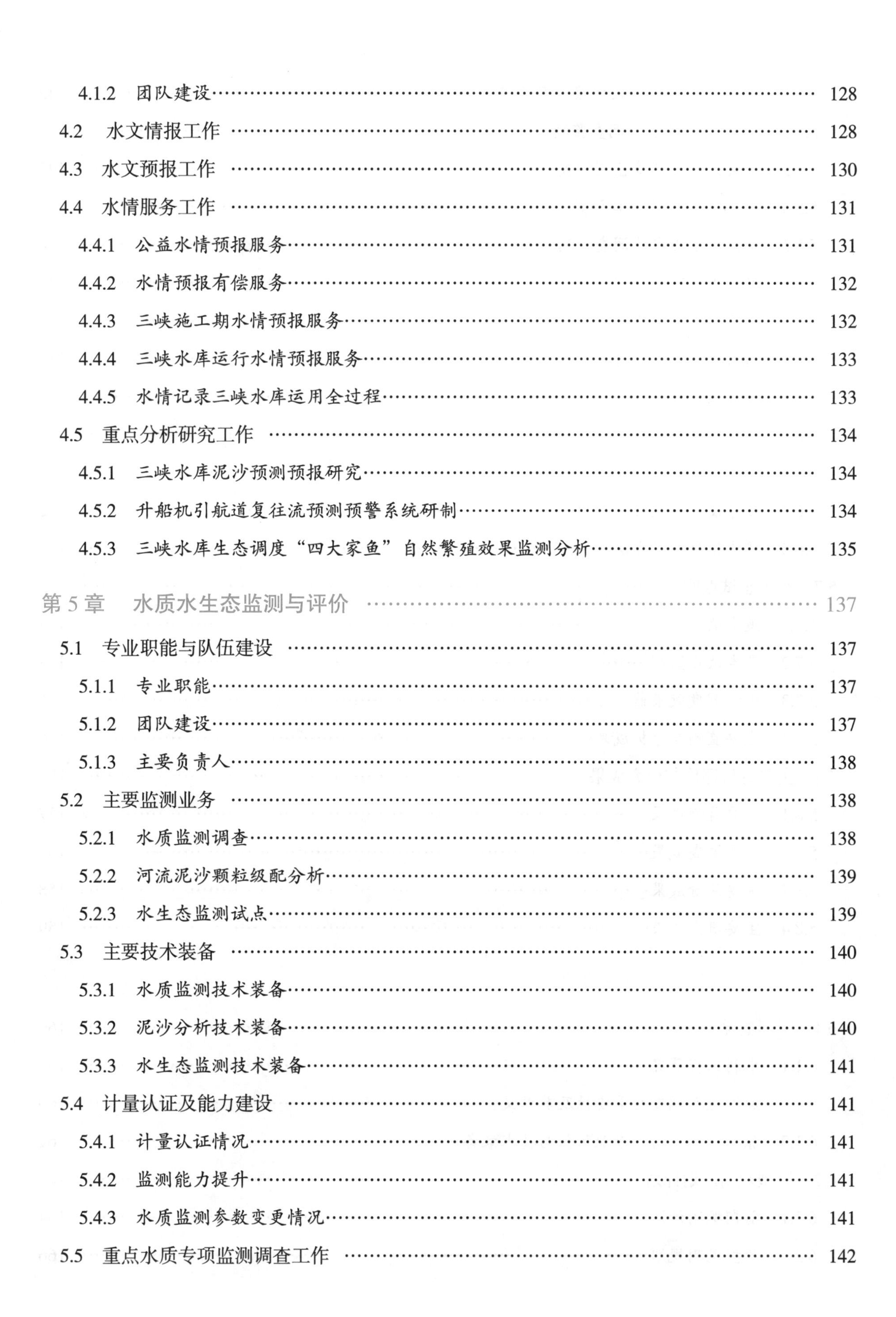

总 述

一

长江是我国第一大河，从流域面积、干流长度、年径流量和水能蕴藏量等综合评价，仅次于亚马孙河与刚果河，居世界第三位。长江干流全长6300余km，流域总集水面积约180万km^2，占全国总面积的18.8%；多年平均年径流量约9600亿m^3，占全国年径流量的36%；水能蕴藏量达2.68亿kW，占全国水能蕴藏量的40%，其中可开发量1.97亿kW，占全国可开发量的53.4%；长江流域干支流通航里程达8万km，超过全国内河通航里程的50%，素有“黄金水道”之称；长江水产资源丰富，有300余种鱼类，产量占全国的50%以上。

长江发源于青藏高原唐古拉山脉主峰各拉丹冬雪山西南侧，源头冰舌海拔高程5400～6500m。长江流域干流自西向东流经青海、西藏、四川、云南、重庆、湖北、湖南、江西、安徽、江苏、上海等11个省（自治区、直辖市），于崇明岛以东注入东海。干流名称，从江源至当曲口称沱沱河，长约350km；当曲口至巴塘河口称通天河，长约810km；巴塘河口至岷江口（宜宾）称金沙江；宜宾至入海口统称长江，其中宜宾至宜昌俗称川江，奉节白帝城至宜昌南津关俗称峡江（即长江三峡），枝城至城陵矶称荆江，九江一带又称浔阳江，扬州、镇江附近及以下江段因古有扬子津渡口而得名扬子江，有不少国家将整个长江称为扬子江，英文为Yangtze River。

长江干流自江源至宜昌为上游，长约4500km，集水面积约100万km^2；宜昌至湖口为中游，长约955km，集水面积68万km^2；湖口至入海口为下游，长约930km，集水面积约12万km^2。上游干流河段处于高山峡谷之中，坡陡险峻，水流湍急，其中金沙江巴塘河口至宜宾长约2300km，平均比降1.37‰；宜宾至重庆长约370km，平均坡降0.27‰；重庆至宜昌长约660km，平均坡降0.18‰。长江中下游为冲积平原，两岸地势平缓，湖泊众多，沿岸建有防洪堤，其中宜昌至湖口平均坡降0.03‰，湖口至入海口平均坡降0.007‰。

长江三峡位于上游干流下段，全长约193km，是世界著名的大峡谷之一，由瞿塘峡、巫峡和西陵峡组成，属亚热带季风气候区，跨重庆市奉节县、巫山县和湖北省巴东县、秭归县、宜昌市等行政区域。长江三峡人杰地灵，有白帝城、屈原祠、黄陵庙、三游洞等名胜古迹，以壮丽河山天然胜景闻名中外。三峡峡谷因地壳上升，两岸对峙崖壁陡峭，山峰高达千米以上，河谷最窄处不足百米，又因江水强烈冲刷下切，最深处达100余m，水力资源极为丰富。三峡河段位于川江（宜宾—宜昌）的下段，是入川“蜀道难，难于上青天”的险道之一，峡江内滩多险阻，水深流急，天然时期有“洪水阻于峡，枯水阻于滩”等航行特点，更有“青滩泄滩不算滩，崆岭才是鬼门关”等形象化比喻。

长江是一条雨洪河流，暴雨洪水有全流域性

和局部区域性等类型，其中长江三峡地区是局部区域性暴雨中心之一。长江流域水旱灾害分布很广，尤以中下游平原地区洪涝灾害最为严重。宜昌以上来水占到荆江河段洪水来量的95%以上，占到武汉洪水来量的2/3左右，可见修建三峡工程对于长江中下游防洪具有巨大的拦蓄洪水作用，是长江流域治理的关键性控制工程。早在1919年孙中山先生的《实业计划》中就提出了整治长江航道和开发三峡水力资源的设想。1922年，北洋政府在内务部设立了扬子江水道讨论委员会，以“消除水患，发展航运”为宗旨；1928年改组为扬子江水道整理委员会，以“勘测长江，疏通河道，便于航行”为目标；1935年改设扬子江水利委员会，以“掌理扬子江流域一切兴利除患事务”；1947年改称长江水利工程总局，仍行使流域机构“兴利除患”的职能，其间1944年5月美国水坝专家萨凡奇博士查勘三峡并提出初步设计方案，但终因种种原因不了了之。

新中国成立后，1950年2月成立长江水利委员会（简称“长委会”）。从1953年2月毛泽东第一次召见长委会主任林一山讨论南水北调和三峡水库开始，经历了1954年长江流域性特大洪水，1955年6月苏联水利专家来华协助编制长江流域规划，1956年长委会改为长江流域规划办公室（简称“长办”），全面负责长江流域规划治理工作，逐步确立了三峡工程在长江流域防洪体系中的核心作用，并先后勘测甄选出太平溪、三斗坪、南津关等十余处坝址河段，开展规划、科研、论证等重点工作；毛泽东1956年在武汉畅游长江时写下《水调歌头 · 游泳》，构想“高峡出平湖”的美好愿景；1958年3月30日，毛泽东乘“江峡”号考察三峡坝址；1959年3月，长办提出兴建三峡工程的反调节枢纽——葛洲坝水库的设想；1970年葛洲坝（亦称“三三〇”）工程开工兴建，1981年1月大江截流首次截断长江干流，同年6月水库蓄水运用，1991年竣工验收；1992年三峡工程获全国人大批准兴建，1993年准备，1994年正式开工，1997年大江截流，2002年明渠截流，2003年水库蓄水运用，2020年竣工验收，正式发挥长江流域核心水利枢纽巨大的综合效益。为适应三峡工程规划、科研、设计、施工需要，宜昌水文站1958年开始从事工程水文原型观测调查专项工作，并于1973年升格为长江三峡水文测区的管理机构——宜昌水文实验站（简称宜实站）。

二

宜实站所属水文测区位于长江上中游干流结合江段，上起重庆奉节关刀峡，下至湖北枝江杨家脑，全长约320km。其中，奉节至宜昌是典型的三峡河谷地貌，宽窄相间，水深流急，同时又是南方与北方、西部与中部的气候过渡带；宜昌至枝城是典型的山区进入平原的过渡性河谷，江面扩展、洲滩密布、汊道众多；枝城以下进入上荆江河段，是“万里长江险在荆江”的防洪重点地区之一。葛洲坝和三峡工程兴建后，三峡水文测区河段被一分为三，即三峡库区、三峡至葛洲坝（简称“两坝间”）调节库段及葛洲坝下游河段。因水库蓄水运用，水文测区范围延伸至大宁河、香溪河、黄柏河等支流，总长度约180km。

三峡水文于1877年设立海关水尺始有水位观测记录，1946年设立宜昌水文站，逐步增加流量、含沙量等观测项目。自1958年开始，宜昌水文站就围绕三峡坝址河段的规划、科研、论证等工作，设立专用水文（位）、气象、水质等站网，系统收集水文气象资料。1970年12月30日，葛洲坝工程动工兴建，宜昌水文站开始为施工设计提供施工区水文资料和水情服务。为适应葛洲坝工程的需要，长办水文处1973年1月报请长办批复，将宜昌水文站改为宜实站，为正科级单位，主要任务是承担葛洲坝工程建设安排的各项工作任务，以及长江巴东至枝江河段（包括清江支流）的水文测验、水质监测与河道观测。

1978年8月，为适应长江水源保护工作的需要，设立长江水源保护局（简称“水保局”）宜昌监测站，主要负责人由宜实站领导兼任，1993年改为长江三峡水环境监测中心（简称“三峡中心”）。1980年3月，经中共宜昌市委组织部批准，宜实站首次成立党委。1982年3月，经水利部同意，在宜实站基础上成立长江葛洲坝水利枢纽水文实验站（简称“葛实站”），为正县级单位。1994年8月，为适应长江水文水资源事业发展和三峡工程建设等需要，成立长江三峡水文水资源勘测局（简称“三峡局”），同时保留葛实站建制。

截至2022年末，三峡水文大致经历了六个发展阶段：① 1877年4月宜昌海关水尺，这是三峡地区第一个近代水位站，观测资料采用英制计量单位。② 1946年5月设立宜昌水文站，这是中国人自己设立的三峡地区第一个近代水文站。③ 1973年4月成立宜实站；1957年设立水化学分析室；1978年成立宜昌监测站。④ 1982年3月成立葛实站；1993年9月成立三峡中心。⑤ 1994年8月成立三峡局；1999年12月组建长江委水政监察总队长江三峡水政监察支队（简称“三峡支队”）；2002年12月机构改革加挂长江三峡水文预报中心（简称“预报中心”）牌子；2011年8月组建长江三峡水文应急抢险支队（简称“应急支队”）。⑥ 2012年9月根据“三定”方案，三峡局部分内设机构升格为副处级建制。总体上，为适应水文事业各个时期发展，三峡局实行“一套班子、多块牌子”的体制机制和内部运作模式。

（一）水位站（海关水尺）时期（1877—1957年）。1876年不平等的《中英烟台条约》，宜昌被辟为通商口岸，设立了宜昌海关。为了解长江宜昌江段航行水情，于1877年4月1日设立海关英制水尺，每天定时观测水位一次，宜昌始有实测水位记录。1882年增设降水观测；1924年增设气温观测；1931年汛期有临时性的流量测验。1940—1945年因日本占领宜昌，水位观测记录中断；抗战胜利后，海关水尺恢复观测，并与宜昌水文站公制水尺对比观测至1957年撤销，采用宜昌水文站实测水位，发布航行水情公告。

（二）水文站时期（1946—1973年）。1945年抗战胜利后，扬子江水利委员会于1946年5月设立宜昌水文站，开展水位、流量、含沙量测验；次年7月增加降水、蒸发量观测。1949年7月16日宜昌解放，22日宜昌市军管会正式接管宜昌水文站，8月移交湖北省人民政府水利局。1950年2月长委会成立，6月宜昌水文站接管恩施站，一并调归长委会中游工程局领导。1951年增设气温、湿度、气压、风向、风力观测。1957年增加水化学分析。1951—1964年，宜昌水文站先后更名为二等水文站、一等水文站、中心水文站、流量站。1960年与新设立的三峡工程水文站合并运行，1964年6月恢复宜昌水文站站名。恩施站1958年移交湖北省水利厅领导。

从解放后至1973年，三峡水文经历三峡工程前期科研、规划，以及葛洲坝工程开工建设等时期，水文站网迅速扩大，观测要素逐步拓展，主要体现三个特点：

一是突出水文公益服务长江防洪与航运等方面。针对长江三峡和支流清江等暴雨区，1952—1954年先后设立了巴东、秭归、三斗坪、南津关、茅坪等报汛站，加上已有的宜昌、枝城、马家店、恩施、太阳沱、搬鱼嘴、长阳等站，初步建立了三峡干流和清江支流的水雨情报汛站网，为战胜1954年特大洪水起到了巨大的支撑作用。1957年增加水化学分析项目，这是三峡地区第一个水质监测站（断面）。这一时期，水文装备总体较落后，水位以人工观测为主，流量测验主要为浮标法，水上作业主要采用简易木船。水文测验技术标准主要为民国十八年（1928年）长江水利工程总局编《水文测量规范》和1958年水利部水文局编《水文测站暂行规范》（共六册）。

二是介入三峡工程坝址前期规划与科研试验水文原型观测调查等工作。在三峡工程不同坝址的选址河段，1956—1968 年先后设立了近 40 组专用水位水尺（站）和流量测验断面（站）。1959 年接管三峡（三斗坪）气象站，1960 年成立三峡工程水文站，负责巴东以下全部水位站、流量断面和三斗坪气象站的管理工作。1966 年 2 月设立宜昌管理区，负责管辖宜昌、太阳沱、搬鱼嘴、新江口、沙道观、弥陀寺、藕池口，新厂等 8 个水文站。这一时期，针对三峡河段水深流急，重点为解决高洪期水文测验定位问题，于 1959 年架设喜滩流量站吊船缆道，这是长江上第一座高空测流缆道，为探索缆道测流方式方法积累了丰富经验，为后来南津关、宜昌、黄陵庙等水文站吊船缆道建设积累了实践经验。

三是为葛洲坝工程水工模型试验开展水文泥沙原型观测分析等工作。围绕葛洲坝大江、二江、三江，1970—1972 年先后设立了 12 个专用水位站和 2 个流量测验断面、2 个含沙量测验断面、1 个卵石推移质测验断面，14 个河道观测固定断面，开展葛洲坝工程施工区水情报汛、沿程水面线观测、分流分沙观测和南津关卵石推移质过峡观测等业务工作。

（三）实验站时期（1973—1994 年）。这一时期又分为两个阶段。其中，1973 年 4 月成立宜实站。1975 年组建两个河道观测队。1978 年 8 月成立水保局宜昌监测站。1982 年 3 月，宜实站更名为葛实站。1982 年设立葛洲坝工程南津关专用水文站（含水面蒸发实验工作，1988 年改为宜昌蒸发站），专门开展水库坝区推移质泥沙观测和水库库区水面蒸发实验研究工作。1991 年 4 月明确葛实站按正处级配备领导干部，基层站队升格为科级建制。1993 年首次获得水利部甲级水文水资源调查评价和国家测绘局甲级测绘资质。这一时期，围绕工程水文泥沙原型观测，主要体现了三大特色：

一是重点围绕三峡、葛洲坝及清江隔河岩水利枢纽工程水工模型试验研究、工程规划设计、施工、运行等，开展工程水文泥沙原型观测调查和科学实验研究工作，先以葛洲坝坝区为主，后逐步延伸至库区及坝下游。先后增设了 50 余个专用站（含水文、水质、蒸发、气象等）和 180 余个河道冲淤演变观测固定断面，其中库区 150 个（干流 120 余个、支流 20 余个）、坝下游 30 余个。针对葛洲坝坝区河势规划、调整，原型观测调查先后开展了推移质测验（卵石、沙质）、特殊水流（泡漩水、环流、龙口水流、往复流、异重流、横波涌浪、航迹线、水面流态等）观测。加强了坝区水质监测，监测断面增加至 6 个（三斗坪、长阳、南津关、宜昌、虎牙滩、黄柏河口），每年取样 6 ~ 12 次、分析 22 个水质成分。

二是加强了水文基础建设。1973 年建成宜昌水文站和南津关站专用水文测验吊船缆道。1974 年首次拥有汽车。1974 年建成 1000m^2 的办公楼和 200m^2 食堂。1982 年建成葛洲坝水位遥测系统主控楼，约 1100m^2。1983—1985 年在宜昌县冯家湾（虾子沟）征地 44.2 万 m^2（66.3 亩），兴建了 2880m^2 办公楼和 498m^2 厨房，后改建为宜昌水文巡测基地。

三是为适应工程水文泥沙原型观测调查，研制一系列水文专用仪器及设施设备，主要有：无人测艇、船用重型三绞、可旋转水文测验支架、挖斗式床沙采样器、水深计数器、临底悬沙采样器、同位素低含沙量仪、接触式水位计等。开展了推移质器测法研究，其研究论文《长江推移质器测法研究》在第二次河流泥沙国际学术研讨会上交流。1977—1984 年建成葛洲坝坝区水情遥测系统，并于 1985 年 6 月 1 日正式投入使用，这是长江流域干流第一个水情遥测系统，共有 9 个水位遥测站和 1 个遥测中心站。

三峡局时期（1994 年至今）：1994 年 8 月成立三峡局。1995 年设立三峡工程黄陵庙专用水文站；2003 年增设三峡水库坝前庙河水文站；2017 年巴东水位站升格为国家基本水文站。2002 年 12 月机构改革增挂预报中心牌子。1998 年注册成立宜昌市禹王水文科技有限公司（简称“禹王公司”）。1999 年设立三峡支队，2016 年后改为大队。2011 年成立应急支队。2012 年新“三定”方案，明确三峡局为正处级公益事业单位，人员编制 208 人（实际按 157 人控制），其中，局领导班子 5 人（正处级 1 人、副处级 4 人），副总工程师 2 人（副处级）；内设 3 个职能管理部门，编制 30 人：行政办公室、党群办公室、技术管理室，均为副处级；7 个事业单位，编制 120 人：科研室（正科级）、水情预报室（正科级）、水环境监测分析室（副处级）、综合事业中心（正科级）、河道勘测中心（副处级）、宜昌分局（副处级）、黄陵庙分局（副处级）。

1993 年三峡工程进入施工准备，1994 年 12 月正式开工兴建。在水文站、实验站发展基础上，三峡局工作重点做出重大调整，一是以水文、水质监测为基础工作；二是围绕三峡和葛洲坝工程开展水文泥沙原型观测调查实验研究等专项工作；三是加强原型观测实验技术装备，引进世界级高新技术与监测仪器设备，极大地增强了原型观测技术实力，如 1996—2005 年先后引进了 GPS、走航式 ADCP、哨兵型 ADCP 和水平式 ADCP 等先进设备，在内河率先开展流量测验，并迅速在全国推广应用，是一次流量测验技术的重大突破，实现了水位雨量自动测报；2004—2010 年先后引进了多波束、水声呐、浅地形剖面仪、泥浆密度仪、Lisst100X 现场测沙仪，极大地提高了工程泥沙原型观测调查能力；2010 年以来建成了全国产化水质自动监测站、流量和含沙量在线监测与资料整编等；四是大力改善生产生活基本设施，2002 年购买宜昌市胜利四路 20 号办公楼一栋（六层楼 3650m^2，为三峡局机关新办公楼，其中 5~6 层建设为水环境监测标准化实验室），建成了 2 个水文巡测基地（三峡、宜昌）、4 座水文专用码头（宜昌、黄陵庙、庙河、巴东），生产能力和生活环境都得到了极大提升和改善。

这一时期，三峡局在原有 109 个水文站点基础上，进行站网优化调整，截至 2022 年末，总体上构建了较为科学合理的水文、水质、河道观测综合站网，其中水文（位）站 40 个，水质水生态站 13 个（水质 11 个、生态 2 个），河道观测断面 419 个。

总体上，三峡局是公益一类事业单位，负责三峡河段水文行业管理，主要包括：组织管理或协调长江三峡河段水文工作、根据授权参与水政监察工作、站网建设与运行管理工作、水量水质水生态监测工作、防汛水文测报工作、工程水文泥沙原型观测调查实验研究工作、水文水资源调查评价工作和水文应急监测工作等。

三

根据三峡局职责范围，以及水文事业发展要求，其主要的职责和工作任务，大致包括以下六个方面：

（一）综合站网建设及其运行管理。主要包括水位、流量、泥沙、降水、蒸发、水质、河床演变等综合站网布设、仪器设备与基础设施建设和运行管理等方面。

站网布设，1877 年设立海关水尺，1946 年设立宜昌水文站，1957 年设立宜昌监测站，1958 年开始围绕三峡和葛洲坝坝区、库区、坝下游设立工程专用水文（水位、水温、降水、蒸发）站、水质水生态监测断面、水库（河道）演变观测断面。1973 年宜实站成立时，有 78 个水文（水位、水温、降水、蒸发）站、1 个水质监测站、14 个河道演变观测断面；1994 年三峡局成立时，经过站网优化，有 67 个水文（位）站、6 个水质监测站、150 个河道演变观测断面。截至 2022 年末，再次优化调整站网，计有 40 个水文（水位、水温、降水、蒸发）站、13 个水质水生态监测站、419 个河道演变观测断面，其中有 7 个中央水情报汛站，31 个流域水情报汛站，4 个泥沙报汛站。

技术装备，最初主要以人工观测为主，技术落后，设施简陋。宜实站成立后，加大了水文基建投入，1973—2022 年共计投资 2.3 亿元，共计 149 个基建项目。其中，在宜实站和葛实站时期，为适应葛洲坝工程建设需要，以自主研发为主，结合水文基本建设财政投资，逐步建成办公、业务用房、基础设施（吊船缆道、水文测船、专用码头、监测平台等）、水文专用仪器设备（流速仪、水准仪、经纬仪、全站仪、水位计、水温计、船用重型三绞、挖斗式采样器、同位素测沙仪等）。在三峡局时期，为适应三峡工程建设需要，重点引进或开发高新仪器设备和监测技术，主要有声学多普勒流速仪（ADCP）、多波束测深系统、水声呐侧扫系统、浅地层剖面仪、泥浆密度仪、无人机测量系统、无人船测量系统。1996 年建成水环境标准化实验室并通过国家计量认证。2007 年实现了水位雨量自动报汛，2022 年建成了三峡水库生态水文实验站。截至 2022 年底，先后建成了 2 个水文巡测基地、4 座专用水文码头、3 座 ADCP 在线监测平台、2 座泥沙在线监测平台、1 座水质自动监测站、2 座水面（漂浮）蒸发与墒情观测实验场。

（二）水文测报与资料整汇编。水文测验是水文工作的重要基础。通过定点观测、巡测、间测、调查等手段收集水文各要素原始资料，并对资料进行整理，分析、研究各水文要素的变化规律，提出科学的整编方法，推算出合理可靠的年月日水文成果，为防汛抗旱、水资源利用和保护提供依据，为水利工程的规划、设计、建设、运行、管理和国民经济建设、国防建设服务。

截至 2022 年底，水文观测要素包括 20 余项，主要有：水位、水面起伏度、降水量、流量、水面流速流向、含沙量、悬移质和推移质输沙率、悬移质、推移质和河床质（或床沙）颗粒级配与矿物质组成、水化学、蒸发量、气象观测（温度、湿度、水气压、风向、风力、日照、能见度）、水温（梯度、岸温）、土壤墒情（农作物生长、土壤含水量）等。

水位观测，经历从人工观测到自记水位，从纸介质模拟到固态存储、远传及自动测报等过程。宜昌海关水尺水位为人工观测，每天白天观测 1 ~ 3 次。1946 年宜昌水文站基本水尺设立于海关水尺下游约 150m，两水尺同步观测至 1957 年撤销海关水尺，统一使用宜昌基本水尺观测水位并公布水情。1982—1983 年葛实站研制接触式水位自记仪，并建立了长江干流上第一个水情遥测系统——葛洲坝工程坝区水位遥测系统。1996 年采用气介式（超声波）、压阻式和气泡式压力等水位计，建立三峡工程坝区水位遥测系统。2002—2003 年宜昌水文站采用中澳项目的气泡式水位自记仪。2005 年 7 月 1 日 7 个中央报汛站实现了自动测报，其余水位站均实现自动记录，人工观测仪对自记仪进行校核，频次一般为每周、每旬或每月 1 次。

流量测验，1946 年宜昌水文站刚成立时以水面浮标法为主，大流量时采用水面比降法，测验成果精度总体不高。1947 年从英国进口旋杯式流速仪（Watts）开展流量测验，采用木质测船，其成果主要用于率定（或校正）浮标系数。1951 年起采用流速面积法原理测流，采用旋杯式流速仪和水工型流速仪。1958 年使用旋桨式流速仪。1970 年代采用 Ls25-1 型流速仪，以码表计时，以电表或电铃人工计数；1980 年代开发 PC1500 流量现场记录、分析、计算、校核、报汛、存储、打印功能，提高了测验时效性和资料质量。1990 年代采用 Ls25-3A 型流速仪，以流速直读仪计时计数。1996 年首次引进走航式 ADCP 用于内河黄陵庙站流量测验。1997 年引进哨兵型 ADCP 用于三峡大江截流龙口流速监测。2003 年引进水平式

H-ADCP用于黄陵庙水文站流量在线监测，并于2005年7月1日初步实现了流量自动报汛，2011年提出基于小波分析和BP神经网络技术，实现了流量在线监测资料整编。宜昌水文站水位流量关系呈较复杂的绳套曲线，整编方法为连时序法，流量测次一般每年达120次以上，曾于1980年代初采用综合落差指数法，虽然取得一定的效果，但难以达到满意成果。2016年后，在巴东站和宜昌水文站均安装了H-ADCP流量在线监测系统，宜昌水文站2021年开始试运行。

为克服高洪水流冲击，解决测船定位难题，先后于1959年、1972年、1973年、1996年分别在喜滩站、南津关站、宜昌水文站和黄陵庙站架设了吊船缆道，用于流量、泥沙测验，解决了船舶在测验断面上的定位问题。1976年、1993年、1995年先后在长阳站、官庄坪站和隧洞口站架设了水文测验缆道，开展流量和泥沙测验。1957—1959年开展铅鱼悬索偏角试验，探讨悬索偏角测深改正方法，取得丰富成果。水文测验垂线定位方法，最初采用六分仪或经纬仪定位，后改用辐射杆和中心杆定位，1995年后逐步采用GPS定位。1970年代成功研制船用重型三绞，其中两个绞关用于船舷左右侧水文测验，一个绞关用于收绞锚链，三个绞关共用一个电机动力，采用离合器切换绞关。垂线水深测量最初采用铅鱼测深方法，即钢丝索+布条标记计数方法，1970年代自主设计研制了水深计数器，1980年代引进先进的回声测深仪进一步提升了水深测量精度。

泥沙测验，又分为悬移质、推移质和河床质（床沙）泥沙测验。①悬移质泥沙测验，包括含沙量、输沙率和颗粒级配，传统测验方法是采取采样器（瓶式、横式）现场采样，样品送室内先浓缩（自然沉降）后烘干再称重（天秤或电子天秤），获取含沙量成果。1970年代葛实站与清华大学联合研制的同位素测沙仪，可监测0.6kg/m^{3}含沙量。1992年研究提出采用流量加权法计算单样含沙量，较好地解决了受主泓摆动单断沙关系欠佳的问题。宜昌水文站2020年引进TES-91红外光含沙量在线监测系统，安装在专用码头趸船上运行取得较好效果。②推移质泥沙测验，以粒径10mm为界，又分为沙质推移质和卵石推移质，分别用Y78-1型采样器和软底网式采样器取样，现场称重，并留取样品送室内颗粒级配分析。③河床质（或床沙），主要为河床表层，采用挖斗式采样器取样，送室内分析。④干容重，主要针对水库淤积河床，采用锥式采样器或钻探取样，送室内分析。⑤颗粒级配分析，根据泥沙性质，分别采用不同的方法，主要有：筛分析法、粒径计法、比重计法、移液管法等。⑥输沙率，无论是悬移质或者是推移质，都是采用流量加权法计算的。⑦泥沙矿物组成，在葛洲坝和三峡工程论证阶段，以及电站运行时期，都需要掌握泥沙矿物组成情况，为研究过机泥沙对水轮发电机组的磨损提供基础资料。⑧泥沙资料整编，悬移质采用单断沙关系法，推移质采用水力因子相关法，悬移质和推移质泥沙颗粒级配采用时段输沙率加权法。⑨其他方法，2003年三峡水库蓄水运用后，含沙量大幅减少，为适应库区泥沙监测、预测、预报和分析研究，先后引进了马尔文激光粒度仪、HACH2100Q和OBS浊度仪、LISST-100X现场测沙仪。其中，马尔文激光粒度仪用于悬移质泥沙颗粒级配分析；HACH2100Q和OBS浊度仪用于现场快速测定含沙量，并于2010年5月1日起用于含沙量报汛；LISST-100X现场测沙仪可同时测量含沙量和颗粒级配，在三峡水库坝前异重流和泥沙絮凝沉降监测中取得较好成果。

水文资料整编、汇编是对水文监测数据按流域水系进行处理、加工、分析、统计等复杂的技术过程和组织协调过程。刊印《水文年鉴》需经过资料在站整编、资料审查、复审、汇编、刊印等生产过程。在1973年之前，宜昌水文站主要承担在站整编和参与审查工作；成立宜实站后，主持测区水文资料在站整编和审查工作，参与复审和汇编、刊印等工作。水文资料整编核心技术包括水位流量关系、单断沙关系、流量输沙率关系等分析、定线技术。在技术手段方面，经历了手工方法（算盘、计算尺、计算器）、自编计算机（PC1500等）程序方法（多用于工程水文泥沙原型观测资料整理、计算、汇编）、通用计算机水文资料整汇编软件等过程，按“日清月结、按月整编”要求，所有测站已于2021年1月1日实现水文资料在线整编。

宜昌水文站历史洪水流量推算。1950年，由南京水利实验处整编了1890年以来的历年水位资料；1955年由长委会采用历史整编单一线法整编、刊布了1890—1955年流量系列资料。由于长江流域规划、葛洲坝工程兴建和三峡工程设计的需要，长办多次组织调查考证宜昌新中国成立前水文，并加强宜昌水文站观测工作，分析测站特性，研究已有的历年流量推算方法，于1973年葛洲坝工程修改初步设计时，正式提出了宜昌水文站年历年水位和流量成果，并推算了历史洪水流量。1986年，由于三峡工程可行性论证工作的需要，对1966年拟定的以宜昌“汛期平均水位”为参数的推流方案，用1966—1985年连续实测资料进行了检验，推算历年流量的平均误差在±5%以内。结合历史洪水水情和测站特性，历史洪水流量推算的精度约为±8%。总之，比照水文规范要求，宜昌历年推算流量为精度较好的资料，可以作为工程设计的可靠依据。

（三）水沙情报预报。水文是防汛抗旱的耳目，为加强三峡区间暴雨洪水产汇流预报，1981年经上级批准宜实站成立水情预报组，1982年正式开展水文预报工作，重点以宜昌水文站短期洪水预报为主，并接管了宜昌水文站相应流量报汛业务，承担了葛洲坝工程施工区水情报汛和水文预报服务工作。1983年成立水情预报科，1994年更名为水情预报室。1995年注册成立宜昌长江水情咨询服务部，2000年注销后业务由宜昌市禹王水文科技有限公司接管。1997年水情预报室派员长驻三峡工地与长江委水文局预报处共同组建了三峡前方预报组，参与三峡截流和施工预报服务。三峡水库蓄水运用后，2006年提出开展三峡水库泥沙预报的设想，2012年得到中国三峡集团课题支持，研究建立了基于水文预报、入库泥沙预报、水沙数学模型、水库调度信息的水库泥沙预测预报系统，开发相应的计算机软件，实现了水库泥沙作业预报和场次洪水库区淤积预测，在水库科学调度中起到了支撑作用。2014年开展三峡升船机上下游引航道水位波动监测分析，2020年承接升船机引航道水位往复流波动监测及预测预警系统建设，包括新建7个水位自动测报站、1个中心站及传输网络等硬件，以及报汛系统、预报系统和预警系统等软件。

（四）水质水生态监测。水质监测始于1957年宜昌水文站的水化学分析项目。1978年8月成立长江水资源保护局宜昌监测站，1993年9月实验室总面积扩大至1260m²，配备了流动注射分析仪、固相萃取仪、液相萃取仪、原子荧光分析仪、红外测油仪、气相色谱仪、液相色谱仪、气质联用仪、等离子发射光谱仪、低本底α/β测量仪、TOC分析仪、离子色谱分析仪、原子吸收分光光度计、紫外分光光度计、分光光度计、酸度计、极谱仪、离子活度计、电导仪、测氧仪、显微镜、电冰箱、生化培养箱原子吸收仪、测汞仪、紫外光度计、电子天平、现场测定仪等较先进的仪器设备。1996年3月首次通过CMA国家级计量认证，首次取得国家技术监督局颁发的《国家计量认证合格单位》，编号：（96）量认（国）字（G1519）号，并于2001年、2006年、2009、2013年、2016年、2022年分别通过复查换证。常规监测项目包括：水温、pH值、色度、溶解氧、游离二氧化碳、侵蚀性二氧化碳、化学需氧量、亚硝酸盐氮、硝酸盐氮、铵氮、硅、五氧化二磷、总碱度以及铁、钙、镁、钾、钠、氟、硫酸根等离子、电导率、铜、铅、镉、六价铬、酚、氰、汞、砷等，1990 年代初达到 34 项。1996 年第一次计量认证项目 94 项；2001 年计量认证项目缩减为 60 项；2022 年按国家市场监督总局等五部委联合文件要求，调整扩项至 107 项，包括水（地表水、地下水、饮用水、污废水及再生水、大气降水等）和水生生物（浮游植物、浮游生物、着生生物等）等。

水质监测从最初 1 个监测断面（宜昌），逐步增加在长江干流布设宜昌、巴东（省界断面）、三斗坪水质监测断面；支流布设有小溪塔、夜明珠等水质监测断面；均按三线六点采样分析。三峡工程开工后，承担三峡坝区施工区生态环境部分监测项目，包括太平溪、东岳庙、乐天溪三个断面，东岳庙、坝河口、扎牛湾、朱家湾四个排污口监测点，白庙子、鹰子咀、下岸溪三个水厂，茅坪溪、高家溪两条支流，一个垃圾填埋厂及十个近岸水域点，年测 12 次。

（五）工程泥沙原型观测调查。最早始于 1950 年代，先后布设了平面和高程控制网，以及水位、流量及含沙量专用站，主要为大坝选址、论证、模型试验研究等提供水文原型观测资料及分析成果。1970 年葛洲坝工程开工后，原型观测调查根据设计、施工需要，在坝区布设了观测设施，并随着工程施工进展和水库蓄水运用，逐步向库区和坝下游河道延伸，观测任务包括：①坝区水下本底地形、河床演变观测（地形和断面）、推移质测验、卵石来源与岩性调查、床沙组成勘测，以及特殊水流（涌泡水、漩涡水、剪刀水、环流、航迹线、往复流、异重流、龙口水流、横波涌浪等）原型观测；②库区泥沙淤积和库尾浅滩演变观测，包括进出库水沙、库区水面线、库区泥沙淤积和库尾重点滩碛（五滩两碛）演变观测及其对航道的影响分析研究；③坝下游河床冲淤演变观测、水位下降及其遏制水位下降的工程和非工程措施研究。1994 年三峡工程开工后，按照专项水文泥沙观测规划、计划、实施方案，将葛洲坝水库纳入三峡工程水文泥沙原型观测调查范围，布设了原型观测设施和基础装备，系统开展了包括进出库水沙、库区水面线、水道地形、固定断面、变动回水区水流泥沙、水面流态、水库淤积、坝下河道冲淤演变、支流口门拦门沙淤积、淤积物干容重、水库异重流、过机泥沙、河床组成调查、淤积物干容重、来水来沙调查、含沙量实时信息采集与报汛、水温观测等工作。

（六）水库水文科学实验研究。水文实验研究是三峡局最具特色的工作任务之一，主要包括以下几个方面：

（1）葛洲坝工程坝区特殊水文泥沙及水力学问题原型观测实验研究。针对葛洲坝水利枢纽工程布置引起坝区河势的重大调整，以及施工中出现的一系列水文泥沙及水力学问题，开展原型观测研究，主要有：①水面流态（流速流向、主流、副流、回流等）、断面环流、泡漩流（泡水、漩水、剪刀水等）；②引航道特殊水流（航迹线、异重流、往复流）；③大江截流水文观测实验研究（无人测艇设计试验研究、流速仪破坏性试验研究）；④大江航道横波涌浪和河势调整工程效果监测分析研究；⑤三江上下引航道淤积及拉沙效果、小流量冲沙和机械松动冲沙试验观测研究。

（2）葛洲坝水库淤积观测实验研究。1981 年 5 月水库蓄水运用，主要开展三个方面的观测实验研究工作。①库区泥沙冲淤观测研究，包括进出库水沙特性、卵石过坝特性、库区泥沙冲淤特性，库区水面线、落差、比降、流速、回水长度等变化。②库区航道改善与库尾洲滩演变对航道影响观测研究，库区航道（枯水滩、中水滩、洪水滩等）改善和库尾洲滩（五滩两碛）演变对航道尺度与通航的影响研究；③坝下游局部河床冲刷下切对枯水位下降影响观测研究，包括河道采砂调查、河床冲刷下切、枯水位下降、三江下引航道航深变化等。

（3）三峡工程坝区水文泥沙原型观测实验研究。主要有：①布设了库区（巴东）、坝区（庙河）、出库水文站（黄陵庙），加强水库近坝段及出库水沙观测与分析；②临时船闸下引航道口门区拦门沙淤积观测研究；③坝区河势河床演变观测研究；④大江截流和明渠截流水文观测研究（哨兵型ADCP实验研究、导流明渠水流条件观测研究、无人立尺测量技术实验研究、电波流速仪高流速测量试验研究、龙口流速分布观测研究等）；⑤三峡、葛洲坝泄流曲线率定；⑥2008年奥运会期间三峡大坝安保声呐扫测等。

（4）三峡水库淤积观测实验研究。主要包括：①水库初期蓄水过程水文泥沙观测研究（135m、156m、175m）；②坝前水沙分布实验研究（包括坝前异重流和泥沙絮凝沉降实证分析）；③坝下游控制节点演变及其对枯水位下降的影响及治理措施研究，包括胭脂坝护底工程结构型式比选效果监测、扩大护底工程效果监测、坝头保护工程效果监测、控制节点工程措施研究。

（5）两坝间通航水流条件原型观测研究。先后开展了葛洲坝水库调度对三峡坝区水文条件影响试验研究、三峡—葛洲坝电站电力调峰非恒定流原型观测、两坝间大流量水流条件原型观测研究。

（6）水库水面蒸发实验研究。蒸发是水文循环过程的一个十分重要的变量，是决定小气候和区域气候的重要因子。水面蒸发不仅反映当地的蒸发能力，也反映水体的蒸发损失。因此，1983年在葛洲坝水库蓄水运行之初设立了南津关蒸发站，1988年改为宜昌蒸发站，2013年设立三峡水库巴东漂浮水面蒸发实验站，其目的就是探求水库库区水体的水面蒸发以及蒸发能力的变化规律，弄清水面蒸发与气象因子的关系和天然水体的蒸发量，为水资源评价和科学研究，合理开发利用管理水资源，提供可靠的依据。

（7）专用设备试验研制。①船用重型三绞研制，水文船用重型三绞系统主要包括重型三绞、旋转支架和水深计数器；②河床质采样器研制，适应三峡河段砂卵石和卵石河床，取得较好效果；③接触式水位计研制。在研制葛洲坝坝区水位遥测系统时，根据坝区地形特点，提出研制接触式水位计，1982年定型为“JC-1型”水位计；④同位素低含沙量仪研制，三峡局与清华大学水利系合作研制，实测含沙量测量范围为0.6~10.5kg/m^3；⑤无人测艇研制，主要用于水利工程截流龙口水文监测，先后在葛洲坝大江截流、三峡大江截流和明渠截流中成功应用；⑥水情自动测报系统。先后建成了葛洲坝坝区水位遥测系统、三峡坝区水情自动测报系统和三峡—葛洲坝梯级调度自动化系统的建设。

（8）水文观测技术创新。从1955年开始悬索偏角试验，三峡局在水文测验、水质监测、河道勘测等方面，探索技术革新、创新及应用工作。1973年和2006年先后两次开展近（临）底层悬沙测验精度试验；1978年探索并建成葛洲坝坝区水情遥测系统；1979年探索宜昌水文站水位流量单值化整编方法；1987年宜昌水文站研制流量测验计算机软件，至今已先后开发近20套计算机软件；1992年探索宜昌水文站受主泓摆动影响的流量加权计算单样含沙量计算方法；1996年国内率先引进先进的ADCP用于内河流量测验；1997年引进哨兵型ADCP开展三峡大江截流龙口流速自动监测；2004年引进H-ADCP在线流量监测及资料整编方法研究；1993年探讨计算机地形图绘制展点工作，1999年引进EPS笔记本电脑电子平板现场测绘技术开展长江隐蔽工程测量，2004年引进多波束测深系统，大大提高了测绘工效。

四

三峡水文测区完善的水文泥沙综合站网体系，全天候、全覆盖、全量程、全要素监测水文变化过程。其中，宜昌水文站是三峡工程和葛洲坝工程的设计依据站。南津关水文站是葛洲坝工程专用水文站，专门开展葛洲坝前水沙分布和卵石推移质运动。黄陵庙水文站和庙河水文站是三峡工程专用站，前者是三峡水库出库后的重要控制站，后者为三峡坝前水沙分布、水温梯度观测断面。巴东水文站为长江干流渝—鄂省界水文水资源重要控制站。

（一）长系列水文泥沙观测调查研究成果，精准测报了1954年、1981年、1998年、2020年等典型丰水年和1969年、1972年、1997年、2022年等典型枯水年，揭示了长江上游来水来沙基本特性，为水文水资源分析计算提供基础依据。以宜昌水文站代表上游流域水沙控制站，主要水沙特性为：①各大支流径流量占宜昌总径流量比例，从大到小为：金沙江32.2%、岷江19.9%、嘉陵江14.8%；乌江11.3%、沱江2.9%，合计81.1%，屏山—宜昌区间干支流占18.9%。②各大支流输沙量占宜昌总输沙量比例从大到小为：金沙江46.7%、嘉陵江27.5%、岷江9.4%、乌江6.2%、沱江1.8%，合计91.7%，屏山—宜昌区间干支流占8.3%。③统计分析表明，金沙江水沙量是宜昌的重要基础，而岷江、嘉陵江因暴雨强度大、产沙量大、汇流迅速，是宜昌洪峰、沙峰的主要来源。三峡区间（奉节至宜昌）径流量约占宜昌的3.8%，输沙量约占5.6%。

（二）水温是重要的水环境水生态参数之一，长系列水温观测成果揭示了葛洲坝工程和三峡工程建设及运行的影响过程。①在天然时期（1957—1980年）宜昌水文站多年平均水温为17.9℃，最高水温为29.5℃（1959年7月20日），最低水温为1.4℃（1959年1月1日），多年汛期平均水温为23.0℃，多年枯季平均水温为12.9℃。②葛洲坝水利枢纽为径流式水库，对水温影响甚微，1981—2003年朱沱站、寸滩站、黄陵庙站、宜昌水文站多年平均水温分别为17.8℃、18.4℃、18.4℃、18.2℃。③三峡水库蓄水运用，2004—2015年朱沱站、寸滩站、巴东站、黄陵庙站、宜昌水文站各站平均水温分别为：18.2℃、18.8℃、18.9℃、19.0℃、18.9℃。根据朱沱、寸滩、黄陵庙、宜昌等4站2014年专题观测，水温滞后现象明显，同一水温延时19～27天，升温期和降温期延迟不一致，对“四大家鱼”（青鱼、草鱼、鲢鱼和鳙鱼）（春—夏）和中华鲟（秋—冬）有一定影响；三峡坝前庙河站水温梯度观测，在蓄水初期春夏之交呈现水温跃层，上下层水温相差最大约10℃。

（三）原型观测调查揭示了特殊水流变化特征。观测内容主要包括：天然时期南津关河段的涌泡水、漩涡水、剪刀水、环流；施工阶段截流龙口水流；运行阶段引航道口门区航迹线、航道内往复流、异重流、横波涌浪、水面流态等。特殊水流观测分析成果是坝区河势规划、科研试验、枢纽布置、航线设计、截流施工、航道运行的重要基础资料。

（四）原型观测调查阐明了三峡—葛洲坝水利枢纽工程河段（含坝区及两坝间）河床演变特点。坝区受工程施工影响，河床变化剧烈，枢纽布置施工引起滩槽冲淤深泓移位、沿程岸线护坡稳定、流场（主流、副流、回流、缓流、环流）发生变化并实现自适应调整，达到新的平稳。枢纽建成运行，出库泥沙大幅减少，过机泥沙对水轮机产生一定的磨损影响。

（五）原型观测分析揭示了截流龙口水力学特性。从1981年葛洲坝大江截流，到1997年三峡大江截流，再到2002年三峡明渠截流，水文原型观测创建了“截流水文监测系统”，采用先进的技术手段，全天候地监测截流河段的水文、泥沙、水质等全过程变化，为截流成功做出重大贡献。①全过程监测导流、截流河段分流比，及时指导调整截流施工布置；②全过程监测、预测上下龙口宽度、落差、流速变化，揭示了龙口水力学指标变化规律，及时指导调整抛投骨料尺寸及戗堤头保护措施；③实验研究揭示葛洲坝水库调度影响机理，通过控制坝前水位可以适当降低三峡截流水力学指标，为提前截流设计、施工、科研等提供依据；④揭示了葛洲坝水库三峡坝区段淤积形态和砂石料漂距试验成果，为平抛垫底施工提供技术支撑；⑤揭示了截流高强度施工对水环境的影响不大。

（六）原型观测实验研究，揭示了葛洲坝径流水库输水输沙特性。葛洲坝水库库容 15.8 亿 m^3，坝前水位变化很小，呈现出“枯季是水库，汛期是河道”的径流水库特性，总体上对入库径流的调节作用很小，库区输水能力主要靠增加比降实现，改变了天然时期靠抬高水位实现的输水特性；库区输沙能力呈现“淤粗排细”特性，即主要拦截推移质泥沙，对悬移质影响较小，出库推移质大量减少，坝下游呈现出以推移质冲刷的特性。

（七）原型观测实验研究，探明了“自古三峡不夜航”的原由，揭示了葛洲坝水库泥沙淤积规律与库尾浅滩演变特性。水库运行 3~5 年即达到库区泥沙淤积相对平衡，淤积量约 1.5 亿 m^3，淤积纵剖面呈锯齿状形态，主要淤积在常年回水区开阔段，变动回水区冲刷交替，以冲为主，不存在水库泥沙淤积上延的“翘尾巴”现象。水库蓄水明显改善库区常年回水区航道尺度及航行条件，对库尾洲滩演变有一定影响，对水库末端航道改善甚微。

（八）原型观测实验研究，阐明了航道水文、泥沙、水力学特性。葛洲坝工程三江下航道因船闸泄水呈现浅水长波往复流，对航深有一定影响，该结论为修改通航调度规程提供了技术支撑；三江下引航道往复流也是航道内泥沙淤积的主要原因，异重流次之；三江航道小流量冲沙效果较差，增加机械松动措施后，冲沙效果有明显提升；葛洲坝二江泄洪对大江下引航道产生涌浪和横波影响，为设计建设河势调整工程（纵向江心堤）提供基础。三峡工程临时船闸（后改为升船机）和永久船闸的下引航道存在往复流波动，对升船机承船厢内外水体对接产生影响；口门区在 1998—2006 年运行时出现拦门沙淤积，对航道尺度产生一定影响，需采取清淤措施。

（九）原型观测实验研究，揭示了变化环境下三峡水库泥沙运动规律、入库泥沙与场次洪水泥沙输移规律及水库洪峰沙峰异步传播规律，研发了水库泥沙实时监测和预报技术，实现了水库泥沙淤积预测与实时含沙量在线滚动作业预报，为水库泥沙实时调度提供支撑。阐明了三峡坝前淤积量相对偏大的原因，系细颗粒泥沙絮凝沉降所致，坝前库段开阔，过水断面面积增大，流速减缓，入库泥沙沿程淤积分选，粒径变细，絮凝作用下细颗粒泥沙形成絮团，粒径变粗，沉速加快，这是引起淤积量偏大的主要原因。

（十）水库蒸发实验研究，揭示了三峡水库库区蒸发规律。①设计制造适应动态水体的蒸发实验漂浮筏；②揭示了陆上水面蒸发与漂浮水面蒸发的差异及其主要影响因素——水温；③三峡水库水面蒸发量呈现一峰一谷特性，其中巴东—巫山段为峰值区，长寿—涪陵段为谷值区；④研究构建了三峡水库水面蒸发模型；⑤预估三峡水库水面蒸发损失量约 5.9 亿 m^3 的水量。其中，水库 135~156m 运行期年平均损失水量较蓄水前增加约 2.2 亿 m^3，175m 试验性蓄水运行期，年损失水量较蓄水前增加了 3.3 亿 m^3。

大事记

编纂说明

大事记以时间为经、以事实为纬，按照实事求是和详今略古原则，采取“编年体为主，记事本末体为辅”的顺时记事方法，编纂具有首创性、转折性、典型性、代表性的大事和要事。

大事记自1949年起至2022年止，共73年，按四个时期编排：Ⅰ宜昌水文站（1949—1972年），Ⅱ宜实站（1973—1981年），Ⅲ葛实站（1982—1993年），Ⅳ三峡局（1994—2022年）。书记格式，采用4层结构：①第一层，各时期标题；②第二层，年份号；③第三层，事件编号及小标题；第四层，事件具体内容。

大事记主要内容包括：①重大的机构变迁和重要的人事任免；②重要的会议决定和重要的指示批示；③重要的站网调整和重大的业务拓展；④重要的英模事迹和重大的创新成果；⑤重要的水沙变异和重大的基建成就。对政治运动、人事处分处理，简略述事，一般不作记载。模范先进单位和个人，主要从文书档案和各种报刊通讯回忆记载摘录，一般以省部级以上荣誉称号为主，以及重要的地市（如宜昌市）和副省部级（如长江委、三峡集团）荣誉。

大事记的资料来源为：一是三峡局（含葛实站、宜实站）行政文书档案和技术资料档案；二是水文局、汉总、荆实站等单位的大事记摘抄相关部分；三是三峡局历史资料、少数年份（如1984—1986年）当月大事记及部分当事人的回忆、工作笔记、日记等；四是有关重点工作及业务项目任务书、工作报告、技术总结、学术论文论著等材料；五是三峡局网站、微信公众号、综合办公平台、管理月报等；六是与三峡局发展有关的三峡工程（含葛洲坝工程）及行业发展的大事记，以“▲”符号标注（不编序号）。

大事记由于时间跨度大，难免会有遗漏或记事欠准等情况。恳请有关领导、专家和关心《三峡水文志（1877—2022）》的广大水文工作者指正。

I　宜昌水文站时期大事记

从1877年设立宜昌海关水尺，到1946年设立宜昌水文站，再到1973年升格为宜昌水文实验站，差不多一个世纪实现了“三级跳”，站网从无到有，从水位站网上升到水文站网，再拓展到实验站网，这是长江三峡地区近代水文站网“零”的突破和“质”飞跃。新中国成立后，宜昌水文站经历了隶属关系变更、调整和机构的变迁、升格，总体上业务发展迅速，尤其为长江防洪、三峡工程选址、水资源保护等方面，开启了多项首创性、开创性工作。

1949年

（I—1）宜昌水文站隶属关系变更

7月16日，宜昌市解放。7月22日，宜昌市军事管制委员会成立，接管宜昌水文站；8月，移交湖北省人民政府水利局。

1877年4月1日，由宜昌海关设立水尺，宜昌始有水位记录，采用英制计量单位；1882年增加降水观测，1938年6月停测。1940年6月，侵华日军占领宜昌，水位观测记录中断。1945年8月，日军投降，10月恢复水位观测。1946年5月，扬子江水利委员会设立宜昌水文站，首任站长岳德懋，开展水位、流量、含沙量等观测，其中宜昌水文站水尺在海关水尺下游约150m。两组水尺并行观测至1957年，海关水尺撤销，统一采用宜昌水文站水位。

1950年

（I—2）长江水利委员会接管宜昌水文站

2月，长江水利委员会（简称长委会）成立。4月，湖北省水利局改组，成立湖北省农业厅水利局和长委会中游工程局（简称中游工程局）。6月16日，宜昌水文站划归中游工程局管理；恩施水位站移交宜昌水文站。

▲6月7日，中央人民政府政务院成立中央防汛总指挥部。首届总指挥部主任由政务院副总理董必武担任，水利部部长傅作义、军事委员会部长李涛任副主任。

1951年

（I—3）明确宜昌防汛水位和紧急水位

2月26日，中游工程局水文科明确宜昌防汛水位为50.3m，紧急水位为52.8m。

（I—4）明确宜昌水文站为二等水文站

2月27日，中游工程局将所属水文测站划分为四个一等水文站管辖区；宜昌水文站为二等水文站，归属监利一等水文站管理，杨刚和任宜昌二等水文站站长。

1952年

（I—5）宜昌水文站升格为一等水文站

3月4日，长委会批准成立宜昌水文管理区，宜昌二等水文站升格为一等水文站；任命杨刚和为代理站长，人员增至17人。租赁站房由大公桥下上迁至原三北轮船公司院内。管理区下辖枝江、牌楼口、松滋口、搬鱼嘴4个二等水文站。7月，宜昌一等水文站工会委员会成立，王廉为主席。

1953年

（I—6）宜昌水文站隶属关系调整

1月28日，长委会将所属水文站划区管理，设立沙市、汉口、襄阳三个水文区站；2月，宜昌一等水文站及所隶属的二等水文站，划归沙市水文区站；4月中旬，宜昌一等水文站站长调整为万作善。1955年4月1日，宜昌一等水文站改属水文测量大队领导；7月31日，站长调整为向治安。1956 年 1 月，宜昌一等水文站改属沙市水文分站领导；4 月，沙市水文分站与洞庭湖工程处水文分站合并成立沙市水文总站，宜昌一等水文站改为宜昌中心水文站；5 月 11 日，储荣民任副站长，代理站长工作；9 月 15 日，任命宋开金为宜昌中心水文站首任政治指导员（副）。1957 年 1 月 1 日，沙市水文总站与水文测量一队合并成立荆江河床实验站（简称荆实站）。宜昌中心水文站隶属荆实站领导，储荣民为站长，宋开金为政治指导员。

（Ⅰ—7）宜昌水文站流量测验断面调整

6 月 28 日，将流速仪测流断面（原下浮标断面）调整为中浮标断面，重新在其上、下游 150m 设立了上、下浮标断面。7 月 17 日，沙市水文分站在宜昌一等水文站召开站联会议，分站工会主席姚孝遂出席会议，决定每月 5、15、25 日上午 8 时为各站同步测流时间。12 月 30 日，宜昌一等水文站所属水位站的水尺零点高程，统一改设为整米数。1955 年 6 月 26 日，流速仪测流断面从大公桥下首上迁 1574m 至原怡和码头，与基本水尺断面重合。

1954 年

（Ⅰ—8）宜昌水文站首次拥有办公用房

4 月，宜昌一等水文站由原三北轮船公司（租房）迁入隆中路新址办公，正式拥有办公场所。1957 年 1 月 17 日，租赁民宅土地约 400m^2 扩建站房；9 月 23 日，建成砖木结构办公室一栋，面积 99.57m^2，建设费 0.93 万元。

（Ⅰ—9）宜昌水文站调整泥沙精密测验方法

6 月 8 日，宜昌一等水文站为精密泥沙测验重点站之一。含沙量测验由原 3 线 3 点过滤法改为多线多点过滤法。

（Ⅰ—10）宜昌水文站实测建站以来最大流量

8 月 7 日 8 时，宜昌出现年最高洪峰，水位 55.73m，实测流量 6.68 万 m^3/s，略低于 1896 年，居历史实测记录的第二位。城区隆中路与南湖内渍成一片大湖，站房淹没深约 1.4m，宜昌市人民政府在市政府大院内腾出临时房子供水文站办公。7 月 22 日至 8 月 22 日，下游荆江分洪闸分洪 3 次。

1955 年

（Ⅰ—11）宜昌水文站开展高流速测验和悬索偏角改正试验

2 月，长委会水文处成立高流速试验组。5 月，以谢新荣工程师为组长的高速试验组及以郑孟节工程师为组长的工作组进驻宜昌一等水文站。高流速测验试验解决了岩石河床卡锚，砂石河床滑锚部分问题，创制了三齿、五齿活动锚和江中设固定木驳的方法。1956 年 6 月，长办水文处以简进堂为组长的驻站工作组和长江工会以明玉伦为组长的工会工作组，进驻宜昌中心水文站指导高流速测验及贯彻规范工作。利用右岸山高，试验洪水期高山牵引测船测流，解决了全断面近 1/2 测验丢锚问题。9 月上旬，首次在宜昌水文站开展悬索偏角试验，将回声仪振荡器装入铁壳铅鱼内部，采用向水面发射确定铅鱼入水深度，从而解决了野外试验的关键问题，之后于 1956—1958 年一共开展了 9 次 60 根垂线改正值试验和 6 种不同重量铅鱼、4 种悬索直径附导线和不附导线阻力系数试验，编写了改正值和冲击力等试验报告，主要由向治安、储荣民、吴天一等完成。

1956 年

（Ⅰ—12）宜昌水文站观测时制调整和首次开展推移质测验

1月1日，降水量、蒸发量观测一律改用北京标准时，并以8时为日分界。正式开展推移质、河床质测验，分别采用荷兰式、锥式采样器。

1957 年

（Ⅰ—13）宜昌水文站首次开展水化学分析

1月，首次开展水化学分析，收集长江宜昌段水资源质量基本资料；开展宜昌水文站水文测验河段水流平面图测量。

（Ⅰ—14）宜昌水文站更名为宜昌流量站

2月，宜昌中心水文站更名称为“长江流域规划办公室（简称长办）荆江河床实验站宜昌流量站”。5月10—15日，确定宜昌流量站为全江先行一步的四个示范站之一。1958年3月15日移交汉口水文总站（简称汉总）领导。

1958 年

（Ⅰ—15）宜昌流量站首次设立三峡坝区专用水位站

5月12日，为满足三斗坪坝区模型试验、三峡水利枢纽规划设计需要，宜昌流量站在长江三峡狗洞树与扒河口之间河段，设立了太平溪、上磨脑、西湾、大沙坝、黑石沟、长木沱、茅坪、旗坝、苏家坳、凉水井、三斗坪、东岳庙等19组水尺（其中太平溪、茅坪、三斗坪为原有水位站）。6月10日开始观测，至11月撤销。

（Ⅰ—16）宜昌流量站首次建立党支部

9月11日，中共宜昌市委组织部批复同意宜昌流量站建立党支部，隶属航运党委领导，梁景祥任支部书记，这是宜昌水文站成立的第一个党支部。

（Ⅰ—17）宜昌流量站首次成立民兵排

11月3日，宜昌市兵役局批复宜昌流量站成立民兵排，梁景祥任排长，王业才任副排长。

1959 年

（Ⅰ—18）宜昌流量站首次开展水情预报

4月18日，宜昌流量站开展水情预报工作。在宜昌市二马路设立水情公告牌，公布上游重庆以下及宜昌未来3天的水情预报。公告牌损坏后，在市广播站天气预报、水情公告服务节目中向市民广播。

（Ⅰ—19）宜昌流量站建成首座水位自记台

5月10日，宜昌流量站建成水位自记台，投入试用。

（Ⅰ—20）宜昌流量站成立科学技术协会

5月22日，宜昌流量站科学技术协会成立，秦嗣田等5人入会，储荣民、刘先章为情报员。

（Ⅰ—21）宜昌流量站开展水文测验技术革新工作

6月30日，宜昌流量站完成悬移质沙样在测验现场（船上）过滤法的鉴定小结和流量测验精简分析小结报告。7月，宜昌流量站奋战三昼夜，在木船上安装水轮机械化全套设备。推广完善了枝江流量站“水轮机械化六用”，即水轮绞锚、绞流速仪、取沙、摆线捡钢丝绳、绞支架收放和水轮提升等工作。9月，完成光电比色器鉴定小结、离子交换树脂制蒸馏水推广小结、含沙量测线测点精简分析小结、自动分析雨量器推广小结、悬移质采样半自动打锤挂钩推广小结及三峡坝区三斗坪、瓦厂沟乐天溪、高家溪、古老背四站细菌分析报告等科技成果。

（Ⅰ—22）宜昌流量站实测建站以来最大含沙量

7月26日，宜昌流量站实测最大含沙量

10.5kg/m³，为有记录以来的历年最大含沙量。

（Ⅰ—23）宜昌流量站接管三峡气象站

8月4日，湖北省宜都行署将三峡气象站（三斗坪气象站）移交宜昌流量站。

（Ⅰ—24）宜昌流量站首次设立三峡坝区专用流量站

11月24日，宜昌流量站设立高家溪、瓦厂沟、乐天溪3个专用流量站，观测水位、流量、水质等项目。12月11日，启动三峡喜滩测流建站工作，宜昌流量站与荆实站河道一队完成缆道架设的基础工程。1960年3月23日，喜滩架设高空水文测验缆道成功，为长江上第一座高空测流缆道。1961年5月，喜滩流量停测。1962年5月，水位停测，至此喜滩专用流量站撤销。

1960年

（Ⅰ—25）成立三峡工程水文站，与宜昌流量站合署办公

1月1日，成立三峡工程水文站，王业才任站长，与宜昌流量站合署办公，负责巴东以下全部水位站及瓦厂沟、高家溪、乐天溪、喜滩4个专用流量站和三斗坪气象站工作。宜昌流量站负责宜昌断面水文测验，王业才兼站长，储荣民任副站长。1963年6月4日，任命龙昌洪为宜昌流量站站长。

（Ⅰ—26）开展三峡河段洪水波传播时间观测

6月22日，长办水文处批复同意南津关、平善坝、乐天溪3组水尺代替母猪嘴、尖沱、青鱼背3组险滩水尺，增加洪水波传播时间观测。

（Ⅰ—27）宜昌流量站开展泥沙自动分析器试验

7月22日，宜昌流量站开展泥沙自动分析器试验和利用电极法、抽气法、离心法，以及超声仪等泥沙加速沉淀试验。

（Ⅰ—28）宜昌流量站成立技术革新攻关小组

9月23日，中共宜昌竞赛区、宜昌流量站党支部召开1960年的政治工作总结会。会议决议抽调宜昌站副站长储荣民、枝江站站长宁铁民、太阳沱站站长汤运南、搬鱼嘴站站长龙昌洪成立技术革命攻关小组，分别负责车间、仪器革新、水轮机械化专题项目的攻关研究。

1961年

（Ⅰ—29）枝江流量站改为基本水位站

1月，枝江流量站撤销，改为基本水位站。

（Ⅰ—30）三峡坝区水文站网重大调整

5月8日，三峡工程水文站与宜昌流量站合并为联站。太阳沱流量站停止流量、泥沙、水化学测验，保留水位及气象观测；撤销茅坪水位站；三斗坪右岸水尺与三斗坪气象站合并为三斗坪专用水位站，取消江面雾项目的观测；宜昌、搬鱼嘴流量站泥沙含矿量形状分析暂停。6月，撤销秭归、柳林碛水位站；平善坝、石牌改为常年水位站；三峡坝区太平溪、黑石沟、三斗坪、东岳庙、黄陵庙、乐天溪等12组水尺继续观测。8月16日，宜昌流量站执行流量、含沙量常测法；撤销乐天溪流量站；撤销古老背水位站。1962年5月29日，三峡坝区太平溪、黑石沟、黄陵庙、乐天溪左右岸共8组水尺及喜滩站水位停测。1963年1月1日，撤销三峡工程水文站建制，所属水位站改属宜昌流量站。三斗坪专用水位站升为基本水位站。撤销三斗坪左及东岳庙左右岸共3组水尺。增加宜昌降水量观测为报汛专用项目。

1962年

（Ⅰ—31）宜昌流量站首次荣获长江水利科学院先进单位称号

2月15日，刘昌凉荣获全江先进个人、宜昌流量站荣获“长江水利科学院先进单位”称号。

1963 年

（Ⅰ—32）宜昌流量站首次拥有泥沙分析室

6月18日，宜昌市人民政府批准宜昌流量站在基本水尺傍建造 40m² 简易泥沙分析室一间，并办理营建临时执照。

（Ⅰ—33）宜昌流量站首次开展测站地形测量

11月1日，汉总成立枯季地形测量组，首次测量宜昌流量站测验河段地形。

1964 年

（Ⅰ—34）宜昌流量站首次由副科级干部任站长

5月28日，长江水利科学研究院（简称长科院）委任赵文堂为宜昌流量站站长（副科级）。6月11日，宜昌流量站复名宜昌水文站。9月14—19日，长办在汉召开全江职工学习毛主席著作经验交流大会，大会授予宜昌水文站全江先进单位光荣称号。1965年5月17日，长办水文处党总支决定李信凯任宜昌水文站站长，刘昌凉任政治干事。免去赵文堂站长职务。

1965 年

（Ⅰ—35）宜昌水文站设立辅助测流断面

6月7日，撤销石牌、平善坝两处专用水位站；调整南津关水位站为汛期水位站；增设茅坪专用水位站；增加枝江、砖窑两水位站报汛；停止宜昌水文站断面推移质测验。7—9月，在虎牙滩设立水尺和测流断面，作为宜昌水文站高洪测验方案之一。与宜昌基本断面的水位—流量关系进行对比测验，收集了一年资料。将右岸高山牵引系统再次上移，以提高摆船测量效率。右岸高山牵引系统使用到1973年改为吊船缆道牵引，历经17年。

1966 年

（Ⅰ—36）设立宜昌管理区

2月12日，长办水文处党总支委任徐富英为宜昌管理区政治指导员。宜昌管理区辖宜昌、太阳沱、搬鱼嘴、新江口、沙道观、弥陀寺、藕池口、新厂8个水文站。3月30日，中共宜昌水文站党支部改选，徐富英任书记，李洪喜任副书记。党支部归属宜昌市交通局党委领导。

（Ⅰ—37）宜昌水文站开展卵石推移质出峡试验

8月8日，为兴建三峡水利枢纽，开展卵石推移质试验，布置寸滩、宜昌等站开展卵石推移质测验，以测定卵石是否通过三峡，并在钢锣峡河段投放了32颗钴60标记卵石，1967年1月7日在三峡出口的宜昌水文站找到一颗。

（Ⅰ—38）宜昌水文站首次开展流量测验精简分析

10月28日，宜昌水文站完成流量精测法、常测法分析、不同测速历时测量结果的分析、断面测量精度分析等3篇报告。

1967 年

（Ⅰ—39）宜昌水文站调整三峡坝区专用水位站

1月7日，应三峡坝址水工模型试验需要，宜昌水文站在太平溪河段设立了美人沱、沙湾、偏岩子、张家湾、太平溪、银杏沱、西湾、大沙坝等8组水尺，于5月1日开始观测。1968年5月4日，除太平溪改为常年水位站外，其余7组水尺改为汛期观测，至1969年5月10日全部停测。

1968 年

（Ⅰ—40）撤销三峡气象场

4月3日，撤销三峡（三斗坪）气象场，气象场房屋移交地震台。

1969 年

（Ⅰ—41）清江发生历史特大洪水

7月12日，清江发生特大洪水，24小时搬鱼嘴站水位猛涨15m，最高水位78.60m，最大流量1.89万m^3/s，创历史最大纪录。上游长阳县城（龙舟坪）街道居民住房全部被冲毁。宜昌水文站水位受顶托影响，同水位下流量偏小。

1970 年

（Ⅰ—42）宜昌水文站开展临底悬沙测验试验

7月7日，宜昌水文站改进现有悬沙采样仪器和操作方法，从1972年开始临底悬沙测验试验，到1977年汛后结束，共测验79次。

（Ⅰ—43）宜昌水文站首次设立葛洲坝坝区专用站网

7月9日，为葛洲坝模型试验、设计、施工需要，宜昌水文站设立了恶狮子沟、紫阳河、三江北岸、葛洲坝南、葛洲坝北5组水尺，于8月开始观测。1972年，三江北岸水尺下迁1500m，改为汛期站；1973年，改为三江出口常年站。8月10日，在二江和三江下围堰各设立1个断面，首次开展流量、含沙量及分流比、颗粒分析测验，10月3日再次测验，年测两次；1973年围堰建成后停测。

（Ⅰ—44）恢复宜昌管理区并调整管理区范围

8月15日，汉总恢复宜昌管理区，徐富英任区政治指导员，区辖宜昌、太阳沱、搬鱼嘴3个水文站。

（Ⅰ—45）首次开展三江异重流测验

8月16日，首次在三江开展异重流测验。按规划设计方案，葛洲坝水利枢纽布置在三江建设船闸及引航道，为研究三江在天然时期泥沙淤积原因，开展异重流原型观测。

▲12月30日，长江葛洲坝水利枢纽工程开工。为纪念国家主席毛泽东1958年3月30日视察长江三峡，该工程命名为“三三〇工程”。

1971 年

（Ⅰ—46）主动策划和落实葛洲坝工程水文测验工作

2月1日，宜昌水文站站长李洪喜调汉总工作，谭济林代理站长，测站人员增加到44人。2月中旬，长办水文处与汉总派员来宜，会同三三〇工程指挥部有关人员组成察勘组，在葛洲坝工地现场研究确定宜昌水文站生产任务。保留恶狮子沟、紫阳河、三江北岸、葛洲坝南、葛洲坝北水尺，增设黄柏河口、二江出口2组水尺。宜昌、三斗坪、南津关、葛洲坝南、葛洲坝北、黄柏河口等6组水尺向三三〇指挥部拍报水情。加强推移质和河底流速的测验。在新围堰上设5个、二江下围堰设4个、三江下围堰设6个淤积观测断面。大江17号、5号、胭脂坝及宜昌基本断面共4个断面为水力泥沙因子测量断面，每断面按10线5点法测验流速、悬沙、颗粒分析以及河床质淤积物、水温、流向等。按水工模型试验编号开展原型观测，包括坝上20#、17#、15#、12#、10#、5#、3#及坝下10#、18#、27#、34#、51#、宜昌基本断面、胭脂坝等大江冲淤观测断面14个。设测固定断面29个。5月6日，从长办水文处机关抽调申庆羽、沈华林、施定国等26名技术人员来宜昌，支援葛洲坝工程水文测验工作。6月14日，宜昌水文站首次同步施测宜昌基本断面、坝上17号、坝上5号及胭脂坝共4个大江断面的水力泥沙因子。8月1日，根据葛洲坝水利枢纽水工模型试验、工程建设需要，宜昌水文站在卷桥河、宝塔河、徐家口、临江溪、磨盘溪增设5个水位站。8月18日，黄柏河口设立断面测验流量和含沙量，至1972年9月27日止，共施测5次。

（Ⅰ—47）水电部部长钱正英视察宜昌水文站

9月，水电部部长钱正英视察宜昌水文站时，指示宜昌水文站组织人员到外地参观学习异重流测量方法，希望尽快在三江开展此项工作。1975年8月14日，在葛洲坝三江设置5个断面开展异重流测验，分别于8月14日、9月11日、10月7日测验了3次水沙分布。

1972年

（Ⅰ—48）宜昌水文站扩建小工厂

1月10日，宜昌水文站在1958年建立了水文车间，但装备一直很差，经向宜昌地区计划委员会申请购置了船用柴油机及车床。6月6日，购入1.2m普通车床1台，扩建了维修小工厂。这个小工厂是职工自己动手，开展水文仪器设备研制、加工、维修、维护的重要场所。

（Ⅰ—49）成功架设水文测验专用吊船缆道

4月9日，汉总胡家林副主任主持坝上17号断面吊船缆道施工；5月26日，缆道架设完成，历时48天。主索直径32.5mm，净跨1422m。1973年3月9日，宜昌断面兴建吊船缆道。4月底，三三〇指挥部所属安装处完成了宜昌水文站吊船过江缆道的钢塔、地锚及起吊工程。5月17日，宜实站负责主索渡江，次日主索升空架设完成。主索直径37mm，重6t，总长1214m，右岸锚地高程122m，左岸钢塔顶高程104m，塔高45m，跨度1084.3m，主索最低点离水面净高22m（水位56m时），满足通航要求。

（Ⅰ—50）宜昌水文站加强领导、管理与科研工作

6月9日，汉总任命谭济林为宜昌水文站站长，刘昌凉为副站长。7月8日，宜昌水文站为实现测站管理正规化，布置制定水上测验操作规程、码头管理制度、水位站管理制度、资料管理制度、内业资料整理制度、安全保卫制度、仪器器材管理制度、简易财务管理制度、食堂管理制度等九项制度。7月25日，宜昌水文站完成三三〇第一期工程一、二、三江围堰对宜昌水文站断面的水力泥沙因子影响分析和单位水样位置分析两篇技术报告。10月4日，宜昌水文站召开汛期工作总结会。系统总结了所辖13个水位站水面线观测、6个流量与含沙量断面水力泥沙因子测量、33个固定断面测量及葛洲坝河段局部河段流态测量等情况，以及河底卡坏流速仪、砍断钢丝绳丢失铁锚等安全事件及原因和处理情况。

▲11月，葛洲坝水利枢纽主体工程暂停施工，修改设计；成立葛洲坝工程技术委员会，长办主任林一山任主任委员，由长办负责修改设计。1974年10月，葛洲坝主体工程恢复施工。

Ⅱ　宜实站时期大事记

葛洲坝工程经历了开工、停工、复工等曲折过程，体现出水利工程建设的极端复杂性和艰巨性。1973年宜实站成立，正是为科研、设计、施工提供水文技术支撑，也正式开启了一系列首创性、探索性、典型性、代表性的水利枢纽工程水文泥沙原型观测、调查、实验研究工作崭新的一页。

1973年

（Ⅱ—1）成立宜昌水文实验站

1月16日，宜昌水文站升格为宜实站，重点负责三三〇工程所交任务，以及长江巴东（湖北境内）至枝城河段（包括清江）的水文测验与河道观测。3月，汉总向宜实站移交了宜昌、太阳沱、搬鱼嘴3个水文站及其所属水位站及人员69人。4月1日宜实站召开成立大会，任命秦嗣田为党支部书记，负责行政领导，下设政工、行政、技术三个组。8月3日，任命洪廷烈为宜实站政工组副组长，刘昌凉任行政组组长，谭济林任技术组组长。9月25日，中共宜昌市交通局委员会批复同意成立宜实站工会委员会，刘昌凉任工会主席，廖子占任工会副主席。1974年1月11日，宜实站成立治安保卫委员会，刘昌凉兼任主任，曾昭明任副主任。1977年6月15日，经宜昌市交通局党委批准成立民兵连，秦嗣田任连指导员，洪廷烈任连长；8月3日，任命秦嗣田为宜实站副主任。1978年2月21日，任命刘昌凉、龙应华、谭济林为宜实站副主任（副科级）；3月29日，宜实站内设机构建制由组改为股，洪廷烈任政工股长，刘昌凉兼任行政股长，龙应华兼任技术股长，江义贵任河道一队政治指导员；5月12日，任命秦嗣田为宜实站主任（正科级）；6月5日，增补龙应华、江义贵为支部委员。

（Ⅱ—2）首次开展宜昌城区排污口和水体污染调查

3月，宜实站首次完成宜昌市区河段南津关黄茅峡口下至伍家岗沿江两岸排污口段水质污染源调查。1976年4月，完成长江宜昌河段沿江两岸的工业排废污染水源的调查；6月，宜实站开展清江水质污染调查；在宜昌河段新增南津关对照断面、宜昌基本断面、虎牙滩消失断面。

（Ⅱ—3）钱宁教授检查指导工程泥沙原型观测

5月29日，清华大学钱宁教授来宜实站，与宜实站技术人员座谈关于悬沙近底层漏沙部分计算延伸技术等问题。

（Ⅱ—4）南津关河段实测最大卵石推移质

7月5日，葛洲坝上游南津关（三峡出口）12号、17号断面测得卵石推移质，其中最大一颗直径（三轴平均）237mm，重量10kg，证实了卵石可以出峡。测验采用60型软网式卵石推移仪器，自重200余kg。水文203轮的可旋支架在测量中发生被扭曲成麻花状的事故。

（Ⅱ—5）开展南津关河段特殊泡漩水流观测

9月2日，根据三三〇工程南津关航道整治设计需要，宜实站组织力量开展南津关河段泡漩特殊水流测量工作。1973年2月15日，长办召开葛洲坝水利枢纽南津关河道整治座谈会，宜实站郑家文、熊光德二人参加会议，会议强调要加强南津关河段泡漩水流测量工作。1974年6月23日，为修改葛洲坝水利枢纽建筑物设计布局，宜实站实施南津关河段的小南沱、楠木坑及清凉树泡漩水流观测，按不同流量级施测了8次，重点观测河段内水面流态，单泡水的扩散速度及直径、漩涡水的直径、速度及深度，回流边界及剪刀水的位置。

1974年

（Ⅱ—6）联合开展卵石推移质调查及岩性分析

2月，宜实站会同清华大学、南京大学、长江科学院，联合开展三峡河段卵石调查及岩性分析工作，前后共进行了6次，基本弄清了峡区干支流卵石来源及岩性。

（Ⅱ—7）加强泥沙原型观测与技术交流

4月10日，长办水文处在宜实站召开泥沙工作会议。宜实站在会议上交流悬移质泥沙取样方法等6篇论文。1974年11月20日，长办水文处受水电部委托在宜昌市召开全国泥沙颗粒分析技术座谈会，宜实站谭济林、吴学德、汪福盛等6人出席会议，交流报告3篇。1976年3月18—25日，长办水文处在沙市召开泥沙颗粒分析试验工作会议，交流颗粒分析试验成果、拟定技术补充规定，汪福盛、温生贵参加。1976年7月，长办水文处选派汪福盛参加黄河水利委员会召开的泥沙颗粒分析试验成果交流会。

（Ⅱ—8）宜实站首次拥有汽车

4月，长办水文处配发宜实站首辆汽车，为

武汉牌 2.5t 卡车。

（Ⅱ—9）宜实站设立葛洲坝变动回水区专用水位站

4 月 27 日，三三〇工程回水变动区的模型糙率校正试验需要 22 个水位站，宜实站负责设立了石柱子、楠木园、杨家棚、官渡口、五里堆（磊）、青竹标、张家溪、么姑沱、秭归、香溪计 10 处。5 月 1 日起观测水位。

（Ⅱ—10）宜实站首次拥有办公楼

5 月，隆中后路（现胜利四路 15 号）1000m^2 的三层办公楼建成，宜实站搬入新楼办公。同年，在办公楼傍新建 200m^2 食堂；在隆中路旧站址院内新建四层家属楼，建筑面积约 500m^2。

（Ⅱ—11）宜实站首次开展水污染应急监测

6 月 30 日，宜宾某农药仓库因山洪暴发 35t 剧毒农药被冲入江中，宜实站于 7 月 2—4 日连续 3 天测定宜昌江段水质污染情况，应急监测表明本江段未发生污染事件。

（Ⅱ—12）宜昌水文站水情倍受高层关注

8 月 13 日，宜昌水文站实测年最高水位 54.47m、流量为 6.15 万 m^3/s，接近荆江分洪的流量要求。因采用历年水位流量单一曲线报汛，导致相应流量比实测流量偏小约 3000m^3/s 的事件。中央首长十分关注，中央防汛总指挥部当晚从北京直通电话查询。事后，水电部、长办均派人到宜实站核实事件真相。

（Ⅱ—13）宜实站首次使用对讲机等先进实用设备

11 月 20 日，外业测量中首次使用对讲机通信设备，是对传统采用测量旗语的重大突破。全年新增经纬仪、水准仪、流速仪等 77 台（套），测量机船 5 艘，过江吊船缆道 4 座；生产重型绞关、挖斗式河床质采样器、近底层悬沙采样器等 13 部，提升了原型观测能力。

1975 年

（Ⅱ—14）宜实站首次荣获省级先进集体表彰

1 月 7—8 日，宜实站召开“1974 年总结评比暨经验交流会”，表彰了水文 203 轮、测验组等先进集体 3 个，王斯延等先进个人 33 人。长办水文处批准测验组为全江先进集体。李赤锋出席了湖北省先代会议，宜实站获“省先进集体单位”称号。

（Ⅱ—15）成立河道观测队，加强原型观测队伍建设

3 月 26 日，成立两个河道管理队。长办水文处临时党总支任命刘昌凉兼第二河道观测队政治指导员，佘绪平、李赤峰任副队长；曾昭明任第一河道观测队副政治指导员，郑家文任队长，黄先政任副队长；龙应华任技术组副组长。

（Ⅱ—16）开展同位素低含沙量仪试验研究

10 月 11 日，宜实站开展同位素低含沙量仪泥沙测验的试验研究工作。1976 年 3 月 1 日，长办水文处拨款 2 万元，作试制样机两部的经费，试验经费另列，与清华大学签订共同研制协议。宜实站派陈德坤参与研制工作，吴佑顺参加测试工作。1980 年 4 月 9 日，在宜昌市通过部级鉴定，该仪器能测量 0.6kg/m^3 以上的悬移质含沙量。1982 年 10 月 17 日，在葛洲坝三江航道冲沙（冲沙流量为 5000m^3/s），首次采用同位素低含沙量仪监测含沙量变化过程，实测最大含沙量为 10.5kg/m^3。1982 年获水电部优秀水文科研成果。1984 年 12 月 2 日，同位素低含沙量仪在国家发明评选委员会第十六次会议上荣获国家科学技术委员会发明三等奖。

1976 年

（Ⅱ—17）清江搬鱼嘴水文站搬迁长阳新址

1 月 1 日，搬鱼嘴水文站搬迁长阳新址，更名为长阳（二）水文站，搬鱼嘴改为水位站，观测水位、降水、蒸发。1977 年 1 月 1 日撤销搬鱼嘴水位站。

（Ⅱ—18）宜实站成功研制挖斗式河床质采样器

6 月 30 日至 7 月 2 日，由宜实站杨维林设计，谢新荣制图加工完成的挖斗式河床质（床沙）采样器，经多次室内、室外试验，效果良好。长办水文处在宜昌召开“80 型挖斗式河床质采样器鉴定会”。会议决定将 80mm 口门扩大为 120mm，并形成初步鉴定意见。

（Ⅱ—19）宜实站首次开展葛洲坝通航实船试验与航迹线观测

8 月 25 日，根据国务院葛洲坝工程技术委员会第 8 次会议决定，为研究大江航道布置、整治南津关河道方案，宜实站于 8 月 29 日、11 月 13 日，分别在宜昌流量 2.7 万 m^3/s 和 3.5 万 m^3/s 时，观测了 2 次南津关河段“下水船队实船试验”的航迹线。

（Ⅱ—20）宜实站召开年度总结表彰大会

12 月 28 日，宜实站召开总结表彰大会。表彰了第一河道队、第二河道勘测队等 4 个先进单位和廖子占等 25 人先进生产（工作）者。全面完成长江防汛测报任务；重点完成了葛洲坝坝区固定断面 155 断次测量；完成长阳站电动缆道及操作房建设；生产钢质 58.84kW 机动测量船 1 艘；完成南津关河段航迹线观测初步分析、悬沙颗粒级配取样精简分析等试验研究报告 4 篇。完成水文技术革新成果 8 项，包括近底悬沙采样器、挖斗式河床质采样器、船三用绞车、水文测验船用可旋支架、优选法制蒸馏水、水深计数器、水质取样脚踏式采样器、测轮电动三绞等试制。

1977 年

（Ⅱ—21）宜实站召开宜昌水位观测 100 周年纪念大会

4 月 1 日，宜实站召开纪念宜昌水位观测 100 周年纪念大会，举办了图片和技术革新成果展览，龙应华作了“中国水文及水利事业发展的历史”报告。

（Ⅱ—22）宜实站首次开展葛洲坝库尾水下本底地形测量

4 月初，宜实站第一河道勘测队首次开展葛洲坝库尾—奉节河段地形测量。

（Ⅱ—23）宜实站启动水文基地建设

4 月 30 日，宜实站在宜昌县虾子沟征地 1.33 万 m^2（20 亩）建立水文基地，初步计划建设 5000m^2 房屋。

（Ⅱ—24）宜实站水文资料整编成果质量获湖北省复审甲等

5 月 14 日，湖北省水利局检发 1976 年水文资料复审工作总结，评定宜昌水文站成果质量为甲等、长阳站为乙等。

（Ⅱ—25）长办召开葛洲坝大江截流水文测量工作座谈会

5 月 23—31 日，长办在葛洲坝工地召开大江截流设计科研工作座谈会，确定了截流水文测量范围，讨论了流量、落差测量等主要技术问题，提出了水文测验要求。7 月 25—28 日，长办水文处在宜实站召开“葛洲坝工程大江截流有关水文工作座谈会”，审议了宜实站编制的《大江截流水文测验方案初步设想》，提出了修改意见。

（Ⅱ—26）葛洲坝环流测验发生安全事故

9 月 14 日，宜实站第二河道勘测队在前坪葛洲坝坝上15号断面进行环流观测，发生重大伤亡事故，陈天一、储萍两人遇难。

1978 年

（Ⅱ—27）宜昌水文站调整悬移质颗粒分析方法

4月24日，自1978年起，宜昌测流断面泥沙颗粒级配分析一律采用3线5点取样，分层混合分析。

（Ⅱ—28）开展推移质器测法研究

6月7—16日，长办水文处在宜昌召开“推移质泥沙实验成果审查讨论会”，审查了多项试验成果，修改了测验技术规定，讨论了推移质研究的主要课题及技术途径。葛洲坝水利枢纽泥沙问题研究中，推移质测验是研究的重要支撑，器测法研究主要包括仪器研制、测验布置和整编方法三个方面，研究成果《长江推移质器测法研究》在第二次国际泥沙学术讨论会上（1985年5月，南京）交流，受到国内外专家学者的高度评价。

▲7月26日，水利电力部颁发6月郑州会议文件，确定葛洲坝为全国20个重点水库之一，要求进一步开展水库水文泥沙观测研究工作。

（Ⅱ—29）长江水源保护局宜昌监测站成立

8月11日，成立长江水源保护局宜昌监测站（简称宜昌监测站），与宜实站合署办公，由秦嗣田兼任主任，龙应华、谭济林兼任副主任。11月，宜昌监测站在奉节、巴东、黄柏河、夜明珠、枝城5断面，分别于1978年11月，1979年2、7、11月，1980年2月，开展水质分析工作。

（Ⅱ—30）宜实站召开大江截流专用工作艇设计审查会

10月10—13日，长办水文处在宜昌召开葛洲坝工程大江截流水文测验专用工作艇方案设计审查会。会议介绍了截流施工方案，模型试验成果，及对工作艇性能要求，审查确认了708研究所专用工作艇设计方案。会后，宜实站、708所、宜昌县白沙脑造船厂三方签订设计和建造协议书。1980年1月，提出葛洲坝截流水文工作艇设计、建造要求以及适应截流指标及水文测量要求简述等文件；8月，葛洲坝截流水文工作艇进行了试航和验收。

（Ⅱ—31）清江航道整治严重影响长阳站测站控制条件

12月11日，清江交通部门在长阳水文测验断面上垒坝抬高水位3～5cm，导致流量偏小20%以上。宜实站致函长阳县革委会，要求立即废除。1979年1月3日，宜实站再次上报长办水文处后协商解决。长阳站支付撤除费后，清江航道拆除了垒坝。

1979 年

（Ⅱ—32）宜实站荣获省部级大庆式单位

1月，水利电力部授予宜实站为全国电力工业大庆式单位。谭济林出席会议。长办党委奖励黑白电视机1台。3月19日，长办临时党委授予宜实站第一河道勘测队、第二河道勘测队、科研组为学大庆先进集体，廖子占等6人为学大庆先进生产（工作）者。3月23日，中共宜昌市委代表湖北省委授予宜昌市15个单位大庆式企业单位，宜实站是其中之一，秦嗣田、廖子占出席会议。

（Ⅱ—33）宜昌水文站出现历史实测最小流量

3月8日，宜昌出现103年以来的最低水位38.67m，实测最小流量2770m^3/s。

（Ⅱ—34）宜实站科技人员担任委、局两级水库泥沙研究重要成员

3月19日，长办委任龙应华为水库泥沙研究协作领导小组成员。长办水文处成立泥沙重点课题研究组，向熙珑任副组长。

（Ⅱ—35）宜昌无委会批准葛洲坝坝区水位遥测系统建设

4月2日，宜昌地区无线电管理委员会批准宜实站设置水位遥测系统，控制葛洲坝11个水位站。9月5—9日，长办水文处在宜实站召开水位自记远传仪科研成果经验交流会。水电部水文局赵珂经副局长参会。会议交流、评定了浮子式、压力式、超声波式、接触式4种仪器，提出了改进意见。

（Ⅱ—36）宜昌监测站开展长江和清江水质污染调查

8月中旬至10月中旬，宜昌监测站调查了长江干流莲沱至宜昌河段、支流清江长阳至宜都河段水质污染情况。

（Ⅱ—37）筹建葛洲坝水库水面蒸发观测场

9月12日，为研究葛洲坝库区气象、水面蒸发，宜实站筹建南津关蒸发站。11月21日，长办行文宜昌市建委、市建设局，要求划拨用地6534m²，建设南津关大型蒸发实验场。

（Ⅱ—38）成功研制可旋水文测验支架

9月，储荣民设计的负荷300kg可旋支架制造成功并投产。

1980年

（Ⅱ—39）秦嗣田当选中共水文处委员会第一届委员

1月16—19日，秦嗣田等7人出席长办水文处第一次共产党员代表大会。秦嗣田当选为中国共产党水文处委员会第一届委员。

（Ⅱ—40）联合调查葛洲坝库区天然河道本底情况

3月4日至4月4日，宜实站会同长科院、清华大学，调查了葛洲坝水库蓄水前石牌至奉节关刀峡河段库区天然河道本底情况，全长199km。

（Ⅱ—41）宜实站成立第一届党委

3月21日，中共宜昌市委组织部批准建立中共宜实站委员会。由秦嗣田等7人组成；秦嗣田任书记，刘昌凉任副书记。9月20日，启用党委印章。

（Ⅱ—42）水文资料整编正式采用电子计算机

3月30日，宜实站颁发试行水文资料电算整编技术规定。水文资料整编改为电子计算机整编。

（Ⅱ—43）宜实站党委首次成立下属党支部

5月19日至6月30日，宜实站党委报请宜昌市交通局党委批准，成立5个党支部：①第一河道勘测队支部，②第二河道勘测队支部，③技术股、工厂、科研组、水保股联合支部，④水文站、船管组联合支部，⑤政工、行政股联合支部。

（Ⅱ—44）宜实站自筹经费修建职工宿舍楼

5月31日，长办批准宜实站自筹资金修建宿舍楼2000m²。6月5日，申请征地约800m²。1982年8月，6层家属楼建成分配给老职工。

（Ⅱ—45）宜实站设立三峡水利枢纽三斗坪坝址河段专用水位站网

6月7日，根据三峡水利枢纽三斗坪坝址导流模型试验需要，宜实站耗时10天，在三斗坪河段设立9组水尺。分别于7月1日至1981年2月和1982年1月至1985年12月观测了两个阶段的水位。

（Ⅱ—46）成立葛洲坝大江截流领导小组及组建会战队伍

8月26—29日，长办水文处召开“葛洲坝工程大江截流水文测验实施计划审查会议”，长办副总工程师文伏波、三三〇工程局调度室副主任孔祥千到会讲话。会议讨论了大江截流水文测验组织机构及会战队伍。9月29日，长办水文处下达“葛洲坝水利枢纽大江截流水文测验任务书”，由宜实站承担，荆江河床实验站（简称“荆实站”）、南京河床实验站（简称“南实站”）、汉口水文总站（简称“汉总”）、丹江口水文总站（简称“丹总”）、重庆水文总站（简称“重总”）及长办水文处机关协助。11月8日，成立葛洲坝大江截流水文测验领导小组，韩承荣任组长，梁景祥、秦嗣田任副组长。设立大堆子、钢板桩、下龙口截流水文测验现场工地，宜实站为大本营。12月7日，大江截流水文测验战报第一期出刊，至1981年1月11日结束，共出刊9期。12月，截流水文测验设备准备到位，包括大江截流工作艇1艘（601轮）、龙口无人测流双舟2艘、100t铁驳1艘（含75kW电站及5t送卷扬机）、50m钢质趸船1艘，MS48型回声仪、经纬仪等12台（套）。

1981年

（Ⅱ—47）高难度精准施测葛洲坝大江截流各项水力学指标

1月4日，葛洲坝工程大江截流成功。1月3日7时30分至4日19时53分合龙止，历时36小时23分钟。龙口口门宽216m，截流中最大测点流速7.0m/s，戗堤头水位最大落差3.35m，测验了截流全过程水文资料（含非龙口进占）。1月8日，截流水文测验人员298人陆续撤出工地。1月9日，水文局总工程师韩承荣在宜实站召开的总结大会上作报告，表彰了参加会战者并颁发了纪念品。长办副主任张淅到会讲话并慰问。10月18日，长办表彰葛洲坝工程截流、通航、发电建设者的突出贡献，发给宜实站全体职工一次性奖金。

▲1月4日，葛洲坝工程大江截流合龙，5月水库蓄水，6月下旬三江航道和2、3号船闸通航，7月二江电厂第1台机组并网发电，整个工程经受住了“81·7”特大洪水考验。

（Ⅱ—48）提升17号断面吊船缆道垂度，满足水库蓄水后通航要求

3月19日，南津关17号断面吊船缆道改建。经两个月准备，于5月29日，全站职工参加，将缆道主索（直径32.5mm、净跨1127m）按3.5%的垂度改建完成，缆道最低点91m（吴淞基面），超过了通航标准。

▲5月23日，葛洲坝水库首次蓄水，第一期工程蓄水水位60m。5月25日葛洲坝2、3号船闸试运行，7月1日正式通航。

（Ⅱ—49）长江上游发生特大洪水，宜昌水文站实测建站以来最大流量

7月19日，长江中上游发生“81·7”特大洪水，宜昌最高水位55.38m，仅次于1954年，实测流量7.08万m^3/s。7月31日，水利部发布嘉奖“81·7”特大洪水测报有功单位及个人，宜实站荣获集体奖，获奖金2490元；储荣民等5人获嘉奖和一等奖金30元。8月5日，中央防汛抗旱指挥部防汛办公室致函宜实站，对在洪水期间及时提供水情并战胜洪水做出贡献，表示感谢。

（Ⅱ—50）成立水位遥测系统实施小组，加快推进系统建设

9月17日，长办水文处成立“葛洲坝工程水位遥测系统实施小组”，由谭济林兼任组长，黄秋福、钟先龙兼任副组长，实施小组成员以宜实站为主，水文处科研所参加。

（Ⅱ—51）宜实站首次成立纪律检查小组

10月4日，宜实站成立纪律检查小组，由刘昌凉（组长）、钟先龙、戴水平组成。

（Ⅱ—52）水利部副部长陈庚仪检查指导宜实站工作

10月10日，根据葛洲坝水利枢纽一期工程安全运行和二期工程设计、施工、试验研究需要，经水利部副部长陈庚仪和长办副主任魏廷琤检查宜实站提出的建议，水利部于12月8日批复在宜实站基础上成立长江葛洲坝水利枢纽水文实验站（县团级）。

（Ⅱ—53）葛洲坝三江航道首次拉沙

10月13日，葛洲坝水库三江航道首次拉沙冲淤，23日再次拉沙。宜实站均集中测量人员100余人和测量船只，在三江上、下航道及宜昌基本断面，开展拉沙水文测验，验证引航道拉沙效果。

（Ⅱ—54）宜实站年度工作取得重大突破

12月17日，成功完成大江截流水文观测。成功迎战“81·7”特大洪水，实测到建站以来的最大流量，达7.08万m^3/s；完成河道观测34.46km^2水下地形、305.8线·km水面流速流向、292断次固定断面等；2460m^2职工宿舍及水位站房修建；生产接触式水位计8台，水深计数器31台，卵石采样器1台；完成葛洲坝水利枢纽蓄水前卵石输移量的探讨等23篇技术报告。

1982年

（Ⅱ—55）宜实站党委举办党员学习班

1月3—9日，宜实站党委举办党员学习班，34人参加。学习党的十一届三中全会决议和陈云同志“要讲真理，不要讲面子”的讲话以及中央其他文件。

（Ⅱ—56）朝鲜人民军副总参谋长郑昌烈少将考察宜实站

2月18—25日，以朝鲜人民军副总参谋长郑昌烈少将为首的朝鲜闸门考察代表团一行10人，在湖北省及长办外事处陪同下到葛洲坝工地和宜实站考察。

Ⅲ　葛实站时期大事记

葛洲坝大江截流和水库蓄水运用，标志着工程从科研、设计、施工到运行的飞跃。尤其葛洲坝工程是一座低水头径流式枢纽，又是三峡工程的反调节枢纽工程，一系列工程科研、设计成果需要在运行实战中检验，比如水库泥沙淤积、库尾滩险演变与航道变化、卵石出峡过坝、引航道泥沙淤积与冲沙效果、坝下游冲刷与枯水位下降等问题，都是葛实站的重点工作。总体而言，葛实站开启了长江干流上第一座大型水库水文泥沙原型观测调查实验研究的新领域。

1982年

（Ⅲ—1）长江葛洲坝水利枢纽水文实验站成立

3月27日，宜实站召开葛实站成立大会。长办组织部副部长殷欣春，代表中共长办党委宣读水利部和长办的批准文件，任命水文局局长邹兆倬兼任葛实站主任，秦嗣田任党委书记兼副主任（副处级）。邹兆倬宣布成立南津关专用水文站，任命各股、队、站负责人。4月14—15日，成立葛实站第一届工会委员会，刘道荣任工会副主席。4月16日，共青团葛实站支部召开团员大会，选举成立共青团总支委员会，傅新平任书记，赵元庆任副书记；4月17日，增补吕汉泉为委员，任党委副书记。5月5日，中共葛实站党委按行政单位成立7个党支部和1个党小组。

（Ⅲ—2）联合国官员考察宜昌水文站全沙测验工作

4月23日，联合国官员、美国泥沙专家在水利部有关领导、长办外事处处长唐英和水文局科研所所长向治安的陪同下，参观宜昌水文站全沙测验，交流推移质测验有关技术问题。

（Ⅲ—3）筹建南津关专用水文站

5月，南津关水文站是葛洲坝工程专用水文站，筹建主要包括：购置房屋1栋及空地共2063m^2，总价为10万元；6月13日，在宜昌市平湖风景区南津关大队征地3266.7m²，新建南津关蒸发场，征地费55.1万元。1983年11月15日，南津关站迁入办公；12月15日，蒸发场建成并投入试运行。

（Ⅲ—4）水位遥测系统主控楼建设

5月14日，宜昌市城市建设局批准葛实站拆除原厨房，兴建水位遥测系统7层主控楼，建筑面积1770m²。1984年3月17日，葛洲坝坝区水位遥控中心大楼竣工，葛实站机关迁入办公。

（Ⅲ—5）葛实站组建水情预报组，加强三峡区间洪水预报

5月，葛实站新组建的水情预报组正式发布宜昌短期预报。1983年5月1日，建成150W短波单边带电台，实现与武汉、万县、武隆等地直通水雨情电报。

（Ⅲ—6）美国水文气象代表团考察宜昌水文站

6月9日，美国地质调查局水文代表团一行5人，应水电部邀请来华商谈签署“中华人民共和国水利部水文局和美利坚合众国内政部地质调查局地表水水文科学技术合作议定书附件”，考察宜昌水文站水文测验工作。6月11日，参观宜昌水文站缆道吊船测流及全沙测验仪器设备、双舟同位素低含沙量仪测沙等，代表团团长菲利浦·科恩向宜昌水文站站长李培庆赠送美国水文地质测量攀登月球取样科普宣传材料。10月17日，美国天气局负责水文业务的副局长罗伯特·克拉克博士考察葛洲坝5号水位遥测站。

（Ⅲ—7）水保局领导检查指导宜昌监测站工作

6月11—16日，水保局办公室主任张干一行3人检查宜昌监测站工作。

（Ⅲ—8）宜昌水文站建设标准化水文专用码头

6月28日，由于宜昌市滨江公园基本建成，宜昌水文站码头从临时码头迁回原怡和码头，投资9万元建设水文专用码头，石梯嵌有古刻碑记“宜昌关”古迹。

（Ⅲ—9）长办、水文局领导视察、检查、指导葛实站工作

7月2日，长办总工程师文伏波视察葛实站。7月16—20日，水文局局长兼葛实站主任邹兆倬检查葛实站工作；18日，指导南津关站高水洪峰测验和宜昌水文站浮标法夜测高水洪峰流量；20日，主持召开葛实站干部会议。

（Ⅲ—10）宜昌水文站开通水情自动答询电话报汛服务

8月19日，宜昌水文站压力式自记水位计自动答询水情电话接通，用户可通过拨打电话获取水情信息，是一次提升了水文公益服务效益的探索。

（Ⅲ—11）葛洲坝水库水文泥沙观测研究计划讨论制定

8月25—28日，长办水文局邀请规划、设计、科研等单位30余人，在宜昌召开专题会议，讨论葛洲坝工程1982—1985年水文泥沙观测研究工作，制定包括库区、坝区和坝下游的6个观测研究项目、33个研究专题规划。葛实站按照会议要求，逐项落实规划观测研究相关工作。

（Ⅲ—12）葛洲坝坝区水情遥测系统通过部级鉴定和验收

8月30日至9月2日，水文局在宜昌召开JC—Ⅰ型接触式水位计局内鉴定会，会议要求进一步补齐技术资料，申请部级鉴定。12月10日，葛洲坝坝区水情遥测系统，包括遥测中心和9个自记水位遥测站建成。1983年11月29日至12月1日，水文局在葛实站召开葛洲坝坝区水情遥测系统局内验收会。1984年12月21—23日，长办副总工程师邵长城在葛实站主持召开现场验收会，对遥测中心主控室及南津关、大堆子等9个自记水位遥测站进行现场验收，标志着长江干流第一套水位遥测系统投入运行。

1983年

（Ⅲ—13）葛实站首次开展大规模三江下引航道不稳定流原型观测

1月28—30日，葛实站集中138名职工、19艘船只，在葛洲坝三江下航道连续3天开展首次三江船闸泄水下游引航道不稳定流水力学原型观测。

（Ⅲ—14）葛实站获全国水文系统先进表彰

4月4—11日，水电部在北京召开全国水文系统先进集体和先进个人代表会议。葛实站获“全国水文系统先进集体”称号，储荣民获“全国水文系统先进生产（工作）者”称号。

（Ⅲ—15）葛实站首次实现地形测绘现场成图

4月中旬，第二河道勘测队在葛洲坝河段水下地形测量中，首次现场展点成图成功，提高了水下地形测绘的生产时效，是一次测绘应用技术创新探索。

（Ⅲ—16）龙应华任葛实站主任

5月9日，长办任命龙应华为葛实站主任（副处级），免去邹兆倬葛实站主任职务，免去秦嗣田葛实站副主任职务。5月31日，长办任命刘道荣为葛实站副主任（正科级）。6月9日，葛实站召开职工大会，宣布人事任命和党、政分工；成立主任办公室负责行政事务，由龙应华、刘道荣、吕汉泉、佘绪平、储荣民5人组成；党务由党委负责。

（Ⅲ—17）葛实站建成计算机房

6月，葛实站电子计算机房建成，停止使用CS~Ⅲ电子计算机，更换为长城0520C-H型电子计算机。

（Ⅲ—18）推移质器测法研究成果在国际泥沙会议上交流

10月14日，葛实站工程师黄光华牵头完成的论文《长江推移质器测法研究》在“第二次河流泥沙国际学术讨论会”上交流。10月20日，出席该次学术讨论会的美国泥沙专家肯尼迪教授、水文学家诺丁、乔布森博士一行，考察宜昌水文站泥沙测验仪器设备，与相关技术人员座谈研讨水文泥沙测验技术问题。

1984年

（Ⅲ—19）葛实站党委换届，选举产生第二届委员会

2月17日，中共葛实站党委、纪委改选，选举产生葛实站第二届党委、纪委。秦嗣田当选党委书记，龙应华当选副书记兼纪委书记。3月9日，葛实站团总支改选成立团委，陈世安任书记，陈晓敏任副书记。3月14日，葛实站工会委员会改选，刘道荣任工会主席，李良静任副主席。

▲4月25日，国务院三峡工程筹备领导小组在北京正式成立，国务院副总理李鹏任组长。

（Ⅲ—20）葛实站组织开展电站引水发电对下游河道水面线影响观测

5月8—10日，葛洲坝水力发电厂（简称葛电厂）放水试验，研究水库下泄量变化以及对下游河道水面线等影响。葛实站在李家河至宜都河段李家河、枝城、马家店等9个水位站，每日逐时观测比降，年测2次，葛电厂支付试验费0.25万元。

（Ⅲ—21）南津关水文站吊船缆道恢复重建

6月16日，葛实站在宜昌市第二招待所召开恢复南津关17号断面缆道的封航会议。会议决定6月22日6时0分至14时30分为封航施工时间。水文局副局长陈金荣，葛实站党委书记秦嗣田、主任龙应华为总指挥，动用轮船14艘，参与人数250人。6月20日左岸主索头到位固定，21日主索渡江演练，22日缆道架设成功。复建缆道主索直径37mm，净跨1125m，缆道最低点高程大于88m。

（Ⅲ—22）暴风雨袭击葛洲坝库区，水文设施受损严重

8月7日17时50分，葛洲坝库区受到暴风雨袭击，风速达25.7m/s，降水量达80mm。葛实站所属南津水文站、虾子沟基建工地、杜家沟水位站、黄柏河码头趸船等多处房屋损坏及围墙倒塌，折损价值约1.7万元。

（Ⅲ—23）葛实站首次开展三江航道拉沙效果监测分析

8月14日，因水位低和三江航道淤积阻碍通航，三江拉沙1天。9月5日、10月25日继续拉沙。拉沙流量分3级增大，从2000m^3/s增至8000m^3/s。葛实站在南津关水文站、宜昌水文站及三江航道内开展拉沙水文测验及拉沙前后的水道地形测量，共3次，分析引航道拉沙效果。

（Ⅲ—24）葛实站首次开展三峡坝区大气污染监测

9月1—11日，宜昌监测站在三斗坪河段附近布设5个点，观测大气污染，研究三峡坝址区域的大气污染基本情况。

（Ⅲ—25）葛实站加强水库淤积观测能力建设

9月6日，葛实站引进DESO-20型、DE719型测深仪各1部，总价为13.62万元。引进先进的水库淤积观测核心装备测深仪，旨在开展不同类型回声测深仪比测试验，以选择适合山区河道水下地形和固定断面测量的技术指标参数。

（Ⅲ—26）葛实站首次成立改革领导小组

10月18日，葛实站召开干部联席会议，传达水文局改革会议精神，成立葛实站改革领导小组，直属主任室领导。葛实站改革领导小组研究提出了一套改革方案，于1985年3月16日撤销。

（Ⅲ—27）水文局明确葛实站葛洲坝下游河道观测范围

10月8—12日，水文局在南京河床实验站召开河道科研工作会。会议明确葛实站除担负三峡河段外，负责承担南津关至古老背（G05—宜技54）观测。

▲12月26日，中国长江三峡开发总公司（简称三峡总公司）筹建处主任陈庚仪在宜昌召开大会，宣布筹建处正式成立。筹建处设在湖北省宜昌市，行使三峡总公司职权，并在北京设办事处。

1985年

（Ⅲ—28）葛实站研究成果在三峡工程泥沙科研工作协调会上交流

1月16日，武汉水利水电学院原院长张瑞瑾在汉主持召开三峡工程泥沙科研工作协调会。葛实站黄光华、向熙珑交流了葛洲坝库区水、沙因子及航道变化分析报告。

（Ⅲ—29）葛实站召开首届职工代表大会

1月18—19日，葛实站首届职工代表大会召开。宜昌市总工会、长江水利工会、水文局工会的领导到会祝贺。会议听取葛实站主任龙应华的工作报告、1984年财务开支报告和工作改革方案，收集提案72份、建议78条，并通过《职工代表大会工作条例》。

▲2月5日，三峡省筹备组正式成立。

（Ⅲ—30）葛实站向荆实站移交水文站网

4月1日，葛实站将所属枝城、马家店水位站移交荆实站。1986年12月1日，长阳站、毛家沱站正式移交荆实站。

▲4月，葛洲坝二、三江工程通过国家验收委员会竣工验收。

（Ⅲ—31）水文局检查葛实站汛前准备工作

4月10—16日，水文局党委书记李敬吾、政治部副主任肖运琼及周宜圣、王金銮到葛实站检查汛前测验准备工作。

（Ⅲ—32）葛实站调整领导班子

4月17日，中共水文局党委任命刘道荣为葛实站党委副书记兼副主任（正科级），洪廷烈为纪委副书记（副科级），储荣民任副主任（正科级），黄光华任主任工程师（正科级）。12月5日，任命戴水平为葛实站党委副书记，傅新平为党委委员兼政工科副科长。4月23日，中共长办党组任命龙应华为葛实站党委书记兼主任（副处级）；秦嗣田任葛实站巡视员（副处级），免去党委书记职务。

（Ⅲ—33）葛实站参加三峡省筹备组会议

4月19日，葛实站副主任储荣民参加三峡省筹备组会议，讨论布置近期工作。

（Ⅲ—34）世界气象组织顾问克拉克博士访问葛实站

5月6日，水文局局长季学武陪同世界气象组织顾问、美国国家天气局副局长罗伯特·克拉克博士来宜访问，葛实站副主任刘道荣陪同参观了葛洲坝坝区水情遥测站，并参观了三游洞文化园区。

（Ⅲ—35）宜昌水文站吊船缆道受损恢复重建

5月25日9时50分，宜昌水文站吊船缆道被长航宜昌船厂“825号”轮拖高臂浮吊“1504号”船上水航行时，在起点距410m处与主索相挂，将宜昌趸船往上游拉动逾10m，3根9.5mm吊船索拉断，缆道垂度下落2.61m，钢支架顶端向上游方向倾斜13.7cm。宜昌船厂赔偿主索损失费5万元。12月19日，葛实站组织力量重新更换吊船缆道主索。

（Ⅲ—36）葛实站首次开展水库滑坡体应急测量

6月12日3时45分，葛洲坝水库秭归县境内西陵峡北岸新滩（姜家坡、广家岩）发生大面积滑坡。6月13—30日，泄滩、秭归、庙河、太平溪、三斗坪、南津关6个水位站增加逐时观测水位。6月19日，河道一队前往滑坡中部测量固定断面G45，推算滑坡体入长江量约为132万m^3，并电告长办和宜昌地、市领导。

（Ⅲ—37）葛实站建设水文基地

9月11日，长办批准驻宜有关单位集中在葛实站虾子沟基地征地2000m^2修建煤气站，征地费3.1万元，土建工程由葛实站负责。1983年以来，葛实站在宜昌县冯家湾虾子沟共连片征地4.42万m^2，投资45.6万元，建成建筑总面积3200m^2的办公大楼和厨房。

（Ⅲ—38）葛实站设立清江高坝洲下游专用水位站

10月22日，根据清江水利枢纽设计需要，葛实站副主任刘道荣、主任工程师黄光华、技术科长佘绪平、水位组组长李云中等查勘清江，选址建设水位站。11月30日，高坝洲毛家沱水位站建成试测，1986年1月1日正式观测。

（Ⅲ—39）林一山等领导查勘葛洲坝下游近坝河段河床冲刷及其影响情况

10月26日，长办原主任林一山等领导同志，查勘葛洲坝工程坝下游宜昌的冲刷情况，了解河道采砂及水库蓄水运用对下游河道冲刷及枯水位下降情况。

（Ⅲ—40）水电部代表刘一是视察蒸发实验场和水文基地建设情况

12月1日，水电部驻葛洲坝工程局代表刘一是视察南津关站大型蒸发场及虾子沟基建工地，详细了解葛洲坝水库水面蒸发实验场和水文基地建设情况。

（Ⅲ—41）葛实站组织葛洲坝库区干支流及回水末端查勘

12月5—26日，葛实站组织库区调查组，考察葛洲坝水利枢纽一期工程运行5年来，库区河床变化及航道、险滩改善情况；查勘奉节以下水库回水区及较大支流的回水末端河段。其目的是优化库区水文泥沙观测方案，尤其是制定水库末端重点滩碛演变观测研究计划。经过查勘明确了“五滩（铁难、油榨碛、宝子滩、交滩、下马滩）两碛（臭盐碛、扇子碛）”为重点观测滩碛河段。

1986年

（Ⅲ—42）葛洲坝下游近坝河段发生强烈演变

1月，葛洲坝近坝下游河床发生重大变化。将1985年12月葛洲坝水库下游紫阳河至临江溪水下地形与历史地形进行比对分析发现，笔架山附近河槽最深处河底高程从1981年的0.9m（黄海基面）升至27.5m，西坝磷肥厂至长航船厂趸船外侧河底高程从1981年4月的32m降至-4.5m，表明该河段在葛洲坝水库运行一期发生明显河床冲淤演变。

（Ⅲ—43）长办主任魏廷琤检查葛实站工作

2月6日，长办党组书记、主任魏廷琤检查葛实站工作。次日，在长办设计代表处做关于长办形势与任务的报告。

（Ⅲ—44）葛实站设立修志组

3月25—27日，水文局在汉口召开第二次修志工作会议。水文局总工程师韩承荣主持会议，葛实站主任工程师黄光华和李培庆参加会议。会后，葛实站成立修志组，属技术科领导。

（Ⅲ—45）葛洲坝原型观测成果支撑航行基面制定

4月4日，葛实站科研室主任向熙珑参加在重庆召开的研究制定葛洲坝库区航行基面讨论会，为重庆航海学会编制的《长江上游航行参考图（宜昌至万县，万县至重庆）》提供葛洲坝水库库区、坝区、坝下游水面线分析验证成果。

（Ⅲ—46）国家领导人接见葛洲坝建设单位主要负责人

5月1日，国务院总理赵紫阳、副总理李鹏、人大常委会副委员长王任重视查葛洲坝工程及宜昌时，在三峡科研基地听取长办在宜单位情况汇报，并接见各单位领导。葛实站党委书记、主任龙应华受到接见。

（Ⅲ—47）生态专家听取葛洲坝工程水质监测工作汇报

5月4日，全国生态学家、三峡生态组组长马世俊及国家科学技术委员会一行6人考查三峡环境生态，在宜昌科技馆听取汇报。宜昌水质分析室主任吴学德汇报水域环境网络的监测及葛洲坝水利枢纽运行中的水质情况。

（Ⅲ—48）葛洲坝水库库尾臭盐碛出现断航情况

5月8日，宜昌出现历史同期最低水位40.35m。葛洲坝水库库尾臭盐碛航道提前约2月出现数天断航。

（Ⅲ—49）胡君继任葛实站主任

6月12日，水文局局长季学武在宜召开干部会，代表长办宣布任命文件，任命胡君继为葛实站主任，免去龙应华主任职务。

▲6月19—27日，葛洲坝水库分2次抬高坝前水位。19日20时至21日2时，坝前5号站水位由64m抬高至65m；20日20时至27日10时，由65m抬升至65.78m。

（Ⅲ—50）葛实站职工首获宜昌“五小”发明奖

7月8日，孙贤汉、程家益分别编制的“应用水深查算表”和“计算机接口发报机发报”创新成果，获宜昌市团委举办的第四届青工“五小”

发明活动二等奖。

（Ⅲ—51）葛实站再次组织大规模三江引航道不稳定流观测

7月23—24日，葛实站组织126人，在葛洲坝三江下航道进行2万m^3/s流量级不稳定流观测。

（Ⅲ—52）水电部水文局总工程师王锦生检查葛实站水库水文泥沙观测工作

8月11日，水电部水文局总工程师王锦生，在水文局局长季学武、副局长陈金荣陪同下检查葛实站水库水文泥沙观测工作。

（Ⅲ—53）葛实站党委换届，选举产生第三届委员会

9月8—9日，中共葛实站党委召开全体党员大会，选举产生第三届党委和纪委。9月12日，经宜昌市委批准，龙应华任党委书记，戴水平任副书记兼纪委书记。

（Ⅲ—54）美国气象专家考察葛洲坝水情遥测站现场仪器设备

10月27日，应水电部邀请，美国国家天气局原副局长、水文气象专家罗伯特·克拉克博士来宜考察5号水位遥测站现场仪器设备。该站是葛洲坝坝区水情遥测系统的9个水情采集站点之一，是葛洲坝水库二江泄洪闸调度的重要水情控制站。

（Ⅲ—55）水电部科技司考察葛洲坝坝区水情遥测系统

11月28日，水电部科技司处长戴宝忠一行3人视察水位遥测中心控制室、泥沙室、水质分析室、水情科等单位，并考察宜昌水文站测验设施设备。

（Ⅲ—56）北京水科院泥沙所查验水库泥沙观测成果

11月29日，北京水利科学研究院泥沙所所长曾庆华一行2人，在葛实站查验该站完成的有关三峡库区泥沙、航道方面的科研报告，要求提供国家泥沙会议交流。

1987年

（Ⅲ—57）宜昌水文站3月15日8时水位38.31m创有记录以来最低值

2月4日，宜昌水文站突破历史最低水位38.67m。2月26日8时，该站水位38.56m，相应流量为3270m^3/s，比历史最小流量2770m^3/s大。3月15日8时，该站水位38.31m，再创历史年最低水位。

（Ⅲ—58）葛实站首次获得测绘许可证

5月，经湖北省测绘局审查批准，葛实站首次获得测绘许可证。

（Ⅲ—59）宜昌水文码头趸船系缆桩受损加固

7月23日，大洪水过境造成宜昌水文码头趸船领水地锚出现沉陷险情，葛实站通过采取大功率船舶顶推趸船应急措施，保证度汛安全。汛后，经与宜昌市护岸指挥部协商，于12月中旬复建原地锚并增加1座地锚。

（Ⅲ—60）葛实站首次参加水质水生态学术交流会

10月11日，宜昌水质分析室主任吴学德、职工陈互相在南京出席全国第六次水质与保护学术交流会，分别交流《关于氨气敏电极测定长江中氨的探讨》《谈谈底质污染物样品处理》2篇论文。1988年11月14—18日，吴学德全国生态环境保护学术讨论会上交流学术论文《论大型水利枢纽与生态环境》。

1988年

（Ⅲ—61）宜昌蒸发站成立

1月1日，南津关站蒸发观测场搬迁至宜昌县小溪塔沿湖路14号（虾子沟水文基地），设立长办宜昌蒸发站。

（Ⅲ—62）葛实站首次成立科学技术协会

3月2日，宜昌市批复同意葛实站成立科学技术协会。

（Ⅲ—63）日本国际建设技术协会考察团考察葛实站

3月15日，日本国际建设技术协会考察团来华，与长办就筹建长江洪水预报、警报系统的有关技术和经济内容进行深入研讨。葛实站副主任储荣民陪同代表团参观遥测中心、水情科、5#站，并介绍有关洪水测报情况。

（Ⅲ—64）宜昌水文气象创历史同期极值

5月上旬，宜昌市最高气温达38℃，为历年同期最高气温。5月6日2时，宜昌水位39.6m，为同期历史最低水位。8月9日23时至10日8时，宜昌市受7号台风影响，降特大暴雨，宜昌水文站实测降雨255.0mm，为1935年以来最大时段值。

（Ⅲ—65）葛实站首次开展大流量水下地形测绘

8月1日，“水文023轮”创流量4万m^3/s以上在葛洲坝工程坝区施测水下地形的历史，丰富了大江航道过流及冲沙试运行宝贵的实测资料。

（Ⅲ—66）长办两任主任视察葛实站

10月6日，葛洲坝工程技术委员会主任、原长办主任林一山，在宜昌南湖宾馆主持召开葛洲坝下游河势、五水汇流等问题汇报会；10月7日，葛实站党委书记龙应华等陪同林一山乘“水文601”轮查勘坝下河段。12月31日，长办主任魏廷琤等4人到葛实站视察工作。

1989年

（Ⅲ—67）孟加拉国水利部发展局考察水文泥沙测验工作

3月30日，孟加拉国水利部发展局局长阿穆加德·侯赛因可汉等7人到葛实站考察水文泥沙测验情况。

（Ⅲ—68）葛实站举办首届职工运动会

4月16日，葛实站举办首届职工运动会，是建站以来规模最大、效果最好的一次体育活动，分设田径（短跑、跳远、铅球）、球类（羽毛球、乒乓球、篮球）和棋类（象棋、围棋、跳棋）等多个比赛项目。

▲6月3日，长江流域规划办公室恢复原名“长江水利委员会”（简称长委），为水利部派出机构（副部级）。

（Ⅲ—69）宜昌出现新中国成立以来第三大洪水

7月11日，葛实站准确预报宜昌水文站3日内将出现2次超过6万m^3/s的大洪峰，为宜昌地区防洪抢险提供水情服务，避免枝江县等沿江洪水损失。其中，7月12日6时宜昌洪峰水位53.90m，流量6.08万m^3/s；7月14日宜昌洪峰水位54.15m（实测流量6.2万m^3/s，排新中国成立以来第三位，仅次于1981年7.08万m^3/s和1954年6.68万m^3/s。

（Ⅲ—70）宜昌水文站创有记录以来3小时降水量极值

9月24日20—23时，宜昌水文站3小时雨量达318mm，降水强度为历史最大值，全天降雨量为341.3mm。

1990年

（Ⅲ—71）葛实站首次成立自我管理委员会

8月31日，葛实站正式成立离退休职工管理委员会和自我管理委员会。

（Ⅲ—72）机关搬迁至虾子沟水文基地办公

11月14日，葛实站机关及部分业务单位搬迁至虾子沟水文基地办公，19日搬迁完毕。

1991 年

（Ⅲ—73）葛实站组织开展献爱心捐款活动

3月，葛实站工会开展“为救雪娇献爱心”（雪娇为职工子女）捐款活动。

（Ⅲ—74）葛实站获全国水文系统及全江水文系统先进表彰

3月19—23日，长江委水文系统立功单位及个人表彰大会在汉口召开。葛实站水质监测分析室获“全国水文系统先进集体”称号，“水文127”轮、葛实站工会委员会获全江水文系统单位二等功。

（Ⅲ—75）葛实站升格为正处级机构

4月8日，长委批准葛实站升格为正处级机构。

（Ⅲ—76）葛实站参与国家重大科技攻关项目通过验收

5月10—12日，葛实站参与的“七五”国家重大科技攻关项目“长江三峡工程重大科学技术问题研究”通过国家验收。该项目主要参与人员为黄光华、向熙珑等。

（Ⅲ—77）宜昌水文站吊船缆道钢塔维护发生工伤事故

5月20日，宜昌缆道钢塔维护施工，索引绳在绞关滚筒打滑致吊篮骤然下落，篮中4人受伤，其中2人骨折。

（Ⅲ—78）巴东水位站职工孙林受县政府表彰

8月6日，巴东县城由特大暴雨引发泥石流，巴东水位站职工孙林克服困难，准时观测水位、雨量并向有关单位提供水、雨情资料；同时，参与抢救2名落水人员，单独抢救1名落水人员，受到巴东县委县政府表彰。

（Ⅲ—79）宜昌水文站引据水准点撤除重建

9月20日，宜昌市政府机关基建旧楼撤除，安装在墙体上的宜昌水文站引据水准点BRASSBM铜牌同时撤除，经市政府同意，在市政府旗杆旁设立基本水准点，建立新的测站高程系统。BRASSBM铜牌于1926年3月24日由扬委会测设，为扬委会吴淞基面系统（即“七环”平差前的吴淞系统）在宜昌唯一的高等级铜牌水准点，全线在湖北境内共埋设5个铜牌，分别位于汉阳、新堤、监利、沙市、宜昌。

▲11月27日，葛洲坝大江工程通过国家验收，葛洲坝工程竣工。

（Ⅲ—80）葛实站内设机构调整

11月28日，经中共水文局党委批准，葛实站内设机构调整为党委办公室、人事劳动科、办公室、测验技术科、监察科、保卫科、水情科、船舶管理科、第一河道勘测队、第二河道勘测队、宜昌水文站、南津关水文站、水质分析室、宜昌蒸发站、科研室。

1992 年

▲4月3日，第七届全国人大第五次会议通过《关于兴建长江三峡工程的决议》。

（Ⅲ—81）葛实站召开建设三峡工程动员会

4月7日，由于全国人大通过兴建三峡工程的决议极大激发全站职工的工作热情，葛实站及时召开“为三峡工程做贡献”动员大会。

（Ⅲ—82）葛实站筹建茅坪溪专用水文站

5月12—30日，葛实站副主任刘道荣、总工程师黄光华及技术科科长孙伯先等一行10人，调查茅坪溪历史洪水，开展茅坪溪官庄坪专用水文站现场查勘、选址、设站等工作。6月1日，官庄坪站开始水位、流量、悬沙测验及水质取样工作。7月6日，电动缆道架设成功。1995年3月8日，茅坪溪隧洞口专用水文站筹建，4月15日正式投入运行，同时官庄坪站停测。

（Ⅲ—83）葛实站党委换届，选举产生第四届委员会

10月，中共葛实站党委召开全体党员大会，选举产生第四届党委、纪委。戴水平任党委书记，刘道荣任党委副书记；王远明任纪委书记。

（Ⅲ—84）葛实站首次开展三峡库尾重庆河段走沙观测

8—12月，葛实站首次开展重庆主城区河段走沙观测。重庆主城区包括干流自九龙坡至寸滩河段和支流嘉陵江入汇口，是三峡水库正常蓄水后的库尾河段，直接关系到水库变动回水区防洪、航运等问题。根据任务要求，河道二队连续工作100多天，完成21个固定断面标志埋设、平高控制测量等任务。1993年，三峡库尾重庆河段走沙观测工作移交重庆水文总站。

1993年

▲1月，国务院三峡工程建设委员会（简称三建委）成立。9月27日，中国长江三峡工程开发总公司（简称三峡总公司）正式成立。7月26日，三建委批准《长江三峡水利枢纽初步设计报告》，标志着三峡工程建设进入正式施工准备阶段。

（Ⅲ—85）葛实站签订首个三峡工程水文、河道观测协议

3月24日，葛实站与三峡总公司签订首个三峡坝区水位观测合同，新建7个水位站。5月30日，耗时两个月完成兴山高阳镇、峡口镇共计4km^{2}陆上地形测量工作；这是葛实站首次承接三峡库区移民迁建测绘任务，首次开展大比例尺陆地测绘，也是首次使用“红外测距仪＋经纬仪”测量模式测量控制点。9月19日，葛实站与三峡总公司签订首个水下地形测量合同；组织50多人在50天内完成三峡坝址1：1000本底水下地形测量任务；测绘中，首次引进应用全站仪、便携式计算机等先进仪器设备，尤其采用计算机代替手工进行展点作业。

（Ⅲ—86）葛实站开展三峡坝区水污染应急监测

4月4日，秭归县城上游13km长江河段发生运载剧毒农药机船失火，导致部分农药污染长江的事故。葛实站主动开展水文、水质监测和鱼类毒性试验，及时向国务院办公厅等单位报告污染情况和事故调查分析成果。

（Ⅲ—87）葛实站同时取得水文水资源调查评价和测绘甲级资质

8—9月，葛实站获水利部水文水资源调查评价甲级证书和国家测绘局甲级测绘证书。证书编号分别为：水文证甲字第063号和93-甲-30-24。

（Ⅲ—88）长江三峡水环境监测中心成立

9月7日，中共长委党组批准成立长江三峡水环境监测中心（简称三峡中心），与葛实站合署办公。

1994年

（Ⅲ—89）三峡中心与水保局联合开展三峡坝区大气监测

2月5日，三峡中心首次协同水保局完成三峡坝区大气等项目监测工作。

（Ⅲ—90）葛实站首次承担水文站网规划设计

3月25日，葛实站受三峡总公司委托承担三峡工程黄陵庙专用水文站规划设计工作。4月15日，提交规划设计报告。三峡总公司组织专家审查，经多方比选论证，确定在长江陡山沱河段设站，距三峡大坝约12km。

（Ⅲ—91）葛实站开办三峡旅游服务业

4月27日，为拓展多种经营渠道，葛实站对“水文601”轮实施改造，命名为“大禹号”旅游船，并试航获得成功。葛实站办妥完整的旅游手续，具备旅游接待条件。

（Ⅲ—92）葛实站出售首批公房

5月，按照宜昌市人民政府和长委布置，葛实站出售首批公房，共64套。

（Ⅲ—93）葛实站被确定为全国水文改革试点单位

7月27日，水文局局长季学武到葛实站传达水利部水文综合改革座谈会精神，宣布葛实站为全国水文改革试点单位。

（Ⅲ—94）宜昌水文站出现百年难遇汛期枯水现象

8月24日，宜昌水文站水位41.4m，流量8000m^3/s，出现了百年难遇的汛期枯水现象。

Ⅳ 三峡局时期大事记

从1991年葛洲坝工程竣工验收，到1992年全国人大批准兴建三峡工程，标志着葛实站工作的重大转移。同时，为适应全国水文改革发展要求，长江三峡水文水资源勘测局（简称三峡局）成立，保留葛实站建制，开启三峡工程水文泥沙原型观测调查实验研究的新阶段，开创三峡水文发展“立足三峡、面向全国、走出国门”的新局面，推进新时代三峡水文的新实践。

1994年

（Ⅳ—1）长江三峡水文水资源勘测局成立

8月29日，长委〔94〕长人218号文批准三峡局正式挂牌，与葛实站合署办公。

（Ⅳ—2）三峡测绘新技术首次应用获好评

11月5日，在宜昌市测绘成果质量大检查中，三峡局成果质量被检查组誉为“满意、放心”产品，在23个被检单位中名列第一。12月，首次应用“全站仪＋电子平板”测绘模式完成面积约11km^{2}的三峡库区李渡、黄旗等镇移民迁建1：1000陆上地形测量。

▲12月14日，长江三峡工程开工典礼在三峡坝区隆重举行，国务院总理李鹏宣布三峡工程正式开工。

（Ⅳ—3）三峡局经济创收突破百万元

12月25日，三峡局全面完成1994年度生产科研任务，实现创收100万元目标（不含有关计划内的专项收入）。

（Ⅳ—4）三峡局兴建职工住宅楼

12月30日，宜昌市胜利四路15号水文住宅楼正式封顶，18层总高度55.5m，建筑面积8300m^2，1996年2月10日通过竣工验收。1997年5月下旬，宜昌市隆中路39号水文住宅楼主体工程封顶；同年11月，隆中路住宅楼竣工，同时改造的多功能厅、职工食堂等生活设施投入使用。

1995年

（Ⅳ—5）三峡局多篇论文在葛洲坝工程泥沙问题研讨会上交流

6月9—22日，三建委办公室技术与国际合作司和三峡总公司技术委员会在宜昌召开葛洲坝工程泥沙问题研讨会。会议交流论文22篇，其中三峡局8篇。

（Ⅳ—6）三峡局首次开展大讨论，提出三峡水文精神

6月27日，历时7个月的三峡局精神讨论结束，最终确定为“团结 创新 敬业 奉献”。这是首次提出三峡水文精神。

（Ⅳ—7）三峡局首次引进GNSS等先进仪器设备

8月6日，水利部水文司利用芬兰政府贷款引进4台（套）Trimble 4000 GNSS，其中2台（套）Trimble 4000 SSE调拨三峡局使用。9月，引进3台（套）GNSS系统和6台电子经纬仪，提升服务三峡工程、长江中下游防汛测报能力。

（Ⅳ—8）三峡局成立第一届党委和工会委员会

10月9日，三峡局举行第一届党委、纪委选举，戴水平当选书记，王远明当选副书记兼纪委书记。1996年6月27日，三峡局召开第一届工会代表大会，选举产生新一届工会委员会，王化一当选主席，赵俊林当选副主席，李建华当选工会经费审查委员会主任；8月13日，选举产生三峡局第一届女工委员会。

（Ⅳ—9）三峡局中标兴建三峡工程黄陵庙水文站

10月26日，水文局中标黄陵庙水文站建设工程，合同额385.53万元，三峡局具体负责投标文件编制和测站工程建设。11月22日，黄陵庙水文站正式开工筹建。1996年1月1日，开始水位人工观测；4月8日，吊船缆道架设成功；7月29日，吊船缆道、码头、水位自记井、水文基本设施4个单项通过验收，转入试运行；8月28日，办公楼主体工程结构通过验收；11月，土建工程通过验收，ADCP首次开展内河流量测验试验。1997年1月1日，建成并正式投入运行。1998年5月，通过竣工验收。

（Ⅳ—10）三峡局开展三峡库区原型观测设施迁建工作

10—12月，三峡局完成三峡库区三峡大坝至观武镇102个固定断面及辅助河道观测设施迁建工作。

（Ⅳ—11）三峡中心获全国水利系统先进表彰

11月14日，三峡中心获“全国水利系统水环境监测工作先进单位”称号。

1996年

（Ⅳ—12）三峡中心首次通过国家级计量认证

3月15日，经过前期大量准备工作，三峡中心首次通过国家级计量认证，第一版质量管理体系文件正式投入运行。认证合格证书由国家技术监督局颁布。

（Ⅳ—13）三峡局首次开展三峡库区本底地形观测

5—12月，三峡局联合长江口局、中游局，首次开展三峡库区大坝至李渡河段1 ∶ 5000本底水下地形测量。

（Ⅳ—14）陈松生任三峡局代理总工程师

12月，水文局任命陈松生为三峡局代理总工程师。

1997年

（Ⅳ—15）三峡大江截流水文测报

2月28日至3月2日，三峡局成立三峡工程大江截流水文测报领导小组和10余个专业组。4月，《长江三峡工程大江截流及二期围堰水文测验方案》通过三峡总公司组织的专家审查。5—10月，开展前期准备工作，包括探索无人立尺测量技术、引进哨兵型ADCP、重新设计制造无人测艇（双舟）、应用测绘新技术、改建水文趸船、建设办公生活基地、建设截流水文数据中心、统一水准基面、建设坝区水情自动测报系统等。11月8日，三峡工程大江截流成功，水文测报在截流中发挥了重要作用。三峡局200多名干部职工参与这一具有历史意义的大会战。

▲ 10月6日，三峡工程导流明渠正式通航。

（Ⅳ—16）三峡局经济创收突破两百万元

12月31日，三峡局抓住三峡工程建设机遇，全年综合经营创收达280余万元（不含专项收入）。

1998年

（Ⅳ—17）宜昌水文站水文资料获“全江水文成果质量优胜杯”一等奖

4月27日，宜昌水文站1997年水文资料整编成果荣获“全江水文成果质量优胜杯”评比一等奖。

（Ⅳ—18）水文数据库通过上级验收

6月中旬，三峡局水文数据库建库工作初步完成。9月，通过水文局初步验收，错误率小于1/10000验收标准。

（Ⅳ—19）三峡局举全局之力迎战长江上游8次大洪峰

7—8月，长江上游连续出现8次流量超过5万m^3/s的洪水过程。黄陵庙站、宜昌水文站全天候监测洪水过程，及时向国家防总和三峡总公司报告实时水情。河道勘测队多次开展三峡施工区尤其是围堰工程的安全监测。宜昌水文站最大流量6.33万m^3/s。60天洪量超过1954年，重现期超过100年，为1877年以来历史最大值。

（Ⅳ—20）三峡局首次承担全潮水文测验

7—8月，三峡局首次与长江口局合作，由技术室主任樊云带队，完成长江口南北支全潮水文测验。

（Ⅳ—21）三峡局参与广东飞来峡水利枢纽大江截流龙口流速监测

7—8月，三峡局携带哨兵型ADCP，协助广东省水文局完成广东飞来峡水利枢纽大江截流水文监测工作，由副总工程师李云中带队，重点负责龙口流速监测工作。

（Ⅳ—22）三峡局首次晋升二级档案单位

11月5日，三峡局档案通过水利部验收，晋升国家二级档案单位。

（Ⅳ—23）三峡局党委换届，选举产生第二届委员会

11月27日，中共三峡局党委召开第二次党员大会，选举产生新一届党委、纪委。戴水平任党委书记，李建华任纪委书记。

（Ⅳ—24）大江截流技术研究获长江委科技进步奖一等奖

12月4日，三峡局参与完成的“长江三峡工程大江截流水文泥沙监测系统技术研究与实践”成果获长江委科技进步奖一等奖。

1999年

（Ⅳ—25）三峡局首次“文明家庭”评比

2月中旬，三峡局首次进行“文明家庭”评比，全局200多户职工家庭获“文明家庭”称号。

（Ⅳ—26）河道勘测队获三峡工程劳动竞赛先进班组

5月7日，河道勘测队获“三峡工程劳动竞赛先进班组”称号。

（Ⅳ—27）宜昌水文站卵石推移质出现较大沙峰过程

7月，宜昌水文站卵石推移质输沙率连续12天超过1.0kg/s，7月9日达18.9kg/s，最大粒径302mm，重25kg。

（Ⅳ—28）河道固定断面观测实现内外业一体化操作

7月，河道勘测队采用Excel绘图取代手工制图，实现固定断面测量内外业操作一体化，提高了工效。

（Ⅳ—29）三峡中心通过计量认证复审换证

9月，三峡中心通过国家计量认证水利评审组考核（复审换证）。

（Ⅳ—30）三峡工程泥沙专家组首次调研水文泥沙观测分析工作

9月5—10日，三峡工程泥沙专家组工作组组长戴定忠一行来宜，重点调研宜昌河段及三峡临时船闸引航道在1998年大洪水期间发生的冲淤变化。三峡局副总工程师李云中做专题汇报。鉴于1998年大洪水后坝下游未安排原型观测分析工作，调研组决定协调三峡总公司，尽快启动汛后宜昌河段水道地形观测与分析工作。

（Ⅳ—31）三峡库区水质省界断面标志设立

10月25日，三峡中心在官渡口设立省界水体监测断面标志碑。

（Ⅳ—32）三峡局开展长江堤防隐蔽工程测量

11月9日，三峡局提前完成长江荆江段堤防隐蔽工程测量任务。2001年1月，三峡局河道勘测队在风雪严寒天气条件下，于春节期间完成第四批长江堤防隐蔽工程新洲段、阳新段测量任务。测量过程中，发现并纠正了一处高等级控制点坐标错误（系长江委勘测总队提供的成果），避免一次重大质量事故。

2000年

（Ⅳ—33）三峡水政监察支队成立

2月28日，长江三峡水政监察支队举行成立仪式。根据长江委水行政执法工作需要和机构设置现状，组建长江上游、中游、下游、三峡、荆江、汉江、长江口局7个水政监察支队。

（Ⅳ—34）南津关水文站撤销

2月，南津关水文站撤销，相关业务分别划转至宜昌水文站和黄陵庙水文站承担。

（Ⅳ—35）三峡局承担“九五”三峡泥沙问题课题研究工作

5月9—11日，三峡总公司技术委员会在宜昌召开葛洲坝库区泥沙淤积及三江引航道泥沙原型观测资料分析工作座谈会。三峡工程泥沙专家组工作组组长戴定忠主持会议。三峡局总工程师李云中、长江航道局三峡办公室副主任陶正和分别汇报葛洲坝水库库区淤积原型观测、三江引航道冲沙原型观测及资料分析情况。会议认为，“九五”期间总结分析葛洲坝水库运行20年库区冲淤规律和三江引航道冲沙的基本经验，有利于改进葛洲坝工程运行管理，尤其是对选定三峡工程引航道清淤工程方案和坝下游宜昌河段治理等具有重要现实意义。会后，三峡局立即启动葛洲坝库区淤积分析和坝下游宜昌河段冲刷及宜昌水位的影响分析。12月6日，三峡局完成的“九五”三峡泥沙问题研究两个子题“葛洲坝水库冲淤分析”和“葛洲坝下游宜昌河段冲淤分析”，通过三峡工程泥沙专家组组织的验收。

（Ⅳ—36）三峡局首次组队开展堰塞湖水文应急监测

5月18日，三峡局总工程师李云中、黄陵庙水文站站长叶德旭、高级工程师李平、办公室副主任于飞和水文局测验处副处长周刚炎组建长江委水文科技抢险队，携带ADCP等先进仪器设备，赴西藏开展易贡巨型滑坡堰塞湖水文应急监测。这在国内尚属首次。

（Ⅳ—37）宜昌水文站新办公楼建成投产

5月，宜昌水文站新站房竣工，建筑面积约150m²，6月23日迁入办公。

（Ⅳ—38）三峡局引进电子平板测绘系统

6月，三峡局引进清华三维电子平板测绘系统，河道测绘实现数字化，在长江中下游重要堤防工程建设水文勘测中发挥巨大作用。

（Ⅳ—39）三峡局编制明渠截流水文监测方案

10月17日，水文局在武汉召开三峡工程明渠截流准备工作会。会议由水文局副局长胡玉林主持，三峡局副局长孙伯先、总工程师李云中、技术室主任樊云参会。会后，根据长江设计院及水文局要求，三峡局编制提交《三峡工程三期截流水文监测方案及关键技术研究（讨论稿）》。

（Ⅳ—40）三峡局首次汇编内部规章制度

12月，三峡局首次汇编内部管理规章制度及岗位职责。《三峡局规章制度汇编（2000 版）》于 2001 年 1 月 1 日起正式执行。

2001 年

（Ⅳ—41）三峡工程泥沙专家组调研三峡原型观测工作

1 月 9—11 日，三峡工程泥沙专家组工作组组长戴定忠、泥沙专家韩其为一行 7 人来宜，专题调研三峡工程施工阶段工程泥沙观测进展情况，三峡局总工程师李云中介绍相关情况；泥沙专家组经调研后建议，为满足工程设计、运行管理和验证以往泥沙研究成果需要，增加 5 个方面原型观测项目。9 月 6 日，三峡泥沙专家组工作组组长戴定忠、泥沙专家潘庆燊等一行 4 人来三峡局调研座谈，了解葛洲坝下游近坝段水位变化及三峡水利枢纽船闸引航道泥沙淤积及清淤情况，李云中、三峡局技术室主任樊云等参加座谈。2002 年 2 月 6 日，三峡泥沙专家组副组长张仁、戴定忠、潘庆燊等一行来三峡局座谈，了解坝下游近坝段原型观测工作情况；李云中、樊云、技术室副主任张年洲等参加座谈，汇报相关工作情况。

（Ⅳ—42）三峡局明渠截流水文监测方案通过专家审查

2 月 6 日，三峡局党政联席会确定成立三期截流水文监测前期工作领导小组，三峡局副局长孙伯先任组长，总工程师李云中任副组长，并启动现场查勘和《三峡工程三期明渠截流水文监测方案》编制工作。3 月，孙伯先、技术室主任樊云、科研室主任汪劲松、黄陵庙水文站站长叶德旭 4 人组成明渠截流水文监测技术调研组，分别到南京中船七二四研究所、南京水文自动化研究所、长江口局等单位调研截流水文监测所需仪器设备。4 月 7 日，水文局在长江委招待所召开截流水文监测方案审查会；会议由水文局总工程师罗钟毓主持，水文局领导宋志宏、胡玉林、金兴平及监测处、计财处、预报处、水资源处等单位负责人参会；李云中汇报三峡工程明渠截流水文监测方案，会议要求进一步补充完善。4 月，三峡工程明渠截流水文监测方案相关内容收编入长江委设计院编《长江三峡水利枢纽三期提前截流专题研究报告》第九章，供主管部门决策参考。11 月 9 日，在三峡工地，长江委副总工程师刘宁主持召开三峡工程明渠截流水文监测方案审查会，长江委部分技术委员及设计、科研、试验等单位专家和孙伯先、李云中参加会议；会后，三峡局修改形成的《长江三峡水利枢纽明渠截流水文监测方案》报送三峡总公司。2002 年 5 月 15 日，《长江三峡水利枢纽三期明渠截流水文监测方案》通过三峡总公司组织的专家审查。

（Ⅳ—43）三峡局开展“三讲”教育活动

2—5 月，水文局从 2 月 23 日开始“三讲”（讲学习、讲政治、讲正气）教育活动，3 月 6 日召开“三讲”教育动员会，并派“三讲”教育巡视组进驻三峡局。3 月 7 日，三峡局召开座谈会；3 月 13—17 日，封闭学习；3 月 19 日，召开转段动员会，进入教育活动第二、三阶段；4 月 15 日，召开总结会议；5 月 14 日，“三讲”教育“回头看”活动通过上级验收。

（Ⅳ—44）三峡局获省级“模范职工之家”称号

4 月，三峡局获湖北省“模范职工之家”称号。

（Ⅳ—45）三峡局获“九五”三峡泥沙问题研究先进表彰

5 月，三峡总公司、三建委授予三峡局“长江三峡工程‘九五’泥沙研究先进单位”称号，授予李云中“长江三峡工程‘九五’泥沙研究先进工作者”称号。

（Ⅳ—46）宜昌水文站出现同期枯水水情

7 月 28 日，宜昌水文站水位 42.46m、流量 9700m^3/s，为历史同期最低水位和第三低流量。

（Ⅳ—47）禹王公司开展门面租赁服务

7月，禹王公司虾子沟综合服务项目试运营，营业门面面积约4700m²。

（Ⅳ—48）水利部水文局领导检查指导三峡局工作

9月，水利部水文局局长刘雅鸣一行来三峡局检查指导工作，慰问职工。

（Ⅳ—49）三峡局论文在葛洲坝通航发电20周年科学技术成果交流会上交流

11月28日，中国水利学会、中国机电工程学会、中国水力发电工程学会在宜昌召开葛洲坝水利枢纽通航发电20周年科学技术成果交流会。长江委提交会议交流论文60篇，大会交流发言5篇；其中，三峡局提交会议交流论文5篇，大会交流1篇《葛洲坝水库冲淤规律与航道变化》。

（Ⅳ—50）三峡局党委换届，选举产生第三届委员会

12月7日，中共三峡局党委召开第三次党员大会，选举产生第三届党委、纪委。戴水平任党委书记，王远明任党委副书记兼纪委书记。

2002年

（Ⅳ—51）三峡局在《长江志季刊》发表专辑

3月，《长江志季刊》（2002年第1期，总第69期）专刊登载三峡水文水资源勘测成果，共计收录18篇志稿。

（Ⅳ—52）宜昌水文站再获全江水文成果质量“优胜杯”一等奖

5月，宜昌水文站荣获“全江水文成果质量优胜杯”一等奖，巴东站获二等奖。

（Ⅳ—53）三峡局高效实施明渠截流水文监测工作

9月3日，水文局在三峡局召开三期截流水文监测安全保卫专题工作会议；6日，截流水文监测宣传组成立；14日，截流水文监测正式开始；17日，三峡局首次测量导流底孔分流比；19日，水文局局长岳中明、总工程师金兴平一行3人检查三峡坝区水文设施建设和维护工作；30日，三峡局办理截流期水上作业许可证。10月5日，截流水文气象信息处理中心完成局域网建设，与三峡总公司外网联网，开始发布水文监测信息；18日，水文监测趸船安全锚定于龙口上游约100m处；27日，利用新浪网开通手机短信息成功发布水文监测分析信息；30日，多波束测深系统成功扫测戗堤堤头水下形象；31日，龙口水文监测工作正式开始。11月2日，三峡总公司总经理陆佑楣、水利部水文局局长刘雅鸣等领导检查指导截流水文工作，慰问水文职工；3日，长江委总工程师郑守仁检查指导水文监测工作；4日，水利部副部长陈雷一行在长江委党组书记周保志、总工程师郑守仁和水文局局长岳中明、总工程师金兴平的陪同下，检查指导水文监测工作，慰问水文职工；5日，长江委主任蔡其华、水利部办公厅主任顾浩到截流现场，对水文监测工作给予充分肯定；6日，9时45分截流龙口合龙成功，14时最后一次同步监测上、下游戗堤渗透流量，标志着截流水文监测工作全部完成。

（Ⅳ—54）美国RDI公司工程师专程至三峡开展ADCP比测试验工作

9月18—20日，美国RDI公司工程师在黄陵庙站开展不同频率ADCP试验。主要试验高含沙量和动床影响底跟踪方式流量测量精度，并更换电罗经以解决GNNS磁北方向准确性与ADCP定位（船速）精度及效果等问题。

（Ⅳ—55）三峡局完成内设机构及职工聘用改革

11月27日，经过一个多月的演讲、答辩、考评，三峡局完成机构精简、调整和干部职工竞争上岗以及高、中级职称竞聘工作，标志着该局机构及职工聘用改革任务完成。

2003 年

（Ⅳ—56）宜昌水文站枯水位再创历史新低

2 月 9 日 20 时，宜昌水文站水位 38.07m，为历史记录最低值，其相应最小流量为 2900m^3/s，排历史第四位。

（Ⅳ—57）三峡泥沙专家组调研建议设立三峡坝前专用水文断面

2 月 21 日，三峡泥沙专家组工作组组长戴定忠、泥沙专家潘庆燊等到三峡局调研近期宜昌水文站枯水位变化情况，商讨三峡工程坝上太平溪附近设立水文泥沙观测专用断面事宜。三峡局副局长李云中、总工程师樊云等参加座谈。3 月，选定距三峡大坝约 13km 庙河水文断面开展水文泥沙测验工作。2004 年，庙河水文站正式成立。

（Ⅳ—58）三峡局召开建局 30 周年纪念大会

3 月 31 日，三峡局召开纪念三峡局建局 30 周年座谈会，局长戴水平充分肯定过去 30 年取得的成绩，提出“立足三峡，走出三峡；立足水文，走出水文”的经济发展思路和“一区、两片、三点”的事业发展规划。编辑纪念文集《与水共舞》，收录 61 篇反映三峡水文创业发展过程的回忆录文章。

（Ⅳ—59）三峡局启动历史地形图数字化工作

4 月 3 日，为提高地形图基础资料的使用效率，建立全新的长江河道数字化地形图管理信息系统，按照水文局地形图数字化要求，三峡局启动历史地形图数字化工作。

（Ⅳ—60）三峡局加强水文重点基础设施整顿

4 月 18 日，已使用 19 年的南津关过江吊船钢缆被顺利拆除。23 日，宜昌水文站成功更换长逾 1100m、直径 37mm、重达 6t 的缆道主索。

（Ⅳ—61）三峡局有效抗击“非典”疫情

5 月 18 日，“非典”时期，三峡局局长助理汪劲松带队完成四川省广元市外协测量任务返宜，进住虾子沟水文基地实施“非典”隔离。

（Ⅳ—62）三峡局党委换届，选举产生第四届委员会

5 月 28 日，中共三峡局第四次党员大会在宜昌召开，选举产生中共三峡局第四届党委、纪委。戴水平当选党委书记，李建华当选纪委书记。

▲ 6 月 1 日，三峡工程正式下闸蓄水，10 月蓄水至 156m 水位，三峡水库提前一年进入初期运行期。受三峡总公司委托，三峡局启动三峡水库 135m 蓄水过程观测。

（Ⅳ—63）三峡局查勘库区支流山体滑坡现场

7 月 13 日凌晨，秭归县沙镇溪镇千将坪发生大面积山体滑坡，体积约 2400 万 m^3，青干河被阻断。三峡局副局长李云中迅速组织技术科、河道勘测队和水政监察支队技术人员前往现场，查勘核实受灾情况，及时报告水文局和三峡总公司，适时调整库区支流青港河观测方案。

（Ⅳ—64）全江第一套在线流量监测系统投入试运行

7 月 30 日，三峡局在长江流域引进首套在线流量监测系统——水平式多普勒流速剖面仪（H-ADCP），并在黄陵庙站安装调试成功，实现两坝间十分复杂的流量变化全过程自动测报和资料整编。

（Ⅳ—65）世界气象组织官员考察三峡局

9 月 27 日，世界气象组织、国际山地开发中心和美国地质调查局、美国国际开发署的官员和水文水资源专家一行 8 人，考察访问三峡局，在宜昌水文站和黄陵庙水文站实地了解水文泥沙测验情况。三峡局副局长李云中陪同考察。

（Ⅳ—66）三峡局承接跨江铁路大桥水文专题观测成果通过验收

11月27日，铁道第四勘察设计院在宜昌召开宜万线宜昌河段越江工程原型观测成果验收会，成果通过验收。三峡局承接其中水文专题观测的内容包括桥址地形（含水下和胭脂洲滩及两岸陆上地形）、床沙组成调查、水文测验（水位、流量、推移质泥沙）等。

（Ⅳ—67）泥沙专家组和陆佑楣院士调研坝下游河道演变情况

12月11日，三峡工程泥沙专家组戴定忠一行3人在宜昌调研，听取三峡局副局长李云中关于三峡工程水文泥沙原型观测和分析情况介绍，充分肯定三峡局工作。会后，专家们查勘三峡坝区引航道及葛洲坝下游胭脂坝等河段。2004年2月8日，三峡总公司原总经理陆佑楣院士、总工程师张超然院士、枢纽管理部副主任冯正鹏等领导、专家现场查勘三峡水库下游宜昌至杨家脑河道，重点了解2003年汛后水文泥沙观测和宜昌河段、芦家河河段的冲淤变化情况，以及宜昌、枝城两站枯水水位流量关系及枯水位变化情况；水文局总工程师金兴平、三峡局副局长李云中、荆江局副总工程师段光磊陪同查勘。

2004年

（Ⅳ—68）三峡局开展胭脂坝护底加糙试验工程效果监测

3月29日，三峡局首次实施宜昌胭脂坝尾段河床护底加糙试验工程水文效果监测，分析护底河床冲淤与水力因子响应变化情况，及时为设计、施工单位提供技术咨询服务。

（Ⅳ—69）长江委纪检组组长徐安雄检查指导三峡局工作

4月1日，长江委纪检组组长徐安雄在水文局局长岳中明陪同下，检查指导三峡局工作，调研水文改革发展状况。三峡局领导及有关部门负责人参加调研座谈会。

（Ⅳ—70）黄陵庙站获“三峡工程建设先进班组”称号

4月底，黄陵庙站获2003年度“三峡工程建设先进班组”称号。

（Ⅳ—71）三峡局机关迁入新办公大楼

5月8日，三峡局机关迁入宜昌市胜利四路20号新办公楼办公。

（Ⅳ—72）三峡局工会换届，选举产生第三届委员会

6月8日，三峡局召开第三次工会代表大会暨职工代表大会。选举产生第三届工会委员会和工会经费审查委员会，李建华等7人当选工会委员，王定鳌等3人当选经费审查委员会委员。

（Ⅳ—73）南非水利专家考察黄陵庙水文站

6月16日，南非水利和林业部司长芭芭拉·斯珂珊一行7人到黄陵庙站考察访问，推动双方在水资源领域的交流与合作。

（Ⅳ—74）三峡局报汛成果达到“双百”目标

7月1日，三峡局提前实现水文信息测报自动化，水情信息到报率与合格率达到“双百”目标，为迎接2005年全江水情自动报汛做好试运行准备工作。

（Ⅳ—75）宜昌日蒸发量出现近10年极值

7月3日，宜昌蒸发量达12.6mm，为近10年最大值。当日最高气温39℃，日平均相对湿度58%，日平均气压988.4hPa，地面最高温度55.6℃。

（Ⅳ—76）三峡局首次引进声速剖面仪和多波束测深系统

7月14日，三峡局首次引进一套声速剖面仪，彻底解决三峡水库深水水温测量难题。2005年1

月 17 日，受葛电厂水工检修所委托，三峡局采用多波束前视声呐测深系统，全覆盖扫测葛洲坝排沙底孔损伤情况，为维修提供技术支撑。

（Ⅳ—77）三峡局研发的潮汐水文资料整编软件通过业主验收

8 月 15 日，受广东省水文局委托，三峡局承接开发的“广东省水文资料整编软件”（HDPS），在广州通过专家审查和业主验收。该软件主要处理受潮汐影响的珠江河口水系的水文资料整编。

（Ⅳ—78）三峡坝区河床演变观测研究成果通过业主验收

8 月 16 日，三峡局联合中国水科院、长江科学院承担的三峡工程施工期坝区河床演变分析项目通过三峡总公司验收。该项目于 1994 年初启动，历时 9 年；以两次截流为界，分为 1994—1997 年和 1998—2002 年两个阶段完成，每年编制一份年度分析报告，合同期末编制总报告；采用原型观测调查分析、数学模型计算和物理模型试验三种方法；由三个单位分别完成，三峡局汇总。

（Ⅳ—79）三峡坝区出现秋季大洪水

9 月 8 日，最大秋季洪水通过宜昌之际，国家防汛指挥系统办公室副主任、水利部水文局副局长张建云到宜昌水文站现场指导洪峰测报工作。10 月 17 日，水利部副部长索丽生在长江设计院副院长石伯勋、副总工程师王小毛及水文局副局长刘东生等陪同下，检查指导三峡局防汛测报工作，慰问职工。

（Ⅳ—80）戴水平获长江委重大成就奖

9 月 27 日，三峡局局长戴水平获长江委首届重大成就奖。

（Ⅳ—81）三峡局论文在河流泥沙国际学术讨论会上交流

10 月 18—21 日，第九次河流泥沙国际学术讨论会（英文）在宜昌三峡坝区举行。水文局副总工程师陈松生、三峡局副局长李云中、三峡局科研室工程师牛兰花提交的论文 *Sediment Deposition in the Run-of-Rive Reservoirs and Scouring in the Downstream Rive Channels* 在第三分会场做学术交流报告。

（Ⅳ—82）三峡中心通过监督评审

10 月 28 日，国家认证监督管理委员会和水利部计量办公室认证监督评审组通过三峡中心监督评审。

2005 年

（Ⅳ—83）三峡局主持研制深水水文专用绞车系统

3 月 20 日，为适应三峡水库深水水文测验工作，三峡局组织研制首套液压深水水文船用绞车系统，由 PLC 控制、液压泵站、液压绞车和液压伸缩臂组成，可实施 250m 水深采样。2006 年 8 月，该系统通过水文局验收；2014 年，获国家实用新型专利。

（Ⅳ—84）三峡局质量管理体系运行首次外审

3 月 23—25 日，水文局质量管理体系内审检查组欧阳应钧一行，首次完成对三峡局的运行情况内审。3 月 10 日，北京中水源禹国环认证中心贾一英一行，对三峡局质量管理工作进行首次外部审查。

（Ⅳ—85）三峡局多项作品在“长江之春”艺术节上获奖

5 月 17 日，由三峡局工会主席赵俊林创作，袁勇、李健表演的相声《家庭演唱会》获第五届“长江之春”艺术节一等奖；王显福书法作品《喜今朝》获二等奖；其他职工书法作品《早发白帝城》、摄影作品《洪魔无奈大坝何》、表演唱《三峡新貌》、舞蹈《欢乐的三峡土家人》获三等奖。

（Ⅳ—86）黄河水利委员会水文局调研水文经济发展工作

5月18日，黄河水利委员会水文局调研组一行25人到访三峡局，开展水文经济工作管理体制和运行机制调研。实地考察水情预报中心、宜昌水文站、黄陵庙站等单位后，双方对水文经济和技术创新中的突出问题进行交流。

（Ⅳ—87）三峡局首次开展自动测报应急演练

6月23日，三峡局首次开展报汛自动化应急方案实战演练。有针对性地采取人为设置故障、实施应急措施等形式，应急演练分中心断电、断网、关闭电台、断开电话线路和数据线路切换等八大项目处置。

（Ⅳ—88）三峡局数字测图技术获好评

6月27日，水文局总工程师金兴平一行，实地检查并慰问荆江河控应急工程测量人员，高度评价利用数字测图技术提高工效和成果质量的创新做法。

（Ⅳ—89）三峡局7个中央报汛站全部实现自动报汛

7月1日8时，全江118个中央报汛站在全国率先实现自动报汛。三峡局所属7个中央报汛站（巴东、茅坪、三斗坪、黄陵庙、南津关、5#、宜昌）实现水位、雨量自动报汛，黄陵庙站利用H-ADCP在线监测在全江第一个实现了流量自动报汛。

（Ⅳ—90）三峡局首次开展三峡坝前异重流观测

7月8日，三峡局首次开展三峡水库坝前异重流监测。监测包括流速分布、含沙量分布、悬移质颗分、分层水温及其他辅助项目测验。

（Ⅳ—91）三峡局试行人员聘用制度改革

7月19日，三峡局召开职工代表大会，审议通过三峡局试行人员聘用制度实施方案。核定编制157人，预留10%编制。

（Ⅳ—92）长江流域水环境监测中心三峡分中心挂牌

8月，长江流域水环境监测中心三峡分中心挂牌成立。

（Ⅳ—93）三峡局首次引进波浪仪自动监测航道横波涌浪

9月22日，在长江葛洲坝下游大江航道近坝水域，三峡局引进的首套遥测波浪仪（SBF2-2型）安装调试成功，以自动监测葛洲坝二江泄洪对大江航道形成的横波涌浪影响，为河势调整工程收集重要技术资料。

（Ⅳ—94）三峡局首次开展三峡电力调峰两坝间流态观测

12月7日，三峡局经过10多个小时的连续监测，完成三峡水利枢纽电力调峰试验期间两坝间流态测量任务。调峰流量6000m^3/s，监测“五滩一湾一关”7个较典型的河段流速场、比降、流态及波浪变化。投入仪器设备近百台（套）、测船17艘、150余人。

（Ⅳ—95）三峡局召开首届科技交流大会

12月20日，三峡局召开首届科技交流大会，总结“十五”三峡水文科技工作。全局完成“十五”三峡泥沙问题研究课题6项；在国内外期刊和学术会上发表交流论文48篇，其中会议交流科研论文15篇。会议讨论形成“十一五”科技发展规划，表彰一批优秀科技工作者。

（Ⅳ—96）韩国水文专家考察三峡水情自动测报系统

12月22日，韩国建设交通部洪水统制署考察团一行12人到访三峡局宜昌水文站，考察水位雨量自动测报设备、办公环境、通信传输、泥沙测验方法和测站管理等情况。

（Ⅳ—97）三峡局首个防洪影响评价报告通过专家审查

12 月 24 日，三峡局首次承接编制的《宜万铁路宜昌长江大桥防洪评价报告》《宜万铁路万州长江大桥防洪评价报告》在武汉通过专家评审。

2006 年

（Ⅳ—98）三峡水政执法首战告捷

1 月 15 日，三峡水政监察支队宜昌大队执法行动首战告捷。抓获撞毁宝塔河水位站水尺运沙货船。依法对责任人进行说服、教育，责任人赔偿直接损失。

（Ⅳ—99）瑞士水文专家考察在线流量监测系统

5 月 28 日，瑞士国家水文勘测局局长及瑞士伯尔尼大学水文学教授一行考察黄陵庙水文站，十分关注 H-ADCP 流量自动测报系统和泥沙测验仪器。

（Ⅳ—100）西藏水文局考察三峡水文水质监测工作

6 月 29 日，西藏水文局局长王宏一行 3 人到访三峡局，考察三峡中心、三峡水情预报中心及宜昌水文站、黄陵庙站，共同探讨水环境监测、水情自动报汛以及水文泥沙测验分析等工作。

（Ⅳ—101）三峡局党委换届，选举产生第五届委员会

7 月 12 日，中共三峡局党委召开第五次党员大会，选举产生第五届党委、纪委。戴水平当选党委书记，李建华当选纪委书记。

（Ⅳ—102）水利部课题组调研三峡局预算支出管理工作

9 月 9—10 日，由水利部综合事业局水资源中心副主任田玉龙带领水利部部门预算重要项目支出管理研究课题组，在长江委财经局处长刘红敏的陪同下，调研三峡局预算项目支出管理情况。

（Ⅳ—103）三峡局承办全国受工程和人类活动影响水文测验对策座谈会

9 月 22—24 日，水利部水文局主办、三峡局承办的全国受工程和人类活动影响的水文测验对策座谈会在宜昌召开。水利部水文局副局长梁家志和各流域机构、省（自治区、直辖市）水文部门的主要领导和水文测验管理部门代表参加会议。22 日，梁家志在水文局副局长王俊的陪同下，到三峡局检查指导工作，考察三峡水文自动测报系统和视频会议系统运行情况。

（Ⅳ—104）三峡局加强三峡水库蓄水期漂浮物监测与监理工作

10 月，在三峡水库 156m 蓄水期间，三峡局派出两组巡测监督人员，通过增加监督检查频次、实行重要情况随时报告制度等方式，监督检查坝前至重庆江段全库水面漂浮物监测及清漂工作，为水库清漂监管提供及时、可靠的信息。

（Ⅳ—105）水利部考核三峡局文明单位创建工作

10 月 22 日，水利部“全国水利文明单位”第七考核组考核三峡局文明单位创建工作。

（Ⅳ—106）三峡中心通过计量认证复查

11 月 21—22 日，国家计量认证水利评审组采用听、问、查、看、考等形式，考核三峡中心质量体系运行的持续有效性以及与评审准则的符合性；通过确认现场操作和理论考核合格，确认三峡中心顺利通过国家计量论证。

2007 年

（Ⅳ—107）水文局对三峡局进行绩效考核

1 月 19 日，水文局局长王俊率水文局绩效考核组考核 2006 年度三峡局绩效。水文局党委书记宋志宏由三峡局副局长李建华陪同，慰问宜昌水文站职工。

（Ⅳ—108）三峡局编制测绘技术规程和指南

3月9日，三峡局召开《水深测量技术规程》和《水道数字测绘技术指南》编制工作会，专题布置水文局内部标准编制工作。三峡局为主编单位，成果分别于2011年4月和9月通过水文局审查验收并正式执行，受控号分别为：CSWH 202—2011、CSWH 203—2011。

（Ⅳ—109）财政部驻湖北专员办专项检查三峡局财务工作

3月21日，财政部驻湖北省财政监察专员办事处检查组在长江委财经局领导陪同下，专项检查三峡局财务工作。

（Ⅳ—110）三峡局获“十五”三峡泥沙问题研究先进表彰

4月17日，三建委办公室、三峡总公司联合授予三峡局“三峡工程‘十五’泥沙研究先进集体”称号，授予牛兰花“三峡工程‘十五’泥沙研究先进个人”称号。

（Ⅳ—111）三峡总公司现场查勘胭脂坝护底工程

4月17日，三峡总公司枢纽管理部主任胡兴娥、水库管理处处长陈磊，长江设计院枢纽处副处长张亚利，在三峡局副局长李云中陪同下，冒雨查勘葛洲坝下游胭脂坝洲头，研讨葛洲坝下游河床护底工程初步规划。

（Ⅳ—112）湖北省省长罗清泉检查指导三峡水文测报工作

5月9日，湖北省省长、长江防总总指挥罗清泉率省有关部门负责人到宜昌水文站检查指导工作，三峡局副局长李云中陪同检查。

（Ⅳ—113）三峡局首次开展墒情观测

5月21日，宜昌蒸发站正式开展土壤墒情监测。主要收集农业和环境干旱的信息，为水资源的科学管理、抗旱救灾决策提供准确的依据。

（Ⅳ—114）水文局局长王俊夜查宜昌水文站防汛测报工作

7月16日19时40分，水文局王俊局长夜查宜昌水文站防汛测报情况。先后检查水文测报及设备运行等情况并慰问值班人员，要求测站做好充分准备，迎接可能出现的更大洪水挑战。

▲7月30日，根据防洪调度令，三峡水库按4.8万 m^3/s 流量下泄。三峡工程首次正式承担防洪任务，开始发挥防洪效益。

（Ⅳ—115）黄陵庙站首次成立党支部

9月12日，黄陵庙站成立建站以来第一个党支部，有4名党员。

（Ⅳ—116）三峡局开展三峡水库156m蓄水过程观测

9月25日0时，三峡水库开始156m蓄水，三峡局开展蓄水过程水文泥沙监测。28日，水文局局长王俊、计财处处长陈显维等到三峡水库156m蓄水现场检查指导水文泥沙监测工作，慰问一线水文职工。

（Ⅳ—117）中纪委驻水利部纪检组专员调研三峡局党风廉政责任制落实情况

10月12日，中纪委驻水利部纪检组专员张秀荣、纪检监察员李晓军一行调研三峡局党风廉政责任制落实情况。三峡局班子成员、职工代表和离退休人员30多人参与座谈。

（Ⅳ—118）国际标准化组织水文专家考察黄陵庙水文站在线流量监测技术

10月24日，第二十五届国际标准化组织水文测验技术委员会工作会代表、世界著名水文测验专家，实地考察三峡工程、黄陵庙水文站和湖北省高坝洲水文站，非常关注黄陵庙水文站流量在线监测技术的成功应用。

（Ⅳ—119）三峡局调整经济发展战略

12月，三峡局调整并确立“立足三峡、走向沿海、东西发展”战略，与长江口局建立战略合作伙伴关系，签订合作协议。根据协议，三峡局参与项目联系、现场测验等工作，建立浏河工作室。

2008年

（Ⅳ—120）三峡局建立职工互助基金

1月8日，三峡局为进一步加强文明创建，维护和谐与稳定，提倡职工互助，切实救急济困，建立职工互助基金。至2月21日全局职工捐赠共计2.88万元。

（Ⅳ—121）三峡局举办新春联欢晚会

1月30日，三峡局举办新春联欢晚会，上演歌舞表演、趣味相声、器乐演奏等15个节目，100多名职工和家属参加联欢。

（Ⅳ—122）长江委主任蔡其华检查指导三峡局工作

4月21日，长江委主任蔡其华等领导一行16人到宜昌水文站检查指导工作，考察水文设施和水文测验，了解宜昌水文站报汛等情况，慰问水文职工。

（Ⅳ—123）三峡局组队参加汶川大地震应急抢险水文监测

5月12日，四川汶川发生特大地震。14—15日，三峡局294名职工向地震灾区捐款2万余元。16日，三峡局总工程师樊云作为长江委16人水利专家组成员，参加四川抗震救灾行动。18日，水文局应急水文抢测预备队8名队员从宜昌飞抵成都。20日8时，水利部抗震救灾前方水文专业组7支小分队分赴灾区各地，开展堰塞湖、水库、河道等危险水体水文监测。26日，三峡局全体党员踊跃缴纳特殊党费2.79万元。6月12日，水利部授予水利部抗震救灾堰塞湖水文应急监测突击队“抗震救灾先进集体”称号，三峡局副总工程师叶德旭获“全国水利抗震救灾先进个人”称号。河道勘测队队长谭良、左训青（工程师）获“长江委抗震救灾优秀共产党员”称号。樊云、叶德旭、谭良、左训青、刘建华（技师）、王平（技师）获“长江委抗震救灾先进个人”称号。8月26日，四川省水文局局长张霆专程到宜昌，赠送三峡局“大爱无疆战震灾，患难与共兄弟情”锦旗。

（Ⅳ—124）三峡局开展三峡坝前安保应急监测

8月8日，第二十九届北京奥运会期间，三峡总公司启动特别安保措施——三峡水库坝前水下异物探测排除工作。该工作由三峡局承担，至残奥会结束。依托安装在两艘水文测船上、有水下“CT”之称的多波束和水声呐系统，在坝前水域进行全天候不间断扫测水下自然流动的异形物体，对发现的异物及时判别、打捞处理和跟踪监测。

▲9月26日，国务院三建委批准三峡工程实施175m水位试验性蓄水，标志着三峡工程由初期蓄水位156m运行转入正常蓄水位175m试验性运行。三建委确定试验性蓄水遵循“安全、科学、稳妥、渐进”原则。9月28日开始试验性蓄水，11月5日最高蓄水位达172.8m。三峡局全程参与蓄水过程水文泥沙原型观测工作。

（Ⅳ—125）三峡局党委开展践行科学发展观活动

10月23日，中共三峡局党委召开深入学习实践科学发展观活动动员大会。全局党员干部近40人参加了大会。中共水文局党组学习实践活动指导检查组一组组长钱继烈作了重要讲话。11月2日，水文局总工程师程海云在三峡局开展学习实践科学发展观专题调研。12月29日，三峡局召开领导干部专题民主生活会，水文局副局长刘东生等与会指导。2009年3月4日，三峡局召开深入学习实践科学发展观活动总结大会。

（Ⅳ—126）三峡局举办首届水文勘测技能竞赛

11月24日，三峡局举办首届水文勘测技能竞赛，内容包括理论知识、内业操作和外业操作，共有16名选手参加。

（Ⅳ—127）三峡局开展水文测验方式方法创新

12月，三峡局开展水文测验方式方法创新活动，按水文局年度工作会要求，成立领导小组，各水文站成立专题组，共计完成创新课题18项。

2009年

（Ⅳ—128）樊云当选宜昌市政协第五届常委

1月，三峡局总工程师樊云当选第五届宜昌市伍家岗区政协常委，并连任第六、七届伍家岗区政协常委（至2015年12月）。2016年增补为第五届宜昌市政协常委（至2018年2月）。

（Ⅳ—129）三峡局组队参加西藏墨脱应急抢险水文监测

3月16—17日，水文局副局长戴润泉专程到三峡局，为赴藏开展水文抢险的突击队授旗，并代表水文局问候即将出征的突击队员。5月11日，西藏墨脱山体滑坡水文监测突击队队员叶德旭、谭良、李平、彭勤文凯旋。5月25日，援藏工作阶段性总结会在水利部水文局召开，水文局局长王俊和突击队队员参加会议，叶德旭代表水文局做汇报。

（Ⅳ—130）三峡局科研成果获长江委科技进步奖二等奖

4月6日，三峡局主持完成的“长江宜昌至沙市控制性节点及护底试验效果研究”项目鉴定会在武汉召开。湖北省科技厅主持会议，会议专家组由中国科学院院士许厚泽、中国工程院院士文伏波及水利部水文局、武汉大学、华中科技大学等单位的专家组成，专家组认为成果属国内先进。该项目获2009年度长江委科技进步奖二等奖。

（Ⅳ—131）三峡局通过“全国水利文明单位”复审

4月14—15日，中共长江委直属机关党委副书记季祥如、文明办副主任马秋生等三人组成的复审组，复审考核三峡局“全国水利文明单位”建设工作。该局顺利通过复审。

（Ⅳ—132）三峡局首次赴国外开展工程测量

5月6日，三峡局首次承担国外工程测量任务，派遣工程师邱晓峰、车兵、钟共恩赴非洲赤道几内亚工作半年以上。

（Ⅳ—133）三峡局职工连续三届参与水利部“手拉手，珍惜生命”安全生产汇报演出

7月24日，三峡职工袁勇在水利部“手拉手，珍惜生命”安全生产汇报演出中表演相声节目《安全之家》，他已连续三届参与水利安全生产汇报演出。“手拉手，珍惜生命”安全生产汇报演出是水利部“水系民生，安全发展”安全生产宣传教育活动的重要组成部分。

（Ⅳ—134）三峡局承办水文局第一届职工篮球赛

8月17日，由三峡局承办的水文局第一届“长江水文预报杯”职工篮球赛在宜昌开幕。

（Ⅳ—135）朝鲜水文代表团考察黄陵庙站

9月12日，朝鲜气象水文局局长高日勋率朝鲜水文代表团在水利部水文局水文监测处处长朱晓原和水文局局长王俊等陪同下，考察黄陵庙站。

（Ⅳ—136）三峡局召开庆祝中华人民共和国60周年座谈会

9月30日，三峡局召开庆祝中华人民共和国成立60周年座谈会，组织老同志畅谈祖国60年来发生的巨大变化。同时，举办别具特色的庆祝中华人民共和国成立60周年红歌会，以革命歌曲为主题，讴歌中华人民共和国成立60周年以及三峡水文经济和事业发展。

（Ⅳ—137）三峡局首次编发《安全手册》

10月10日，三峡局首次编发《安全手册》。该手册包括安全生产组织机构框架图、安全生产工作职责、操作规则、应急预案、措施以及安全小常识等6章内容。

（Ⅳ—138）黄河水利委员会水文局局长杨含峡到三峡局调研

11月3日，黄河水利委员会水文局局长杨含峡、办公室主任李波涛，在水文局局长王俊、副局长戴润泉、办公室主任王辉等领导陪同下到三峡局调研指导工作。

（Ⅳ—139）三峡中心通过国家计量认证复查评审

12月23日，三峡中心顺利通过国家计量认证水利评审组复查评审。

2010年

（Ⅳ—140）叶德旭获“全国水利系统先进工作者”

2月9日，三峡局召开颁奖大会，水文局局长王俊专程到会为“全国水利系统先进工作者（劳模）”叶德旭颁奖。水文局办公室主任王辉、人劳处处长鄂德龙和三峡局全体干部职工120多人参加颁奖大会。

（Ⅳ—141）三峡局党委换届，选举产生第六届委员会

6月22日，中共三峡局党委召开第六次党员大会，选举产生第六届党委、纪委。李云中当选党委书记，赵俊林当选纪委书记。

（Ⅳ—142）三峡局首次开展两坝间通航水流条件原型观测

7月20—21日，受三峡集团委托，三峡局首次开展三峡—葛洲坝两坝间通航水流条件水文原型观测。根据协议计划，在“五滩一弯一关”（青鱼背、水田角、喜滩、大沙坝、偏脑、石牌、南津关）重点河段，开展2.5万m^3/s、3.0万m^3/s、3.5万m^3/s、4.0万m^3/s、4.5万m^3/s共5个流量级的水流条件观测任务。

（Ⅳ—143）三峡局工会换届，选举产生第五届委员会

9月14日，三峡局召开第五次工会代表大会暨职工代表大会，完成换届选举。宜昌市总工会党组书记、常务副主席罗志勇，水文局工会副主席徐家喜到会指导。

（Ⅳ—144）湖北省测绘局监督检查三峡局测绘产品质量

9月26日，湖北省测绘局测绘产品质量监督检验站总工程师胡景海一行到三峡局开展测绘产品质量监督检查。检查组随机抽取13张地形图和5个固定断面检查质量，检查结果合格。三峡局顺利通过甲级测绘证换证质量抽检。

（Ⅳ—145）三峡局开展创先争优活动

10月21日，三峡局召开深入开展创先争优活动推进会；局长戴水平主持会议；党委书记李云中总结创先争优活动宣传发动阶段工作，部署全面推进创先争优活动17项工作及要求。12月10日，三峡局召开干部会议，水文局副局长刘东生指导点评三峡局创先争优活动。

2011年

（Ⅳ—146）三峡局首次承接国外工程水文勘测工作

2月21日，三峡局开展缅甸萨尔温江孟东水电站前期水文勘测工作。副总工程师叶德旭（领队）等16人到现场设立水文站。2012年9月17日，技术科副科长胡焰鹏（领队）等3人赴泰国，重点开展孟东水电站下游SWN14水文站已有整编成果比测、验证工作。

（Ⅳ—147）三峡水文应急监测抢险支队成立

5月，水文局在武汉成立长江水文应急监测抢险总队和长江三峡水文应急监测抢险支队，三峡局局长戴水平参加成立会议。

（Ⅳ—148）三峡局首次开展三峡水库生态调度水文专项观测

6月15日，三峡工程首次开展以促进“四大家鱼”自然繁殖为目的的生态调度试验。三峡局启动试验期水文监测工作，每天展开水位、流量、含沙量、透明度、水温、溶解氧等参数监测，并结合鱼卵鱼苗监测，分析调度水文变化过程、水力学特征（指标），评价调度试验效果。

（Ⅳ—149）禹王公司召开股东大会

7月6日，宜昌市禹王水文科技有限公司召开股东代表大会。禹王公司原董事会、监事会成员及股东代表共20多人出席大会，三峡局局长戴水平主持会议。会议总结公司运行情况，通报公司清理整改和股权变更有关情况，并宣布公司新的干部任命。

（Ⅳ—150）三峡局牵头组队开展青海湖容积测量

7月9日，国务院第一次全国水利普查确定西部重要湖泊之一——青海湖的容积测量工作由青海省水文局和水文局共同完成。容积测量以三峡局和中游局组成的测量队伍实施。三峡局总工程师樊云、中游局副总工程师彭全胜带队于7月10日进驻西宁，举办为期3天的水下地形测量培训班；7月15日，进入测量准备阶段。8月2日，第一次全国水利普查青海湖容积测量启动仪式在青海湖畔举行；国务院第一次全国水利普查领导小组办公室副主任庞进武主持仪式；水利部副部长、国务院第一次全国水利普查领导小组办公室主任矫勇，青海省人大常委会副主任郭汝琢，青海省副省长邓本太，水利部总工程师汪洪出席仪式。青海湖容积测量工作采取双船作业保安全，使用“一体化”集成测量系统，精细化水准面高程成果，于8月底完成外业测绘；2012年6月，测绘成果通过水利部验收。

（Ⅳ—151）湖北省副省长郭生练检查指导三峡局水文测报工作

7月22日，湖北省副省长、武汉大学水利水电学院教授郭生练检查指导三峡局水文测报工作。

（Ⅳ—152）三峡局当选宜昌市测绘行业协会第一届常务理事单位

7月22日，宜昌市测绘行业协会正式成立。三峡局当选协会第一届常务理事单位，党委书记、副局长李云中当选协会副会长。

（Ⅳ—153）长江委主任蔡其华检查指导三峡局工作

8月5日，长江委党组书记、主任蔡其华在三峡局慰问职工，检查指导工作。

（Ⅳ—154）三峡局参与向家坝下游水文泥沙原型观测

11月13日，上游局和三峡局组成联合工作组，开展向家坝至朱沱水文泥沙观测设施建设工作。历时2个多月，完成固定断面布设、GPS和三等水准标志埋设及平高控制测量等工作。

（Ⅳ—155）三峡局“十一五”三峡泥沙问题专题研究成果通过验收

12月26日，三峡工程“十一五”泥沙研究课题“杨家脑控制节点河床演变及控制宜昌水位下降措施研究”之专题“清水下泄冲刷对下游崩岸影响及控制枯水位下降的工程措施”及子题“杨家脑以上河势变化对崩岸的影响及控制宜昌水位下降的工程措施研究”验收会在北京召开。会议由三峡总公司枢纽管理局主任胡兴娥主持，三峡工程泥沙专家组、集团公司审计部、枢纽管理局枢纽运行部等单位代表参加会议，三峡工程泥沙专家组组长、清华大学张仁教授担任验收组组长。课题最终通过验收。这是三峡局首个以三峡泥沙问题研究专题负责单位身份主持完成的科研课题。

（Ⅳ—156）三峡局构建“1+3”内部管理模式

12月，三峡局总结几十年来开展工程水文勘测项目管理实践经验，提出“一个管理平台，三个管理体系”，即“1+3”管理模式；升级任务管理系统为三峡局管理信息系统；编制《三峡水文勘测管理系统研究与实践》一书。

2012 年

（Ⅳ—157）三峡局欢送汪劲松赴任新岗位

1月17日，三峡局召开座谈会，欢送三峡局原副局长汪劲松赴任长江委新岗位。

（Ⅳ—158）李云中任三峡局局长

3月6日上午，水文局党组成员、副局长刘东生到三峡局宣布水文局党组干部任职文件，李云中任三峡局局长。当日下午，三峡局召开2012年工作会议，工作报告提出“立足三峡、面向全国、走出国门”的经营新战略。

（Ⅳ—159）三峡局启动三峡水库泥沙预报研究工作

5月1日，根据年度工作会布置，水情预报室试验性开展三峡水库泥沙预测预报工作，拓展服务三峡工程运行调度方面的新业务。2015年5月，每天发布三峡水库库区沿程站点的含沙量过程预报成果，并根据调度需要比选不同水库调度方案对水库泥沙运动、水库淤积、水库排沙比等的影响，为调度决策提供技术支撑。

（Ⅳ—160）三峡局全体职工参加宜昌市职工医疗保险

7月1日，三峡局全体职工参加宜昌市职工医疗保险，职工医疗保障实现社会化、标准化。

（Ⅳ—161）三峡水库出现建库以来最大流量

7月24日20时，三峡水库蓄水以来首次出现入库流量7.12万 m^3/s，出库流量按4.5万 m^3/s 控泄。三峡局把握时机，启动三峡—葛洲坝两坝间通航水流条件原型观测。

（Ⅳ—162）三峡局在《水利水电快报》发表专辑论文

7月28日，《水利水电快报》（2012年第7期，第33卷总第727期）刊发《三峡水文监测技术与应用研究论文专辑》，共计收录论文25篇。

（Ⅳ—163）三峡局职工获国家级测绘师注册资格

11月23日，三峡局全小龙（河道勘测局副队长）、聂金华（河道勘测中心质检员）、李贵生（技术科质检员）、樊乾和（技术科质检员）获得国家级测绘师注册资格。

（Ⅳ—164）三峡局内设机构升格，提拔多名副处级干部

12月15日，三峡局召开干部会议。水文局党组成员、副局长刘东生出席会议并宣布人事变动。水文局党组聘任张年洲（副总工程师）、谭良（副总工程师）、于飞（行政办公室主任）、赵灵（党群办公室主任）、柳长征（技术管理室主任）5位同志为三峡局副处级干部。根据“三定”方案，三峡局副总工程师升格为副处级干部，行政办公室、党群办公室、技术管理室、河道勘测中心、宜昌分局、黄陵庙分局升格为副处级机构建制。

（Ⅳ—165）三峡局首次承担的三峡水库生态调度监测成果通过验收

12月18日，三峡水库生态调度“四大家鱼”自然繁殖试验性生态调度效果监测专题验收会在湖北省宜昌市召开，三峡局承担的效果监测分析专题通过会议验收。该监测分析专题的水文监测重点为三峡水库人造洪峰起涨、涨率、峰谷量值、流速场等参数，旨在探讨与“四大家鱼”自然繁殖有关的水文水力学指标的关系及其规律性。

2013 年

（Ⅳ—166）三峡中心通过计量认证复查评审

1月16日，以黄河水利委员会水资源保护局副总工程师张曙光为组长的国家计量认证水利评审组，对三峡中心开展成立以来的第五次计量认证复查评审。三峡中心通过计量认证复查评审。

（Ⅳ—167）三峡局开展纪念建局40周年系列活动

3月16日，在三峡局成立40周年之际，原葛实站副主任谭济林（后调任荆实站主任）及妻子伍复馨实现多年愿望从国外回到宜昌，三峡局局长李云中和有关在宜往届领导、同事一起回忆往事、共叙水文情怀探讨发展并祝长江水文事业再创新绩。3月31日，三峡局以“我爱长江水文大家庭”为主题，召开建局40周年纪念大会，组织十件大事评选、职工座谈、40年建设主题图片展、三峡水文故事征集等活动，并出版《三峡水文风雨四十载》。水文局局长王俊、副局长刘东生、副总工程师陈松生、办公室主任王辉出席纪念庆典会议。

（Ⅳ—168）三峡局牵头开展西藏高原湖泊容积测量

4月22日，三峡局副局长樊云率队前往西藏，开展扎日南木错和羊卓雍错测量查勘工作；6—8月，三峡局牵头，联合汉江局组建测绘专业队伍，克服高原缺氧、天气条件恶劣等诸多困难，连续奋战60多天，完成两个湖泊测绘工作。2015年7—8月，三峡局牵头开展西藏当惹雍错、色林错测量，队员克服高海拔、高紫外线、高风浪等不利影响，采用多项高新技术完成任务。2015年8月8日，水文局局长王俊、西藏水利厅副厅长阿松到色林错测量现场慰问湖泊测量人员。2019年7—8月，三峡局准确测绘海拔高达5000m的西藏普莫雍错水下地形、陆上地形、水样、底泥等湖泊基础地理信息，获取湖泊形态特征、水资源量、水质能量等基础资料。

（Ⅳ—169）三峡局设立巴东水文监测断面收集库区水沙资料

5月1日，三峡局针对三峡库区巴东水文断面首次开展水文泥沙观测与含沙量报汛，为三峡水库实施中小洪水调度提供水文支撑。经试测和申报，2017年10月，水利部水文局批准巴东水位站升格为国家基本水文站。

（Ⅳ—170）三峡局开展尼加拉瓜运河项目专项水文勘测调查

6—8月，三峡局继续拓展海外水文业务，由副总工程师谭良带队开展尼加拉瓜运河项目专项水文勘测调查，厄瓜多尔全国流域综合规划河道断面测绘、水准测量及水文站基面统一等工作。

（Ⅳ—171）三峡局开展党的群众路线教育实践活动

7月29日，三峡局召开党的群众路线教育实践活动布置会，学习传达水文局党的群众路线教育实践活动动员会精神，水文局第四督导组到会指导。8月30日，水文局局长王俊在三峡局听取党的群众路线教育实践活动意见。11月14日，三峡局召开专题民主生活会，水文局党组成员刘东生、宜昌市委组织部副调研员黎孔荣、水文局第四督导组到会指导。2014年2月17日，三峡局召开党的群众路线教育实践活动总结大会，水文局第四督导组组长许先进出席会议并讲话。

（Ⅳ—172）三峡局首次开展三峡水库中小洪水调度水文泥沙观测

7月，三峡局首次开展三峡水库库区中小洪水调度泥沙输移过程监测，在奉节、巴东、坝前布设多个监测断面，为水库排沙减淤科学调度提供技术支撑。

（Ⅳ—173）三峡水库第一座水面漂浮蒸发实验站建成投产

8月1日，三峡水库第一座漂浮水面蒸发实验站在长江巴东水域正式投入运行，填补我国大型河道型水库水面蒸发观测的空白。三峡集团枢纽管理局副局长胡兴娥一行到现场检查指导工作。

（Ⅳ—174）三峡办水库管理司专项检查水文水质监测情况

9月5日，国务院三峡办水库管理司副司长周维一行4人，专项检查三峡中心开展的三峡生态与环境监测系统2012—2013年干流水文水质监测。三峡局首次开展对三峡枢纽工程、葛洲坝电站工程取水许可监督现场检查。

（Ⅳ—175）水利部水文局领导检查三峡水文巡测基地改建项目

9月24日，水利部水文局副局长蔡建元在水文局副局长戴润泉的陪同下，检查三峡局三峡水文巡测基地改建项目，听取项目实施情况的汇报，并提出指导性意见。

2014年

（Ⅳ—176）三峡局举办防洪评价编制专题培训班

3月1日，三峡局邀请长江科学院河流所原所长、教授级高级工程师余文畴，开展防洪评价与河床演变关键技术专题培训，三峡局领导、副总工程师以及各科室相关技术人员听取讲座。

（Ⅳ—177）吕孙云任三峡局副局长（挂职）

3月4日，水文局在三峡局召开干部会议。水文局党组书记宋志宏出席会议，人劳处副处长蒋纯宣读水文局党组关于聘任吕孙云为三峡局副局长（挂职）的任职文件。

▲3月，习近平总书记在中央财经领导小组第五次会议上提出“节水优先、空间均衡、系统治理、两手发力”的治水思路，强调节水意义重大，对历史、对民族功德无量，要从观念、意识、措施等各方面把节水放在优先位置。

（Ⅳ—178）三峡局财政预算项目通过验收

5月14—15日，三峡局2013年度长江流域水文测报、长江流域防汛、长江流域水质监测、长江流域水资源管理与保护4个财政预算项目通过验收。

（Ⅳ—179）长江委主任刘雅鸣检查指导三峡局工作

6月16日，长江委主任刘雅鸣到三峡局检查指导工作，看望慰问基层职工。长江委副主任魏山忠、三峡集团公司副总经理樊启祥、水文局局长王俊、三峡枢纽管理局副局长胡兴娥、长江委防办主任吴道喜等陪同检查指导。

（Ⅳ—180）三峡局电子档案备份成果通过验收

6月20日，三峡局完成历年电子档案整理备份工作，并通过相关部门检查验收。三峡局电子档案收集始于1994年，截至当日数据总量达到780G。

（Ⅳ—181）三峡局开展执行力大讨论

7—10月，三峡局职工深入开展加强执行力的大讨论，在水文网上发表讨论文章30余篇，其中10篇文章收入水文局主编的《赢在执行力——长江水文执行力漫谈》中，由长江出版社出版。

（Ⅳ—182）水文局督查组检查三峡局基建工作进展

8月13日，水文局副总工程师熊明率第二督查组检查三峡局在建基建项目进展情况。三峡局汇报“工程带水文”项目进展情况，督查组围绕前期与设计、建设管理、计划下达与执行、资金使用与管理、工程质量与安全、建后管护六个方面开展检查指导。

（Ⅳ—183）三峡局党委换届，选举产生第七届委员会

9月12日，中共三峡局党委召开第七次党员大会，选举产生新一届党委、纪委。李云中当选党委书记，赵俊林当选纪委书记。水文局党组书记宋志宏到会指导。

（Ⅳ—184）三峡局首次开展三峡水库水面能见度观测

10月1日，三峡局下达任务，宜昌水文站、宜昌蒸发站、黄陵庙水文站、庙河水文站、巴东水位站同步开展水面能见度观测，旨在收集三峡水库蓄水后库区、三峡—葛洲坝两坝间及坝下游区域能见度资料，分析水库蓄水对水面附近的影响情况。

（Ⅳ—185）三峡局首次承接大规模防洪影响评价项目

12月4日，中海石油气电集团有限责任公司重启蒙西煤制天然气外输管道项目，在前期完成内蒙古—山西段基础上，三峡局再次中标参与河北、天津段煤制天然气管道穿越河流工程防洪评价工作。两个标段合计管道路全长逾1200km，穿越河流200余条。

2015年

（Ⅳ—186）三峡局首次开展水生态监测试点工作

1月，根据上级布置和要求，三峡局首次开展鱼类资源监测调查工作，成为长江水文系统首个开展鱼类资源监测调查的试点单位。

▲6月1日，“东方之星”号客轮在长江中游湖北监利水域发生倾覆事件。长江防总应急调度三峡水库，自2日7时30分起，连发三道调度令，将三峡水库下泄流量由1.72万m^3/s逐步压减至1万m^3/s、8000m^3/s、7000m^3/s，尽力降低沉船现场河道水位，减缓水流速度，为救援打捞创造条件，三峡局测区水文站网全程监测水情变化。

（Ⅳ—187）水文局局长王俊深入生态调度水文效果监测现场检查指导

6月12日，水文局局长王俊一行到三峡局，对该局党风廉政建设、安全生产等方面的痕迹材料进行仔细查看和指导。6月13日，王俊一行到葛洲坝下游宜都河段，看望慰问高温下开展“四大家鱼”自然繁殖试验性生态调度效果监测及葛洲坝下游河道观测等项目的外业测量职工。

（Ⅳ—188）三峡局开展“每月一讲”

6月，在每个月的局务会议上开展“每月一讲”学习活动。由局领导班子成员、职能部门负责人、技术骨干结合工作开展内部管理制度学习辅导、技术创新成果宣读，并把领导层的构想、思路、新技术新方法传导到各基层单位。

（Ⅳ—189）三峡局质量管理体系通过认证复审

7月3日，三峡局通过质量管理体系认证复审，认证证书（编号05215Q20046R4L-2）有效期至2018年7月2日。

（Ⅳ—190）三峡局工会换届，选举产生第七届委员会

7月14日，三峡局召开第六次工会代表大会暨职工代表大会，选举产生新一届工会委员会。赵俊林当选工会主席，赵灵当选工会副主席，王定鳌当选工会经费审查委员会主任。

（Ⅳ—191）三峡局承接湖北省山洪灾害调查评价项目

7月26日，三峡局中标并启动宜昌兴山、秭归、当阳、远安、五峰五县（市）中小河流山洪灾害调查评价工作，成立项目领导小组及工作组，投入技术人员近50人。

（Ⅳ—192）三峡局首次开展科级干部任前廉政法规考试

8月，三峡局纪委首次组织对拟提拔任用的科级干部进行任前廉政法规考试。

（Ⅳ—193）三峡局新版信息管理系统上线运行

10月1日，针对任务管理系统存在的问题，三峡局重新设计、研制并正式启用新版信息管理系统。该系统与水文局综合办公平台对接，在三峡局内部管理中起到核心作用，促进三峡局信息化建设。

（Ⅳ—194）三峡局承担的“三峡水库泥沙预测预报研究”课题通过业主验收

11月11—13日，“三峡水库泥沙预测预报研究”课题成果通过三峡集团验收。会后，三峡局邀请中国工程院院士韩其为作水库泥沙学术讲座及泥沙科学研究方法等讲座和培训。三峡局20余名职工参加会议。

（Ⅳ—195）三峡局选手获湖北省职业技能赛团体第二名

11—12月，河道勘测中心青年职工李腾和黄童组队参加长江委第八届职业技能竞赛工程测量决赛，分别获得团体二等奖、三等奖和个人二等奖、三等奖。李腾代表水文局参加湖北省工程测量比赛，获个人第三、团体第二的好成绩。

（Ⅳ—196）三峡中心完成标准化水质实验室改扩建

12月，三峡中心完成水质分析实验室改扩建工程，新增标准化实验室面积485m^2，实验室总面积（含办公室）达1200m^2。

2016年

（Ⅳ—197）三峡局开展“两学一做”学习教育

1月，三峡局开展“两学一做”学习教育，支部主题党日、专题研学等“规定动作”落实到位，特色活动受到宜昌市督导组好评。三峡局制定合格党员“5+N+Y”标准，河道勘测中心党支部组织党员、入党积极分子和技术骨干为秭归县范家坪村开展大乐沟治理地形测量，各党支部在创新论文征集中撰写论文10篇。6月13日，宜昌市“两学一做”学习教育第八督导组组长方亚平一行4人，到三峡局检查督导“两学一做”学习教育开展情况。

（Ⅳ—198）闫金波任三峡局副局长

3月25日，三峡局召开干部会议。水文局党组成员、副局长刘东生宣布水文局党组任命文件，闫金波任三峡局副局长，刘天成任黄陵庙分局局长。

（Ⅳ—199）三峡局举办水文行业发展方向专题培训讲座

4月1日，在三峡局专题培训班上，水文局局长王俊作题为“水文行业发展的方向性问题探讨”的讲座，全局副科以上干部30余人参加培训，三峡局局长李云中主持培训会。

（Ⅳ—200）三峡局首次开展地下水监测

6月，三峡中心首次承担国家地下水监测工程任务，完成成井水质检测分析一标段湖北省内80余口井的水质监测。

（Ⅳ—201）黄陵庙站遭遇两轮特大暴雨袭击

7月，黄陵庙站遭遇两轮特大暴雨袭击，致使站址院内草坪被淹，多处设施被毁，为建站以来首次因暴雨造成的较大损毁事件。

（Ⅳ—202）三峡中心首套水质自动监测站投入试运行

7月，由长江委水文局、吉林光大分析技术有限公司和北京中冠光大分析技术有限公司共同合作兴建的船载水质自动监测站落户三峡库区库首，成为长江干流上首个系统设备完全国产化的水质自动监测应用示范站。

（Ⅳ—203）三峡水库库岸地形首次采用三维激光扫描技术

8—12月，三峡局在三峡工程葛洲坝至奉节关刀峡河段长江干流水道地形观测中首次运用动态船载三维激光扫描、无人船技术。

（Ⅳ—204）三峡局首次独立承担海上水文测验项目

11月，三峡局独立完成浙江玉环海上水文测验项目。在长江口局的协调指导下，完成与业主沟通、测船租赁、潮位站布设、安全检查、人员组成、仪器装运、海上测验、技术报告编制等一系列工作，业务能力得到提升。

（Ⅳ—205）三峡局篮球队首次获水文局篮球比赛季军

11月11日，历时5天的长江水文“创新杯”第三届职工篮球赛闭幕，三峡局篮球队获季军，黄陵庙分局船员袁震获“优秀运动员”称号。

（Ⅳ—206）三峡局在水文局首届青年论坛中获一等奖

12月，在水文局举办的首届青年论坛中，三峡局推送的《执行力评价在水文行业内部管理中的应用探索》获论坛一等奖，演讲人为团委书记孟娟。

2017年

（Ⅳ—207）三峡局开展三峡—葛洲坝大坝泄流曲线率定

3—12月，三峡局首次开展大规模的三峡、葛洲坝泄流曲线率定工作。这是三峡集团三峡水库科学调度第二阶段重点研究课题，率定成果为水库调度、科学研究和水文测报等提供重要依据。

（Ⅳ—208）湖北省委常委、宜昌市委书记周霁检查宜昌水文站水文测报工作

6月20日，湖北省委常委、宜昌市委书记周霁检查宜昌城区长江段关键部位防汛工作，在三峡局局长李云中陪同下，深入宜昌水文站检查水文防汛测报工作情况。

（Ⅳ—209）三峡水库调度坝下游出现特殊水情

7月，长江中下游出现区域性大洪水。在防洪关键时期，根据长江防总安排，长江上游水库群联合调度5次，坝下游最大流量日降幅达2.07万m^3/s，宜昌出现历史同期第二低水位，水位最大日降幅达4.12m。

（Ⅳ—210）三峡局测绘技术支撑援疆工作队

10月，三峡局积极参与并完成水文局援疆工作任务。以三峡局测绘技术专家为主体的水文局援疆工作队，连续工作50余天，完成了国家地下水监测工程新疆维吾尔自治区430个地下水监测站高程及平面坐标测量。

（Ⅳ—211）中共水文局党组巡视三峡局党委（试点）

10月17日，中共水文局党组首次开展巡察试点，第一巡察组对三峡局党委开展巡察。12月12日，巡察组向三峡局党委反馈巡察意见。三峡局党委按照水文局党组有关巡察工作整改要求，以坚决的态度、严格的标准、有力的举措，主动认领问题，全面落实整改要求。

（Ⅳ—212）老挝代表团考察黄陵庙站

11月8日，老挝自然资源与环境部部长宋玛·奔舍那代表团、水利部国科司巡视员于兴军、长江委国科局局长周刚炎、澜湄水资源合作中心主任钟勇等领导来到三峡局黄陵庙分局进行考察调研。

（Ⅳ—213）三峡局创新成果获多项专利与奖项

12 月，三峡局科技创新工作迈上新台阶，取得多项专利证书和软件著作权。“基于声线跟踪的库区深水水深测量方法”获国家知识产权局发明专利证书。另有 3 项成果获实用新型专利证书 3 项，1 项成果获软件著作权授权。三峡中心获 2017 年度“长江流域水环境监测工作先进单位”称号。“船载移动三维激光扫描技术在三峡水库库岸陆上地形测量中推广应用”获 2017 年水文局河道测绘新技术应用奖。2016 年三峡库区地形测量项目获水文局长程地形质量评比三等奖。人事档案整理获得长江委人劳局表彰。精选 8 篇论文参加水文局第二届青年论坛，其中 3 篇论文分获二、三等奖。

（Ⅳ—214）三峡局赵灵获“湖北省驻农村工作队（扶贫工作队）工作突出第一书记”

12 月，长江委再次获“湖北省精准扶贫工作突出单位”称号。三峡局党群办主任赵灵，担任长江委派驻湖北省宜昌市秭归县沙镇溪镇范家坪村驻村工作队队长、第一书记，被考评为 2017 年度“湖北省驻农村工作队（扶贫工作队）工作突出第一书记”。

2018 年

（Ⅳ—215）三峡局完成标准化自动测报机房和综合档案库房改造

10 月，三峡局完成标准化机房整体改造升级。完成国家二级档案室标准化改造，开展科技、人事、文书、会计、声像档案的全面清理、重新入库，促进三峡局信息化建设可持续发展。

（Ⅳ—216）三峡局职工养老保险材料通过省编办审核

11 月，养老保险参保取得重大进展，全局人员参保材料全部通过湖北省编办审核。

（Ⅳ—217）三峡局工会换届，选举产生第七届委员会

11 月 23 日，三峡局召开第七次工会会员代表大会暨职工代表大会。选举产生新一届“两委”委员。赵灵当选工会主席。

（Ⅳ—218）三峡局党委换届，选举产生第八届委员会

12 月 14 日，中共三峡局党委召开第八次党员大会，选举产生新一届党委和纪委。李云中当选党委书记，赵俊林当选纪委书记。

2019 年

（Ⅳ—219）长江委主任马建华检查指导三峡局工作

1 月 8 日，长江委党组书记、主任马建华检查指导三峡局工作，慰问一线干部职工。

（Ⅳ—220）三峡局组建 5 个职工（劳模）创新工作室

2 月 1 日，三峡局召开 2019 年工作会议，为叶德旭、闫金波、牛兰花等 5 个创新工作室授牌。其中，3 个入选“水文局创新工作室”，闫金波创新工作室成功入选“长江委职工（劳模）创新工作室”。2020 年 12 月，闫金波创新工作室被命名为“湖北省职工（劳模、工匠）创新工作室”。

（Ⅳ—221）三峡局再次在《水利水电快报》发表专辑论文

2 月 15 日，《水利水电快报》（2019 年第 2 期，第 40 卷总第 806 期）刊登《三峡水文水资源技术创新实践与研究应用专辑》，共计收录论文 24 篇。

（Ⅳ—222）宜昌市委、市政府领导调研宜昌长江水文在线测控中心

2 月 26 日，宜昌市人民政府副市长卢军及市相关单位调研宜昌水文在线测控中心。10 月 16 日，宜昌市委常委、副市长陈惠霞，市委常委、宜昌市委组织部部长汪伟等一行到宜昌水文站调研在线监测系统。根据基建计划，在线测控中心设计方案报市相关部门批准后，对宜昌水文站进行全面升级改造。

（Ⅳ—223）三峡局首次联合地方水利局开展洪水应急监测演练

5月9日，三峡局首次和枝江市人民政府、枝江市河湖和水利局、龙头桥水库管理处等政府水利部门联合，开展水旱灾害防御水文应急抢险演练。

（Ⅳ—224）三峡局开展尼泊尔 Upper Arun 工程水文勘测

5月19日至7月3日，三峡局前往尼泊尔开展 Upper Arun 工程水文测验。田苏茂、彭勤文、周红军3名测量队员在自然环境极度恶劣、测验及后勤保障条件有限的情况下，复核修正水文资料，为后期设计施工等专业提供基础数据。

（Ⅳ—225）三峡局首次在 EI 期刊上发表论文

5月，三峡局在 EI 期刊上发表首篇论文。张馨月、高千红等的《三峡大坝上下游水质时空变化特征》发表于《湖泊科学》（2019年第3期）。

（Ⅳ—226）三峡局派员参加技术援藏工作

7月10日至9月27日，三峡局技术室河道科副科长聂金华赴西藏阿里参与水利部技术援藏工作。

（Ⅳ—227）三峡局开展精细化管理试点工作

8月，水文局精细化管理试点总结暨整体推进会在宜昌召开。三峡局作为勘测局级试点单位，在大会上交流精细化管理工作经验。

（Ⅳ—228）三峡局参与广西大藤峡大江截流水文监测工作

10月26日，三峡局与珠江水利委员会水文局联合体中标广西大藤峡大江截流水文监测分析服务项目，采用多项先进实用技术，建立科学合理的截流水文监测服务系统，为大藤峡大江截流施工提供先进的水文技术支撑服务，并取得多项创新成果。

（Ⅳ—229）三峡局入选宜昌市共抓大保护联席会议成员单位

11月29日，根据宜昌市委办公室建立共抓大保护联席会议制度机制。16个市直单位、10个中省直单位和9个县、市、区（高新区）组成宜昌市共抓长江大保护联盟。三峡局是中央驻宜成员单位之一，参与构建长江大保护综合平台建设，提供水资源、水环境、水污染、水生态等信息，参与疏浚弃渣综合利用和地质灾害防治等工作。

（Ⅳ—230）三峡局获湖北省科技进步奖二等奖

12月，三峡局作为主要参与单位完成的“青藏高原湖泊地理信息精细感知关键技术”成果获2019年度湖北省科技进步奖二等奖，主要完成人为谭良、李云中。

2020年

（Ⅳ—231）新冠肺炎疫情袭击宜昌

1月24日，历史罕见的新冠肺炎疫情迅速从武汉蔓延至宜昌。当日，三峡局启动应急预案，成立领导小组，制定防疫措施，加强水文站、自管小区、办公区域等关键部位值班值守。疫情防控期间，全体党员（在职）下沉社区报到率达100%，捐款1.62万元；三峡局党员防疫志愿者服务队受到长江委通报表扬。

（Ⅳ—232）三峡局开通微信公众号

5月28日，三峡水文微信公众号正式开通运行，取得初步效果。宜昌城区“6·27”特大暴雨后，三峡水文微信公众号及时发布推文《宜昌城区“6·27”特大暴雨有多大？水文专家告诉你》，回答降水量级及其影响等社会关切问题，受到市民广泛关注。

（Ⅳ—233）水文局党组书记陈敏调研指导三峡局工作

6月3日，水文局党组书记陈敏到三峡局调研、指导工作。

（Ⅳ—234）三峡局承办超标洪水应急测报演练

6月14日，由水文局主办、三峡局承办的超标洪水应急测报演练在三峡工程坝区黄陵庙站开展。水文局总工程师陈松生主持现场演练，局长程海云发布演练命令，党组书记陈敏作总结讲话。三峡集团流域枢纽运行中心、三峡梯级调度中心、宜昌市湖泊与水利局等领导现场指导。

（Ⅳ—235）三峡局迎战三峡水库蓄水以来最大入库洪水

7—8月，三峡水库经历5次入库流量超过5万m^3/s的编号洪水，最大入库流量达7.5万m^3/s，经过三峡水库科学调度，大大降低坝下游沿岸洪水威胁。三峡局精心组织汛期水文测报工作，黄陵庙分局获“长江委防汛抗洪先进集体”称号，黄陵庙分局主任工程师田苏茂获“长江委防汛抗洪先进个人”称号。

（Ⅳ—236）黄陵庙水文站“职工书屋”获中华全国总工会授牌

7月29日，中华全国总工会副主席江广平一行到三峡局黄陵庙分局调研，看望慰问防汛一线干部职工，提出在黄陵庙水文站建设“三峡坝区水文职工书屋”计划。2021年11月23日，黄陵庙水文站收到中华全国总工会“职工书屋”牌匾1件及图书12件（共计616册图书）。2022年4月启动黄陵庙水文站站房改造，职工书屋纳入改造重点工程之一，并于11月完成建设任务。

（Ⅳ—237）三峡局驰援西藏高原湖泊应急监测

8月上旬，西藏自治区日喀则市聂拉木县波曲河出现洪涝灾害，位于县城上游嘉隆错冰湖突现险情，一旦决口将会对县城造成毁灭性的破坏。三峡水文应急支队48小时长途奔袭3000km，驰援冰湖开展水文应急监测，获取冰湖库容、水深及地形等重要数据，为抢险决策部署提供可靠的基础依据。

▲11月，三峡工程完成整体竣工验收，转入正常运行。2008—2020年，三峡工程连续13年开展175m试验性蓄水，其中2010—2020年成功实现175m蓄水目标。

▲12月，我国首部流域保护法——《长江保护法》经十三届全国人大常委会第二十四次会议表决通过，从2021年3月1日起施行。

2021年

（Ⅳ—238）三峡局多人获聘研究生导师

2月，闫金波、刘天成等6人受聘为三峡大学研究生行业导师。截至当前，三峡局累计有9人获聘研究生导师。其中，李云中、叶德旭受聘为河海大学硕士研究生（基地）导师，牛兰花受聘为武汉大学研究生校外导师。

（Ⅳ—239）三峡局在技能竞赛和讲规范评比中获多项奖励

5月，三峡局举办职工技能竞赛和讲规范评比活动。选送1名职工参加水文局第三届技术大比武，获二等奖。选送3名青年职工参加“闻道杯——水文监测青年讲规范”业务培训暨讲座评比，获1个一等奖、2个二等奖，三峡局获优秀组织奖。

（Ⅳ—240）三峡局职工获长江委“最美一线职工”

6月，黄陵庙分局主任工程师田苏茂获长江委“最美一线职工”和“长江委先进个人”荣誉称号。

（Ⅳ—241）三峡局开展全国总工会“模范职工之家”“结对共建”活动

8—9月，三峡局工会获中华全国总工会“模范职工之家”称号。在水文局工会组织下，三峡局与汉江局工会先后两次（8月16日和9月23—4日）在宜昌和襄阳开展“结对共建”活动，进一步深化“职工之家”建设，充分发挥“模范职工之家”的示范引领作用。

（Ⅳ—242）三峡局启动三峡水库水文实验站和水文测站文化建设

8—11月，根据水文现代化规划要求，三峡局优化完善站网布局，加强水文文化建设，正式启动三峡水库水文实验站建设和宜昌水文站、黄陵庙站新技术应用示范站及水文文化建设工作。三峡水库水文实验站（巴东基地）为整合巴东水文站、省界水资源监测断面、水面漂浮蒸发实验站、三峡水库中小洪水调度水沙运动坝前监测断面（奉节—坝前）等监测研究工作，申报水利部三峡水库水文水资源野外科学研究站以提供基础支撑。

（Ⅳ—243）三峡局多项科研成果获大奖

12月，三峡局参与完成的“三峡水库水沙生态环境效应与调控关键技术”获中国电力科学技术进步奖一等奖，主要参与人为牛兰花、林涛涛；参与完成的“三峡水库泥沙运动规律与预测调控”获中国大坝工程学会科技进步奖特等奖，主要参与人为李云中、闫金波。“三峡水库泥沙预测预报研究及实践”和“大藤峡水利枢纽工程大江截流水文监测分析服务”获水文局科技进步奖二等奖；3篇论文分获水文局第二届科技论坛暨第六届青年论坛优秀创新论文二等奖和三等奖。

（Ⅳ—244）三峡局精细化管理成效显著

12月，三峡局在构建“1+3+N”精细化管理体系、规章制度体系和监督保障体系基础上，对精细化管理手册、指南、方案、预案进行汇编，汇编成果共2册。汇编内容包含人力资源、预算精细化、内部控制等方面的管理手册7项，精细化体系建设、预算精细化、生产管理等方面的操作指南6项，水文应急测报、突发性水污染事件应急调查监测预案2项。

▲12月，水利部、国家发展和改革委员会印发《全国水文基础设施建设“十四五”规划》，水利部印发《水文现代化建设规划》，提出全国水文现代化建设的总体思路和总体布局，确定建设目标、主要任务和重点项目。

2022年

（Ⅳ—245）三峡局主编出版画册《高原湖泊探秘》

2月，由三峡局主编的画册《高原湖泊探秘》正式由三峡声像出版社出版。该文献反映了2000—2020年西部堰塞湖应急监测和高原湖泊容积测量精彩瞬间（摄影作品）和水文勘测成就，是一部“文化塑委”作品。

（Ⅳ—246）三峡局成果获发明专利

3月，三峡局构建的“一种适应河道断面模型建立方法”获国家发明专利，专利号为：ZL2021 0292618.X，主要参与人员包括三峡局副总工程师谭良、副局长闫金波、技术管理室主任全小龙等6人。12月，该项发明成果获第二届水利职工创新成果遴选活动二等奖。

（Ⅳ—247）三峡局副局长闫金波主持三峡局工作

4月12日，三峡局召开干部大会，水文局党组成员、副局长梅军亚出席会议，宣布免去李云中的三峡局党委书记、局长职务，由党委副书记、副局长闫金波主持三峡局工作。6月10日，中共水文局党组任命王宝成为三峡局党委委员。

（Ⅳ—248）三峡局获“三标一体”管理体系认证证书

6月，三峡局通过水文局质量、环境和职业健康安全管理体系内审；8月，通过认证中心外审，取得“三标一体”管理体系认证证书。水文局于《质量、环境和职业健康安全管理体系文件》于2022年1月13日正式颁布实施。

（Ⅳ—249）三峡局获宜昌市多项技能竞赛奖励与荣誉

7月8日，三峡中心组队参加宜昌市首届生态环境检验检测技能竞赛决赛，获团体三等奖和“特别精神风貌奖”。11月22—24日，三峡局组队参加在远安举行的宜昌市第七届“技能状元”大赛水文勘测工竞赛；副局长闫金波、总工程师刘天成出席开幕式，樊云、柳长征两名正高级工程师受邀担任裁判；三峡局获“优秀组织奖”，宜昌分局代理局长田苏茂、黄陵庙站副站长王玉涛、宜昌蒸发站站长张鹏宇分获第一名、第二名和第六名。

（Ⅳ—250）三峡水文测区出现历史罕见旱情

8月，受历史少见的旱情影响，宜昌水文站主汛期7—8月来水持续偏低。最大流量仅为3.11万m^3/s，最小流量为8570m^3/s（28日9时），为1890年以来历史同期月最小流量的第三位；月最低水位40.53m（28日9时），为1890年以来历史同期月最低的第二位。

（Ⅳ—251）三峡局完成三峡工程竣工验收后第一次库区地形测量工作

9—12月，三峡局采用三维激光扫描等最新测绘技术，历时3个月，完成三峡工程竣工验收后第一次水库库区干支流（三峡局测区）水下地形测量任务。

（Ⅳ—252）闫金波任三峡局党委书记

9月3日，水文局任命闫金波为三峡中心主任。9月8日，三峡局召开干部会议；水文局党组书记、局长程海云出席会议并讲话；水文局机关党委副书记熊莹宣读有关任职文件，闫金波任三峡局党委书记。

（Ⅳ—253）三峡局及时调整疫情防控措施

12月7—20日，经过三年疫情防控（2019年12月8日至2022年12月7日），疫情防控“新十条”于12月7日出台，国内逐步放开管控，三峡局职工感染率不断上升，至20日已达80%以上。三峡局及时启动应急预案，调整和优化防控措施，布置落实岁末年初重点工作。

（Ⅳ—254）三峡局获多项部委奖励与荣誉

12月，三峡局被长江委授予“档案工作先进集体”称号；水情预报室被长江委直属机关团委授予“青年文明号”称号；闫金波创新工作室在长江委职工（劳模）创新工作室复审和命名活动中，获通报表扬；水情预报室主任李秋平在“水利部2022年度重点任务及时奖励（水旱灾害防御重点任务）”中，被授予个人嘉奖；退休职工张伟革作品《积极服务“引江补汉”工程》获水利部“国之大事·南水北调”摄影作品二等奖。

第 1 章　机构与沿革

1949 年以前，长江三峡河段仅有 1 个宜昌水文站，由扬子江水利委员会（长江水利工程总局）领导。新中国成立后，三峡河段站网逐步增多，由宜昌水文站负责属站管理，先后由沙市水文分站、汉口水文总站领导。1973 年成立宜实站，直属长办水文处领导，管辖测区范围从葛洲坝施工区逐步延伸至水库库区和坝下游，上至奉节下止枝江，约 320km。本章重点记述宜实站成立后的党的组织、行政机构、国有企业、水政监察机构的演变、沿革及干部队伍建设情况。

1.1　机构沿革

三峡水文始于 1877 年（清光绪三年）设立的宜昌海关水尺，这是三峡地区近代第一个水位观测站，隶属宜昌海关。1946 年 5 月，扬子江水利委员会设立宜昌水文站。1949 年宜昌解放，宜昌水文站由宜昌市军事管制委员会接管，1950 年 2 月移交刚成立的长江水利委员会。

1960 年，长办设立三峡工程水文站（1965 年撤销），主要负责管理三峡坝区河段瓦厂沟、高家溪、乐天溪、喜滩 4 个测流断面、25 个水位站及三斗坪气象站；宜昌流量站只负责宜昌基本断面的水文测验工作。1973 年 4 月，在宜昌水文站基础上成立宜昌水文实验站，负责三峡区间水文行业管理工作，至此三峡测区有了专门的水文管理机构。

1.1.1　宜实站

1970 年 12 月 30 日，葛洲坝工程（三三〇工程）正式破土动工。

1972 年 12 月，周恩来总理决定葛洲坝工程暂停主体工程施工，改由长江水利委员会负责修改设计，并成立以林一山同志为首的葛洲坝工程技术委员会，在技术上全面负责。改组葛洲坝工程指挥部（三三〇工程指挥部）为葛洲坝工程局，负责施工。周总理对葛洲坝工程建设提出“一定要战战兢兢，如临深渊，如履薄冰，做到确有把握”的指示。

1973 年 1 月 16 日，水文处报请长办批复将宜昌水文站改为宜昌水文实验站（简称“宜实站”，为科级单位），负责三三〇工程所交各项任务，以及长江巴东（湖北境内）至枝城河段（包括清江）的水文测验、水质监测与河道观测，共计移交宜昌、太阳沱、搬鱼嘴三个水文站及巴东至砖窑所属 22 个水位站。

1973 年 4 月 1 日，宜实站召开成立大会，宣布实验站内设政工、行政、技术三个办事组，全面负责长江三峡河段水文测区管理工作。1975 年 3 月，成立两个河道观测队，一队负责葛洲坝及三峡区间的河道观测任务，二队负责宜昌基本断面水、流、含日常测验和部分河道观测及其他临时地形测量任务。1977 年 3 月，成立船舶队，有机动测轮 6 艘。1978 年 3 月，宜实站内组级体制改为股级体制，即内设政工股、行政股、技术股管理机构，任命正副股长。全站职工达 169 人。1978 年 8 月，长办临时党委以长发〔78〕字第 73 号通知建立长江水源保护局，各总站（实验站）

建立监测站，宜昌监测站属长江水源保护局和宜实站双重领导，同时任命秦嗣田兼主任。1980 年 3 月，恢复宜昌水文站建制，任命站长和政治指导员，河道二队不再担任宜昌基本断面的水文测验任务。

1.1.2　葛实站

1981 年 1 月，以宜实站为主，荆实站、南实站、汉总、丹总、重总，以及长办水文处机关抽调组成 298 人大会战队伍，完成葛洲坝工程大江截流水文测验工作。6 月，水电部陈庚仪副部长来宜实站视察，了解到该站承担工作主要是为葛洲坝工程服务，与现有机构名不符实，提出更改站名的意见，经长办申请、水电部批准，1982 年 3 月将宜实站升格为长江葛洲坝水利枢纽水文实验站（简称葛实站），为县团级单位，直属长办领导，全站职工 236 人，主任由长办水文局邹兆倬局长兼任。

葛实站下设行政科、政工科、技术科、水情科、科研室，原所属站、队、室等机构仍保持不变（为股级），新设葛洲坝工程南津关专用水文站。1983 年 5 月，增设保卫科。1984 年 2 月长办水文局下达任务，南津关水文站建设专门蒸发实验场，开展水面蒸发实验研究工作，1988 年正式成立宜昌蒸发站，蒸发实验场迁移至虾子沟。1985 年 4 月，增设主任工程师，全站工作人员达 302 人。

根据 1991 年 4 月长委“三定”方案，葛实站按正处级配备领导干部，内设管理科室（办公室、党委办公室、测验技术科、船舶管理科）和基层站队升格为科级或副科级。1992 年 11 月成立离退休职工办公室。

1.1.3　三峡局

为适应三峡工程建设及行业改革发展，在保留葛实站建制基础上，1994 年 8 月成立长江三峡水文水资源勘测（简称“三峡局”，仍为正处级机构），下设 10 个管理科室（办公室、人事劳动科、技术室、保卫科、船舶管理科、离退休职工管理办公室、综合经营办公室）及业务科室（水情预报室、科研室、水质分析室）；基层单位有 2 个河道勘测队（一队、二队，1994 年 12 月合并为河道勘测队，下设一、二分队），3 个水文站（宜昌水文站、南津关水文站、黄陵庙水文站），1 个蒸发站（宜昌蒸发站）。职工 303 人（含离退休职工 69 人）。1995 年投建三峡工程黄陵庙水文站，由三峡集团出资，长委水文局承建，三峡局负责运行管理。

2002 年 12 月，根据长江委水文局人事改革的统一部署，三峡局实行全员竞聘上岗。2003 年 4 月，为适应三峡水库蓄水运用需要，在三峡水库坝前设立水沙分布测验断面，由黄陵庙水文站以巡测方式开展测验，主要以检验坝区模型（物理模型和数学模型）试验和计算成果，2004 年正式设立庙河水文站。

2012 年 9 月，根据长江委水文局“三定”方案，优化调整三峡局内设机构，设立 3 个管理部门和 7 个事业单位。领导职数为局领导 5 名，其中正处 1 名，副处 4 名。设 2 名副总工程师（水文、河道），为副处级。事业编制总数按 157 人控制，其中管理部门 30 人。管理部门升格为副处级，下设科室为正科级，其中，行政办公室下设综合科（计划科）和财务科；党群办公室下设人事劳动科（组织宣传科）和工会办公室（离退休职工管理办公室），设纪检监察审计员、安全总监和团委书记三个正科级职位；技术管理室下设水文科（科技科）和河道科。事业单位中，科研室、水情预报室和综合事业中心为正科级；宜昌分局、黄陵庙分局、河道勘测中心、水环境监测分析室（2016 年明确）为副处级；宜昌分局下设宜昌水文站（正科级）和宜昌蒸发站（副科级），黄陵庙分局下设黄陵庙水文站（正科级）和庙河水文站（副科级）。

2013 年设立巴东水面漂浮蒸发实验站。根据三峡水库科学调度需要，开展近坝段（奉节至庙河）水沙输移特性监测分析，由黄陵庙分局以巡测方式实施。2017年10月水利部水文局批准设立巴东水文站。2021年国家财政预算批复，新建三峡水库水文实验站，为统筹巴东水文站、三峡水库水面漂浮蒸发实验站、三峡水库生态水文水资源野外科学观测研究站等业务奠定基础。

1.2 党的组织机构

1.2.1 党的基层组织

1980年3月，经宜昌市委批准，成立宜实站第一届党委，隶属宜昌市委领导，未建立第一届纪委。1981年10月宜实站设立纪律检查小组。1982年3月，葛实站成立，党委随之更名。1982年5月，机关各部门分别建立党支部。1984年2月、1986年9月、1992年10月，葛实站党委先后三次换届选举，产生第二、三、四届党委和纪委。1994年8月成立三峡局，1995年9月选举产生三峡局第一届党委和纪委，并于1998年12月、2001年12月、2003年5月、2006年7月、2010年6月、2014年9月、2018年12月选举产生三峡局第二、三、四、五、六、七、八届党委和纪委，均隶属宜昌市委组织部领导。历届党委、纪委和党委委员、纪委委员，详见表1.2-1和表1.2-2。

表1.2-1　三峡局历届党委委员、书记、副书记统计表

选举时间	届数	党委书记、副书记	党委委员
1973.6	宜实站党支部	书　记：秦嗣田 副书记：刘昌凉	支委3人。1976年增补支委2人，1978年增补支委2人
1980.3	宜实站第一届	书　记：秦嗣田 副书记：刘昌凉、吕汉泉（1982年4月增补）	秦嗣田、刘昌凉、谭济林、龙应华、洪廷烈、王斯延、李兰芳
1984.2	葛实站第二届	书　记：秦嗣田（1984年2月—1985年4月） 龙应华（1985年4月—） 副书记：龙应华、刘道荣、戴水平（1985年12月增补）	秦嗣田、龙应华、刘道荣、吕汉泉、王斯延、傅新平（1985年12月增补）
1986.9	葛实站第三届	书　记：龙应华（1990年8月调离） 代理书记：戴水平（1991年11月至1992年10月） 副书记：戴水平	龙应华、戴水平、胡君继、刘道荣、傅新平
1992.10	葛实站第四届	书　记：戴水平 副书记：刘道荣	戴水平、刘道荣、王远明、傅新平（1993年8月调离）、王化一
1995.9	三峡局第一届	书　记：戴水平 副书记：王远明	戴水平、王远明、王化一、孙伯先、李建华
1998.12	三峡局第二届	书　记：戴水平 副书记：王远明	戴水平、王远明、孙伯先、李建华、邹柏平
2001.12	三峡局第三届	书　记：戴水平 副书记：王远明（2001年12月—2002年12月）	戴水平、王远明、李云中、李建华、邹柏平
2003.5	三峡局第四届	书　记：戴水平	戴水平、李云中、李建华、邹柏平、汪劲松
2006.10	三峡局第五届	书　记：戴水平	戴水平、李云中、李建华、邹柏平、赵俊林
2010.6	三峡局第六届	书　记：李云中 副书记：汪劲松（2011年12月调离）	李云中、赵俊林、汪劲松、张年洲、欧阳再平
2014.9	三峡局第七届	书　记：李云中 副书记：赵俊林	李云中、赵俊林、叶德旭、闫金波、张年洲

续表

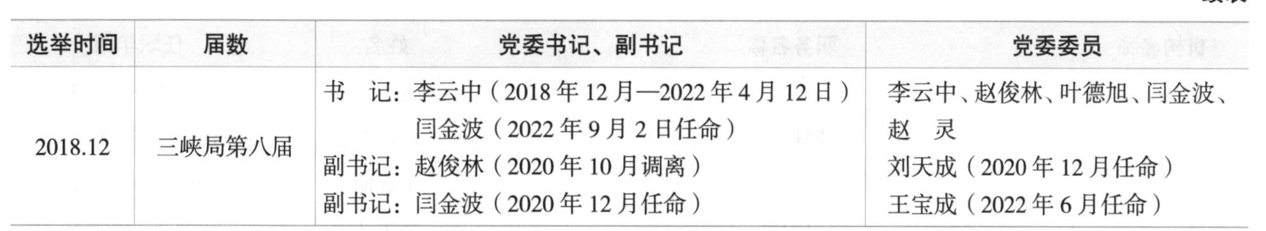

选举时间	届数	党委书记、副书记	党委委员
2018.12	三峡局第八届	书　记：李云中（2018 年 12 月—2022 年 4 月 12 日） 闫金波（2022 年 9 月 2 日任命） 副书记：赵俊林（2020 年 10 月调离） 副书记：闫金波（2020 年 12 月任命）	李云中、赵俊林、叶德旭、闫金波、赵　灵 刘天成（2020 年 12 月任命） 王宝成（2022 年 6 月任命）

表 1.2–2　　三峡局历届纪委委员、书记、副书记统计表

选举时间	届数	纪委书记、副书记	纪委委员
1980.3	宜实站第一届	组长：刘昌凉	组员：刘昌凉、钟先龙、戴水平
1984.2	葛实站第二届	书　记：龙应华（兼） 副书记：洪廷烈（1985 年 4 月）	龙应华、洪廷烈、王斯延
1986.9	葛实站第三届	书　记：戴水平（兼）（1987 年 9 月）、 洪廷烈（1987 年 9 月）	戴水平、洪廷烈、郭霞林
1992.10	葛实站第四届	书　记：王远明	王远明 、洪廷烈（1993 年 2 月退休）、郭霞林、曾昭明
1995.9	三峡局第一届	书　记：王远明	王远明、石圣珍、邵远贵
1998.12	三峡局第二届	书　记：李建华	李建华、王斯延、邵远贵
2001.12	三峡局第三届	书　记：王远明（2001 年 12 月—2002 年 12 月）	王远明、邵远贵、王定鳌
2003.5	三峡局第四届	书　记：李建华	李建华、邵远贵、王定鳌
2006.10	三峡局第五届	书　记：李建华	李建华、邵远贵、王定鳌
2010.6	三峡局第六届	书　记：赵俊林	赵俊林、王定鳌、赵　灵
2014.9	三峡局第七届	书　记：赵俊林	赵俊林、王定鳌、吕淑华
2018.12	三峡局第八届	书　记：赵俊林（2020 年 10 月调离）、 赵　灵（2020 年 12 月任命）	赵俊林、王定鳌、程　雯、赵　灵

1.2.2　党的工作机构

1973 年 1 月，宜实站成立政工组，1978 年改为政工股。1982 年 3 月，政工股升格为政工科。1991 年 11 月政工科改为党委办公室，与人事劳动科合署办公，为正科级机构。1994 年按地方党组织要求，配备组织员，由陈道才担任。2012 年 9 月升格为党群办公室，为副处级机构；设立纪检监察审计员职位。党的工作机构历年变化情况，详见表 1.2–3。

表 1.2–3　　三峡局党的工作机构及管理干部统计表

机构名称	职务名称	姓名	任职年限
政工组（股）	组（股）长	（空缺）	
	副组（股）长	洪廷烈	1973.8—1981.12
政工科	科长	吕汉泉	1982.3—1985.4
		戴水平（兼）	1987.9—1991.11
	副科长	洪廷烈	1983.5—1985.4

续表

<table>
<tr><th>机构名称</th><th colspan="2">职务名称</th><th>姓名</th><th>任职年限</th></tr>
<tr><td rowspan="4">政工科</td><td colspan="2" rowspan="3">副科长</td><td>龙德芬</td><td>1985.4—1987.9</td></tr>
<tr><td>傅新平</td><td>1985.12—1987.9</td></tr>
<tr><td>王远明</td><td>1987.9—1991.11</td></tr>
<tr><td colspan="2">组织员</td><td>陈道才</td><td>1994.2—1997.12</td></tr>
<tr><td rowspan="10">党委办公室</td><td colspan="2" rowspan="3">主任</td><td>王远明</td><td>1991.11—1996.2
1999.3—2002.12</td></tr>
<tr><td>李建华</td><td>1996.2—1999.3</td></tr>
<tr><td>赵　灵</td><td>2002.12—2012.12</td></tr>
<tr><td colspan="2">副主任</td><td>张伟革</td><td>1998.2—2002.12</td></tr>
<tr><td colspan="2">组织员</td><td>金　正</td><td>2002.6—2002.12</td></tr>
<tr><td colspan="2">审计员</td><td>曾昭明</td><td>1991.11—1994.2</td></tr>
<tr><td colspan="2" rowspan="4">纪检监察员</td><td>郭霞林</td><td>1991.11—1994.2</td></tr>
<tr><td>曾昭明</td><td>1994.2—1996.12</td></tr>
<tr><td>邵远贵</td><td>1996.12—2009.2</td></tr>
<tr><td>王定鳌</td><td>2009.2—2012.12</td></tr>
<tr><td rowspan="4">党群办公室</td><td colspan="2" rowspan="2">主任</td><td>赵　灵</td><td>2012.12—2020.12</td></tr>
<tr><td>黄忠新</td><td>2021.1—</td></tr>
<tr><td colspan="2" rowspan="2">副主任</td><td>王定鳌</td><td>2012.12—2021.7</td></tr>
<tr><td>杜林霞</td><td>2021.1—2021.11</td></tr>
<tr><td rowspan="6">党群办公室</td><td colspan="2" rowspan="2">纪检监察审计员</td><td>王定鳌（兼）</td><td>2012.12—2022.5</td></tr>
<tr><td>杜林霞（兼）</td><td>2022.5—</td></tr>
<tr><td colspan="2">安全总监</td><td>邱晓峰</td><td>2013.9—</td></tr>
<tr><td rowspan="3">人事劳动（组织宣传）科</td><td>科长</td><td>杨波</td><td>2020.4—2022.5</td></tr>
<tr><td>副科长</td><td>陶冶</td><td>2012.4—2015.3</td></tr>
<tr><td>副科长</td><td>孟娟（兼）</td><td>2015.3—</td></tr>
</table>

1.2.3　党的基层支部

1958年宜昌流量站有3名党员，属长江航运党委领导，在航标段党支部过组织生活。同年9月11日，中共宜昌市委组织部批复宜昌流量站单独成立党支部，仍属长江航运党委领导，这是宜昌水文站成立的第一个党支部。

1973年1月，宜实站成立，6月组建宜实站党支部，隶属宜昌市交通局党委。1980年3月宜实站第一届党委下设5个党支部：①政工科、行政科联合党支部；②技术科、工厂（车间）、科研室、水化室联合党支部；③宜昌水文站、船管组联合党支部；④河道一队党支部；⑤河道二队党支部。

1982年4月，更名为葛实站党委，5月下辖的党支部由5个增补为7个党支部和1个直属党小组：①行政科党支部；②政工科党支部；③技术科党支部；④水情科党支部；⑤河道一队党支部；⑥河道二队党支部；⑦南津关水文站党支部；⑧宜昌水文站直属党小组。

1984年2月，葛实站第二届党委下属党支部缩减为4个：①机关党支部；②河道队（一队、二队）党支部；③水文站（南津关、宜昌）党支部；④船舶队党支部。

1986 年 3 月，再次改建 7 个党支部，保留河道队和船舶队 2 个党支部，撤销葛实站机关党支部，恢复政工科、行政科、技术科（技术科、科研室）3 个党支部，新组建“四水”（水情科、宜昌水文站、水监室、水位组）党支部，改建南津关站党支部。

1988 年 6 月至 1997 年 6 月，党委下辖政工科、行政科、技术科、“四水”、河道队、船舶队、离退休 7 个党支部。1988 年 6 月组建离退休党支部。1990 年 6 月政工科、行政科、技术科党支部改名为党办、办公室、技术党支部。1993 年 3 月“四水”党支部改名为水文党支部。

1997 年 6 月至 2003 年 4 月，党委下辖 9 个党支部。1997 年 6 月组建南津关站党支部，2000 年 3 月随该站撤销而自动取消；1998 年 5 月组建黄陵庙站党支部；2000 年 3 月组建宜昌水文站党支部；2003 年 4 月撤销船舶科党支部。

2003 年 4 月至 2007 年 9 月，党委下辖 8 个党支部。2003 年 4 月撤销黄陵庙站党支部，船舶科党支部并入办公室党支部；2003 年 4 月组建事业中心党支部；2004 年 7 月恢复船舶科党支部，事业中心党支部与办公室党支部合并为行政党支部。

2007 年 9 月至 2012 年 12 月，党委下辖 8 个党支部。2007 年 9 月，重建黄陵庙水文站党支部，船舶运行管理交由各业务单位，撤销船舶科党支部，其党员编入工作单位所属党支部。

2011 年 2 月，三峡局党委下辖 11 个党支部，其中，离退休党支部下设 3 个党小组，有 5 个党支部设立支委（行政办公室、党群办公室、技术管理室、宜昌分局、黄陵庙分局、离退休办），未设支委的支部，设纪检委员。

1.2.4　党的群团机构

1.2.4.1　工会组织

1973 年 9 月 25 日，经中共宜昌市交通局委员会批复同意成立宜实站第一届工会委员会。1978 年 9 月改选产生宜实站第二届工会委员会。1982 年 4 月、1984 年 3 月、1986 年 11 月、1992 年 6 月 4 次改选，选举产生葛实站第三、四、五、六届工会委员会（1984 年工会主席为正科级干部，1991 年 6 月工会主席为副处级干部）；第 6 届工会委员会还选举产生了经济审查委员会。1996 年 6 月选举产生三峡局第一届工会委员会，1999 年 9 月、2004 年 6 月、2007 年 9 月、2010 年 9 月、2015 年 7 月、2018 年 11 月 6 次改选，选举产生第二、三、四、五、六、七届工会委员会。历届工会委员会委员、主席、副主席详见表 1.2–4。

表 1.2–4　　三峡局历任工会委员会主席、副主席及委员统计表

工会名称	主 席	副主席	任职时间	委员
宜实站第一届工会委员会	刘昌凉	廖子占	1973.9—1978.9	刘昌凉、廖子占、李良静、韩竹濒、向永忠、张宏汉、王能全
宜实站第二届工会委员会	刘昌凉	洪廷烈 李良静	1978.9—1982.4	刘昌凉、洪廷烈、李良静、张宏汉、邹柏平、熊光德、王能全
葛实站第三届工会委员会		刘道荣	1982.4—1984.3	刘道荣、李良静、邹柏平、曾世莹、李双全、张宏汉、王化一
葛实站第四届工会委员会	刘道荣	李良静	1984.3—1986.11	刘道荣、李良静、王化一、邹柏平、曾世莹、张宏汉、熊国荣
葛实站第五届工会委员会	钟友良	李良静	1986.11—1987.9	钟友良、李良静、王化一、孙伯先 、管楚望
葛实站第五届工会委员会	傅新平	李良静	1987.9—1992.7	傅新平、李良静、钟友良、王化一、孙伯先、张伟革、吕淑华

续表

工会名称	主 席	副主席	任职时间	委员
葛实站第六届工会委员会	傅新平	周　新	1992.7—1993.9	傅新平、周　新、邹柏平、唐六一、孙伯先、王化一、石圣珍、吕淑华、杨长青（经审会主任：钟友良）
葛实站第六届工会委员会	王化一	周　新	1993.9—1996.7	傅新平、周　新、邹柏平、唐六一、孙伯先、王化一、石圣珍、吕淑华、杨长青（经审会主任：钟友良）
三峡局第一届工会委员会	王化一	赵俊林	1996.7—1999.10	王华一、石圣珍、吕淑华、李红卫、邹柏平、张伊敏、赵俊林（经审会主任：李建华）
三峡局第二届工会委员会	李建华	赵俊林	1999.10—2004.6	李建华、李红卫、吕淑华、汪劲松、邹柏平、张伊敏、赵俊林（经审会主任：王定鳌）
三峡局第三届工会委员会	李建华	赵俊林	2004.6—2007.10	王定鳌（兼经审会主任）、李红卫、李建华、吕淑华、汪劲松、邹柏平、赵俊林
三峡局第四届工会委员会	李建华	赵俊林	2007.10—2010.11	李红卫、李建华、吕淑华、邹柏平、赵俊林、黄忠新、谭　良（经审会主任：王定鳌）
三峡局第五届工会委员会	赵俊林	赵　灵	2010.11—2015.7	王定鳌（兼经审会主任）、吕淑华、李红卫、张辰亮、赵　灵、赵俊林、黄忠新
三峡局第六届工会委员会	赵俊林	赵　灵	2015.7—2018.11	王定鳌（兼经审会主任）、吕淑华、张辰亮、赵　灵、赵俊林、赵　艳、韩庆菊
三峡局第七届工会委员会	赵　灵		2018.11—	王　安、王宝成、王定鳌（兼经审会主任）、刘天成、吕淑华、杨　波、赵　灵

1.2.4.2　共青团组织

1976年5月，建立宜实站团支部，下设3个团小组。1982年4月，成立葛实站团总支，下设4个团支部。1984年3月，成立葛实站第一届团委，下设7个团支部。此后于1986年1月、1990年6月两次改选，产生葛实站第二、三届团委。1987年10月专职团委书记享受副科级待遇，1991年6月团委为正科级机构。1996年6月，成立三峡局第一届团委，下设3个团支部。1999年7月改选，产生三峡局第二届团委，下设3个团支部。此后，由于团员人数逐年减少，至2012年底仅有团员6人，三峡局第二届团委一直延续至2018年4月未改选。2018年5月选举产生三峡局第三届团委，下设2个支部：宜昌机关团支部、黄陵庙分局团支部。历届共青团组织演变情况详见表1.2–5。

表1.2–5　　三峡局共青团组织历任书记、副书记统计表

团组织名称	支部个数	书 记	副书记	任职时间	级别
宜实站团支部	3个团小组	王斯延		1976.5—1980.9	
			李建华	1976.5—1977.4	
			赵正英	1977.4—1978.4	
宜实站团支部	3个团小组	赵正英	孟万林	1978.4—1981.2	
		傅新平	孟万林	1981.2—1982.4	
葛实站团总支	4	傅新平	赵元庆	1982.4—1984.3	
葛实站第一届团委	7	陈世安	陈晓敏	1984.3—1986.1	
葛实站第二届团委		陈世安		1986.1—1990.6	副科级
葛实站第三届团委			唐六一	1990.6—1992.7	副科级
			张伟革	1993.1—1996.2	副科级
		张伟革		1996.2—6（代理）	副科级

续表

团组织名称	支部个数	书　记	副书记	任职时间	级别
三峡局第一届团委	3	张伟革		1996.6—1998.2 1998.2—1999.7	正科级 正科级
三峡局第二届团委	3	赵俊林		1999.7—2018.5	正科级
			孟娟	2012.8—2018.5	副科级
三峡局第三届团委	2	孟娟		2018.5—	正科级
			彭洁颖	2022.2—	享受副科待遇

1.3　行政机构

总体上，三峡局行政机构，经历宜实站（科级）、葛实站（副处级、正处级）和三峡局（正处级）三个发展阶段。

1.3.1　宜实站时期

1.3.1.1　组织架构

1973 年 4 月在宜昌水文站基础上成立宜实站，为正科级建制，直属长办水文处领导，下设行政组、政工组、技术组和搬鱼嘴水文站，宜昌水文站业务工作由技术组负责。1975 年 3 月组建河道一队、二队，宜昌水文站业务由二队负责。1977 年 3 月组建船舶队。1978 年 3 月改组为股级建制，同年 8 月长江水资源保护局设立宜昌监测站，与宜实站合署办公。1980 年 3 月成立科研组，恢复宜昌水文站建制，设立水位管理组（隶属宜昌水文站）和泥沙分析室（隶属技术室）。宜实站组织架构见图 1.3–1。

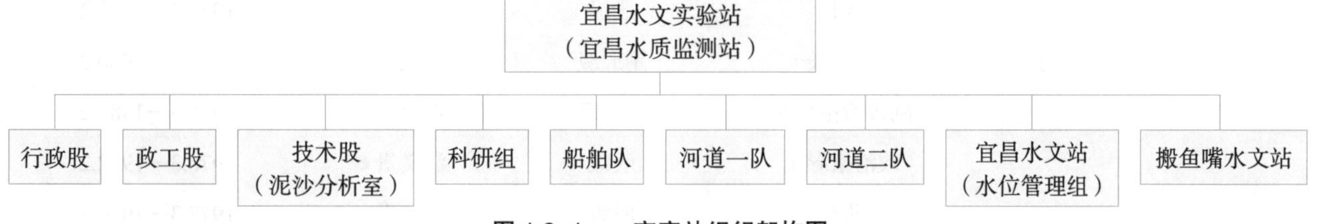

图 1.3–1　宜实站组织架构图

1.3.1.2　干部队伍建设

1973 年宜实站成立时，由科级干部秦嗣田主持工作。1978 年 5 月改称主任，按一正三副配置站级领导。宜实站内设办事机构：行政组、政工组、技术组，1978 年 3 月改为股；内设业务单位（部门）、科研组、船舶队、河道一队、河道二队、宜昌水文站、长阳水文站、水位管理组和泥沙分析室。宜实站干部队伍建设情况见表 1.3–1。

表 1.3–1　宜实站干部队伍建设情况统计表

机构名称	隶属关系	职务名称	级别	姓名	任职年限
宜实站	水文处	站长	副科级	秦嗣田	1973.5—1977.8
		主任	正科级	秦嗣田	1978.5—1982.2
		副主任	副科级	秦嗣田	1977.8—1978.5
			副科级	刘昌凉	1978.2—1982.2
			副科级	谭济林	1978.2—1982.2
			副科级	龙应华	1978.2—1982.2

续表

机构名称	隶属关系	职务名称	级别	姓名	任职年限
行政组（股）	宜实站	组（股）长	股级	刘昌凉（兼）	1973.8—1980.2
		副组（股）长	副股级	陈道才	1973.8—1978.2
		副股长	副股级	廖子占	1977.3—1982.2
		副股长	副股级	李赤峰	1980.3—1982.2
政工组（股）	宜实站	副组长 股长	副股级 股级	洪廷烈	1973.8—1978.2 1978.3—1982.2
技术组（股）	宜实站	组（股）长	股级	谭济林	1973.8—1978.2
		副组长 股长	股级	龙应华（兼）	1975.3—1978.2 1978.3—1980.2
		副组长	副股级	郑家文	1973.8—1978.2
		股长 副股长	副股级	刘道荣	1980.3—1982.2 1978.3—1980.2
		副股长	副股级	郑登品	1978.3—1982.2
		副股长	副股级	余绪平	1980.3—1982.2
科研组（股）	宜实站	组（股）长	股级	钟先龙	1978.3—1982.2
船舶组	宜实站	队长	股级	郑家文（兼）	1977.3—1982.2
河道一队	宜实站	队长	股级	郑家文	1975.3—1977.2
		队长	股级	陈道才	1977.3—1982.2
		副队长	副股级	黄先政	1975.3—1980.2
		副政治指导员	副股级	曾昭明	1975.3—1982.2
		政治指导员	股级	江义贵	1978.3—1982.2
河道二队	宜实站	队长	股级	余绪平	1977.3—1980.2
		队长	股级	郑家文	1980.3—1982.2
		副队长	副股级	李赤峰	1975.3—1980.2
		副队长	副股级	储荣民	1980.3—1982.2
		副队长	副股级	黄先政	1980.3—1982.2
		政治指导员	股级	刘昌凉	1975.3—1982.2
宜昌水文站	宜实站	站长	股级	李培庆	1980.3—1982.2
		政治指导员	股级	王斯延	1980.3—1982.2
搬渔嘴水文站		站长		曾昭明	1970.1—1974.1
长阳水文站	宜实站	站长	股级	曾爱生	1974.1—1977.2
				李赤峰	1977.3—1980.2
				曾昭明	1980.3—1982.4
水位组	宜昌水文站	组长		童孝庄	1980.2—1982.2
泥沙分析室	宜昌市	组长		汪福盛	1973.4—1982.2

1.3.2　葛实站时期

1.3.2.1　组织架构

1981年12月宜实站改为葛实站，为正县级建制，下设政工科、行政科、技术科、水情科等4个科室（正科级），基层站队仍为股级。1982年3月组建南津关专用水文站。1988年1月设立宜昌蒸发站。1983年5月，葛实站按副处级级别配备站级领导干部。1983年5月设立保卫科。1986年3月成立葛实站修志组。1986年初清江流域所属长阳水文站及长江干流宜都以下水位站移交荆实站管理。1991年11月28日明确葛实站按正处级配备领导干部，下设党委办公室、人事劳动科、办公室、测验技术科、监察科、保卫科、船舶管理科等职能管理部门和水情科、第一河道勘测队、第二河道勘测队、宜昌水文站、南津关水文站、水质分析室、宜昌蒸发站、科研室等业务生产部门。1992年设立离退休职工管理办公室。1989年4月成立综合经营办公室。1983年8月水位管理组从宜昌水文站改由测验技术科领导，1991年改由宜昌水文站和南津关水文站分片区管理水位站，撤销水位管理组。1984年4月成立泥沙分析室。总体上，内设机构随业务和管理职能增加不断扩充，总体达到15个，详见图1.3-2。

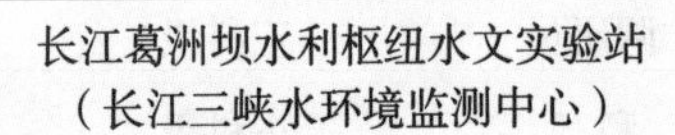

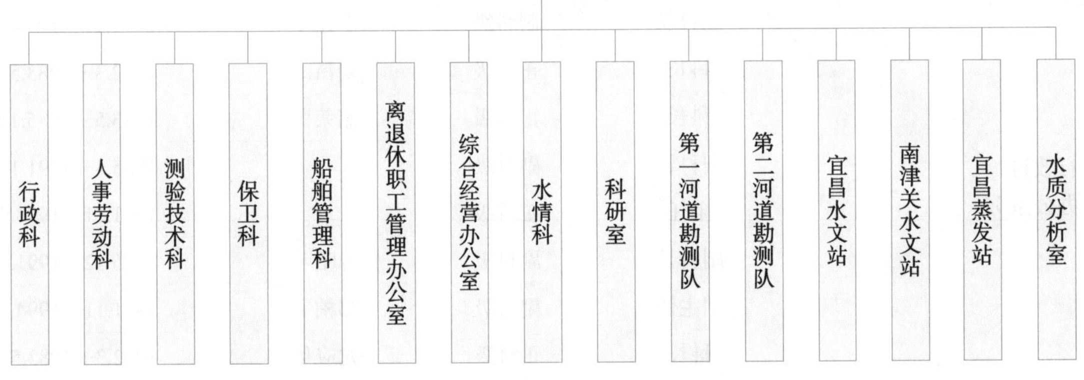

图1.3-2　葛实站组织架构图

1.3.2.2　干部队伍建设

葛实站行政班子由5人组成，一正三副+主任工程师，1991年改称总工程师。1988年设立宜昌蒸发站，并从三峡出口南津关搬迁至夷陵区虾子沟（后建设为宜昌水文巡测基地）。根据1991年4月长委“三定”方案，葛实站按正处级配备实验站级领导干部，基层站队升为科级。葛实站干部队伍建设情况，详见表1.3-2。

表1.3-2　葛实站干部队伍建设情况统计表

机构名称	隶属关系	职务名称	级别	姓名	任职年限
葛实站	水文局	主任	正处级	邹兆倬（兼）	1982.3—1983.5
			副处级	龙应华	1983.5—1986.6
			副处级	胡君继	1986.7—1991.11
			正处级	刘道荣	1992.10—1994.7
			正处级	戴水平（兼）	1994.7—1994.8

续表

机构名称	隶属关系	职务名称	级别	姓名	任职年限
葛实站	水文局	代理主任	副处级	刘道荣	1991.11—1992.10
		副主任	副处级	秦嗣田（兼）	1982.3—1983.5
			正科级	刘道荣	1983.5—1991.11
			副处级	储荣民	1985.5—1992.4
			正处级	戴水平（兼）	1992.4—1994.7
			副处级	王化一	1993.9—1994.8
			副处级	孙伯先	1993.9—1994.8
		主任工程师	正科级	黄光华	1985.5—1991.11
		总工程师	副处级	黄光华	1991.11—1994.8
		副总工程师	副处级	胡君继	1991.11—1994.8
		巡视员	副处级	秦嗣田	1985.4—1988.9
		调研员	正科级	刘昌凉	1984.7—1989.4
		调研员	正科级	吕汉泉	1985.4—1990.10
人事劳动科	葛实站	科长	正科级	王远明（兼）	1991.11—1994.8
		副科长	副科级	李建华	1991.11—1994.8
行政科（办公室）	葛实站	科长	正科级	刘昌凉	1982.3—1983.5
		科长	正科级	储荣民	1983.5—1985.12
		副科长	副科级	王化一	1985.4—1991.11
		主任	正科级		1991.11—1993.9
		副科长	副科级	曾昭明	1985.12—1991.10
		副主任	副科级	邹柏平	1991.11—1994.8
技术科（测验技术科）	葛实站	科长	正科级	龙应华	1982.3—1983.5
		科长	正科级	余绪平	1983.5—1991.11
		副科长	副科级	黄家鑫	1982.3—1983.5
		副科长	副科级	孙伯先	1985.4—1991.11
		科长	正科级		1991.11—1994.8
水情科（水情预报室）	葛实站	科长	正科级	谭济林	1982.3—1983.5
		副科长	副科级	钟友良	1983.5—1985.8
		科长	正科级		1985.9—1994.4
		副科长	副科级	龙德芬	1987.9—1994.8
保卫科	葛实站	科长	正科级	吕汉泉	1983.5—1985.4
		副科长	副科级	龙德芬（兼）	1985.4—1987.9
		科长	正科级	王斯延	1991.11—1994.8
离退休办公室	葛实站	主任	正科级	阮祥太	1993.3—1994.8
科研室	葛实站	副主任	副股级	钟先龙	1983.8—1984.3
		主任	股级		1984.4—1991.11

续表

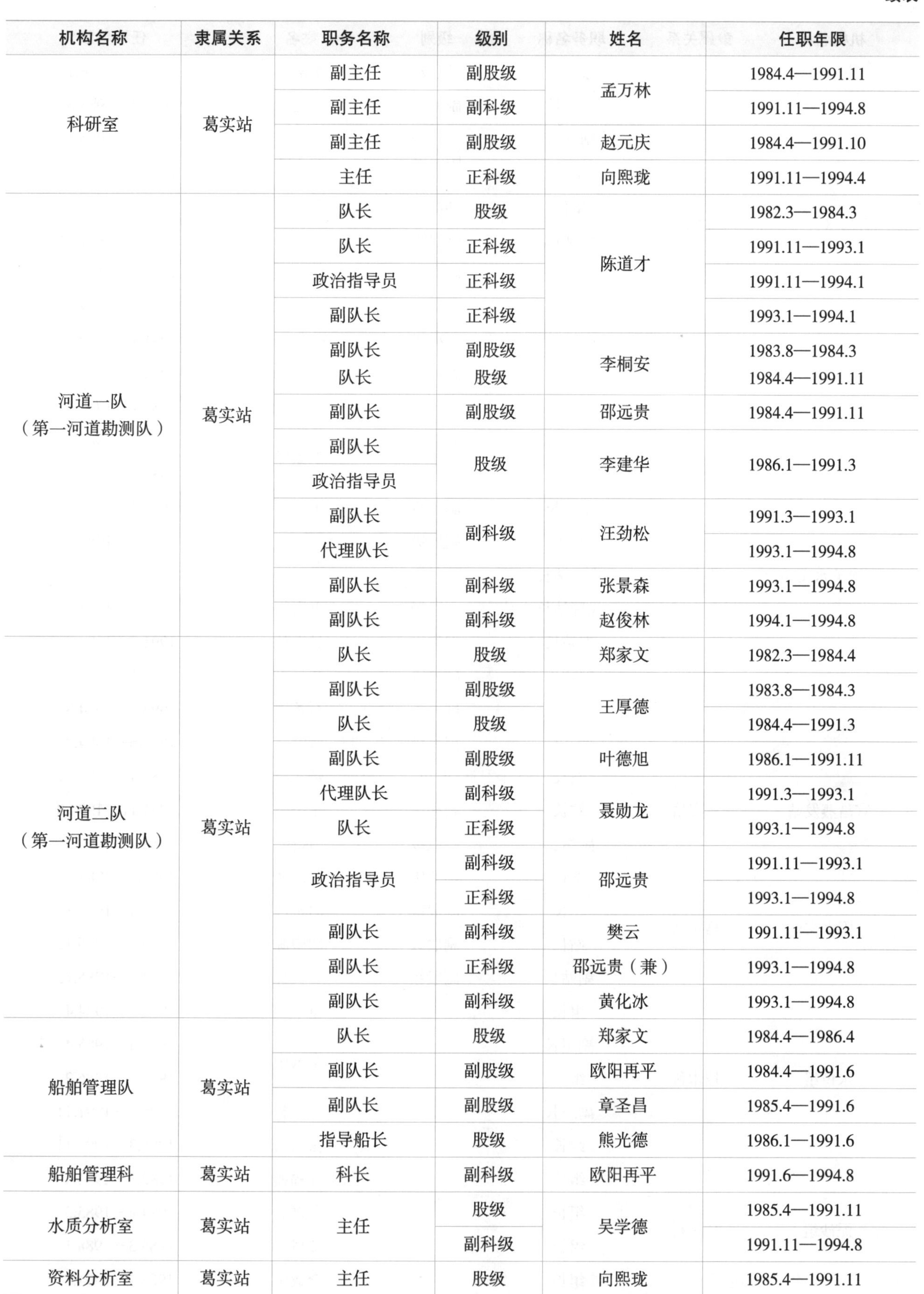

机构名称	隶属关系	职务名称	级别	姓名	任职年限
科研室	葛实站	副主任	副股级	孟万林	1984.4—1991.11
		副主任	副科级		1991.11—1994.8
		副主任	副股级	赵元庆	1984.4—1991.10
		主任	正科级	向熙珑	1991.11—1994.4
河道一队（第一河道勘测队）	葛实站	队长	股级	陈道才	1982.3—1984.3
		队长	正科级		1991.11—1993.1
		政治指导员	正科级		1991.11—1994.1
		副队长	正科级		1993.1—1994.1
		副队长 队长	副股级 股级	李桐安	1983.8—1984.3 1984.4—1991.11
		副队长	副股级	邵远贵	1984.4—1991.11
		副队长	股级	李建华	1986.1—1991.3
		政治指导员			
		副队长	副科级	汪劲松	1991.3—1993.1
		代理队长			1993.1—1994.8
		副队长	副科级	张景森	1993.1—1994.8
		副队长	副科级	赵俊林	1994.1—1994.8
河道二队（第一河道勘测队）	葛实站	队长	股级	郑家文	1982.3—1984.4
		副队长	副股级	王厚德	1983.8—1984.3
		队长	股级		1984.4—1991.3
		副队长	副股级	叶德旭	1986.1—1991.11
		代理队长	副科级	聂勋龙	1991.3—1993.1
		队长	正科级		1993.1—1994.8
		政治指导员	副科级	邵远贵	1991.11—1993.1
			正科级		1993.1—1994.8
		副队长	副科级	樊云	1991.11—1993.1
		副队长	正科级	邵远贵（兼）	1993.1—1994.8
		副队长	副科级	黄化冰	1993.1—1994.8
船舶管理队	葛实站	队长	股级	郑家文	1984.4—1986.4
		副队长	副股级	欧阳再平	1984.4—1991.6
		副队长	副股级	章圣昌	1985.4—1991.6
		指导船长	股级	熊光德	1986.1—1991.6
船舶管理科	葛实站	科长	副科级	欧阳再平	1991.6—1994.8
水质分析室	葛实站	主任	股级	吴学德	1985.4—1991.11
			副科级		1991.11—1994.8
资料分析室	葛实站	主任	股级	向熙珑	1985.4—1991.11

续表

机构名称	隶属关系	职务名称	级别	姓名	任职年限
宜昌水文站	葛实站	站长	股级	李培庆	1982.3—1986.1
		副站长	副股级	王化一	1983.7—1985.3
		副站长	副股级	杨文波	1984.4—1985.12
		站长			1986.1—1988.4
		站长	股级	李赤峰	1988.4—1991.11
		副站长	副股级	李云中	1986.1—1991.11
		代理站长	副科级		1991.11—1993.1
		站长	正科级		1993.1—1994.8
		副站长	副科级	孙贤汉	1991.11—1994.8.
		副站长	副科级	叶德旭	1994.8—1994.8
南津关水文站	葛实站	站长	股级	曾昭明	1982.4—1985.12
		副站长	副股级	李赤峰	1982.1—1985.12
		站长	股级		1985.12—1987.12
		副站长	副股级	王远明	1984.4—1987.9
		副站长	副股级	成金海	1986.1—1987.12
		代理站长	副科级		1991.11—1994.1
		代理站长	副科级	王定鳌	1994.1—1994.8
		副站长	副科级	吴秀林	1991.3—1994.8
		副站长	副科级	金　正	1991.11—1994.8
		副站长	副科级	石圣珍	1993.1—1994.8
		副站长	副科级	郭家舫	1996.6—1994.8
宜昌蒸发站	葛实站	站长	股级	杨文波	1988.4—1991.11
		站长	副科级	张圣昭	1991.11—1994.8
		副站长	副股级	张祎	1988.4—1990.3
长阳水文站	葛实站	站长	副股级	薛四林	1982.4—1985.12
		站长	副股级	向希珣	1984.4—1985.12
		站长	副股级	胡望源	1986.1—1986.12
		副站长	副股级	黄火林	1984.4—1985.12
水位组	技术科	组长		童孝庄	1982.3—1984.4
		副组长		李云中	1984.4—1985.4
		组长			1985.5—1986.2
		副组长		吴秀林	1985.5—1991.11
		组长		张宏汉	1986.3—1991.11
泥沙组	技术科	组长		汪福盛	1982.3—1984.4
		组长		龙德芬	1984.4—1985.3
		组长		郑凤琴	1985.3—1988.1
		组长		李成荣	1988.1—1994.8

1.3.3　三峡局时期

1.3.3.1　组织架构

1994 年 8 月成立三峡局，保留葛实站机构建制，与三峡中心合署办公。1995 年设立三峡工程黄陵庙专用水文站。1998 年 9 月注册成立宜昌市禹王水文科技有限公司（简称“禹王公司”）。1999 年设立长江三峡水政监察支队（简称三峡支队），2016 年改为大队。2000 年撤销南津关水文站。2002 年机构改革加挂长江三峡水文预报中心（简称预报中心）牌子。2011 年成立长江三峡水文应急抢险监测支队（简称应急支队）。2021 年筹建三峡水库水文实验站（巴东基地）。

2002 年长江委水文局人事与机构改革，实行全员竞聘上岗，三峡局内设机构优化调整方案为：①工会办公室与离退休职工管理办公室合并为工会（离退休职工管理）办公室；②成立综合事业中心；③撤销船舶管理科，职能调整到综合事业中心和各船舶运行管理单位；④撤销保卫科，其职能并到人事劳动科；⑤撤销河道勘测队所属一分队、二分队；⑥泥沙分析室与水质分析室合并，改名为水质泥沙室。经过 2002 年人事和机构改革，三峡局下设 4 个职能管理部门（行政办公室、人事劳动科、技术管理科、工会办公室），5 个业务科室（科研室、水情预报科、水质泥沙室、综合事业中心、综合经营办公室），4 个外业站队（河道勘测队，宜昌水文站，黄陵庙水文站，宜昌蒸发站）。

为适应三峡水库蓄水运行需要，2003 年开展三峡坝前水沙分布测验，2004 年正式成立庙河水文站，由黄陵庙水文站巡测方式运行。2004 年设立三峡水库漂浮物监测与清漂监理项目部（简称清漂监理部），负责三峡水库全库区漂浮物监测、库区清漂巡察与坝前清漂监理等工作。2012 年设立三峡水库巴东漂浮水面蒸发实验站，2017 年设立巴东水文站，均以驻巡结合方式运行，由黄陵庙分局负责协调管理。

根据 2012 年 9 月新“三定”方案，三峡局内设机构调整为三个职能管理部门和七个事业单位。其中，职能管理部门：①行政办公室，下设综合科（计划科）和财务科；②党群办公室，下设人事劳动科（组织宣传科）和工会（离退休职工管理）办公室，专设团委书记、纪检监察审计员和安全总监三个正科级职位；③技术管理室，下设水文科（水质科）和河道科（科技科）。事业单位：①科研室（含档案室）；②水情预报室（含水情分中心）；③水环境监测分析室（含泥沙分析室）；④综合事业中心，2021 年与禹王公司合并运行；⑤河道勘测中心，2021 年三峡水库清漂监理部划归河道勘测中心运行管理；⑥宜昌分局，下设宜昌水文站、宜昌蒸发站及 12 个水位站；⑦黄陵庙分局，下设黄陵庙水文站、庙河水文站、巴东水文站（含漂浮水面蒸发实验站、三峡水库水文实验站）及 23 个水位站。组织架构见图 1.3–3。

1.3.3.2　干部队伍建设

根据 2012 年“三定”方案，三峡局人员编制按 157 人控制，其中管理部门 30 人。领导职数为局领导 5 名，其中正处 1 名，副处 4 名。管理部门处级干部职数 5 名，均为副处级（含副总工程师 2 名，行政办公室、党群办公室、技术管理室各 1 名）；科级干部职数 12 名，均为正科。局属事业单位处级干部职数 4 名，均为副处（水环境监测分析室、河道勘测中心、宜昌分局、黄陵庙分局各 1 名）；科级干部职数 19 名，其中正科级 12 名，副科级 7 名。三峡局干部队伍建设情况，见表 1.3–3。2012 年根据长江委援疆计划安排，三峡局聂勋龙（禹王公司执行董事）挂职新疆建设兵团水利水电规划设计管理中心总工程师，副处级，时间为一年（2012 年 4 月至 2013 年 4 月）。

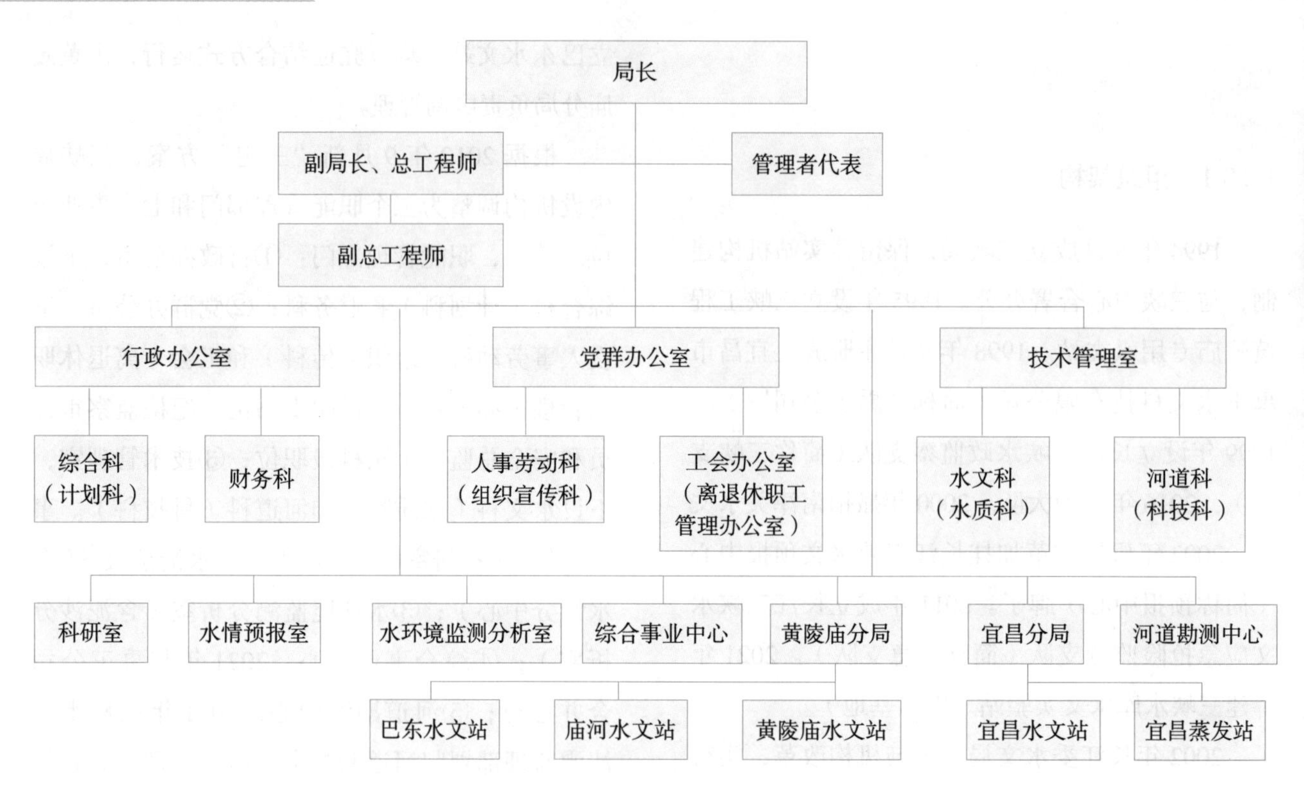

图 1.3–3　三峡局组织架构图

表 1.3–3　　三峡局干部队伍建设情况统计表

机构名称	隶属关系	职务名称	级别	姓名	任职年限
三峡局	水文局	局长	正处级	戴水平	1994.11—2012.3
			正处级	李云中	2012.3—2022.4
			副处级	闫金波（主持）	2022.4—
		副局长	副处级	王化一	1994.10—1998.3
			副处级	孙伯先	1994.10—2002.12
			副处级	李建华	1998.12—2010.10
			副处级	李云中	2002.12—2012.3
			副处级	汪劲松	2008.9—2011.12
			副处级	樊云	2012.1—2018.4
			副处级	吕孙云（挂职）	2014.2—2015.9
			副处级	叶德旭	2014.10—
			副处级	闫金波	2016.3—2022.4
		总工程师	副处级	黄光华	1994.10—1996.11
			正科级	陈松生（代理）	1996.12—1998.5
			副处级	李云中	1999.10—2002.12
			副处级	樊云	2002.12—2012.1
			副处级	叶德旭	2012.3—2018.1
			副处级	闫金波（兼）	2018.1—2020.12
			副处级	刘天成	2020.12—

续表

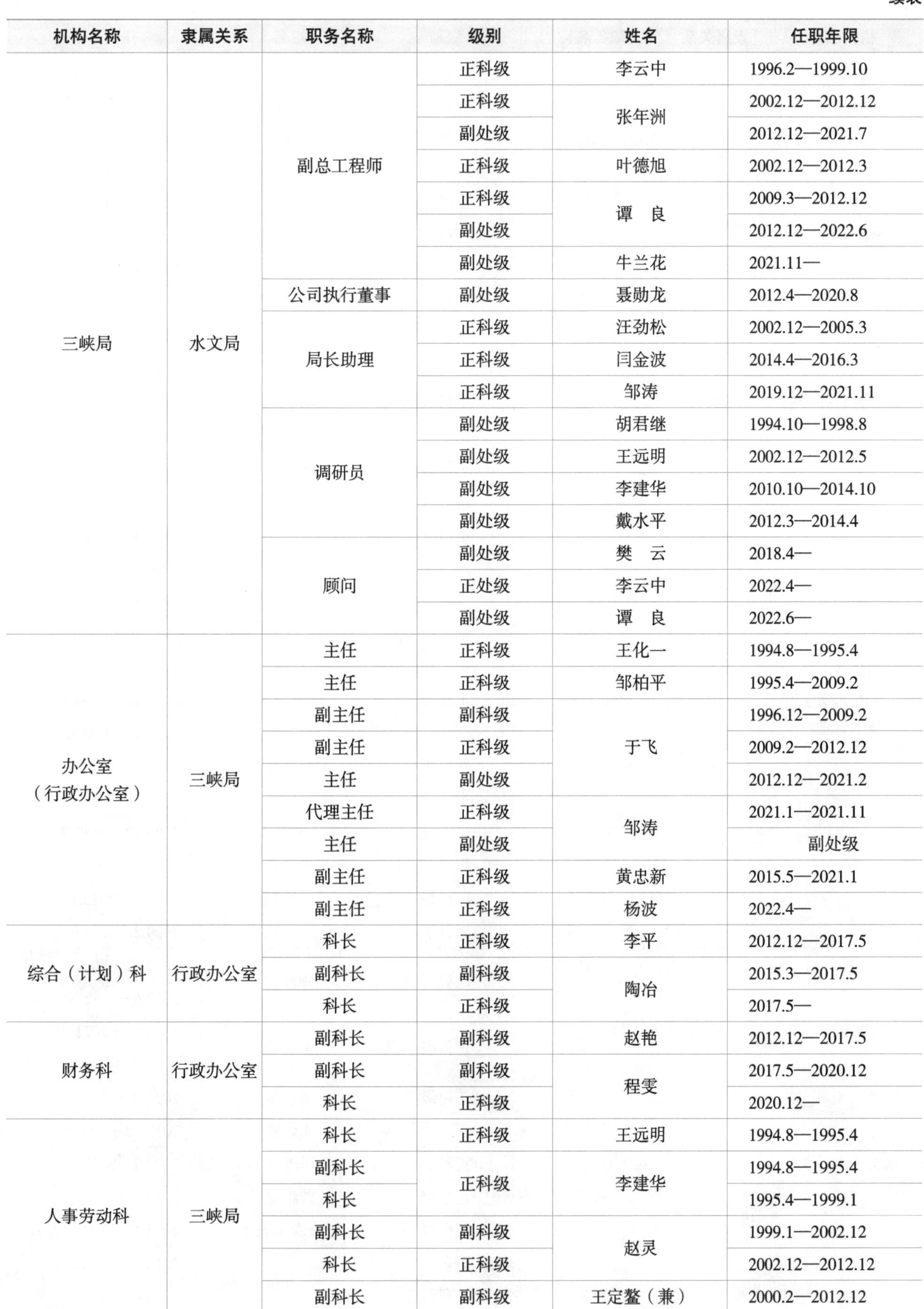

机构名称	隶属关系	职务名称	级别	姓名	任职年限
三峡局	水文局	副总工程师	正科级	李云中	1996.2—1999.10
			正科级	张年洲	2002.12—2012.12
			副处级		2012.12—2021.7
			正科级	叶德旭	2002.12—2012.3
			正科级	谭　良	2009.3—2012.12
			副处级		2012.12—2022.6
			副处级	牛兰花	2021.11—
		公司执行董事	副处级	聂勋龙	2012.4—2020.8
		局长助理	正科级	汪劲松	2002.12—2005.3
			正科级	闫金波	2014.4—2016.3
			正科级	邹涛	2019.12—2021.11
		调研员	副处级	胡君继	1994.10—1998.8
			副处级	王远明	2002.12—2012.5
			副处级	李建华	2010.10—2014.10
			副处级	戴水平	2012.3—2014.4
		顾问	副处级	樊　云	2018.4—
			正处级	李云中	2022.4—
			副处级	谭　良	2022.6—
办公室（行政办公室）	三峡局	主任	正科级	王化一	1994.8—1995.4
		主任	正科级	邹柏平	1995.4—2009.2
		副主任	副科级	于飞	1996.12—2009.2
		副主任	正科级		2009.2—2012.12
		主任	副处级		2012.12—2021.2
		代理主任	正科级	邹涛	2021.1—2021.11
		主任	副处级		副处级
		副主任	正科级	黄忠新	2015.5—2021.1
		副主任	正科级	杨波	2022.4—
综合（计划）科	行政办公室	科长	正科级	李平	2012.12—2017.5
		副科长	副科级	陶冶	2015.3—2017.5
		科长	正科级		2017.5—
财务科	行政办公室	副科长	副科级	赵艳	2012.12—2017.5
		副科长	副科级	程雯	2017.5—2020.12
		科长	正科级		2020.12—
人事劳动科	三峡局	科长	正科级	王远明	1994.8—1995.4
		副科长	正科级	李建华	1994.8—1995.4
		科长			1995.4—1999.1
		副科长	副科级	赵灵	1999.1—2002.12
		科长	正科级		2002.12—2012.12
		副科长	副科级	王定鳌（兼）	2000.2—2012.12

续表

机构名称	隶属关系	职务名称	级别	姓名	任职年限
保卫科	三峡局	科长	正科级	王斯延	1994.8—2001.5
		副科长	副科级	王定鳌	2000.2—2002.12
离退休职工办公室	三峡局	主任	正科级	阮祥太	1994.8—2002.1
		主任	正科级	赵俊林（兼）	2002.1—2011.4
	党群办公室	主任	正科级	吕淑华	2011.4—2016.3
		主任	正科级	杨波	2016.3—2020.4
		主任	正科级	杜林霞	2020.4—2020.12
		主任	正科级	朱喜文	2022.2—
		副主任	副科级	陈德保	2002.1—2010.2
综合经营办公室	三峡局	主任	正科级	李赤锋	1994.12—1997.11
		主任	正科级	聂勋龙	1997.11—2002.12
		主任工程师	正科级	欧阳再平	1998.2—2002.12
测验技术科（技术室）（技术管理科）	三峡局	科长	正科级	孙伯先	1994.8—1994.12
		副科长	副科级	樊云	1993.1—1995.4
		主任	正科级		1995.4—2002.12
		副科长	副科级	汪劲松	1994.12—1995.4
		副主任			1995.4—2000.12
		副主任	副科级	黄化冰	1997.2—2001.1
		副主任	副科级	张年洲	1997.12—2002.12
		科长（兼）	正科级		2002.12—2006.2
		副主任	副科级	柳长征	2002.1—2002.12
		副科长（兼）			2002.12—2006.2
		科长			2006.2—2012.12
		副科长	副科级	赵昕	2002.12—调水文局
		副科长	副科级	张景森	2005.2—2012.12
		副科长	副科级	胡焰鹏	2005.2—2012.12
		安全管理员	副科级	邱晓峰	2009.2—2013.9
技术管理室	三峡局	主任	副处级	柳长征	2012.12—2022.6
		顾问			2022.6—
		副主任	正科级	张景森	2012.12—2021.7
		顾问			2021.7—
		副主任	正科级	胡焰鹏	2021.9—
水文（水质）科	技术管理室	科长	正科级	胡焰鹏	2012.12—2021.9
		科长	正科级	田苏茂	2022.2—2022.6
		科长	正科级	曾雅立	2022.6—
河道（科技）科		科长	正科级	张景森（兼）	2012.12—2020.4
		副科长	副科级	聂金华	2016.3—2020.4
		科长	正科级		2020.4—

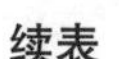

续表

机构名称	隶属关系	职务名称	级别	姓名	任职年限
船舶管理科	三峡局	科长	正科级	欧阳再平	1994.8—1998.2
		副科长	副科长	吕淑华	1996.2—1998.2
		代理科长	副科长		1998.2—2001.4
		科长	科长		2001.4—2002.12
水情科（水情预报室）	三峡局	副科长	副科级	龙德芬	1994.8—1995.4
		科长	科级		1995.4—2002.12
	三峡局	副科长	副科级	刘天成	1997.5—2002.12
		主任			2002.12—2011.4
		代理主任	副科级	闫金波（兼）	2011.4—2013.5
		主任	正科级		2013.5—2017.5
		副主任	副科级	邹涛（兼）	2012.4—2017.5
		主任	正科级		2017.5—2021.1
		副主任	副科级	陶冶	2010.6—2011.4
		副主任	副科级	李秋平	2018.12—2021.5
		主任	科级		2021.5—
		副主任	副科级	胡琼方	2021.5—2022.6
		主任工程师	正科级	孟万林	2005.2—2010.6
科研室（信息研究室）	三峡局	副主任	正科级	孟万林	1994.8—1995.4
		主任			1995.4—2000.12
		副主任			2000.12—2005.2
		主任	正科级	汪劲松	2000.12—2005.6
		副主任	副科级	李平	2000.12—2005.6
		主任	正科级		2005.6—2010.2
		副主任	副科级	牛兰花	2005.6—2010.2
		主任	正科级		2010.2—2021.11
		副主任	副科级	闫金波	2010.2—2011.4
		副主任	副科级	陶冶	2011.4—2012.4
		副主任	副科级	杜林霞	2012.4—2020.4
		副主任	副科级	林涛涛	2020.4—2021.11
		主任	正科级		2022.1—
		副主任	副科级	胡琼方	2022.7—
水环境监测分析室（水质泥沙室）		主任	正科级	吴学德	1994.8—1999.1
		代理主任	副科级	高千红	1999.1—2002.12
		主任	正科级		2002.12—2017.6
		主任	副处级		2017.6—
		副主任	正科级	张建伟	2006.4—2010.2
		副主任	副科级	江玉娇	2010.2—2017.6
			正科级		2017.6—

续表

机构名称	隶属关系	职务名称	级别	姓名	任职年限
水环境监测分析室（水质泥沙室）	三峡局	副主任	副科级	叶绿	2010.4—2017.6
			正科级		2017.6—
综合事业中心	三峡局	主任	正科级	聂勋龙	2002.12—2012.4
		副主任	副科级	杨波	2002.12—2012.12
		主任	正科级		2012.12—2016.3
		主任	正科级	吕淑华	2016.3—2022.2
		退出	六级职员		2022.2—
		副主任	正科级	张建伟	2010.4—2015.3
		副主任	副科级	张军	2015.3—
		副主任	副科级	章茂林	2020.4—
		主任	正科级	张辰亮（兼）	2022.2—
河道勘测队	三峡局	队长	正科级	邵远贵	1994.12—1996.12
		政治指导员（兼）			
		副队长	副科级	张景森	1996.2—1996.12
		队长	正科级		1996.12—2005.2
		副队长	副科级	谭良	2000.12—2005.2
		队长	正科级		2005.2—2010.2（兼）
河道勘测队	三峡局	副队长	副科级	赵俊林	1994.12—1996.12
		副队长	副科级	柳长征	1996.12—2002.1
		副队长	副科级	邱晓峰	2002.12—2009.2
		副队长	副科级	王宝成	2005.2—2010.2
		副队长	副科级	全小龙	2009.2—2012.12
		质检员	副科级	王治忠	2002.12—2010.2
		副队长	副科级		2010.2—2012.12
		副队长	副科级	车兵	2010.6—2012.12
		质检员	副科级	杜林霞	2010.2—2012.4
		质检员	副科级	聂金华	2012.4—2012.12
一分队	河道勘测队	分队长	副科级	张景森	1994.12—1996.2
		分队长	副科级	柳长征	1996.2—1996.12
		分队长	副科级	邱晓峰	1996.12—2002.12
二分队		分队长	副科级	黄化冰	1994.12—1996.2
		分队长	副科级	于飞	1996.2—1996.12
		分队长	副科级	邓晓忠	1996.12—1998.2
河道勘测中心	三峡局	副主任	正科级	全小龙	2012.12—2014.5
		主任	副处级		2014.5—2022.6
		主任	副处级	王宝成	2022.6—
		副主任	正科级	王治忠	2012.12—2021.7
		副主任	正科级	车兵	2012.12—

续表

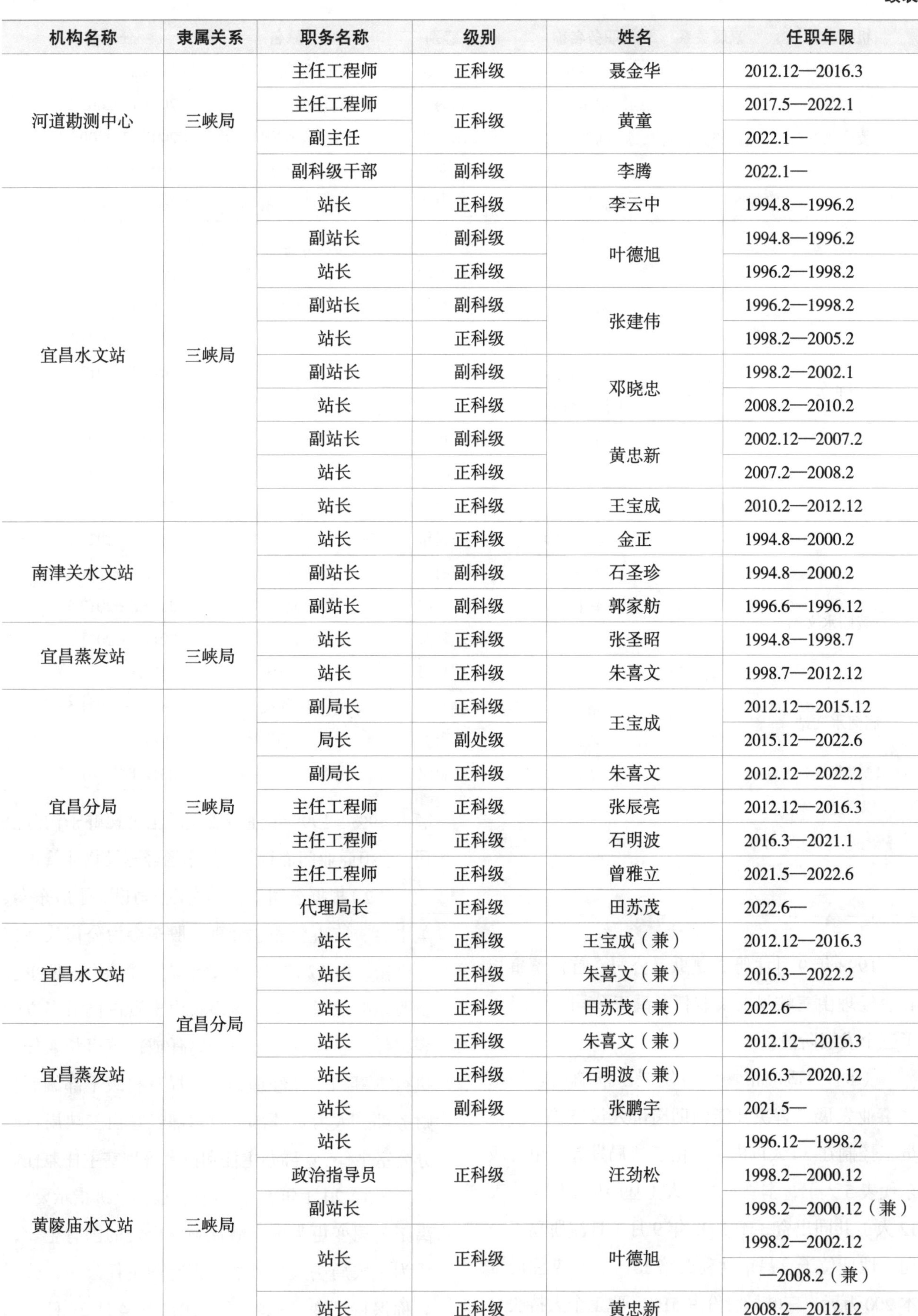

机构名称	隶属关系	职务名称	级别	姓名	任职年限
河道勘测中心	三峡局	主任工程师	正科级	聂金华	2012.12—2016.3
		主任工程师	正科级	黄童	2017.5—2022.1
		副主任			2022.1—
		副科级干部	副科级	李腾	2022.1—
宜昌水文站	三峡局	站长	正科级	李云中	1994.8—1996.2
		副站长	副科级	叶德旭	1994.8—1996.2
		站长	正科级		1996.2—1998.2
		副站长	副科级	张建伟	1996.2—1998.2
		站长	正科级		1998.2—2005.2
		副站长	副科级	邓晓忠	1998.2—2002.1
		站长	正科级		2008.2—2010.2
		副站长	副科级	黄忠新	2002.12—2007.2
		站长	正科级		2007.2—2008.2
		站长	正科级	王宝成	2010.2—2012.12
南津关水文站		站长	正科级	金正	1994.8—2000.2
		副站长	副科级	石圣珍	1994.8—2000.2
		副站长	副科级	郭家舫	1996.6—1996.12
宜昌蒸发站	三峡局	站长	正科级	张圣昭	1994.8—1998.7
		站长	正科级	朱喜文	1998.7—2012.12
宜昌分局	三峡局	副局长	正科级	王宝成	2012.12—2015.12
		局长	副处级		2015.12—2022.6
		副局长	正科级	朱喜文	2012.12—2022.2
		主任工程师	正科级	张辰亮	2012.12—2016.3
		主任工程师	正科级	石明波	2016.3—2021.1
		主任工程师	正科级	曾雅立	2021.5—2022.6
		代理局长	正科级	田苏茂	2022.6—
宜昌水文站	宜昌分局	站长	正科级	王宝成（兼）	2012.12—2016.3
		站长	正科级	朱喜文（兼）	2016.3—2022.2
		站长	正科级	田苏茂（兼）	2022.6—
宜昌蒸发站		站长	正科级	朱喜文（兼）	2012.12—2016.3
		站长	正科级	石明波（兼）	2016.3—2020.12
		站长	副科级	张鹏宇	2021.5—
黄陵庙水文站	三峡局	站长	正科级	汪劲松	1996.12—1998.2
		政治指导员			1998.2—2000.12
		副站长			1998.2—2000.12（兼）
		站长	正科级	叶德旭	1998.2—2002.12
					—2008.2（兼）
		站长	正科级	黄忠新	2008.2—2012.12

续表

机构名称	隶属关系	职务名称	级别	姓名	任职年限
黄陵庙水文站	三峡局	副站长	副科级	陈德保	1998.2—2002.1
		副站长	副科级	邓晓忠	2002.1—2008.2
		副站长	副科级	胡焰鹏	2002.12—2005.2
		副站长	副科级	石明波	2005.2—2012.12
		副站长	副科级	杜耀东	2009.6—2009.7
黄陵庙分局	三峡局	副局长	正科级	刘天成	2012.12—2016.3
		局长	副处级		2016.3—2020.12
		副局长	正科级	黄忠新	2012.12—2015.5
		副局长	正科级	张辰亮	2016.3—2021.5
		主任工程师			2016.3—2017.5（兼）
		主任工程师	正科级	石明波	2012.12—2016.3
		副局长	正科级		2020.12—2021.1
		代理局长	正科级		2021.1—2021.11
		局长	副处级		2021.11—
		主任工程师	正科级	田苏茂	2017.5—2022.2
黄陵庙水文站	黄陵庙分局	站长	正科级	黄忠新（兼）	2012.12—2015.5
		站长	正科级	刘天成（兼）	2015.5—2017.5
		站长	正科级	张辰亮（兼）	2017.5—2021.5
		副站长	副科级	王玉涛	2021.5—
庙河水文站		站长	副科级	田苏茂	2015.9—2021.5
		站长	副科级	王宇岩	2021.5—
巴东蒸发站		站长	正科级	刘天成（兼）	2012.12—2015.5

1.4 企业组织

1.4.1 公司改革

1998 年 9 月注册成立禹王公司，首任董事长和总经理由三峡局局长兼任。禹王公司大致经历了三个发展阶段：

（1）为适应市场经济发展，推动三峡局水文事业发展，解决技能辅助岗位人员空缺（公司员工控制在 30 人以内），由三峡局发起（单位股东代表 5 人），本局职工个人（基层单位股东代表 12 人）共同出资，于 1998 年 9 月 1 日注册禹王公司，地址位于宜昌市胜利四路 15 号，初期注册资本 200 万元，三峡局股份占 51%，职工个人持股总额占 49%。1999 年注册成立禹王公司虾子沟分公司，承担商业门面租赁、停车场经营及物业管理。

（2）根据公司章程，禹王公司设立了股东会、董事会、监事会和总经理。股东会为公司最高权力机构，由 17 位股东代表组成。董事会、监事会由股东会选举产生。董事长由出资占比最多方代表担任。总经理由董事会聘任或由董事长兼任。执行董事和业务经理为三峡局正科级干部编制。财务部、人力资源部、技术部经理由三峡局行政办公室主任、党群办主任和技术管理室主任兼任。

（3）2011 年 5 月 10 日，根据上级指示要求，禹王公司变更为由三峡局独立出资的国有企业，成为三峡局法人独资的一人有限责任公司，公司名称保持不变。三峡局于 2011 年 4 月 28 日追加投资 85 万元，禹王公司总资本达到 285 万元。从 2012 年起，三峡局所有职工，包括公司兼职人员，均不得在公司领取薪酬，原公司相关薪酬制度作废。根据 2012 年“三定”方案，禹王公司经理纳入正科级干部编制职数。

（4）2018 年根据《长江委水文局加强企业监督管理实施细则（试行）》精神，禹王公司运作进入新的经营管理模式。①不设股东会，由股东（三峡局）成立企业管理委员会（简称企管会），履行监督职能，主任由局长兼任、副主任由分管行政副局长（企业管理者代表）、分管生产副局长和纪委书记兼任，成员由副总工程师、职能部门主要负责人组成（兼任）；②不设董事会，设公司执行董事（法人代表）、总经理、副总经理和业务经理，由公司提出申请，企管会研究并报三峡局党委同意后聘任；③设监事两名，一名由股东监察审计员兼任，另一名由公司员工代表选举产生。历任公司董事长、执行董事、总经理、副总经理、业务经理、分公司经理及企事业管理委员会成员，统计见表 1.4–1。

表 1.4–1　　禹王公司历任公司、企管会领导统计表

机构名称	隶属关系	岗位名称	姓名	任职年限
禹王公司	三峡局	董事长	戴水平（兼）	1998.9—2015.5
		执行董事	聂勋龙	2015.5—2020.8
			张辰亮	2021.5—
		总经理	戴水平（兼）	1998.9—2015.5
			聂勋龙（兼）	2015.5—2020.8
			张辰亮（兼）	2021.5—
		副总经理	张年洲	2022.1—
			吕淑华	2022.5—
业务部	禹王公司	业务经理	欧阳再平	2002.12—2011.4
			刘天成	2011.4—2013.7
			黄忠新（兼）	2015.5—2021.1
			张辰亮（兼）	2021.5—
虾子沟分公司	禹王公司	经理	吕淑华（兼）	1999.9—
企业管理委员会	三峡局	主任	李云中	2018.5—2022.4
			闫金波	2022.4—
		常务副主任	叶德旭（管代）	2018.5—
		副主任	闫金波	2018.5—2022.4
			赵俊林	2018.5—2020.10
			赵　灵	2020.10—

1.4.2　组织架构

禹王公司组织架构，见图 1.4–1，总体上，由业务部负责对外经营业务工作，人力资源部负责招聘、派遣、薪酬管理等业务工作；财务部负责经营项目合同、财务管理等业务工作；技术部负责咨询项目技术、质量管理等业务工作。公司主营水文勘测、水文水情预报服务、水文水资源调查评价、涉水工程技术咨询、水文自动测报系统设计及维护、水平衡测试、水环境监测分析与评

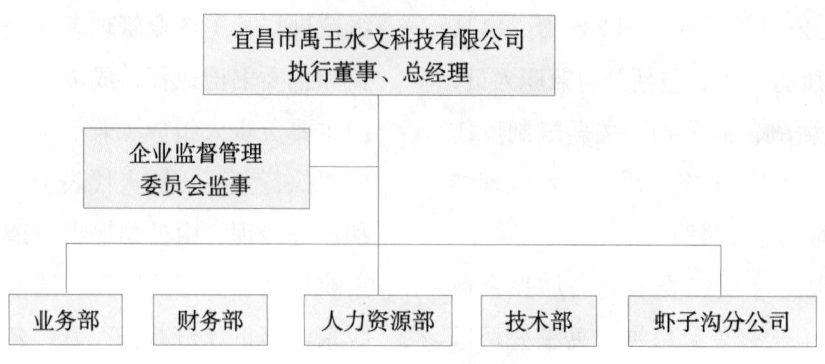

图 1.4–1　禹王公司组织架构图

价、水土保护咨询、水文仪器设备制造及销售、仪器设备租赁及招标代理、地形测绘、技术咨询及招标代理、日用百货及杂品销售；房产、汽车、船舶租赁、停车场及汽车美容服务、水电安装（不含电力承装承修）、其他印刷品、包装装潢印刷品印刷、劳务派遣。上述业务，归类为三大类，一是商业门面租赁、停车场及物业管理服务，1999 年注册成立虾子沟分公司，专门负责此块业务；二是对外独立承接咨询项目业务；三是劳务输出，主要在水文测验、河道勘测、后勤物业等基层，弥补三峡局技能辅助岗位人员不足。

自 1998 年以来，先后于 2012 年 5 月 8 日、2015 年 5 月 15 日、2016 年 4 月 28 日和 2020 年 9 月 10 日组织修订公司章程。按 5 年汇编一次规章制度要求，分别于 2000 年、2005 年、2010 年、2015 年和 2020 年一共汇编了 5 次。其中 2020 年汇编的制度包括：企业监督管理办法、禹王公司章程、重大事项决策制度、人力资源管理规定、财务管理办法、安全管理制度、生产经营管理办法、资产管理办法、差旅费管理办法、接待费管理办法、经济合同管理办法等。

1.4.3　主要业绩

禹王公司以助推三峡水文事业发展为主要目的。1999 年，公司充分利用三峡局宜昌水文巡测基地闲置土地，慎重决策投资兴建了 4766.38m^2 商业门面用房，并成立虾子沟分公司具体负责租赁和停车场经营业务，每年营业额约 100 万元。2007 年，禹王公司通过地方政府土地挂牌公开拍卖，竞拍获得 6051m^2 商业用地，以招商合作方式兴建大型宾馆运营餐饮旅馆业，后因招商融资等原因未能启动。2009 年地方政府冻结该区域所有土地，列入宜昌市三峡旅游新区平湖半岛旅游度假区建设用地征迁范围。2019 年，宜昌市夷陵区征收虾子沟片区土地，涉及禹王公司商业用地和商业门面用房，经第三方评估补偿金为 6500 余万元，以货币化补偿方式，已于 2020 年全额到账。

截至 2021 年底，禹王公司共计营业收入约 1.25 亿元，年平均收入约 500 万元，最高年经营收入达 1200 余万元（2007 年）。但近 10 年（2013—2022 年）来经营业绩有所下滑，尤其 2018 年以后，门面前道路维修和政府收购门面，导致经营中断。2020—2021 年禹王公司利用征收补偿款投资购置汽车、船舶开展租赁业务，投资控制在 500 万元以内。2022 年 5 月，经禹王公司市场调研，报企管会研究和三峡局党委批准，初步决定投资 3000 万元，在点军区兴建商品服务用房 5000m^2，为公司转型发展打下基础。

1.5　水政监察

1.5.1　机构与职责

1999 年，为加强履行流域管理职责，根据水利部关于流域机构开展水政监察规范化建设要求。长江委组建长江水利委员会水政监察总队三峡支队，于 2000 年 2 月 28 日正式挂牌成立。2005 年

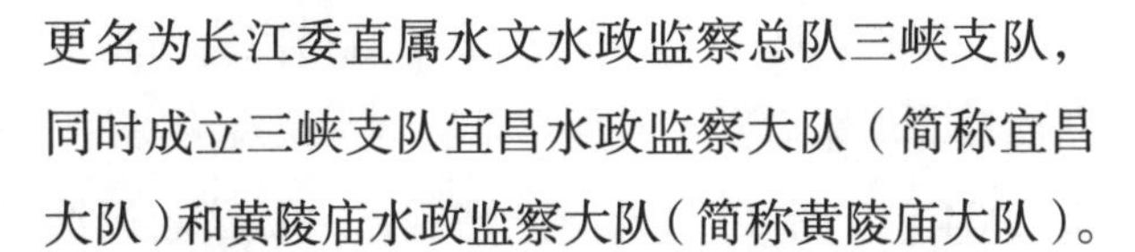

更名为长江委直属水文水政监察总队三峡支队，同时成立三峡支队宜昌水政监察大队（简称宜昌大队）和黄陵庙水政监察大队（简称黄陵庙大队）。

三峡支队主要职责为：①宣传贯彻《水法》《防洪法》《水土保持法》《长江河道采砂管理条例》等有关法律法规和规章；②在管辖范围内，依法对破坏国家水文站网和水文设施的行为进行查处；③对辖区内的水事进行监督，负责向水政监察总队及时报告本辖区的重大水事活动；④受总队委托，对违反有关水法律、法规、规章的行为采取行政措施；⑤完成水政监察总队交办的各项任务；⑥配合公安司法机关查处水事案件、刑事案件。

2017 年 1 月，三峡支队更名为长江委水政监察总队水文支队三峡大队，宜昌大队更名为宜昌中队，黄陵庙大队更名为黄陵庙中队。主要负责职责调整为监督检查和日常巡查，不再承担行政处罚、行政强制措施等职责。

1.5.2　监察队伍

水政监察人员全部由三峡局在编职工和干部兼任，水政监察员任职资格需经长江委人劳局组织培训确认，领导干部由长江委人劳局任命。

1999 年，经培训考核确认 6 人为三峡支队具备水政监察员任职资格的监察人员，即王远明、王斯延、聂勋龙、张年洲、于飞、王定鳌。王远明为第一任三峡支队支队长，2002 年 12 月机构改革不再担任。

2005 年三峡支队成立宜昌和黄陵庙两个大队，监察人员增至 13 人。其中，三峡支队 5 人，两个大队各 4 人。三峡支队由戴水平、李建华、王定鳌、张年洲、聂勋龙 5 人组成；宜昌大队由柳长征、吕淑华、黄忠新、张辰亮 4 人组成；黄陵庙大队由叶德旭、谭良、谢绍建、杜耀东 4 人组成。任命戴水平为三峡支队支队长，李建华为副支队长；柳长征为宜昌大队大队长，吕淑华为副大队长；叶德旭为黄陵庙大队大队长，谭良为副大队长。

2010 年免去杜耀东水政监察员任职资格；2011 年免去李建华、柳长征、谢绍建水政监察员任职资格，确认汪劲松、全小龙、王宝成水政监察员任职资格。2010 年李建华不再担任三峡支队副支队长，任命汪劲松为三峡支队副支队长。2011 年柳长征不再担任宜昌水政监察大队大队长。

2011 年确认李云中具备水政监察员任职资格，免去戴水平、汪劲松水政监察员任职资格。2012 年任命李云中为三峡支队支队长。2013 年任命王宝成为宜昌水政监察大队大队长，高千红为副大队长；黄忠新为黄陵庙大队大队长，全小龙为副大队长。2016 年确认朱喜文具备水政监察员任职资格。2017 年任命王宝成为宜昌中队队长，刘天成为黄陵庙中队队长。

截至 2022 年末，三峡局在任的水政监察人员 14 人。其中，三峡大队由闫金波（大队长）、李云中、叶德旭、刘天成、王定鳌 5 人组成；宜昌中队由王宝成（中队长）、高千红、吕淑华、张辰亮、朱喜文 5 组成；黄陵庙大队由石明波（中队长）、黄忠新、全小龙、田苏茂 4 人组成。

1.5.3　主要监察成效

自三峡支队（大队）成立以来，主要负责职责范围内的监督检查和日常巡查，开展水行政执法（2017 年 1 月取消）等工作。按照上级部署，完成每年“世界水日”和“中国水周”宣传活动；利用宣传标语条幅、网络、电子显示屏、宣传册等多种形式，面向社会宣传《水法》《防洪法》《水文条例》等法律法规。

自成立以来，为保护水文设施和测量标志做了大量工作，如水尺被撞和被盗、测量标志被毁、水文缆道吊船索被挂、宜昌水文趸船被撞、风云二号被撞、宜昌水文缆道钢塔拉线的保护墩被拆、黄陵庙水文断面上建货运码头等，进行现场调查、取证后，依据相关的法律法规和相关的条例，对对方进行了处罚或要求恢复原状。

自2004年开始，每月从宜昌城区到宜都孙家河江段巡江一次，进行采砂调查，每年向长江委采砂管理局编制采砂月报10期。结合水文测验、河道测绘、水环境监测等工作，每月从巴东官渡口到枝江杨家脑开展监督检查和日常巡查工作，每年向长江委水政监察总队提交日常巡查监督情况12期，此项工作于2012年停止。

多次配合水利部、长江委、湖北水利厅联合开展严厉打击非法采砂行动，提供监察人员、水陆交通等后勤保障服务工作。2004年，长江委砂管局委托三峡支队负责“水政1号”监察船运行维护管理，该船是目前长江委最大的一艘监察船，主要用于长江吴淞口至重庆水域水政执法、监督工作，具有航速快、设备先进、设施齐全等性能。

自1999年三峡支队成立以来，先后查处了8次典型案件。① 2003年8月处理宜昌宝塔河水尺断面被非法采砂乱堆乱放严重影响水位观测案件；② 2004年3月12日及时处理制止一私营老板擅自拆除宜昌缆道钢塔斜拉线锚基防护围墙案件；③ 2005年5月11日处理重庆涪陵“川维805”轮违规拖挂宜昌水文吊船索导致趸船位移受损案件；④ 2006年1月连续处理10起水尺被毁、被盗事件和2起运沙货船撞毁水尺案件；⑤ 2008年12月处理葛洲坝下游7#水位站水尺桩被盗案件；⑥ 2011年7月27日凌晨零时许处理荆州市顺远运贸有限公司满汉99号货轮违规操作拖挂吊船索及趸船受损案件；⑦ 2012年6月处理“渝武航918号”货轮强行停靠黄陵庙水文站码头挤压“风云二号”水文测船事件；⑧ 2019年3—9月处理重庆市贤旅建材销售有限公司砂石料场违规堆放导致梅溪河水位站水尺、水准点、道路、自记水位设备等设施设备掩埋受损案件。

第 2 章　综合站网建设

水文站网是在一定地区或流域内，按一定原则，用一定数量的各类水文测站构成的水文资料收集系统。三峡局水文站网，经历天然时期、葛洲坝与三峡工程建设时期与运行各阶段的优化调整，既反映长江干流上中游结合江段的特点，也适应水库运用向支流延伸的特色；既有基本站网，也有专用站网，还有实验站网，更有水库（河道）泥沙冲淤演变观测的地形与固定断面、水面蒸发实验、航道冲沙试验、特殊流态等观测调查补充站网。根据独特的三峡地理、气候、水文等特点，为适应新环境变化、经济社会发展等需求，实时动态补充、完善、优化、调整水文站网，总体上具有典型的水利工程水文泥沙原型观测调查实验研究综合站网特色。

2.1　测区流域水系特点

三峡局测区，包括长江干流上中游结合江段、三峡和葛洲坝水库干、支流及清江干流恩施至入河口（中下游）河段。

按长江流域水系划分，以宜昌为分界点，宜昌以上为上游，宜昌至湖口为中游，湖口以下为下游。三峡局水文测区范围跨越长江上游和中游结合江段及清江流域恩施至入河口河段。其中，长江干流上自奉节关刀峡下至枝江杨家脑，全长约 330.6km，其中，上游干流长 210.7km（三峡水库 172km，三峡至两坝间 38.7km），中游干流长 119.9km。三峡和葛洲坝水库库区较大支流 9 条，全长合计 226.6km。

长江三峡地区是三峡局水文测区之一，根据不同领域、不同行业惯例，大致有三类定义。从狭义上讲，长江三峡指西起重庆奉节县的白帝城，东至湖北省宜昌市的南津关，全长 193km，由瞿塘峡、巫峡、西陵峡及峡谷相间的开阔河谷组成。从广义上讲，长江三峡地区可以是万县（万县水文站）至宜昌（宜昌水文站），也可以是重庆（寸滩水文站）至宜昌（宜昌水文站），在长江水文业务中，前者称万县至宜昌区间，后者称寸滩至宜昌区间。总之，从大范围讲，重庆至宜昌区间，东西长约 650km，南北宽不足 100km，面积约 600km^2，地理位置介于 29º ~ 32ºN，105º ~ 111ºE 之间，不仅包括长江干流，还有众多支流水系。从地理学上看，属典型的丘陵山地，河谷纵横交错，西北与大巴山、秦岭相接，西南与武陵山、湘黔山地相连，西通四川盆地，东临长江中下游平原，总体上呈现丘陵山地河谷地貌特征。从水文学上看，长江自西向东横贯巫山山脉，受河道宽窄相间、滩槽相接、支流入汇等影响，形成三峡地区暴雨汇流迅速、水深流急、滩多险阻，天然时期川江航行最困难的江段，凸显“洪水阻于峡，枯水阻于滩”的特点，是“蜀道难，难于上青天”的险道之一。从气候学上看，三峡地区为典型的气候过渡带，其冷暖、干湿和季风气候特征与周围均有较明显的差异。

宜昌至杨家脑河段也是三峡局水文测区，位于长江中游河段上段，又分宜昌、宜都和枝江三小段。其中，宜昌—枝城段为山区河流向平原河流的过渡段，长江出三峡南津关，江面迅速展宽，其过渡段特征表现为浅滩多、汊道多、深槽多，且三者相辅相成，洲滩两侧为汊道、上下游为深槽。经河流历年自适应演变发展，沿程分布的洲滩主要有：葛洲坝、西坝、胭脂坝、南阳碛、大石坝、外河坝、关洲、芦家河、董市洲、柳条洲、杨家脑等，平均约 10km 分布一个洲滩。葛洲坝洲滩因三三〇工程建设开挖消失。

清江干流中下游河段也曾是三峡局水文测区，1985 年后移交荆江局管理。清江流域是长江一级支流，发源于湖北省利川市东北部武陵山与大巴山余脉的齐岳山龙洞沟，干流全长约 423km。从河源至恩施为上游，长约 153km；恩施至资丘为中游，长约 160km；资丘至河口为下游，长约 110km。中下游为低山与丘陵，河谷渐宽，为半山溪性河型，80% 以上是山地，呈高山深谷地貌特征，也是暴雨中心之一。

2.2 站网总体布设情况

根据《水文站网规划技术导则》（SL 34—2013），水文测站共有三种分类方法：一是按观测目的分为流量站、水（潮）位站、泥沙站、降水量站、水面蒸发站、地下水站、水质站、墒情站等；二是按服务功能分为水文基本规律探索、水资源管理、水资源开发利用、水资源保护、防汛、抗旱、水土保持、水利工程运用管理、水生态监测、水文科学实验监测等站类；三是按设站目的和作用分为基本站、实验站、专用站和辅助站。

三峡局现有水文站网发展经历了水文站时期、实验站（宜实站、葛实站）时期和三峡局时期，从单一的水位网站，逐步扩展为集水位站网、流量站网、降水量站网、水面蒸发站网、土壤墒情站网、泥沙（悬移质、推移质、河床质或床沙）站网、水质站网、实验站网，以及水质水生态监测站网、河势与河床演变观测站网等为一体的综合站网体系。

三峡局各时期原型观测综合站网布设情况见表 2.2–1。各个时期站网发展概况、设站目的、类别以及观测项目等，详见表 2.2–2。

表 2.2–1　三峡局各时期原型观测综合站网布设情况汇总表

时期	水文站网	水质站网	河道断面	统计年份	说明
水文站（1972 年以前）	78	1	14	1972	主要为专用水位站网，且多为临时性观测站点，水化学分析仅 1 个站（宜昌水文断面）
实验站（1973—1993 年）	67	6	150	1993	以专用水位站网为主，增设水环境监测站网，扩大河道（水库）观测固定断面
三峡局（1994 年之后）	40	13	419，床沙 203（枯季 186）	2022	专用站转为基本站，完善水质水生态站网，进一步扩大河道（水库）观测固定断面

表 2.2–2　三峡水文测区水文站网变化情况统计表

序号	站名	设站目的	类型	说明	观测项目
（一）长江干流					
1	石柱子	收集葛洲坝水库库区原型资料	专用	1974.5—11.30，撤销	水位
2	楠木园	收集葛洲坝水库库区原型资料	专用	1974.5—1977.3；1983.5.1—1996，撤销	水位
3	杨家棚	收集葛洲坝水库库区原型资料	专用	1974.5—11.30，撤销	水位
4	官渡口	收集葛洲坝水库库区原型资料	专用	1974.5—12；1981.5—1996，撤销	水位
5	五里堆	收集葛洲坝水库库区原型资料	专用	1974.5—12，撤销	水位

续表

序号	站名	设站目的	类型	说明	观测项目
6	王家滩	收集葛洲坝水库库区原型资料	专用	1974.5—12，撤销	水位
7	青竹标	收集葛洲坝水库库区原型资料	专用	1974.5—12，撤销	水位
8	巴东	三峡水库库区基本水情控制站	基本	1931.2 雨量观测；1952.5 水位观测；2017 年升格为水文站；2023 年并入三峡水库水文实验站	水位、流量、含沙量、降水、床沙、报汛
9	章家溪	收集葛洲坝水库库区原型资料	专用	1974.5—12，撤销	水位
10	么姑沱	收集葛洲坝水库库区原型资料	专用	1974.5—12，撤销	水位
11	泄滩	收集葛洲坝水库库区原型资料	专用	1983.5—1996，撤销	水位
12	秭归	三峡水库库区基本水情控制站	基本	1952.6；1974—1976；1981—1996；2003.4—	水位，报汛
13	香溪	收集葛洲坝水库库区原型资料	专用	1974.5—1976；1981—1996，撤销	水位
14	柳林碛	收集葛洲坝水库库区原型资料	专用	1956.6—1960.9；1983.5—1996，撤销	水位
15	庙河	三峡水库坝前水沙控制站	基本	2003.4—；2006 年起增加含沙量报汛	水位、水温梯度、流量、含沙量及报汛、输沙率、床沙
16	美人沱	收集三峡太平溪坝址模型试验原型资料	专用	1967.5—1968.5，撤销	水位
17	沙湾	收集三峡太平溪坝址模型试验原型资料	专用	1967.5—1968.5，撤销	水位
18	张家溪	收集三峡太平溪坝址模型试验原型资料	专用	1967.5—1968.5，撤销	水位
19	横梁子	收集三峡坝区模型试验原型资料	专用	1978.6—1979，撤销	水位
20	关门石	收集三峡坝区模型试验原型资料	专用	1978.6—1979，撤销	水位
21	偏岩子	收集三峡坝区模型试验原型资料	专用	1967.5—1968.5；1978.6—1979，撤销	水位
22	银杏沱	收集三峡坝区模型试验原型资料及水库基本水情控制站	专用 基本	1967.5—1968.5；1978.6—1979，2003.4—	水位、报汛
23	伍相庙	三峡枢纽坝区及水库基本水情控制站	基本	1993.3—	水位、报汛
24	太平溪	葛洲坝库区及三峡坝区基本水情控制站	基本	1956.7—1962.5，1967.6—1969.5；1971—	水位、报汛
25	上磨脑左	收集三峡坝区模型试验原型资料	专用	1958.6—10，撤销	水位
26	上磨脑右	收集三峡坝区模型试验原型资料	专用	1958.6—10，撤销	水位
27	西湾左	收集三峡坝区模型试验原型资料	专用	1958.6—10，1967.5—1968.5，1978.6—1979，撤销	水位
28	西湾右	收集三峡坝区模型试验原型资料	专用	1958.6—10，撤销	水位
29	大沙坝	收集三峡坝区模型试验原型资料	专用	1958.6—10，1967.5—1968.5，撤销	水位
30	杨泗庙	收集三峡坝区模型试验原型资料	专用	1978.6—1979，撤销	水位

续表

序号	站名	设站目的	类型	说明	观测项目
31	黑石沟左	收集三峡坝区模型试验原型资料	专用	1958.6—1962.5，撤销	水位
32	黑石沟右	收集三峡坝区模型试验原型资料	专用	1958.6—1962.5，撤销	水位
33	茅坪渡口（左）	收集三峡坝区模型试验原型资料	专用	1978.6—1980；1982—1996，撤销	水位
34	茅坪（右）	三峡坝区控制站	专用	1978.6—1980；1982—1996，撤销	水位
35	茅坪（凤凰山）	三峡水库坝上游基本水情控制站	基本	1954.2—1961.2；1965—1968；1971.5—1976；1978—	水位、报汛
36	长木沱左	收集三峡坝区模型试验原型资料	专用	1958.6—10，撤销	水位
37	长木沱右	收集三峡坝区模型试验原型资料	专用	1958.6—10 撤销	水位
38	旗坝左	收集三峡坝区模型试验原型资料	专用	1958.6—10，撤销	水位
39	旗坝右	收集三峡坝区模型试验原型资料	专用	1958.6—10，撤销	水位
40	苏家坳左	收集三峡坝区模型试验原型资料	专用	1958.6—10，1980；1982—1996，撤销	水位
41	苏家坳右	收集三峡坝区模型试验原型资料	专用	1958.6—10，撤销	水位
42	覃家沱	收集三峡坝区模型试验原型资料及三峡坝下游基本水情控制站	专用 基本	1958.6—1963.1，1980；1982—	水位、报汛
43	三斗坪	三峡水库坝下游基本水情控制站	基本	1953.6—；1959 年设气象站至 1964 年撤销	水位、气象、降水、报汛
44	凉水井左	收集三峡坝区模型试验原型资料	专用	1958.6—10，撤销	水位
45	凉水井右	收集三峡坝区模型试验原型资料	专用	1958.6—10，撤销	水位
46	东岳庙左	收集三峡坝区模型试验原型资料	专用	1958—1963.1，撤销	水位
47	东岳庙右	收集三峡坝区模型试验原型资料	专用	1958—1963.1，撤销	水位
48	长槽河	收集三峡坝区模型试验原型资料	专用	1980；1982—1996，撤销	水位
49	柳树湾	收集三峡坝区模型试验原型资料	专用	1980；1982—1996，撤销	水位
50	雷劈石	收集三峡坝区模型试验资料及两坝间基本水情控制站	专用	1980；1982—	水位，报汛
51	坝河口	收集三峡坝区模型试验资料及两坝间基本水情控制站	专用	1980；1982—	水位，报汛
52	鹰子咀	收集三峡坝区模型试验原型资料	专用	1980；1982—1996，撤销	水位
53	黄陵庙上街	收集三峡坝区模型试验原型资料	专用	1980；1982—1996，撤销	水位
54	黄陵庙左	收集三峡坝区模型试验原型资料	专用	1959.3—1962.5，撤销	水位
55	黄陵庙（老）	收集三峡坝区模型试验原型资料	专用 基本	1959.3—1962.5；1980.7—	水位，报汛
56	黄陵庙（陡）	三峡水库出库基本水沙情控制站	基本	1995.11—；2006 年起增加含沙量报汛	水位、水温、降水、蒸发、流量、含沙量、报汛、悬移质及沙质推移质输沙率、床沙
57	乐天溪左	收集三峡坝区模型试验原型资料	专用	1959.3—1962.5；1980.9—1996，撤销	水位

续表

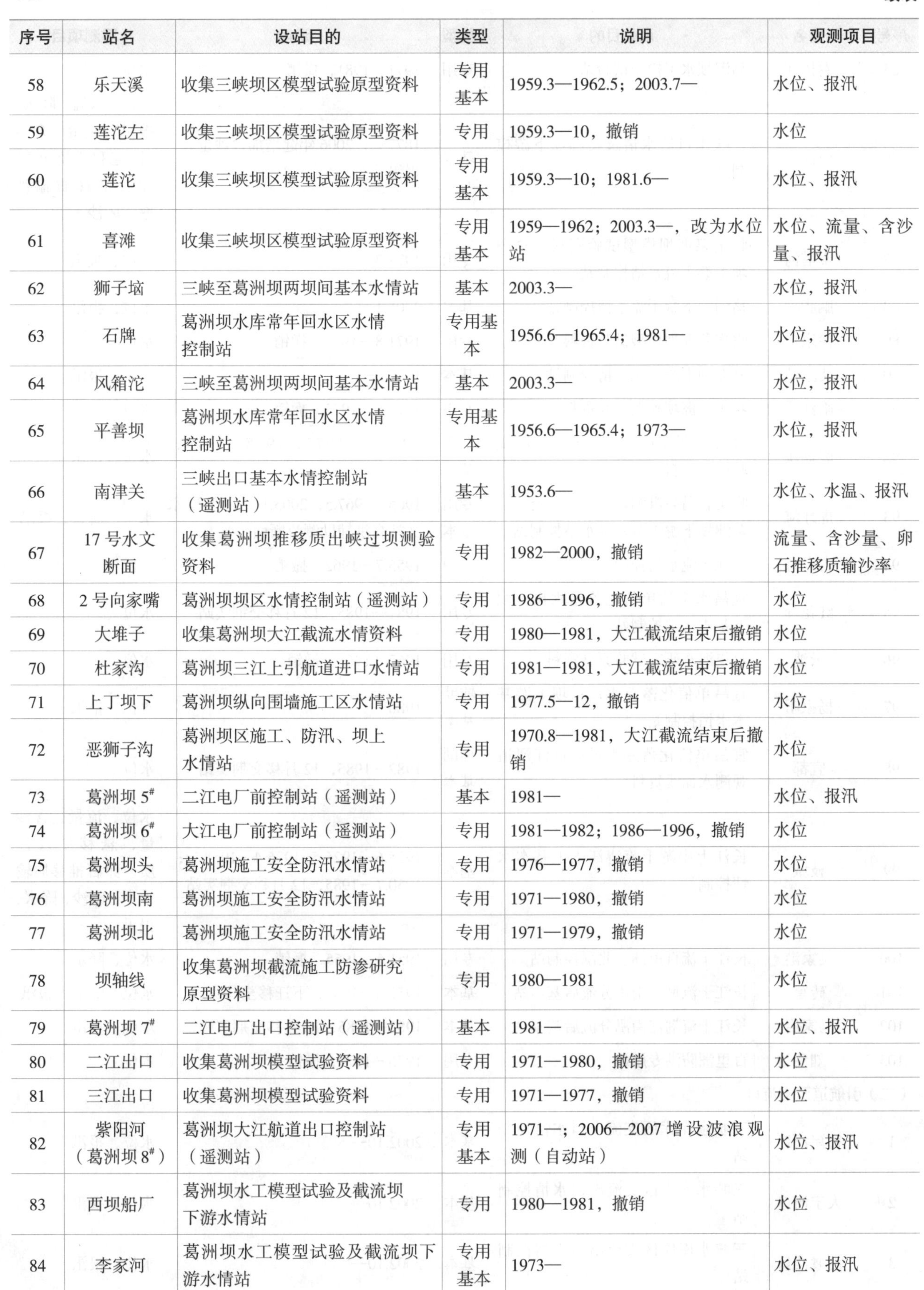

序号	站名	设站目的	类型	说明	观测项目
58	乐天溪	收集三峡坝区模型试验原型资料	专用基本	1959.3—1962.5；2003.7—	水位、报汛
59	莲沱左	收集三峡坝区模型试验原型资料	专用	1959.3—10，撤销	水位
60	莲沱	收集三峡坝区模型试验原型资料	专用基本	1959.3—10；1981.6—	水位、报汛
61	喜滩	收集三峡坝区模型试验原型资料	专用基本	1959—1962；2003.3—，改为水位站	水位、流量、含沙量、报汛
62	狮子垴	三峡至葛洲坝两坝间基本水情站	基本	2003.3—	水位，报汛
63	石牌	葛洲坝水库常年回水区水情控制站	专用基本	1956.6—1965.4；1981—	水位，报汛
64	风箱沱	三峡至葛洲坝两坝间基本水情站	基本	2003.3—	水位，报汛
65	平善坝	葛洲坝水库常年回水区水情控制站	专用基本	1956.6—1965.4；1973—	水位，报汛
66	南津关	三峡出口基本水情控制站（遥测站）	基本	1953.6—	水位、水温、报汛
67	17 号水文断面	收集葛洲坝推移质出峡过坝测验资料	专用	1982—2000，撤销	流量、含沙量、卵石推移质输沙率
68	2 号向家嘴	葛洲坝坝区水情控制站（遥测站）	专用	1986—1996，撤销	水位
69	大堆子	收集葛洲坝大江截流水情资料	专用	1980—1981，大江截流结束后撤销	水位
70	杜家沟	葛洲坝三江上引航道进口水情站	专用	1981—1981，大江截流结束后撤销	水位
71	上丁坝下	葛洲坝纵向围墙施工区水情站	专用	1977.5—12，撤销	水位
72	恶狮子沟	葛洲坝坝区施工、防汛、坝上水情站	专用	1970.8—1981，大江截流结束后撤销	水位
73	葛洲坝 5#	二江电厂前控制站（遥测站）	基本	1981—	水位、报汛
74	葛洲坝 6#	大江电厂前控制站（遥测站）	专用	1981—1982；1986—1996，撤销	水位
75	葛洲坝头	葛洲坝施工安全防汛水情站	专用	1976—1977，撤销	水位
76	葛洲坝南	葛洲坝施工安全防汛水情站	专用	1971—1980，撤销	水位
77	葛洲坝北	葛洲坝施工安全防汛水情站	专用	1971—1979，撤销	水位
78	坝轴线	收集葛洲坝截流施工防渗研究原型资料	专用	1980—1981	水位
79	葛洲坝 7#	二江电厂出口控制站（遥测站）	基本	1981—	水位、报汛
80	二江出口	收集葛洲坝模型试验资料	专用	1971—1980，撤销	水位
81	三江出口	收集葛洲坝模型试验资料	专用	1971—1977，撤销	水位
82	紫阳河（葛洲坝 8#）	葛洲坝大江航道出口控制站（遥测站）	专用基本	1971—；2006—2007 增设波浪观测（自动站）	水位、报汛
83	西坝船厂	葛洲坝水工模型试验及截流坝下游水情站	专用	1980—1981，撤销	水位
84	李家河	葛洲坝水工模型试验及截流坝下游水情站	专用基本	1973—	水位、报汛

续表

序号	站名	设站目的	类型	说明	观测项目
85	卷桥河	葛洲坝水工模型试验站	专用	1971—1981，撤销	水位
86	宜昌	三峡出口后水情及葛洲坝下游控制站	基本	1877—；2006年起增加含沙量报汛	水位、水温、降水、报汛、流量、含沙量、悬移质及沙质、卵石推移质输沙率、床沙
87	宝塔河	收集葛洲坝模型试验资料及葛洲坝下游干流水情控制站	专用	1971.7—	水位、报汛
88	胭脂坝	葛洲坝下游干流水情控制站	基本	2005.1—	水位、报汛
89	徐家口	收集葛洲坝模型试验资料	专用	1971.8—1973，撤销	水位
90	艾家镇	葛洲坝下游干流水情控制站	基本	1987.6—	水位、报汛
91	临江溪	收集葛洲坝模型试验资料	专用	1971.8—1973，撤销	水位
92	磨盘溪	收集葛洲坝模型试验及827厂试验原型资料	专用 基本	1971.8—1972；1975—1979；1982—	水位、报汛
93	虎牙滩	收集宜昌高洪测验方案试验资料；葛洲坝下游干流基本水情控制站	专用 基本	1965—1967.5；2005.1—；宜昌水文站高洪辅助测流断面	水位、流量、报汛
94	古老背	长江干流水情控制站	专用	1955.7—1962，撤销	水位
95	红花套	宜昌水文站单值化落差水尺；坝下基本水情控制站	专用	1981—1985，12月移交荆实站	水位
96	云池	收集海军研究试验原型资料	专用	1967—1968，撤销	水位
97	杨家咀	宜昌单值化落差水尺；坝下游基本水情控制站	辅助 基本	1980—	水位、报汛
98	宜都	宜昌单值化落差水尺；荆江河道观测水面线资料	辅助 基本	1982—1985，12月移交荆实站	水位
99	枝城	长江上中游干流清江入汇基本水情控制站	基本	1925.6—1926.5；1936.4—1938.11；1950.7—1985，12月移交荆实站	水位、流量、含沙量、悬移质及沙质、卵石推移质输沙率、床沙、降水、报汛
100	吴家港	长江干流百里洲、北泓控制站	专用	1951.6—1955，撤销	水位、降水
101	砖窖	长江干流荆江南泓分流后基本站	基本	1952.6—1981，下迁移至马家店	水位、降水、报汛
102	马家店	长江干流荆江南泓分流后基本站	基本	1982—1985，12月移交荆实站	水位、报汛
103	刘巷	百里洲防洪专用站	专用	1976—1979，撤销	水位
（二）引航道及支流口					
1	梅溪河口	三峡水库库区支流出口水情控制站	基本	2002.10—	水位、报汛
2	大宁河口	三峡水库库区支流出口水情控制站	基本	2002.10—	水位、报汛
3	沿渡河口	三峡水库库区支流出口水情控制站	基本	2002.10—	水位、报汛

续表

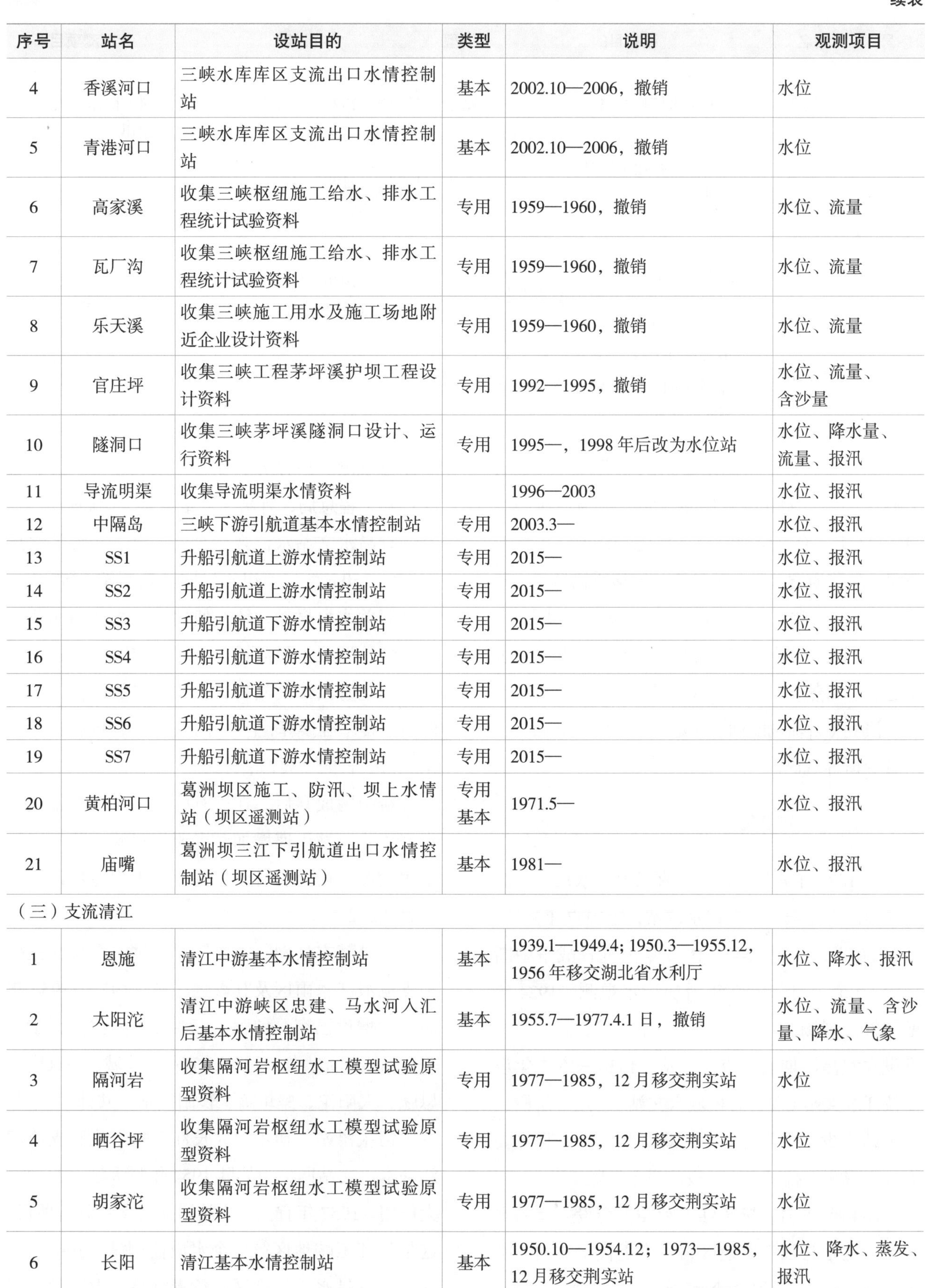

序号	站名	设站目的	类型	说明	观测项目
4	香溪河口	三峡水库库区支流出口水情控制站	基本	2002.10—2006，撤销	水位
5	青港河口	三峡水库库区支流出口水情控制站	基本	2002.10—2006，撤销	水位
6	高家溪	收集三峡枢纽施工给水、排水工程统计试验资料	专用	1959—1960，撤销	水位、流量
7	瓦厂沟	收集三峡枢纽施工给水、排水工程统计试验资料	专用	1959—1960，撤销	水位、流量
8	乐天溪	收集三峡施工用水及施工场地附近企业设计资料	专用	1959—1960，撤销	水位、流量
9	官庄坪	收集三峡工程茅坪溪护坝工程设计资料	专用	1992—1995，撤销	水位、流量、含沙量
10	隧洞口	收集三峡茅坪溪隧洞口设计、运行资料	专用	1995—，1998 年后改为水位站	水位、降水量、流量、报汛
11	导流明渠	收集导流明渠水情资料		1996—2003	水位、报汛
12	中隔岛	三峡下游引航道基本水情控制站	专用	2003.3—	水位、报汛
13	SS1	升船引航道上游水情控制站	专用	2015—	水位、报汛
14	SS2	升船引航道上游水情控制站	专用	2015—	水位、报汛
15	SS3	升船引航道下游水情控制站	专用	2015—	水位、报汛
16	SS4	升船引航道下游水情控制站	专用	2015—	水位、报汛
17	SS5	升船引航道下游水情控制站	专用	2015—	水位、报汛
18	SS6	升船引航道下游水情控制站	专用	2015—	水位、报汛
19	SS7	升船引航道下游水情控制站	专用	2015—	水位、报汛
20	黄柏河口	葛洲坝区施工、防汛、坝上水情站（坝区遥测站）	专用 基本	1971.5—	水位、报汛
21	庙嘴	葛洲坝三江下引航道出口水情控制站（坝区遥测站）	基本	1981—	水位、报汛
（三）支流清江					
1	恩施	清江中游基本水情控制站	基本	1939.1—1949.4; 1950.3—1955.12，1956 年移交湖北省水利厅	水位、降水、报汛
2	太阳沱	清江中游峡区忠建、马水河入汇后基本水情控制站	基本	1955.7—1977.4.1 日，撤销	水位、流量、含沙量、降水、气象
3	隔河岩	收集隔河岩枢纽水工模型试验原型资料	专用	1977—1985，12 月移交荆实站	水位
4	晒谷坪	收集隔河岩枢纽水工模型试验原型资料	专用	1977—1985，12 月移交荆实站	水位
5	胡家沱	收集隔河岩枢纽水工模型试验原型资料	专用	1977—1985，12 月移交荆实站	水位
6	长阳	清江基本水情控制站	基本	1950.10—1954.12；1973—1985，12 月移交荆实站	水位、降水、蒸发、报汛

续表

序号	站名	设站目的	类型	说明	观测项目
7	搬鱼嘴	清江基本水情控制站	基本	1953.5—1976.12，撤销	水位、流量、含沙量、降水、气象报汛
8	毛家沱	清江高坝洲枢纽下游基本水情控制站	专用	1984.11—1985，12月移交荆实站	水位
（四）实验站					
1	宜昌水面蒸发	收集葛洲坝水库水面蒸发、土壤墒情资料；开展多种类型蒸发仪器对比实验研究	基本	1984.1—1986；1988.1—；计划2023年迁移至点军区	蒸发、降水、气象辅助及墒情
2	巴东漂浮水面蒸发	收集三峡水库水面蒸发资料；开展漂浮水面、陆上水面蒸发对比观测实验研究	专用 基本	2013.7—；2023年并入三峡水库水文实验站	蒸发、降水及气象辅助（水上陆上对比观测）

总体而言，三峡局水文站网几乎包含所有水文测站类别，尤其以专用站、实验站为最典型。自1877年始有水位观测以来，逐步开展降水量、流量、悬移质含沙量及输沙率、推移质输沙率（沙质及卵石）、颗粒级配（悬移质、推移质、床沙）、气温、水温、波浪、能见度、水化学（水质）水生态、水面蒸发（陆上及水面漂浮）、气象辅助、河床演变（含流场断面、固定断面、床沙断面）、土壤墒情等观测。

2.3 水文站时期站网建设

自1877年4月1日设立宜昌海关水尺，长江三峡地区诞生第一个近代水位站，至1957年撤销，历经80年，其中1940—1945年因抗日战争中断记录60余个月。1882年增加降水观测，1924年增加气温观测，1931年始有流量测验，1934年5月设立宜昌汛期临时流量测站。1936—1937年设立枝江水文站（现名为枝城水文站）。这一阶段，观测站点少、观测要素少、观测频次少，且主要为人工观测，技术落后，设施设备简陋。

1946年5月，扬子江水利委员会设立宜昌水文站，这是长江三峡地区第一个近代水文站。主要观测水位、流量和含沙量，次年7月增加降水量、蒸发量观测。1947年，扬子江水利委员会改名长江水利工程总局，宜昌水文站隶属于该局管理。

宜昌水文站水位观测水尺，设立在海关水尺下游约150m处，两组水尺同步观测至1957年，宜昌海关水尺撤销，统一使用宜昌水文站实测水位资料，湖北人民广播电台每天定时广播的水情公告，是宜昌水文站每天上午8时的水位，经过航道高程基准换算，主要用于三峡河段航行参考，是航行公告的重要内容之一。

新中国成立后，在已有的水文站网基础上，水文（位）站迅速增加，主要为三峡、葛洲坝等工程勘测、设计、科研需要设立工程专用站，详见表2.2-2。

一是基本站网，主要针对防洪，在长江三峡和支流清江暴雨区及其影响区域，1952—1954年间先后增设巴东、秭归、三斗坪、南津关、茅坪等水情报汛站，加上已有的宜昌、枝城、马家店、恩施、太阳沱、搬鱼嘴、长阳等站，共计12个基本水情报汛站，初步建立长江三峡干流和支流清江基本水文站网，为战胜1954年特大洪水起到巨大作用。1957年宜昌水文站增加水化学分析项目，这是长江三峡地区第一个水质监测站。1966年2月成立宜昌水文管理区，负责宜昌、太阳沱、搬鱼嘴、新江口、沙道观、弥陀寺、藕池口、新厂等 8 个基本水文站的运行管理工作。

二是三峡工程选址专用站网，主要为三峡工程前期选址、科研和规划设计收集水文原型本底资料。在三峡工程规划设计不同坝址的选址河段，先后于 1956—1968 年设立近 40 个专用水位站和流量站。其中，1959 年接管三峡（三斗坪）气象站，1960 年成立三峡工程水文站，与宜昌水文站合并办公，负责巴东以下全部水位站、流量站（断面）和三斗坪气象站的运行管理工作。这一时期，针对三峡河段水深流急，1959 年架设喜滩流量站吊船缆道，这也是长江上第一座高空测流缆道，为探索缆道测流方式方法积累了丰富经验，为后来南津关水文站（葛洲坝坝上 17 号断面）、宜昌水文站和黄陵庙水文站吊船缆道建设奠定重要基础。

三是葛洲坝工程建设专用站网，主要为葛洲坝河工模型试验收集水文泥沙原型观测资料。围绕葛洲坝大江、二江、三江，于 1970—1972 年先后设立 12 个工程专用水位站和 2 个流量测验断面、2 个含沙量测验断面、1 个卵石推移质测验断面、14 个河道观测固定断面，开展施工区水情报汛、沿程水面线观测、分流分沙观测和南津关卵石推移质过峡观测。

水文站时期，基础设施差，观测装备简陋，观测技术落后，主要以人工观测为主，1953 年在隆中路首次拥有站房，布置办公室、泥沙室、仪器室、工测具室等专用设施。流量测验采用浮标法，水文测船为简易的木质帆船。水文测验技术标准主要为 1928 年扬委会编制的《水文测量规范》和 1958 年水利部水文局编制的《水文测站暂行规范》（共六册）。1955—1957 年宜昌水文站在全江率先开展水文测验铅鱼悬索偏角试验研究，前后开展了 9 次共 60 条垂线改正值试验及 6 种不同重量铅鱼，4 种悬索直径附导线和不附导线阻力系数试验，取得了改正值及冲击力等研究成果。根据宜昌及北碚、寸滩等站的试验资料分析研究成果，向联合国教科文组织报送 ISO/TC113/SCIN341 等文件，供国际交流。

2.4 实验站时期站网建设

又分为两个发展阶段，即宜实站时期（1973—1982 年）和葛实站时期（1982—1994 年），站网变化情况，见表 2.2–1 和表 2.2–2。

（1）随着葛洲坝坝区专用站网不断扩充，以及为研究水利工程等人类活动对环境的定量水文效应，开展大量的河势与河床演变观测实验研究，职工队伍迅速扩编，以宜昌水文站之力，难以承担协调管理重任。基于此，1972 年经水文处报请长办批准，于 1973 年 4 月正式成立宜实站，隶属长办水文处领导。

（2）1981 年 6 月，水电部陈庚仪副部长来宜实站视察，了解到该站承担工作主要是为葛洲坝工程服务，与现站名名实不符，提出更改站名的意见，经长办申请、水电部批准，1982 年 3 月 27 日，宜实站升格为葛实站。

（3）葛实站重点工作，以葛洲坝坝区为主，并逐步延伸至库区和坝下游。在原宜昌水文站业务基础上，围绕葛洲坝及清江隔河岩水利枢纽工程水工模型试验研究、工程方案设计等，开展工程水文勘测、原型观测实验研究等工作。一是在已有基本水文站网基础上，先后布设 50 余个水文专用站（含水质、蒸发、气象等），如 1982 年设立南津关水文站（蒸发观测项目）；1988 年蒸发项目从南津关站分离，设立宜昌蒸发站，继续开展葛洲坝水库水面蒸发观测，同时开展多种类型蒸发器（皿、池）对比观测实验研究；1992 年 5 月设立茅坪溪官庄坪水文站，架设水文电动缆道开展流量及含沙量测验，并开展茅坪溪历史洪水补充调查等工作；二是布设泥沙冲淤演变固定断面 180 余个，其中库区 150 个（干流 120 余个、支流 20 余个）、坝下游宜昌河段 30 余个。1978 年设立宜昌监测站，取样断面逐步增加至 6 个，即三斗坪、长阳、南津关、宜昌、虎牙滩、黄柏河口，每年取样6次或12次，每个样品分析22个项目；三是开展一系列葛洲坝工程施工区水文水力学原型观测实验研究，如环流、横波、泡漩水、剪刀水、夹堰水、异重流、往复流、龙口水流、航迹线等实验项目，为工程设计、施工、监理、运行、调度、管理提供大量原型观测资料和分析研究成果。

这一时期，为开展葛洲坝工程建设水文原型观测实验，加强了水文基础设施和技术装备建设。1972年首次建造机动水文测船（水文103轮，88.26kW），1973年架设宜昌吊船缆道，1974年首次拥有汽车（武汉牌2.5T卡车），到1994年成立三峡局时，共计有8艘机动船、6艘非机动船，3座吊船缆道，6辆汽车，各类仪器设备300余台套。尤其根据葛洲坝工程坝区水文原型观测需要，自行研制水文勘测设备，先后研制无人测艇水文测验系统（1980—1981年）、船用水文重型三绞系统（1970—1983年）、水深计数器（1970—1975年）、挖斗式床沙采样器（1973—1978年）、临底悬沙采样器（1970—1975年）、同位素含沙量测量仪（1976—1977年）、接触式水位计（1978—1982年）、葛洲坝工程坝区水情自动遥测系统（1977—1985年）等设备。

2.5　三峡局时期站网建设

1994年8月三峡局成立，这一年三峡工程正式开工兴建。在水文站时期、实验站时期站网基础上，重点转移到三峡工程建设。一是围绕三峡坝区施工区开展水情观测报汛服务，1996年设立黄陵庙水文站，2003年设立庙河水文站，2007年增设土壤墒情观测点，2013年设立巴东水面漂浮蒸发实验站，2013年增设水生态监测（在库区、两坝间和坝下游设立多个断面，开展浮游植物、浮游动物、着生藻类、鱼类及鱼卵鱼苗监测），2017年设立巴东水文站，2021年建设三峡水库水文实验站。在自动测报站网方面，1996年增设中隔岛并全部改建为水位自动监测站，水情信息自动传输至中心站；2002年中澳合作项目的气泡式压力自记水位计在宜昌水文站运用成功，解决了该站边滩淤积影响难题；2005年7月1日三峡局40个水位站全部实现自动监测，7个中央报汛站（茅坪、太平溪、三斗坪、雷劈石、坝河口、导流明渠、覃家沱）实现自动报汛，并建立了三峡水情分中心，负责自动测报系统监视、信息传输、储存、处理、转发、设备维修维护等业务。二是围绕施工重点项目（如坝区河床演变、大江截流、明渠截流等）开展专项水文原型观测技术服务。三是围绕水库各期蓄水开展水文过程观测、水库淤积观测、特殊水流观测（如异重流、泥沙絮凝沉降、引航道口门拦门沙等）专项技术服务。四是开展各个时期三峡泥沙问题研究、引航道往复流预测预警、引航道口门区拦门沙研究、水库泥沙预测预报研究、水库水面蒸发实验研究等，总计达100余项，1995年官庄坪水文站停测，3月设立茅坪溪隧洞口专用水文站，架设电动缆道用于流量测验。

围绕上述项目，三峡局在水文站和实验站时期已有的109个水文（位）站点基础上，进行站网优化调整，到2022年末总体上构建了较为科学合理的水文、水质、河道观测综合站网。其中水文（位）站41个（库区11个、两坝间19个、坝下游11个），水质水生态站13个（水质11个、生态4个），河道观测断面419个（库区、坝区、坝下游）。三峡局测区各类站网数目统计见表2.5。

表 2.5　　三峡局测区各类站网数目统计表

序号	名称	站网数目	测区划分		说明
			宜昌分局	黄陵庙分局	
1	水位站网	39	14	25	包括7个中央报汛站（宜昌分局3个、黄陵庙分局4个），24个流域报汛站（宜昌分局10个、黄陵庙分局14个）
2	水温站网	5	2	3	
3	流量站网	4	1	3	宜昌、黄陵庙、庙河、巴东
4	泥沙站网	4	1	3	宜昌、黄陵庙、庙河、巴东
5	雨量站网	18	5	13	
6	蒸发站网	3	1	2	宜昌、黄陵庙、巴东
7	墒情站网	1	1		宜昌
8	实验站网	1			宜昌水文实验站、长江葛洲坝水利枢纽水文实验站、三峡水库生态水文实验站
9	水质站网	11			
10	生态站网	4			官渡口、庙河、南津关、宜昌
合计		90	25	50	

第 3 章　水文测验与资料整编

水文测验是水文工作的重要基础，通过定点观测、巡测、间测、调查、自动测报等手段收集水文要素资料，对资料进行整理，计算、分析，研究各水文要素的变化规律及相互关系，提出科学合理的整编、汇编方法，推算出合理可靠的年、月、日等水文成果，为防汛抗旱、水资源评价和开发利用与保护提供基础支撑，为水利工程的规划、设计、建设、运行、管理和国民经济建设、国防建设等服务。

水文测验通常包括水文断面测验、水文调查及资料整编刊印、存贮等内容，其中水文调查，主要为弥补基本水文站网定位观测不足，或其他特定目的，采用勘测、观测、调查、考证、试验等手段，采集水文信息及有关资料的工作。经过整编的水文资料是国家重要的基础信息资源之一，广泛应用于防汛抗旱、水工程规划设计、水资源管理与开发利用、水环境保护、水科学研究及其他国民经济建设。长期以来，水文资料为我国水利和国民经济建设与发展提供了科学决策依据。

3.1　水文观测要素

3.1.1　水文测验

经初步统计，三峡局水文测验项目（要素），从水位开始，逐步增加观测要素达 20 余项，即水位、水面起伏度、水温、降水量、流量、水面流速流向、含沙量、输沙率（悬移质、推移质）、颗粒级配（悬移质、推移质、河床质或床沙）与矿物质组成、水化学（水质）、水生态（浮游植物、浮游动物、着生生物、鱼类监测、早期鱼类资源监测、底栖生物监测）、蒸发量、气象要素（气温、湿度、气压、风速、日照、云、水温、地温梯度、温湿梯度、风梯度、能见度）、土壤墒情。在这些水文测验项目中，有的是按水文相关规范规定设置的，如水位、流量、含沙量、降水量、蒸发量等；有的是根据工程水文泥沙原型观测调查需要布设的，如水面流态、弯道环流、往复流、波浪、异重流、泡漩流、泥沙絮凝、淤积物干容重等。各要素观测时间及其变化，详见表 3.1–1。

表 3.1–1　三峡局水文原型观测测验项目及变化情况

序号	项目	开始时间	停止时间	说明
1	水位	1877.4.1	1941.10.1	宜昌海关水尺，因抗日战争记录中断
		1945.10.1	1957.1	宜昌海关水尺水位恢复，1957 年撤销
		1946.3.1		宜昌水文站及测区其他水文（位）站
2	降水量	1882.7	1931	宜昌、黄陵庙、巴东、南津关等 10 站
		1933	1937	
		1947.7		

续表

序号	项目	开始时间	停止时间	说明
3	水面蒸发量（含辅助气象）	1947.7	1954.1	宜昌水文站，因市设立气象台而停测
		1984.1		宜昌蒸发站、黄陵庙、巴东水面漂浮蒸发站
4	流量	1946.6.3		宜昌、南津关、黄陵庙、庙河、巴东等
5	悬移质输沙率	1946.6.12		宜昌、南津关、黄陵庙、庙河、巴东等
6	单样含沙量	1955.8.1		宜昌、南津关、黄陵庙、庙河、巴东等
7	气象（含水面能见度）	1951.8.1	1953.1.1	宜昌水文站因市设气象台而停测；三斗坪（后迁至茅坪）曾观测气象和能见度，1959 年停测
		2014.12	2018.3	巴东、庙河、黄陵庙、宜昌 4 个水文站和宜昌蒸发站，观测水面能见度
8	水温（含梯度）	1955.7.1		宜昌、南津关、黄陵庙、庙河、巴东等 5 站
9	岸上气温	1955.7.1	1965.1.1	宜昌水文站
10	比降	1956.6.1	1960.1.1	宜昌水文站，因水尺位置不佳停测
11	水流挟沙力	1956.5	1959.1	宜昌水文站
12	水流平面图	1957.1.1	1959.12.31	宜昌水文站、黄陵庙站
13	长程流态	1971.5		葛洲坝坝区、三峡坝区
14	环流	1977.9	1981.1	坝上 15 号断面
15	泡漩流	1973.9	1975.3	葛洲坝坝区（南津关河段）
16	河床质（床沙，含干容重）	1956.7.24	1958.1.1	宜昌、南津关、黄陵庙、庙河、巴东等站及库区、坝区、坝下游固定断面
		1959.2.13		
17	悬移质颗粒分析	1956.4.15	1957.11.1	宜昌、南津关、黄陵庙、庙河、巴东等 5 站
		1959.2.13		
18	沙质推移质（含颗粒级配）	1956.7.24	1957.10.24	宜昌、南津关、黄陵庙等站
		1959.2.13	1965.4.22	
		1973.5.4	1979.12	
		1981		
19	单样沙质推移质	1960.1.1	1961.8.31	宜昌水文站
20	近（临）底层悬移质实验	1973.5.4	1977.10.15	宜昌水文站
		2006	2007	
21	卵石推移质（含颗粒级配）	1973.6.7	1979.12	宜昌水文站、南津关站
		1981		
22	水化学分析	1957.4.1		宜昌水文站
23	污染化学分析	1973.1.1		宜昌、夷陵、长阳、秭归等江段
24	大气污染	1984.9.1	1984.9.11	三斗坪河段（五个点）
25	水生态	2013		三峡库区、宜昌河段
26	固定断面	1975.1.1		葛洲坝坝区、库区、坝下游
27	长程水道地形	1975.1.1		葛洲坝坝区、库区、坝下游
28	土壤墒情	2007.5.21		宜昌蒸发站
29	往复流	1982.3		三江下引航道、三峡下引航道
30	异重流	1970.8		三江引航道、三峡水库坝前段
31	泥沙絮凝实验	2011.8		三峡水库坝前段

注：说明栏排前面者为最先开展该项目的断面或河段

3.1.2　水文调查

三峡局开展的水文调查，主要涉及水文水资源、水环境与水生态及河道(水库)泥沙等三大类，本章仅介绍第一类，后两类详见有关章节。①三峡局测区干支流洪水调查，如1974年10月三峡坝区各支流历史洪水调查；1992年5月茅坪溪历史洪水调查复核。②滑坡堰塞湖应急监测调查，如1995年新滩滑坡体现场勘测调查；2000年西藏易贡巨型滑坡堰塞湖入库流量及库容勘测调查；2008年5月四川省汶川特大地震众多泥石流、堰塞湖等次生灾害应急抢险水文监测工作（绵阳、德阳）；2008年12月西藏墨脱堰塞湖调查（准确计算堰塞湖准确位置、堰塞体体积、堰塞湖库容、入出湖流量、溃口口门宽等）；2020年西藏嘉隆错冰湖容积勘测调查。③山洪灾害调查评价，如2015年7—10月开展宜昌市兴山、秭归、当阳、远安、五峰等五县（市）中小河流山洪灾害调查评价。

3.2　水文测验

宜昌水文站从1877年开始宜昌海关水位观测，1882年开始降水量观测，1946年增加流量和含沙量测验，1947年开始蒸发量观测，1954年增加沙质推移质泥沙观测，1955年开始水温观测，1956年增加悬移质和河床质（床沙）颗粒级配分析，1957年增加水化学（水质）分析等。1973年宜实站成立后，围绕水利工程开展水文泥沙原型观测调查与实验研究，优化调整站网结构、拓展观测要素，改进技术方法，从简单的人工观测水位、浮标法测流，发展到流速仪测速、回声测深仪测深、辐射杆或六分仪测宽，再发展到应用GNSS卫星定位系统、声学多普勒流速剖面仪（ADCP）、电波流速仪、无人机电子浮标等先进技术装备，以及计算机网络技术、在线监测技术等实现自动测报及资料整编等，水文测报现代化水平越来越高，正朝着数字化、智能化、智慧化方向发展。

3.2.1　高程系统

水文测验离不开高程系统。长江流域高程系统为吴淞高程系统，始于清光绪三十二年（1906年），吴淞海关港务厅署根据吴淞口验潮站1871—1900年实测潮位，计算平均低潮位，并以略低于此值的高程，确定为“吴淞海关零点（基面）”，即为广泛用于长江与淮河流域的“吴淞高程系统”。以青岛验潮站1950—1956年测定的平均海水面为基准面（零点）建立的“1956年黄海高程系”，1957年起逐步在全国推广使用；1985年以青岛验潮站1952—1979年潮汐观测计算的平均海水面为基准面建立的“1985国家高程基准”，以替代“1956年黄海高程系”。

（1）吴淞高程基点。鉴于长江流域建立的“吴淞高程系统”在长江治理开发建设中发挥重要作用，为保持一致性必须长期延续。但随着时间推移，“吴淞高程系统”基准点几经变迁又衍生多种高程系统，从1921年设立“张华浜基点”（吴淞零点5.1054m），到1922年设立“佘山基点”（吴淞零点高程为46.065m）。以扬委会1922—1926年设测吴淞—宜昌精密水准高程（由张华浜基点引测）为基础，长委1951—1955年先后完成了长江干线（吴淞—宜宾）及汉江、嘉陵江、岷江等主要干、支流的精密水准测量，为长江流域吴淞高程水准网统一平差计算提供基础条件。

（2）吴淞高程起算点。由于全国统一高程系统尚未建立，扬委会埋设的精密水准标点高程作为暂时统一的吴淞高程系统的起算基点。张华浜基点沉陷不能使用；佘山基点虽较稳定，但距长江又远，引测不便；为尽可能减少1922—1926年扬委会所测高程误差的累积，曾在下游地区另选一个高程起算基点，经与其他水准标点相互比较，其稳定性皆次于镇江308′标点，通过分析讨论经领导部门批准，确定相对稳定的镇江308′标点的校测高程 9.391m，作为长江流域暂时统一的吴淞零点高程的起算基点。

（3）“七环”平差成果。1951—1955 年长江干流自吴淞至宜宾及汉江、嘉陵江、岷江、洞庭湖流域等处已先后施测了精密水准路线；同时下游江阴、镇江、芜湖、彭郎矶、武汉、城陵矶、沙市、宜昌等 8 处进行了跨河水准测量，连接长江左、右两岸水准路线，组成了 7 个简单锁链形的水准网。经过“七环”平差，江阴—宜昌长江两岸水准高程有了可靠的联系，以镇江 308′ 作为新的起算基点，并按原扬委会所校测的高程 9.391m 推算长江流域新的吴淞高程。为区别于过去的吴淞系统，提供以资暂时使用的高程又称为“资用吴淞高程”。根据历史资料的记载，资用吴淞高程与“七环”平差前的吴淞高程（称为扬委吴淞高程）不同的区域存在不同的改正，改正范围在 0.06 ~ 0.43m。三峡局使用的吴淞高程，即“资用吴淞高程”，就是“七环”平差后的吴淞高程，即长江委于 1959、1973 年正式出版《长江流域二、三、四等水准成果表》（共五册）中的吴淞高程，自此长江流域吴淞高程系统得到初步统一。

（4）三峡水文测区高程系统，高等级水准成果分属两个大区（长江中下游和长江上游）。在葛洲坝水库原型观测系统中，涵盖库区、坝区和坝下游，全长 235km，共计布设了 3 个水文站（进库水文站奉节站、进坝水文站南津关站、出库水文站宜昌站）、38 个水位站（其中库区 24 个、坝区 12 个、坝下游 4 个），7 个水环境监测断面，230 余个河道（水库）监测断面。除宜昌水文站设立时间较早，除采用扬委吴淞高程外，其余水文（位）站及河道（水库）观测的高程系统均为资用吴淞高程。按水利行业规范要求，对各测站设立时采用的高程系统基面冻结，以保持原型观测资料系列的一致性。为此，三峡局宜昌水文站冻结基面为扬委吴淞基面（与资用吴淞高程相差 -0.364m），其他测站的冻结基面均为资用吴淞基面或吴淞（资用）基面，针对每个站所采用的引据点，分别建立各类基面（如扬委吴淞、资用吴淞、黄海（59）、85 基准等）之间的关系，便于资料使用。

（5）高等级高程引据点建设情况。国家统一采用 1956 年黄海高程系统和 1985 国家高程基准，但在长江流域，较早使用的是扬委吴淞高程系统，并建立相互关系，主要设测成果为：①长江委 1959 年和 1973 年正式出版的《长江流域二、三、四等水准成果表》，该成果自 1973 年公布以来，经历 1998 年等大洪水影响，中下游地区水准点损毁情况严重，三峡水库库区因三峡蓄水淹没较多。② 1998 年大水后，长江委综合勘测局于 2002 年 4 月至 2003 年 5 月进行长江中下游二等水准的复测重建工作。③三峡水库蓄水前，长江委综合勘测局进行长江三峡工程库区二、三、四等水准点移测复建，分两阶段完成，第 1 阶段 2000 年 3 月至 2002 年 1 月完成二等水准的移测复建工作，第 2 阶段在二等水准的移测复建完成外业工作和院级检查验收的基础上于 2001 年 3 月至 2002 年 5 月完成三、四等水准的移测复建工作。这两次大规模的水准复测、移测、重建，形成新的长江流域水准成果。

（6）三峡集团 2009 年委托长江委水文局对三峡库区水文（位）站水准点进行联测（三峡局负责本测区水准联测工作），并通过水库瞬时水面线观测成果，检验库区高程系统的合理性。此外，因少数测站受地理环境限制，很难校测已建立的高程系统。如葛洲坝库区石牌水位站，葛洲坝水库蓄水后，1982 年恢复设站时，曾采用河道固定断面三角高程点 G71034，后经专门调查周边高等级水准点无果，决定采用宜秭Ⅲ -008（三等水准点）引测已有高程系统，高程差异很小，一直沿用至今。

3.2.2 水位观测

水位观测是最基础的水文工作。经历人工观测到自记水位，记录从纸介质、模拟到固态存储再到远传遥测、自动测报，并逐步向视觉感知智能化方向发展。

（1）水尺零点高程。人工观测以直立式水尺（直立桩＋水尺板）为主，也曾采用倾斜水尺、悬锤水尺，均由测站水准点（基本点或校核点）引测（不低于五等水准精度）水尺零点高程，以保证水位观测精度。

（2）水位观测计量。宜昌海关水尺水位为人工观测，每天白天观测 1 ~ 3 次，为英制计量单位。其中，1923 年 7 月 2 日以前水尺按呎（英尺，ft）及吋（英寸，in）观读记载，之后则按呎及呎的十分之几记载；1949 年海关水尺在 7.925m（即廿六呎）以下低水位在右岸观读，7.925m 以上在左岸观读。1946 年设立宜昌水文站后，1950 年在宜昌左岸设基本水尺断面（1955 年起兼流量测验断面），水尺位于海关水尺下游约 150m 处，因落差很小，两组水尺同步观测至 1957 年，海关水尺撤除，统一使用宜昌水文站水位，并公布水情，为公制计量单位。1959 年曾建立水位自记台，因岸边洲滩淤积影响，效果较差。

（3）水情遥测系统。1977—1983 年，为适应葛洲坝水利枢纽运行调度需要，葛实站研制 JC–1 型接触式自记水位计，并建立长江干流上第一个水位遥测系统——葛洲坝工程坝区水位遥测系统，历时 8 年研制、联调、对比试验，1984 年 12 月通过水利部委托长办组织专家组验收，1985 年 6 月 1 日葛洲坝水位遥测系统正式投入使用。该系统共有 9 个水位站：1# 站（南津关）、2# 站（大堆子）、3# 站（杜家沟）、4# 站（黄柏河）、5# 站（闸上左）、坝下 7# 站（闸下左）、10# 站（庙嘴）、11# 站（向家嘴）、12# 站（宜昌）。其中，1#、3#、4#、5#、10# 等 5 个站采用三峡局研制的 JC–1 型接触式自记水位计。

（4）工程施工区水文自动测报。1996 年，为加强三峡工程坝区施工区水情测报，三峡局结合前期站网（点）布设，尤其是满足大江截流水情报汛服务需要，设计采用气介式（超声波）、压阻式、气泡压力式等自记水位计，建立三峡工程坝区水情自动测报系统，包括茅坪、太平溪、三斗坪（高家溪）、雷劈石、中隔岛、坝河口、导流明渠、覃家沱等测站和中心站（三峡工程培训中心），取得较好效果。该系统运行至 2003 年三峡水库蓄水运用后停止运行，部分自记水位站点撤销，部分站点继续运行至今。

（5）全面实现水位自动测报。2002—2003 年宜昌水文站安装中澳合作项目的气泡压力式自记水位计，经比测正式投产。按长江委水文局统一部署，2005 年 7 月 1 日全江 118 个中央报汛站（三峡局 7 个）率先实现自动测报，三峡局建立三峡水情分中心（含维修分中心、中心机房、水情报汛系统等），建设多种水情信息传输信道（超短波、短信息、GPRS、PSTN、海事卫星等），测区内 39 个站按要求陆续实现了水位自动监测，其中含 7 个中央报汛站、24 个流域报汛站、8 个无报汛任务的水位站。所有报汛站 15 分钟内水情信息均能传输至三峡水情分中心，20 分钟内传输至长江水文预报中心，30 分钟内传输至国家防总。自记水位站按“自动监测、有人看管”模式运行，日常通过远程系统监视自动测报站运行情况，并采取人工定时（周、旬或月）对自记仪校准及维护，确保水位自动监测精度。总体上，水情自动测报时效和精度均达到 99% 以上。

3.2.3 流量测验

流量测验是水文最核心的工作内容之一，近代流量测验始于光绪三十年（1904 年）。三峡局测区流量测验最早始于 1922 年的枝江，由扬子江水道讨论委员会驻沪测量处江口流量测量队以巡回方式开展，并于1925年6月设立枝江水文站（1986年移交荆实站管理）。1946年设立宜昌水文站，对流量测验方式方法进行一系列探索。

（1）浮标法流量测验方法。宜昌水文站1954年前流量测验以水面浮标法为主，1951年拥有第一条木船（之前为租用），改装成机动船，功率较小，浮标法测流时采用回声测深仪测深，对精度有一定提升。1947年从英国进口旋杯式流速仪（Watts）开展流量测验，用于率定或校正浮标系数，经多年比测实验率定和验证，全断面浮标系数为0.87，中泓浮标系数为0.73。

（2）测船抛锚定位＋流速仪法测流方法。宜昌水文站1955年后改为流速仪测流，6月26日将测流断面从大公桥下首上迁1574m，至一马路上首市府大院后门口附近，将流速仪测流断面与基本水尺断面重合，采用旋杯式流速仪和水工型流速仪测流。1958年使用旋桨式流速仪测流。1970—1980年代采用LS25-1型流速仪，1990年代改为LS25-3A型流速仪，以秒表计时，电表或电铃人工计数，后期升级为计时计数器，并可接入计算机，实现自动化或半自动测流。1965年9月，宜昌水文站在虎牙滩设立水尺和测流断面（1967年5月撤销），作为高洪测验备选断面（流量辅助站网），将断面的各级水位内水深、流量、流向、垂线流速脉动影响等资料，与宜昌基本断面的相应要素进行对比测验，收集一年资料。采用测船抛锚定位方法，枯水期可行，中高水均不能满足测验要求。

（3）高山牵引测船定位＋流速仪法测流方法。流速仪法流量测验，难点是水文测船定位问题，在汛期大流量时，水下抛锚滑锚问题严重影响测流精度，探索右岸高山牵引方式，选择牵引支点合适、距离恰当，可以提高摆（船）测（量）效率，这种方法可以解决2/3断面的定位问题，一直使用到1973年吊船缆道架设后为止。

（4）比降法测流方法探讨。宜昌水文站探索比降法流量测验，始于1974年5月，并设立宝塔河水位站（位于基本水尺下游约3km），作为下比降水尺。长阳水文站也于1974年设立比降水尺（位于基本水尺下游120m）探索比降法测流，但测验成果精度均不高。

（5）吊船缆道牵引测船定位＋流速仪、电动缆道＋流速仪测流方法探讨。为有效解决测船流速仪法流量测验定位难题，三峡工程水文站于1960年3月探索吊船缆道牵引测船测流方式，并在西陵峡喜滩站架设成功，后推广至南津关水文站（1972年）、宜昌水文站（1973年）、长阳水文站（1974年）和黄陵庙水文站（1996年）。其中喜滩、南津关、黄陵庙三站因地制宜（利用山区两岸陡峭地形）采用混凝土重力锚或岩石锚桩支撑主索，宜昌水文站左岸地势平坦，以专门设计建造的钢塔和地锚为支撑，有效解决吊船缆道受力结构复杂，安全使用至今。清江长阳水文站1974年采用吊船缆道测流，1976年架设电动缆道开展测流取沙测验，1977年试运行，1979年鉴定后正式投产。1981年4月长阳水文站在原吊船缆道处，架设试验用缆道一座。1992年7月在三峡坝区支流茅坪溪官庄坪水文站（1995年迁至隧洞口设站继续观测）架设电动缆道开展测流取沙测验。

（6）计算机测流软件研制。1980年代中期，宜昌水文站引进PC1500计算机，经过多年研制，采用Basic语言编制流速仪法流量及悬移质输沙率测验软件，实现现场记录、分析、计算、校核、报汛、存储、打印等功能，大大提高实测流量报汛时效性和成果质量，并能按规范要求打印实测流量和悬移质输沙率成果表，该软件后来移植到笔记本电脑运用至今。1990年代采用新型流速仪，即LS25-3A型流速仪，自带流速直读仪（计时、计数），初步实现流速仪测流自动化。

（7）先进测流技术与设备。1996年黄陵庙水文站引进走航式ADCP，是一种完全不同于常规转子流速仪测流原理的技术方法。国内首次用于三峡工程河段（内河）流量测验，并通过大量比测试验研究，解决动船法底跟踪受动床（即推移质运动）影响和ADCP内置罗经受铁质船舶影响等问题，逐步推广至全国各地，其关键技术研究成果获大禹水利科技进步二等奖（2007年），参与编制行业标准《声学多普勒流量测验规范（SL 337—2006）》。1997年引进哨兵型ADCP用于三峡大江截流龙口流速监测，并推广应用于1998年广东飞来峡水利枢纽大江截流龙口流速监测。2003年黄陵庙水文站为解决两坝间流量波动（即受两坝电力调峰调度产生的非恒定流量）问题，引进H-ADCP用于黄陵庙水文站流量在线监测，并于2005年7月1日正式实现实测流量自动报汛，2011年提出基于小波分析和BP神经网络技术，实现流量在线监测的资料整编方法。2016年后，在巴东水文断面（省界断面）和宜昌水文站均安装H-ADCP流量在线监测系统，宜昌水文站2022年试投产。黄陵庙水文站于2017年安装侧扫雷达测流系统，因安装高度不够、效果不理想，但该系统还在2019年9月广西大藤峡水利枢纽大江截流龙口流量监测中取得较好效果。

（8）流量测次布置探讨。三峡局测区各水文站，均受大型水利枢纽工程影响，流量变化极其复杂，宜昌水文站采用水位流量关系法整编能够达到规范要求，其余测站水位流量关系紊乱，采用水量平衡法或H-ADCP在线流量数据整编（即连实测流量过程线法）。因此，宜昌水文站要求流量测次足够多，一般每年测流120次以上，如1998年达150次以上，曾于1980年代采用落差指数法，2013年采用综合落差指数法，建立单值化水位流量关系，试用于报汛和资料整编，2023年2月正式投产。结合H-ADCP和葛洲坝水库下泄流量开展测次精简分析，宜昌水文站流量测次视来水情况减至60～90次即可满足整编要求。三峡水库蓄水前，黄陵庙水文站流量测验按水位流量关系绳套法布置测次，测次要求与宜昌水文站基本一致，1998年测次高达173次，2004年H-ADCP投产后，流量测验主要目的是率定H-ADCP在线流量监测系统，同时配合输沙率测验，年测次减至40～60次。庙河水文站直接采用三峡大坝泄流量整编（即水工建筑物测流法），本站流量测验目的是率定大坝泄流系数。巴东站流量测验主要是率定H-ADCP及配合场次洪水泥沙输移水沙测验等，测次控制在30次左右。

（9）悬索偏角改正试验。为探讨悬索偏角对铅鱼测深及流速仪测速的影响，宜昌水文站于1957—1959年在全江率先开展系统的悬索偏角试验，取得丰富试验成果。垂线定位方法，最初采用六分仪定位，后改用辐射杆定位，1995年后逐步采用GNSS定位。为克服水流冲击，通常在天然时期三峡河段流速很大，最大可达4.5m/s以上，为减小悬索偏角，铅鱼和推移质采样器重量达250kg以上，1970年代研制船用重型三绞（其中，两个绞关用于船舷左右侧水文测验，一个绞关用于收绞锚链，共用一个电机，采用离合器切换绞关）。铅鱼测深最先为钢丝索布条标记计数，随重型绞关研制也设计研制水深计数器。

（10）典型特大洪水流量测验。三峡测区实测最大洪峰流量是1981年洪水（命名为“81·7”特大洪水），宜昌水文站最大洪峰流量为7.08万m^3/s，最高水位55.38m。这场洪水为单峰型，7月上、中旬，长江上游四川盆地广大地区发生历史罕见暴雨，雨区主要在嘉陵江干流中游、涪江中下游、沱江上中游以及岷江与渠江中游地区。暴雨中心在嘉陵江上寺站，该站12日8时至13日8时最大日雨量345.8mm，9日8时至15日8时6天雨量489.5mm。这次降雨过程，大于300mm等雨深线笼罩面积1.952万km^2，大于200mm笼罩面积6.965万km^2，致使长江上游干流重庆至宜昌河段及四川境内的沱江、涪江、嘉陵江等流域出现了新中国成立以来或历史上少见的特大洪水。

7 月 16 日寸滩站洪峰水位 191.41m，最大流量 8.57 万 m^3/s，为 20 世纪最大洪水。但由于当时乌江及寸滩以下的干流区间来水量很小，经过寸滩至宜昌区间河道调蓄，18 日 17 时宜昌水文站实测流量为 7.04 万 m^3/s（整编最大流量为 7.08 万 m^3/s），葛洲坝水库在调度上起一定的削减洪峰的作用。7 月 17 日洪峰到来之前，坝上水位降低至 58.92m（一般为 59.5 ～ 60m），而 18 日 24 时坝上水位最高蓄到 61.62m。经还原计算，若无水库削峰调度，宜昌水文站洪峰流量为 7.16 万 m^3/s，略超过 1896 年的洪水流量，为有实测记录以来的最大值。“8・17”洪水孤峰直下，洪水涨落较快，对长江中下游地区危害总体不大，但宜昌市主城区沿江大道及许多低洼地带受淹，损失也不少。

3.2.4　泥沙测验

河流泥沙组成复杂，测验难度大，总体上分为悬移质、推移质和河床质（床沙）三大类测验工作，测验内容包括含沙量、输沙率、输沙量及颗粒级配等。其中，推移质又以 10mm 为界分为卵石和沙质两大类。

3.2.4.1　悬移质泥沙测验

（1）宜昌水文站 1946 年开展悬移质泥沙测验，包括含沙量、输沙率和颗粒级配，采用瓶式和横式采样器现场取样，送实验室分析。1978 年在长阳站电动缆道使用调压积时式采样器，开展悬移质泥沙测验。根据相关规范，现场采样送室内，经过沉淀（自然沉降）、浓缩（去除清水）、烘干（烘箱）、称重（天秤或电子天秤），全过程耗时约 7 天。

1970 年代，葛实站与清华大学联合研制的同位素测沙仪，在葛洲坝工程河段实测含沙量范围为 0.6 ～ 10.5kg/m^3。葛洲坝水库运行后，坝下游河床出现冲刷下切，宜昌断面主泓摆动对单样含沙量取样垂线产生影响，在资料整编时也导致单断沙关系难以通过误差检验，1990—1992 年经立项研究提出采用流量加权法计算单样含沙量，不需调整取样垂线，其单断沙关系也能通过误差检验，该方法自 1992 年沿用至今，较好解决此问题。宜昌水文站 2020 年和 2022 年分别引进 TES–91 红外光含沙量和量子点光谱在线测沙仪在线监测系统，安装在专用码头趸船上比测试验取得较好效果。

2003 年三峡水库蓄水运用后，含沙量巨幅减少，为适应库区泥沙监测、预测、预报和分析研究，先后引进了马尔文激光粒度仪、HACH2100Q 浊度仪、OBS 浊度仪、LISST–100X 现场测沙仪。其中，马尔文激光粒度仪用于悬移质泥沙颗粒级配分析；OBS 浊度仪和 LISST–100X 用于现场快速测定含沙量（用时 1 小时左右），宜昌、黄陵庙、庙河、巴东四站于 2013 年汛期实现含沙量报汛，实时校正泥沙预测预报，为水库科学排沙减淤调度提供依据；LISST–100X 现场测沙仪可同时测量含沙量和颗粒级配，但该仪器仅适用于小含沙量，并在三峡水库坝前异重流和泥沙絮凝沉降监测（含沙量小于 1.5kg/m^3）中取得较好成果。

（2）颗粒级配分析，包括取样和分析。根据泥沙性质，分析采用不同的方法，主要有：筛分析法、粒径计法、比重计法、移液管法等。取样方法，以宜昌水文站为主（其他站在该站基础上优化），1960 年前采用积点法，每年仅取 10 次断颗（均为积点法，即十线五点法），代表性较差；1960—1964 年，采取断颗（积点法）与单颗（一线一点法，起点距 700m，相对水深 0.2）施测，断颗年测 12 次，单颗年测 100 余次，采用单颗—断颗关系法整编；1965 年单颗改为一线三点法（起点距 700m，相对水深 0.2、0.6、0.8 按 2 ∶ 1 ∶ 1 混合）；1966—1967 年取消单颗法，改为断颗精测法（积点法）和常测法（十字线法，10 线相对水深 0.6 一点法 +550m 五点法）结合法；1968—1973 年，改常测法为三线（310m、550m、700m）三点法（相对水深 0.2、0.4、0.8 按 1 ∶ 1 ∶ 1

混合）；1974—1977年，改精测法为十线七点法（水面、0.2、0.4、0.8、0.9、河底以上0.5m、河底以上0.1m），常测法改为三线七点法；1978—1980年，通过多年试验，综合实验分析调整为九线五点精测法和三线五点常测法。1981年改为全混6线18点法沿用至今。

关于颗粒级配分析，主要采用粒径计法，已有几十年系列成果，因该法在加注沙样时在管内形成异重、絮凝沉降现象，导致分析粒径成果系统偏粗，并集中在小于0.1mm各粒径组，采用粒径计法和移液管法，导致资料系列存在较大误差，为保持资料系列一致性要求，凡采用移液管法测定小于0.1mm各粒径组成果，采用试验成果分析获得的公式进行修正。但对采取加注反凝剂所得成果，效果如何，有待进一步试验研究。

（3）2003—2008年，在宜昌、黄陵庙和庙河站开展异步测沙技术研究。采用ADCP流量测验后，配合悬移质输沙率测验，从ADCP断面流场中，抽取测点流速或垂线平均流速，用于加权计算垂线平均含沙量和部分流量，构建异步测沙数学模型，在悬移质输沙率测验时，只测含沙量，不测流量（流速），通过模型计算不同流量或水位条件下部分流量加权系数，从而实现异步测沙的目的。

3.2.4.2 推移质泥沙测验

推移质泥沙，以粒径10mm（1992年根据规范改为16mm）为界，又分为沙质推移质和卵石推移质，三峡局均采用器测法测验。其中，宜昌水文站1956年开展沙质推移质测验，1973年开始卵石推移质测验；南津关水文站1973年开展卵石推移质测验；黄陵庙水文站1996年开展沙质推移质测验。

（1）沙质推移质测验。宜昌水文站1956年采用荷兰式、波利亚式等采样器，采样效果较差，主要原因是这类仪器在口门附近有严重的冲刷和淤积，因此测次较少也未整编。1960—1965年改用屯式采样器，当时并没有考虑沙质和卵石推移质的分界粒径，且未开展卵石推移质测验，故在测验成果中也含卵石部分，该仪器的结构性能也同样存在严重缺陷，进口流速和天然流速差异较大，成果代表性较差，见表3.2-1。1973年长办自行设计、试制长江73型沙质推移质采样器（又称112型、大沙推），并于6月试用，直至1978年，同步开展卵石推移质测验。长江73型沙质推移质采样器设计考虑口门护板防止淘刷，并考虑采样器重心前移能较好伏贴河床，但进口流速系数（进口流速与天然流速之比）呈随天然流速增大而减小的趋势，于是1978年略加改进形成长江78型沙质推移质采样器。上述屯式、长江73型和长江78型采样器，均为压差式，口门尺寸为0.1m×0.1m，有效容积16kg。

鉴于1973年和1978年的率定成果，适用流

表3.2-1　宜昌水文站沙质推移质采样器效率系数率定成果表

采样器名称	率定时间	试验组次	进口流速系数	效率系数（%）	说明
屯式（模型）				25.1	室内水槽，采用标准集沙槽率定
屯式（原型）	1963			13.4	天然河道，采用标准集沙槽率定
屯式（原型）	1973	4组	0.927	46.5	天然河道，采用标准集沙坑率定，水深小于0.9m，流速小于1.9m/s
长江73型	1973	8组	0.861	43.5	天然河道，采用标准集沙坑率定，水深小于0.9m，流速小于1.9m/s
长江73型	1979	17	0.995	55.0	室内水槽，采用标准集沙坑率定，流速小于2.5m/s，床沙D_{50}为0.53～1.60mm
长江78型	1979	41	1.05	61.4	室内水槽，采用标准集沙坑率定，流速小于2.5m/s，床沙D_{50}为0.50～1.60mm

速和床沙粒径均偏小，为进一步了解长江 73 和长江 78 型采样器性能及效果，在宜昌水文站开展对比试验，见表 3.2–2。经初步比测实验分析表明，长江 78 型采样器各项性能略优于长江 73 型，适用于 D_{50} 为 0.2mm 左右的沙质推移质测验，并命名为 Y78–1 型。

采用器测法沙质推移质测验方法与要求，根据测站推移质特性，主要技术要点为：①布置测次分布，主要布置在汛期强烈推移时期，年测次 30 次以上；②确定推移带，并以强推移带为主非强推移为辅布设取样垂线，尽量与流速测验垂线重合；③确定采样历时，一般以不盛满仪器 1/2 为原则，每次时间 3 ~ 5 分钟，大输沙率时 20 ~ 30 秒，重复取样 2 ~ 3 次，小输沙率时 5 ~ 10 分钟，不再重复；④现场称重，当一次采样大于 1kg 时，以水中称重乘以换算系数得干沙重，换算系数为 1.61，是 1974 年与烘干法对比试验成果；当一次采样沙重小于 1kg 时，送实验室作烘干法称重；预留足够沙样送室内分析颗粒级配，对大于 16mm 卵石部分不作为沙质推移质测验成果，称之为“坎头”处理。⑤配套水位、流速、流量、床沙、悬沙等水力泥沙要素观测；⑥探讨资料整编方法，1960 年宜昌水文站曾经探讨采用单样沙质推移质推求断面推移质输沙率，但效果不理想。1970—1980 年开展推移质器测法研究，由三峡局时任主任工程师黄光华等人编写的论文《长江推移质器测法研究》，在第二次河流泥沙国际学术讨论会（1983 年，南京），明确采用水力因素法整编推移质资料。

（2）卵石推移质测验。宜昌水文站和葛洲坝坝上 17 号断面同于 1973 年开展卵石推移质测验。1983 年长办设代处曾下达在大江上游防淤堤与大堆子之间架设电动缆道开展推移质泥沙原型观测实验，1982 年改为设立南津关专用水文站（即葛洲坝坝上 17 号断面）开展卵石推移质测验。

卵石推移质测验采用长江 60 型敞顶软底网式采样器（后正式命名为 Y64 型），口门宽 0.5m，尾网高 0.3m，长 1.1m，底网孔径为 10mm。该采样器 1973 年在四川都江堰灌溉渠道内率定（共 23 组次），效率系数为 8.62%（修正系数为 11.6），另外还专门做过 2 次采样效率试验，分别为 10% 和 12.5%。综合考虑实际测验，采用效率 10%，修正系数 10。1978 年，长江委水文局针对 Y64 型采样器存在问题，进行改型，并命名为 Y80 型卵石推移质采样器，鉴于三峡局各水文站使用 Y64 型采样器多年，为维持资料系列一致性，一直沿用 Y64 型至今。

鉴于卵石推移质与流速 7 ~ 11 次方成比例，因此流速变化对推移质运动很敏感，采用水力因素相关法效果不佳。①卵石推移质测验采用过程线法布置测次，天然时期宜昌水文站年测次一般在 50 次以上。②垂线布置，在强烈推移带适当加密。③取样次数，以不装满采样器 1/3 为原则，强烈推移带每一条垂线重复测验 3 次，每次测验时间 3 ~ 5 分钟。④现场筛分测定颗粒级配，最大粒径采用卡尺测量三轴粒径并计算平均值，小于 10mm（后规范改为 16mm）不作为卵石推移质测验成果，称之为“去尾”处理，其余根据各级筛重进行输沙率及级配计算。⑤卵石推移质资料整编采用过程线法，有实测输沙率以实测值作为日平均输沙率，无实测输沙率采用直线插值法计算日平均输沙率，所有实测成果均不作效率修正。

关于卵石推移质，经过长期、长途推移，其形状是一项重要的指标，根据宜昌水文站和南津关水文站（坝上 17 号断面）1973—1975 年实测卵石最大粒径成果，按形状系数 $S_b=c/\sqrt{ab}$ 统计泥沙颗粒用三轴表示（a 为长轴，b 为中轴，c 为短轴），见表 3.2–3，总体上形状系数呈正态分布，即卵石绝大部分呈长椭形，扁平或球形很少，其他不规则或棱角形的卵石更少。

表 3.2–2　宜昌水文站沙质推移质采样器比测实验成果表

试验方法	时间	试验次数	平均流速（m/s）	单宽输沙率之比 78 型 /73 型	说明
全断面	1979.7.7—1980.12.7	4	1.70	1.09	
垂线		25	1.61	1.61	颗粒级配对比分析 18 次，73 型 D_{50} 平均 0.206mm，78 型 D_{50} 平均 0.208mm

表 3.2–3　葛洲坝工程坝区卵石推移质形状系数分布统计表

S_b	0.2	0.3	0.4	0.5	0.6	0.7	0.8	0.9	合计
卵石个数	2	11	39	79	87	47	11	2	279
占比（%）	0.7	4.0	14.0	28.4	31.3	16.9	4.0	0.7	100

3.2.4.3　河床质（床沙、干容重）泥沙测验

河床质（床沙）勘测最好的方法是钻探取样分析，但成本较高。水文测验中，一般采用简易的仪器设备采样，送室内分析。

规范规定，河床质（或床沙），主要采取河床表层（一般为 5 ~ 10cm）泥沙分析河床组成及矿物成分，关键技术为：布置取样断面和垂线，采集足够样品（一般不得低于 200g）送室内分析。三峡局 1956 年开始采用锥式采样器取样，因三峡河段多为卵石夹沙河床，取样效果不太理想。锥式采样器取样深度约 5cm，容积约 300cm^3，经现场比测试验，该仪器对沙质河床采样成果粒径偏粗，对卵石夹沙河床采样成果粗沙部分偏细，细沙部分偏粗。

1974 年 6 月，三峡局采用自行研制的挖斗式采样器，该采样器机械部分重约 44kg，外壳为铅鱼重约 185kg，按挖斗口门宽设计为 80mm 和 120mm（斗内容积分别为 777cm^3 和 1165cm^3）两种型号，命名为 80 型和 120 型。经现场采样试验和试用，80 型号使用时间很短，120 型效果较为满意。经优化设计制造，最终 120 型挖斗式采样器尺寸为 1176mm × 184mm × 248mm（长 × 宽 × 高），重约 250kg。

床沙测验在固定水文断面上，其测验垂线与推移质测验垂线一致。对河道观测固定断面，一般选择固定断面数的一半，即布置间取床沙断面，一般在断面布设 3 ~ 5 条采样垂线（对水面不宽的规整河段按左、中、右布置 3 条采样垂线，对宽浅河道在前者基础上根据断面形态增设采样垂线）。

床沙资料整理整编，曾采用河宽加权计算断面平均级配，由于受到多种原因（如河床组成带宽千差万别，采不到样品等偏差）导致计算成果失真，故改为按垂线整编。床沙测验统一粒径（mm）共分 18 组：150、100、80.0、40.0、20.0、10.0、5.00、2.00、1.00、0.500、0.250、0.150、0.100、0.05、0.04、0.025、0.010、0.007（按照河流泥沙颗粒分析规程，现在都采用标准粒径组）。根据这个规定，对宜昌水文站 1960—1980 年进行全面的整理、整编，汇入《宜昌水文站水文特征值统计》（1984 年 10 月）。

淤积物干容重测验，主要针对水库、湖泊、引航道、港口等淤积河床，采样深度视淤泥厚度及实际需要而定。三峡局 1983 年曾使用转轴式采样器在葛洲坝三江下引航道采集淤泥，有一定效果，该仪器为人工有线操作，适用水深有限。三峡水库蓄水后，对该仪器进行改进，即利用转轴为底座连接一定长度的存沙筒（视采集淤泥厚度设计，一般为 1.5m 左右），转轴开关设计为锤击关闭（原为人工拉线控制），经在三峡水库干容

重（床沙）试验取得较好效果。此外，2019 年在三峡水库淤积沙综合利用可行性研究项目中，需要详细探测不同深度淤积物组成，在两个试点采沙场采用钻探取样（淤泥厚度达 30m 以上），现场影像并送室内分析。

3.2.5　其他水文要素观测

3.2.5.1　降水量

降水量观测，包括雨、雪、雹、露、霜等内容。三峡降水量观测始于 1882 年（宜昌水文站），是仅次于水位之后的观测要素，观测方法不详（据考证，近代中国雨量观测，在 19 世纪多用 203.2mm 雨量器，用木尺量取雨量；民国期间，部分改用 20cm 雨量器；新中国成立后，直至 1955 年统一使用 20cm 口径带防风圈的雨量器，器口高出地面 2m，用专用量杯计量；1958 年 6 月撤除防风圈，器口高出地面改为 0.7m，一直沿用至今）。宜昌降水量观测经历几次中断与恢复，自 1946 年起连续至今。三峡局目前共有 10 个站点开展降水量观测及报汛。

降水量观测设备，先后经历了人工雨量器、虹吸式雨量计和翻斗式雨量计等几个阶段。人工雨量器由承雨口、滤网、外筒、引水管、储水瓶等部分组成。虹吸式雨量计由承水器、浮子室、自记和外壳四个部分组成，可实现自记（模拟记录纸方式）。翻斗式雨量计由承水器、翻斗、干簧开关等构成，可实现自记（固态存储方式）、远传和报汛等功能，为目前普遍使用的雨量计。

对有蒸发观测项目的测站，如宜昌蒸发站、黄陵庙水文站和巴东蒸发站，要求采用 0.1mm 精度雨量计，其余测站为 0.5mm 精度雨量计。在宜昌蒸发站，开展不同高度的雨量计实验研究，器口距地面安装高度分别为 0.15m、0.7m。

降水量以 8 时为日分界。当采用人工观测降水量时，汛期一般采用四段制（14 时、20 时、2 时、8 时）观测，遇较大暴雨时逐时观测；枯季按两段制（20 时、8 时）观测。

3.2.5.2　水面蒸发量

1947 年宜昌水文站始有蒸发量观测，新中国成立后宜昌市设立气象台，于 1954 年停测。1981 年葛洲坝水库蓄水和 2003 年三峡水库蓄水运用，为研究大面积水体水面蒸发规律及损失，分别于 1984 年设立宜昌蒸发实验站、2013 年设立巴东水面漂浮蒸发实验站。1996 年设立的黄陵庙水文站开展水面蒸发观测。

宜昌蒸发实验站重点对我国已使用的不同蒸发器皿（20cm 小型蒸发器、80cm 套盆式蒸发器、3000cm^{2}E–601B 型蒸发器）开展对比实验研究，选用联合国教科文组织推荐的 20 m^2 蒸发池为标准。早期的水面蒸发观测实验，主要以人工观测为主，2005 年后逐步改为自动记录（如 FFZ–01B）并实现远传，为确保实验数据可靠，同时辅以人工观测验证。

巴东水面漂浮蒸发实验站重点对陆上水面蒸发和水上漂浮水面蒸发开展对比实验研究，分别建立陆上水面蒸发观测场和水上漂浮水面蒸发观测场。2013 年对比实验仪器为 3000cm^{2}E–601B 型蒸发器，2022 年在漂浮筏上增加 20m^2 蒸发池，是国内首创。

黄陵庙水文站水面蒸发观测采用 3000cm^{2}E–601B 型蒸发器。

3.2.5.3　辅助气象

水面蒸发观测，除同步开展降水量观测外，对蒸发实验站还要同步开展辅助气象观测，以探讨水面蒸发的规律、特征及其与相关气象因子之关系。一般为人工观测，也可采用自动气象站（投产前需与人工对比观测分析），内容为：①在 20 m^2 蒸发池附近距地面 0.0m、0.2m、0.8m、1.9m 深处地温；②在 20m^2 蒸发池中央水面以上 0.2m、0.5m、

1.0m、1.5m处温度、湿度、风向、风速；③观测各蒸发皿（池）0.01m深处水温；④观测场上离地面1.5m处的气温、湿度；⑤观测场上离地面10.0m处风向、风速；⑥日照、气压；⑦云的观测，包括云状、云量。

3.2.5.4　土壤含水量观测

三峡局土壤墒情观测始于2007年5月，在宜昌蒸发站设立墒情观测场，以自动监测为主、人工观测为辅（自动监测设备投产前，需与人工同步比测30次及以上，经分析可靠），并在场地内种植农作物（如玉米、小麦等），执行《土壤墒情监测规范》。

自动监测仪器，选择可靠的自动土壤水分观测仪，除投产前比测外，每年至少人工比测2次（冬、夏）。自动监测，每一个测点在垂向布置3个土层监测点（距地面深度）：10cm、20cm、40cm。按规范规定方法计算垂向土以平均土壤含水量。

人工测次，按月测3次控制，分别在1日、11日、21日取样（取样土层与自动监测一致）分析，送室内烘干、称重，确定土壤含水量。自动监测只取每日8时数据作为监测成果，其余数据以电子成果保存。

3.2.5.5　水温观测

三峡局水温观测，包括两大类：一是岸边水温，1956年宜昌水文站最早开展岸温观测，采用水温计人工观测水尺断面附近水流畅通处水下0.5m的水温。2008年南津关站水温实现自记，之后其他站（宜昌、黄陵庙、巴东）也逐步实现自记。二是水温梯度，主要在三峡水库坝前庙河水文站自2003年开始水温梯度测验，并为长期重点观测项目，监测仪器为HY1200B型声速剖面仪，又分为全断面5线6点法和中泓1线11点法。其他站不是长期观测项目，如在2014年4月至5月上旬，三峡集团委托的三峡水库重点水文站开展水温梯度（垂直分布）观测。

3.2.6　水文泥沙调查

3.2.6.1　历史洪水成果

在三峡（宜昌）上下游河段，长办曾分别于1955年、1956年、1958年和1966年开展多次洪水调查，根据文献史籍、石刻和群众指认洪痕，获得可靠的历史洪水调查资料114处[①]，其中1788年、1860年、1870年资料丰富。如在宜昌境内的秭归县五马桥、夷陵区黄陵庙等地就有多达20余处洪水刻记。宜昌海关水位自1877年始有实测记录（1940—1945年抗日战争中断），根据实测和调查，宜昌历史洪水水位、流量排前15位的成果，见表3.2–4。

3.2.6.2　悬移质泥沙调查

长江上游流域产沙，经实测和调查（表3.2–5）表明，呈现四个方面的特性：①强产沙区面积小，分布比较集中，其中输沙模数大于2000 t/（km^2·a）的产沙区面积仅为7.0万km^2，占宜昌以上流域面积的7.0%；②泥沙输移比远小于1，据调查除西江水和白龙江支流北峪河两个小区的输移比大于0.5外，其余多小于0.3，最小仅0.1；③来沙量与来水量密切关联，沙量多少主要取决于水量的多少，且多年较稳定，而降雨强度及落区对流域产沙的影响也很大；④历史来沙量呈现周期性变化，1950年以来，宜昌出现3个水沙高值时段，即1954—1958年、1963—1968年和1980—1985年。

悬移质泥沙矿物成分调查。1975年曾委托湖

---

① 据《中国大百科全书》（1987年）记载：长江干流重庆至宜昌的河岸崖壁上保存着1153—1870年6次特大洪水的最高水位石刻114处。

表 3.2-4　　宜昌水文断面历史洪水水位、流量排位表（前 15 位）

序号	水位（m）	年份	方法	流量（m³/s）	年份	方法	备注
1	59.50	1870	调查	11000	1870	推算	老黄陵庙内立柱洪痕调查值 81.16m
2	58.47	1227	调查	98100	1227	推算	
3	58.45	1560	调查	98000	1560	推算	
4	58.32	1860	调查	94000	1153	推算	
5	58.06	1153	调查	92500	1860	推算	
6	57.50	1788	调查	86000	1788	推算	
7	56.81	1796	调查	84000	1796	推算	
8	55.92	1896	实测	71100	1896	推算	1896 年为实测系列水位最高值
9	55.73	1954	实测	70800	1981	实测	1981 年葛洲坝水库调度有一定影响
10	55.38	1981	实测	67500	1945	推算	
11	55.36	1945	调查	66800	1954	实测	1945 年抗日战争水位观测中断
12	55.33	1921	实测	64800	1921	推算	
13	55.14	1905	实测	64600	1892	推算	
14	54.68	1892	实测	64400	1905	推算	
15	54.50	1998	实测	63300	1998	实测	1998 年葛洲坝水库调度有一定影响

表 3.2-5　　长江上游流域产沙区分布情况

输沙模数		流域面积		多年平均输沙量		各类产沙区分布情况
等级	t/（km²·a）	万 km²	占宜昌（%）	万 t	占宜昌（%）	
1	＜ 200	51.5	51.2	2800	5.3	流域西部地区和东南隅，包括金沙江和雅砻江中上游、大渡河和白龙江上游、乌江中淳、牛栏江和普渡河上游
2	200 ~ 500	18.1	18.0	6710	12.7	四川盆地腹部及盆周部分山区，包括渠江中游、永宁河、西河、涪江中游、沱江、赤水、大渡河下游支流
3	500 ~ 1000	15.9	15.8	9790	18.5	乌江上游和下游、川江下段、渠江上游、东河、岷江上游上段和中游一部分、西溪河、雅砻江下游、安宁河、龙川江、横江
4	1000 ~ 2000	8.0	8.0	10900	20.5	四川盆地部分山区，包括渠江下游和上游支流大通江、嘉陵江中上游部分地区和下游、白龙江下游、孙水河、牛栏江中下游、美姑河上游
5	＞ 2000	7.0	7.0	22800	43.0	西江水、白龙江中游、小江以及大渡河中游、岷江和金沙江等河流的下游地区

注：本表引自《长江三峡水利枢纽初步设计报告（枢纽工程）》第九篇《工程泥沙问题研究》。

北省地质科学研究院开展悬移质泥沙矿物组成成分分析，主要成果见表 3.2-6。宜昌水文站悬移质泥沙矿物组成成分以二氧化硅含量最大，其次是氧化铝和氧化铁。

3.2.6.3　推移质泥沙调查

宜昌河段推移质组成调查，主要在 1973—1974 年完成。

宜昌沙质推移质来源调查，主要有 4 个补给

表 3.2–6　宜昌水文站悬移质泥沙矿物组成成分调查成果表

粒径组（mm）	占比（%）							
	SiO_2	CaO	MgO	Fe_2O_3	Al_2O_3	TiO_2	CO_2	其他
0.500	68.01	5.89	2.54	5.28	10.62	0.77	3.52	3.37
0.250	65.30	6.10	2.73	5.18	9.03	0.72	6.55	4.39
0.100	63.75	5.26	2.49	5.18	10.50	0.80	4.66	7.36
0.050	61.84	4.81	2.46	5.31	12.37	0.85	4.63	7.73
0.025	57.89	4.16	2.83	6.45	14.87	1.00	3.07	9.73
0.010	54.26	2.51	3.22	7.53	17.26	1.00	1.60	12.62
0.007	51.38	1.87	3.35	8.61	18.97	1.13	0.99	13.70

区：①秭归以上，②茅坪地区，③乐天溪地区，④黄柏河地区。其中②③④统称为黄陵背斜区。宜昌水文站 0.5 ~ 2.0mm 粗沙，有 60%~70% 来自黄陵背斜区。

宜昌水文站卵石推移质来源，根据实测和调查表明，奉节以上占 42.9%，三峡区间补给 57.1%。1974 年 2—7 月，为弄清三峡区间卵石的来源，宜实站会同清华大学、南京大学、长科院，开展三峡河段卵石调查及岩性分析工作。此项工作前后共进行 6 次。其中，宜昌断面为卵石推移质采样器采集样品，胭脂坝头为试坑法（试坑体积 $1m^3$），现场筛分、称重，样品送室内分析。岩性成分组成情况见表 3.2–7。从表可知，宜昌河段卵石推移质以砂岩、石英砂岩和石灰岩为主要岩性成分，其他岩性占比相对较少。

表 3.2–7　宜昌河段卵石推移质岩性组成调查成果表　（单位：%）

位置	砂岩	石英砂岩	石炭岩	变质岩	三峡以上岩浆岩		黄陵背斜岩浆岩		其他
					岩浆岩	玄武岩	花岗岩	石英闪长岩	
宜昌断面	24.8	26.0	28.6	2.3	6.0	3.4	8.0	0	0.9
胭脂坝头	24.4	15.5	31.7	3.6	11.3	6.5	7.0	0	0

注：卵石样品粒径在 20 ~ 40mm。

3.3　水文资料整汇编刊印

3.3.1　简要历程

水文资料的整编、汇编是对水文监测数据按流域水系进行处理、加工、分析、统计等复杂的技术和组织协调过程。刊印《水文年鉴》需经过资料在站整编、资料审查、复审、汇编、刊印等生产过程。三峡局在 1973 年之前，主要承担在站整编和参与资料审查工作；成立宜实站以后，组织测区水文资料整编审查工作，参与复审和汇编、刊印等工作。

水文资料整编核心技术，包括水位流量关系、单断沙关系、流量输沙率关系等分析与定线技术。技术手段经历手工方法（算盘、计算尺、计算器）、自编计算机（PC1500 等）程序方法（多用于工程水文泥沙原型观测资料整理、计算、汇编）、通用计算机水文资料整汇编软件等历程，随着信息化技术发展，按“日清月结、按月整编”要求，所有测站已于 2021 年 1 月 1 日实现水文资料在线整编。

《水文年鉴》是国家重要的基础水信息资料，

是按流域和水系统一编排卷册、统一技术标准、统一图表格式、逐年汇编刊印的一种水文资料。新中国成立后，对历史水文资料进行了系统的整理、整编、汇编和刊印工作。逐步实现按月整理水文月报、按年度整编水文资料并汇编刊印，虽然 1990 年停刊，但整汇编工作并没有停止，三峡局开发水文资料整编成果数据库长期保存并提供查询服务，2007 年全面恢复水文资料整编成果汇编刊印工作。总之，《水文年鉴》是公益事业单位尤其是水文测站最重要的工作成果之一。

3.3.2　测站基面考证

测站考证是为反映水文资料系列一致性可能受到影响而进行的一项整编工作内容。测站基面考证是测站考证的重要内容之一。基面是水文资料高程起算的基准面，水文测站使用的基面主要有绝对基面、假定基面、测站基面、冻结基面四种。为便于资料使用，这些基面必须建立相互间的关系，可以方便进行基面换算。

3.3.2.1　高程基面考证情况

三峡局测区高程系统采用基面主要有两种：吴淞（扬委）基面、吴淞（资用）基面，并将其冻结成为冻结基面，长期保持不变。前者为民国时期扬委会建立，后者为新中国成立后长江委建立。根据国家有关规定，采用黄海基面作为绝对基面，三峡局各水文（水位）站先后建立与黄海（56）、黄海（59）和 1985 国家高程基准的关系。1994 年葛实站以葛技〔94〕79 号文《关于我局各水文（位）站启用“1985 国家高程基准”的通知》，鉴于三峡局地处中、上游结合江段，原发布的水准点部分没有“85 基准”高程，按同一水准路线就近原则插补基面差值，并公布执行。三峡局主要水文站点高程基面考证情况，见表 3.3–1。

表 3.3–1　　三峡局主要水文站点高程基面考证情况

序号	站名	测站基面	绝对基面	修正数（m）	引据点
（一）	长江干流				
1	巴东	冻结基面	吴淞（资用） 黄海（59） 1985 国家高程基准	0 –1.766 –1.685	1952 年：江 PBM61–12 1965 年：巴东水文站 BM1 2005 年：Ⅱ巴蒲 2
2	秭归	冻结基面	吴淞（资用） 黄海（59） 1985 国家高程基准	0 –1.770 –1.711	1952 年：江 PBM61–9’ 1956 年：宜渝 BM057’ 2005 年：Ⅱ兴蒲 15
3	庙河	冻结基面	吴淞（资用） 黄海（56） 1985 国家高程基准	0 –1.690	2003 年：Ⅱ蒲太 18 2016 年：Ⅱ太宜 1 基主
4	银杏沱	冻结基面	吴淞（资用） 黄海（56） 1985 国家高程基准	0 –1.697	2003 年：Ⅱ蒲太 18 2018 年：TN09BZ
5	伍相庙	冻结基面	吴淞（资用） 黄海（59） 1985 国家高程基准	0 –1.723 –1.697	1993 年：宜秭Ⅲ –018 1994 年：三峡Ⅱ坝 1 1997 年：Ⅰ太宜 1 基上 2004 年：三峡环 111 基主 2015 年：三峡Ⅱ坝 8–1 2019 年：LS03CZ

续表

序号	站名	测站基面	绝对基面	修正数（m）	引据点
6	太平溪	冻结基面	吴淞（资用） 黄海（59） 1985 国家高程基准	0 -1.723 -1.697	1956 年：宜秭Ⅲ -018 1995 年：Ⅰ太宜 1 基上 2003 年：宜秭Ⅲ -016 2004 年：三峡Ⅱ坝 8 2015 年：Ⅰ三峡环 111 基主 2015 年：Ⅱ太宜 1 基主
7	茅坪	冻结基面	吴淞（资用） 黄海（59） 1985 国家高程基准	0 -1.732 -1.697	1954 年：江 PBM64-4' 1976 年：长美Ⅷ— 20 1994 年：三峡Ⅱ坝 12 2004 年：Ⅱ蒲太 18 2015 年：TN09BZ
8	覃家沱	冻结基面	吴淞（资用） 黄海（59） 1985 国家高程基准	0 -1.770 -1.697	1980 年：BM Ⅲ -015 1993 年：三峡Ⅱ坝 3 1994 年：三峡Ⅱ坝 1 1997 年：TN03CF 1998 年：BM Ⅱ B108 2004 年：三峡Ⅱ坝 8 2011 年：BM18CF 2011 年：TN31SC 2015 年：TP18CF
9	三斗坪	冻结基面	吴淞（资用） 黄海（73） 1985 国家高程基准	0 -1.732 -1.697	1954 年：江 PBM61-4 1958 年：长美Ⅷ -25 1994 年：三峡Ⅱ坝 5-1 1997 年：三峡Ⅱ坝 12 2004 年：Ⅱ蒲太 18 2010 年：BM Ⅱ B102
10	雷劈石	冻结基面	吴淞（资用） 黄海（59） 1985 国家高程基准	0 -1.770 -1.697	1980 年：BM Ⅲ -009-3 1994 年：三峡Ⅱ坝 5-1 1997 年：三峡Ⅱ坝 12 2010 年：BM Ⅱ B102
11	坝河口	冻结基面	吴淞（资用） 黄海（59） 1985 国家高程基准	0 -1.770 -1.697	1980 年：BM Ⅲ -014 1990 年：BM Ⅲ -015 1994 年：三峡Ⅱ坝 4 1997 年：LS02GL 2004 年：三峡Ⅱ坝 8 2004 年：BM215
12	黄陵庙（老）	冻结基面	吴淞（资用） 黄海（59） 1985 国家高程基准	0 -1.770 -1.697	1980 年：BM Ⅲ -009-3 1994 年：三峡Ⅱ坝 5-1 1997 年：三峡Ⅱ坝 12 2004 年：BM Ⅱ B102
13	黄陵庙（陡）	冻结基面	吴淞（资用） 黄海（56） 1985 国家高程基准	0 -1.697	1995 年：Ⅰ太宜 9 2004 年：三峡Ⅱ坝 8 2010 年：Ⅱ太宜 12

续表

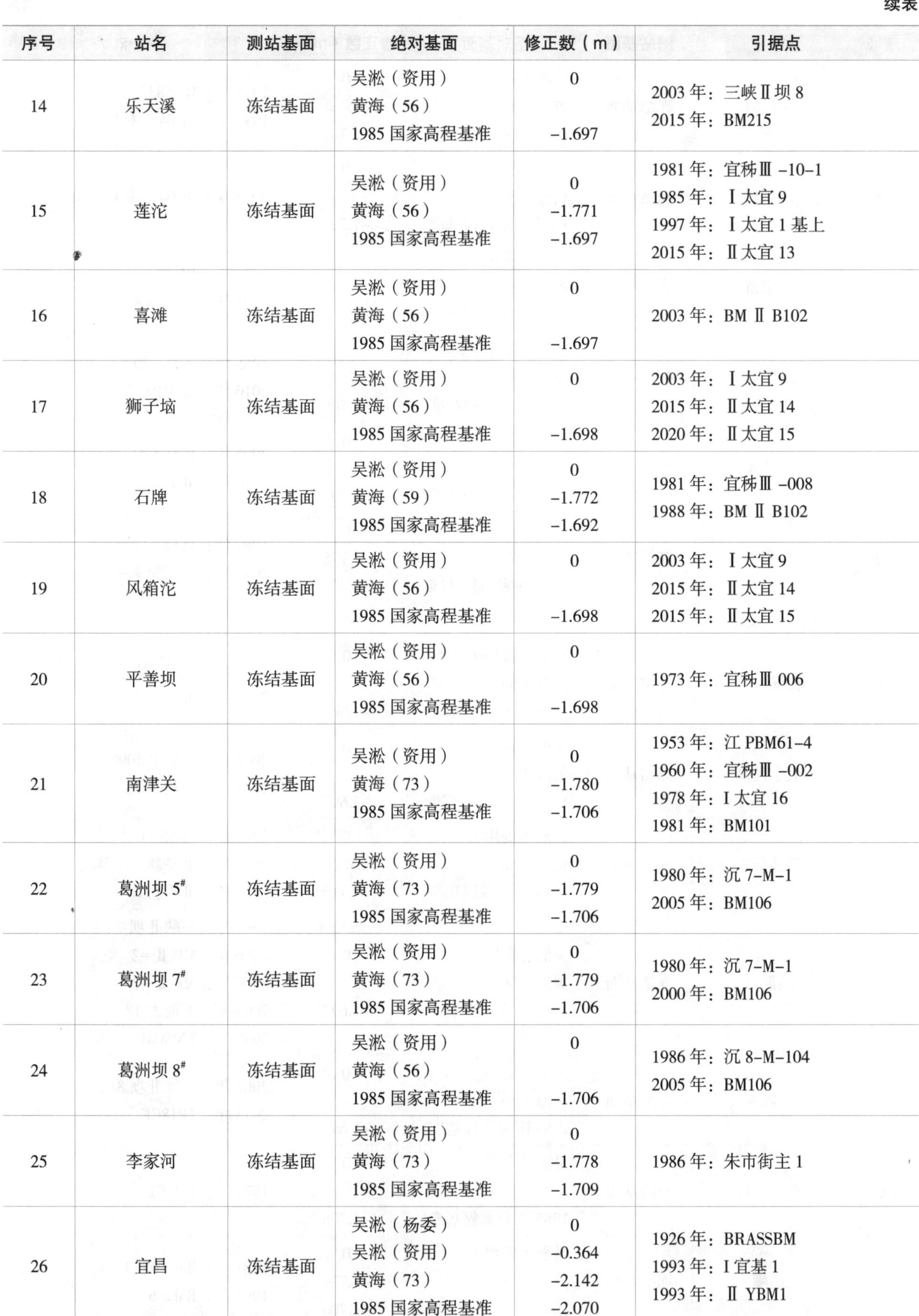

序号	站名	测站基面	绝对基面	修正数（m）	引据点
14	乐天溪	冻结基面	吴淞（资用） 黄海（56） 1985 国家高程基准	0 -1.697	2003 年：三峡Ⅱ坝 8 2015 年：BM215
15	莲沱	冻结基面	吴淞（资用） 黄海（56） 1985 国家高程基准	0 -1.771 -1.697	1981 年：宜秭Ⅲ -10-1 1985 年：Ⅰ太宜 9 1997 年：Ⅰ太宜 1 基上 2015 年：Ⅱ太宜 13
16	喜滩	冻结基面	吴淞（资用） 黄海（56） 1985 国家高程基准	0 -1.697	2003 年：BM Ⅱ B102
17	狮子垴	冻结基面	吴淞（资用） 黄海（56） 1985 国家高程基准	0 -1.698	2003 年：Ⅰ太宜 9 2015 年：Ⅱ太宜 14 2020 年：Ⅱ太宜 15
18	石牌	冻结基面	吴淞（资用） 黄海（59） 1985 国家高程基准	0 -1.772 -1.692	1981 年：宜秭Ⅲ -008 1988 年：BM Ⅱ B102
19	风箱沱	冻结基面	吴淞（资用） 黄海（56） 1985 国家高程基准	0 -1.698	2003 年：Ⅰ太宜 9 2015 年：Ⅱ太宜 14 2015 年：Ⅱ太宜 15
20	平善坝	冻结基面	吴淞（资用） 黄海（56） 1985 国家高程基准	0 -1.698	1973 年：宜秭Ⅲ 006
21	南津关	冻结基面	吴淞（资用） 黄海（73） 1985 国家高程基准	0 -1.780 -1.706	1953 年：江 PBM61-4 1960 年：宜秭Ⅲ -002 1978 年：I 太宜 16 1981 年：BM101
22	葛洲坝 5#	冻结基面	吴淞（资用） 黄海（73） 1985 国家高程基准	0 -1.779 -1.706	1980 年：沉 7-M-1 2005 年：BM106
23	葛洲坝 7#	冻结基面	吴淞（资用） 黄海（73） 1985 国家高程基准	0 -1.779 -1.706	1980 年：沉 7-M-1 2000 年：BM106
24	葛洲坝 8#	冻结基面	吴淞（资用） 黄海（56） 1985 国家高程基准	0 -1.706	1986 年：沉 8-M-104 2005 年：BM106
25	李家河	冻结基面	吴淞（资用） 黄海（73） 1985 国家高程基准	0 -1.778 -1.709	1986 年：朱市街主 1
26	宜昌	冻结基面	吴淞（杨委） 吴淞（资用） 黄海（73） 1985 国家高程基准	0 -0.364 -2.142 -2.070	1926 年：BRASSBM 1993 年：I 宜基 1 1993 年：Ⅱ YBM1

续表

序号	站名	测站基面	绝对基面	修正数（m）	引据点
27	宝塔河	冻结基面	吴淞（资用） 黄海（56） 1985 国家高程基准	0 –1.707	1971 年：BM583’ 1995 年：沉 04（主）
28	胭脂坝	冻结基面	吴淞（资用） 黄海（56） 1985 国家高程基准	0 –1.707	2005 年：沉 04（主）
29	艾家镇	冻结基面	吴淞（资用） 黄海（56） 1985 国家高程基准	0 –1.708	1987 年：BM174 1995 年：Ⅱ朱宜 4
30	磨盘溪	冻结基面	吴淞（资用） 黄海（56） 1985 国家高程基准	0 –1.706	1965 年：扬枝 579’ 2010 年：Ⅱ MPX1’
31	虎牙滩	冻结基面	吴淞（资用） 黄海（56） 1985 国家高程基准	0 –1.706	2005 年：扬枝 579’ 2010 年：Ⅱ HYT1’
32	杨家嘴	冻结基面	吴淞（资用） 黄海（73） 1985 国家高程基准	0 –1.778 –1.706	1981 年：扬枝 574’ 2015 年：Ⅱ宜沙 9 — 1’
（二）	引航道及支流口				
1	梅溪河口	冻结基面	吴淞（资用） 黄海（56） 1985 国家高程基准	0 –1.668	2002 年：宜渝 BM113 2014 年：Ⅱ奉龙 1
2	大宁河口	冻结基面	吴淞（资用） 黄海（56） 1985 国家高程基准	0 –1.693	2002 年：宜渝 BM099 2005 年：Ⅱ长平 23-2
3	沿渡河口	冻结基面	吴淞（资用） 黄海（56） 1985 国家高程基准	0 –1.715	2002 年：宜渝 BM077 2005 年：Ⅱ平新 7-1 基主 2015 年：Ⅱ平新 6
4	隧洞口	冻结基面	吴淞（资用） 黄海（56） 1985 国家高程基准	0 –1.697	1993 年：三峡Ⅱ坝 7 1996 年：MP Ⅱ -2 2000 年：MP Ⅱ -3 2004 年：Ⅱ蒲太 18 2015 年：TN08MP
5	中隔岛	冻结基面	吴淞（资用） 黄海（56） 1985 国家高程基准	0 –1.697	2003 年：三峡Ⅱ坝 8 2015 年：TP18CF
6	黄柏河口	冻结基面	吴淞（资用） 黄海（56） 1985 国家高程基准	0 –1.706	1971 年：BM101
7	庙嘴	冻结基面	吴淞（资用） 黄海（73） 1985 国家高程基准	0 –1.776 –1.706	1981 年：BMI-05-3 1995 年：BM106

3.3.2.2　宜昌水文站高程基面考证情况

宜昌自 1877 年 4 月 1 日始有海关英制水位观测，1946 年 4 月 1 日设立宜昌水文站公制水尺并观测，两组水尺断面相距 150m，同步观测至 1957 年海关水尺撤销。经过长办多次组织调查、收集资料，换算英制水位为公制计量系统，考证扬委吴淞高程系统，推行水文测站冻结基面高程系统，并建立各类基面之间的关系，统一新中国成立前后各个历史阶段水位高程系统，整理整编长系列水文资料，为长江防洪、葛洲坝和三峡工程建设等提供基础依据。

宜昌水文站引据点 BRASSBM（即宜昌市人民政府墙上铜牌），由扬委会于 1926 年 3 月 24 日设测，是 1925 年 2 月由汉口开始至 1926 年 3 月下旬测至宜昌一次完成的。全线设置墙上铜牌标志 5 处（即汉阳、新堤、监利、沙市、宜昌），宜昌市人民政府办公楼（此处位于原宜昌海关附近）墙角上的铜牌就是其中之一，也是宜昌唯一的一个铜牌（1987 年因办公楼改造撤除）。由于当时全线精密水准高程起算点是根据上海市张华浜吴淞验潮站基点高程 5.105m 推算，BRASSBM 高程为 57.708m。

新中国成立初期施测的各级水准成果，虽然并联到了宜昌区域的 BM583'、BM584'、BM585'、BM586' 等标点，但没有并联到 BRASSBM 标点，所以也没有参加并联计算，故没有平差成果的高程数值，BRASSBM 高程 57.708m 为平差前的扬委会吴淞高程系统成果。

1951—1955 年，对长江干流、支流先后进行了精密水准测量和八处跨江水准测量，然后组织了“七环平差”计算，而且计算的起算基点由原来的张华浜标点改用了镇江 308’，高程 9.391m。按黄海平均海水面为零点推算的结果为 7.378m，与吴淞零点推算的结果 9.391m，相差 2.013m。这样形成了所谓的平差后的资用吴淞成果，其中 BRASSBM 标点 57.344m，比较原扬委会与长委会平差后资用成果都有一个差值，长办勘测处 1980 年编《长江流域吴淞零点高程系统简考》指出：“长江干支流以镇江 308’为基点推算了资用吴淞高程……旧的吴淞换算到暂时统一的资用吴淞高程，需要在不同的地区加上一个不同的改正数。”需将原测高程减一个数值，这样作为区域的高程改正，只是七环平差后由于当地起算数据的更动而改正，这项改正并非一个常数。

BRASSBM 原扬委吴淞高程为 57.708m，资用吴淞为 57.344m，两者的差值为 0.364m，改正数亦即由扬委吴淞化为资用吴淞需减去 0.364m，而同在宜昌的其他标点，如镇镜山的 BM586’改正数为 –0.360m，杨岔路水吉寺 BM583’改正数为 –0.346m，临江坪严家明、向志发屋侧的 BM581’改正数为 –0.372m 等均说明改正数不是一个常数。

宜昌水文站引据点 BRASSBM 标点自 1926 年 3 月测定以后，再没有复测、校测，是否有变动，无从查考。1987 年 BRASSBM 标点随宜昌市人民政府办公楼撤除，改用Ⅰ宜基Ⅰ、沉 07、Ⅱ YB1 等为引据点，建立测站新的高程系统，各基面之间的关系为：①吴淞（资用）基面以上米数 = 冻结基面以上米数 –0.364m；②吴淞（资用）基面以上米数 = 黄海基面以上米数 +1.778m；③黄海基面以上米数 = 冻结基面以上米数 –2.142m；④ 85 基准以上米数 = 冻结基面以上米数 –2.070m；⑤ 85 基准以上米数 = 黄海基面以上米数 +0.072m。

3.3.3　新中国成立以前历史水文资料整汇编

新中国成立以前，宜昌海关水尺观测水位资料残缺不全，流散甚广，有的在国外，如日本、美国，有的在北京、天津、上海、武汉，在葛洲坝工程和三峡工程设计时曾系统查找收集整理了海关水尺观测资料。宜昌水文站 1946—1949 年因泥沙测验测次少、精度低无法整编，1950 年后改进测验，成果质量大幅提升，均已整编刊印。

宜昌水文站位于长江三峡水利枢纽坝址下游约44km，是三峡出峡后的控制站，该站收集的水文资料是葛洲坝工程和三峡工程设计的重要依据。宜昌水文站1877—1957年采用海关英制水尺观测水位，并与1946年宜昌水文站设立的水尺（海关水尺下游150m）同步观测10年，1957年海关水尺撤销，将两组水尺水位资料合并整汇编。

新中国成立后，1950年南京水利实验处整编1890年以来的历年水位资料。1955年，由长办整编、刊印1890—1955年流量系列资料。由于长江流域规划、葛洲坝工程兴建和三峡工程设计的需要，长办1964—1973年多次组织调查考证宜昌解放前水位，并加强宜昌水文站观测工作，分析测站特性，研究已有的历年流量推算方法，在上海海关等地收集到宜昌海关1877—1889年水位成果，从而延长宜昌水位资料系列，并对原刊印水位整编成果进行修改。1973年葛洲坝工程修改初步设计时，正式提出宜昌水文站历年水位和流量成果，并推算历史洪水流量，其中，对原刊印的宜昌1890—1941年和1945—1950年逐日流量（系1955年拟定的历年综合单一曲线推求的），1970年结合实测资料系列的延长改用宜昌水文站汛期平均水位为参数的水位流量关系曲线簇（1966年拟定），重新推算1890—1950年逐日流量，并补充推算1877—1889年逐日流量；对宜昌水文站1940年6月9日至7月2日、10月至12月、1941年10月至12月和1942年至1945年水位缺测时段（约65个月），采用上游云阳水位同宜昌流量相关（选取无区间降水或区间降水很少的资料分析），由云阳水位推算宜昌逐日流量，并用万县至宜昌区间降雨径流预报方案，由区间雨量推算区间出流量，叠加即为宜昌逐日流量。1986年三峡工程可行性论证工作时，长办对1966年拟定的以宜昌“汛期平均水位”为参数的推流方案，用1966—1985年连续实测资料进行检验，推算历年流量的平均误差在±5%以内。结合历史洪水水情和测站特性，历史洪水流量推算的精度约为±8%。总之，比照水文规范要求，宜昌历年推算流量精度较好，可作为工程设计的可靠依据。

3.3.4　新中国成立后水文资料整汇编

新中国成立后，水文资料整编逐步实现了规范化、电算化、在线化，并于2019年试行“日清月结、按月整编”，2021年实现在线整编。1950年代，水文资料整编及逐年分区自定刊布。1958年统一命名为《中华人民共和国水文年鉴》，按流域、水系统一编排卷册。1964年调整卷册，全国分为10卷、74册（后调整为75册）。水文年鉴分三类61种表式刊布，即实测成果表，逐日平均值（或总量）和月、年平均值（或总量）、最大最小（或最高最低）值的逐日表，瞬时变化过程摘录表。

三峡局于1984年10月组织完成《宜昌水文站水文特征值统计》及说明，统计时段为1877—1980年（即葛洲坝水库蓄水前），作为三峡局分析研究葛洲坝水库运行后水沙变化的基础，发挥重要作用，统计包括：水位、水温、流量、悬移质和推移质（沙质、卵石）泥沙、床沙（河床质）、流速与含沙量垂向分布等成果。

全国《水文年鉴》于1987年停止刊印。但按长办水文局要求，1987—1990年均有长江水系水文年鉴。2001年水利部水文局组织重新刊印重点流域重点卷册水文年鉴，2007年全面恢复水文年鉴的汇编刊印，实际上2004年长江水系已恢复水文年鉴刊印。长江流域水文年鉴为第6卷，共20册。其中，三峡局水文资料在第3册（长江上游干流区，岷江口至南津关）和第4册（长江中游干流区，南津关至鄱阳湖湖口）汇编刊印。

3.3.5　水文资料整编方法

3.3.5.1　整编组织与分工

水文资料整编工作，实行三级整编制度，汇编与刊印按各流域和卷册划分组织实施。

1973 年前，宜昌水文站主要完成“在站整编”工作，成果送分站、总站或实验站（沙市分站、汉总、荆实站）审查和长办水文局或湖北省水文总站复审、汇编刊印。

1973 年宜实站成立后，各水文站（宜昌、长阳等）和水位组（负责测区水位站）完成“在站整编”工作，宜实站技术组（组、股、科、室）组织内部审查，参加由荆实站组织的卷册内部交叉审查，再送湖北省水文总站复审、汇编单位刊印。

长江水系 1990 年《水文年鉴》停刊，但水文资料整编、汇编工作没有停，只是作出适当调整。1994 年三峡工程开工，1995 年设立黄陵庙水文站，2000 年三峡局将测区内水位站分别划归宜昌水文站（分局）和黄陵庙水文站（分局）管理，负责组织完成“在站整编”工作，三峡局技术管理室（科）负责组织整编审查工作，参与长江委水文局组织的复审工作，只有成果汇编但未刊印。

2007 年 6 月《水文条例》颁布实施，规定水文资料汇交保管和使用要求。7 月，水利部水文局下发《关于全面恢复水文年鉴汇编刊印的通知》（水文〔2007〕293 号），决定在全国范围内全面恢复 2006 年以来的水文年鉴汇编刊印工作，并制定《水文资料整、汇编管理办法》。其中汇编由各省完成，提交流域机构审查验收，由水利部水文局终审、刊印。

3.3.5.2　整编技术与标准

三峡局水文资料整编先后执行《水文测量规范》《水文测站暂行规范》《水文测验试行规范》等规范，直至 1975 年水电部颁布《资料整编和审查》后才有专门的整编规定。1988 年 1 月水电部颁布《水文年鉴编印规范》（SD 244–87）增加整编方法、电算整编及附录资料（包括反推入库洪水、水量调查等）的整编刊印内容，充实测站考证，调整刊印图表格式和精度指标。这是第一部从水文年鉴刊印角度提出的整编技术标准。

1999 年 12 月，水利部颁布《水文资料整编规范》（SL 247—1999），增加水文资料整编内容和方法、数据格式和标准，引进国际标准中有关整编精度的检验技术（随机不确定度和系统误差），补充采用计算机替代人工整编的技术要求，修改补充整编成果表式及整编符号。2012 年和 2020 年修订的《水文资料整编规范》，编号分别为 SL 247—2012 和 SL/T 247—2020；2009 年和 2020 年修订的《水文年鉴汇编刊印规范》，编号分别为 SL 460—2009 和 SL/T 460—2020，对恢复刊印后水文年鉴的汇编内容、图表编制及刊印等作出具体规定。

三峡局各水文站（蒸发站）观测及整编方法详见表 3.3–2，巴东水文站因未正式运行暂不纳入统计。

表 3.3–2　三峡局水文站水文测验要素及整编方法统计表

观测要素	运行时间	观测方法	整编方法	备注
1. 宜昌水文站				
水位	1877.4—	人工、自记	面积包围法	自动报汛
流量	1946.5—	浮标法、流速仪法、ADCP 法	水位流量关系法、单值化法	ADCP 包括走航式和水平式方法

续表

观测要素	运行时间	观测方法	整编方法	备注
悬移质输沙率	1946.5—	选点法、垂线或全断面混合法、岸边法	单断沙关系法	横式采样器、浊度仪现场测报含沙量
		单样含沙量	流量加权法	适应主泓摆动情况
悬移质颗粒级配	1956—	选点法、分层或全断面混合法	输沙量加权法	直接法、水析法、消光法、激光粒度仪
沙质推移质输沙率	1956—	垂线法	流量输沙率关系法	Y78–1 型采样器
卵石推移质输沙率	1966—	垂线法	输沙率过程线法	Y64 型采样器
河床质（床沙）	1956—	垂线法	部分河宽加权法	挖斗式采样器
水质	1957—	全断面混合法	时间加权法	水质采样器、现场分析仪
降水量	1882—	人工、自记	统计法	人工雨量计、翻斗式雨量计
水温	1955.7—	人工、自记	统计法	岸边水温
2. 黄陵庙水文站				
水位	1996.1—	人工、自记	面积包围法	自动报汛
流量	1996.1—	流速仪法、ADCP 法	水位流量关系法、ADCP 过程线法	ADCP 流量在线监测自动报汛
悬移质输沙率	1996.1—	选点法、垂线或全断面混合法岸边法	单断沙关系法	横式采样器、浊度仪现场测报含沙量
		单样含沙量	垂线混合法	
悬移质颗粒级配	1996.1—	选点法、分层或全断面混合法	输沙量加权法	直接法、水析法、消光法、激光粒度仪
沙质推移质输沙率	1997.1—	垂线法	流量输沙率关系法	Y78–1 型采样器
河床质（床沙）	1997.1—	垂线法	部分河宽加权法	挖斗式采样器
水质	1997.1—	全断面混合法	时间加权法	水质采样器、现场分析仪
降水量	1997.1—	人工、自记	统计法	翻斗式雨量计
水温	1997.1—	人工、自记	统计法	岸边水温
蒸发量	1997.1—	人工、自记	统计法	含辅助气象
3. 南津关水文站（坝上 17 号断面），2000 年撤销，保留基本水位站				
水位	1948.1—	人工、自记	面积包围法	为坝上 17 号断面，1971 年开展流速、流量、悬移质及河床质测验。1973 年增加卵石、沙质推移质测验，1978 年停止。1981 年恢复流速、流量及卵石推移质检测
流速、流量	1982.5—1999.12	流速仪法	不整编	
悬移质输沙率	1982.5—1999.12	选点法	不整编	
沙质推移质输沙率	1982.5—1999.12	垂线法	不整编	
卵石推移质输沙率	1982.5—1999.12	垂线法	输沙率过程线法	
河床质（床沙）	1982.5—1999.12	垂线法	不整编	

续表

观测要素	运行时间	观测方法	整编方法	备注
水质	1982.5—	全断面混合法	时间加权法	水质采样器、现场分析仪
降水量	1982.5—	人工、自记	统计法	人工雨量计、翻斗式雨量计
全断面水温	1982.5—	垂线法	统计法	2000 年改为岸边水温
蒸发量	1985.6—1986.9	人工、自记	统计法	迁移至宜昌县虾子沟，改为宜昌蒸发站
4. 庙河水文站				
水位	2003.4—	人工、自记	面积包围法	
流速分布	2003.4—	ADCP 法	不整编	
流量	2003.4—	ADCP 法、水工建筑物法	水量平衡法	利用三峡大坝泄流量推流
含沙量分布	2003.4—	垂线法	不整编	横式采样器、Lisst100x
悬移质输沙率	2003.4—	选点法、全断面混合法	单断沙关系法	浊度仪或 Lisst100x 现场测报含沙量
悬移质颗粒级配	2003.4—	选点法、分层或全断面混合法	输沙量加权法	水析法、Lisst100x、激光粒度仪
全断面水温	2003.4—	5 线 5 点法	不整编	声速剖面仪
深泓水温梯度	2003.4—	1 线 11 点法	不整编	声速剖面仪
河床质（床沙）	2003.4—	垂线法	部分河宽加权法	挖斗式采样器
5. 宜昌蒸发站				
观测要素	运行时间	观测方法	整编方法	备注
降水量	1984.1—	人工、自记	统计法	1984.1—1986.9 在南津关水文站观测，1988.1 在虾子沟观测
蒸发量	1984.1—	人工、自记	统计法	
辅助气象	1984.1—	人工、自记	统计法	
土壤墒情	2007.6—	人工、自记	统计法	
6. 巴东水面漂浮蒸发实验站				
观测要素	运行时间	观测方法	整编方法	备注
降水量	2013.1—	人工、自记	统计法	陆上与漂浮蒸发场同步观测
蒸发量	1984.1—	人工、自记	统计法	
辅助气象	1984.1—	人工、自记	统计法	

（1）水位资料整编。水位（水温）资料整编主要工作内容包括：水尺、水准点及水尺零点高程考证；绘制逐时或逐日平均水位过程线；整编逐日平均水位（水温）表（含月年特征值及其出现日期、各级保证率统计成果）和洪水水位摘录表；单站合理性检查。其核心技术问题，一是将水尺断面、所用基面和水尺零点高程考证清楚，尤其对水准测量、平差计算、基面变换引起测站水准点、水尺零点高程数据发生变动的情况，必须考证清楚。二是日平均水位计算方法，针对人工和自记数据，选择算术平均法和面积包围法。三是制定洪水水位摘录标准（采用涨落率法），选择符合本站洪水特性及以受水利工程影响等情况。

（2）流量资料整编。流量资料整编的主要内容包括：编制实测流量成果表和实测大断面成果表；绘制水位流量、水位面积、水位流速关系曲线；水位流量关系曲线分析和检验；水位流量数据整理；计算整编逐日平均流量表及洪水水文要素摘录表；绘制逐时或逐日平均流量过程线；单站合理性检查。其关键技术环节是水位流量关系曲线的确定。我国水文测验与资料整编主要采用苏联技术经验，并结合中国河流特点，在探索不稳定的水位流量关系整编技术方面积累了丰富的成果和经验。比如宜昌水文站1979年探讨落差指数法、流量单值化整编方法、黄陵庙站2010年探讨基于神经网络及小波分析的H-ADCP在线流量整编方法、庙河站2019年探讨基于三峡大坝泄流量的水量平衡法流量整编方法，都取得较为满意的成果。

（3）泥沙资料整编。泥沙资料整编内容相对较多，也比较复杂。主要工作内容包括：编制实测含沙量及输沙率成果表；悬移质绘制单断沙关系曲线；沙质推移质绘制水力因素（流速、流量等）输沙率关系曲线（双对数）；各种关系曲线分析和检验；卵石推移质绘制输沙率过程线；计算整编逐日平均含沙量表、输沙率表及含沙量要素摘录表；单站合理性检查。

①悬移质泥沙。悬移质泥沙资料整编的核心技术是如何推求断面平均含沙量或输沙率变化过程资料。三峡局所属水文站，均采用单断沙关系法，相关系数接近1，将单沙过程转为断沙过程。

②推移质泥沙。宜昌水文站于20世纪50年代使用单位沙质推移质输沙率—断面输沙率关系曲线法、悬移质输沙率—沙质推移质输沙率关系曲线法等方法，效果不理想；70年代探讨沙质推移质输沙率与水力因素关系曲线法整编（双对数法），取得一定效果；卵石推移质采用实测卵石推移质输沙率过程线法整编。

③泥沙颗粒级配。通过采用全断面混合、分层混合、选点法平均颗粒级配代替全断面颗粒级配来计算月年平均颗粒级配及平均粒径，输沙量加权法进行整编。

（4）降水与蒸发资料整编。三峡局测区雨量较多，曾接管过三峡气象站，以及宜昌蒸发站、巴东水面漂浮蒸发站，对于降水量、蒸发量资料的摘录方法、统计方法，以及漏测时补救方法、虹吸式雨量计订正方法等，做过一些探索和改进。对于不同口径的蒸发器观测资料均按实测资料整编，蒸发器汛前维修停测期间，由E-601B蒸发器观测资料换算。

3.3.5.3 计算机资料整编技术应用

1970年代之前，水文资料整编是靠人工计算、摘录、绘制图表和确定水位流量关系曲线。进入1980年代，长办水文局成功开发ALGOL-60语言资料整编软件，后在VAX计算机应用Fortran语言编程，形成系统的南方片水文资料整编软件，主要有降水、水位、泥沙、蒸发、流量等要素整编软件，并在南方片推广应用。但大多数河流水位流量关系不稳定、复杂，需进行水位流量关系单值化处理，导致流量整编工作复杂，采用的定线方法较多，实现计算机整编难度很大，当时主要采取人工定线后，把相关水位等过程资料和关系数据（即推流曲线的起始时间及水位流量控制节点数据）录入计算机进行整编。

随着微机技术应用普及，在DOS系统下，应用Basic语言，开发相关整理整编程序，如三峡局先后开发流量、悬移质、推移质测验及资料整编软件，以及水准测量计算、颗粒级配软件，均取得一定成效。

2000年后，长江委水文局组织在Windows系统下应用VB和VC开发统一的南方水文资料整编整汇编软件，其主要功能有GIS平台功能、系统管理功能、水文资料整编功能、图形处理功能、汇编功能、图形分析及特征值统计功能。同时，系统还提供水位、流量、输沙率、悬移质泥沙颗粒级配、降水量等要素生成各站特征值统计表格，便于用户对某区域各站水文特征值进行分析。功能较为全面、界面友好，较好地满足当时水文资料整编生产应用需要。

2020 年，长江委水文局开发水文资料在线整编系统，先后在长江流域试用和正式投产，三峡局严格按“日清月结、按月整编”要求，开展水文资料月度整编成果，及时为服务长江防洪、三峡工程调度、科学实验研究等提供高质量水文成果。

3.3.5.4　水文数据库技术应用

我国水文数据库建设大致经历早期建库阶段（1986—1996 年）、基本建成阶段（1997—2001 年）和试点及推广应用阶段（2002 年以后）。主要的水文数据库技术包括：

（1）测站编码。将原水文测站编码合并，采用 8 位数字代码，并分为三部分，第 1 位数字为流域代码，第 2 ~ 3 位数字为水系代码，第 4 ~ 8 位为测站代码。

（2）数据库表结构。表结构分为七类，共 60 个表。七类表为：测站信息类、日值类、摘录值类、月年统计类、实测值类、时段最大值类、注解类。

（3）标识符表。标识符表包括表标识符和字段标识符，每一个标识符同时给出中文名和英文名。标识符长度不超过 6 个字符，由字母和数字组成，字母按英语单词缩写规则构造。

（4）录入格式标准和其他标准。规定水文资料整编数据和历史水文年鉴数据的录入格式，包括：①文件命名规则（主文件名和扩展名）；②代用符号一览表；③数据录入文件的组织；④数据处理程序的编制原则。其他标准主要包括：磁介质编码试行办法、水文数据库验收标准等。

（5）C/S 和 B/S 结构查询检索。主要功能为：单（多）站，单（多）项等系列数据以站、表、年方式查询检索；有数据文件、数据表格文件、图形等多种输出或表示方式；整编数据自动装载；数据自动校核等功能。

3.4　水文测验与资料整编规范

自 1946 年设立宜昌水文站以来，先后使用技术标准、规范规程上百种，此处仅列出水文测验相关规范、规程，详见表 3.4–1，其他水质（水环境）水生态、测绘、水文预报等未列出。

总体上，三峡局水文测验执行的技术标准或规范，主要分为几个大时段：一是 1946 年设站时，采用扬委会 1928 年编制的《水文测量规范》；二是新中国成立后，水利部编制的《水文测站暂行规范》，自 1956 年 8 月试行，共六册：基本规定，勘测及设站，普通测量工作，水位、冰情、水温等的观测，流量测验，悬移质输沙率及含沙量测验，1958 年 8 月执行水利部水文局编制的《降水量观测暂行规范》；三是 1960 年代使用暂行规范的修订版本；四是 1970 年代修订规范，并制定《水文测验手册》，自 1980 年 7 月开始试行；五是 1980 年代引进国际标准化组织明渠水流测量技术委员会相关水文测验方面的国际标准内容，开始按行业标准和国家标准编制相关水文测验规范，分团标、行标和国标三种。

表 3.4–1　　三峡局各个时期水文测验及资料整编执行标准与规范汇总表

水文观测时段	执行的技术标准或规范规程	发布单位
1946.6—1956.8	水文测量规范，民国 17 年（1928 年）	扬委会
1956.9—1975.3	水文测站暂行规范（共六册：基本规定，勘测及设站，普通测量工作，水位、冰情、水温等的观测，流量测验，悬移质输沙率及含沙量测验）；1958 年 8 月水利部水文局编制《降水量观测暂行规范》	水利部

续表

水文观测时段	执行的技术标准或规范规程	发布单位
1960.6—1975.3	基本规定；水面蒸发观测；水位及水温观测；流量测验；泥沙测验；泥沙颗粒分析；水化学成分测验	水利电力部
1975.4—1980.7	水文测验试行规范和水文测验手册（共3册：野外工作，泥沙颗粒分析及水化学分析、资料整编和审查）	水利电力部 水利司
1980.8—2021.9	水文测验术语和符号标准；降水量观测规范；水位观测标准；水文普通测量规范；河流流量测验规范；河流悬移质泥沙测验规范；河流推移质泥沙及床沙测验规程；河流泥沙颗粒分析规程；水质监测规范；水文自动测报系统规范	建设部 水利部
1980.7—2006.6 2006.7—	水库水文泥沙观测试行办法 水库水文泥沙观测规范 SL 339—2006	水利电力部 水利部
1991.6—2010.11 2010.12—	水位观测标准 GBJ 138—90 水位观测标准 GB/T 50138—2010	建设部 住建部、质检总局
1993.7—2016.4 2016.5—	河流流量测验规范 GB 50179—93 河流流量测验规范 GB 50179—2015	建设部 住建部、质检总局
2003.1—2006.9 2006.10—2015.11 2015.12—	降水量观测规范 SL 21—90 降水量观测规范 SL 21—2006 降水量观测规范 SL 21—2015	水利部
1992.1—2009.9 2009.10—	国家三、四等水准测量规范 GB 12898—91 国家三、四等水准测量规范 GB/T 12898—2009	国家技术监督局 质检总局、国标委
1992.12—2016.2 2016.3—	河流悬移质泥沙测验规范 GB 50159—92 河流悬移质泥沙测验规范 GB/T 50159—2015	建设部 住建部、质检总局
2002.10—	水文基础设施建设及技术装备标准 SL 276—2002	水利部
2006.5—2021.11 2021.12—	声学多普勒流量测验规范 SL 337—2006 声学多普勒流量测验规范 T/CHES 61—2021	水利部 中国水利学会
2007.10—	地面气象观测规范 QX/T 45—66—2007	中国气象局
1993.6—2010.3 2010.4—	河流泥沙颗粒分析规程 SL 42—92 河流泥沙颗粒分析规程 SL 42—2010	水利部 水利部
1988.1—2009.12 2009.12—2021.1 2021.2— 2000.1—2012.12 2013.1—2021.1 2021.2—	水文年鉴编印规范 SD 244—87 水文年鉴汇编刊印规范 SL 460—2009 水文年鉴汇编刊印规范 SL/T 460—2020 水文资料整编规范 SL 247—1999 水文资料整编规范 SL 247—2012 水文资料整编规范 SL/T 247—2020	水利电力部 水利部 水利部 水利部 水利部 水利部
1989.1—2014.2 2014.3—	水面蒸发观测规范 SD 265—88 水面蒸发观测规范 SL 630—2013	水利电力部 水利部
1997.6—2015.4 2015.5—	水文调查规范 SL 196—97 水文调查规范 SL 196—2015	水利部
2015.6—	受水利工程影响水文测验方法导则 SL 710—2015	水利部
2007.6—2016.1 2016.2—	土壤墒情监测规范 SL 364—2006 土壤墒情监测规范 SL 364—2015	水利部

续表

水文观测时段	执行的技术标准或规范规程	发布单位
1997.6—2016.2 2016.3—	水文巡测规范 SL 195—97 水文巡测规范 SL 195—2015	水利部
2017.7—	水文测站考证技术规范 SL 742—2017	水利部
2017.7—	水文测验质量检查评定办法（试行），水文测〔2017〕88 号	水利部水文局
2013.3—	水文测船汛前自检规程，水文监测〔2013〕92 号	长江委水文局
2003—2021 2022—	质量管理体系文件（A–F 版） 质量、环境和职业健康安全管理体系（2022 版）	长江委水文局
1996.3—	质量管理体系文件（1–8 版）	三峡中心
2010—	水文测验操作手册（含水质监测）	三峡局

第 4 章　水文泥沙情报预报

4.1　专业职能与队伍建设

4.1.1　主要职责

三峡局水情预报室担负着以长江中游控制站宜昌水文站（集水面积 100.6 万 km²）为重点，干流巴东至枝城（2003 年后延伸至沙市）之间水情站点的水文情报预报工作。葛洲坝工程和三峡工程兴建后，在各级政府和长江委的领导下，水情工作有了长足的发展，为长江防洪抗旱、调度管理和工农业生产做出了应有的贡献。

根据 2012 年“三定”方案，水情预报室的主要职责为：①负责该局测区自动测报站维修、通信保障，水情信息监控及报汛（含报汛管理），水文预报，三峡水库泥沙预测预报，网络运行维护工作。②承接三峡局下达的专项科研课题、市场创收项目。③承担水情自动测报预报技术创新工作（含预报技术、网络技术、通信技术应用，水文情报管理等）。④负责日常事务（内务与外联）管理工作。⑤负责临时聘用员工的管理工作。⑥完成上级交办的其他任务。

4.1.2　团队建设

1981 年以前，宜昌水文站的水情报汛由该站负责发布，1959 年汛期开展过水情预报工作，在宜昌市二马路设立水情公告牌公布重庆以下宜昌水情实况及未来三天的水情预报。

1981 年 11 月，根据 1981 年 9 月 28 日长办水文局“为了加强掌握上游的水情，为了葛洲坝工程的设计、施工、运行及时提供可靠的水文情报预报”要求，筹建宜实站水情组（股级建制），编制为 10 人。主要任务是对外提供宜昌水文站短期洪水预报服务，对内提供葛洲坝水情预报服务。1982 年 5 月正式发布预报。宜实站升格为葛实站后，水情组和科研组合并为水情科。1994 年机构改革，成立三峡局，水情科改为水情预报室。水情预报组（科、室）历任主要负责人：刘道荣、谭济林、钟友良、龙德芬、刘天成、闫金波、邹涛、李秋平等。

经主管部门同意，1995 年在水情预报室基础上成立宜昌长江水情咨询服务部，由钟友良任经理，龙德芬任副经理。1999 年改由刘天成负责水情咨询服务部工作。2000 年水情咨询服务部注销，相关业务并入禹王公司经营管理。

4.2　水文情报工作

宜昌水文站的水情拍报（报汛），每次发报均由水位观测员通过电话把电文报至邮电局报房，再由报房发出。1981 年成立水情组后，与邮电局联系架设电传专线，共投资 7448.97 元。1982 年 4 月，与邮电局签订“关于通水情电传电路及一报三传协议书”，布设电传机 3 台、水位观测房专线电话 1 部，所有宜昌水文站的发报任务都通过水情科电传机直接发出。汛期，每天向北京及宜昌以下长江流域各省（直辖市）的水利或防汛部门40余个单位发报（市内除外），一般每天 2 ~ 4

次，汛情紧张时每天发 8 ～ 9 次，近 300 份，年发报 1.2 万～ 1.4 万份。各地的来报也通过电传机接收，年收报 4.5 万～ 5.5 万份。

水情预报所需的情报来源，先是“一报三传”，即情报经宜昌市电信局转发至葛电厂、葛洲坝工程局和水情预报室，1983 年 4 月改为“一报二传”，总体上转报费用较高，1986 年取消，改由重庆水文总站提供寸滩、万县预报，并在清江布设了少量雨量站。

1983 年 5 月，长办水文局在上游地区架设了 10 个电台，即武胜、小河坝、罗渡溪、北碚、寸滩、武隆、清溪场、忠县、万县、奉节，加上重总（重庆）、葛实站（宜昌）、水文局（武汉）共 13 个电台。其中，葛实站 150W 单边带电台于 1983 年 5 月 1 日架设，接收由重庆万县或武隆台中转的上游 10 个电台情报，同时向武汉发报宜昌水位。枯季一般每天开机 1 次，汛期一般每天开机 4 ～ 5 次，高水时临时加开。

水文作业预报所需的情报站网，除了初期局部地区或较短期间内由三峡局自行解决外，都是通过长办水文局预报处统一进行委托的。1982 年机构建立时设备非常简陋，所有情报全靠 3 台 55 型电传机收发。1983 年安装了 150W 单边带电台，1990 年逐渐淘汰了 55 型电传机，先后改为 D220 电传机和津科电传机，1992 年淘汰了电子管的单边带电台，改用 IC–735、1000W 短波电台。在报汛方式上，长江委的测站通过电台接收，地方上的测站通过电传机接收，这种办法维持了 10 年。1997 年，在上级领导和长江委水文局预报处的支持下，先后建立水情预报室局域网和全国防洪广域网宜昌水情分中心。1998 年起，除了三峡局属的几个测站的情报仍用电台接收，地方上的少数测站仍用电传机接收以外，其他情报都由广域网传送，大大减少了情报站网的重复委托和重复发报，提高了时效，节省了报汛成本。

20 世纪 90 年代前，水位采集记录主要为接触式、浮子式等机械形式的设备，雨量采集为计量瓶接雨、人工计量。随着电子技术的发展，从 20 世纪 90 年代末到 2013 年，三峡局开始使用现代的自动遥测设备。先后引进多种自动遥测设备，水位计采用了英国 LINTRONIC 高精度气泡式水位计、澳大利亚 MINDATA2100 型气泡式水位计、澳大利亚 WL3100 型气泡式水位计、YAC9141 型浮子式水位计、麦克压阻水位计等，遥测终端采用了长江委水文局技术中心 YAC2000 型、澳大利亚项目 SCADA 配套设备，数据传输信道采用 VHF、PSTN、海事卫星等，供电采用太阳能充电蓄电池供电系统。1993 年开始，应三峡工程建设需要，三峡局科研室与厦门海天高新技术研究所进行技术合作，建设导流明渠控制水位自动测报站；系统由太阳能充电蓄电池供电，超声波遥测水位仪采集处理存储数据，VHF 单信道收发数据；1997 年 6 月完成全部设备的安装调试并开始运行至工程需求结束。2004 年，经过多方努力，成功将不同项目建设的系统整合到同一技术平台，于 2005 年实现中央报汛站的自动报汛。2014 年起，所有水雨情站的遥测设备陆续更新或新装为新设备，遥测终端为长江委水文局技术中心研制的 YAC9900 型遥测终端机，水位计为澳大利亚 HS40 型气泡式水位计，数据传输信道为 GPRS、北斗卫星主备信道。

水情预报室（水情分中心）承担了三峡局测区所辖共计 31 个报汛站点的报汛任务，其中 7 个中央报汛站为巴东（三）、茅坪（二）、三斗坪（二）、黄陵庙（陡）、南津关（二）、5#、宜昌，报汛主要内容含雨量、水位、相应流量、实测流量、旬月雨量、旬月平均水位、旬月平均流量、旬月极值、含沙量、水温；24 个流域报汛站为秭归（三）、庙河、太平溪（二）、伍相庙、雷劈石、黄陵庙（老）、莲沱、喜滩、狮子垴、石牌、平善坝、黄柏河口、8#、李家河、庙咀、宝塔河、胭脂坝（二）、艾家镇、磨盘溪、虎牙滩、杨家嘴、梅溪河口（二）、大宁河口、沿渡河口，报汛主要内容为水位。报汛接收处理系统由湖北一方技术有限公司开发的水情数据接收处理系统、水文自动监测管理系统、水文多要素平台系统；报汛数据交换系统为水利部信息中心研发。

长江委网信中心宜昌分中心筹建于1996年，负责长江委在宜各单位通信汇接，通过荆江微波长途传输电路连接至武汉（网信中心机房），通过建立卫星地面站，采用休斯卫星系统通过“亚卫2号”卫星与水利部建立通信链路。2004年4月，宜昌分中心机房迁至三峡局新办公楼四楼，同时铺设了机房至宜昌分局光纤线路，打通光纤通信电路用于防汛测报。2006年采用德国西门子语音网关设备传输语音信息，实现了宜昌分中心与长江委网信中心之间的光纤通信。2008—2012年，宜昌分中心机房通往三峡集团的微波线路改用租赁光纤线路，利用黄陵庙分局与三峡集团光纤线路，实现了黄陵庙分局至宜昌分中心的光纤线路连接，实现网络信息和语音线路的直达。截至2022年底，三峡局测站数据到分中心主要有GPRS和北斗卫星（除三斗坪、茅坪的中央报汛站）两条信道；分中心数据与长江委水文局的数据交换有四条信道，分别为中国移动专线、中国电信专线、VPN专线和水利卫星，与三峡梯级调度通信中心的数据交换信道为中国联通专线。2018年，完成机房的模块化架构设计和改造，截至2021年底，机房消防、照明等辅助设施设备全部改造完工，基本达到业务需求及相关规范要求。

4.3 水文预报工作

三峡局成立水情组后，先后派员到长办水文局预报科和重庆水文总站学习和搜集预报方案。为进一步了解作业预报区内的情况，1982年汛后，钟友良、郭家舫到清江流域的8个县开展调查并搜集资料，随后又增加唐庆霞与长办水文局预报科2人、国家防总1人组成调查组到上游干流部分地区开展调查，重点了解长寿境内的龙溪河梯级水利枢纽、小江水库、磨刀溪龙角水文站等。水情组枯季一般不预报，汛期（5—10月）每天发布宜昌预见期三天的预报。高水期间向汉总、荆实站及其下属水文站等14个单位发布宜昌水文站的洪峰预报，当三江拉沙时发布拉沙预报。1985年，荆实站设置电台和遥测系统后，停发了宜昌的洪峰预报，仍保留发布拉沙预报。为了葛洲坝二期工程施工的需要，1985年11月至1986年3月，每月向长办葛洲坝工程设计代表处提供一个月以内各旬的中长期预报。

1982年，三峡局预报工作国家开始时，基本的预报方案是由长办水文局预报处提供，以后结合工作实际，逐年进行补充和局部修改，形成了一套完整实用的预报方案。作业预报以手工为主，1988年购进PC–1500计算机以后，在较短时间内编制出一套河道流量演算程序投入生产。1997年建立局域网和广域网后，从长江委水文局预报处引进专家交互式预报系统，该软件是集降雨径流、河道流量演算为一体的人机交互式软件，投入生产后，在提高预报精度、增强预报实效上起到良好的作用。1999年引进卫星云图接收系统，加强了对预见期降水的掌握。当前作业预报的主要手段是采用微机和人工分析相结合的办法。

在三峡水库蓄水运行以前，水文预报方案采用传统方法，即产流采用$P–P_a–R$三变量相关图，汇流采用谢尔曼综合单位线，流量演算用马斯京根法，还有使用较多的水位（流量）相关图、水位流量关系图。

三峡水库蓄水后，宜昌水文站流量受工程调度影响明显，且三峡至葛洲坝（两坝间）区间支流来流量相对较小（一般不考虑），故其流量预报主要依据三峡、葛洲坝水库出库流量计划，并参考《三峡、葛洲坝出库流量率定》中出库流量与宜昌水文站流量的相关关系，同时考虑不同流量级洪水传播时间计算得到。

三峡水库的出库流量＝三峡总出力 × 流量耗水率；满发后，出库流量＝三峡总出力 × 流量耗水率＋弃水流量。葛洲坝水库的出库流量＝葛洲坝总出力 × 流量耗水率；满发后，出库流量＝葛洲坝总出力 × 流量耗水率＋弃水流量。

受三峡、葛洲坝水库调度影响下的宜昌水文站短期水文预报方案如下：

（1）葛洲坝电站不满发的情况

葛洲坝电站不满发的情况，主要是由于上游来水较小，三峡出库流量较小。该情况下，葛洲坝电站一般具有一定的反调节能力，在预报过程中首先关注三峡出力计划与葛洲坝出力计划是否协调一致，若各时段（尤其是早 8 时前后）电站出力计算的出库流量协调一致，则宜昌水文站的流量 = 出库流量 ± 常数，即宜昌水文站流量 = 三峡总出力 × 流量耗水率 ± 常数。若葛洲坝电站出力计划与三峡出力计划不一致，则主要参考葛洲坝出力计算，并考虑由反调节作用后葛洲坝水库的水位变化引起的流量耗水率变化。

根据《三峡、葛洲坝出库流量率定》：当葛洲坝电站调峰时，葛洲坝出库流量与宜昌流量有较好的相关性，且以宜昌流量偏大为主，偏大范围分布较均匀。

（2）葛洲坝电站满发或弃水的情况

葛洲坝电站满发或弃水的情况下，一般不考虑葛洲坝的出力计划，重点关注三峡电站出力计划，宜昌水文站流量 = 三峡总出力 × 流量耗水率 ± 常数。

根据《三峡、葛洲坝出库流量率定》：当葛洲坝泄洪时，葛洲坝出库流量与宜昌流量有较好的相关性，且以宜昌流量偏小为主。葛洲坝出库流量与宜昌流量的偏差范围基本在 ±10% 以内，集中在 ±5% 以内。根据数学模型概化计算成果，同步瞬时流量差异在 ±6% 之间。宜昌流量较葛洲坝出库流量偏大的时段主要是退水过程，且退至谷底时偏大最大；宜昌偏小的时段主要是在涨水过程，且涨至洪峰时，偏小最大。

（3）三峡电站未满发的情况

三峡电站未满发的情况，一般考虑三峡电站出力计划，宜昌水文站流量 = 三峡总出力 × 流量耗水率 ± 常数。该情况下重点关注三峡水库各阶段调度原则及调度规程，掌握调度趋势，预估流量耗水率变化趋势及出库流量整体涨落趋势。

（4）三峡电站满发或弃水的情况

三峡电站满发或弃水的情况，主要是由于上游来水较大，一般超过 3 万 m^3/s，该情况下一般由长江委下达调度令对三峡水库出库流量进行控制。宜昌水文站流量可直接根据调度令要求的三峡水库出库流量计算，即宜昌流量 = 三峡水库出库控制流量（调度流量）± 常数。此种情况下，重点关注水库调度规程及上下游来水情况，提前预判总体调度趋势。

宜昌水文站水文要素受到多种因素的影响，特别是利用相应流量报汛线预报时，应主要考虑如下六种影响因素：区间来水、变动回水、峰型、传播时间、水位流量关系及电站调度等，预报中需根据具体情况考虑主要影响因素。

4.4　水情服务工作

4.4.1　公益水情预报服务

三峡局成立水情预报组的主要任务是开展公益水情服务。1982—1992 年的水情服务还有一个重点，就是为葛洲坝工程服务，常年向葛电厂、葛洲坝工程局、船闸调度室提供水文情报和预报。

水情服务包括水文情报和预报，提供的方式有电报和电话两种。市外主要用电报，市内全部采用电话。汛期每天向全国各地 40 余个单位拍发水文情报，高水时根据有关文件要求向荆江河段及洞庭湖区 14 个单位发布水文情报和洪峰预报，同时向相关水文（位）站发布洪峰预报、葛洲坝引航道拉沙预报。

1989 年 7 月中旬，在长江上游来水的同时，遇三峡区间特大暴雨，加上清江来水顶托，宜昌水位 24 小时涨幅达 4.94m，最高水位 54.15m，水情预报室迅速准确地预报（预见期一天，误差 0.10m），及时通知有关单位。宜昌地区防办得到预报后，立即通报湖北省防总，并迅速组织力量深入防汛第一线，从而避免了一次可能发生的严重损失。

1998 年，长江出现全流域性的大洪水，荆江河段的水情十分严峻，随时都有分洪的可能。随着洪水的推进和区间暴雨的继续，为确保荆江大堤的安全，必须动用清江隔河岩水库和葛洲坝水库错（滞）峰。水情预报室在与两个水库保持联系的同时，与长江委水文局预报处和三峡前方水情预报中心加强联络，每报出一组数据都经过认真分析、反复研判。宜昌每次洪峰预报的准确及时，给隔河岩调度提供了有力的参考依据，在各方的共同努力下，最终使隔河岩水库充分发挥了水库的调洪错峰作用，从而减少了对荆江的压力，避免了荆江可能的分洪。

为配合长江中下游的防洪形势，水情预报室 8 段 8 次发报长达两个多月，逐时发报累计近一个月，最高峰时半小时一报，做到了关键时刻“顶得住、测得到、报得出、报得准”，被长江委水文局授予“98 防汛抗洪先进集体”的光荣称号。

4.4.2 水情预报有偿服务

为搞好地方服务，三峡局在 1983 年、1984 年曾对宜昌市沿江 20 个余个厂矿企业事业单位开展调查，把 40 余个经常提供水情的单位分成三类，根据不同情况主动提供水情无偿服务，深受用户欢迎。1985 年起，三峡局开展水情有偿服务，与 11 个单位签订了水情有偿服务合同。1986 年，签订水情有偿服务合同单位 5 个，其余仍为公益服务。

水情机构的任务和作用远超过 1981 年文件规定的范围，除预报外，还承担着繁重的情报任务。从成立起，水情机构便承担了宜昌水文站全部情报的拍发任务，汛期一般每日 4 次，发报的单位最多时达 60 余处，以后虽逐年有所减少，但近年又增加了巴东、茅坪（二）、三斗坪、黄陵庙、南津关、葛洲坝坝上（5#）站等的发报任务，每天都定时从测站接收，通过水情预报室往外发出，高水时 8 段 8 次甚至逐时发报，投入大量的人力物力。在预报方面，每天定时做好宜昌水文站的预报，遇到较大的洪峰还拍发三峡河段巴东至马家店 9 个主要站的洪峰预报；清江隔河岩开工前后拍发长阳的洪水预报；三峡工程开工以后，预报任务再次增加，从 1997 年起水情预报室派员长驻三峡工地与长江委水文局预报处共同组成三峡前方预报组，参与三峡截流和施工预报。

多年来，水情预报室为葛洲坝工程、隔河岩工程、三峡工程，为各级防汛部门和地方厂矿等企事业单位，及水文河道测验等提供了优质的水情服务，在防汛中当好了耳目和参谋。

4.4.3 三峡施工期水情预报服务

三峡局介入三峡工程施工区水情预报是从 1993 年开始。在宜昌向三峡施工单位（如葛洲坝工程局三峡指挥部等）提供三峡施工区的水文情报、预报。1997 年长江委水文局与三峡总公司签订水文预报合同，为方便工作，长江委水文局预报处与三峡局水情预报室共同组成三峡施工前方预报组，1997 年 4 月进驻三峡工地，开展三峡施工期预报工作。其中，中长期预报及短期天气预报由预报处后方提供，前方预报组主要是作短期水情预报，每天向三峡总公司提供 12 小时、24 小时、48 小时坝址流量及水位预报，必要时增发 3 ~ 5 天的水情预报。截流时提供龙口水力要素预报。

1997 年 11 月，三峡工程大江截流，由于中长期预报准确，对于合理确定截流时间起了关键的作用。截流过程中准确的短期水情及龙口水力要素预报，对于合理安排施工进度，选择抛投料颗粒的大小，如何采取相应的安全保障措施等提供了有力的技术支撑。

1998 年，长江出现全流域性大洪水，前方预报组成功地预报了 8 次流量在 5 万 m^3/s 以上的洪峰，并在 1999 年和 2000 年也准确及时地预报了多次出现的较大洪峰。为工程安全施工、防汛和应急转运提供了决策依据和应对时间。

导流明渠是三峡二期施工时的唯一泄水通道，同时也担负着施工期通航的重大任务。通航标准按长航船队流量 2 万 m^3/s 以下、地航船队 1 万 m^3/s 以下确保通航设计，因此当来水流量超过上述标准便要启动临时船闸，而临时船闸的通航能力为 4.5 万 m^3/s 以下。当来水流量达到或超过 4.5 万 m^3/s 时，临时船闸便封航。当来水流量达到 5.5 万 m^3/s，工程防汛进入警戒状态；当来水流量达到 6.5 万 m^3/s，工程防汛进入抢险状态。除此以外，还有汛后的清淤工作等，所有调度措施都要以预报为依据，如果预报不准确，导致调度失误，将会造成不可估量的损失。

4.4.4　三峡水库运行水情预报服务

三峡工程自 2003 年蓄水运用以来，总体上包括三个重点阶段，即水库蓄水调度期、水库消落调度期和汛期洪水调度期，见图 4.4–1。水情预报服务除公益外，重点就是三峡工程和葛洲坝工程。三峡局与长江电力三峡梯级调度中心签订长期的水情预报服务协议（分年度实施），内容包括：水情报汛服务、水情站网维修维护、水文泥沙预报服务、蒸发气象服务等内容。

三峡水库蓄水运用，上游来水受水库库区环境、下垫面变化及水库调度影响，短期水文预报难度加大，水情服务做出重大调整：重点围绕蓄水期（汛后）、消落期（汛前）及汛期的水文变化过程，做好水雨沙情报汛；重新研究宜昌—沙市短期水文预报方案；探讨水库泥沙预测预报和引航道水位预测预警等；整合报汛、水文预报、泥沙预报系统，研制开发计算机软件，均取得较好的效果。

4.4.5　水情记录三峡水库运用全过程

三峡工程于 2003 年 6 月进入围堰蓄水期，坝前水位汛期按 135m、枯季 139m 运行；2006 年汛后初期蓄水后，坝前水位按汛期 144m、枯季 156m 运行；2008 年汛末三峡水库进行 175m 试验性蓄水，当年和 2009 年均未蓄满 175m，自 2010 年开始至 2021 年，均蓄满 175m，工程于 2021 年通过国家级验收并进入正常运行。图 4.4–2 为水情记录的坝前水位历史演变图。

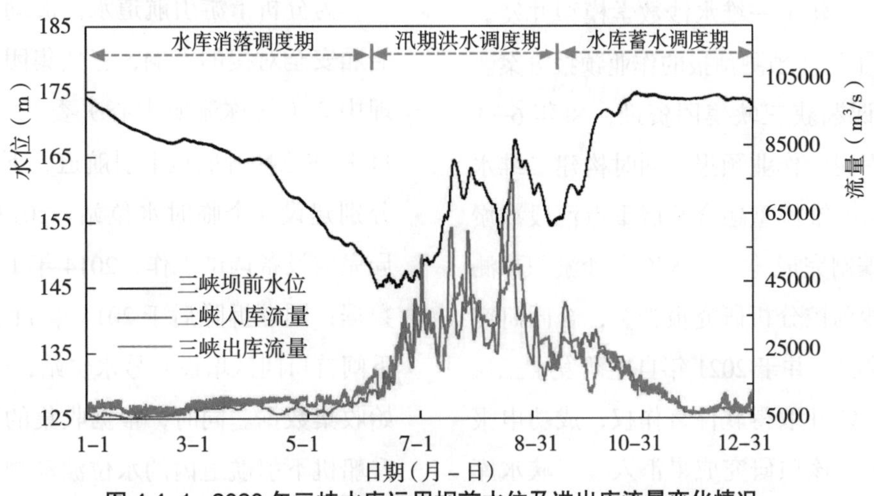

图 4.4–1　2020 年三峡水库运用坝前水位及进出库流量变化情况

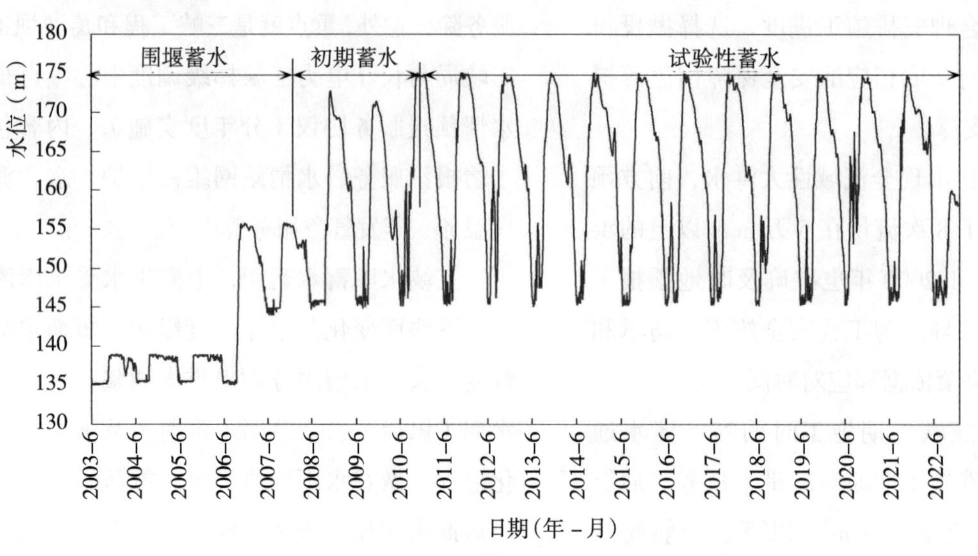

图 4.4-2　三峡水库坝前水位历史演变图

4.5　重点分析研究工作

4.5.1　三峡水库泥沙预测预报研究

三峡水库 2003 年 135m 围堰蓄水和 2006 年 156m 初期蓄水运用后，三峡集团委托三峡局开展蓄水过程原型观测研究，三峡局联合中国水科水电科学研究院，通过原型观测分析发现蓄水后入库水沙异步传播特性十分明显。当时设想利用这一特性开展水库泥沙短期预报，为三峡水库排沙减淤调度提供依据。三峡局将这一设想下达给水情预报室，先期在 2008 年水库 175m 试验性蓄水中探讨，后在 2011 年较系统地探索研究三峡水库泥沙传输规律，构建了一维水沙数学模型并发表相关论文，提出了泥沙预测预报的作业预报方案。2013 年该研究课题获三峡集团资助，每年 6—9 月开展三峡水库泥沙作业预报，同时构建二维水沙数学模型，与一维模型融合开展重点河段冲淤预测，2015 年编制完成《三峡水库泥沙淤积预测预报与水库水沙调控分析研究报告》，合同研究课题通过业主验收，并于 2021 年自主研发了三峡水文泥沙预报系统并取得软件著作权，成功申报专利（已受理）。该项研究成果汇入“三峡水库泥沙运动规律与预测调控”获 2021 年度中国大坝工程学会科技进步奖特等奖。

三峡水库泥沙预报方案是主要基于水动力学模型，理论上预见期与上游寸滩站流量预报预见期相同（3 天），但考虑到三峡蓄水后泥沙在库区传播时间较长，同时分析影响模型泥沙计算精度的主要控制条件和进口含沙量的实时校正，该模型对坝前含沙量过程的预见期可延至 5 ~ 7 天，对万县及其以下河段含沙量过程预见期可延至 5 ~ 6 天，对清溪场及其以下河段含沙量过程预见期可延至 4 天，见图 4.5–1。

4.5.2　升船机引航道复往流预测预警系统研制

为分析下游引航道水位波动对升船机下游承船厢安全对接的影响，三峡集团流域枢纽运行管理中心（简称流域中心）委托三峡局于 2013 年 11 月在三峡升船机上引航道、下引航道围堰以下分别建设 4 个临时水位站。2013 年 12 月，三峡局完成设备调试工作，2014 年 1 月正式开始收集数据；围堰拆除后于 2014 年 11 月开始在升船机下闸首口门区增设 0 号水位站，于 2015 年 3 月开始收集数据。同时，根据收集的数据资料开展了升船机下引航道内的水位波动规律研究。建站以来的数据初步分析成果表明，升船机下引航道的

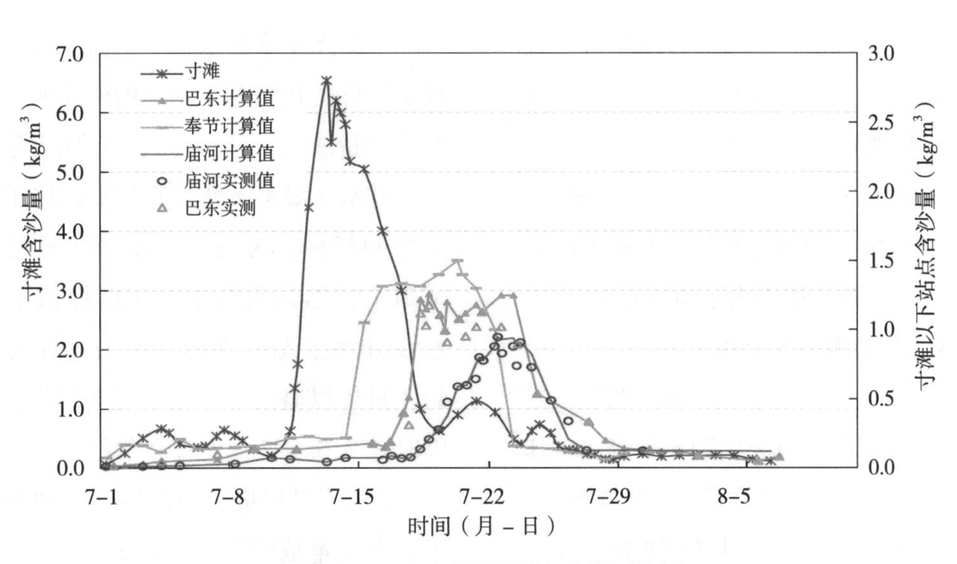

图 4.5-1　水库泥沙预报与实测对比图

水位波动由下游向上游呈逐渐增大的趋势，且升船机下引航道的水位波动受枢纽泄洪和电站调峰影响较大，短时泄洪量大、电站调峰量大时引起的水位波动可能会超过升船机下闸首承船厢的允许误载水深，对承船厢的安全对接十分不利。

为进一步减小由三峡升船机上、下游引航道水位变化幅度较大、变化速率快引起对船舶进出厢安全、船厢对接安全、闸首设备运行安全及船厢误载水深控制等产生不利影响，2021年，流域中心委托三峡局开展了升船机上下游引航道往复流观测及预测预警系统建设。通过建立升船机引航道内水位观测站实时观测引航道内水位波动变化，预警承船厢对接时承船厢附近的水位波动；同时根据构建的水位预测模型实时滚动预测预警承船厢对接时的水位波动过程。该项目完成水位站系统和预测预警系统的建设内容，均投入试运行阶段。其中水位站系统采用光纤传输、水位站数据采集频次为 5s，突破了水文报汛站的测报要求。而预测预警系统则是在水位站系统实时水位数据的基础上，采用 LSTM 神经网络算法构建水位预测模型。根据试运行的算法结果显示，预测精度基本能满足预见期 20 分钟，预测误差 ±10cm，合格率为 90% 的要求。下一阶段主要针对水位站系统建成以来收集的 5s 一次的水位数据进行算法的优化调整。

4.5.3　三峡水库生态调度“四大家鱼”自然繁殖效果监测分析

自 2011 年开始，三峡集团经长江委（长江防办）调度批复，已经连续 11 年实施了针对四大家鱼自然繁殖的生态调度试验，三峡局作为水文要素监测单位连续在生态调度期间开展了针对四大家鱼自然繁殖的生态调度水文要素监测及成果分析工作。与中华鲟研究所初步讨论监测实施计划后，根据其相关要求拟定水文要素监测方案，在生态调度期间（3 ~ 7 天）开展水文要素监测。监测的河段主要为红花套河段（主要产卵场）、宜都弯道河段（鱼卵鱼苗监测场）及其下游其他产卵场河段，主要监测内容及方法如下：

（1）水位监测：水位采用艾家镇、磨盘溪、虎牙滩、红花套等自记站自记水位。其余各断面水位根据河段不同流量级下的河道纵比降推算得到。

（2）水温测验：根据宜昌水文站长系列水温观测分析，三峡水库蓄水后出现明显的滞温现象，春季出现 18℃延迟 20 天左右。因此，每年根据宜昌水文站水温趋势预报信息作为生态调度的基础，在调度期间，每天9时在监测断面中泓位置沿水深方向施测分层水温（11点），每两小时观测一次，每个过程观测3～4次。

（3）流速分布测验：采用走航式ADCP测验。每个断面的测速垂线一般均匀布设，深槽主泓加密测速垂线，垂线间距一般不大于100m，断面垂线不少于10线。每天测验5个测次。

（4）流量测验：采用走航式ADCP测流，流量测验与流速测验同步，每天实测5个测次。其余时段流量可按照水位—流量关系线进行查算。

（5）大断面测量：采用软件Hypack，Trimble 852GPS断面测量、DGPS平面定位及HY1601回声测深仪进行12个断面的大断面测量。

根据多年来的水位要素监测成果，结合河段水文条件变化情况及中华鲟研究所监测的早期鱼类资源量成果，分析得到了“四大家鱼”产卵的适宜性水文要素条件，并初步提出了生态调度水文控制指标，为三峡水库精准开展促进“四大家鱼”自然繁殖的生态调度提供了科学依据：建议开展生态调度的时间为5月底至6月中上旬，具体以监测的水温数据为依据；建议生态调度时长为5～7天，且有条件的情况下尽量维持1～2天，以促进家鱼规模化产卵充分；建议生态调度流量范围为1万～2万m^3/s，日均流量涨幅1000～1500m^3/s，起涨流量范围为1万～1.5万m^3/s。

第 5 章　水质水生态监测与评价

5.1　专业职能与队伍建设

5.1.1　专业职能

三峡中心是具有法人资格、从事水环境监测与分析研究的事业单位，是水利系统在长江流域三峡区段的主要监测机构，为保护与开发长江水资源、水库调度管理、河流（水库）泥沙研究等收集基础资料、提供科学依据。历经 50 余年的发展，尤其是经过 1996 年国家计量认证以及连续 6 次换证评审，三峡中心从一个分析室发展成为具备一定技术实力、仪器设备与技术方法比较完善的检测机构，是鄂西地区水环境监测领域的一支重要技术队伍。

三峡中心的主要职责包括：①依据《水法》《水污染防治法》《取水许可管理条例》等法律、法规和标准，独立地对辖区水资源质量进行监测；②负责辖区内地表水、地下水、降水、废污水的水质水量监测，对辖区内的取水口、退水口、重要集中饮用水水源和水利（水电）工程、水环境治理工程的前期及施工期的水资源质量实行监督性监测；③提出辖区内水域纳污能力和限制排污总量的意见；④负责辖区内水环境、水生态监测数据的收集、审查、汇编，配合上级整理储存和编制水质资料年鉴；⑤为政府和公众提供实时水质信息，参与辖区重大水污染事故和由水污染引发的水事纠纷的调查；⑥开展建设项目的环境影响评价，围绕辖区内水资源保护的重点任务，组织区域性水环境水资源质量的专题调查、监测、评价、保护规划等研究工作；⑦面向社会接受委托开展专业技术服务；⑧负责辖区内河流泥沙、水库泥沙、过机泥沙等泥沙颗粒分析及相关的实验研究工作；⑨ 2011 年成立的应急支队，水环境污染应急监测调查是主要业务之一。

5.1.2　团队建设

1946 年宜昌水文站设立，增加含沙量测验，仅限于沙样的烘干称重。1957 年 8 月，宜昌水文站建立水化学分析室。1960 年宜昌水文站设立泥沙颗粒级配分析室。1970 年，宜昌水文站开展葛洲坝工程坝区水环境监测。

1973 年宜实站成立，下设泥沙分析组，主要开展宜昌水文站和葛洲坝工程坝区泥沙颗粒级配分析工作；1974 年，增加南津关、胭脂坝及虎牙滩三个断面水质分析任务；1976 年，增加支流黄柏河的晓溪塔、夜明珠两个断面水质分析任务。

1978 年 8 月，长办临时党委长发〔78〕字第 73 号文通知建立长江水源保护局宜昌监测站，站领导由宜实站领导兼任，原宜昌水文站水化学分析室业务划入宜昌监测站，为宜昌监测站下属水质分析室。1979 年 5 月，增加万县河段两个断面的水质监测分析任务。

1980 年，宜昌监测站开展葛洲坝库区水质调查。在干流布设 9 个监测断面：奉节关刀峡、白帝城、巫山、巴东、秭归、太平溪、黄陵庙、莲沱、石牌；在支流布设 6 个监测断面：大宁河、香溪、大平溪、乐天溪、莲沱溪、下牢溪。

1986年，为便于对内对外工作，葛实站加挂“长江水资源保护局宜昌水资源保护监测站”牌子。1993年9月，成立长江三峡水环境监测中心（简称“三峡中心”），与葛实站合署办公，水质分析室为三峡中心下属业务部门。

1996年，三峡中心首次通过国家级计量认证。

2002年12月，三峡局内部机构改革，泥沙分析组并入水质分析室，改名为水质泥沙室，为内设正科级机构，新增三峡水库库区床沙、电站过机泥沙颗粒分析，以及水库淤积物干容重和泥沙絮凝沉降等实验分析任务。

2012年，按照长江委水文局“三定”方案，水质泥沙室更名为水环境监测分析室，负责完成辖区内的各项水环境监测任务和泥沙颗粒级配、干容重等泥沙分析任务。2016年，水环境监测分析室升格为副处级机构，干部按一正两副配备。

5.1.3 主要负责人

三峡中心（含前身宜昌监测站）主要领导均由宜实站、葛实站、三峡局领导兼任。下设的水环境监测分析室（含前身水质分析室和泥沙分析组）主要负责人如下：

水环境监测分析室：1982年成立葛实站后，明确水质分析室为股级建制，1991年升格为正科级建制。1985年首次任命吴学德为水质分析室主任，1999年高千红接任主任。2016年明确水环境监测分析室为副处级内设事业单位，按一正两副配备干部，高千红任主任，江玉娇和叶绿任副主任。

泥沙分析组：1973年宜实站明确泥沙分析工作由技术组负责；1982年葛实站成立后，于1984年设立泥沙分析组，首任组长汪福盛；2002年机构改革并入水质泥沙室，由一名室领导分管泥沙分析工作。2012年“三定”方案，水质泥沙室改为水环境监测分析室，由一名副主任分管泥沙分析工作。

5.2 主要监测业务

具备地表水（含农田灌溉用水、渔业用水）、地下水、饮用水、污水及再生水、土壤沉积物与固体废弃物、水生生物等环境要素的监测能力，主要业务包括三大块：水环境（水质）监测分析、河流泥沙分析和水生态监测（试点）。

5.2.1 水质监测调查

水质监测调查经历了萌芽（1957年）、起步（1978年）、提高（1996年）等发展阶段。按时间序列分述如下：

5.2.1.1 探索阶段

水质采样方法的探索。从1957年8月宜昌断面中泓一点法取样，到1970年葛洲坝施工区的五点法取样，再到1974年宜昌、南津关、胭脂坝及虎牙滩四断面的全断面三线六点法采样，1977年上述四个断面改用全断面均匀分布5条垂线，分上、中、下三层取样等，不断探索和优化水质监测采样方法。

水环境调查方法的探索。从1960年10月开展巴东至楠木园河段水质调查，到1970年开展葛洲坝施工区水质监测调查，再到1975—1976年清江水质污染调查，都是对固定水文断面水质监测的补充，是从点到线再到面的扩展，进一步探索水质监测调查方法。

水环境监测站网与评价的探索。从1957年一个宜昌断面，到1974年增设南津关、胭脂坝及虎牙滩三个断面，再到1976年增设支流黄柏河晓溪塔、夜明珠两个断面，实际上逐步构成了葛洲坝坝区—宜昌主城区的水质监测与评价的站网体系。

5.2.1.2 起步阶段

设立水环境监测独立机构。从宜昌水文站内设的水化学分析项目，到1978年设立宜昌监测站，

1993 年成立三峡中心，是三峡地区第一支水环境监测评价机构。

水环境监测业务不断扩大。从葛洲坝工程施工区水质监测，1978 年 8 月扩大至葛洲坝水库全库区，监测范围上自奉节，下至枝城 200 余 km，共设 5 个监测断面：奉节、臭盐碛、巴东、三斗坪、枝城，取样数目增加为断面左、中、右三线。1979 年上延至万县增设水质监测断面，在左、中、右三线采样分析。1980 年开展葛洲坝库区水质调查，在长江干流奉节关刀峡、白帝城、巫山、巴东、秭归、太平溪、黄陵庙、莲沱、石牌等 9 处，和支流大宁河、香溪、大平溪、乐天溪、莲沱溪、下牢溪等 6 处取样分析。

优化水质监测评价站网体系。1986 年设立宜昌江段水质监测干流对照断面（南津关）、控制断面（宜昌）、消减断面（虎牙滩）、黄柏河支流出口控制断面（夜明珠），各断面均按左、中、右三线采样分析；1991 年 4—5 月会同宜昌市环境保护监测站开展长江宜昌江段近岸水域磷污染现状监测调查；1991—1992 年开展宜昌近岸水域水质调查工作，进一步优化宜昌城市水质监测评价站网体系。

开展水环境污染应急监测（首次）。1989 年 8 月 17 日葛洲坝库区黄柏河水域发生黄磷污染事故，宜昌监测站迅速响应，实时监测反映了当时水体的主要污染指标与现状，并探索出黄磷污染水质分析检测方法。

5.2.1.3　提高阶段

1993 年成立三峡中心，升格为正处级公益事业单位。

1992 年 8—12 月开展了长江三峡库区茅坪溪水质污染调查；1993 年起开展三峡工程坝区施工区水质监测；1994 年 6—8 月开展秭归县茅坪金矿污染调查等，进一步拓展了水环境监测业务。

1996 年，通过国家计量认证项目达到 94 项，实验室面积逐步扩大至 1000 余 m^2。

在前期常规水环境监测、水利工程施工区水环境监测调查的基础上，开展水环境应急监测，如 1993 年 4 月 4 日“秭归江段农药污染事故”水质污染监测；1997 年 10 月 8 日“云阳苯污染事故”水质监测；1993 年 5—11 月开展莲沱溪河污染调查；1997 年涪陵四氯化碳污染事故等。污染事故的应急监测成果，均及时按要求报告上级有关部门。

5.2.2　河流泥沙颗粒级配分析

自 1946 年泥沙分析起步，最初仅限于含沙量的烘干称重工作。1960 年建立简易泥沙分析室，面积不足 20m^2，开展极简单的床沙、悬移质泥沙颗粒分析，每月 1 ~ 2 次全断面混合，设备只有 1 台电热恒温箱、1 台半自动天平、1 部旧振筛机、1 套分析筛、数支粒径计管、数十支分析杯。分析方法为粒径计全沙分析法。

1973 年，开始承担基本水文站和葛洲坝坝区大量泥沙分析工作。1982 年增加南津关水文站和葛洲坝水库库区 118 个河道固定断面的床沙颗粒分析任务。

1994 年，泥沙分析实验室面积扩大至 150m^2，新增离心式粒度分布仪 2 台，引进音波式全自动振筛仪 1 台，计算机 3 台，电子天平 2 台等仪器设备。增加黄陵庙水文站泥沙颗粒分析任务，以及三峡工程坝区、两坝间及坝下游固定断面床沙颗粒分析。

2002 年随着三峡水库蓄水运行，新增了三峡水库库区床沙、过机泥沙颗粒分析，以及水库淤积物干容重分析和泥沙絮凝沉降等实验分析任务。先后引进马尔文激光粒度分析仪、LISST100X 现场泥沙（含沙量及颗粒级配）测定仪，使泥沙颗粒分析实现了高效率、高质量的快速发展。

5.2.3　水生态监测试点

自 2011 年以来，三峡中心与中华鲟研究所、水利部中国科学院水工程生态研究所等单位合作，连续开展三峡水库生态调度“四大家鱼”自然繁殖水文效果监测；2013年水利部水文局文件《关于确定北京市、长江流域和济南市为全国水文系统水生态监测示范、试点流域和试点市的通知》(水文质〔2013〕73号)，2014年长江委水文局明确三峡局为试点单位之一，其中鱼类监测是长江水文系统首家试点单位。2014年选择在三峡库区支流香溪河口、干流庙河断面开展浮游藻类试点监测；2015年调整到宜昌断面开展水生态监测试点，开展浮游植物、浮游动物、着生藻类、鱼类及鱼卵鱼苗监测；2017年增加庙河断面开展浮游植物、浮游动物、着生藻类监测；2020年增加官渡口、南津关断面作为生态监测试点断面；2022年调整为官渡口、南津关断面作为生态监测试点断面。

5.3　主要技术装备

5.3.1　水质监测技术装备

1974年以前，仪器设备比较简陋，仅有1台万分之一电光天秤，蒸馏器、电烘箱与玻璃器皿等，分析方法为比色、化学分析等手工操作。1975年仪器有所增加，设备设施主要增加和更新还是1977年以后，配置了酸度计、72型分光光度计、测汞仪、气相色谱仪、极谱仪、离子活度计、电导仪、测氧仪、显微镜、电冰箱、培养箱等较为先进的仪器设备，分析手段、工作效率和质量均有很大提高。

1982—1993年，添置了酸度计、72型分光光度计、751型分光光度计、测汞仪、气相色谱仪、极谱仪、离子活度计、电导仪、测氧仪、显微镜、电冰箱、生化培养箱等。1994年三峡工程开工后，仪器设备的配置向更先进的方向发展，更新了原子吸收仪、气相色谱仪、测汞仪、紫外分光光度计等，新增电子天平、现场测定仪等较先进的仪器设备。

2012年后，在加强生态文明建设和推动长江大保护政策形势推动下，经过“十二五”至“十四五”基建投入，实验室面积进一步扩大，大量引进配置先进仪器设备，包括：流动注射分析仪、固相萃取仪、液相萃取仪、原子荧光分析仪、红外测油仪、气相色谱仪、液相色谱仪、气质联用仪、等离子发射光谱仪、低本底α/β测量仪、TOC分析仪、离子色谱分析仪、原子吸收分光光度计、紫外分光光度计、分光光度计、酸度计、电导仪、溶氧仪、显微镜、电冰箱、生化培养箱、电子天平、现场测定仪等较先进的仪器设备，以及建设了全国产化的庙河水质自动监测站(2020年搬迁至巴东)和船载移动水质自动监测系统。

5.3.2　泥沙分析技术装备

1946年增加含沙量测验，仅限于含沙量的烘干称重，设备为普通的烘干和天平。1960年，设立简易分析室，只有1台电热恒温箱、1台半自动天平、1部旧振筛机、1套分析筛、数支粒径计管、数十支分析杯。1973年，除增加室内分析设备外，重点购置和加工了野外采样设备。

1994年，实验室面积扩大至150m^2，新增离心式粒度分布仪2台，引进音波式全自动振筛仪1台、计算机3台、电子天平2台等仪器设备。增加黄陵庙水文站泥沙颗粒分析任务，以及三峡工程坝区、两坝间及坝下游固定断面床沙颗粒分析。

1998年，引进SFY-C全自动筛分粒度仪，经比测合格投入使用，减轻了劳动强度，提高了工作效率，保证了成果质量。

2004年，实验室面积增至600m^2，同年引进马尔文激光粒度分布仪MS2000 MU(A)，经过一系列比测实验验证后于2010年1月1日正式启用，悬移质颗粒级配分析方法由重量法(粒仪结合)转换为体积法(激光仪)；2009年新增1台音波式全自动振筛仪(SFY-D)，2012年新增1台马

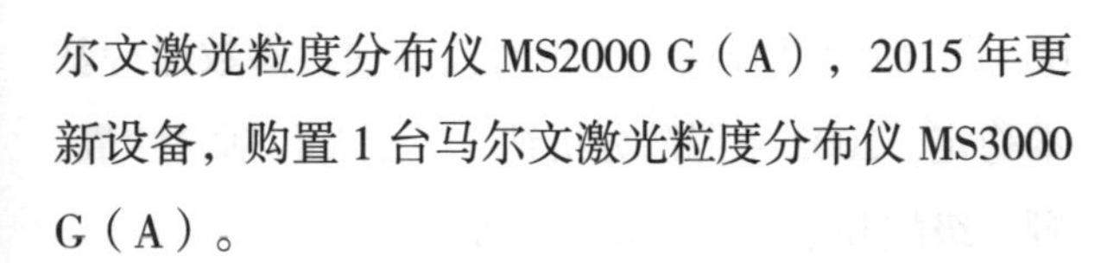

尔文激光粒度分布仪 MS2000 G（A），2015 年更新设备，购置 1 台马尔文激光粒度分布仪 MS3000 G（A）。

5.3.3 水生态监测技术装备

2003 年，三峡水库 135m 围堰蓄水、初期运行发电后，库区支流先后爆发“水华”现象，三峡中心在香溪河尝试开展藻类监测，购置生物显微镜；2010 年，引进德国莱卡 DM2500 生物显微镜；2014 年，长江流域水生态试点监测正式开展实施，2015 年补充购置水生生物采样系统，包括底栖生物采样器、底泥分子筛、双圆锥鱼卵鱼苗采集网、13 号、25 号生物网、藻类沉淀器、BBE 公司藻类分析监测仪等，2016—2017 年先后增置连续变倍体视显微镜、手持式测距仪、手持式测深仪、低温冷藏箱、生物操作台等仪器设备。

5.4 计量认证及能力建设

5.4.1 计量认证情况

三峡中心于 1996 年 3 月首次通过 CMA 国家级计量认证，首次取得中国国家认证认可监督管理委员会颁发的《中华人民共和国计量认证合格证书》，获国家技术监督局颁发的《国家计量认证合格单位》，编号：〔96〕量认（国）字（G1519）号，并分别于 2001 年、2006 年、2009 年、2013 年、2016 年、2022 年连续通过国家级复查换证评审，持续保持中国国家认证认可监督管理委员会颁发的《检验检测机构资质认定证书》。1996 年第一次计量认证项目 94 项；2001 年计量认证项目减为 60 项；2016 年调整为 65 项。2022 年按国家市场监督总局等五部委联合下发文件要求，扩至 107 项不重复检测参数，包括地表水、地下水、饮用水、污水及再生水、土壤沉积物与固体废弃物和水生生物，共六大类，监测方法多达 481 项。

5.4.2 监测能力提升

1996 年，三峡中心在宜昌市夷陵区虾子沟的实验室面积为 500m^2，2004 年搬迁至城区，实验室面积扩大到 600 m^2，建设有标准实验分析台、通风系统、排气系统，先后购置美国热电原子吸收仪（AA400）、瑞士万通离子色谱仪、国产原子荧光仪、德国耶拿 3100 型总有机碳测定仪、美国安捷伦 7890 型气相色谱仪、荷兰 SKALAR 四通道连续流动注射仪等大型仪器设备，提升实验室自动化水平，逐步接轨当时先进监测仪器、技术。

2013 年，购置生物毒性仪、电感耦合等离子发射光谱仪、高效液相色谱仪、气相色谱质谱仪，提升了实验室对有机物与农药等的检测能力。

2015 年，通过“工程带水文”项目建设，将办公楼 5 楼改造为实验室，扩大实验室面积近 600 m^2，增加了通风橱、一体化微生物室、有机前处理室、生态前处理及分析室。

2015—2016 年通过“三峡、荆江实验室能力建设项目”更新原子荧光仪、流动注射仪等仪器，购置了水生生物采样系列、显微镜、生化需氧量测定仪、气相分子光谱仪、有机前处理设备高效液相萃取仪、固相萃取仪等，加强了水生态监测能力，进一步提升了水质监测手段。

截至 2022 年底，实验室面积约 1300m^2，包括：办公室、综合业务室、分析室、会议室，其中分析室有：质控室、样品室、无机前分析室、预处理室、消解室、天平室、试剂室、等离子发射光谱室、原子荧光与原子吸收室、流动注射室、分光光度室、总有机碳分析室、有机分析室、离子色谱室、微生物室、气瓶间、仓库等。固定资产总值约 2000 万元，其中仪器价值 1300 余万元。

5.4.3 水质监测参数变更情况

1961 年以前检测分析的项目：水温、味、嗅、pH 值、色度、溶解氧、游离二氧化碳、侵蚀性二氧化碳、化学耗氧量、亚硝酸根、硝酸根、铵离子、铁离子、硅、五氧化二磷、总碱度、钙、镁、钾、钠、氟离子、硫酸根等22项。到1962年以后，陆续又增加监测分析项目：电导率、铜、铅、镉、六价铬及酚、氰、铬、汞、砷等五个毒物项目。

1980年监测项目主要包括：水温、浊度、电导率、pH值、溶解氧、高锰酸盐指数、亚硝酸根、硝酸根、铵离子、磷酸根、氟离子、氰化物、挥发酚、汞、砷、六价铬、镉、铜、铅、镍、总碱度、总硬度、氯离子。

1990年代初，常规水质监测项目达到34项，主要包括：水温、pH值、电导率、氧化还原电位、溶解氧、游离二氧化碳、侵蚀性二氧化碳、化学耗氧量（酸性高锰酸钾法，即高锰酸盐指数）、五日生化需氧量、亚硝酸盐氮、硝酸盐氮、氨氮、总磷、总硬度、总碱度（碳酸根、重碳酸根）、矿化度以及铁、钙、镁、钾、钠、氟化物、氯离子、硫酸根、铜、铅、镉、六价铬、挥发酚、氰化物、汞、砷、大肠菌群、细菌总数等。

1996年第一次计量认证项目参数提升至94项，2001年计量认证复审换证时，项目参数减为60项，后续复查换证评审时监测项目参数保持基本稳定。2002年泥沙分析纳入，主要包括含沙量、颗粒级配和干容重等业务工作。

2014年，按长江委水文局部署，开展水生态监测试点，主要监测项目为浮游植物、浮游生物、着生生物等6项。2015年，作为长江水文系统第一家开展了鱼类早期资源（鱼卵鱼苗）监测。

2015年承担国家地下水监测工程（水利部分）成井水质检测分析项目（第一标段）任务。2018年，主要负责云南省域范围内49口井地下水分析，样品由地方采集，通过物流快寄至实验室检测。

2016年计量认证增加了水生态监测项目，检测项目参数调整为65项不重复项，包括水（地表水、地下水、饮用水、污废水及再生水、大气降水等59项）和水生生物（浮游植物、浮游生物、着生生物等6项）等。

2022年复查换证评审扩项至107项不重复检测参数，包括地表水、地下水、饮用水、污水及再生水、土壤沉积物与固体废弃物和水生生物，共六大类，初步统计监测方法达481项，详见表5.4-1。

表5.4-1　2022年计量认证复查换证通过评审检测项目汇总表

序号	类别	监测参数项目数	说明
1	地表水	96	6类监测参数中，各类之间相同参数不少，但不同类别的参数检测方法不一样，同一类中有些参数也有多种检测方法
2	地下水	85	
3	饮用水	68	
4	污水及再生水	72	
5	土壤沉积物与固体废弃物	15	
6	水生生物	9	
合计		345	共107项不重复检测参数

5.5　重点水质专项监测调查工作

5.5.1　长江干流宜昌江段污染负荷调查监测

1979年，三峡中心开展了长江干流污染负荷调查分析，主要包括工矿企业三废排放情况调查、沿江排污口监测以及宜昌江段长江干流水质监测。其中宜昌地区工矿企业近50家，以及莲沱镇、长阳、宜昌三江口、小北门、镇川门、大岩路口、献福路、市革委会、大公桥、八码头、万寿桥、王家河入河排污口，支流莲沱河、下牢溪、黄柏河、张家溪、临江溪、卷桥河、清江河口等，以及长江干流宜昌 1 号 ~ 5 号五个断面。

监测项目包括：水温、电导率、pH 值、硫化氢、溶解氧、高锰酸盐指数、五日生化需氧量、碱度、亚硝酸根、硝酸根、铵离子、磷酸根、氟离子、氰化物、挥发酚、汞、砷、六价铬、镉、铜、铅、铁、钼、镍、镁、钙、钾钠、总硬度、硫酸根、氯离子、碳酸根、重碳酸根、总碱度、硫化物等。

5.5.2　葛洲坝库区水质调查监测

1980 年，三峡中心开展了葛洲坝库区水质调查，在长江干流上游的关刀峡、白帝城、巫山、巴东、秭归、太平溪、黄陵庙、莲沱、石牌等 9 处及支流大宁河、香溪、太平溪、乐天溪、莲沱溪、下牢溪等 6 处进行了采样分析；调查水质参数包括：高锰酸盐指数、亚硝酸盐、pH 值、溶解氧、硝酸根、铵离子、酚、氰、汞、砷、六价铬、镉、总碱度、总硬度等。

1982—1983 年，在宜昌河段开展排污口污染负荷的调查并编制《长江宜昌河段污染负荷调查报告》；1987—1988 年受水利部及地方政府委托，完成城镇排污口的调查并编写《长江干流宜昌江段排污口的调查》。

1991—1992 年受水利部委托，在宜昌开展近岸水域水质调查并编制《宜昌江段近岸水质调查报告》；1996 年起，受宜昌环境工程公司委托，对其专利技术黄磷工业废水处理的出水水质进行监测，并签订长期合同；1997 年起，对宜昌市夷陵污水处理公司委托三峡中心引进的专利技术埋地式无动力生活污水处理装置的出水水质进行监测，并签订长期的合作协议。

5.5.3　三峡工程水环境监测调查

5.5.3.1　三峡工程施工区污染源调查

2007 年，三峡中心开展“长江三峡工程施工区污染源调查研究”，对三期工程期间施工区的污染源开展较全面的调查研究，系统、准确地掌握污染源情况和污染物排放情况，为施工区的环境监督管理提供科学依据，在施工区现有环境监测工作和历史资料的基础上，对施工区范围内可能对水、空气和声环境产生影响的污染源以及电磁辐射对环境的影响情况做了全面调查和补充监测，以掌握施工区目前各种污染源的分布状况、污染物排放方式、主要排放浓度、污染影响情况、污染控制措施以及环保设施运行处理情况等。中心主要完成水污染方面的监测，包括：生产废水、生活污水、渣场及垃圾填埋场渗滤液监测等。

5.5.3.2　三峡工程水文水质同步监测子系统工作

1996 年，三峡中心开始进行三峡工程生态与环境监测水文水质同步监测子系统监测工作，主要监测范围为库区重庆以下至库首以下葛洲坝坝前；目的是为验证和复核环境影响评价结果，及时、准确、全面地反映三峡工程可能影响的水域水环境现状及发展趋势，为三峡工程生态与环境保护、库区及相关地区的生态环境建设和管理提供科学依据。内容包括水文、水质 27 项参数，底质、水生浮游动植物、着生藻类监测等。

辖区内设立巴东、宜昌两个基层站，对应断面为巴东站官渡口水位断面、巴东站巴东水位断面及宜昌水文站南津关水文断面，同年开始对巴东、南津关断面进行监测，监测频次：巴东断面为 6 次 / 年，南津关断面为 12 次 / 年；官渡口断面于 1997 年增设，同年 4 月开始监测；监测时间为每月上旬进行监测；所有断面监测频次均调整为 12 次 / 年。2004 年测站断面调整，取消了巴东断面，增加支流香溪河口断面。2020 年测站断面再次调整，取消了支流香溪河口断面，官渡口和南津关断面继续维持 12 次 / 年不变。

1996—2019 年，监测参数：除水位、流量外，水温、pH 值、氧化还原电位、电导率、悬浮物、氯离子、总硬度、总碱度、溶解氧、铵氮（氨氮）、亚硝酸盐氮、硝酸盐氮、高锰酸盐指数、五日生化需氧量、氰化物、砷化物、挥发酚、六价铬、总汞、镉、铅、铜、总磷、总氮、石油类、总（粪）大肠菌群、细菌总数。其中，高锰酸盐指数、砷化物、总汞、镉、铅、铜、总磷等 7 项做浑样与清样。

2020 年至今，其水质监测参数调整为：水温、pH 值、溶解氧、高锰酸盐指数、化学需氧量、五日生化需氧量、氨氮、总磷、总氮、铜、锌、氟化物、硒、砷、汞、镉、六价铬、铅、氰化物、挥发酚、石油类、阴离子表面活性剂、硫化物、粪大肠菌群以及电导率、透明度、悬浮物等27项，并同步监测水位、流量。其中透明度、挥发酚、氰化物、六价铬、化学需氧量、氟化物、硫化物、阴离子表面活性剂监测中泓垂线水面一点；其他项目按测点监测。另增加底质、水生浮游动植物、着生藻类监测等。

5.5.3.3　三峡水库温度场监测

2008—2010 年，三峡局在 2002 年和 2004 年“三峡工程生态与环境监测水文水质同步监测子系统”基础上，根据三建委办公室 2008 年 1 月 8 日“水文水质同步监测重点站技术方案专家论证会”精神，重点监测三峡水库常年回水区水温场监测，以 156m 运用期水库入库水温场为参证，同步监测水库下游区水温场变化，收集并分析蓄水初期水库水体水温变化及其特点。

三峡水库水温度场监测断面布置，利用已有水文站网，设立入库参证断面：寸滩、武隆；重点监测断面：清溪场、万州、巴东、庙河；坝下游监测断面：黄陵庙。在春夏、秋冬交际水库水体水温分层变化较为明显时期和多发季节，每年 4—6 月、10—12 月加密观测，以掌控水体水温变化过程。

温度场监测频率：寸滩、武隆为 6 次 / 年；清溪场、黄陵庙为 12 次 / 年；万州、庙河为 22 次 / 年；巴东 16 次 / 年。主要观测项目：水温场（水温、溶解氧、电导率），流速场、流量测验，辅助气象观测。

5.5.3.4　三峡库区河床底泥生源要素分析

为探究水库底泥有机碳、氮和磷等营养元素的分布规律及历史来源，研究水库在长期的外源输入和水生生物残渣的沉积过程，大量氮、磷营养盐物质富集于底泥中，成为水库氮、磷的内源负荷。碳、氮、磷是水域生态系统物质循环的重要元素，其含量和分布会影响水体浮游植物的生长和分布，同时对生态系统能量流动和转化造成一定影响。底泥作为水库水体碳、氮、磷的重要蓄积库，在一定条件下承担对上覆水环境净化功能，而在另一条件下又会成为造成水体富营养化的氮、磷的重要来源。因此研究底泥中碳、氮、磷，对评价水库生源要素的动态循环具有重要意义。

2016—2017 年共对库区大坝至奉节 180km 范围内，选择 23 个河道观测固定断面（S30+2~S117），其中采到样品的 21 个断面。分析表明：底泥中，磷以多种复杂的结合形式存在，总磷则是包含多种形态磷的总和，底泥总磷的检测参照土壤总磷的分析方法测定。底泥总氮在提取过程中参照土壤全氮的方法提取检测，由于样品较少，在含量分析阶段则参照水体氨氮的分析方法，以加快分析进度。底泥中有机碳主要来源于生物质，其含义借用对土壤有机质的定义。主要使用仪器设备包括 AB204–S 电子天平、UV–2550 紫外 / 可见分光光度计、722S 分光光度计、凯氏定氮仪、激光粒度仪、电子加热器、马沸炉与玻璃研钵等。该项目分析了库区底泥中总氮、总磷、有机碳的含量及分布状况，结合库区特点初步诠释原因，并对项目后续开展提出了改进的建议。

5.5.3.5　排污口论证水质监测

为满足城镇建设发展，配合排污口设置、污

水厂扩容等论证，三峡中心对预设排污口上下游设置多个断面开展原型水质监测，检测项目主要包括化学需氧量、五日生化需氧量、总磷、总氮等。

2017 年，三峡中心先后开展乐天溪排污口论证水质监测、平湖半岛排污口论证水质监测、宜昌市排污口论证原型观测及枝江排污口及取水口调查水质监测。2018 年，完成了宜昌市猇亭污水处理厂扩建工程污水口排污论证水质监测、奉节排污口论证水质监测。

5.5.4　宜昌市入河排污口调查

5.5.4.1　巴东至枝城段入河排污口调查

根据《长江经济带发展规划纲要》，全面推行河长制和实施最严格水资源管理，加强长江流域入河排污口监督管理，切实保护好长江水资源，亟须在全流域范围内开展入河排污口基础信息核查，摸清流域入河排污口现状，开展限排总量复核，为后期建立长江入河排污口监督管理奠定基础。受水保局委托，三峡中心开展宜昌市入河排污口的调查。

调查主要工作内容包括：

（1）长江干流（巴东至枝城段）入河排污口调查与信息整理。主要包括：入河排污口位置、排放形式、污水来源、排放规模以及入河排污口管理制度落实情况、入河排污口监测监控情况等；分类汇总长江干流入河排污口基础信息，建立入河排污口基础信息数据库。

（2）长江干流（巴东至枝城段）规模以上的涵闸、泵站等排水设施调查与信息整理。重点围绕长江干流（巴东至枝城段）规模以上涵闸（过闸流量≥ $5m^3/s$）、规模以上泵站（装机流量 $1m^3/s$，功率 50kW 及以上）等排水设施，调查排水设施位置、排放形式、污水来源、汇水范围、排放规模以及监测监控情况和管理情况等。

按照工作大纲和技术细则的要求，对长江干流巴东、兴山、秭归、宜昌、枝江、当阳、远安、宜都和宜昌市区等 9 个县（市）的 60 个入河排污口进行调查及监测，及时按照工作进度要求，完成各项调查、监测，见表 5.5–1 中序号 1 ~ 60。并按“一口一表”分类汇总形成长江干流入河排污口基础信息，建立入河排污口基础信息数据库。

表 5.5–1　　2018 年度长江宜昌段入河排污口核查名目

序号	排污口编号	区域	入河排污口名称	入河方式
1	422823001	巴东县	巴东县信陵镇营沱污水处理厂混合入河排污口	明渠
2	422823002	巴东县	巴东县信陵镇神农溪污水处理厂混合入河排污口	明渠
3	422823003	巴东县	巴东县溪丘湾污水处理厂混合入河排污口	明渠
4	422823004	巴东县	巴东县沿渡河镇污水处理厂混合入河排污口	暗管
5 ▲	420526005	兴山县	兴发集团白沙河化工厂 1 号排污口（南岸）	明渠
6 ▲	420526006	兴山县	兴发集团白沙河化工厂 2 号入河排污口（南岸）	明渠
7 ▲	420526007	兴山县	兴发集团白沙河化工厂 3 号入河排污口（北岸）	明渠
8	420526008	兴山县	兴山县高桥乡污水处理厂入河排污口	明渠
9	420526001	兴山县	兴山县新城污水处理厂	暗管
10	420526011	兴山县	兴山县黄粮镇污水处理厂	暗渠
11	420526009	兴山县	兴山县南阳镇污水处理厂	明管
12	420526003	兴山县	兴山县水月寺镇污水处理厂	明管
13	420526010	兴山县	兴山县峡口镇污水处理厂	明管
14 ▲	420526012	兴山县	兴山县昭君故里酒业入河排污口	暗管

续表

序号	排污口编号	区域	入河排污口名称	入河方式
15	420526004	兴山县	兴山县昭君镇污水处理厂	暗管
16	420526013	兴山县	榛子乡污水处理厂	暗管
17 ▲	420527003	秭归县	秭归县归州镇污水处理厂	明渠
18	420527002	秭归县	秭归县水田坝乡污水处理厂	暗管
19	420527007	秭归县	秭归县泄滩乡污水处理厂	暗管
20 ▲	420506014	夷陵区	夷陵区三斗坪镇污水处理厂入河排污口	明管
21	420527001	秭归县	秭归县沙镇溪镇污水处理厂入河排污口	明管
22	420527004	秭归县	秭归县屈原镇新滩污水处理厂入河排污口	明管
23	420527005	秭归县	秭归县郭家坝镇污水处理厂入河排污口	明管
24	420527006	秭归县	秭归县县城污水处理厂入河排污口	明管
25	420527008	秭归县	秭归县两河口镇污水处理厂入河排污口	明管
26	420527009	秭归县	秭归县梅家河乡污水处理厂入河排污口	暗管
27	420527010	秭归县	秭归县磨坪乡污水处理厂入河排污口	暗管
28	420527011	秭归县	秭归县杨林桥镇污水处理厂入河排污口	明管
29	420527012	秭归县	秭归县九畹溪镇污水处理厂入河排污口	明管
30	420506003	夷陵区	葛洲坝易普力湖北昌泰民爆有限公司入河排污口	暗管
31	420506004	夷陵区	夷陵区经济开发区污水处理厂入河排污口	明渠
32	420506006	夷陵区	夷陵区雾渡河镇污水处理厂入河排污口	明渠
33	420506007	夷陵区	夷陵区黄花镇污水处理厂入河排污口	明渠
34	420506008	夷陵区	夷陵区丁家坝污水处理厂入河排位口	涵闸
35 ▲	420506009	夷陵区	夷陵区污水处理厂入河排污口	涵闸
36 ▲	420502002	西陵区	西陵区沙河污水处理厂入河排污口	明渠
37 ▲	420506013	夷陵区	夷陵区太平溪镇污水处理厂入河排污口	暗管
38 ▲	420506015	夷陵区	夷陵区乐天溪镇污水处理厂（三峡坝区）入河排污口	暗管
39	420504002	点军区	点军区第二污水处理厂入河排污口	明管
40 ▲	420504004	点军区	点军区凯普松电子科技（宜昌三峡）有限公司入河排污口	暗管
41	420504001	点军区	点军区水处理厂入河排污口	暗管
42 ▲	420581024	宜都市	鄂中化工厂区入河排污口	明渠
43 ▲	420581021	宜都市	湖北楚星化工股份有限公司合成氨排放口	明渠
44 ▲	420581030	宜都市	湖北大江化工股份有限公司生化污水处理厂排放口	明渠
45	420581001	宜都市	宜昌当代水质净化有限公司入河排污口	明渠
46 ▲	420581008	宜都市	宜昌东阳光药业 2 号地入河排污口	明渠
47 ▲	420581020	宜都市	宜昌东阳光药业股份有限公司（3 号地）入河排污口	明渠
48 ▲	420581014	宜都市	宜昌东阳光药业股份有限公司清净下水入河排污口	明渠
49	420581013	宜都市	宜都东阳光化成箔有限公司（3 号地）入河排污口	明渠
50 ▲	420581007	宜都市	宜都市威德水质净化有限公司陆城污水处理厂入河排污口	明渠

续表

序号	排污口编号	区域	入河排污口名称	入河方式
51	420583001	高新区	宜昌高新区白洋沙湾污水处理厂入河排污口	明渠
52 ▲	420583002	枝江市	枝江市安福寺镇玛瑙河污水处理厂入河排污口	涵闸
53 ▲	420503001	宜昌市	宜昌市临江溪污水处理厂入河排污口	暗管
54	420505003	宜昌市	湖北宜化化工股份有限公司入河排污口	暗渠
55 ▲	420505005	宜昌市	宜昌市猇亭区污水处理厂入河排污口	明渠
56	420505001	宜昌市	宜昌宜化太平洋热电有限公司入河排污口	明渠
57 ▲	420525001	远安县	远安县风雅水环境保护有限公司入河排污口	暗管
58	420525004	远安县	宜昌西部化工有限公司入河排污口	明渠
59 ▲	420582001	当阳市	当阳市宜昌北控水质净化有限公司入河排污口	明渠
60 ▲	420582003	当阳市	当阳市华强化工集团股份有限公司入河排污口	明渠
61 ▲			湖北省三宁化工股份有限公司入河排污口	
62 ▲			中石化湖北化肥厂入河排污口	
63 ▲			枝江市城市污水处理厂入河排污口	
64 ▲			枝江市木楂湖污水处理有限责任公司入河排污口	

5.5.4.2　宜昌市入河排污量监控

根据宜昌市 2017 年调查统计成果，宜昌市规模以上入河排污口 71 个，累积入河排污量占城市排污总量 80% 以上的入河排污口 15 个，直接排入长江干流的入河排污口 19 个，企业（工厂）入河排污口 21 个。受宜昌市生态环境保护局委托，三峡局抽取 28 个重点入河排污口开展监测调查分析评价工作（参见表 5.5-1 序号中带▲号者）。

主要监测内容及方法：

（1）进一步核查 28 个入河排污口信息，如排污口精确位置（采用 GPS 现场测定）及周边环境（摄像或摄影）、排污方式、废污水性质、排入水功能区等信息。

（2）排污口监测参数共 10 项。其中，统一监测参数 8 项：流量、水温、pH 值、悬浮物、化学需氧量、氨氮、总磷、总氮；特征参数 2 项：视排污特点并结合所在水功能区水质达标情况，从“五日生化需氧量、动植物油、石油类、总氰化物、挥发酚、汞、锌”中选择 2 项。

（3）测量、样品采集、储存、运输和采样备份，按有关规范执行。

（4）监测时间及频率，2018 年 6 月调查及准备工作，7—8 月现场监测，对 28 个排污口连续 2 天，每隔 6 ~ 8 小时测量和取样一次。

（5）入河废污水排放量计算，按实际调查排放天数推算，未明确的按生活污水和混合污水处理厂 365 天排放、工业废水按 315 天计算，根据各排污口现场监测排放流量估算年排放废水年总量，再根据现场监测某一污染参数估算入河排放污染物质年总量。

（6）评价方法，采用单因子评价法，即以评价因子中污染最为严重的因子所属类别进行评价，确定其主要污染指标。

经监测评价发现：

（1）宜昌市 28 个重点入河排污口类型以工业废水和混合废污水排污口为主，入河排放方式以明渠和明管为主，排放类型以连续排放为主。

（2）28 个主要排污口 2018 年排放污水总量为 2.45 亿 t，较 2017 年增长 22.8%，以混合废污水排放为主。排污量最大的是临江溪污水处理厂入河排污口。

（3）2018 年以四类污染物（化学需氧量、氨氮、总磷、总氮）排放为主，总量为 8625.5t，排放最多的是化学需氧量，总氮次之。

（4）28 个重点排污口中，大多数达标排放，有 8 个排污口个别指标超标，超标最多的是悬浮物，总磷次之。超标最多的是枝江市城市污水处理厂入河排污口。

5.5.4.3 玛瑙河流域及陶家湖水质监测

为贯彻落实宜昌市生态环境保护工作，加快玛瑙河生态环境修复、保护，掌握玛瑙河流域渔业养殖水域水质状况，三峡局分别于 2018 年 10—12 月和 2019 年 3—7 月开展现场水质监测调查分析。其中，2018 年 10—12 月，每月在玛瑙河流域流经枝江、当阳、夷陵区境内布设 10 个点，采集 20 个水样，主要对其化学需氧量、氨氮、总磷指标进行监测。2019 年 3—7 月，每月对玛瑙河流域渔业养殖水域进行水质监测 1 次，总计 5 次，每次在宜昌市枝江、当阳、夷陵区玛瑙河流域渔业养殖水域的 20 个重点位置进行采样，对其化学需氧量、氨氮、总磷、总氮指标实施监测。

2019—2020 年，对枝江市陶家湖养殖水域 15 个重点位置进行采样监测，主要包括化学需氧量、氨氮、总磷、总氮四项指标，共实施完成监测 9 次。

5.5.5 重大水污染事件调查监测

5.5.5.1 清江水质污染调查

1975—1976 年，宜实站开展了清江水质污染调查。调查范围从上游发源地利川县汪营公社后坝至下游与长江的汇合处宜都，河长 408km，对沿河两岸工矿企业排废情况进行调查，按枯水期、丰水期对清江利川河段后坝龙洞井、利川钢厂下游 2000m、利川县城关系门大桥下、恩施河段恩施城关上段、恩施城关下段、长阳河段马连段、长阳站、宜都河段宜都城关木材厂处进行水质监测，对利川钢厂洗煤厂汇入口、焦煤厂废水出口、机构厂出口、钢厂出口以及恩施地区造纸厂废水出口进行废水监测。调查监测参数包括水位、平均流量、平均流速、气温、水温、嗅和味、色度、浑浊度、pH 值、总硬度、溶解氧、五日生化需氧量、耗氧量、溶解性总固体、碘、氟化物、硒、氨氮、硫化物、氰化物、六价铬、酚、砷、汞等，于 1976 年 6 月编制完成《清江水质污染调查报告》。

5.5.5.2 葛洲坝库区水质污染调查

1989 年 8 月 17 日，葛洲坝库区黄柏河水域发生黄磷污染事故，据统计，截至 8 月 26 日死鱼达 15 万 kg 以上，到 29 日死亡中华鲟 18 尾、胭脂鱼 244 尾；导致黄柏河段沿岸居民饮水困难，经济损失巨大、社会影响严重。后经各方的共同努力，葛实站通过水体监测并提出具体控制、处理措施，才有效防止了污染的进一步恶化与发展，避免了更大的经济损失和社会影响。

1992 年 8—12 月，葛实站开展了长江三峡库区茅坪溪水质污染调查，调查内容包括茅坪溪沿河两岸的主要工业污染源与排放量，工业废水污染物种类及排放量，废水排放去向及主要纳污、排污渠道与污染情况，固体废物，茅坪溪水质状况。调查监测发现茅坪溪污染严重，尤其是有机污染突出，茅坪溪主要受造纸废水污染，其次是黄金矿废水污染，于 12 月编写完成《长江三峡库区茅坪溪水质污染调查报告》。

1993 年 5—11 月，葛实站开展了莲沱溪河污染调查，莲沱溪河位于湖北省宜昌县境内，河流长 34.4km，典型峡谷型溪河，流经莲沱镇与长江汇合，溪河下游建有宜昌县西陵化工厂和造纸厂，处于葛洲坝水库库区内。调查监测结果表明：莲沱溪河西陵化工厂黄磷工业生产废水污染严重，主要污染物为氰化物、黄磷。

1994 年 6—8 月，葛实站开展了秭归县茅坪金矿污染调查。1992 年葛实站向主管部门专题报告《长江三峡库区茅坪溪水质污染调查报告》；1993 年 1 月 8 日，水利部在呈送中共中央、人大常委会、国务院和中央军委的《水利简报》中反映了茅坪溪污染问题；当地环保部门于当年 3 月 10 日做了调查报告，但茅坪溪污染有增无减；葛实站对茅坪溪受氰化物污染问题多次调查，发现其主要来自秭归县茅坪金矿，通过对金矿的生产流程、生产废水及工业固体废物排放、沿河水体水质监测调查，1994 年 8 月完成《秭归县茅坪金矿污染调查报告》，提出了调查意见和建议，并呈报上级有关部门。

1993 年 4 月 4 日，秭归江段发生农药污染事故，葛实站从 4 月 5—11 日连续在该区段内进行了水质污染实时监测，及时向各级主管部门上报并提出合理建议和可行性处理措施，由于处理及时、有效，除沉船造成的直接经济损失外，未导致更大的经济损失和社会影响。

1997 年 10 月 8 日，重庆市云阳县发生苯污染事故，下游停止长江水源供水三天，造成比较大的经济损失和社会影响，后经三峡局监测无影响后才恢复供水。

5.5.5.3　长江宜昌江段水质污染调查

1991 年 4—5 月，葛实站会同宜昌市环境保护监测站开展了《长江宜昌江段近岸水域磷等污染现状监测调查》，根据宜昌市环境保护局的指示和要求，对长江宜昌市江段靠近城市岸边 20m 左右的总磷含量以及有机物、细菌污染状况进行监测和调查，为宜昌市二、三水厂取水水质是否污染做出结论，提出污染物排放控制要求，为政府及有关管理部门提供决策依据。调查范围以南津关为对照点，虎牙滩为消减点，根据各主要排污口（共 20 个）和污染源分布情况，在长江左岸布设若干调查点（共 41 点），离岸 20m 为控制线，采取中层水样，测定总磷含量。同时，着重调查磷矿码头在转运过程中对长江水体的污染程度和影响范围。

5.5.6　水功能区水质监测

2006 年 3 月，根据长江委长水保〔2006〕27 号文《关于开展长江流域及西南诸河重点水功能区水质监测工作的通知》文件精神，正式启动水功能区水质监测工作。先期开展水功能区监测的站点共 82 个，三峡中心负责官渡口、南津关、虎牙滩站点，分属长江三峡水库万州宜昌保留区、长江葛洲坝水库保留区、长江宜昌中华鲟保护区（长江宜昌饮用工业用水区）三个水功能区。按照水利部《水功能区水资源质量评价暂行规定》（试行）（资源保〔2004〕7 号）的要求，选取水温、pH 值、溶解氧、高锰酸盐指数、五日生化需氧量、氨氮、总磷、总氮（湖泊、水库）、铜、锌、氟化物、砷、汞、镉、六价铬、铅、氰化物、挥发酚、石油类及粪大肠菌群共 20 项水质参数进行监测与评价。其中，饮用水水源地增加硫酸盐、氯化物、硝酸盐、铁和锰 5 个项目；湖、库富营养化评价项目应包括叶绿素 a、总磷、总氮、高锰酸盐指数、透明度；同时，将水位、流量为水功能区水质监测的必测项目。监测频次为每月监测 1 次，全年 12 次。

2018 年国务院机构改革，水利部部分职能调整到新成立的生态环境部。2021 年 6 月，受巴东县生态环境保护局委托，开展巴东县水功能区水质监测，这是三峡中心首次承担生态环境部所属县级水功能区水质监测工作，监测内容包括：长江三峡库区干流及支流、清江水布垭水库库区干流，总计 15 个监测站点，依据《地表水环境质量标准》（GB 3838—2002）表 1 规定的 24 项按月监测，按月提交成果，并在 2022 年的顾客满意度调查评价中获“满意”的肯定评价。

5.5.7 财政预算水质监测项目

贯彻落实《水法》《水污染防治法》以及《水功能区管理办法》《水文条例》等法律法规要求，根据中央水利工作会议（2011年7月）和2011年“中央1号文件”《关于加快水利改革发展的决议》《国务院关于大力推进信息化发展和切实保障信息安全的若干意见》（2012年）、《国务院关于实行最严格水资源管理制度的意见》（2012年），2012年水利部、财政部共同组织编制并印发了《国家水资源监控能力建设项目实施方案》（2012—2014年），具体落实《长江流域综合规划（2012—2030年）》《长江片水质监测规划》和《水文事业发展规划》。实施财政预算项目，主要包括：国家重点水质监测、水资源管理系统运行维护、三峡工程运行安全综合监测系统和国家地下水监测。

5.5.7.1 水资源监测——国家重点水质监测

属于水资源节约、管理与调控一级项目；项目代码：12602004005180001；项目名称：水资源监测。

开展省界水体、水源地等重点水域水质监测，及时掌握水质状况和变化，支撑流域水资源保护管理，根据国家水资源节约、管理与调度安排，负责11个国家重点水质监测断面的水质监测工作，包括：①干流8个断面：碚石、官渡口、巴东、庙河、黄陵庙、南津关、宜昌、虎牙滩；支流3个断面：香溪河口、晓溪塔、夜明珠。②监测频次：12次/年。③资料整编。④质量保证。⑤仪器设备维修。⑥实时提交月监测成果及年度成果报告。

5.5.7.2 水资源管理系统运行维护

属于水资源节约、管理与调控一级项目；项目代码：12602004005150001；项目名称：水资源系统运行维护。

主要运行维护工作，包括：①国控省界断面水量监测站点运行维护，对巴东水量监测站进行12次流量巡测及资料整编，对配备的仪器设备（含信息系统平台与应用软件）进行运行维护。②三峡中心实验室设备（含应用软件）运行维护。③提交年度监测成果及报告。

5.5.7.3 三峡工程运行安全综合监测系统

三峡工程运行安全综合监测系统——重点站水量水质同步监测，属于库区维护和管控一级项目；项目名称：三峡工程运行安全综合监测系统。

1996年，在三峡办组织协调和有关部委的大力支持下，组建了长江三峡工程生态与环境监测系统，2005年和2009年先后两次对监测系统进行优化，形成涵盖水环境、污染源、水生生态、陆生生态、农业生态、河口生态、局地气候、地震、遥感、人群健康、典型区、三峡水库管理综合监测等方面的监测系统。系统由13个子系统、34个监测站、150余个基层站组成。

长江委水文局作为两个子系统（“三峡工程水文水资源及泥沙监测子系统”和“三峡工程对长江中下游影响监测子系统”）的牵头单位，三峡局承担两个子系统的部分工作，也是对“长江干流水文水质同步监测”“三峡水库重点支流水质监测”等项目的延续。

2019年后，三峡局承担的“子系统”工作，调整如下：

（1）干流监测站点包括巴东官渡口、宜昌南津关2个，监测的5类要素及频次分别为：

①水量监测，包括水位、流量，按水文规范要求监测。

②水质监测，按《地表水环境质量标准》（GB 3838—2002）中24项地表水环境质量标准基本项目，分别为：水温、pH值、溶解氧、高锰酸盐指数、化学需氧量、五日生化需氧量、氨氮、总磷、总氮、铜、锌、氟化物、硒、砷、汞、镉、铬（六价）、

铅、氰化物、挥发酚、石油类、阴离子表面活性剂、硫化物、粪大肠菌群，每月监测1次，每年共12次。

③底质监测，包括总汞、总砷、总铜、总铅、总锰、总钾、总磷、有机质、有机氯农药（8个组分）、有机磷农药（5个组分），每年测2次。

④水生生物监测，包括浮游植物（定性和定量、叶绿素a测定）和浮游动物（定性和定量）监测，按季度分配监测，共4次。

⑤其他，通过监测数据的分析，补充收集库区经济社会资料，计算水资源相关指标，包括：三峡水库全年逐日出入库流量、蓄水量及动态变化情况；水库取排水情况（设施类型、位置、服务范围、年取排水量等）；三峡库区水资源总量，各行业用水总量与占比，人均综合用水量、万元国内生产总量用水量、耕地实际灌溉亩均用水量、农田灌溉水有效利用系统、万元工业增加值用水量、城镇人均生活用水量、农村居民人均生活用水量等用水指标；三峡工程蓄水期对长江中下游沿岸地区水资源利用的影响；枯季向下游补水量，以及重大引调水工程调出入水资源量等，每年1次。

⑥按月实时提交监测成果，如遇突发情况或重大事件，及时报告。

（2）支流监测站点1个：神农溪，在支流回水末端上游布设1个断面、回水区布设3个断面、入汇河口布设1个断面，共5个监测断面。监测要求包括：

①常规监测要素：水位、水深、流量、流速、水温、电导率、pH值、透明度、溶解氧、悬浮物、高锰酸盐指数、化学需氧量、总磷、总氮、硝酸盐氮、亚硝酸盐氮、氨氮、石油类、五日生化需氧量、汞、铅、挥发酚、粪大肠菌群、铬（六价）、叶绿素a、藻类优势种、藻类密度，共27项。

②水华应急监测要素：水温、流速、溶解氧、高锰酸盐指数、总磷、总氮、叶绿素a、透明度、悬浮物、电导率、藻类优势种、藻类密度，共12项。

③提交成果，按月、季、年度提交监测成果，如遇突发情况或重大事件，及时报告。

2020年5月，长江委水文局《关于调整2020年度水质监测部分任务计划的说明》（水文水环境函〔2020〕1号）通知，取消三峡综合监测系统任务中神农溪支流监测任务。

5.5.7.4　国家地下水监测

属于水文水资源监测一级项目范畴；项目名称：国家地下水监测。

承担云南省49个国家地下水工程井监测。

①地下水井分布于12个市（州）：昆明市4口、安宁市3口、曲靖市1口、玉溪市2口、保山市4口、昭通市4口、丽江市7口、普洱市4口、楚雄州5口、文山州5口、大理州5口、德宏州5口。

②现场采样（含5项现场参数监测），因49口井分散，采样困难、成本高，根据水利部水文局部署要求，委托云南省水文局（水环境监测中心）负责，将现场采集样品通过物流至宜昌实验室。

③监测频次：每年1次。

④实验室检测，39项检测指标：色、嗅和味、浑浊度、肉眼可见物、pH值、总硬度、溶解性总固体、硫酸盐、氯化物、钠、铁、锰、铜、锌、铝、挥发性酚类、阴离子表面活性剂、耗氧量、氨氮、硫化物、总大肠菌群、菌落总数、亚硝酸盐、硝酸盐、氰化物、氟化物、碘化物、汞、砷、硒、镉、铬（六价）、铅、三氯甲烷、四氯化碳、苯、甲苯、总α放射性、总β放射性。

⑤按省（自治区）、分中心汇总成果，定期上报流域水质监测中心。

5.6　泥沙颗粒级配分析工作

泥沙颗粒级配分析（简称颗分）是泥沙测验和水环境监测中的一项重要工作内容，是研究江河、湖泊、水库泥沙运动、输移、冲淤变化规律的主要影响因子，也是处理水利工程、航运工程泥沙问题的重要基础依据。

三峡局属宜昌水文站从1956年就开始泥沙颗粒级配分析工作。根据《河流泥沙颗粒分析规程》（SL 42—2010），河流泥沙按粒径大小可划为6大类：粒径小于0.004mm为黏粒，0.004～0.062mm为粉砂，0.062～2.00mm为砂粒，2.0～16.0mm为砾石，16.0～250.0mm为卵石，粒径大于250.0mm为漂石。不同粒径的沙样，采用不同的分析方法。

现有的泥沙颗粒级配分析方法，包括直接测量法和间接分析法。其中，直接测量法主要包括尺量法和筛分析法；间接分析法（也称水分析法）主要为沉降法，又分为粒径计法、吸管法、光电法等。经过几十年发展，泥沙颗粒级配分析从最初的传统方法逐步走进了现代先进技术方法，如激光粒度分布仪、现场激光测沙仪等。

5.6.1 传统颗分方法

主要采用两大传统的颗分方法，一是悬移质泥沙颗分采用粒径计及其结合法，包括：粒径计—移液管结合法（也称吸管法）、粒径计—消光仪结合法（也称光电法）、粒径计—离结合法；二是推移质、河床质（床沙）泥沙颗分采用尺量法、筛分析—消光仪结合法、音波振动分析法。

5.6.2 粒径计全沙分析法

1960—1980年采用沉降粒径计法或粒径计法清水自由沉降原理分析，操作方便简单，但用时长，一个样品通常需要3个多小时，同时因分析粒径范围、浓度、沉降公式等缺陷，存在一定误差，0.05mm以下沙样测定值偏粗。1980年停止使用粒径计全沙分析方法，鉴于此法使用时间长达20余年，经对比实验，见表5.6-1，得相应的修正计算公式$d_{粒}=0.59d_{移}^{0.76}$，式中$d_{粒}$和$d_{移}$分别为粒径计法和移液管法测定的粒径，对采用该方法分析成果进行修正，确保资料系列的一致性。

5.6.3 结合分析法

粒—吸和粒—仪结合法。对大于0.062mm的粗沙样采用粒径计法分析，小于0.062mm的细沙样采用移液管或消光仪分析，较好地解决了粒径计全沙分析法的缺陷，从1980年起开始采用粒—吸结合法。

粒—离分析法。在对比GDY型消光仪分析发现，沙样浓度对消光系数影响较大，从而产生一定误差，尤其对特殊沙样分析相对误差较大。经调研，1990年引进离心式粒度沉降分布仪分析法（简称“离心法”），经比测试验效果较好，1991年停止使用粒—消结合法，1992年正式启用粒—离结合法，直至2011年改用新的激光仪法。

筛—消结合法。1973年采用单纯的标准筛振动分析小于2.00mm沙样，用筛—粒结合分析大于2.00mm沙样，大于15.00mm采用尺量法分析。1980年以后采用筛—移、筛—消、筛—离结合分析法。2000年引进全自动音波振动分析仪，经比测验证合格投产。

5.6.4 颗分技术研究及其应用

5.6.4.1 细泥沙颗分试样分散反凝处理试验

1970年代初期，天然河流细颗粒泥沙用沉降分析方法测定粒径，发现存在不同程度的絮凝现

表5.6-1 粒径计法和移液管法试验成果表

名称	小于0.1mm各粒径组（mm）					
$d_{粒}$	0.1000	0.0500	0.0400	0.0250	0.0100	0.0070
$d_{移}$	0.0970	0.0390	0.0290	0.0155	0.0047	0.0029

象导致沉降加快，分析成果失真。于是对颗分沉降分介质中的含盐量来源、细颗粒（小于 0.005mm）泥沙絮凝与介质电荷离子的关系、试样存放时间对细颗粒泥沙絮凝的影响、沉降介质（分析用水）对粒径的影响、反凝剂的选择、常用反凝剂对长江泥沙的处理效果、反凝剂实际应用效果检验、有机质处理效果与处理极限、颗分粒配的反凝剂量校正等问题，进行了大量的实验与研究。

5.6.4.2　溶解质在含沙量测验和颗分中的影响

由于受到大自然的长期侵蚀，泥沙颗粒表面附着一层次生成分的可溶性盐。这类颗粒进入水体，特别是进入纯净的蒸馏水体（沉降介质）后，在自由水偶极分子作用下，逐渐脱附，成为水中的水合离子（称溶解质、电解质），从而使得颗分后的沙重小于原来的重量（含沙量）。为弄清楚影响机理，进行了大量的实验研究，摸排了溶解质在含沙量测验和颗分中影响，保证了颗分成果质量。

5.6.4.3　粒径计法分析成果改正方法验证

经大量实验分析研究，1960—1980 年采用粒径计法颗粒级配分析中，对粒径小于 0.05mm 颗粒级配成果提出修正计算公式，并对修正公式进行复核验算。

5.6.5　现代颗分技术方法

5.6.5.1　现场激光粒度仪

2006 年引进现场激光粒度仪，型号为 LISST100X，采用激光衍射原理设计制造，共有两型号，B 型和 C 型分别适用于 1.25 ~ 250.00μm 和 2.50 ~ 500.00μm 颗粒范围。当采用激光衍射法测量泥沙粒度时，光束遇到颗粒阻挡会发生散射，散射光传播方向与主光束形成一个夹角，这个夹角（散射角）的大小与泥沙颗粒的大小直接相关，从而以测定泥沙的含沙量和颗粒级配。

5.6.5.2　激光粒度分布仪

2004 年引进马尔文 MS-2000 激光粒度分布仪，其原理与现场激光粒度仪相同，但测量的粒径范围更宽广，一般为 0.02 ~ 3000.00μm。从激光衍射原理可知，施测的颗粒级配为体积法级配，与现行技术规范的重量法级配之间，存在一定的置换关系，可以通过不同类型的泥沙样品实验，建立级配置换模型。

5.6.5.3　典型应用案例

（1）含沙量报汛。LISST100X 一共有 4 种测量模式：标准模式、2.5 光程缩短器、4.0 光程缩短器、4.5 光程缩短器。经现场测验，实际测量值远小于标称测量值。三峡水库按 175m 试运行时，含沙量减少、粒径变细，经比测实验，确定选用 4.0 和 4.5 光程缩短器，基本满足三峡水库近坝上下游河段泥沙现场测验。采用现场激光粒度仪，可以快速测定河流泥沙含沙量和颗粒级配，自 2010 年 5 月 1 日开始，在宜昌、黄陵庙和庙河等断面成功应用并实现含沙量报汛，同时也为水库泥沙预测预报提供实时修正依据。

（2）坝前泥沙絮凝沉降试验。2010 年现场测试与室内试验，发现现场激光粒度仪和激光粒度分布仪测定同一沙峰同一测点的级配曲线，差异很大，粒径越小差异越大，经深入分析试验判断为有机质絮凝影响。于是在 2011—2013 年，布置三峡水库坝前泥沙絮凝沉降试验专项课题，采用现场激光粒度仪和激光粒度分布仪分别测定含沙量、颗粒级配、流量、流速、水深、水质等参数，共计试验收集了共 9 组样本：2011 年 8 月 1—3 日、9 月 1—6 日；2012 年 7 月 6—8 日、7 月 10—12 日、7 月 27—29 日、9 月 4—6 日、2013 年 7 月 12—21 日、7 月 31 日至 8 月 2 日、8 月 16—18 日。

5.7 水生态试点监测

根据长江委水文局水生态监测试点工作部署，三峡中心成立水生态监测试点专题工作班子，在辖区范围沿程布置典型监测断面。自2014年开展试点监测工作以来，试点监测项目及站点变更调整情况如下：

① 2014年试点监测断面为三峡库区支流香溪河口、干流庙河，试点项目为浮游藻类，年测4次。

② 2015年调整试点断面至葛洲坝下游宜昌水文站，试点项目为浮游植物、浮游动物、着生藻类、鱼类及鱼类早期资源（鱼卵鱼苗），其中鱼类早期资源监测于每年4—7月洪水期间逐日监测一个洪水周期，其余项目每月监测1次。

③ 2017年增加庙河断面开展浮游植物、浮游动物、着生藻类监测。

④ 2020年增加官渡口、南津关断面作为水生态监测断面，开展浮游植物、浮游动物、着生藻类监测。

⑤ 2022年调整为官渡口、南津关断面作为水生态监测试点断面，进行浮游植物、浮游动物、着生藻类监测，取消了鱼类及鱼类早期资源（鱼卵鱼苗）监测。

5.7.1 藻类试点监测

在藻类监测过程中，具体监测内容与要求随水生态试点监测工作的深入开展实施不断深化发展。主要表现在以下几方面：

（1）监测断面调整：从2014年工作伊始至2021年由原定的香溪河口和庙河2个断面调增为官渡口、庙河、南津关、宜昌4个监测断面，其中，库区含官渡口、庙河2个，两坝间1个南津关、葛洲坝下游1个宜昌；至2022年调整为官渡口、南津关2个水生态监测试点断面。

（2）监测项目变更：2014—2021年，监测项目主要包括水温、pH值、溶解氧、透明度、叶绿素a、高锰酸盐指数、总氮、总磷、甲萘威、种类组成、藻类密度、个体密度、多样性指数和优势种，以及水位、流量、天气情况、气温、风力、风向等水文气象因子，共20项；2022年监测项目调整为水温、pH值、溶解氧、透明度、叶绿素a、种类组成、藻类密度、个体密度、多样性指数和优势种，以及水位、流量、天气情况、气温、风力、风向水文气象因子等16项。

（3）断面布设与采样分析：每个断面布设3条垂线，现场测定水温、pH值、溶解氧、透明度，其余水质项目取水面三点样品送实验室分析；种类组成、藻类密度、个体密度、多样性指数、优势种等，采用左、中、右垂线水面水样等比例混合后进行实验室分析。浮游类定量样品在水面下0.5m用2.5L有机玻璃采样器采样；浮游类定性样品用13号或者25号浮游生物网在表层呈“∞”形缓慢拖拽采集；着生藻类在两岸天然基质上采取。水质监测方法执行现行国家、行业标准与规范，藻类监测方法参照《水库渔业资源调查规范》（SL 167—2014）（2020年5月7日废止）、《水和废水监测分析方法》（第四版）、《内陆水域浮游植物监测技术规程》（SL 733—2016）等规程规范执行。

5.7.2 鱼类试点监测

鱼类试点监测主要在宜昌江段开展。按照农业部（2018年改为农业农村部）要求，在长江开展鱼类监测必须办理渔业特许捕捞许可证，2021年前经申请都尚能正常办理，并租用当地渔船，协助开展鱼类早期资源监测。但从2021年长江“十年禁渔”开局之年起，长江流域实施严格的“十年禁渔”期，相关证件手续无法办理，该项工作暂时中断，2022年起正式取消了鱼类及鱼类早期资源（鱼卵鱼苗）监测。

（1）成鱼资源调查

宜昌是长江中上游的分界处，是历史上记载

的重要的“四大家鱼”产卵场，葛洲坝水库蓄水后也是中华鲟的产卵场。因此，宜昌江段作为鱼类资源调查的主要水域，也是国内科研院所开展鱼类资源调查的重点水域。三峡局自 2011 年起开展三峡水库生态调度“四大家鱼”自然繁殖效果监测研究工作，项目团队系统收集调度期间鱼卵鱼苗、水文水力学指标等资料。该试点监测内容包括成鱼资源调查、鱼类早期资源和鱼类生存活动相关水温、溶解氧、透明度等水质、藻类指标，通过定期定点统计渔业捕捞情况来了解宜昌江段的鱼类资源现状，分析人类活动和大坝蓄水对鱼类生存环境的影响。

鱼类试点监测方式方法：

①选择宜昌江段鱼类生物多样性较为丰富的代表性区域胭脂坝水域进行区域性采样，区域采样范围临近浮游植物、浮游动物、着生藻类采样断面。

②鱼类调查方法按《长江委水文局水生态监测实施方案》执行，参考《内陆水域鱼类自然资源调查手册》。统计调查水域各类渔船（三层流刺网、定置钩、定置刺网和船罾）渔获物中的所有种类，每种类型渔船在采样期间各收集 7 船次。同时记录调查时间、调查地点、渔民姓名、网具类型、捕捞作业时间等，并拍摄各个站点的生境照片 1 ~ 3 张，渔民作业情况以及网具类型图片 1 ~ 3 张。对捕获的渔获物进行分类、计数、称重，并测定体长、体重，分析鱼类种类组成、体长、体重、渔获量、生物多样性指数等。每月进行 1 次监测，1 年共 12 次。

③将采集到的每一尾鱼样本当场鉴定种类，并逐尾进行生物学测量。每种选取 3 ~ 5 尾体型完整的进行拍照，并保存。同时记录每尾测量样本的编号、采集日期、地点、水域名称、学名、地方名、有无受伤等情况。对于不能当场识别、识别尚存疑问或者以前没有采集到的种类，用 5% ~ 10% 的福尔马林溶液固定后，夹写布质标签，标明采集地点、采集时间和采集地生境，运回实验室进行种类鉴定和复核，然后进行生物学测量。

④鱼类标本制作，将典型的、有代表性的鱼类样本用 5% ~ 10% 的福尔马林溶液固定，标明相关采集地点、时间、生物学测量等信息，送实验室统一制作标本，统一标识后长期保存。

（2）鱼类早期资源监测

鱼类早期资源监测是进行鱼类生态学和渔业生物学研究的一个重要手段，是以鱼类早期生活史阶段为对象进行的资源量调查研究工作，不仅可以对鱼类繁殖群体数量进行估算，预测鱼类种群数量变化趋势，同时在调查过程中获得有关鱼类繁殖习性、鱼类早期栖息地分布、早期发育过程中的环境需求等大量基础性资料。鱼类早期资源调查的优势：样本采集方式好控制，采样成本低；样本数量有保证，对环境及资源破坏程度小，对资源量的估算较精确；采集样本种类较丰富，对卵苗存活率较低的鱼种资源采集到的可能性比成鱼调查高。

鱼类早期资源监测方式方法：

①每年 4—7 月洪水期间根据水温及来水情况选择监测时机，确定监测时间段，监测时间段内每日上午、下午各 1 次，一次 2 网次，单网次采集时间 15 分钟。

②基本参数：种类组成、数量、单位时间卵（苗）径流量、产卵规模。气象因子：天气、气温。水文因子：水位变化、水深、网口流速、网口流量。水质因子：水温、pH 值、透明度、溶解氧、电导率等。

③采集的样品及时逐个进行观测，记录发育时期、发育时间、胚胎大小、卵径、肌节数、色素分布、种属等特征，并对完整性强的样品进行培养，每日更换新鲜的水，逐日观测，记录不同发育时期的特征。

④该监测项目重点监测“四大家鱼”的资源

量情况，对采集中的“四大家鱼”卵苗样品做重点观测。结合采集的卵苗计数结果和干流断面流量，通过公式来推算采集断面上游江段的卵苗规模。通过识别和区分的各种卵苗发育期形态特点和发育时间等，来推算宜昌江段的产卵场位置情况。

5.7.3 生态调度效果监测分析

从2011年开始，每年利用水库消落期开展三峡水库生态调度，监测葛洲坝下游“四大家鱼”产卵场自然繁殖情况，以及生态调度水文变化过程与水力学指标监测和分析研究工作，主要包括：①三峡水库及下游河道沿程“滞温”效应监测分析，针对“四大家鱼”自然繁殖最低水温为18℃，监测分析水温滞迟及其影响；②葛洲坝下游主要鱼类产卵场水文水力学条件监测，从葛洲坝下游宜昌—荆14范围内布设10余个固定断面（每年有一定调整），监测水位、流速分布、流量、断面几何参数等项目；③葛洲坝下游河道及水生态要素监测（结合水生态监测试点内容）；④生态调度技术指标探讨，根据各项监测资料、数学模拟计算，综合分析生态调度效果。

5.7.4 主要监测与分析成果

根据水生态试点监测任务要求，每年编制年度水生态监测试点总结报告。鉴于水生态试点监测是一项全新的工作，三峡局自2011年开展三峡水库水生态调度“四大家鱼”自然繁殖水文效果监测及2014年开展水生态监测试点以来，经过不断的培训、学习、监测、分析和研究，取得了初步的工作成效，培养了一支水生态监测生力军。编制了《2014年浮游藻类观测技术总结》《2015年水生态观测技术总结》《2015年长江中游宜昌江段鱼类资源调查》《2016年宜昌鱼类资源调查报告》《2016年水生态监测总结报告》《2019年鱼类早期资源监测项目总结》《2020年水生态监测总结报告》《2021年度水生态试点监测技术总结》等报告10余篇。陈文重、彭春兰、王悦等人还相继发表《蓄水期间三峡水库—葛洲坝水库上下游藻类分布规律》《长江干流宜昌段浮游植物群落结构初步研究》《长江宜昌段鱼类资源现状及群落结构分析》《长江水文过程与“四大家鱼”产卵行为关联性分析》等论文。

5.7.4.1 藻类监测与分析

水生态试点监测工作，正值三峡水库175m试验性蓄水运行期，通过藻类分布和水质参数同步监测与分析，发现：①水文条件成为现阶段藻类密度的关键影响因素，水库富营养盐对藻类的密度贡献有限；②巴东和庙河断面分别成为藻细胞密度变化的节点和水质参数变化的节点；③硅藻占总藻细胞密度的绝大多数，空间上各断面藻细胞密度自上而下逐渐降低，时间上各断面在11月藻细胞密度相对较高。

5.7.4.2 鱼类监测与分析

通过近些年来的鱼类调查监测，发现宜昌江段的鱼类资源具有以下特征：

①采集到渔获物27种，可鉴定鱼类23种，分属4目8科23属，其中以鲤科鱼类居多；渔获量则以鲢、鲤、鳊、草鱼等为主；渔获物数量则以鳍、鳊、鳜、黄颡鱼为主。

②鱼类资源季节性变化明显，鱼类资源自然增殖速度缓慢。

③调查期内鱼类资源群落组成相对稳定，各类变化不大，优势种稀少，底栖杂食性鱼类相对较多。

④根据相关文献分析，与大坝蓄水运行前比较，调查期内鱼类捕捞个体相对较小捕捞工具规格明显下降。

⑤每年6—7月是“四大家鱼”重要的繁殖期，通常三峡水库生态调度也在此期间进行，长江干

流宜昌段有较强的洪峰经过，洪峰过程为鱼类的繁殖提供了良好的水流环境。流量增大导致流速加快、水位抬升和透明度下降，将会大大促进产漂流性鱼卵鱼类的繁殖。2019 年监测结果表明，监测期间产卵苗规模合计达 13.7 亿尾；“四大家鱼”、飘鱼、蛇鮈、银鲴、银鮈等为资源量较丰富的种类；宜昌江段葛洲坝坝下至胭脂坝水域为“四大家鱼”的主要产卵区域。

5.7.4.3　水库生态调度效果监测分析

“四大家鱼”，是长江主要的淡水养殖和捕捞对象。根据 2011—2012 年三峡水库生态调度鱼类早期资源监测和水文指标调查监测结果，根据评估河流生态水文变化的 IHA 方法，以长江中游宜都后江沱监测断面“四大家鱼”为研究对象，采用 8 个生态水文指标（涨水过程数、涨水时间、断面初始流量、洪峰流量、流量日增率、断面初始水位、洪峰水位、水位日增率）分析了长江干流“四大家鱼”产卵区域水文过程与其自然繁殖产卵行为的相关性。研究结果表明，涨水过程是“四大家鱼”产卵的主要诱导因素，当达到诱导产卵的临界涨水天数后，只需维持流量的平稳（2.5 天）即可继续产卵行为，而涨水期高流量维持时间则是影响其产卵规模的主要因素。其他指标，如平均涨水时间、初始流量、水位及日变化率等与家鱼产卵行为基本无关联性。值得关注的是，临界高通量维持时间及洪峰流量与产卵规模关系，以及有关产卵场水力学指标等尚待进一步深入研究。

5.8　主要分析评价与研究成果

5.8.1　主要监测成果

截至 2022 年底，三峡中心水质监测分析工作持续进行了 65 年，收集了大量翔实的系列资料，合理优化监测站网，稳步提升监测能力，提高分析效率，精简采样断面分析、项目对比分析，使监测布局更趋合理，成果质量稳步提高，根据已收集的监测资料，逐年对辖区内的各个监测断面的资料统一进行了整理汇编。多年来向纺织、造纸、钢铁冶炼、化纤、化工、电子、水产、水生物研究、生活用水等国民经济建设与科研及长江水资源保护提供了科学有力的基础依据，取得了一定的经济效益和较好的社会效益，还提出了一些具有良好科研价值的分析研究报告。

5.8.2　主要调查成果

三峡中心水质调查成果主要包括：1980 年宜昌长江葛洲坝水利枢纽上游干流水质现状调查，1983 年长江干流宜昌河段环境质量报告书，1989 年葛洲坝库区主要支流水温测试报告及资料（黄柏河、香溪河、大宁河、沿渡河或神农溪、梅溪河），1991 年长江宜昌江段近岸水域磷等污染现状监测调查报告，1992 年《长江干流主要江段近岸水域水质污染调查报告》（宜宾—黄石江段）等。

2001—2002 年承担长江干流主要城市江段近岸水域水环境质量状况研究工作。选择 6 个重点城市，监测江段合计 87 km，平水期和丰水期各监测 1 次。各江段按自上而下的顺序，采用网格法设置监测断面，并根据各江段城市沿江布局情况，参照常规水质监测工作范围，选定左右岸监测断面的设置长度。其中，云阳江段 11km 布置小江、三角滩、下岩寺、张飞庙渡口、汤溪河口 5 个断面，奉节江段 9km 布设口前、新房子、电厂、梅溪河 4 个断面，巫山 6km 布设望碑沟、西门二道桥、江东嘴 3 个断面，巴东 13km 布设大南角、万福沱、栗子沱、老城渡口、无源桥 5 个断面，秭归 7km 布设文化馆、客运码头 2 个断面、宜昌 41km 布设桃花村、5# 水位站、330 菜市场、北门、大南门、大公桥、万寿桥、艾家嘴、八一钢厂、热电厂、临江溪、磨盘溪、葛洲坝船厂、古老背、宜化、西坝三江桥、磷肥厂、民康药厂、红光港机、红缆厂、西楚化工、艾家镇 22 个断面。总体上，纵向上城区江段按 2km 间距设置监测断面，非城区江段按 4km 间距设置断面；横向上，在离岸边 10m、20m（长江中游）处各布设 1 个水质监测点。所有测点只采表层水，样品采集方法、样品容器、采集量、保存、前处理（或预处理）等均严格按照国家有关标准方法、《水环境监测规范》等进行采样监测，并且采样前 3 天没有明显降水。近岸水域按平水期和枯水期进行实施，每个采样点分别采样 2 次；入江排污口则按不同时段采集分样及混合样共计 5 次。

5.8.3 主要评价成果

5.8.3.1 评价方法

（1）水功能区水质评价采用单指标评价法（最差的项目赋全权，又称一票否决法），出现不同类别的标准值相同的情况时，按最优类别确定。

（2）湖泊、水库富营养化状况评价采用百分制评价法，首先根据各测点项目的实测值的平均值，对照标准，求得各单项的评分值；然后依据公式计算各湖库的评价值。评价指标计算式为 $M=\frac{1}{n}\sum_{i-1}^{n}M_i$，式中：$M$ 为湖泊、水库营养状态的评价值；M_i 为第 i 项的评分值；n 为评价项目个数。最后，根据评价值的大小，对照评价标准，确定该湖泊、水库的营养状况。

5.8.3.2 评价成果

2004 年 5 月，受长江环保疏浚公司委托，三峡中心开展浙江宁波东钱湖南湖清淤工程环境质量现状监测评价工作。采用 GPS 卫星定位系统定点，对浙江宁波东钱湖约 9km^2 的 32 个监测网点进行了系统的水质和底泥质采样监测，同时对南湖周边的主要排污口及其入湖支流口同步进行了定位和水质监测。采用 1954 年北京坐标系为平面基准，1956 年黄海高程体系作为高程基准，使用网络法（菱形或等腰三角形）在东钱湖南湖 9km^2 水域布设水质和底泥质采样监测网点，采用 GPS 卫星定位仪进行现场定点定位采测，具体要求如下：

（1）水质监测评价。

水质监测站点布设与监测评价要求：

①采用网络法布置 25 ~ 30 个采样点，并对南湖周围的排污口进行采样，并测定其坐标值（北京坐标）。

②监测参数：水温、pH 值、电导率、氧化还原电位、悬浮物、游离二氧化碳、侵蚀二氧化碳、硫酸盐、氟化物、重碳酸根、氯化物、总硬度、总碱度、铵氮、亚硝酸盐氮、硝酸盐氮、总氮、总磷、溶解氧、高锰酸盐指数、生化需氧量、总氰化物、挥发酚、砷化物、六价铬、总汞、镉、铜、铅、石油类、粪大肠菌群等 31 项；对排污口根据情况选取相关主要控制参数进行监测，同时增加化学需氧量项目的测定。

（2）底泥质监测评价。

底泥监测站点布设与监测评价要求：

①采用网络法布置 30 ~ 35 个采样位置，每个测点位置采集 3 个底泥质样品，区分出淤泥层、草根层和土层（简称上、中、下层）的分界厚度，对 3 层监测结果分别统计其平均值；并测定其坐标值（北京坐标）。

②检测参数：pH 值、铜、铅、锌、镉、锰、镍、汞、砷、总磷、总氮、有机质、含水量等 13 项。

经过水环境监测和分析评价，东钱湖南湖水域水质污染较为严重，主要是受生活污水和湖区水产养殖以及旅游产品开发的船舶用油排污管理影响，水体已经出现富营养化特征，氮、磷超标严重，属于《地表水环境质量标准》（GB 3838—2002）湖泊类的Ⅳ ~ Ⅴ水体水质。底泥质由于长期与水域水质相互作用和影响，其氮、磷及有机质含量较高，营养负荷较重，可能由于其地理位置的原因，其重金属污染则更为明显。疏浚清淤工程其本身就是一项社会效益明显的环保工程，工程实施后，将明显改善东钱湖南湖这片污染水域的水质状况，美化湖区环境，更直接有利于东钱湖的旅游潜质和休闲度假功能的开发实施。该工程对环境的不利影响就主要体现在对清出污泥的如何处置上，施工短期内会局部影响当地的水质、空气、噪声以及土壤环境，但这些不利因素的影响程度小、时间短、时空范围有限，只需采取适当措施，是完全可以减小其影响程度和范围的。编制了《浙江宁波东钱湖底泥质分界厚度监测现状报告》及《浙江宁波东钱湖环境监测现状评价报告》。

5.8.4　主要研究成果

经过几十年的建设发展，三峡中心已成为一个具有雄厚技术实力和完善仪器设备的科学的质量检测机构。尤其经过历次国家计量认证评审，不断完善质量管理，提高技术水平和业务素质，面向社会、拓展业务、走入市场。开展了葛洲坝水利枢纽自然背景值调查及其污染动态研究、长江宜昌河段环境容量的研究等，完成《长江宜昌河段污染负荷调查报告》《葛洲坝水利枢纽自然背景值调查及其污染动态研究》《论大型水利枢纽工程的水质监测》《西陵峡环境调查报告》《宜昌市环境质量评价》《葛洲坝水库蓄水后的水质变化趋势》《谈谈水利生态》《长江宜昌河段环境容量的研究》《三峡大坝上下游水质时空变化特征》等。

三峡中心承担或与相关院所联合承担的研究项目多次获奖励或发表高水平论文，如独立承担的《1995 年度宜昌市环境质量报告书》被评为“八五”国家级优秀环境质量报告书三等奖；1996—1997 年和 1998—1999 年，先后与河海大学合作开展并完成了《三峡大坝和葛洲坝区间水污染沿程测算及容量研究》和《三峡大坝至葛洲坝区间水环境监测决策支持系统研究》科研课题，成果获得了河海大学科技进步奖一等奖；1997 年开展三峡工程大江截流水环境监测评价，成果汇入《三峡工程大江截流水文泥沙信息系统研究与实践》，获 1998 年度长江水利委员会科技进步奖一等奖；2007—2009 年与清华大学合作开展《三峡工程 156 ~ 175m 蓄水过程近坝水环境特性及调控措施研究》；2016—2017 年开展水库漂浮物对水库环境影响的实验研究，发表论文 1 篇。

第 6 章 工程泥沙原型观测调查

一般地，水利枢纽工程泥沙研究，主要有三种方法：原型观测调查、物理模型试验、数学模型计算。其中，原型观测调查除了能够真实反映工程河段水文、泥沙实况和分析研究河势河床演变机理、规律及发展趋势，同时还是物理模型、数学模型的建模、验模所必需的第一手资料。顾名思义，之所以称之为原型，实际上就是 1 ∶ 1 的物理模型。

从 1950 年代开始，宜昌水文站就介入了原型观测工作，主要为三峡工程前期科研、规划设计和葛洲坝坝区河工模型试验收集资料。自 1973 年成立宜实站以后，重点围绕葛洲坝工程和三峡工程开展了一系列原型观测调查工作，主要包括水文泥沙观测、特殊水流观测、河道地形测绘等方面。

6.1 工程概况

6.1.1 水利工程简况

葛洲坝水利枢纽工程。葛洲坝工程为径流式水利枢纽，坝址位于湖北省宜昌市的长江三峡西陵峡出口下游 2.6km 处，控制流域面积 100 万 km^2。葛洲坝水利枢纽工程 1970 年 12 月 26 日批准兴建，于 1981 年 1 月 4 日大江截流，同年 5 月开始蓄水运用，1991 年底整个枢纽工程全面竣工。葛洲坝水库处于长江三峡河道之中，设计总库容为 15.8 亿 m^3，属峡谷河道型水库。库水位运用情况：1981 年 5 月开始蓄水；1982 年 6 月中旬坝前水位达到 62.5m；1983 年 5 月中旬坝前水位蓄至 63.5m；1986 年二期工程投入运行后，坝前水位逐步抬高，到 1990 年后维持在 66.0 ± 0.5m 运用。

三峡水利枢纽工程。三峡水利枢纽位于葛洲坝水利枢纽上游 38km 处，是世界级特大型水利枢纽工程，具有防洪、发电、通航等水资源综合利用效益。大坝全长 2309.5m，坝顶高程 185m，总库容 393 亿 m^3。工程于 1994 年 12 月正式开工，1997 年 11 月大江截流，2002 年 11 月导流明渠截流，2003 年 6 月 135m 蓄水运用，2006 年汛后 156m 蓄水运用，2008 年汛后 175m 试验性蓄水运用，2021 年水库正常蓄水运用。三峡水利枢纽蓄水运用后，葛洲坝水利枢纽成为三峡水利枢纽的航运反调节枢纽。两个枢纽将原天然河道划分为三种类型：三峡水库库区、两坝间（三峡—葛洲坝）库区及葛洲坝下游河道。

6.1.2 原型观测调查的重要性及其意义

1984 年国务院虽已原则批准了三峡工程 150m 方案的可行性报告，但鉴于各方面又提出了一些不同意见和建议。1986 年 6 月中共中央、国务院发出《关于长江三峡工程论证有关问题的通知》，水利电力部成立三峡工程论证领导小组，历时三年，参与论证的专家达 412 人、特邀顾问 21 人，分 10 个专题论证，提出 14 个专题论证报告[①]。有 9 个专题论证报告经全体专家签字同意，有 5 个专题论证报告分别有 1 ~ 3 位专家，共有 10 人次对专题论证报告结论持有不同意见，没有签字并提出了书面意见。长办根据 14 个专题论证成果，重新编写了《长江三峡水利枢纽可行性研究报告》，阐述了三峡工程在长江流域规划中的地位和作用，推荐采用“一级开发、一次建成、分期蓄水、连续移民”的方案。

鉴于泥沙问题是三峡工程建设与运行中的关键技术问题之一，需要进行长期的试验、研究与验证，原型水文泥沙观测是泥沙问题研究的重要基础性工作。1992 年 4 月 3 日第七届全国人民代表大会第五次会议通过《关于兴建长江三峡工程的决议》。在《国务院关于提请审议兴建长江三峡工程的方案》中，阐述了“国务院对兴建三峡工程历来采取既积极又慎重的方针。近 40 年来，有关部门和大批科技人员对三峡工程做了大量的勘测、科研、设计和试验工作。特别是 1984 年以来，社会各界提出了许多新的意见。一些同志本着对国家、人民和子孙后代高度负责的精神，对库区百万移民、生态与环境的保护、上游泥沙的淤积、巨额投资的筹措和回收等疑难问题，从不同角度提出各自的意见，这些意见对于开阔思路，增进论证深度，完善实施方案，起到了十分有益的作用”。其中“上游泥沙淤积”就在其中，为此，在 1993 年 7 月国务院三峡工程建设委员会第二次会议上，根据时任全国政协副主席、三峡工程建设委员会（简称“三建委”）顾问钱正英的建议，决定在三峡建设委员会办公室（简称“三峡办”）下设“三峡工程泥沙课题专家组”，继续负责协调和研究三峡工程的泥沙问题。2000 年调整为中国长江三峡工程开发总公司（简称“三峡总公司”）管理，并改名为“三峡工程泥沙专家组”，泥沙研究重心逐步转向与第 8 个单项技术设计相关的内容，即三峡工程变动回水区航道及港口整治（含坝下游河道下切影响及对策）。

针对第八个单项技术设计工作，三峡总公司技术委员会先后组织召开了多次专题会议，所形成的纪要都强调加强原型观测与研究工作：①“三峡工程第八个单项技术专题阶段成果研讨会纪要”，明确提出了葛洲坝水利枢纽下游水位在三峡水库初期蓄水（库水位 135m）时不低于 38.0m，或采取其他措施（如三峡水库蓄水初期适当超蓄，用以增加枯水期下游流量）保证正常通航，此后库水位达 156m 和 175m 时，分别不低于 38.5m 和 39.0m。②《三峡工程水文泥沙原型观测与科研工作协调会议纪要》，强调了泥沙问题是关系三峡工程成败与效益的重要技术问题之一，水文泥沙原型观测工作则是泥沙问题研究的基础。③“葛洲坝库区泥沙淤积及三江引航道冲沙原型观测资料分析工作座谈会纪要”，要求全面总结葛洲坝库区冲淤规律、三江引航道淤积与冲沙试验和坝下冲刷对宜昌水位影响。

综上分析，水文泥沙原型观测调查意义重大，是通过对河流地形、水力、泥沙等因子的定性观察与定量观测，获取一定的资料后，进行系统性的分析研究，认识其现象本质的一项重要工作。

（1）原型观测调查成果是河流客观真实的反映。要了解和认识客观现象，就必须进行原型观测。

（2）原型观测调查是泥沙研究工作的基础。它能为泥沙数学模型提供边界条件，为实体模型试验提供建模、验模资料，还能通过对原型观测

① 1986 年 6 月，水利电力部成立三峡工程论证领导小组，部长钱正英任组长，副部长陆佑楣任副组长，总工程师潘家铮任副组长兼技术总负责人。三峡工程论证划分为 10 个专题：地质与地震、水文与防洪、泥沙与航运、电力系统规划、水库淹没与移民、生态与环境、综合水位方案、施工、工程投资估算、经济评价。论证领导小组聘请全国各行业第一流水平的 412 位专家、21 位特邀顾问，分别组成地质与地震、枢纽建筑物、水文、防洪、泥沙、航运、电力系统、机电设备、移民、生态环境、综合规划与水位、施工、投资估算、综合经济评价 14 个专家组。

资料的分析，揭示工程研究河段的河床演变、水沙运动规律，并对变化趋势做出初步估计。

（3）原型观测调查还是检验工程设计的实践标准之一。工程施工及运用，实际情况与设计成果是否相符，必须通过原型观测资料才能检验其合理性，对不合理的及时进行修正处理，以保证工程的科学、合理、安全，从而提高水利工程的设计水平。

（4）原型观测调查还是工程运行、科学调度的基本依据。水库运行水位及泄流规模的确定、航运调度、排沙减淤及冲沙时机的选择，以及冲沙、清淤后的效果等均需要以实测水沙资料、地形资料为依据。

（5）原型观测调查是促进水文泥沙学科发展的重要基础。泥沙问题具有不确定性且非常复杂，只有通过反复的原型观测实践才能揭示泥沙的运动规律，并进一步发展与完善泥沙这门内容涵盖广泛的学科。

6.1.3 原型观测范围、专业队伍与技术装备

6.1.3.1 原型观测范围及分工

从葛洲坝工程到三峡工程，原型观测调查范围逐步扩大，不同时期原型观测范围及分工变化，见表6.1–1。葛洲坝工程原型观测除奉节水文站由长江上游水文水资源勘测局（简称“上游局”）负责外，其余全部由三峡局及其前身宜昌水文站、宜实站和葛实站组织实施。三峡工程原型观测，根据长江委水文局分工，奉节县（关刀峡）以上由上游局组织实施，枝江市（杨家脑）以下由荆江水文水资源勘测局（简称“荆江局”）、长江中游水文水资源勘测局（简称“中游局”）、长江下游水文水资源勘测局（简称“下游局”）和长江口水文水资源勘测局（简称“长江口局”）组织实施，长江奉节关刀峡至枝江杨家脑河段，由三峡局组织实施。

表6.1–1　葛洲坝和三峡工程原型观测调查范围及分工表

时期（年）	原型观测范围	主要工作内容及分工	实施单位
1950—1973	庙河—南津关	为规划、选址、试验研究搜集本底水文、水质、局部地形资料等	宜昌水文站、三峡工程水文站
1973—1981	葛洲坝坝区	主要围绕坝区河势规划、工程设计、施工，开展水文测验、特殊水流流态观测、水下地形测量、大江截流水文测验和水质监测调查分析等	宜实站
1981—1992	葛洲坝库区、坝区、坝下游宜昌河段	水库泥沙淤积、坝区（含船闸引航道）泥沙淤积与航道往复流、坝下河床冲淤演变观测，以及水文测验、水质监测分析等	宜实站、葛实站
1993至今	三峡坝区	主要围绕三峡坝区河势规划、工程设计、施工等，开展水文测验、特殊水流流态观测、水下地形测量、大江截流与明渠截流水文监测、水质监测调查分析等	葛实站、三峡局
1993至今	三峡水库库区	水库泥沙淤积观测分析（以奉节为界）	上游局、三峡局
1993至今	两坝间及葛洲坝下游宜昌至杨家脑河段	坝下游河道河床演变观测分析（以杨家脑为界），杨家脑以下由水利部负责	三峡局、荆江局、中游局、下游局、长江口局

三峡局承担三峡工程原型观测，包括三峡库区、坝区、两坝间及坝下游干支流河段，总长677.1km，布设水文、水质水生态、河道地形与固定断面等综合站网。河道地形与固定断面布设详见表6.1–2，水文水质站网详见第2章。

表 6.1–2　　三峡局河道观测断面布设统计表

河段	干 / 支流名称		起止断面编号	长度（km）	固定断面个数	床沙断面个数	备注
三峡水库库区	干流库段（大坝至关刀峡）		S30+1 ~ S118	172	95	48	
	支流	长河	CH01 ~ CH04	7	4	2	2017 年新增 4 个断面
		梅溪河	MX01 ~ MX10	30	15	8	2017 年新增 2 个断面
		草堂河	CT01 ~ CT07	13	7	4	2017 年新增 7 个断面
		大宁河	DN01 ~ DN18	55	30	18	2017 年新增 5 个断面
		沿渡河	YD01 ~ YD11	30	15	8	2017 年新增 1 个断面
		清港河	QG01–1 ~ QG08–1	23.6	18	10	2017 年新增 7 个断面
		胜利河	SL01 ~ SL07	14	7	2	2017 年新增 7 个断面
		卜庄河	BZ01 ~ BZ07	14	9	6	2017 年新增 9 个断面
		香溪河	XX01 ~ XX14	40	20	10	
两坝间库段	三峡至葛洲坝		G0 ~ G29	38.7	38	19	
葛洲坝下游	干流河段（宜昌至杨家脑）		宜 34 ~荆 25+1、松 03、松 07	119.9（不含松滋河）	161	枯期 51，汛后 68	原布设 83 个断面，2014 年增设 76 个，另外松滋河 2 个，共 161 个

6.1.3.2　原型观测专业队伍

葛洲坝工程泥沙观测，从规划、设计、施工到运行各个阶段，人员素质和技术水平不断增强，技术装备不断更新换代。自 1973 年成立宜实站以来，已培养出了一大批在原型观测及科研方面有较高水平的专业技术人员。

三峡局内设机构均参与原型观测工作，其中 3 个职能部门和综合事业中心从事技术管理、人力资源调配、物质器材和经费保障等，6 个业务单位（河道勘测中心、宜昌分局、黄陵庙分局、科研室、水情预报室和水环境监测分析室）中，宜昌分局、黄陵庙分局、科研室、水情预报室和水环境监测分析室在有关章节有专门记述，这里仅记述河道勘测中心的历史简要沿革、主要业务及主要负责人等情况。

1975 年 3 月宜实站为加强葛洲坝工程原型观测工作，组建了 2 个河道勘测队，其中一队（首任队长：郑家文）负责葛洲坝坝区及三峡区间河道勘测工作，二队（首任队长：余绪平）负责宜昌水文站水文测报及葛洲坝坝下游部分河道勘测工作。1980 年 3 月恢复宜昌水文站建制，二队负责葛洲坝坝区水文河道勘测工作，一队调整为负责葛洲坝水库库区勘测工作。

1994 年三峡工程正式开工建设，为适应三峡工程原型观测需要，1994 年 12 月将两个河道勘测队合并，成立河道勘测队，下设一分队、二分队。1998 年 1 月进一步整合，不再设分队，人员由原 42 人精简为 20 人，初步形成精兵高效的河道勘测专业队伍。

2012 年 9 月，根据“三定”方案，河道勘测队升格为副处级建制的河道勘测中心，领导班子按一正三副（含一名主任工程师）配置。历任河道勘测队（中心）队长（主任）为：郑家文、陈道才、余绪平、王厚德、聂勋龙、汪劲松、邵远贵、张景森、谭良、全小龙、王宝成。

总体上，原型观测调查在 1973 年前仅从事水文测验、水质分析，其后开展河道测绘、水情预报、水环境监测等工作，至2002年初步形成了六大专业产品。原型观测队伍也从1950年代10余人逐步壮大到177人（截至2022年，含禹王公司人员），其中葛洲坝大江截流时期，原型观测队伍达300余人。

6.1.3.3 主要技术装备

从葛洲坝工程以传统测绘技术开展原型观测工作，到三峡工程建设时期，三峡总公司分两批次（2008年和2011年）投入专项观测设备经费3000余万元，配备科技含量极高的现代化水文、测绘仪器设备，勘测能力大大提升。例如，用于流量测验的多普勒剖面流速仪（ADCP），具有不扰动流场、测验历时短、测速范围大等特点；适用于多种环境、测量精度高、能全覆盖水下地形的多波束测深系统（俗称“水下CT”）；具有精度高、测量速度快等特点的全球定位测量系统（GNSS），能配合ADCP、测深仪、多波束测深系统等设备组合解决定位问题。还有泥浆密度仪、浅地层剖面仪、运动传感器、陀螺全站仪、水声呐系统、现场测沙仪（LISST100X）、激光粒度分布仪、EPS测绘系统、计算机网络技术、GIS技术等均较葛洲坝工程施工时期有了巨大的进步。

6.2 原型观测规划计划

泥沙问题是关系到三峡工程长期正常运行与效益的关键技术问题之一，涉及水库寿命，库区淹没，库尾段航道、港区的演变，坝区船闸（含引航道）、电站的正常运用，以及枢纽下游河床冲刷下切、水位下降、河道演变对防洪、航运、生态的影响等一系列重要而复杂的技术问题。三峡工程泥沙问题，一直受到党中央、国务院的重视关怀，国内相关单位大力协作，经过长期的水文泥沙测验、河道（水库）观测、原型观测调查研究，以及泥沙数学模型计算分析和实体模型试验研究，积累了大量原型资料和研究成果。其中，坝区泥沙问题主要包括施工通航泥沙冲淤变化，施工期围堰附近水域的冲淤变化，不同坝前水位坝区河势变化，泥沙淤积对通航、水轮机运行及大坝安全的影响。

三峡工程泥沙问题的研究手段，主要采用现场观测、室内试验和数值模拟及理论分析相结合的方法。可见水文泥沙原型观测是物理模型试验和数值模拟及理论分析的唯一重要基础，对工程建设进度、调度运行和泥沙研究条件的确定都是十分重要的。

6.2.1 前期观测计划

三峡工程（含葛洲坝工程）水文泥沙观测与研究是一项长期、系统性工作。在工程开工之前按指令性计划任务开展，三峡局参与的工作，大体可分为三个阶段：规划选址阶段（1950—1970年）、实战准备阶段（1970—1983年）和可研论证阶段（1983—1992年）。

6.2.1.1 规划选址阶段

这一阶段，按照“完备可靠、加强观测、完善技术、重视科研”要求，从1950年开始，主要开展五个方面的原型观测调查工作。

（1）加强干支流水文站（包括站网建设）水文泥沙观测及颗粒级配分析与历史水文资料整汇编工作；

（2）改进水文泥沙测验技术方法、颗粒分析及整编技术，如铅鱼悬索偏角改正试验、吊船缆道架设、推移质器测法研究（结构型式、仪器性能、采样效率系数）等；

（3）多单位联合开展川江卵石岩性、矿物成分调查，分析卵石推移质来源、数量等成果，也为原型观测提供验证资料；

（4）针对不同坝址选址河段，开展水文、水质、河道地形观测，为科研、设计提供基础资料；

（5）对天然时期典型河道（如奉节臭盐碛、

重庆猪儿碛和嘉陵江河口段），开展三峡水库库尾变动回水区调查及河床演变观测。

6.2.1.2　实战准备阶段

葛洲坝水利枢纽为三峡水利枢纽的实战准备工程，按照“边勘测、边科研、边设计、边施工”要求，主要开展五个方面的水文泥沙原型观测调查工作。

（1）1972—1978 年，为满足葛洲坝工程修改设计中对泥沙的分析计算和模型试验需要，开展宜昌等主要控制水文站近（临）底悬沙实验，取得较为系统的观测实验资料。经观测分析研究，各站历年实测大于 0.1mm 的床沙质输沙量误差均不大，检验了悬移质泥沙测验方法的精度。

（2）在葛洲坝工程上下游布设奉节（进库站）、南津关（坝前站）、宜昌（出库站）三个水文测验断面，开展砂砾（或称沙质）与卵石推移质测验，并结合 1974 年和 1976 年三峡区间卵石推移质特性调查，包括卵石岩性、矿物成分、典型河段等调查，基本弄清了砂砾（或沙质）、卵石推移质年输沙量、粒径级配及输移特性。

（3）围绕葛洲坝工程坝区河势规划、水流泥沙等问题，1974 年、1977 年、1981 年、1988 年开展了一系列特殊水流原型观测工作，如弯道环流、泡漩水、剪刀水、异重流、龙口水流等，为河势规划、引航道航线设计、防淤减淤措施、电站引水防沙、大江截流等提供了翔实的原型观测资料和分析成果，原型观测揭示了三江下引航道浅水长波往复流及其影响，揭示了大江下游航道横波涌浪等不良流态，为河势调整工程设计提供基础依据。

（4）开展葛洲坝水库淤积观测，掌握工程运行初期（1981—1983 年）库区淤积量及其分布特点，库区三年总淤积量仅为 1.3 亿 m^3，较设计值 3 ~ 5 年达到淤积平衡的 3 亿 ~ 5 亿 m^3 要少不少，同时提出加强常年回水区（太平溪至坝前段）冲淤观测，加强山区河道冲淤观测调查，重视回声仪的选型问题。

（5）加强坝下游近坝河段冲淤、水面线观测及采沙调查。其中 1987 年底对葛洲坝坝址至枝江江口河段（全长 109.2km）进行详细的采砂实地调查，查明了葛洲坝施工期宜昌枯水位下降的主要原因，系坝下河道较大规模建筑骨料开挖、破坏床沙组成结构和加速泥沙冲刷引起河床下切所致。

6.2.1.3　可研论证阶段

按照“充实资料、充分全面、准确可靠、提升技术、加强科研”要求，重点开展六个方面的水文泥沙原型观测工作。

（1）继续开展葛洲坝水库淤积观测，初步表明水库平衡淤积量约 1.5 亿 m^3；开展库尾“五滩两碛”河床演变观测，证明了库尾不存在“翘尾巴”上延现象，水库蓄水改善了三峡区间滩多水急的航道条件。

（2）加强坝下游近坝段宜昌河段河床冲淤观测，阐明了水库淤粗排细坝下游推移质冲刷得不到补给，是导致河床冲刷的主要原因。

（3）三江上引航道口门区航迹线观测，三江下引航道非恒定流观测和机械冲沙、小流量冲沙试验水文观测，揭示了口门区水流流态对船舶航行的影响、船闸冲泄水产生的浅水长波往复流的波长、波幅、周期等变化及航道航深的影响，为避免在引航道内发生海损事故及为三峡工程船闸引航道设计提供了试验资料和分析成果。

（4）大江航道水流条件（流态、波浪等）原型观测，揭示了大江航道横波特性及其对船舶航行的影响，提出修建纵向隔流堤等河势调整方案。

（5）加强坝上南津关水文站卵石推移质测验，揭示了库区卵石 99% 淤积在库内，仅 1% 的卵石进入坝前，可能过坝。

（6）开展推移质器测法研究，通过葛洲坝工程实践，针对水利枢纽工程泥沙研究，原型观测调查除了能够真实反映工程河段水文泥沙实况，还可以结合相关理论，分析河势河床演变机理、规律及发展趋势，同时还是物理模型、数学模型建模、验模必需的第一手资料，也为水库长期利用科学调度积累系列资料。

6.2.2 原型观测规划

三峡工程经1992年4月3日第七届全国人民代表大会第五次会议通过，正式进入工程建设阶段，按照“总体规划、分步实施、兼顾全面、突出重点、及时分析”的要求，决策部署原型观测调查工作，充分吸取了葛洲坝工程、丹江口工程等经验，在《长江三峡水利枢纽工程初步设计报告（枢纽工程）》中就系统地规划了水文泥沙原型观测，并纳入水文气象保障服务系统，包括3个子系统：水情预报保障服务系统、水库淤积及下游河道冲刷观测系统和气象服务保障服务系统。其中，水库淤积及下游河道冲刷观测系统又包括三个部分：库区观测系统、坝区观测系统和长江中游宜昌—汉口段的河道观测。三峡工程水文泥沙原型观测调查研究，均按有关规划、计划、方案，到目前为止已实施了5个阶段。

6.2.2.1 施工期原型观测规划

根据三峡工程勘测设计费施工期单列水文观测项目工作，1994年先期启动了三峡工程黄陵庙专用水文站建设。1995年4月，长江委编制《三峡工程施工阶段工程水文泥沙观测规划》（简称《规划》），经三峡总公司技术委员会审查列入1993—2009年度水文泥沙观测依据，其中2002年前的主要原型观测范围在三峡坝区，2003年后根据工程进度向库区和坝下延伸。根据1995年6月《长江三峡工程水文气象保障服务系统专项设计报告》，三峡局在1997年大江截流前初步建立了三峡工程坝区水情自动测报系统，共有7个水位（雨量）站和1个报汛中心站。

水文泥沙原型观测经费，根据三峡总公司1995年4月编制的《长江三峡水利枢纽工程勘测设计费业主执行概算》的附件——《三峡水利枢纽工程水文泥沙观测经费执行概算》，水文单列工作经费共计2.5亿元（1993年末价格水平）。原型观测工作量、取费标准及附加费用（如气象系数、勘测专项费、物价调整、特殊比测试验、水下地形测量难度系数等）按1985—1992年能源部、水利部有关水利水电工程勘测设计收费标准、定额、规定执行。

6.2.2.2 施工期新增原型观测计划

鉴于三峡水库及坝下游水文泥沙观测至关重要，国务院三建委2001年4月10日主持召开了“三峡水库分期蓄水和调度运行方式讨论会”，会议决定由三峡工程泥沙专家组牵头编制完成《长江三峡工程2002—2019年泥沙原型观测计划》（简称《计划》），经国务院三峡办2001年12月4—5日组织审查，一是明确《计划》分施工期（2002—2009）与蓄水初期（2010—2019年）两个阶段实施；二是在泥沙专家组统一指导下，以杨家脑（荆25+1）为界，以上河段由三峡总公司牵头组织编制并审查水文泥沙观测实施方案和预算，以下河段由水利部牵头组织编制并审查水文泥沙观测研究任务。长江委结合2.5亿元单列水文观测项目，2002年5月组织编制完成了《长江三峡工程2002—2009年杨家脑以上河段新增水文泥沙观测研究项目实施方案和预算报告》（简称《新增计划》），并与《三峡工程施工阶段工程水文泥沙观测规划》合并实施。

6.2.2.3 初期运行期实施方案

2009年初，按照《计划》确定的2010—2019年观测研究目标和总体框架，结合泥沙专家组意见，总结2002—2009年观测研究等基础上，长江水利委员会编制完成了《长江三峡工程 2010–2019 年杨家脑以上河段水文泥沙观测研究项目实施方案》（简称《实施方案》）和《长江三峡工程杨家脑以下河段 2010—2019 年水文泥沙观测研究任务书》（简称《任务书》），分别经中国长江三峡集团有限公司（简称三峡集团）和水利部审查后，由长江委水文局组织实施。

6.2.2.4 金沙江下游原型观测规划

考虑到金沙江下游泥沙问题，三峡总公司于 2007 年编制完成了《金沙江下游梯级电站水文泥沙监测与研究实施规划》，并组织长江委等单位实施至 2014 年，收集了乌东德、白鹤滩、溪洛渡和向家坝等梯级电站基本水文泥沙资料，分析研究了施工期水文泥沙特性，在此基础上，三峡集团组织编制了《金沙江溪洛渡、向家坝水电站水文泥沙监测与研究规划（2015—2022 年）》（简称《金沙江规划》），经批准后实施。

6.2.2.5 流域梯级水文泥沙观测规划

鉴于以三峡工程为核心的长江上游干支流水库群基本建成，上游水沙条件变化影响深远，三峡集团组织编制了《溪洛渡、向家坝与三峡水库水文泥沙观测规划（2020—2029 年）》，并于 2016 年 10 月 16 日组织审查，认为金沙江乌东德、白鹤滩将于 2020 年建成运行，建议将乌东德、白鹤滩、溪洛渡、向家坝和三峡水库（简称五库）合并编制统一完整的流域梯级水文泥沙观测规划，范围从乌东德水库库尾至葛洲坝下游杨家脑河段。为此，长江委水文局按照“总体规划、相互衔接、统一协调、突出重点”原则，针对“五库”运行水文泥沙问题，于 2017 年编制完成了《金沙江下游梯级水电站与三峡工程水文泥沙观测规划（2020—2029 年）》（简称《梯级规划》），已经三峡集团审查并实施。

6.2.3 原型观测调查实施及主要内容

6.2.3.1 原型观测规划实施简况

三峡工程水文河道泥沙原型观测调查工作，从一开始就有专门的规划、计划或实施方案，以合同协议方式执行，延续多个阶段，同时也将葛洲坝水库水文泥沙观测纳入。此外，杨家脑以下水文泥沙观测纳入水利部管理范围。

（1）施工准备、一期、二期（1993—2003 年），执行《规划》（即单列水文观测经费 2.5 亿元）。

（2）施工三期及围堰发电、初期蓄水运行期（2004—2009 年），执行《规划》和《新增计划》，即规划、计划内容合并实施。

（3）三峡水库 175m 试验性蓄水运用期（2010—2019 年），执行《实施方案》（杨家脑以上）和《任务书》（杨家脑以下）。

（4）三峡水库正常蓄水运用后（2020—2029 年），执行《梯级规划》。

6.2.3.2 原型观测主要内容及项目概况

原型观测主要内容：进出库水沙、库区水面线、水道地形、固定断面、变动回水区水流泥沙、水面流态、水库淤积、坝下河道冲淤演变、支流口门拦门沙淤积、淤积物干容重、水库异重流、过机泥沙、河床组成调查、来水来沙调查、河道观测设施设测、含沙量实时信息采集与报汛、水温观测等。

主要观测项目，包括以下九个方面：

（1）水库淤积观测，包括地形和固定断面观测；

（2）库区水文测验，包括干支流进出库及库区水文站水沙测验；

（3）水库水位观测，观测范围为全库区干流及主要支流；

（4）变动回水区河道演变观测，包括重庆主城区（重点）、土脑子、涪陵、青岩子、洛碛至长寿等河段；

（5）坝区河道演变观测，包括坝区河床演变观测、通航建筑物水流泥沙观测、电厂水流泥沙观测（含引航道及口门区淤积观测、引航道水位波动观测）、专用水文观测（含坝区水位观测、进坝水流泥沙观测、出坝水流泥沙观测、过机泥沙观测）、围堰及明渠水流泥沙观测、两坝间河道冲淤观测；

（6）坝下游河道冲淤观测，包括宜昌至湖口、洞庭湖区和荆江三口分流道冲淤观测；

（7）坝下游重点河段河道演变观测，包括宜昌至枝城、芦家河、太平口至郝穴、周公堤至碾子湾、调关、监利、长江与洞庭湖汇流口、簰洲湾、长江与鄱阳湖汇流口等观测；

（8）坝下游水流泥沙观测，重点为沿程水面线和悬移质、推移质、床沙测验；

（9）专项观测，包括施工期坝区河床演变观测、大江和明渠截流水文观测、库区干容重观测、坝前挟沙浑水运动状态（非典型异重流、泥沙絮凝沉降）观测、芦家河浅滩枯水期水流条件观测、河床组成勘测调查、水库各级（135m、156m、175m）蓄水过程水文泥沙观测、临底悬移质泥沙观测、水库水面动态变化观测实验（175m—174.5m—175m）、两坝间通航水流条件观测（含电力调峰非恒定流水流流态观测），等等。

6.3 葛洲坝工程原型观测调查

葛洲坝工程原型观测，先以坝区为主，根据工程施工进度，逐步向库区、坝下游发展，1991年葛洲坝工程竣工前，测区上自奉节关刀峡，下至宜昌虎牙滩，全长230余km。原型观测工作内容，主要涉及水文泥沙观测调查、河道（水库）冲淤观测调查、水质监测调查、水文预报、蒸发气象等。重点包括：1973—1980年开展特殊水流观测，为南津关河段河势规划及整治提供原型观测成果，主要包括涌泡水、漩涡水、剪刀水、航迹线、环流、局部地形。1975年1月1日执行《长江河道观测技术规定》[①]。1973—1980年开展三江下引航道异重流观测。开展库区卵石补给来源调查。1981年大江截流水文观测。1981—1987年大江和三江引航道原型观测，重点掌握三江船闸冲泄水引起航道内非恒定流变化规律（经观测分析为浅水长波往复流）和航道淤积变化情况，共布设13个固定断面，15个水位站和5个流速、含沙量监测断面，大江引航道主要掌握二江泄流对航道产生的横向水流（经观测分析为横波水流）及其对船舶航行的影响。1988年后因经费不足停止观测。

6.3.1 施工前期原型观测调查

1954年选定葛洲坝水利枢纽为三峡工程的航运梯级后，水文方面于1953—1956年先后设立南津关、平善坝、石牌及喜滩为专用水位站及水文站（间测），收集资料；河道测量方面于1955—1957年布设一～四等三角网点（蛇山系）及三～四等水准点（吴淞系）。1959年和1960年先后两次施测坝址附近局部河道地形图，比例尺分别为1∶5000、1∶2000。

库区泥沙问题，1960年后为三峡工程作了两项重点观测和调查工作。①为研究狭谷上游开阔段泥沙冲淤规律，于1962—1963年对奉节臭盐碛河段连续观测了两个水文年的河床演变，设立河道平面、高程控制网点，布设16个固定断面。②1960年及1966年先后两次对宜都以上长江干流及主要支流进行大规模的卵石特性和岩性调查，并据此分析计算宜昌以上长江干、支流卵石来量。

①长江委水文局早在1962年就颁发了《长江河道观测暂行规定》，1973年修订并发布《长江河道观测技术规定》（简称《长河规》），1979年再次对《长河规》进行补充完善，内容包括：总则、河道观测布置、控制测量、水道地形测量、水文泥沙测验和仪器、测具保养与检查校正等内容。

6.3.2　施工一期原型观测调查

1970 年 12 月 26 日，葛洲坝工程开始兴建。工程处于边勘测、边科研、边设计、边施工的状态。这一时期，工程施工主要围绕两大工程，即围堰工程和大江截流工程。其中围堰工程又包括大江上游横向围堰、二期纵向钢板桩格型围堰和大江下游横向围堰。大江截流工程通过勘测、水文、设计、科研、施工等多方论证，选定截流流量 5200 ~ 7300m^3/s，龙口水深 10 ~ 12m；选定上游单戗堤立堵截流方案；要求截流水力学计算、水工模型试验和原型水文观测紧密结合，互为补充，保证截流设计合理可靠，并有效指导截流施工。

根据科研设计和施工的需要，原型观测工作相继开展。在河道测量方面，1971 年 1 月完成坝区平面控制网（二等三角）和高程控制网（一、二等水准）及坝区施工场地及河道 1 ∶ 1000 地形图。为收集本底资料及库区淤积数模计算，于 1971 年施测了宜昌至奉节 1 ∶ 10000 河道地形，并在库区、坝区分别设测 52 个及 29 个固定断面。围堰监测，当汛期出现较大洪水时，在洪水峰前、峰顶附近及峰后各施测一次二、三江上围堰迎水坡脚附近河床及围堰斜坡的水下地形。在水文泥沙测验方面，于 1970 年 7 月至 1971 年 8 月先后在坝区增设 13 个水位站。为了解卵石能否过三峡大坝的问题以及弄清楚南津关断面水流、泥沙的分布情况，于 1972 年 5 月架设了南津关专用水文断面过江水文吊船缆道，以便能系统地收集卵石及葛洲坝坝前的水、沙分布资料。流态测量：从 1971 年 8 月起，每年按流量级（15000 万 m^3/s、10000m^3/s、7000 m^3/s、5000m^3/s）施测南津关至坝轴线 2.5km 河段的水面流态。分流比测验：在二、三江各布设一个水文断面，二、三江过流后，按流量级（最大流量级为 60000 m^3/s）施测大江、二江、三江的分流分沙比。

1972 年底，周恩来总理决定葛洲坝主体工程停工，由长江委负责修改设计，并成立以林一山同志为首的葛洲坝工程技术委员会，并指出要尊重科学，多做实验研究，对葛洲坝工程建设“一定要战战兢兢，如履薄冰，做到确有把握”。在技术委员会指导下，在全国各有关部门的大力协作下，1974 年 10 月主体工程恢复施工，围绕葛洲坝工程坝区河势规划、围堰工程和大江截流，开展了一系列水文原型观测工作，如南津关特殊水流观测、三江下引航道的异重流测验、南津关环流观测、围堰安全监测和大江截流水文原型观测等。

葛洲坝工程施工一期最后一项重点工程，就是大江截流，是长江上第一次截流。水文原型观测工作十分重要，这里单独记述，其他专项水文原型观测调查工作，见有关章节。

6.3.2.1　截流水文观测总体布局

水文原型观测总体布局，一是要满足大江截流不同阶段要求，在截流护底阶段、非龙口进占阶段、龙口合龙阶段及截流后期对水文原型观测要求；二是紧密联系水力学计算和水工模型试验工作，检验水力学计算和水工模型试验成果，及时指导调整截流施工方案；三是合理设计水文原型观测要素，即水面线、水面流态、分流比、水下形态、龙口水力特性；四是精心做好前期准备工作，考虑葛洲坝工程大江截流水力学指标高、施工难度大，以及当时水文观测技术等情况，为确保水文原型观测高效、高精度开展，前期开展了水文准备工作量巨大，主要包括：“水文 628 工作艇”研制、龙口水文测验实施设备研制（无人双舟及测验控制设备）、回声测深仪选型试验、高性能流速仪试验与鉴定、通信设备与夜测设备等选型试验；五是在截流施工不同阶段，合理采用水文观测技术，确保高效获得观测资料和及时发布观测成果。

6.3.2.2　截流水文观测服务

主要围绕：①确定龙口位置和龙口宽度，探测河床组成和覆盖层厚度，选择在主航道布设截流龙口，开展河床覆盖层厚度、水流流态及船队航迹线等观测；②龙口护底施工阶段，1980 年 2 月 26 日至 3 月 23 日，为了解河床组成和有效保护覆盖层，提供抗冲能力计算水文本底资料，开展了局部水下地形、垂线流速分布、水面流态、水面线等原型观测，以及护底块体位置观测（验证模型漂距试验成果）、拦石坎位置确定施工后度汛观测及位移、冲刷等情况；③戗堤非龙口进占，1980年10月1日至12月14日，水文观测主要开展：流量、流速、水面流态、水位落差、河床冲刷等，掌握进点主流线平顺贯穿上下龙口，掌握两岸回流区变化影响范围，掌握上下戗堤落差及总落差变化情况，掌握上下戗堤口门区流速（龙中、左右戗堤头等处），了解进占过程中截流河段冲淤情况；④龙口合龙进占，从 1981 年 1 月 3 日 7 时 30 分开始进占，至 4 日 19 时 12 分龙口合龙，重点观测二江分流比、龙口流速（纵横向及戗堤头）、落差等，以及其他水文要素；⑤龙口合龙后，重点观测龙口闭气渗流量，以及上下围堰安全监测等。

6.3.2.3　截流水文原型观测技术

主要包括：①水位观测方法：采用三等水准接测方法统一截流河段水位观测站网高程基面，采用直立水尺人工观测水位，对戗堤头水位采用水准仪观测吊杆水尺方法；②水面流态，采用经纬仪浮标法；③流速与流量，采用测船流速仪法或浮标法；④水下地形，采用测深仪测深、经纬仪定位方法。

葛洲坝大江截流水文原型观测，除采用常规的水文观测方法以外，还重点开展了以下几个方面试验研究：

（1）“水文 628 工作艇”研制。研制大功率水文专用测船，能承受 6.5m/s 流速，配备水文专用三绞及长吊臂（大于 10m）。

（2）龙口水文测验实施设备研制，包括无人双舟及远程起重控制设备（1t 交流电动卷扬机及 200m 长钢缆与电缆线）、重型铅鱼（600kg）、水深计数器(能满足 200m 以外采用望远镜清晰读数)、无线测流器（水下电源密封、脉冲信号发射正常、无人双舟与悬索绝缘等）、悬索偏角器（能满足 200m 以外采用望远镜清晰读数）、电缆线安装（15 芯，其中动力 4 芯、流速仪信号传输 2 芯、回深仪信号 4 芯、照明 2 芯、备用 3 芯，采用每 10m 布设一个钢丝绳环及挂钩，确保收放安全可靠）。

（3）回声测深仪选型试验，选择性能好、功率大（选英国 MS-48 型回声测深仪），能满足水流湍急紊乱（混掺气体）测深要求，换能器安装应满足垂直河床并能随偏角自动调整。

（4）高性能流速仪试验与鉴定，开展破坏性试验，将金属桨叶和塑料桨叶同步试验，流速高达 7m/s，最终选择金属桨叶流速仪（塑料桨叶流速仪在流速大于 5.2m/s 时，桨叶明显变形），并在鉴定槽率定确保测验精度。

（5）通信设备与夜测设备等选型试验，通信采用功率大对讲机，确保现场指挥及相互联系顺畅，采用适度灯光照明设备，满足夜间水文原型观测。

6.3.3　施工二期原型观测调查

1981 年 1 月 4 日，葛洲坝工程大江截流成功，5 月下闸蓄水，6 月三江航道和 2、3 号船闸通航，7 月二江电厂第一台机组并网发电，7 月枢纽工程经受住了严峻的特大洪水考验，宜昌水文站实测最大流量达 7.08 万 m^3/s。二期工程施工至 1986 年 6 月，大江电厂第一台机组投产，1988 年 9 月，大江船闸试航成功，12 月电站全部 21 台机组建成投产。1991 年葛洲坝工程竣工验收。

根据工程需要和部署，本着为生产服务和为

工程水文泥沙研究收集资料的总目标，该时段进行了以下项目的原型观测。1993 年三峡工程开工，葛洲坝工程原型观测纳入三峡工程原型观测范围，按相关规划、计划、实施方案执行。

6.3.3.1　水库泥沙淤积观测

葛洲坝水库库区，全长 200 余 km。根据水利行业规范规定，结合葛洲坝水库实际，主要开展三个方面的观测调查工作：①进出库水沙观测；②水库泥沙冲淤观测；③库尾浅滩（“五滩两碛”）演变观测。④三峡水库运用，葛洲坝水库被一分为二，一部分为三峡水库库区，另一部分为两坝间（三峡大坝至葛洲坝）。三峡库区断面位置保持不变，编号由原来的 G 调整为 S，两坝间（G30 ~ G0）共 31 个固定断面，保持不变。

（1）进出库水沙观测。水库原型观测在库区范围内布设了 3 个水文站（奉节、南津关、宜昌）和 24 个水位站（具体站名，详见第 2 章水文站网），平均 8.7Km 一个水位站，观测进出库流量变化及回水长度随入库流量大小的变化，以及分析研究回水是否因泥沙的淤积而上延等问题。另外，通过对水库冲淤状况及回水水面线的分析，掌握库区航道的变化情况。

（2）水库泥沙冲淤观测。为了解水库蓄水运用后，库区逐年淤积、回水及航道的变化情况，1971 年施测宜昌至奉节 1 ∶ 10000 河道地形。在河道纵横向转折变化处布设基本固定断面（详见表 6.3–1，118 个冲淤观测固定断面），在此基础上根据生产和科研需要加密（如臭盐碛、扇子碛），并与现有水文（位）断面结合，至 1986 年库区固定断面增至 142 个，平均 1.6km 布设一个断面。根据葛洲坝库区平面控制网，采用多家单位（海军部、长航、长办）设测为北京平差系统，首级控制点为一、二级图根点精度，总体等级偏低。高程控制为 1973 年黄海基面，库区Ⅱ、Ⅲ等水准点只有一岸水准路线，即一段有左岸无右岸，另一段有右岸无左岸，高程接测非常困难，固定断面标点高程控制绝大部分为四等水准接测，少数为五等水准或三角高程接测。葛洲坝库区固定断面冲淤观测，一般枯季观测全库区（G1 ~ G118）一次，汛期观测坝前段（G1 ~ G35）。观测方法：水下断面为经纬仪双角交会法，一部经纬仪守断面线并指挥测船定位测水深，另一部经纬仪测水平角计算起点距，使用测深仪测量水深；陆上部分取用经纬仪视距法，观测视距和垂直角，计算起点距和高程；水边水位采用经纬仪施测。

表 6.3–1　　葛洲坝水库库区冲淤观测固定断面布设表（1979 年 7 月）

名称	起止地名	阔窄状况	断面编号	长度（m）	主要溪流	主要滩碛说明
收缩段	关刀峡—白帝城	开阔	G118 ~ G111	14060	梅溪河	白马滩、臭盐碛
瞿塘峡	白帝城—黛溪	狭窄	B111 ~ G107	6620	黛溪	黑石滩
巫峡	黛溪—陆家嘴	狭窄	G107 ~ G96	24030	大宁河	铁滩、油榨碛、宝子滩、下马滩、扇子碛、青石洞、冷水碛、富里碛、火焰石
	陆家嘴—江东嘴	开阔	G96 ~ G93	4960		
	江东嘴—官渡口	狭窄	G93 ~ G70	44180		
过渡段	官渡口—香溪	开阔	G70 ~ G48	47220	沿渡河、清港河、香溪河	青竹标、牛口滩、八宝滩、泄滩、碎石滩、方滩
西陵峡	香溪—太平溪	狭窄	G48 ~ G34	24900	九湾溪	青滩、崆岭滩、白洞子、水田角、獭洞滩、石牌珠
	太平溪—乐天溪	开阔	G34 ~ G22	15920		
	乐天溪—南津关	狭窄	G22 ~ G1	27970		
扩散段	南津关—坝轴线	开阔	G1 ~ G0		黄柏河	葛洲坝、西坝

（3）库尾浅滩演变观测。在葛洲坝变动回水区末端（库尾）分布较多的浅滩，主要有溪口滩、峡口滩和溪口峡口滩等类型。对库尾航道尺度和航行水流条件产生影响，主要包括五个浅滩两碛坝，简称“五滩两碛”，从上至下为：臭盐碛、铁滩、油榨碛、宝子滩、乌峰溪—交滩、下马滩、扇子碛，各滩险平面形势详见图 6.3-1（a）至图 6.3-1（g），各滩险尺度特征详见表 6.3-2。

表 6.3-2　三峡河段“五滩两碛”形态特征统计表

滩名	施测时间	距坝里程（km）	量算等高线（m）	面积（km^2）	洲长（m）		洲宽（m）		洲顶高程（85 基准，m）	性质	组成
					最大	平均	最大	平均			
臭盐碛	1999.3	160.2	74–84	1.56	2700	1322	1170	578	76 ~ 84	左边滩	卵石滩
	2002.12			1.56	2700	1357	1150	578			
	平均			1.56	2700	1339	1165	578			
铁滩	1999.3	150.5	70–80	0.17	840	447	380	202	71 ~ 80	右边滩	卵石滩
	2002.12			0.17	850	436	390	200			
	平均			0.17	845	442	385	201			
油榨碛	1999.3	145.1	70–85	0.17	820	378	450	207	71 ~ 85	右边滩	卵石滩
	2002.12			0.17	810	395	430	210			
	平均			0.17	815	387	440	209			
宝子滩	1999.3	140.2	70–100	0.05	440	227	220	114	71 ~ 100	左边滩	乱石滩
	2002.12			0.05	450	238	210	111			
	平均			0.05	445	233	215	112			
乌峰溪—交滩	1999.3	139.2	70–100	0.09	780	391	230	115	71 ~ 100	左边滩	乱石滩
	2002.12			0.09	320	375	240	281			
	平均			0.09	320	375	240	281			
下马滩	1999.3	130.4	68–90	0.05	730	313	160	68	70 ~ 90	左边滩	乱石滩
	2002.12			0.05	720	313	160	69			
	平均			0.05	725	313	160	69			
扇子碛	1999.3	123.6	66–84	0.33	1320	702	470	250	67 ~ 84	左边滩	卵石滩
	2002.12			0.33	1310	688	480	252			
	平均			0.33	1315	395	475	251			

6.3.3.2　葛洲坝坝区河床演变观测

随着工程建设、运行的不断推移，在不同时期坝下游河道的观测长度也是不断延伸的。在葛洲坝工程施工初期，主要关注大坝至镇川门，1971 年布设了坝轴线—坝下 34 共 35 个固定断面。

为掌握坝区河段（米罗子—虎牙滩，该河段长约 28km，含电站取水口、泄水闸前、坝下护坦）蓄水前后的冲淤变化，每年至少汛后施测一次水下地形（米罗子—坝下镇川门以 1 ∶ 2000 施测，镇川门—虎牙滩以 1 ∶ 5000 施测），并在该段河段布设了 31 个固定断面（B1 ~ B31），每年汛期至少测一次。

为了解坝区水流及泥沙运动的情况，除宜昌水文站外，还增设了南津关专用水文站，施测坝前水流、泥沙（含推移质）运动及分布，以及 14 个专用水位站（南津关、向家嘴、杜家沟、大堆子、大江厂前、黄柏河口、二江上左、二江下左、

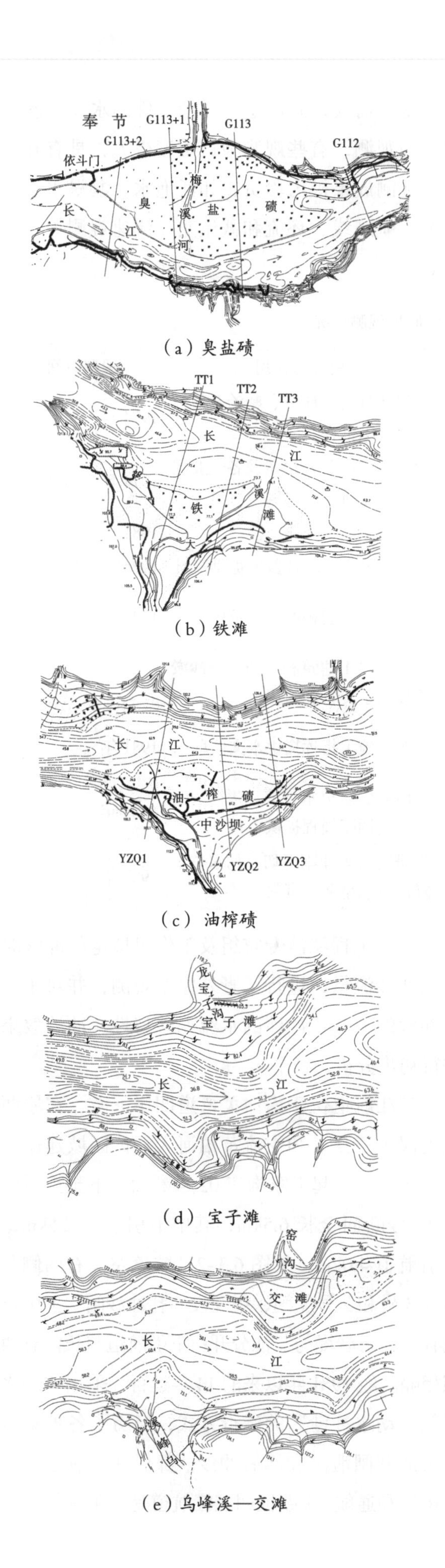

（a）臭盐碛

（b）铁滩

（c）油榨碛

（d）宝子滩

（e）乌峰溪—交滩

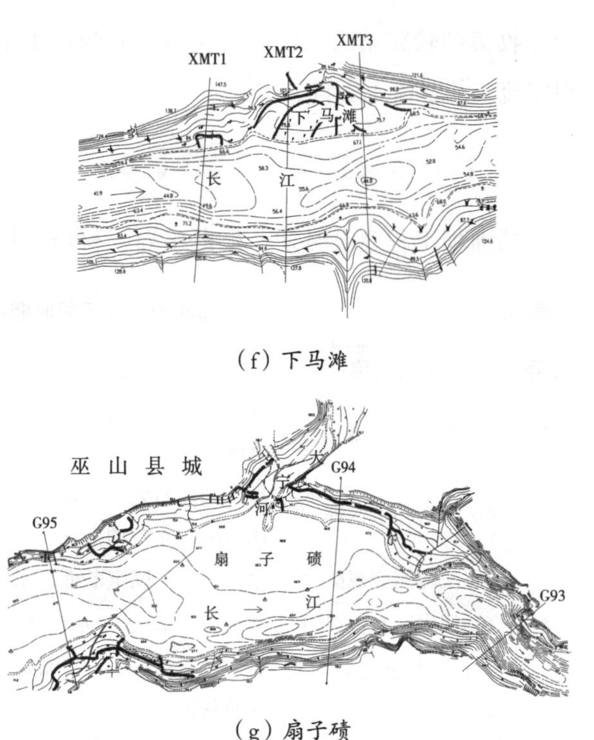

（f）下马滩

（g）扇子碛

图 6.3–1　葛洲坝水库库尾浅滩观测布置图

大江套墙、紫阳河、李家河、庙嘴、宜昌），为水库运用及调度提供水情依据和研究该河段水文泥沙的变化情况。

6.3.3.3　葛洲坝大江、三江引航道原型观测

为了解大江、三江航道运用后的泥沙淤积状况、冲沙效果及引航道内的水流特性。1980 年初在三江引航道范围内布置了平面、高程控制网点和 13 个固定断面。一般在冲沙前、后施测引航道地形或固定断面，在冲沙期间选择 1 ~ 3 个断面施测流速、含沙量及其分布情况。

三江航道运用后，发现船闸充、泄水后，航道内水位异常，船舶出现触底事故，为弄清原因，1983 年多次在三江下引航道内开展了大规模的不恒定流的观测。其中，1 月 28—30 日组织 138 人、19 条测船，从船闸泄水口至三江口门布设了 16 组水位站并均匀布设 3 个流速测验断面，每个断面 3 条测船固守 3 条测速垂线，每条垂线布设 5 个测点（相对水深 0.0、0.2、0.4、0.6、0.8），连续 3 天开展船闸泄水下游航道不稳定流水力学观

测，收集到较完整的三江下引航道内船闸泄水不恒定流（往复流）资料。

6.3.4 特殊水文泥沙原型观测调查

葛洲坝工程建设时期，根据规划、科研、设计、施工需要，开展了一系列特殊的水文泥沙原型专项观测，有些观测项目难度极大，具有开创性，观测成果极为珍贵，如涌泡水、漩涡水、剪刀水、航迹线、环流和截流龙口流速观测等，见表 6.3–3。

表 6.3–3　葛洲坝工程不同时期特殊水文泥沙原型观测情况

序号	项目名称	主要内容	目的与作用	观测时间
1	南津关特殊水流观测	涌泡水、漩涡水、剪刀水、局部地形观测	为河势规划、研究、整治及航线设计提供资料	1974 年
2	库区卵石补给调查	库区的卵石岩性、卵石补给量及典型溪口滩的卵石运动规律进行调查	验证库区卵石补给量及各主要溪沟卵石量所占的比例	1974 年、1976 年
3	库尾浅滩演变观测	水下地形、固定断面、水位、流态等	掌握浅滩演变规律	1981—1998 年
4	变动回水区水位观测	香溪至奉节 25 个水位站	为计算糙率及验证数模提供资料	1974 年、2002 年
5	三江下引航道的异重流观测	流速及含沙量分布、颗粒级配测验及固断观测	掌握异重流淤积的数量及形态	1970 年、1975 年
6	南津关环流观测	坝上 15 号断面不同流量级的环流结构及水流泥沙分布	为设计水工建筑物，防止泥沙淤积提供了资料和依据	1977 年
7	葛洲坝大江截流水文、河道观测	水下地形、流量、比降及流速、流态	为截流施工指挥提供水文信息	1981 年
8	三江下引航道往复流观测	船闸泄水引起引航道内水位波动	为研究引航道水位波动规律、制定通航调度规程提供资料	1983 年
9	葛洲坝下游近坝段采砂调查	对坝址至江口（109.2km）河段现场实地调查采砂情况	为研究河床冲刷下切、枯水位下降提供原型调查资料	1987 年

6.3.5 葛洲坝工程竣工后原型观测

葛洲坝工程于 1988 年完成主体工程建设，1991 年竣工验收，相关原型观测任务大量减少。直至 1993 年三峡工程进入施工准备，根据三峡工程通航建筑物设计需要，在已建成的葛洲坝工程上开展试验研究工作，三峡局主要参与了 3 个专项原型观测工作，以及葛洲坝下游河势调整工程和大江冲沙闸下游冲刷坑修复前后原型观测。

6.3.5.1 三江引航道小流量冲沙试验原型观测

（1）小流量冲沙试验原型观测。为探讨三峡工程通航建筑物下游引航道内小流量低水位冲沙方式和冲沙效果，利用已建成的葛洲坝工程三江引航道，模拟将来三峡工程引航道开展冲沙试验。按照三峡工程泥沙专家组及工作组拟定的冲沙时机和冲沙流量，进行了野外原型观测，并对小流量冲沙的方式、冲沙的水流泥沙特性、冲沙效果进行初步分析。

三江航道位于南津关弯道凹岸下游，在原西坝支汊（三江）和支流黄柏河入汇口区域建造的人工航道，上起王家沟三 02 号断面，下至镇川门三 18 号断面全长 6.5km，其中上引航道 2.5km，下引航道 4.0km，见图 6.3–2。航道左、右两侧分别设 3 号和 2 号船闸，中间设 6 孔冲沙闸。上引航道有三江防淤堤与二江分开；下引航道与长江有西坝相隔。经 1981 年以来的 14 年运行，采用“静水通航、动水冲沙”的运行方式，经历了各种水沙年份的开闸泄洪和汛后冲沙，都保证了航道的正常运转和通航，实践证明三江航道是一条好航道。

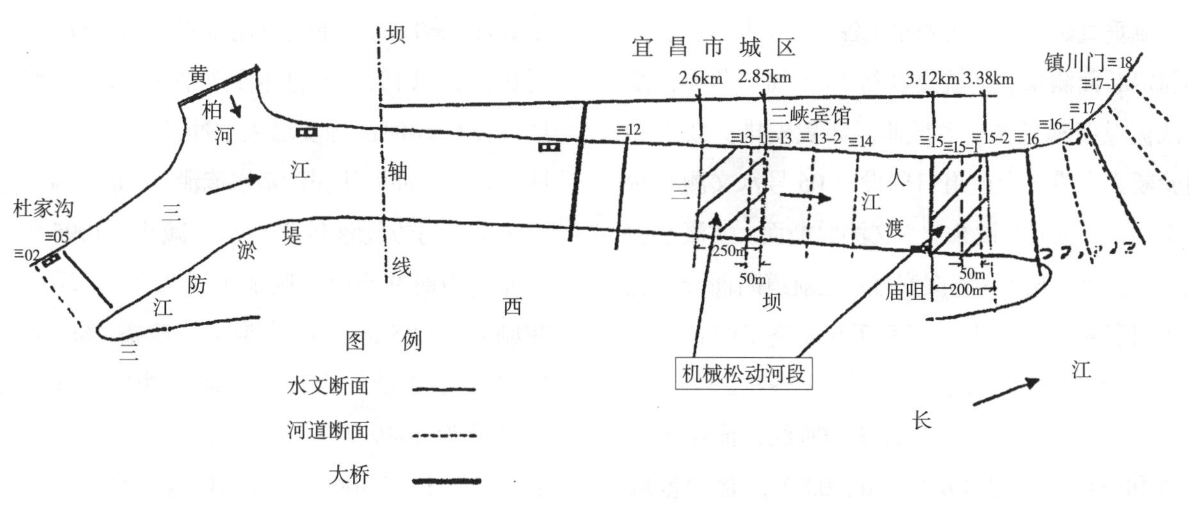

图 6.3–2　葛洲坝工程三江航道小流量冲沙试验布置图

原型观测内容及测次，包括：①水下地形测量（冲沙前后各一次，比例尺 1 ∶ 2000）；②固定断面测量（上引航道 3 个断面，在开始前、中间和终止后各 1 次，下引航道 5 个断面，按第一流量级前、中、后各测一次，第二流量级的中间和终止各测一次，共 5 次）；③流速、输沙率、床沙测验及干容重，上游 1 个、下游 3 个断面，布设 5 条垂线二点法（0.2、0.8）测速，在 1、3、5 三条垂线施测含沙量，同时取床沙质。测次分布，上引航道 3 次，下引航道 6 次。④水面流态观测，采用现场调查目估法，在图中描绘出王家沟—镇川门的主流、缓流、回流等范围，并用文字说明。⑤水位观测，庙咀站在试验前观测水位一次，试验开始后每 10 分钟观测一次。在各水文测验断面处设水尺，于每次测流开始、中间、终了时，分别观测水位。⑥上引航道采用 3 号站水位。

（2）小流量机械松动冲沙试验。1995 年 9 月开展的小流量冲沙效果不理想。1997 年加入机械松动，试验小流量机械松动冲沙试验。该项试验不仅可以为三峡通航建筑物及防淤、减淤设计提供参考，也可为三峡工程建成后葛洲坝没有大流量冲沙条件时，作为清淤方案的参考。

承担机械松动的设备为吸盘挖泥船（1993 年出厂），船体尺度为：总长 90m，型宽 13.8m，型深 4.4m，空载船首吃水 2.06m，船尾 2.1m。动力为主机 2 台 600kW 柴油机，2 台清水流量为 $8000m^3/h$、扬程为 0.7MPa 高压冲水泵，吸盘宽度 8m、φ22mm 喷嘴两排，每排 24 只计 48 只。该船设计生产能力为 $1250m^3/h$，利用高压冲水泵喷水破土，泥泵抽吸疏浚作业；挖深达 2.5 ~ 16m。吸盘挖泥船适合于内河疏浚作业，抽吸一般沙质和无黏性的水下土质。本次机械松动试验仅利用其高压冲水泵喷水破土功能。

试验河段分为两段：①第一试验段在三江下引航道距葛洲坝坝轴线下（下同）2600 ~ 2850m 水域（航道里程 1.4 ~ 1.15km，下同），计 250m 长。试验时间为 1997 年 9 月 23 日 13 时 42 分 ~ 16 时 30 分，冲沙流量为 $1840m^3/s$，吸盘下放深度 7.9 ~ 9.2m，高压冲水泵压力：左 0.75MPa，左 0.68MPa，总用时 2.26 小时。②第二试验段在 3300 ~ 3500m 水域（0.70 ~ 0.50km），计 200m 长。试验时间为 1997 年 9 月 24 日 9 时 45 分 ~ 13 时 30 分，冲沙流量为 $2000m^3/s$，吸盘下放深度 6.0 ~ 7.6m，高压冲水泵压力：左 0.75MPa，左 0.68MPa，总用时 2.88 小时。

原型观测内容及测次布置：①水下地形测量、在分级放水，小流量机械松动河床冲沙试验前和第一天试验后及第二天试验后结束时，施测 1 ∶ 2000 比尺的水下地形（全江率先开始采用 GPS 配测深仪以横断面方式施测，按计划线为测船导航垂直于主流方向测量）各一次（共3次）。②固定断面测量，下航道设测13个固定断面，按冲沙流量级和机械松动试验段布置安排。③水文测验断面布设，上航道口门设三05号水文测验断面1个，下航道布设5个水文测验断面。④流速、流量、含河量观测，测次安排：上航道断面开始、终了时各测一次，下航道断面开始终了时各测一次，冲沙过程中，每松动一带测验一次。垂线与测点布设：每断面均匀布设5条垂线，流速测验三线和五线三点法（0.2、0.6、0.8），含沙量取样按三线（1、3、5）三点（0.2、0.60、0.8）法。床沙取样垂线同含沙量取样垂线。⑤水位观测，三江上航道黄柏河口布设1个水位站（4#水位站）、每级冲沙流量开始前30分钟起至结束，每30分钟观测一次。下航道布设水尺2组：即三江大桥下临时水尺和庙咀水位站，每级冲沙试验开始前30分钟至结束，每10分钟观测一次。⑥水面流态观测，仍采用现场调查目估法，在图中描绘三江桥至镇川门的主流、缓流、回流等范围，并作文字说明。

（3）两次小流量冲沙试验效果对比分析。1995年9月25日采用单独的小流量冲沙，前4小时实测流量为1500m^3/s，后5小时为3220m^3/s，合计9小时，冲走泥沙11.95万m^3，平均每小时冲走泥沙1.33万m^3。1997年9月23—24日小流量机械松动河床冲沙，23日实测流量1857 m^3/s，历时两小时，冲走泥沙3.38万m^3/s，平均每小时冲走泥沙1.55万m^3，24日实测流量前两小时1955 m^3/s，后1小时增大为2680 m^3/s，冲走泥沙5.70万m^3，平均每小时冲走泥沙2.01万m^3，2日合计5小时冲走泥沙9.08万m^3，平均每小时冲走泥沙1.82万m^3，比1995年单项小流量冲沙每小时增大14.8%。

（4）两次冲沙试验用水量对比分析。从1995年与1997年两次试验时间加权平均流量看，1995年加权平均流量为2450m^3/s，1997年加权平均流量只2060 m^3/s，单纯以流量看应当1995年效果更好，实际1997年的冲沙效果比1995年好，可见机械松动河床确实增大了冲沙效果。小流量机械松动河床冲沙使泥沙随水流泄走，加大排沙量，可使排走每方泥沙的消耗水量减少。1995年小流量冲沙历时9小时，闸泄水量为7856万m^3，总冲刷量11.95 m^3，每冲走1m^{3}沙需666 m^{3}水，1997年小流量配合机械松动冲沙历时5小时，排水量为3689万m^3，冲刷量9.08万m^3，每冲走1m^{3}沙只需406m^3，说明同等河段条件下，采用小流量机械松动河床每冲走1m^{3}沙可减少水量260 m^3。

6.3.5.2 葛洲坝三江上引航道通航水流条件观测

利用已建成的葛洲坝三江上游引航道及口门区连接段航道，为三峡工程上引航道设计优化提供原型观测资料及分析成果。观测内容为航道内水流的流速、流态及特殊水流。观测范围分为三段：①南津关河段（从米罗子至坝上17#断面）；②大江上游口门区及其以上航道（从大江上游防淤堤头至坝上17#断面），施测航道宽300m；③三江上游口门区及以上航道（从三江防淤堤头至坝上17#断面），施测航宽300m。观测方法，水流情况观测，系采用经纬仪交汇法，在测区范围内设测五等三角网及五等导线。利用现有南津关站、5#站和临时设测的米罗子水位站开展水面比降观测。观测时机选择流量3万m^3/s以上，1996年7月4日和7月10日施测到3万~3.5万m^3/s和4万~4.5万m^3/s两个流量级的水流条件完整资料。

主要结论：①南津关河段经过葛洲坝工程坝区河势规划整治后，水流流态比建坝前有显著的改善，流量小于4万m^3/s时，剪刀水、漩涡水流已基本消失，涌泡水与回流虽然存在，但强度很小，对航行安全不构成威胁。②米罗子以下至坝上17#断面，水面流速仍然较大，流量4.07

万 m^3/s 和 3.33 万 m^3/s 时水面最大流速为 3.70m/s 和 3.18m/s，水流流向与设计航线的偏角一般在 10° 以内，横向流速在 0.63m/s 以内。只有南津关弯道顶点附近偏角较大，最大可达 35° 和 38°，横向流速最大可达 0.99m/s 和 1.11m/s。③大江上游口门区水面流速最大为 2.62m/s，流向主要是向左偏，其偏角距口门愈近偏角愈大，形成明显的斜流，最大偏角为 50°，最大横向流速两测次分别为 1.35m/s 和 1.18m/s。④三江上游口门区，水面最大流速为 2.75m/s，有一个范围较大的回流或缓流区，防淤堤头以上 300m 的航道均在该区域内，回流的横向流速一般为 0.6m/s 左右，300m 以上航道进入斜流区，最大偏角一般在 20° 左右，最大横向流速约为 1.0m/s。⑤从葛洲坝大江、三江上游口门区及以上航道，通过运用以来的实践证明，在 5 万 m^3/s 流量以下，能够安全通航，没有因水流条件而造成碍航或航行事故，因此，原型观测建议：横向流速以不超过 1.0m/s 作为三峡口门区的设计标准，应当是较为切实可行的。

6.3.5.3　葛洲坝上游船舶航迹线试验

试验分别于 1996 年和 1997 年，开展了两个流量级（4.07 万 m^3/s 和 4.23 万 m^3/s）的航迹线原型观测。

试验采用长江现行船队队形，由一艘拖轮、三艘驳船组成一顶三驳左梭型船队，船队总长 162m，宽 21m。现行船队航迹线的观测范围较长，从米罗子以上的私盐坡至三江上引航道内的杜家沟全长约 4.0km。施测时坝上南津关水位 65.98m，流量 4.23 万 m^3/s。本次测量系采用 GPS 无静态初始化测量技术，施测平面坐标时 每秒钟采集一组数据，整理航迹线资料时平面坐标采用 5 秒钟一个测点，测量精度远高于 1 ： 2000 成图的传统测量精度要求。

主要结论：①大流量条件下（4.23 万 m^3/s），船队在下行、上行过程中是顺利、安全的，只是船队上行至巷子口以上，因水流流速大，船队上行速度非常缓慢，航速仅 0.6m/s 左右，一小时仅上行约 2km。②上行航迹线靠近设计航道左边线，下行航迹线基本与设计航道中心线重合。③三江口门区以上有一条明显的斜流带，斜流带穿过设计航道中心线的右侧航道，4.07 万 m^3/s 流量时斜流流速最大可达 2.30m/s，一般约为 1.5m/s，横向流速最大可达 1.0m/s，一般约 0.6m/s，斜流区范围约占口门区设计航道的 1/3。④基于多年来三江航道口门区，现行船队在汛期（最大流量达 5 万 m^3/s）航行都很安全的，说明现行船队通过三江口门区大于 0.6m/s 横向流速区是可行的。⑤口门区以上连接河段，在 4.07 万 m^3/s 流量时，最大流速可达 3.7m/s，上行船队承受横向流速可达 1.0 ~ 2.0m/s，下行船队承受横向流速相对较小，一般为 0.4 ~ 0.6m/s。⑥三江航道口门或三江口门上 100m 范围要求纵向流速不超过 2.0m/s，横向流速不超过 0.3m/s 是可以满足的，但若扩大至口门区以上 500m 航道范围，在大流量时达到此要求是很困难的。

6.3.5.4　葛洲坝大江下游河势调整原型观测

总体上，葛洲坝工程大江下游呈现“四水”汇流河势。以二江泄洪闸水流为中心，两侧为二江和大江电厂尾水，最右侧为大江航道水流。通过 1988 年 8 月实船试验，大江航线基本满足 2 万 ~ 2.5 万 m^3/s 的通航流量要求，达不到 3.5 万 m^3/s 设计要求，其原因是坝下游西坝岸线阻水挑流等影响，导致二江泄水闸下泄水流向右折冲扩散，对大江航道形成横波涌浪，使通道内水流条件复杂化，流量越大涌浪越大，对船队航行和下闸首人字门对中有一定的影响。

河势调整思路：采取挖槽筑堤方案，使葛洲坝下游河道变成为较理想的“W”双槽河床，当枢纽总泄量 $\Sigma Q \leqslant 35000m^3/s$ 时，二江泄水闸下泄水流与大江航道分开，各行其道，在堤尾下游再逐渐汇合成单槽。这种上游双槽，下游单槽的河势，是葛洲坝下游较为理想的“四水”汇流有利于大江通航的河势。

根据2004年长江设计院设计方案，在二江泄水闸右导堤向下游钢板桩纵向围堰延长230m的基础上，葛洲坝下游河势调整工程设计，包括：①在大江电站尾水渠下游的江心洲的上段兴建900m长的江心堤，结构为混合堤方案（下部土石堤，上部混凝土挡墙）；②开挖二江下槽，开挖底高程为30.0m；③开挖宜昌船厂水域淤滩，开挖底高程为35.5m；④开挖江心堤上堤头两侧河床地形高于35.0m以上部位。

根据河势调整工程实施进度，2004—2006年水文原型观测重点为：①本底地形测绘及河床组成勘测情况；②工程前后水面线（纵横比降）、水流流态（断面流速分布、水面流速流向）、波浪等观测，验证河势调整工程对流态的改善效果；③竣工地形测绘及运行期跟踪监测，按流量级2万m^3/s、2.5万m^3/s、3万m^3/s、3.5万m^3/s布设测次；④河势调整效果分析，表明河势调整工程实施后，航行条件得到改善，满足流量3万m^3/s通航设计要求。

6.3.5.5 大江冲刷坑监测与工程修复验测

根据三峡局对葛洲坝坝区多年原型观测成果对比分析，发现大江泄洪闸下游局部河段出现冲刷坑，可能影响大坝安全，为精密勘测冲刷坑形态，2005年1月9日采用多波束测深系统进行扫测，按1：500绘制地形图，冲刷坑放大至1：200，见图6.3-3，根据测图进行修复，及时整改了安全隐患。

6.3.6 葛洲坝工程河床组成调查

葛洲坝工程水文河道泥沙原型观测调查，大致分为三个阶段，主要以计划指令性专项任务书形式布置。一是1970年之前，由长办组织相关水文、勘测单位完成，宜昌水文站参与部分工作；二是施工期，由宜实站开展以坝区为重点的河道勘测调查工作；三是运行期，由葛实站开展以水库、引航道和坝下游为重点的河道冲淤观测与采砂调查。1988年以后因经费不足停止部分专项观测工作。几次规模较大的调查工作如下：

（1）1974年2月，宜实站会同清华大学、南京大学、长办科学院，开展三峡河段卵石调查及岩性分析，为弄清峡区卵石的来源，及干支流

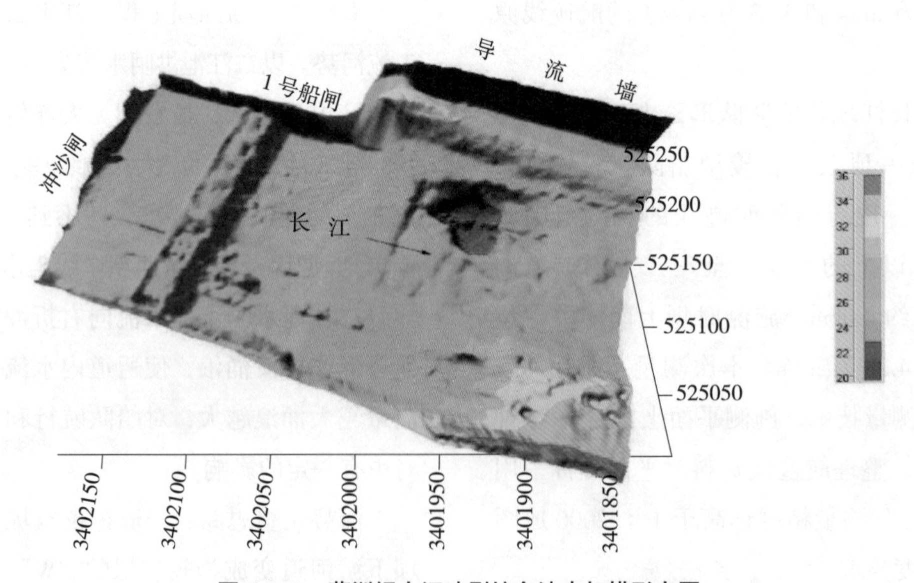

图6.3-3 葛洲坝大江冲刷坑多波束扫描形态图

卵石岩性百分数，此项工作前后共进行了 6 次。1980 年 3 月 4 日—4 月 4 日再次会同长江科学院、清华大学等单位，对葛洲坝水库蓄水前的库区河道情况进行了调查，从石牌逆行至奉节关刀峡止，全长 199km。

（2）1985 年 12 月 5—26 日，葛实站成立专门的库区调查组，为了解葛洲坝水利枢纽一期工程运行 5 年以来，库区河床变化及航道、险滩改善情况，对奉节以下回水区及较大支流的回水末端进行了详细查勘。

（3）2006 年 3 月 2 日，三峡局在宜昌江段胭脂坝开展洲滩床沙组成调查，按照有关技术规范要求，采用网格法布点、试坑法分层取样，现场取样分析，为深入研究胭脂坝洲滩床沙组成、颗粒级配、堆积物范围等，为葛洲坝下游护底加糙试验工程提供水文监测资料。

（4）2010 年 3 月 27—28 日，三峡局组织对宜昌至沙市河段非法采沙情况进行了详细调查，为评估河道采沙对河道演变的影响提供调查资料。

6.4　三峡工程原型观测调查

按照《规划》，原型观测分为坝区、库区和坝下游三大区域。原型观测基本控制网，包括平面和高程控制网，涉及全库区 753km 干流和总长 651km 的 15 条支流。其中，在施工一期、二期，三峡局基本观测范围仍保持葛洲坝工程时期的奉节至虎牙滩河段，全长 230 余 km，只是在库区增加了 5 条支流（梅溪河、大宁河、沿渡河、清港河、香溪河）观测范围。但具体实施过程中，库区上延至重庆主城区，工作内容为库区基本设施建设重庆主城区走沙观测、库区本底水下地形观测等。

在三峡工程建设阶段，按照“总体规划、分步实施、兼顾全面、突出重点、及时分析”的总体原则，并细分为准备、一期、二期、三期等施工阶段和围堰蓄水、初期蓄水、试验性蓄水、正常蓄水等运行阶段。其中，坝区水文泥沙原型观测调查总体思路是：“遵循规划、及时调整、加强分析”。

（1）遵循规划：在三峡工程规划、选址、科研、论证等前期水文泥沙观测基础上，初步设计报告要求建立三峡工程水文、泥沙监测服务系统。进入施工准备后，相继编制了水文泥沙观测规划、任务计划、实施方案等，组成完整的三峡工程水文泥沙观测总体规划框架，保证了观测研究工作的系统性、完整性，并逐步形成了以三峡为核心的梯级水库水文泥沙原型观测研究的总纲（或纲领性文件）。

（2）及时调整：规划是总纲，是管全局性的。针对坝区，尤其是施工区，水沙情势环境复杂，施工进度、运行调度调整，都对水文观测提出新的要求，必须抢抓第一手资料。一是注重收集开工前、围堰蓄水前、初期蓄水前、试验性蓄水前等关键节点的本底背景专项观测资料；二是注重收集大江截流、明渠截流、临时船闸下引航道拦门沙淤积、升船机引航道水体波动等工程节点、热点问题的专项观测资料；三是收集各级库水位初次蓄水过程、坝前淤积物干容重、坝前浑水挟沙运动状态（异重流、泥沙紊凝沉降）等涉及泥沙问题的专项观测资料；四是开展枢纽实时运行应急的监测资料，如特大洪水坝前水沙运动应急监测，为水库减淤调度提供支撑。保证三峡工程施工区原型观测系统、完整、专业，满足不同施工、运行阶段，不同专业、管理的研究、处理和验证等的需要，为检验设计、科学管理和优化调度服务提供基础支撑。

（3）加强分析；针对坝区、施工区不同的观测项目要求，水文泥沙原型观测资料分析，一般包括简要分析、年度分析、综合分析。①简要分析，一是实时监测服务，要求当天至少出一期简报，如大江截流、明渠截流；二是针对任务紧迫的项目，要求尽快提供结论，便于施工决策，如引航道淤积应急疏浚工程，一般要求测量、计算、分析 3 ~ 7 天，曾经要求第 1 天测量、第 2 天计算成果、第 3 天出简要报告。②年度分析，一般针对一个完整水文年的资料进行分析，便于开展年际年内对照。③综合分析，通常是在简要分析、年度分析基础之上，同时参考已有分析研究成果，建立必要的数学模型或物理模型，结合相关理论，综合分析研究。如：坝区河床演变观测分析研究项目，分两个阶段实施，第一阶段（1994—1997 年）和第二阶段（1998—2003 年）一共 10 个年度，共编制了 7 个年度报告，1 个阶段性总结报告，1 个项目总结报告。

6.4.1 坝区施工区原型观测调查

三峡工程自 1992 年 11 月进入施工准备。在前期已布设的水位站网基础上，坝区水文泥沙原型观测，总体上按《规划》安排，详见表 6.4–1，《规划》中没有的，由三峡总公司委托实施。

关于三峡工程坝区河段，在三峡工程论证期间，根据不同的需要，各模型试验单位建立的坝区实体模型，其模拟河段范围长短不一。在《规划》中规定坝区的观测范围，上起美人沱，下至莲沱，全长 25km，同时部分观测还将坝区观测延伸到了葛洲坝水库坝前；在后续的《新增计划》中，坝区上游调整到了庙河，即坝区观测范围调整为庙河至莲沱，但有些观测项目范围为庙河至乐天溪。总体上，三峡坝区观测范围在 25 ~ 31km 之间，并随不同时期、不同项目有一定变化。

三峡工程坝区，结合规划、科研、水文网布设等情况，①以庙河—莲沱 31km 为三峡坝区观测范围，见图 6.4–1。其中，上段庙河—大坝长约

表 6.4–1 《规划》中坝区水文泥沙原型观测任务

序号	项目任务	一期	二期	三期	说明
Ⅰ	水下地形及围堰监测				
（1）	近坝区 1 ： 2000 水下地形	2	3	3	共 8 次
（2）	围堰水文监测	5	6	6	共 17 次
（3）	围堰 1 ： 500 地形监测	5	6	6	共 17 次
Ⅱ	专用水文观测				
（1）	已有 7 个水位站观测	人工或自动监测并报汛			设立报汛中心站
（2）	新建水文站观测	人工或自动监测并报汛			黄陵庙水文站 隧洞口水文站
Ⅲ	枢纽上、下游冲淤观测	5	5	6	每年 1 ~ 2 次

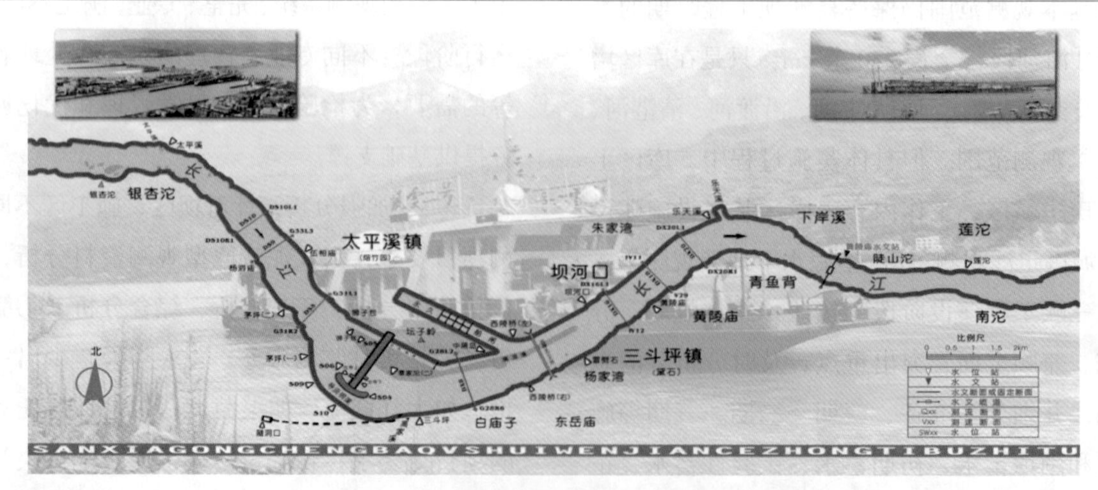

图 6.4–1 三峡工程坝区施工区水文监测总体布置图

17km，下段大坝—莲沱长约 14km。②根据工程施工区域，将伍相庙—鹰子咀明确为施工区范围，全长约 12km。③对大江截流和明渠截流等重大施工阶段，确定截流水文观测重点观测河段，上自茅坪（坝轴线以上 1.5km）下至三斗坪（坝轴线以下 1.0km）全长 2.5km，包括导截流河段。

三峡坝区河床演变观测研究，在施工一期、二期，共计观测了 9 年，其中第一阶段 4 年（1994—1997 年）、第二阶段 5 年（1998—2002 年），2003 年完成两个阶段的综合分析工作。这一时期重点关注坝址上下游核心区域，原型观测按短河段布置并逐步延伸，一期围堰阶段观测河段长 14.05km，共布设 32 个固定断面，布置见图 6.4–2；二期围堰阶段，河段长为 14.88km，调整为 35 个固定断面，变化主要在导流明渠及其连接河段，大江截流主河道形成基坑停止观测，见图 6.4–3。此外，在临时船闸上、下游引航道内外，均布设有横断面，以观测其冲淤情况。原型观测内容，包括每年三次固定断面、水面流速流向、水位及比降观测、床沙取样分析等项目。除本项观测资料外，在分析研究时还利用坝区其他资料：如专用水位站的水面线资料，河段出口黄陵庙专用水文站流量、泥沙资料以及水下地形图等。

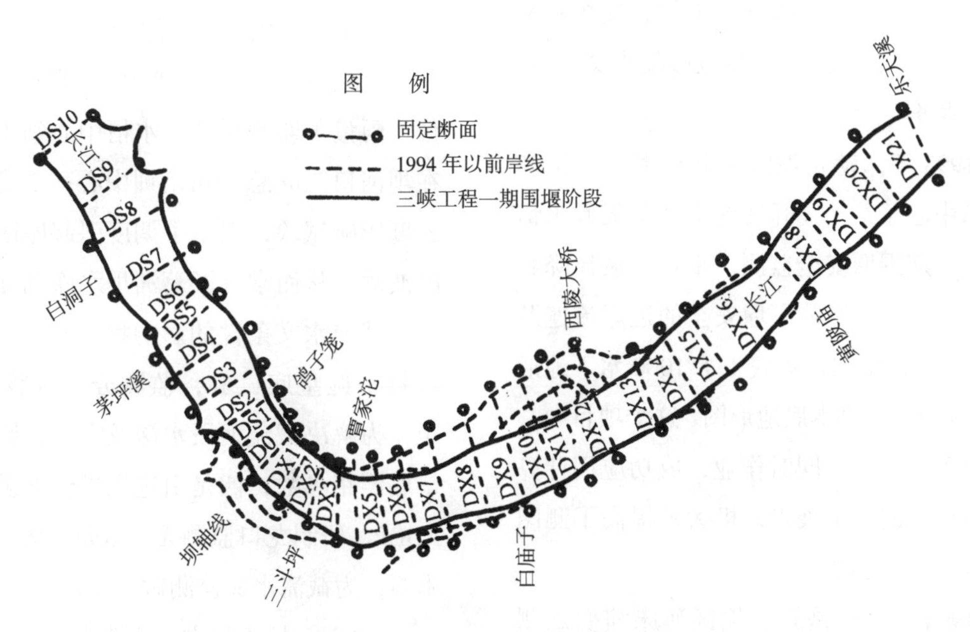

图 6.4–2　坝区河床演变观测断面布置示意图（一期）

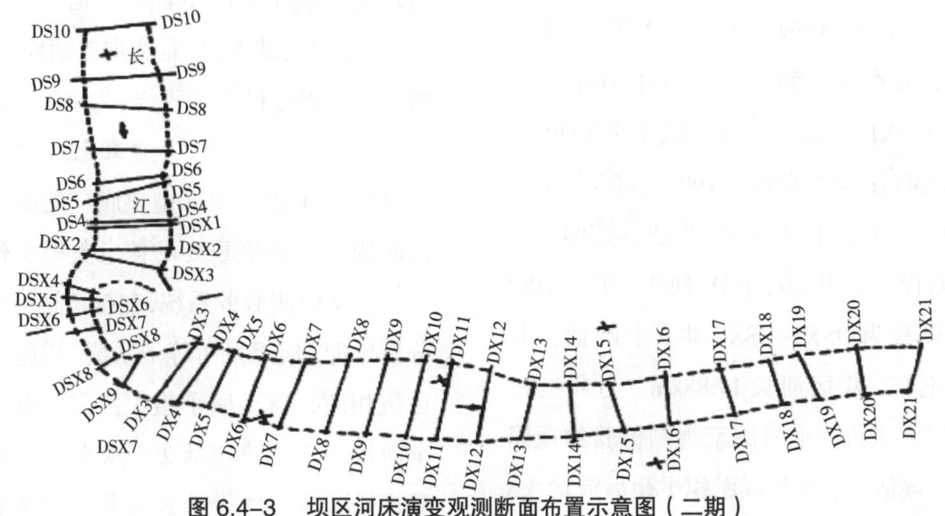

图 6.4–3　坝区河床演变观测断面布置示意图（二期）

6.4.1.1 准备期及一期工程施工期(1993—1997年)

在已有水位站网基础上，新建了进坝水文站（庙河）、出库水文站（黄陵庙）和支流水文站（隧洞口），初步建成三峡坝区水文监测站网体系和施工区水情（水位、雨量）自动测报系统（7个水情监测站和1个报汛中心）。

（1）1992年，根据三峡工程茅坪溪防护坝及隧洞设计水文计算要求，筹建茅坪溪官庄坪专用水文站，收集基本断面、大溪和小溪三个断面水位、流量、含沙量及水质资料，并开展了茅坪溪历史洪水调查工作。1995年，撤销官庄坪水文站，筹建了隧洞口专用水文站，继续收集水文资料，并开展报汛服务。

（2）1993年，设立坝区7个专用水位站和坝河口报汛中心（站），开展施工区全天候水情报汛服务；一期围堰安全监测，重点开展比降和流态观测，掌握可能影响围堰安全的近岸流速及环流强度；三峡坝址河段本底1∶1000水下地形测量，为大坝设计提供本底地形图，这个项目中，在坝轴线上下分两班人同时作业，成功应用计算机展点代替传统的人工展点，极大地提高了测图工作效率和测绘工程质量。

（3）1994年，一是开展坝区河床演变观测研究（与中国水利水电科学研究院和长江科学院联合），第一阶段（1994—1997年）共布设32个固定断面，其中坝上游10个（DS1-DS10），坝下游21个（DX1-DX21），坝轴线1个（D0），坝区河长14.05km；第二阶段（1998-2003年）共布设35个固定断面，主要因施工形成导流明渠调整固定断面布设，其中D0、DS1-DS3、DX1-DX2共6个断面调整为DSX1-DSX9共9个断面，其余断面保持不变，坝区河长14.88km。分年度提交观测分析研究报告，通过原型观测检验物理模型试验成果，预估了水库坝区淤积平衡后流量5.5万m^3/s的过水面积2.2万m^2及流速2.5m/s等重要参数，对各家（清华大学、南京水利科学研究院、长江科学院）数学模型计算结果进行对比分析，认为各家模拟值平衡面积偏小、平均流速偏大，是偏于安全的；二是编制三峡工程黄陵庙专用水文站规划设计，1995年中标兴建，1996年试运行，1997年正式运行，是三峡工程出库水沙控制站。

（4）1996年，在三峡工程大江截流前，必须完成两项重要的原型观测工作，一是完成原葛洲坝库区102个固定断面观测设施后靠建设任务；二是开展三峡水库库区本底水下地形测量任务，为高标准高质量实施该项目，三峡局组织技术骨干开发了数字化成图软件。

（5）1997年，一是建成坝区自动水情（水位、雨量）监测系统，水情中心站（报汛台）设在坝河口三峡总公司培训中心；二是开展葛洲坝调度影响试验，揭示了调度引起库区水位有规律的波动，从而掌握了葛洲坝水库调度可能对三峡大江截流水文条件的影响程度不大；三是开展砂石料平抛垫底试验，监测分析计算抛投骨料漂距，为解决截流河段水深及淤积物影响提供平抛垫底漂距参数；四是引进先进仪器设备如哨兵型ADCP，研制龙口监测无人双舟，无人立尺测量技术等，为截流水文监测做好准备。

（6）三峡工程大江截流水文泥沙监测。大江截流是三峡工程的里程碑，是“明渠通航，三期导流”中的关键工程，是实现二期导流的重要一战，对三峡工程建设至关重要。为确保大江截流成功，根据大江截流采用“上游单戗立堵、双向进占、下游围堰尾随、预平抛垫底”的施工方案，水文监测服务是截流重要的信息支撑工作，建立大江截流水文监测服务系统，包括信息采集、传输储存、分析处理、成果发布等子系统。以施工区12km（上自伍相庙，下至鹰子咀）范围为重点，兼顾坝区全河段，该系统包括2个水文站、26个水位站、5个雨量站、26个流速流量监测断面、3个泥沙监测断面、4 个水质监测断面和 37 个固定断面；建立了截流水文监测数据中心，以计算机局域网快速有效处理水文信息；采用人工、自动监测、现场监测等多种技术，采集水文信息；采用电台、有线与无线数传技术，及时传输并储存实测数据；采用计算机处理实测数据，并及时发布监测信息。

6.4.1.2　二期工程施工期（1997—2003 年）

（1）1997 年三峡工程大江截流后，导流明渠承担着二期施工期长江过流及通航任务。水文原型观测工作，一是验证过流能力及其影响，二是观测通航水流条件。尤其对 1998 年连续 8 次大洪水过程监测，实测导流明渠（含上下游连接段）水面流态，渠内进口处最大流速达 7m/s 以上。

（2）开展二期围堰安全监测，主要通过局部地形、比降、流态等监测分析围堰附近水域水流特点及冲刷情况。

（3）继续开展坝区河床演变观测研究第二阶段（1997—2002 年），并调整了监测布置，增加坝区二维水沙数学模型计算（含临时船闸下引航道三维水沙数学模型），仍按年度提交分析研究报告。

（4）临时船闸下游引航道水文泥沙观测分析，发现引航道淤量大（尤其 1998 年汛后多次清淤保持航道畅通）并存在口门区拦门沙淤积（在物理模型上未发现），通过原型观测分析，揭示了引航道淤积系倒灌异重流引起，口门区拦门沙淤积除倒灌异重流外，还受环流影响，大流量时口门区回流强度大是导致拦门沙淤积的主要原因。

（5）三峡工程明渠截流水文泥沙监测。明渠截流是三峡二期工程转向三期工程的标志，是三峡水利枢纽初期蓄水通航发电的控制性工程。原初步设计 12 月上旬提前至 11 月中下旬（实际截流合龙时间为 11 月 6 日），为后续 RCC 围堰高强度施工预留时间，相应截流流量有所提高。在大江截流构建的截流水文泥沙监测系统基础上优化完善，着重从截流边界条件、截流水流条件和截流环境影响等方面，运用高新的监测技术、先进的仪器设备、高素质的监测人员及合理可靠的组织保障措施，确保系统高效运行。该系统包括 2 个水文站、28 个水位站、15 个流速流量监测断面、5 个水质监测断面、32 个固定断面。数据传输采用计算机有线和无线数传方式，信息处理发布与反馈采用计算机局域网、互联网、电话、电传等方式，及时发布截流水文信息。

（6）三峡工程临时船闸引航道拦门沙淤积观测研究。大江截流后，1998 年临时船闸启用，当年长江上游出现了 8 次流量超过 5 万 m^3/s 的洪水过程，含沙量高输沙量大，造成临时船闸引航道淤积严重，经过多次机械疏浚确保通航。通过原型观测，除引航道内淤积外，口门区形成拦门沙淤积形态，最高达到 70.1m，严重影响航道尺寸。2003—2009 年汛期开展口门区水文专题观测研究，包括水文、地形监测及分析研究，初步探明了拦门沙形成过程及淤积机理，构建了引航道倒灌异重流淤积模型和口门拦门沙淤积高度经验模型。

（7）2000 年 12 月，按三峡总公司《三峡水利枢纽 2000 年度水文泥沙观测成果提交协议》要求，三峡局组织技术人员，对坝区施工一期水文泥沙观测技术进行了认真的总结，对观测成果进行了深入的分析研究，提交了《长江三峡工程一期施工期水文泥沙监测成果分析》。报告分四大部分：一是引言，包括工程概况、坝区河段概况、水文监测的目的和主要内容；二是水文监测规划设计，包括监测系统技术路线、水文监测站网、水文数据采集和水文数据传输、整理与发布；三是水文监测关键技术研究，包括无人立尺测量技术、BBADCP 测验技术、龙口水文测验技术和 GPS 河床演变观测技术；四是水文监测成果分析，包括坝区水文特性分析、坝水位流量关系分析、茅坪溪隧洞口水文监测成果分析、一期纵向围堰水文泥沙监测成果分析、坝区河床演变分析、大江截流水文监测成果分析、坝区流量波动试验成果分析和施工对下游河道的影响分析。

6.4.1.3 三期工程施工期及蓄水试运行期（2004—2020年）

按初步设计，三峡工程1993年施工准备，第11年即2003年开始135m蓄水运用（实际也是2003年），第15年即2007年开始156m蓄水运用（实际为2006年，提前了1年），第21年即2013年开始175m运用（实际为2008年开展175m试验性蓄水，提前了5年）。由于泥沙问题直接影响三峡工程进程，因此在分期蓄水过程中，均安排专题原型观测与分析研究，其中，三峡局承担了135m和156m两次水库蓄水过程的专题观测与分析（其中2007年与中国水科院联合承担），长江委水文局统筹175m试验性蓄水期（2008—2020年）水文泥沙观测与研究工作，2021年三峡工程通过竣工验收，正式按175m正常蓄水位运行。

（1）三峡水库实际的分期蓄水情况：135-139m围堰蓄水运用（2003—2005年）、156-145m初期蓄水运用（2006—2007年）、175-145-155m试验性蓄水运行（2008—2020年）、175-145-155m正常蓄水运行（2021年至今）。对每一次蓄水过程均开展了水文泥沙原型观测。尤其在2003年135m首次蓄水过程中，即发现了坝前淤积量及其分布与原模型计算、试验差异很大，根据泥沙专家组意见，加强了坝前异重流观测，监测分析表明坝前不能形成典型的异重流。

（2）在156m蓄水运用时，通过建立数学模型计算，认为引起坝前淤积量大的原因是泥沙紊凝沉降所致，随即开展原型观测，通过先进仪器设备Lisst100X和激光粒度仪，分别在坝前多断面监测水沙分布及有紊凝的泥沙颗粒级配曲线，分析水沙沿程变化规律，揭示了坝前泥沙紊凝沉降分布过程，并现场取样实验室测定无紊凝条件下的泥沙颗粒级配曲线，通过有紊凝和无紊凝的泥沙颗粒级配曲线，得到泥沙粒径因紊凝形成紊团，加速泥沙沉降，从而揭示坝前泥沙淤积量大的原因及机理。

（3）持续开展引航道淤积观测，发现下引航道口门区连接河段存在典型的拦门沙淤积，为引航道清淤提供了大量的本底地形、效果检测地形及清淤量核算等技术支撑。同时开展下引航道及口门区水流流态监测，并建立数学模型、异重流经验模型，预测泥沙淤积状况，为运行管理提供决策参考。

（4）持续开展升船机引航道水位波动原型观测，发现引航道内存在往复流，揭示水位波动的规律性，提出多种预测技术（数学模型、经验公式）措施，并建立升船机引航道水位波动预测预警系统。

（5）三峡、葛洲坝出库流量率定。该项目为三峡水库科学调度第二阶段研究课题，2016—2017年从庙河水文站至宜昌水文站全长约57km，布设4个流量测验断面，即庙河、黄陵庙、南津关、宜昌，分别对三峡大坝和葛洲坝出库流量进行率定，在1万～2.6万m^3/s流量范围布置泄洪试验工况，各站测次分别为63、49、49、63次。同时，建立一维数学模型配合原型观测分析。其中，近似恒定流条件下，三峡大坝泄流对比观测58次（庙河站），泄流量偏大1.1%；葛洲坝泄流对比观测56次（宜昌水文站），泄流量偏大2.0%。在电力调峰非恒定流条件下，以南津关流量波幅最大为-46.9%～28.6%，黄陵庙次之为-32.9%～20.6%，宜昌水文站再次之为-3.5%～14.0%，庙河站最小几乎不受影响。分析表明：以庙河水文站和宜昌水文站分别率定三峡大坝和葛洲坝泄流量精度相对较高。

（6）开展三峡坝区精密水下地形多波束扫测，以及坝下游局部河段冲刷坑及引航道监测，采用先进的多波束测深系统，及时提供高精度本底地形及修补工程量等成果。

（7）北京奥运会期间（2008 年 8 月 8—24 日）三峡大坝安保声呐扫测等，采用多波束和水声呐系统两测船对开方式全天候连续扫测，探测三峡坝前水流异物（发现异物立即起动应急打捞排除措施多次），确保在北京奥运会期间三峡大坝安全。

（8）三峡水库坝前异重流观测研究。2003 年三峡水库围堰挡水 135m 蓄水运行，经水库淤积观测表明坝前泥沙淤积率明显较原模型预测偏大，为探明原因及机理，先后开展了坝前异重流监测、泥沙紊凝沉降观测实验研究工作。其中，2004 年汛期，8 月在坝前布设 4 个监测断面（YZ101、YZ102、YZ103、YZ104），9 月向上延伸至庙河水文站，布设 5 个监测断面，全长约 13km。2005 年进一步上延至秭归归州镇，全长 39.3km，布设 6 个断面，即 YZ103、S39-1、S41、S45、S49、S52。主要监测流速分布、含沙量分布、大断面及床沙（干容重）等。

（9）三峡水库坝前泥沙紊凝沉降观测实验研究。2006—2007 年，在开展水库 156m 蓄水过程观测及分析研究中，通过建立三峡水库泥沙数学模型，计算验证库区及坝前淤积量及其分布，模拟表明坝前段泥沙淤积量相对较大的原因是泥沙紊凝沉降所致。2011—2013 年专题开展泥沙紊凝沉降监测实验研究，在坝前段 18km 范围内布设 5 个监测断面（YZ102、S31、S34、庙河、S41），共计采集了 9 组样本。实验利用高新仪器设备（Lisst100X 和 MS2000-MU），采用 Lisst100X 现场监测有紊凝沉降的流速分布、含沙量分布及颗粒级配曲线；现场采集泥沙样品送实验室，采用 MS2000-MU 模拟无紊凝条件下的颗粒级配曲线，结合相关理论分析，证明了坝前泥沙紊凝沉降是引起淤积量增大的主要原因。

（10）三峡电站过机泥沙观测分析。三峡工程过机泥沙监测，先后布置了 2 个阶段的典型机组监测。①蓄水初期（135m、156m），2005—2006 年，主要针对左岸电站，布置了 5 台机组，即：1#、4#、7#、10# 和 14# 机组。监测表明：过机泥沙含沙量小于 0.2kg/m^3，中值粒径 D50 变化范围为 0.001 ~ 0.027mm。②试验性蓄水期（175m），2010 年按左岸、中部、右岸各选择 2 台机组，共计 6 台机组，即：1#、4#、14#、15#、24#、26#；2011 年在 2010 年基础上，增加地下电站 31# 机组，共 7 台机组。按大、中、小流量级布置测次。布设坝前（或引水口）、涡壳门、锥管门共 3 个取样点。监测过机泥沙含沙量、颗粒级配（中值粒径、平均粒径、最大粒径）、水质（溶解氧、电导率、pH 值、浊度、总硬度、总碱度、悬浮物）及矿化度（岩性）分析。

6.4.1.4　水库正常运行期（2021 年至今）

每年度按《梯级规划》重点开展的坝区原型观测项目有：近坝区水流泥沙（水沙分布、颗粒级配、过机泥沙、水温梯度）、坝区水位观测（太平溪、伍相庙、坝河口、覃家沱、乐天溪、茅坪、雷劈石等 7 个站）、出库水流泥沙、水下地形、固定断面等原型观测。根据枢纽运行，对坝下游局部冲刷、引航道冲淤观测、引航道水位波动监测预测预警等，以专项原型观测开展。

三峡升船机引航道往复流水位监测预测预警系统研制。三峡工程升船机上下引航道水位受多种复杂因素产生波动，从而船舶进出升船机承船厢时产生对接安全。通过各种影响因素（如大坝泄洪、电力调峰、永久船闸冲泄水、葛洲坝水库反调节等）引起航道水位波动的机理，归结为引航道往复流变化，从而可以监测预测水位变化。2014—2016 年在上下游引航道布设了 8 个水位监测站，初步监测分析表明，上游库水位 147 ~ 150m 主要受永久船闸冲泄水影响，下游水位受多种因素综合影响，通过建立预测模型可以实现预警目标。2020—2023 年优化水位监测站网，调整保留上游 2 个水位站，下游 5 个水位站，监测频次最密可实现 5s 一次，通过建立神经网络模型、多元回归模型、二维水动力模型和经验模型，探讨选择合适模型建立预测预警系统，对升船机运行提供预警信息。

6.4.2 库区原型观测调查

三峡局承担三峡大坝至奉节关刀峡库段淤积观测，固定断面布设沿用葛洲坝水库成果，但更换了编号（G 开头变为 S 开头，即 S30+1—S118），少数断面蓄水后因与主流不垂直略有调整，且在大坝至庙河段加密了少量断面。2009 年对库区水准网进行连测，以确保水位观测精度的一致性。

库区原型观测调查，主要包括水文、水质、河道（水库）三个方面，前两者已在相关章节记述，本节只记述河道（水库）观测内容。

6.4.2.1 按《规划》布置的库区原型观测

根据《规划》，在施工期（1994—2009 年），共进行了 4 次库区本底地形测量：① 1996 年施测大坝至朱沱 1 ∶ 5000 本底地形；② 1999 年施测大坝至复兴场 1 ∶ 5000 本底地形；③ 2002 年施测大坝至李渡镇 1 ∶ 5000 本底地形；④ 2006 年施测大坝到铜锣峡 1 ∶ 5000 本底地形。在施测地形的同时，也施测了重点河段的固定断面，并间取床沙分析。在不施测地形的年份，施测全库区固定断面，整个施工期，只有 1994 年和 1999 年未施测固定断面，每年施测固定断面数，在三峡局测区基本保持不变，主要观测任务见表 6.4–2。

表 6.4–2　三峡水库库区原型观测情况

项目	年份	观测范围	比例尺
库区本底地形	1996	大坝至朱沱 753km	1 ∶ 5000
围堰蓄水影响范围地形	1999	大坝至复兴场干流约 237km，支流 7 条全长约 80km	1 ∶ 5000
第一台机组发电前水库影响范围地形	2002	大坝到李渡镇干流约 494km，支流 10 条全长约 210km	1 ∶ 5000
工程竣工前水库影响范围地形	2006	大坝至铜锣峡干流约 600km，支流 12 条全长约 296km	1 ∶ 5000

6.4.2.2 按《新增计划》和《实施方案》布置库区原型观测

三峡水库 2003 年围堰蓄水发电运用，但 2003—2009 年仍为工程施工期，库区原型观测在《规划》基础上有新增。三峡局测区的库区观测范围为奉节关刀峡至三峡大坝，最上端为奉节关刀峡，与原观测范围一致。

根据《新增计划》和《实施方案》，主要观测规划范围是在《规划》基础上的延伸，一是河段长度的延伸，二是时间的延伸，新增计划时间至 2019 年，其中 2003—2009 年与《规划》合并实施，主要增加了库区床沙组成勘探与调查、变动回水区河道演变观测，其余各项与《规划》保持不变或有所补充，具体为：① 2002—2003 年（坝前水位 90 ~ 135m）：库区干流大坝—李渡镇，长约 494km，支流 10 条，长约 210km；② 2004—2007 年（坝前水位 135 ~ 156m）：库区干流大坝—铜罗峡，长约 600km。支流 12 条，长约 296km；③ 2008—2019 年（坝前水位 156 ~ 175m）：库区干流大坝—朱沱，长约 753km（其中变动回水区丰都—油溪长 270km），支流 15 条，长约 651km。

除按《原规划》和《新增计划》执行外，三峡集团委托三峡局分别开展了 135m 和 156m 蓄水过程观测（其中，156m 由三峡局和中国水利水电科学研究院联合），任务中超出三峡局测区范围的，由上游局组织实施，成果以长江委水文局名义提交。175m 试验性蓄水过程观测及以后，统一按有关规划、计划实施，每年与长江委水文局签订一次合同。

6.4.2.3 按《梯级规划》布置库区观测

2019 年后，三峡水利枢纽开展水库试验性蓄水已超过 10 年，并于 2021 年竣工验收。按照《梯级规划》，将三峡水文泥沙原型观测分为三类：基础性观测、专题观测和其他水文勘测工作。主要包括库区水位观测（巴东、秭归、梅溪河口、大宁河口、沿渡河口）、进坝水流泥沙观测（庙河）、水道地形测量（干流关刀峡至大坝、支流 30 余条）。干流每 5 年观测一次（2022 年和 2027 年），支流每 10 年观测一次（2022 年）。

6.4.3 三峡水库下游原型观测

三峡水库坝下游原型观测，按照相关规划，涉及三峡局测区的，主要包括三峡至葛洲坝（两坝间）、葛洲坝坝区及葛洲坝下游河段（宜昌至杨家脑）。其中，葛洲坝坝区没有纳入三峡水文泥沙观测规划范围，由长江电力公司单独委托开展。

6.4.3.1 两坝间河段概况

两坝间（三峡 – 葛洲坝）全长约 38km（图 6.4–4），其中，三峡大坝—莲沱（G19）段长约 15.224 km，属于庙南宽谷段，河道的断面多呈“U”或“W”字形，其主槽多偏于右岸，66m 水位下河宽在 650 ~ 1100m 之间；莲沱（G19）—南津关（G1）河段长约 20.654km，多为峡谷段，中间有平善坝宽谷段，河道的横断面多呈“V”或“U”字形，66m 水位下河宽一般在 250 ~ 700m 之间；南津关（G1）—葛洲坝大坝河段长约 2.342km，为山区峡谷型河段向平原河道过渡段，66m 水位下河宽从 600m 增加到坝前的 2400m。

两坝间河道具有宽谷、峡谷、弯道等典型地貌特征，河床中泓多被淤沙覆盖，两岸为基岩或乱石，岸线稳定，河道的演变主要表现为垂向冲淤变化。天然时期，两坝间河段弯道多、滩险多、水流急，是川江船舶航行最困难的航道之一。葛洲坝水库蓄水虽然得到一定程度改善，但仍有“五滩一弯一关”（交通部门称“四滩一弯一关”，即不含青鱼嘴）航行困难段，即：青鱼嘴、水田角、

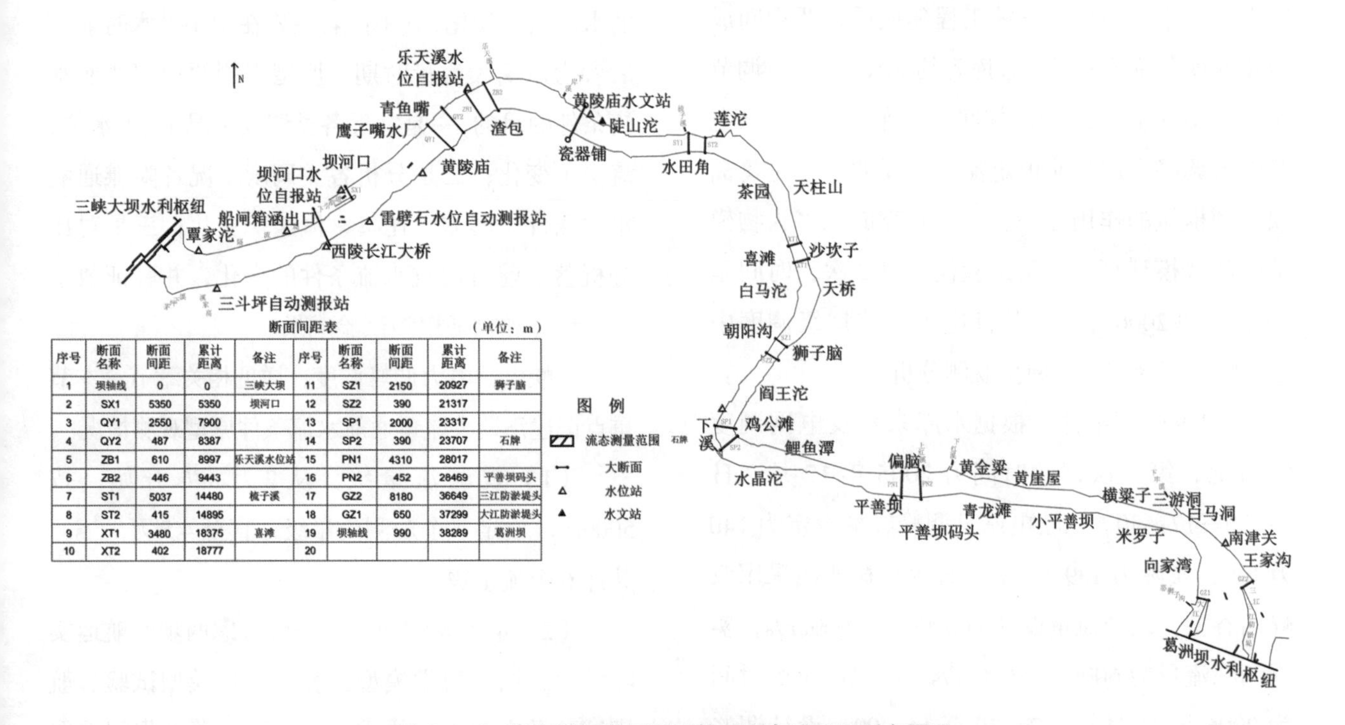

断面间距表（单位：m）

序号	断面名称	断面间距	累计距离	备注	序号	断面名称	断面间距	累计距离	备注
1	坝轴线	0	0	三峡大坝	11	SZ1	2150	20927	狮子脑
2	SX1	5350	5350	坝河口	12	SZ2	390	21317	
3	QY1	2550	7900		13	SP1	2000	23317	
4	QY2	487	8387		14	SP2	390	23707	石牌
5	ZB1	610	8997	乐天溪水位站	15	PN1	4310	28017	
6	ZB2	446	9443		16	PN2	452	28469	平善坝码头
7	ST1	5037	14480	梳子溪	17	GZ2	8180	36649	三江防淤堤头
8	ST2	415	14895		18	GZ1	650	37299	大江防淤堤头
9	XT1	3480	18375	喜滩	19	坝轴线	990	38289	葛洲坝
10	XT2	402	18777		20				

图 6.4–4 两坝间河道平面形势及重点滩险观测布置图

喜滩、狮子垴（也称大沙坝）、偏垴、石牌弯道、南津关。该河段重点原型观测有三个方面：一是河床演变观测，二是电力调峰水流条件变化（通常在枯季或中小洪水期间），三是汛期大流量条件下水流条件变化。

6.4.3.2　两坝间河床演变观测

三峡水库蓄水运用后，两坝间河床演变原型观测，在三峡水文泥沙规划、计划、实施方案中，项目名称为"两坝间泥沙冲淤观测"，在三峡大坝—葛洲坝（长约38km，其中乐天溪以上纳入三峡坝区原型观测范围），共布置30个固定断面。按水下地形和固定断面年际交替观测，奇数年（2003年、2005年、2007年、……）观测水下地形（比例尺：乐天溪－南津关为1 ∶ 2000，南津关至葛洲坝为1 ∶ 1000，部分配套开展水面流态观测），偶数年（2004年、2006年、2008年、……）观测固定断面（比例尺为1 ∶ 2000）并间取床沙。

6.4.3.3　两坝间电力调峰非恒定流观测

在葛洲坝独立运行时期，两坝间为葛洲坝水库常年回水区下段，三峡工程建成后，两坝间成为葛洲坝反调节库段，总库容约8.50亿m^3，调节库容0.86亿m^3。利用两坝间调节库容，对三峡电站电力调峰引起的非恒定流进行反调节，是葛洲坝水利枢纽的作用之一。国内研究成果多为物模试验和数模计算，原型试验仅做过2次，时间是2005年和2006年，由长江电力三峡梯级调度中心组织，三峡局承担原型观测分析。

（1）试验条件。根据水库来水及电网调度等情况，第一次试验时间为2005年12月7日7：30—17：30。三峡电站日调峰容量设定为140万kW，实际为139万kW，日内负荷曲线采用双峰两谷型，调峰流量设计为6000 ~ 7000m^3/s，实际调峰流量为6000 ~ 8000m^3/s。第二次试验时间为2006年11月9日7：30至14：00。设计调峰流量设计为6100 ~ 11000m^3/s，实际调峰流量为6070 ~ 10360m^3/s。

（2）重点观测河段及观测布置。①流量及流速分布：在7个典型河段，各布设两个断面，采用ADCP连续施测流量及流速分布。②水位及比降：在7个典型河段，各布设4个水位站（在测流断面左、右岸各1个），在3个航道口门各布设1个水位站，每5分钟观测1次水位。③水面流速流态，在7个典型河段，各布置3线（左、中、右）浮标流线，观测3个测次。④其他观测调查：波浪观测在7个典型河段巡测，并动态观察水面流态现象。

（3）调峰非恒定流过程。两次调峰，均系统收集到非恒定流水位波动全过程，以及数百次流速、流量、水面流态、波浪等观测资料，为分析研究两坝间非恒定流运动规律提供了第一手原型观测资料。

6.4.3.4　两坝间通航水流条件观测调查

影响两坝间通航水流条件的因素，主要包括三峡电站电力调峰调度和汛期水库防洪调度引起的水流条件变化，其中前者主要在中小洪水时期，后者为汛期大流量时期。原型观测两坝间通航水流条件的目的，一是掌握各类调度工况水情（水位、流量）变化；二是分析各类调度工况各险滩通航水力条件（落差、比降、流速）变化；三是对比分析蓄水前后通航水流条件的变化，并验证数学模型计算和物理模型试验成果。

三峡电站电力调峰调度，详见相关章节。本节重点记述汛期大流量通航水流条件原型观测情况。

（1）观测流量级，从2万m^3/s开始，按5000m^3/s设定一个观测流量级，直至4.5万m^3/s，共计6个流量级。

（2）重点观测河段。综合考虑两坝间航运实际情况，结合数学模型计算、物理模型试验、航模试验及实船试验要求，在三峡—葛洲坝间选取

6 个典型河段、2 个航道口门进行原型观测，从上至下有：①三峡下引航道口门区；②水田角河段；③喜滩河段；④大沙坝（狮子垴）河段；⑤石牌急弯段；⑥偏垴河段；⑦南津关河段；⑧葛洲坝三江上引航道口门区。其中，水田角、喜滩、大沙坝（狮子垴）、石牌急弯段、偏脑河段、南津关，习称“五滩一关”。

（3）观测项目及时机选择。对于 6 个重点监测河段，重点观测水位、流速、流态、波浪等项目，其余一般监测河段，视要求选择部分项目观测。

两坝间通航水流条件观测共进行了 5 个测次，分别在 2010 年 7 月 20—22 日（流量为 4 万 m^3/s）、2010 年 7 月 23—25 日（流量为 3.5 万 m^3/s）、2010 年 8 月 7—10 日（流量为 2.5 万 m^3/s）、2010 年 8 月 28—31 日（流量为 3 万 m^3/s）及 2012 年 7 月 23—25 日（流量为 4.5 万 m^3/s）。

（4）两坝间航行规则调查。在三峡通航管理局调研并收集了有关两坝间通航技术文件，其中，交通部于 2008 年专门制定了《长江三峡大坝—葛洲坝水域船舶分道航行规则》（以下简称《航行规划》）。《航行规划》将两坝间分道航行，分洪水期（6 月 1 日 18 时—9 月 30 日 18 时）和非洪水期（9 月 30 日 18 时至次年 6 月 1 日 18 时）。在洪水期，船舶实行双向通航，并设置横驶区。在非洪水期，船舶实行各自靠右航行。

（5）两坝间通航标准调研。通过调查，收集了两坝间历年来相关的通航标准，主要包括 5 类：如“三、三、三”标准、万吨级船队允许的流速和比降标准、“二、三、四”标准、代表船舶（队）汛期通航流量标准和三峡船闸通航流量标准，等等。

6.4.3.5　葛洲坝坝下游河道演变观测

三峡水库 2003 年蓄水运用后，坝下游河道观测范围延伸至杨家脑，即宜 50—荆 25，见图 6.4–5，共 51 个固定断面，杨家脑以下长程水道地形观测纳入水利部统一规划，不纳入三峡工程水文泥沙专项观测范围。

原型观测重点围绕河床冲刷下切与水位下降，主要内容为：水面线（比降及枯水期瞬时水面线）、流场（流速分布）、床沙组成、固定断面、水下地形（重点为关键节点河段局部水下地形）、采砂调查（宜昌至沙市）等。

重点观测河段，先以宜昌河段为重点，逐步延伸至宜都河段和枝江河段，经深入分析最终重点为关键控制节点河段，即：胭脂坝、虎牙滩、古老背、南阳碛、大石坝、外河坝、关洲、芦家河、

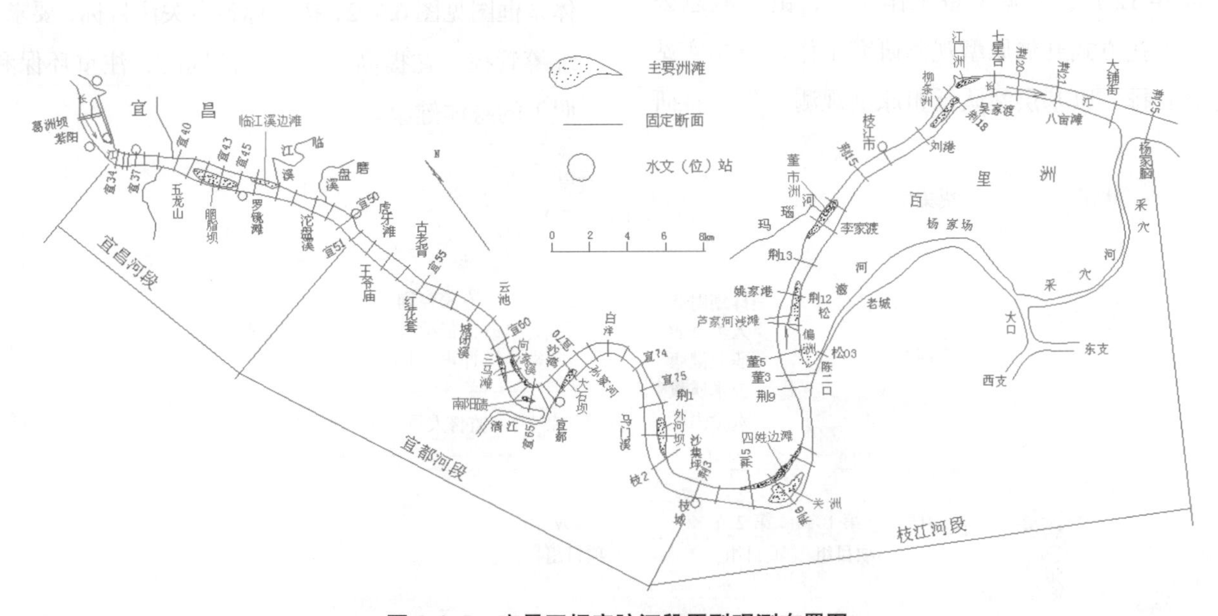

图 6.4–5　宜昌至杨家脑河段原型观测布置图

董市洲、柳条洲、杨家脑。

2004—2012年，围绕胭脂坝护底工程开展原型观测，比选护底结构型式，检验护底效果，先后进行了7项护底工程（含坝头保护工程和应急护底工程）。

6.5 三峡水文泥沙原型观测调查管理工作

水文泥沙原型观测调查与研究，涉及专业多、范围广，项目具有受施工影响大、安全风险高、质量要求高、时效要求高等特点，在实施过程中，必须通过周密策划、统筹部署、精心设计、合理组织，发挥多学科多专业融合，才能有力保障各项原型观测工作顺利开展。总体上，坝区原型观测项目管理子系统，包括以下七个方面：

6.5.1 原型观测组织协调管理

（1）三峡工程开工前，即1958—1992年10月，按规划选址、实战准备、可研论证各阶段计划指令性任务，开展水文泥沙原型观测工作。这一时期，分别由宜昌水文站、三峡工程水文站、宜实站、葛实站组织实施。

（2）三峡工程准备阶段，即1992年11月—1994年12月，根据准备工作需求，由三峡总公司以委托方式开展原型观测研究工作，由葛实站统筹安排，以基层站队承担原型观测工作，科研室承担分析研究工作。

（3）三峡工程正式开工后，即1994年12月14日以后，按三峡总公司审查通过的原型观测规划、计划和实施方案开展相关工作。未进入规划、方案和实施方案的项目，以委托方式开展原型观测研究工作，由三峡局统筹安排，以项目部（组）形式组织实施，见图6.5-1，并先后引进项目管理、全面质量管理、质量管理体系和质量、环境和职业健康安全管理体系等先进理念、管理方法，实施项目过程管理。

（4）其他原型观测调查工作，参照葛洲坝和三峡工程工作模式，并严格按照质量管理体系运行要求，针对不同项目、不同测区，制定相应的实施方案，加强项目现场综合协调管理等工作。

6.5.2 “三标一体化”管理体系

三峡局业务管理经历传统方法、全面质量管理方法、项目过程管理方法。2003年通过质量管理体系认证，2022年通过三标一体化（ISO9001-2016/ISO9001：2015、GB/T24001-2016/ISO14001：2015、GB/T45001-2020/ISO45001：2018）管理体系认证。具体按管理原则、体系结构、总体要求，实施三标整合、一体融合，体系框图见图6.5-2，按三标各自关注目标、要求，统筹管控，在提高产品质量的同时，注重环保和职工的身体健康。

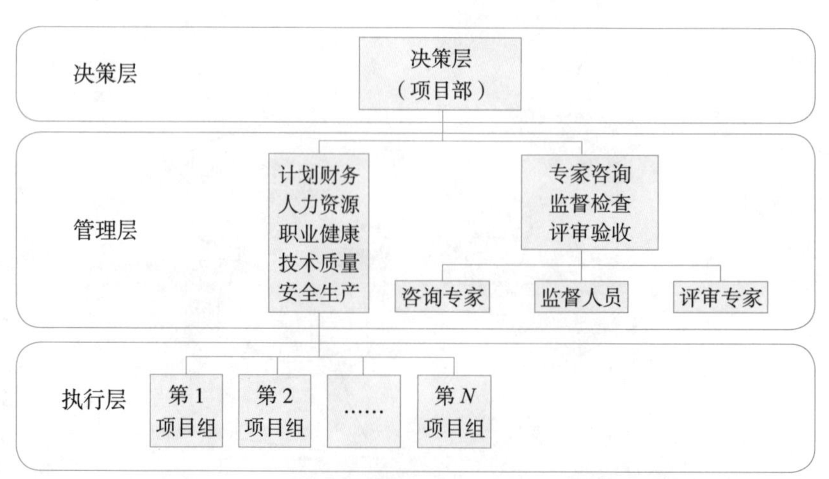

图6.5-1 三峡局原型观测项目部组织结构框图

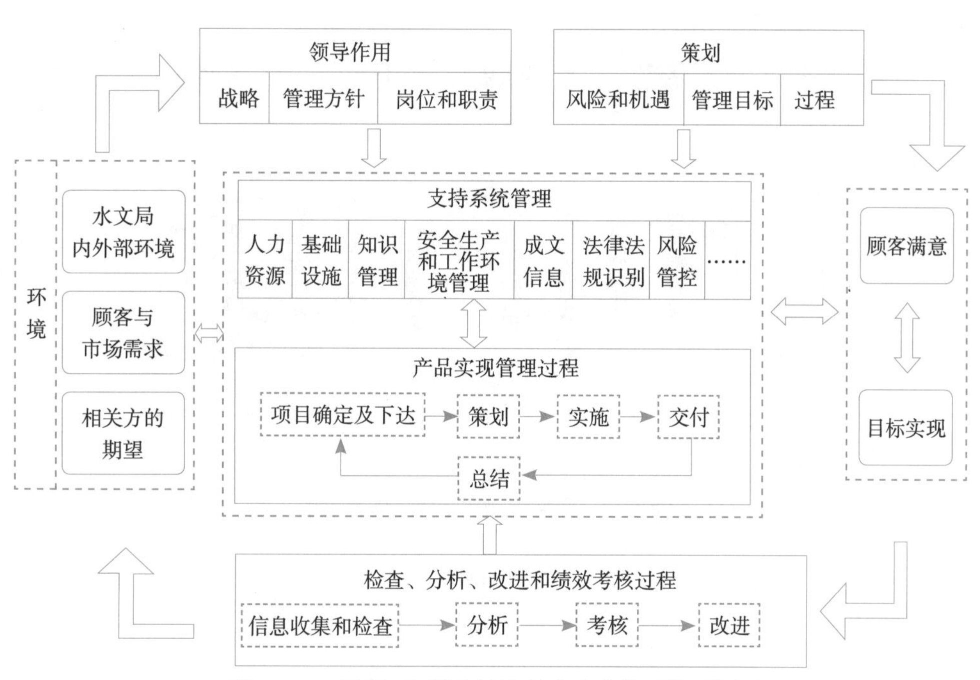

图 6.5–2　质量、环境和职业健康安全管理体系框图

6.5.3　原型观测项目管理

在三峡工程勘测、规划、设计、科研等各个时期，布置的水文泥沙原型观测以委托方式开展。在 1990 年代，三峡局开始探索项目管理方法，运用先进的管理理念、知识、工具、技术，解决观测项目中的问题或达成项目的需求，形成相应项目管理制度，如生产科研管理办法和生产定额等。2005 年实施绩效考评，将项目绩效纳入各单位年度考评内容。2011 年组织梳理项目生产管理方法与经验，从项目启动、项目计划、项目执行、项目监督、项目收尾等方面探讨，编撰完成了《三峡水文勘测管理系统研究与实践》一书，提出了“一个管理平台、三个管理体系”（即“1+3”）的管理方法。2019 年探索精细化管理，进一步优化为“1+3+N”管理模式。其中 1 指计算机管理信息平台（信息化智能管理方法），“3”指预算计划目标管理体系（项目输入）、质量管理体系（过程管控）、绩效考评管理体系（成果输出），“N”指若干精细化管理重点工作。

（1）项目进度管理。常规水文测验按“随测随报，日清月结，按月整编”进度要求，次月 5 日前提交分析计算月报成果；对场次洪水专题观测，测验结束后 5 日内提交资料进入分析环节。泥沙颗粒分析一般在 3 ~ 4 周内提交级配资料。河道观测按项目进度要求，一般在外业结束后 2 ~ 7 日完成资料整理。全年观测整编成果一般在次年初提交。简要分析报告一般在提交资料后 3 ~ 5 天完成。年度报告一般在次年 2 月底前提交。

（2）产品质量管理。在原型观测成果质量管理方面，基于水文工作的特殊性，参考勘测行业、测绘行业相关规范、质量管理办法，总结多年质量管理经验，提出了“三清四随”和“三级检查两级验收”的产品质量过程控制方法。其中，项目第三方检查，包括项目监理、质检站等第三方监督、监视、抽查、巡察、暗访等监督检查。构建项目产品质量保证体系，见图 6.5–3。

2003 年质量管理体系（2022 年扩增为“三标一体化”管理体系）认证后，针对三峡工程原型观测的特殊性要求，三峡局提出“1+3”管理模式。2018 实施精细化管理 3 年行动，三峡局作为勘测局试点单位，根据多年水文勘测管理实践，提出了“1+3+N”精细化管理模式（图 6.5–4），包括管理体系、制度体系和保障体系。

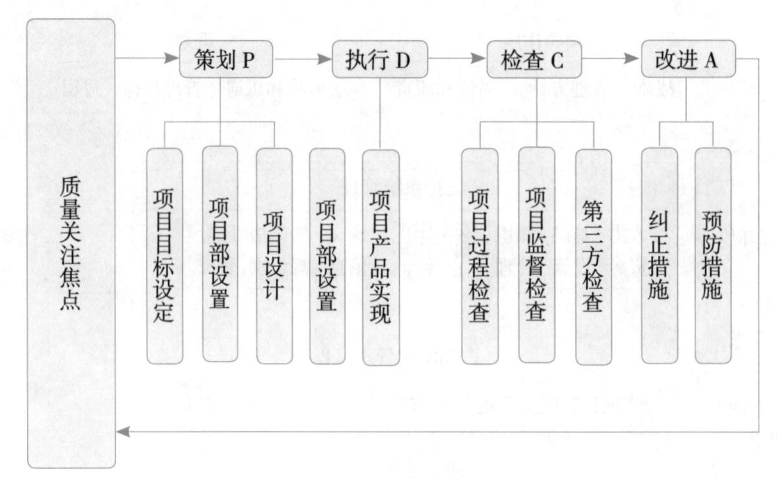

图 6.5–3　原型观测质量保证体系框图

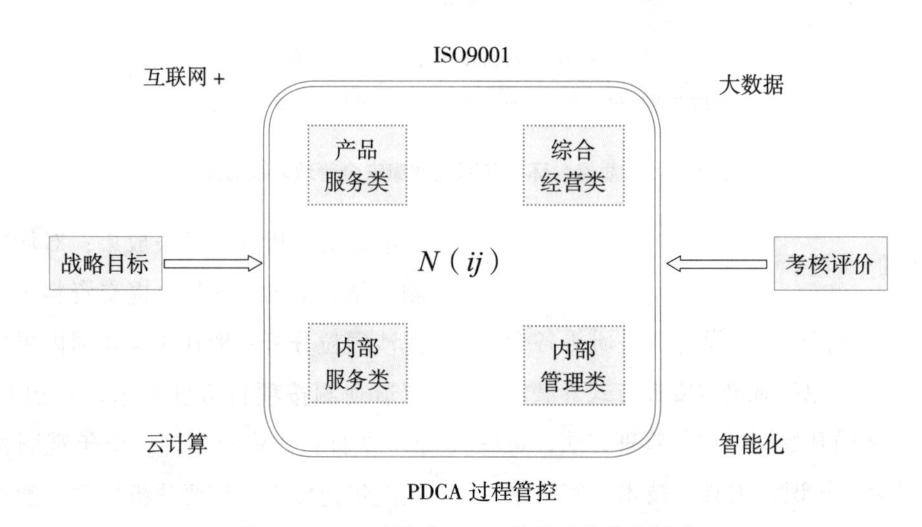

图 6.5–4　三峡局“1+3+N”精细化管理模式

6.5.4　原型观测规范规定

葛洲坝和三峡工程水文泥沙原型观测调查，从一开始就非常重视相关技术规定建设。长江委水文局自 1950 年涉足河道观测工作，1962 年编制了《长江河道观测暂行规定》（以下简称《长河规》），之后，经历 1973 年、1982 年两次修订并正式颁布《长江河道观测技术规定》；1992 年长江委水文局推行全面质量管理（TQC），编制颁布了《长江河道、水库观测管理文件汇编》，1995 年对汇编进行拓展，增加了科研分析、报告格式等管理办法；1994 年针对测绘技术进步和河道观测手段、仪器设备不断更新，编制了《长江河道观测技术补充规定》，对三峡工程原型观测起到积极的技术保障作用。

有关原型观测涉及的水文测验规范、标准，大多进行了修编或新编。2000 年长江委水文局主编了《水道观测规范》行业标准，2017 年修订《水道观测规范》（SL 257—2017）；水利部 1980 年 7 月颁布了《水库水文泥沙观测试行办法》，并于 2006 年颁布《水库水文泥沙观测规范》（SL 339—2006）。2014 年修编了《水文测量规范》（SL 58—2014）。新编了《声学多普勒流量测验规范》（SL 337—2006）、《水文数据 GIS 分类编码标准》（SL 385—2007）、《水文基础设施及技术装备管理规范》（SL/T 415—2019）。

2003 年质量管理体系认证后，针对三峡工程原型观测的特殊性要求，逐步形成了原型观测与分析研究一系列作业文件，如《长江三峡工程水文泥沙观测资料归档与移交细则》《河道资料汇总与提交导则》《工程泥沙分析作业指导书》《水文测验补充技术规定》《水文测验设备设施检查规定》《水文测验成果质量评定办法》《激光粒度分布仪操作技术指南》《声学多普勒流速仪数据处理技术指南》《水道数字化测绘技术指南》和《水深测量技术规程》，使原型观测技术管理更加规范。

6.5.5　原型观测新技术应用

总体上以苏联水文泥沙观测技术为主，经过几十年实践，我国已形成了一套具有中国特色的水文泥沙观测方式方法和技术标准。针对三峡工程坝区原型观测的特殊性、时效性和严要求，在多方面取得了一系列技术突破。

（1）在原型观测新技术应用方面，主要体现出三个特点：一是研制适合三峡河段的专用仪器设备和工测具，如接触式水位计、挖斗式采样器、临底悬沙采样器、同位素低含量测沙仪、干容重采样器、推移质采样器、船用重型三绞、无人双舟、吊船缆道、无人立尺测量技术等；二是引进先进仪器设备，如 GPS、ADCP、LISST100X、激光粒度分析仪、多波束测深系统、三维激光扫描系统、泥浆密度仪、浅地层剖面仪、无人船和无人机测量系统等；三是发明方法和编制计算机软件，发明了一种适应河道断面模型建立方法和基于声线跟踪的库区深水水深测量方法，发明了一种峡谷狭深河段水深测量方法和装置，逐步形成水文泥沙测验及资料整汇编系统、水文泥沙预测预报系统、水下与陆上地形测绘系统件、河道资料整汇编系统、水文泥沙信息化分析管理系统等。

（2）在水文泥沙观测方面，从 1980 年代葛洲坝水位遥测系统，到 1990 年代三峡坝区水情自动测报系统，再到 2005 年全面实现水位、水温、降水的自动测报。悬移质含沙量在线监测、含沙量现场报汛。流量测验采用常规的转子流速仪和先进 ADCP 方法，以及 H-ADCP 在线流量监测、报汛和资料整编。

（3）在河道、水库观测方面，随着测绘技术进步，采用高精度的卫星定位系统、测深系统和自动化、数字化成图系统。并针对施工区复杂环境，采用无人立尺、无人机、无人船等技术，实现快捷测绘，确保安全。

（4）在原型专项观测方面，综合利用走航式 ADCP、哨兵型 ADCP、GPS 定位系统，多波束系统，三维激光扫描系统，创造性地构建截流水文泥沙监测系统，实现信息采集、传输、处理、发布一体化，并开发了截流信息发布网站。通过截流监测系统构建，扩展至其他三峡水文泥沙原型观测项目，极大地提高了进度、质量、安全等成效。

（5）在分析研究方面，研制了水动力数学模型，针对各种应用场景，结合原型观测调查，实现高效分析计算，确保成果质量。构建了三峡水库泥沙预测预报模型，成功预报了入库洪水及沙峰到达坝前的时间及量级，为水库调度提供支撑。构建了庙河至宜昌段水动力模型，成功模拟了区段五个流量的变化过程，为研究两坝调度引起的非恒定流机理提供了基础。

（6）在河势河床演变分析研究方面，构建了水文泥沙信息分析管理系统。包括数据库子系统、图形矢量化与编辑子系统、水文泥沙专业分析子系统、信息可视化分析子系统、信息查询子系统、河道演变分析子系统、长江三维可视化子系统和信息发布子系统。该系统极大地提升了三峡工程水文泥沙信息化管理水平。

6.5.6　原型观测成果整汇编管理

原型观测调查资料，除三峡、葛洲坝、大藤峡等水利工程外，还有其他涉河建设项目（如堤防、护岸、大桥、港口、码头等）原型观测资料与分析计算成果。

1970年前，针对三峡规划、选址、科研需要收集的水文原型观测资料，项目比较单一，原则上只归档原始资料、月报成果，没有进行系统的整编和汇编。

1970年葛洲坝工程开工后，根据科研、设计、施工、运行、调度、管理需求，三峡局开展了一系列原型观测实验工作，按年度计划实施，按项目分门别类整理、整编、汇编原型观测资料。如特殊水流（环流、泡漩流、剪刀水、夹堰流等）观测、大江截流水文观测、葛洲坝水库冲淤观测等，按葛实站档案制度，专门整理汇编成册。

1994年三峡工程开工后，对所有原型观测资料，均以项目为单元进行整理、整编和汇编，并按三峡集团档案管理要求、长委水文局档案管理规定，制定了三峡局档案管理制度，分纸质和电子两类文件归档，纸质又分图纸（地形图、断面图、流态图、航迹线图等）和文件（原始资料、计算成果、分析报告、工作总结等）。此外，还专门建立音像档案，收集整理原型观测调查相关图片、照片、影像等。

6.5.7 原型观测资料档案管理

三峡局的档案管理，在水文站时期，条件艰苦，对原型观测资料，平时暂存于本站资料柜，按年度整理、整编后上交管理机关档案室。1973年成立宜实站后，建立了站级资料档案室（库房），按照长办水文局“河道观测技术档案归档办法”归类编目。1982年葛实站成立后，组建了资料室，1985年初步制定了档案管理办法。1994年三峡局成立，建立了专门的档案室，配备了专门的档案管理员，尤其2003年ISO质量管理体系认证后，进一步加强档案工作，配备专职和兼职档案管理员。三峡局资料室（档案室）先后归属技术管理室和科研室管理，其中，1998年被评为国家二级档案管理单位，2021年获得国家二级档案规范管理证书。并设综合档案、文书档案、人事档案、财会档案等四个库房和阅览室、晒图室等场所，2021年形成了《三峡局档案工作规范化管理操作手册》。三峡局档案类目设置，涵盖科技、文书、会计、声像、电子、实物、科技资料等7大类，其中科技档案细分为：综合、水资源、水文气象预报、科研、水文测验、水环境、测绘、仪器设备、基建档案。

截至2022年12月，三峡局档案室现保管各类载体档案资料共计19643卷，各类档案对应数量分别如下：科技档案11936卷、底图26627张；会计档案2755卷；文书档案329卷、10780件；电子档案761卷；声像档案36册、132张光盘；实物档案130件；科技资料3460册（水文科技资料2298册、科技图书688册、技术规范474册）。以下重点记述三峡局科技、文书、会计档案管理历程。

6.5.7.1 科技档案

科技档案，包括综合、水资源、水文气象预报、科研、水文测验、水环境、测绘、仪器设备、基建。其中综合、水资源、水文气象预报、水文测验、水环境、测绘又统称为科技综合档案。期限分为：永久、长期、短期；密级分为绝密、机密、秘密、内部。

三峡局科技档案管理方法演变大致为三个发展阶段：① 1985年前，技术档案与技术资料混装，以卡片目录和纸质目录检索；② 1986—2003年，出台了《长办水文技术档案管理办法》，调整分类法，由河段代字、类号、册号三部分组成，检索以计算机和人工纸质相结合；③ 2004年以后发布《长江委水文局档案管理办法》，统一全江档案分类方法、保管期限、档案编目。

以2004年为界，分别建立案卷级档案号，2004年前档号为：类别（文字或英文字母）—流水号（小写阿拉伯数）、全宗号—类别—流水号；2004年后档号为：全宗号—类别—年度—流水号

（三位小写阿拉伯数）。

6.5.7.2　文书档案

三峡局现存的文书档案始于 1952 年，大致经历两个发展阶段：① 1952—2003 年，以传统方法整理立卷，以卷为保管单位，1998 年三峡局晋升国家二级档案管理单位，制定了文书档案分类大纲、归档范围、保管期限：永久、长期（30 年）、短期（15 年），检索主要依靠人工纸质目录；② 2004 年以后，以简化方法整理立卷，以件为保管单位，文书档案案卷级档号按“全宗号 - 文书 - 年度 - 流水号”编排，档案检索采用世纪科怡档案管理系统。

6.5.7.3　会计档案

三峡局会计档案自 1973 年开始立卷保管，主要分为“会计账簿”“会计报表”“会计凭证”和“其他”等四大类。其中，“会计账簿”“会计报表”以件为立卷单位，“会计凭证”以月为立卷单位，卷内若干件按流水号排序（1 ~ n）。

会计档案保管期限：永久、定期（又分为 10 年和 20 年）。会计档案案卷档号按“全宗号—类别—年份—流水号”编排。

第 7 章　水库水文科学实验研究

三峡局水文测区处于特殊河段：①长江上中游分界河段，以南津关为界，以上为长江上游，以下为长江中游。②山区河流向平原河流过渡段，长江三峡属山区河流，天然时期总体河势为滩（急流）沱（缓流、回流）相间、宽（宽谷）窄（峡谷）相间，水深流急、滩多险阻比降陡；出南津关后，河流展宽、比降减缓，浅滩、潜洲、汊道密布，过枝城进入平原河流。③梯级水利枢纽工程影响河段，三峡工程与葛洲坝工程相距约 38km，分别属于长江上游和中游，将三峡水文测区分为 3 个部分，即三峡水库近坝库区、三峡至葛洲坝（两坝间）反调节库段和葛洲坝下游近坝段。研究三峡库区、两坝间和坝下游河道输水输沙规律、三峡与葛洲坝水利枢纽工程水文泥沙问题，具有十分重要的理论价值和实践意义。

7.1　科学实验研究与专业队伍

鉴于泥沙问题是三峡工程建设与运行中的关键技术问题之一，需要进行长期试验、研究与验证，水文泥沙原型观测是泥沙问题研究的重要基础性工作。三峡工程的泥沙问题主要包括 5 个方面：①水库长期保留防洪库容和调节库容问题。②水库变动回水区航道、港区泥沙淤积问题。③水库淤积引起库尾洪水位抬升问题。④坝区泥沙冲淤问题。⑤水库运用对下游河床演变和河口的可能影响问题。

结合三峡工程施工期、运行期要求，水文泥沙原型观测研究的主要内容包括：①水库泥沙淤积问题：库容损失与水库长期运用问题、水库淤积翘尾巴与防洪及二次移民问题、水库变动回水区河床演变与航运问题、重庆主城区泥沙淤积与港口、码头淤塞问题。②坝区泥沙冲淤问题：航道泥沙淤积与通航问题、电站厂前淤积问题、过机泥沙与水轮机磨损问题、局部冲刷坑与大坝安全问题、葛洲坝三江下引航道航深不足问题等。③坝下游河道冲刷问题：坝下游冲刷引起河势演变、水位下降与通航问题、长河段冲刷与堤防安全问题、三口分流与江湖关系及防洪问题、河口演变问题。

在三峡工程规划设计、科研试验、施工、运行、调度、管理等过程中，有一系列备受关注的问题，有的甚至争论很长时间才定下来，如三峡坝址选址问题、修一个大坝和修两个大坝的问题、坝区河势规划问题、挖不挖除葛洲坝问题、枢纽布置问题、泥沙冲淤问题、大江截流问题、水流流态问题等。

总体而言，对水利枢纽工程水文泥沙问题的研究，主要有原型观测调查、物理模型试验和数学模型计算等方法。根据原型观测调查开展的实验研究，主要针对水利枢纽工程坝区水文泥沙问题、库区水文泥沙问题、两坝间及坝下游水文泥沙问题。在研究手段方面，2002 年之前，主要对原型观测、调查、实验收集资料进行分析，并结合有关物理模型试验和数学模型计算成果，开展分析研究。2003 年以后，利用长江委水文局开发的《长江水文泥沙信息分析管理系统》，极大地提升了三峡工程水文泥沙信息化管理水平。2005年之后，通过培养和引进研究生，从建立局部河段一维水动力数学模型入手，逐步扩大至长河段，最后建立了三峡水库一、二维水沙数学模型，用于水库泥沙预测预报等，科学实验研究的技术手段得到长足进步。

7.1.1　科研专业团队

1973 年成立宜实站后，1978 年 3 月内设科研组，钟先龙任组长，重点开展葛洲坝坝区水情遥测站设备研发工作。1982 年 3 月升格为葛实站，科研组改为科研室，为股级建制，1985 年机构改革，为加强水库水文泥沙观测分析，成立资料分析室（股级），向熙珑为主任。1991 年 11 月资料分析室并入科研室，升格为科级建制，向熙珑任主任，设备研发工作逐步减少，有关维护维修职能划入相关业务单位或部门，科研室将重点转入原型观测资料分析与研究工作。2000 年改为信息研究室，并将档案室（含人事、财务、科技等库房）纳入科研室管理职责，2002 年恢复科研室名称，2012 年“三定”方案仍为科级建制，但加强了科研室的人员编制，为 11 人。历任科研室主任还有孟万林、汪劲松、李平、牛兰花、林涛涛。

三峡局举全局之力开展水库水文科学实验研究，具体工作除科研室外，还有相关业务部门（水情预报室、水环境监测分析室、河道勘测中心、水文分局、水文站），均为水文实验研究的专业团队，根据实际需要承担一定的实验研究、新技术应用与创新工作。从最初只做仪器设备研发、技术革新，到逐步开展资料分析，并以葛洲坝工程和三峡工程原型观测分析研究为主，尤其是参与“七五”国家科技攻关项目，“九五”至“十一五”三峡工程泥沙问题研究项目，培养了一支高素质的工程水文泥沙科研团队，其中，中级以上工程技术人员（含技师）超过全局职工一半以上。2002 年三峡工程明渠截流后，坝区任务相对减少，转而较大规模走向市场水文业务，先后承接水文水资源分析计算、建设项目洪水影响评价、水资源评价、山洪灾害调查评价、采砂论证、排污口论证、河湖健康评价等技术咨询工作，进一步拓展水文科研业务。

为进一步激发单位创新发展动力，培养青年职工，2017 年 7 月成立 5 个职工（劳模）创新工作室，截至 2021 年，已有 4 个入选长江委水文局创新工作室（水文工〔2021〕160 号），其中，闫金波创新工作室成功入选长江委创新工作室（2018 年 12 月）和湖北省级职工（劳模、工匠）创新工作室（2020 年 12 月）。

7.1.2　主要研究课题概况

三峡局科研课题包括内部自立科研项目、上级下达科研项目、申报有关科研项目。在此仅列出申报的三峡工程相关课题项目（不包括原型观测分析内容）。三峡局科研工作重点围绕三峡工程坝区、库区、两坝间和坝下游等河段，承担了一系列原型观测研究课题、国家自然科学基金课题和水利部公益行业科研专项等，主要包括：①在三峡工程论证阶段承担了“七五”国家科技攻关项目——长江三峡工程与航运关键技术研究（75–16–1）。②在三峡工程施工阶段承担了三峡工程施工区科研项目（三峡坝区河床演变观测研究）、葛洲坝三江、大江引航道口门流态、航迹线及小流量冲沙试验研究等课题。③在三峡工程运行阶段承担了两坝间通航水流条件观测研究，三峡水库泥沙预测预报研究，三峡水库水面漂浮蒸发实验研究，三峡、葛洲坝出库流量率定研究，三峡升船机引航道水位波动预测预警系统研制等。④承担三峡工程泥沙专家组布置的“九五”至“十一五”三峡泥沙问题研究（1996 ~ 2010 年）课题 10 余项。⑤承接上级布置的相关科研课题。详见表 7.1–1。

表 7.1–1　　三峡局主持完成的重点科研课题统计表

序号	课题名称	时间	课题完成情况说明
1	“七五”国家重点科技攻关课题（75–16–1）：长江三峡工程与航运关键技术研究	1986—1990	三峡局承担了专题“原型观测及原型观测新技术研究”及子题“坝下游河床演变”。重点为葛洲坝水库变动回水区典型浅滩演变、库区冲淤、库区水面线等分析研究和库区浅滩航道勘测调查
2	三峡工程施工科研课题：三峡坝区施工区河床演变观测研究（包括施工一期和二期两个阶段）	1994—2002	与中国水利水电科学研究院、长科院合作，原型观测研究三峡工程施工期坝区河床演变及其影响，为施工决策提供技术支撑，形成各年度观测分析报告 9 份（含 2 个阶段研究总报告）
3	三峡工程施工期科研课题：三峡大坝和葛洲坝区间水污染沿程测算及容量研究	1996—1997	与河海大学合作，以太平溪断面为本底，现场监测三峡大坝到葛洲坝区间沿程（含各支流入汇）水质变化，预测工程施工期（1999 年）、围堰蓄水期（2003 年）和最终运行水位期（2010 年）各断面水质变化趋势，研究两坝间水环境容量及保护对策
4	三峡工程施工期科研课题：三峡大坝至葛洲坝区间水环境监测及决策支持系统研究	1997—1999	与河海大学合作，以一维、二维、三维水量、水质模拟为核心，水环境污染控制为重点，充分利用实测资料验证模型参数，建立两坝间水环境决策支持系统，并开发了系统软件
5	国家自然科学基金资助项目：天然河流大尺度紊动结构研究（编号：50179001）	2002—2003	与长科院合作，主要承担河流现场三维流场监测（采用 ADCP 监测技术），分析研究流速脉动规律，为该项目提供原型观测成果
6	“九五”三峡泥沙问题研究课题：包括 3 个子题、1 个分子题	1996—2000	研究葛洲坝水库下游宜昌河段冲刷下切、枯水位下降及河床粗化和水库冲淤与变动回水区浅滩演变对航道的影响，其中，与长江航道局合作子题项目：葛洲坝水利枢纽航道冲淤规律及冲沙效果分析
7	“十五”三峡泥沙问题研究课题：包括 3 个子课题、4 分子题	2001—2005	为水文局牵头，三峡局承担。分析研究 1998 年洪水及 2003 年围堰蓄水三峡坝区（含引航道）河势河床演变、两坝间及葛洲坝下游河道冲刷与水位下降
8	“十一五”三峡泥沙问题研究课题：包括 1 个专题、3 个子题及 3 个分子题	2006—2010	分析研究葛洲坝下游宜昌至杨家脑河段河床冲淤演变、河道采砂对水位下降的影响，以及工程与非工程治理措施研究；三峡坝区（含引航道）及两坝间河床演变分析
9	三峡水库运行科研课题：两坝间通航水流条件观测研究（分汛期和枯季）	2005—2012	原型观测试验研究电力调峰小流量和汛期大流量条件下两坝间通航水流条件变化
10	三峡水库运行科研项目：葛洲坝下游胭脂坝护底试验工程原型观测试验研究	2003—2005	分析胭脂坝河段河床组成形态，对三种护底结构材料（混凝土软体排、抛石、抛枕）进行原型观测，分析效果及作用，为后续扩大试验提供技术支撑
11	三峡水库运行监测项目：156m 提前蓄水对泥沙运动影响的监测与研究	2007—2008	进出库水沙特性、蓄水需水量、库区淤积、两坝间及坝下游冲淤演变、库区重点河段走沙演变分析研究
12	三峡水库运行试验项目：葛洲坝下游护底试验工程及关键性河段对宜昌枯水位的影响观测分析	2006—2007	在 2003—2005 年护底试验工程原型观测分析基础上，进一步分析护底工程效果，以及沿程关键河段演变对宜昌枯水位下降的影响，为后续治理研究提供支撑
13	三峡水库运行科研课题：葛洲坝下游胭脂坝扩大护底试验工程原型观测试验研究（共分 2004 年、2005 年、2008 年和 2011 年四个工程试验阶段）	2004—2013	针对胭脂坝护底工程（共 6 个区：0–5 区）开展原型观测试验，分析评价护底结构材料对保护河床的效果，研究护底对河床糙率的影响和对宜昌水位的遏制作用，完成研究报告 4 份，防洪影响评价 1 份

续表

序号	课题名称	时间	课题完成情况说明
14	三峡工程运行科研课题：三峡水库泥沙预测预报研究	2012—2015	研究建立水库泥沙预测预报模型，建立水库泥沙作业预报和场次洪水库区淤积预测平台，为水库防淤减淤等科学调度提供技术支撑
15	三峡工程运行科研课题：三峡水库漂浮水面蒸发观测实验研究（已完成 3 个阶段的观测实验研究阶段）	2012—	探求水库库区水体的水面蒸发以及蒸发能力的变化规律，弄清水面蒸发与气象因子的关系和天然水体的蒸发量，为水资源评价和科学研究，合理开发利用管理水资源，提供可靠的依据
16	三峡水库科学调度第二阶段重点科研课题：三峡、葛洲坝出库流量率定	2016—2019	对两坝泄流曲线参数开展原型观测率定，分析与原型观测流量之误差，从而建立水文站与大坝泄流量之关系，为调度提供技术支撑，完成研究成果报告 1 份
17	水利部公益性行业科研专项：三峡水库淤积物理特性及其生态环境效应(编号:501501042)	2015—2017	三峡局主要开展全库区生态环境调查、河床底泥采样、室内检测，并结合已有观测资料，分析进出库水沙变化、库区淤积特点、坝前泥沙絮凝特性等分析，成果汇入长科院（牵头单位）总报告
18	三峡工程运行科研项目：三峡升船机引航道水位波动预测预警系统研制	2014—2023	基于原型观测分析，建立引航道水位复往流波动预测预警系统，包括监测站网优化、预测模型建立，预警网络平台建设等，完成研究成果报告 5 份
19	三峡水库科学调度第三阶段重点研究课题：梯级水库水面蒸发特性及影响研究	2022—	在三峡水库水面蒸发观测实验研究基础上，将长江上游及金沙江（乌东德、白鹤滩、溪洛渡、向家坝）多个大型水库纳入研究范围

7.1.3　主要研究方法简介

国家对三峡工程泥沙问题高度重视，成立专门的三峡工程泥沙问题专家组，从三峡工程论证开始，至今仍然保留。重点组织了“七五”至“十二五”三峡泥沙问题研究，其研究规模及成果在世界水利工程中少见。目前比较成熟的泥沙问题研究方法，主要有以下三类：

（1）原型观测调查分析，即水文泥沙勘测、调查及资料分析，可认为是一种历史模型研究方法。原型观测调查与分析，掌握建坝前后库区、坝区、坝下游河道水沙变化特点及其演变规律，为工程规划、设计、施工和运行调度等提供依据，同时也为数学模型、物理模型的建模、验模等提供基础依据，也是检验泥沙问题研究成果的标准。三峡工程的原型观测调查工作始于 1950 年代，主要以基本水文站网水位、流量、含沙量、降水量观测为主，并逐步增设推移质、河床质、颗粒级配等测验和河床演变观测等内容。根据原型观测调查项目开展形式多样的分析研究工作，有简要分析报告或简报，有年度分析报告，也有多年度综合分析研究报告，初步统计平均每年提交三峡水文泥沙年度分析研究报告近 10 份。

（2）实体模型试验研究，利用相似理论建立的实体模型（可认为是原型的缩小），进行水沙试验。主要用于水利工程规划、设计、论证，一般用于短河段预测预报。三峡工程物理模型试验工作始于 1960 年代的“三峡水库淤积模型”（长科院、武汉水利电力大学等联合），模拟范围为干流合江至涪陵及支流嘉陵江 57km 河段。在三峡局测区范围的主要物理模型为：①坝区模型，长科院（1984—2010 年）、南京水利科学研究院（1984—2010 年）和清华大学（1992—2005 年）分别建立了三峡坝区泥沙物理模型（分短河段约

15km 和长河段约 31km，其中清华大学为短河段模型），试验内容为枢纽建筑物泥沙问题、施工期通航方案、取水口及码头选址等。②坝区局部模型，长科院（1995 年）、武汉水利电力大学（1994—1995 年）和清华大学（1994—1995 年）分别建立了地下电站引水渠、上游引航道和下游引航道局部泥沙物理模型，试验内容为地下电站排沙底孔布置、上下游引航道防淤措施等。③坝下游宜昌河段模型，天津水运工程科学研究所（1996—2000 年）、清华大学（1996—2000 年）和长科院（1997—2001 年）分别建立了庙嘴至艾家镇、庙嘴至虎牙滩、葛洲坝至虎牙滩物理模型，试验内容为河道整治工程方案。④芦家河浅滩河段物理模型，武汉水利电力大学（1996—2005 年）、长江航道规划设计研究院（1996—2005 年）和长科院（1998—2005 年）分别建立了芦家河浅滩河段、枝城至大埠街河段和芦家河浅滩河段物理模型，试验内容为河道整治方案。

（3）数学模型计算，以水沙理论分析，借助计算机数值模拟的方法。通常用于长时段、长河段计算及预测预报，也常与物模联合应用。三峡工程数学模型最早始于 1958 年长科院建立的平衡输沙法（有限差分法）模型，开展三峡水库泥沙淤积量及淤积年限模拟计算。1972 年长科院韩其为等建立了“一维恒定非均匀不平衡输沙模型”，用于计算三峡水库淤积、洪水位等。在三峡工程可行性论证，设计阶段一维、二维、三维水沙数学模型，多达 20 余个，其中用于水库（河道）或水库群的最多，达 16 个，有一、二维嵌套泥沙数学模型；其次用于变动回水区的 5 个，基本为二维泥沙数学模型；用于坝区的 1 个，即陆永军等研制的“三维泥沙数学模型”，计算内容为河段冲淤量、不同层面流场及含沙量变化等。2013—2015 年，三峡局在三峡水库泥沙预测预报研究项目中，建立了库区一维及重点河段二维水沙数学模型，在水库泥沙作业预报中取得较好效果。

7.1.4 主要研究成果概况

三峡局水文泥沙原型观测实验研究，主要包括两个大的方面，即：原型观测调查技术研究和水库水文泥沙实验研究。其中，原型观测调查技术方面，先后开展悬索偏角改正试验研究、近底层悬沙试验研究、推移质器测法研究、测验（含整编）方式方法研究，以及水位计、计数器、船用重型三绞、采样器研制、计算机软件研制、质量控制与内部管理创新等方面。在原型观测实验研究方面，主要涉及水文水资源、水质水生态、河道（水库）泥沙、水文水情预报等方面。1955 年始有相关的原型观测技术报告，且多为测验技术总结类型；1973 年成立宜实站，各类技术报告、分析报告逐年增多，经查阅档案记录，初步统计 1958—1994 年 8 月（即三峡局成立之前），各类技术成果报告达 220 篇，但公开发表或高层次学术交流论文比较少，仅 10 余篇。1994 年以后，恰逢三峡工程开工建设，原型观测呈现项目多、要求高、时效急等特点，促使三峡局从观测手段、分析技术、专业队伍、管理协调等方面不断创新发展，通过引进一系列国际先进监测仪器设备，加大技术研发力度，加强合作提升原型观测分析水平，并重视学术成果交流及公开发表，无论是报告总量、发表或交流论文数量均成倍增长。据不完全统计，1973—2022 年的 50 年间，三峡局共计公开发表（出版）论文（报告）269 篇，国际国内交流学术论文 65 篇（其中，国际学术交流论文 3 篇，海峡两岸交流论文 7 篇），参与编撰专著和行业规范 29 部，参加国际水文业务培训 3 人次（美国、澳大利亚、瑞典），出国学习考察 10 余人次（美国、德国、法国等）。

7.1.5 学术交流情况

7.1.5.1 国际（境外）学术交流情况

50 年来三峡局共计参加重要的大型国际学术

交流会 5 次，海峡两岸学术交流会 1 次，交流论文 12 篇。

（1）1983 年 5 月，在江苏省南京市举行的第二次国际泥沙学术讨论会（中英文，由中国水利学会、国际水文计划中国国家委员会主办）上，葛实站交流了 2 篇论文，其中由黄光华、高焕锦、王玉成撰写的论文《长江推移质器测法研究》，在第五分会场（模型试验与原型观测）作学术交流报告，另一篇系韩其为、向熙珑等撰写的论文《床沙粗化》。

（2）2003 年 11 月（瑞典水文气象局，努尔绍平）和 2004 年 10 月（中国水利部，南京），在中国—瑞典业务水文技术及管理双向培训上，牛兰花在培训期间作了《Analysis of Sediment Change and Fluvial Process in Dam Site Area Before and After the Three Gorges Project Building》的学术交流。

（3）2004 年 9 月，在湖北省宜昌市三峡坝区举行的第九次河流泥沙国际学术讨论会（英文国际泥沙研究培训中心、长江水利委员会、中国水利水电科学研究院、中国水利学会联合主办）上，由陈松生、李云中、牛兰花撰写的论文《Sediment Deposition in the Run-of-River Reservoirs and Scouring in the Downstream River Channels》（径流水库泥沙淤积与下游河道冲刷）在第二分会场（TOPIC（2）：River Sedimentation）作学术交流报告。

（4）2006 年 10 月，在云南省昆明市举行的中国水利学会中国水力发电工程学会中国大坝委员会水电 2006 国际研讨会 Proceedings of Hydropower 2006 International Conference 上，由朱世洪、王程、徐刚、王宝成撰写的论文《葛洲坝水利枢纽下游近坝段河床护底工程研究》作学术交流报告。

（5）2007 年 5 月 17—18 日，在越南胡志明市召开的第五届湄公河洪水论坛国际会议上，由李云中、胡焰鹏、叶德旭、黄河宁撰写的论文《Real-time discharge monitoring during flood season using broadband H-ADCP at Huangling temple hydrology station downstream Three Gorges Dam in Yangtze River》作学术交流报告。

（6）2018 年 10 月，在北京市举行的第二十二届海峡两岸水利科技交流研讨会上，三峡局提交会议交流论文 7 篇。

7.1.5.2 国内学术交流情况

自 1973 年成立宜实站以来，三峡局共计参加较高层次的国内学术交流（讨论）会近 30 次，交流学术论文 60 余篇。

（1）在三峡和葛洲坝工程原型观测研究方面，共计参加了 6 次学术交流会议，即：葛洲坝工程科技成果交流会（宜昌葛洲坝工地，1981 年 12 月）、葛洲坝工程第二次科技成果交流会（宜昌，1988 年 12 月）、葛洲坝工程第三次科技成果交流会暨通航发电十周年学术研讨会（宜昌，1991 年 11 月，）、长江葛洲坝工程泥沙问题研讨会（宜昌，1995 年 9 月）、葛洲坝工程通航发电二十周年学术讨论会（宜昌，2001 年 11 月）和三峡工程运用 10 年后长江中游江湖演变与治理学术研讨会（武汉，2013 年 10 月）。三峡局围绕三峡和葛洲坝工程原型观测调查分析研究，组织撰写学术论文达 32 篇，其中，《葛洲坝水库冲淤规律及航道变化》（报告人：李云中）为葛洲坝工程通航发电二十周年学术讨论会 5 篇大会交流论文之一。

（2）在水文水资源分析研究方面，共计参加了 10 余次学术研讨会议。其中，参加中国科协学术年会 1 次（2004 年），中国水利学会学术年会 5 次（2006 年、2014 年、2016 年、2019 年、2020 年），中国大坝工程学会学术年会 1 次（2019 年），以及有关水文、水环境和泥沙学术讨论会 8 次（1987 年第六次全国水质与保护学术交流会、1988 年全国生态环境保护学术讨论会、1999 年第八届全国泥沙信息网会议、2000 年第四届全国泥沙基本理论研究学术讨论会、2003 年中国水力发电工程学会水文泥沙专业委员会第四届学术讨论会、2004 年中国水利学会水文专业委员会全国水文学术讨论会、2013 年流域水循环与水安全——第十一届中国水论坛、2018 年第五届中国（国际）水生态安全战略论坛），共计交流学术论文 10 余篇，其中，《三峡水库近坝段水面漂浮物对水质的影响研究》（报告人：张馨月）在中国水利学会 2019 学术年会"长江大保护"分会场作学术交流报告，《三峡水库淤积沙综合利用可行性研究》（报告人：李云中）在中国大坝工程学会 2019 学术年会暨第八届碾压混凝土坝国际研讨会"水库泥沙淤积"分会场作学术交流报告。

（3）在工程测绘技术方面，共计参加了 5 次交流会，即：经天纬地——全国测绘科技信息网中南分网第十九次学术交流会（2005 年）、中国测绘学会 2006 年学术年会、中国测绘学会九届三次理事会暨 2007 年"信息化测绘论坛"学术年会、全国测绘科技信息网中南分网第二十一次学术信息交流会（2007 年）、全国测绘科技信息网中南分网第二十七次学术信息交流会（2013 年）等，提交 7 篇学术交流论文。其中，《SEAbAT8101 多波束测深系统在内陆河中的应用》（报告人：谭良）、《基层站队质量管理中存在的问题与对策》（报告人：柳长征）分别在全国测绘科技信息网中南分网第十九次、第二十一次学术交流会议上作学术交流报告。

7.1.5.3 内部学术交流情况

在长江委水文局、三峡局内部的学术交流、青年论坛、科技论坛等活动中交流学术论文或技术报告达 250 余篇。

（1）三峡局内部学术交流情况。在宜实站时期，尚未开展过内部技术学术交流活动，仅开展为数不多的技术培训；在葛实站时期，主要根据葛洲坝工程原型观测计划安排，不定期汇编有关原型观测资料分析成果报告，供局内职工学习交流，如 1989 年《葛洲坝水利枢纽泥沙原型观测资料分析文集》，共汇编了 9 篇分析研究报告；在三峡局时期，加强了内部技术培训与学术交流，在 1997—2011 年间主要按原型观测专项（如大江截流、明渠截流）以年度或两年一次汇编研究报告和学术论文，如《三峡大江截流水文监测研究论文集》（15 篇论文）、《三峡明渠截流水文监测研究论文集》（18 篇论文）、《1997 年三峡局科研论文集》（10 篇论文）、《1998 年三峡水文科研文集——98 洪水论文集》（9 篇论文）、《1999—2000 年三峡水文科研文集》（17 篇论文）、《2001—2002 年三峡局水文科技论文集》（9 篇论文）、《2003 年三峡水文科研文集》（9 篇论文）、《2004 年三峡水文科研文集》（13 篇论文）、《2005 年三峡局科技交流会论文集》（17 篇论文）、《2005—2006 年三峡科研文集》（13 篇论文）、《2007—2008 年三峡水文科研文集》（13 篇论文）、《2010—2011 年创先争优党员技术创新课题攻关成果选编》（9 篇论文）、《2011 年三峡水文科研文集》（24 篇论文），有大量论文经修改推荐公开发表。2012 年以后，一方面通过征集论文公开发表专辑，原则上 5 年发表一期专辑论文集，约 25 篇论文；另一方面以青年论坛、科技论坛为主，推荐局内优秀论文参加长江委水文局青年论坛、科技论坛并参与优秀创新成果评选。2015 年三峡局首次举办青年论坛，之后每年按长江委水文局要求，推荐参加水文局青年论坛演讲人选。

（2）水文局内部学术交流情况，包括技术交流、青年论坛、创新成果评选等。1986 年 10 月 8—13 日长办水文局在汉口召开三峡泥沙原型观测成果分析初步审查会，葛实站黄光华、向熙珑交流了《葛洲坝航道冲淤变化》《葛洲坝库区库尾扇子碛险滩变化》两篇论文，这是"七五"国家科技攻关课题初期内部交流成果；2004 年长江委水文局第一届科技论坛暨优秀论文与技术报告评比，三峡局选送的《葛洲坝水库冲淤规律及航道变化》获优秀论文一等奖 1 篇、优秀论文奖 2 篇和优秀技术报告奖 1 篇；2016 年长江委水文局首次青年论坛，三峡局选送的《执行力评价在水文行业内部管理中的探索》获创新成果一等奖，另 2 篇获三等奖；2017—2021 年共计选送了 20 余篇论文参加长江委水文局第二届至第六届青年论坛，获创新成果一等奖 1 篇、二等奖 5 篇、三等奖 5 篇；2021 年长江委水文局"闻道杯－水文监测青年讲规范"活动中，三峡局获优秀组织奖和 1 个一等奖、2 个二等奖。2015—2021 年，长江委水文局每年均举办河道勘测技术研讨会（2020 年因疫情未举办），三峡局选送 16 篇优秀测绘论文参与交流。

7.1.6　学术论著情况

根据档案收藏和内网登记，并从中国知网查询综合统计，三峡局共计公开发表的论文约 220 余篇，公开出版的研究报告 40 余篇，正式出版的学术交流论文 30 余篇，参与编写专（译）著 18 部，规范 6 部，补充技术规定或指南、规程 8 部。公开发表的学术论文中，收入北大核心论文 97 篇、CSCD 论文 12 篇、EI 论文 28 篇。

7.1.6.1　学术论文

宜实站和葛实站时期（1994 年 8 月以前），总体上发表论文较少，但其学术价值都较高，共 14 篇，见表 7.1-2。自 1994 年 8 月三峡局成立以后，随着三峡工程建设、社会经济发展、科学技术进步、人才队伍建设等要求发生了巨大变化，职工在完成原型观测工作任务的同时，善于总结提高，将一些具有学术价值、推广应用的成果交流、公开发表或参与有关专著编撰。因数量较多，仅做类别和篇数汇总，见表 7.1-3。

论文专辑方面。三峡局组织发表了 5 期论文专辑，公开发表论文 75 篇，集中展示了各个时期为大型水利工程建设原型观测技术应用、观测成果分析研究、服务长江治理和社会经济发展等方面的学术成果。5 期论文专辑分别为：①《水文》1999 年第 1 期（总第 109 期）刊发"长江三峡工程大江截流水文专辑"论文 15 篇，其中三峡局 9 篇。②《人民长江》（增刊）2003 年刊发"长江三峡

表 7.1-2　宜实站和葛实站时期公开发表论文统计表

论文题目	作者	发表期刊信息
同位素低含量仪	张训时、黄泽民、陈德坤	人民长江 1979（04）
葛洲坝水利枢纽大江截流水文测验简述	宜实站	人民长江 1981（01）
论大型水利枢纽建设的水文测验	韩承荣、龙应华、王玉成	人民长江 1981（01）
异重流的输沙规律	韩其为、向熙珑	人民长江 1981（01）
淤积物的初期干容重	韩其为、王玉成、向熙珑	泥沙研究 1981（05）
葛洲坝工程建设中的泥沙观测与研究	龙应华	水文 1981（03）
葛洲坝工程航道建设中若干水文现象的观测研究	龙应华	水文 1982（05）
同位素低含量仪的校正与应用	陈德坤	人民长江 1983（01）
JC 型接触式水位计	杨维林	水文 1983（05）
葛洲坝蓄水后三峡航道得到改善	向熙珑、刘保太	中国水利 1985（12）
葛洲坝水利枢纽大江截流期间河段落差及上游壅水高度分析	钟友良	人民长江 1983（04）
葛洲坝水库蓄水前后的水质变化趋势	吴学德	环境科学动态 1983（09）
水环境中黄磷的测试方法	吴学德	水资源保护 1993（04）
一种单样含沙量计算方法探讨	李云中、叶德旭、黄光华	人民长江 1994（06）

表 7.1-3　三峡局各类论文交流发表情况统计表

序号	论文类别	总篇数	核心期刊篇数	EI 论文篇数	说明
1	实验站时期论文	15			1994 年之前公开发表论文
2	原型观测技术	61	25		主要为仪器研制、新技术应用等方面
3	水文水资源分析	35	20	5	主要为暴雨洪水、水沙特性、水质评价、水文计算分析等
4	河道泥沙分析	31	23	3	主要为水库淤积、河道（航道）冲淤、河床下切、粗化与水位变化等
5	科研专辑论文	75	29	20	分别在《水文》《人民长江》《水利水电快报》发表 4 期专辑
6	专项成果报告（论文）	30			主要为“七五”至“十一五”三峡泥沙问题研究报告，收录相关文集正式出版
7	学术交流论文	70			包括国际泥沙学术会议、水利学会年会、测绘学会年会等交流论文
8	青年论坛	14			2016—2019 年长江委水文局青年论坛征集论文，部分论文公开发表
9	管理论文	34			主要为项目管理、预算管理、内控管理、执行力评价、绩效考核等
10	内部刊物论文	30			主要在《长江志季刊》《水资源研究》等内部刊物上发表论文
11	重要研究报告	53			部分报告收入相关文集正式出版
合计		448	97	28	公开发表或交流出版论文（报告）300 余篇

明渠截流水文专辑”三峡局论文 20 篇。③《水利水电快报》2012 年第 7 期（第 33 卷，总第 727 期）刊发“三峡水文监测技术与应用研究论文专辑”，共发表论文 22 篇。④《水利水电快报》2019 年第 2 期（第 40 卷，总第 806 期）刊发“三峡水文水资源技术创新实践与研究应用论文专辑”，共发表论文 24 篇。⑤《长江志》（季刊）2002 年第 1 期（总第 69 期）刊发“三峡水文水资源勘测专辑”，共发表志稿 18 篇（内刊）。

7.1.6.2　研究报告

1995—1997 年，三峡总公司委托开展葛洲坝工程三江引航道水流条件、航迹线、小流量机械松动冲沙效果三个观测分析项目，完成 5 份报告。其中，《葛洲坝工程上游坝区航道水流情况观测分析报告》《葛洲坝工程三江航道小流量机械松动河床冲沙试验分析报告》《葛洲坝工程三江航道上游口门区及以上河段航迹线观测分析报告》录入“九五”三峡泥沙问题研究文集，2001 年专利文献出版社出版。

1999—2000 年，三峡工程泥沙专家组要求三峡局开展葛洲坝水库及坝下游近坝段研究，并列入三峡泥沙问题管理课题，共 4 篇报告，汇入“九五”三峡工程泥沙问题研究报告集正式公开出版。

三峡局承担“十五”至“十一五”三峡泥沙专家组研究课题 10 余项，其中主持专题 1 项、参与 2 项，主持子题 5 项、参与 4 项，并参与“十五”泥沙问题研究综合分析，研究成果汇入《长江三峡工程泥沙问题研究》公开出版。2008 年参加“中国工程院三峡工程论证及可行性研究结论阶段性评估项目”泥沙专题评估，主要承担《坝区和近坝区河段泥沙问题》和《维持宜昌枯水位的措施和效果》两个专题评估报告的编写工作。

7.1.6.3　专著、规范及补充技术规定编撰情况

三峡局科技人员先后参与编撰专著 23 部、规范 6 部、补充技术规定 8 部，主要包括原型观测研究成果和水利行业技术规范或规定。此外，三峡局还参与组织编辑公开出版画册 1 部。详见表 7.1–4。

表 7.1–4　　三峡局专（译）著、规范及补充技术规定统计表

序号 A	专著名称及代码	出版社及出版时间	三峡局主要参与人员
1	“七五”国家重点科技攻关 75–16–11 长江三峡工程与航运关键技术研究	武汉工业大学出版社，1993	黄光华、向熙珑
2	《葛洲坝工程丛书》第 4 卷《导流与截流》	水利电力出版社，1995	龙应华、钟友良
3	长江三峡工程大江截流工程	中国水利水电出版社，1999	李云中、陈松生、樊云、叶德旭
4	1998 年长江洪水及水文监测预报	中国水利水电出版社，2000	代水平、李云中
5	1998 年长江暴雨洪水	中国水利水电出版社，2002	代水平、李云中
6	长江三峡工程“十五”泥沙研究综合分析	知识产权出版社，2002	李云中
7	长江水利枢纽工程泥沙研究	中国水利水电出版社，2003	李云中、牛兰花、成金海
8	声学多普勒测流原理及其应用	黄河水利出版社，2003	叶德旭、李平、胡焰鹏
9	河床河岸保护概论	黄河水利出版社，2007	樊云
10	三峡工程水库泥沙淤积及其影响与对策研究	长江出版社，2011	牛兰花、全小龙、成金海
11	水文应急实用技术	中国水利水电出版社，2011	叶德旭、李云中、谭良
12	水文勘测工	黄河水利出版社，2011	叶德旭
13	长江三峡工程“十一五”泥沙研究综合分析	中国科学技术出版社，2013	李云中、牛兰花
14	流域梯级水电站联合优化调度理论与实践	中国水利水电出版社，2013	叶德旭
15	金沙江水文河道勘测技术应用概论	黄河水利出版社，2013	代水平
16	长江三峡工程水文泥沙观测与研究	科学出版社，2015	牛兰花、闫金波、李云中、柳长征、谭良、樊云
17	现代水文质量管理体系构建与实践	长江出版社，2015	柳长征
18	山洪灾害调查评价技术与实践	中国水利水电出版社，2017	闫金波、柳长征
19	中美水文测验比较研究	科学出版社，2017	胡焰鹏
20	内陆水体边界测量原理与方法	中国水利水电出版社，2019	柳长征、聂金华
21	高原湖泊测量关键技术研究	长江出版社，2020	谭良、全小龙、聂金华、李腾、张黎明、
22	三峡水库 175m 试验性蓄水以来水文泥沙观测与研究	中国水利水电出版社，2021	闫金波、牛兰花、聂金华、陶冶
23	高原湖泊探秘	三峡电子音像出版社，2022	李云中、赵俊林、叶德旭、闫金波、刘天成、樊云、谭良、柳长征、赵灵、张伟革、黄忠新、全小龙、王宇岩、张黎明、孟娟、杨波、车兵、黄童、李腾、胡名汇、陈红芳
24	三峡水库水沙过程变化的生态环境效应及调控关键技术	科学出版社，2022	牛兰花

续表

序号 B	规范名称及代码	出版社及出版时间	三峡局主要参加人员
1	水库水文泥沙观测规范 SL 339—2006	中国水利水电出版社，2006	李云中
2	声学多普勒流量测验规范 SL 337—2006	中国水利水电出版社，2006	李平、叶德旭
3	水文数据 GIS 分类编码标准 SL 385—2007	中国水利电力出版社，2007	李平
4	水文测量规范 SL 58-2014	中国水利水电出版社，2014	李平
5	水道观测规范 SL 257-2017	中国水利水电出版社，2017	柳长征、全小龙
6	水文基础设施及技术装备管理规范 SL/T 415—2019	中国水利水电出版社，2019	牛兰花
序号 C	技术规定、指南、规程名称及编号	发布单位及发布时间	三峡局主要参加人员
1	水道数字化测绘技术指南 CSWH 202—2011	长江委水文局，2011 年 4 月	李云中、樊云、谭良、柳长征、李平、张景森、王宝成、全小龙、王治中、邱晓峰、樊乾和、李红岩、车兵、聂金华
2	水深测量技术规程 CSWH 203-2011	长江委水文局，2011 年 4 月	李云中、樊云、左训青、彭勤文、王宝成、全小龙、李　平、柳长征、樊乾和、谭良
3	水文测验补充技术规定（2011 版）	长江委水文局，2011 年 9 月	胡焰鹏、侯晓岚
	水文测验补充技术规定（2013 版）	长江委水文局，2013 年 8 月	石明波、柳长征、胡焰鹏
4	水文测验成果质量评定办法（2011）	长江委水文局，2011 年 9 月	张袆
	水文测验成果质量评定办法（2013）	长江委水文局，2013 年 8 月	邓晓忠、邱晓峰
5	水文测验设备设施检查规定（2011）	长江委水文局，2011 年 6 月	伍勇、胡焰鹏、张年洲
	水文测验设备设施检查规定（2013）	长江委水文局，2013 年 8 月	伍勇、张辰亮、李平
6	激光粒度分布仪操作技术指南（2011）	长江委水文局，2011 年 6 月	江玉姣
	激光粒度分布仪操作技术指南（2013）	长江委水文局，2013 年 8 月	江玉姣
7	声学多普勒流速仪数据处理技术指南	长江委水文局，2016 年 6 月	胡焰鹏、邹涛、聂金华、石明波
8	水文测验成果质量评定办法 Q/SXJ 1-001-2022	三峡局，2022 年 8 月	闫金波、刘天成、全小龙、王宝成、石明波、高千红、柳长征、胡焰鹏、田苏茂、曾雅立、江玉姣、伍勇、刘平、王宇岩、王玉涛、张鹏宇、向娇、付鑫、张楚、汤凌华、彭春兰、曾令、刘峥鹏、吴健雄
9	中华鲟声呐标记及监测技术规程	三峡集团，2021 年 8 月 26 日	闫金波

（1）葛洲坝工程水文泥沙原型观测研究成果，分别编入《“七五”国家重点科技攻关 75-16-11 长江三峡工程与航运关键技术研究》（上册）（武汉工业大学出版社，1993 年）、《葛洲坝工程丛书》第 4 卷《导流与截流》附录Ⅱ（水利电力出版社，1995 年）和《长江水利枢纽工程泥沙研究》（中国水利水电出版社，2003 年）等 3 部专著。

（2）三峡工程水文泥沙原型观测研究成果，分别编入《长江三峡工程大江截流工程》（中国水利水电出版社，1999 年）、《1998 年长江洪水及水文监测预报》（中国水利水电出版社，2000 年）、《三峡工程水库泥沙淤积及其影响与对策研究》（长江出版社，2011 年）、《长江三峡工程水文泥沙观测与研究》（科学出版社，2015 年）、《三峡水库 175m 试验性蓄水以来水文泥沙观测与研究》（中国水利水电出版社，2021 年）和《三峡水库水沙过程变化的生态环境效应及调控关键技术》（科学出版社，2022 年）等 10 余部专著。

（3）原型观测技术、管理研究成果，分别编入《声学多普勒测流原理及其应用》（黄河水利出版社，2003 年）、《河床河岸保护概论》（黄河水利出版社，2007 年）、《水文应急实用技术》（中国水利水电出版社，2011 年）、《水文勘测工》（黄河水利出版社，2011 年）、《流域梯级水电站联合优化调度理论与实践》（中国水利水电出版社，2013 年）、《现代水文质量管理体系构建与实践》（长江出版社，2015 年）、《山洪灾害调查评价技术与实践》（中国水利水电出版社，2017 年）、《中美水文测验比较研究》（科学出版社，2017 年）、《内陆水体边界测量原理与方法》（中国水利水电出版社，2019 年）和《高原湖泊测量关键技术研究》（长江出版社，2020 年 9 月）等 10 部专（译）著。

（4）原型观测调查文化建设成果，三峡局组织完成西部高原湖泊容积测量，其成果《青藏高原湖泊地理信息精细感知关键技术》获湖北省科技进步二等奖，并出版专著《高原湖泊测量关键技术研究》。为反映西部高原湖泊测量和堰塞湖应急监测的艰难历程，三峡局主持编撰《高原湖泊探秘》画册，收录图片 233 幅，其中包括获全国水利第二届摄影赛大奖的 10 余幅摄影作品，由三峡音像出版社 2022 年 2 月出版。

（5）三峡局技术人员参与编写水利行业规范、规程及补充技术规定 10 余部，主要有《水库水文泥沙观测规范》（SL 339—2006）（中国水利水电出版社，2006 年）、《声学多普勒流量测验规范》（SL 337–2006）（中国水利水电出版社，2006 年）、《水文测量规范》（SL 58–2014）（中国水利水电出版社，2014 年）、《水道观测规范》（SL 257–2017）（中国水利水电出版社，2017 年）、《水道数字化测绘技术指南》（长江委水文局发布，三峡局主编，2011 年）、《水深测量技术规程》（长江委水文局发布，三峡局主编，2011 年）、《水文测验补充技术规定》（水文局发布，2011 年）、《水文测验成果质量评定办法》（长江委水文局发布，2011 年）、《水文测验设备设施检查规定》（长江委水文局发布，2011 年）、《激光粒度分布仪操作技术指南》（水文局发布，2011 年）、《声学多普勒流速仪数据处理技术指南》（长江委水文局发布，2016 年）、《水文测验成果质量评定办法》（三峡局发布，2022 年）等。

7.1.6.4　公报、年报编撰

三峡局科技人员先后参与编写《长江泥沙公报》（年报）和《三峡工程水文泥沙年报》20 余份。其中，2000 年出版的第一份《长江泥沙公报》，李云中、成金海参与编写工作，后由胡焰鹏等人相继参与编写；2016 年出版的第一份《三峡工程水文泥沙年报》，牛兰花参与 2016—2020 年的年报编写工作，2021 年闫金波、林涛涛参与编写，详见表 7.1–5。此外，三峡局还为《长江流域及西南诸河水资源公报》（年报）和《长江流域重要控制断面水资源监测通报》（月报）提供水文、水质监测资料与分析成果。

表 7.1–5　三峡局人员参与的公报、年报统计

序号	公报、年报	发布单位及发布时间	出版社	三峡局主要参加人员
1	长江泥沙公报（2000）	长江委，2001	长江出版社	成金海、李云中
2	长江泥沙公报（2001）	长江委，2002	长江出版社	李云中
3	长江泥沙公报（2004）	长江委，2005	长江出版社	成金海
4	长江泥沙公报（2005）	长江委，2006	长江出版社	胡焰鹏
5	长江泥沙公报（2006）	长江委，2007	长江出版社	胡焰鹏、陶冶
6	长江泥沙公报（2007）	长江委，2008	长江出版社	胡焰鹏、张伟革

续表

序号	公报、年报	发布单位及发布时间	出版社	三峡局主要参加人员
7	长江泥沙公报（2008）	长江委，2009	长江出版社	胡焰鹏
8	长江泥沙公报（2009）	长江委，2010	长江出版社	胡焰鹏
9	长江泥沙公报（2010）	长江委，2011	长江出版社	胡焰鹏、牛兰花
10	长江泥沙公报（2011）	长江委，2012	长江出版社	胡焰鹏
11	长江泥沙公报（2012）	长江委，2013	长江出版社	胡焰鹏
12	长江泥沙公报（2013）	长江委，2014	长江出版社	胡焰鹏、牛兰花
13	长江泥沙公报（2014）	长江委，2015	长江出版社	张辰亮、江玉姣
14	长江泥沙公报（2015）	长江委，2016	长江出版社	柳长征、胡焰鹏
15	长江泥沙公报（2016）	长江委，2017	长江出版社	胡焰鹏
16	长江泥沙公报（2017）	长江委，2018	长江出版社	曾雅立、胡焰鹏
17	长江泥沙公报（2018）	长江委，2019	长江出版社	曾雅立
18	长江泥沙公报（2019）	长江委，2020	长江出版社	曾雅立
19	长江泥沙公报（2020）	长江委，2021	长江出版社	曾雅立
20	长江泥沙公报（2021）	长江委，2022	长江出版社	闫金波、曾雅立
21	三峡工程水文泥沙年报（2016—2020）	三峡集团，2017–2021	中国三峡出版传媒 中国三峡出版社	牛兰花
22	三峡工程水文泥沙年报（2021）	三峡集团，2022	中国三峡出版传媒 中国三峡出版社	闫金波、林涛涛

7.1.7 技术发明与获奖情况

7.1.7.1 发明专利与软件著作权

三峡局在葛洲坝原型观测调查工作中，开展了大量技术革新、创新工作，取得了一系列新仪器、新设备、新方法，但早期很少对发明专利进行申报，如接触式水位计、水深计数器、挖斗式采样器、船用重型三绞、同位素低含沙量仪等都是非常优良的水文测验产品或专用设备设施。2010 年以后，三峡局加强了该方面的工作，截至 2022 年 12 月，获得国家发明专利 5 项、实用新型专利 13 项和软件著作权 4 项，共计 20 项。见表 7.1–6。

表 7.1–6　　三峡局发明专利、实用新型专利及软件著作权统计表

序号	授权时间	发明专利名称	专利授权号	三峡局主要参与人员
1	1984	同位素低含沙量仪	国家科委发明奖三等奖	陈德坤、吴思聪
2	2017.07.28	基于声线跟踪的库区深水水深测量方法	ZL201510061895.4	柳长征、叶德旭、谭良、全小龙、聂金华、黄童、李贵生
3	2019.09.11	一种河流压力式水位计实测水位订正方法	ZL201910315718.2	牛兰花
4	2022.03.15	一种适应河道断面模型建立方法	ZL202110292618.X	谭良、李云中、郑亚惠、全小龙、闫金波、刘天成、王宝成、牛兰花、李腾、聂金华、黄童、赵方正、车兵
5	2022.06.07	一种大型水库测深基准场建设方法及用途	ZL202110320450.9	闫金波、聂金华、刘世振、全小龙、陶冶
6	2023.01.31	一种峡谷峡深河段水深测量方法和装置	ZL201611021688.7	全小龙、谭良、李云中、樊云、黄童、张黎明

续表

序号	授权时间	实用新型专利名称	专利授权号	三峡局主要参与人员
1	2014.10.29	液压水文绞车系统	ZL20142029079.1	欧阳再平、李云中、樊云、叶德旭、赵灵、吕淑华
2	2017.06.20	一种用于测定河流自然流速流态的装置	ZL201621244310.9	谭良、李云中、樊云、王治中、全小龙、车兵、李红岩、钟共恩
3	2017.06.06	一种峡谷狭深河段水深测量装置	ZL201621243212.3	全小龙、谭良、李云中、樊云、黄童、张黎明
4	2018.01.05	一种用于峡谷水道水位测量装置	ZL201720549109.X	谭良、李云中、樊云、叶德旭、黄童、柳长征、全小龙、聂金华
5	2018.01.16	一种漂浮水面蒸发测量站	ZL201720835404.1	叶德旭、刘天成、吕淑华、朱喜文、李云中、樊云、田苏茂、孙林、王玉涛
6	2016.12.28	一种多潮位站海道地形测量潮位控制的水位自记计固定装置	ZL201621460505.7	李腾、全小龙、谭良、李云中、叶德旭、柳长征、黄童、张黎明、谭俊
7	2017.12.12	一种用于湖泊深度测量仪器的固定架	ZL201720548406.2	谭良、谢绍建、彭勤文、李贵生、张黎明、谭俊、江平、董志华、龙飞
8	2018.10.12	一种浮游植物采集装置	ZL201820509945.X	严海涛、张馨月、柳长征、高千红、江玉姣、叶绿、陈文重、张楚、彭春兰
9	2019.04.16	一种分光光度计自动进样装置	ZL201821306268.8	严海涛、杨汉平、张馨月、张楚、程诚、伍秀秀、江玉姣
10	2021.09.28	一种用于水文数据测量船二侧同步测量的系统	ZL202120559101.8	谭良、李云中、叶德旭、闫金波、全小龙、刘天成、王宝成、牛兰花、向娇、任伟、李腾、聂金华、黄童、赵方正、车兵
11	2021.12.07	一种用于水文数据测量船测量仪器安装模块	ZL202120558718.8	张辰亮、闫金波、邹涛、林涛涛、王宇岩、刘杨、王玉涛、张军、彭洁颖、陶冶、任伟
12	2021.08.31	一种化学实验室自动清洗装置	ZL202022369762.2	伍秀秀、严海涛、陈文重、彭春兰、张楚、程诚
13	2022.03.08	一种便携式透明度测试装置	ZL202121525036.3	伍秀秀、严海涛、陈文重、江玉姣、杨汉平、彭春兰、张楚、郑开凯、程诚、叶绿、高千红

序号	授权时间	软件名称	登记号 / 证书记	三峡局主要参与人员
1	2016.08.12	沙质推移质计算及资料整编 V2.0	2016SR216070/ 软著登字第 1394687 号	胡焰鹏
2	2020.08.26	水准水尺测验记录及后处理程序 1.0	2020SR0989481/ 软著登字第 5868177 号	田苏茂
3	2021.01.11	“三维一体”水环境治理体系	2021SR0053439/ 软著登字第 6777756 号	高千红、陈文重
4	2021.07.06	三峡水库泥沙预测预报系统 V1.0	2021SR0989899/ 软著登字第 7712525 号	闫金波、陶冶、邹涛、李秋平、胡琼方

7.1.7.2 主要科技成果获奖情况

（1）三峡局获奖情况。自宜实站成立以来，技术创新、科学实验研究成果丰富，以三峡局名义获得了10余项省部级以上奖项，详见附录。

（2）三峡局职工获奖情况。50年来，三峡局职工共计有80余人次获得省部级以上科技进步等奖项，详见附录。

7.2 葛洲坝工程原型观测研究

葛洲坝工程作为三峡工程的实战准备，加强了原型观测调查与研究工作，研究范围先以坝区为重点，后延伸至库区和坝下游。①坝区河势河床演变研究（包括大江和三江引航道），包括特殊水流流态、航道泥沙淤积与往复流、横波涌浪、大江截流龙口水流等。②库区泥沙淤积特性、库尾浅滩演变与航道变化等。③坝下游宜昌河段河床冲刷下切与水位下降、河道采砂与推移质运动等。

在研究课题方面，“七五”国家重点科技攻关课题“三峡工程泥沙与航运关键技术（75-16-1）”之第4专题“原型观测及原型观测新技术研究”，将葛洲坝库区和坝下游泥沙冲淤纳入重点研究内容。1998年大洪水对葛洲坝库区淤积和坝下游冲刷影响纳入“九五”三峡工程泥沙问题研究课题，2003年三峡水库蓄水后纳入观测研究专项课题，按年度组织实施。

7.2.1 葛洲坝坝区河势河床演变研究

葛洲坝工程坝区河段，上起米罗子下至胭脂坝，长约18km，总体由两个弯道组成反“S”河道平面形态。针对葛洲坝水利枢纽工程布置引起坝区河势的重大调整，以及施工中出现的一系列水文泥沙及水力学问题，开展原型观测调查与研究工作，主要根据葛洲坝坝区河势规划安排，在三峡工程开工后作为三峡通航建筑物设计在葛洲坝三江开展原型试验研究，如小流量冲沙试验、航迹线实船试验与分析研究等。

河势指河道水流的平面形式及发展趋势，受水流与河床的双重约束影响而变化发展，包括河道水流动力轴线的位置、走向以及河弯、岸线和沙洲、心滩等分布与变化的趋势。河势河床演变主要是指河道水流平面形式、河床泥沙冲淤变化及其演变趋势。

葛洲坝坝区河势观测是葛洲坝工程建设中水文观测主要任务之一。通过水下地形测绘、进出坝水沙、坝前水沙分布、坝区水面流态（流速流向、主流、副流、回流等）、弯道环流、泡漩流（泡水、漩水、剪刀水等）原型观测调查资料分析，分析河道水流动力轴线、岸线、深槽和沙洲等分布的河床平面形态及主流前进变化的趋势，分析河床演变现状及发展趋势，对葛洲坝工程的河势规划和枢纽布置提供基础支撑。

7.2.1.1 坝区河势河床形态研究

研究葛洲坝坝区河道扩展、反坡降、分汊、弯道、顺直等特点，为坝区河势规划与调整提供原型观测分析成果。河床是水流与边界作用的结果，边界约束水流，水流改变河床形态，河床和水流是相互作用的矛盾体。原型观测研究就是要找出这个矛盾体的特点，即表现为“峡内窄深、峡外展宽、向右急转、三汊分流”的河道复杂形态。

（1）上段（南津关河段）河势特点。南津关位于长江三峡出口，是一个非常奇特的河段，“关”内为坚硬的石灰岩组成，“关”外为红色沙砾岩地层，正是因为这两种不同的地质条件和水流不同的侵蚀结果，造就了南津关河段窄深、展宽、急转、分流的河谷形态，河道以近90°向右急转弯从河宽300m扩展为2000m，河底呈1∶7反坡（高程由-40m上升到30m），水流出峡后受边界约束，左岸多道石梁形似丁坝向右伸展，河床趋势左高右低深槽在右泓，水流条件非常紊乱，泡水、漩水、迴流、剪刀水极其常见。

（2）中段（坝址河段）河势特点。坝址河段有葛洲坝和西坝两个沙洲，是属山区冲积扇的分汊河型，汊道主流是由左向右逐渐演变发展的。约 6000 多年前，三江在一次自然灾变中，抑制主流转向大江，随着新构造运动陆续抬升，河流继续下切，葛洲坝（岛洲）出水成陆，成为江心洲，形成四江共济，不久后四江废弃形成建坝前的三汊河势。其中，西坝长 3000m、宽处 800m，葛洲坝长约 1500m、宽处 300m，两个小岛分长江为大江（宽约 800m，江底高程约 30m）、二江（宽约 300m，江底高程约 43m）、三江（宽约 500m，江底高程约 46m）形成左高右低的河床特征，逐步演变形成了二江、三江中高水位分流，低水断流的现象，1970 年原型观测表明中高水时二、三江分流比均不大（序号为计算成果），见表 7.2–1，70000m^3/s 以内 75% 以上流量经过大江宣泄。

（3）下段（宜昌河段）特点。宜昌河段河势微弯，河宽约为 800m，深槽偏右岸，左岸边为窄长的宜昌边滩，高程在 46 ~ 48m 之间。宜昌市利用葛洲坝开挖的废渣填筑修建护岸工程，边滩于 1983 年建成滨江公园，高程抬升至 54.50 ~ 55.0m。在河段的尾部，江心偏右岸有胭脂坝沙洲，长约 4000m，宽处约 800m，高程约为 46m。主流从胭脂坝左侧的深槽下泄，宜昌河段河床高程以宜昌基本水文断面至胭脂坝洲头河床成为 1 ： 800 的反坡，从而形成了胭脂坝河段对宜昌水文站枯水位的控制作用。

7.2.1.2 坝区水流特性

葛洲坝坝区河流水流形态千差万别、变化多端。水文工作主要通过对水面流速流向、水面比降等观测调查，分析主流、回流、泡水、漩流、剪刀水、环流等流态特征，并研究其发生、发展趋势。

（1）河流动力轴线。即河流中最大垂线平均流速的连接线。它的位置除了与断面形式有关外，还与水位高低有关。水位急高，流速愈大，惯性作用愈强，水流愈易取直。观测分析表明，葛洲坝工程坝区河段的河流动力轴线，总体呈一条曲率半径约1000m的弧线，且随水位高低、流量大小，动力轴线曲率半径有所变化。

（2）剪刀水。南津关河段左岸下牢溪山咀和右岸巷子口山嘴对峙挑流，使水流向河中会聚形成交汊流态。其交点在 G05 号断面附近、中泓偏左。剪刀水的外侧、左侧有楠木坑回流泡漩区，右侧

表 7.2–1　　1970 年同步观测葛洲坝二、三江分流比成果

日期或序号	宜昌（总流量）		二江			三江		
	水位（m）	流量（m^3/s）	水位（m）	流量（m^3/s）	分流比（%）	水位（m）	流量（m^3/s）	分流比（%）
8.16	48.89	30100	49.52	2170	7.2	49.19	1140	3.8
8.16	47.76	23200	48.11	1440	6.2	47.85	258	1.1
10.3	49.13	31100	49.75	2630	8.5	49.35	1470	4.7
（1）		10300		0	0		0	0
（2）		20900		1200	5.8		94.2	0
（3）		30000		2280	7.6		1050	3.5
（4）		40000		4000	10.0		2200	5.5
（5）		50000		5800	11.6		4000	8.0
（6）		60000		7680	12.8		5640	9.4
（7）		66800		9350	14.0		6680	10.0

有小南沱泡漩区。剪刀水的强弱与流量的大小，山咀的突出程度及与水流的夹角密切相关，随着流量的增加交点有所下移。天然情况下，当流量约为2万 m^3/s 时剪刀水已衰减到不很明显。

（3）回流、漩流及泡水。①回流。由于山咀的挑流，正流挑向河心，山咀的下游形成回流。回流独立于主流之外，实际上是一种垂直轴向的环流。它的成因是由于水流具有黏滞性，在主流摩擦作用下，产生顺水流向的摩擦流，而在远离主流一侧的水体产生与水流流向相反的压力差。在压力差的作用下发生与水流方向相反的流动。对回流区的水体予以补偿。称补偿流，实际观测资料表明，回流的摩擦流，流带较窄、流速较大，而补偿流流带较宽、流速较缓，自动保持输入和输出回流区流量的平衡。②漩流。山咀下游形成回流区。主流与回流之间流速梯度很大，主流对回流的作用力与回流对主流的曳力形成一对力偶。因此主流与回流的交界面上产生一串顺流而下的漩涡水流。回流与主流的交界处都是漩涡强烈涌现的流态。同一个漩涡的水流质点，其角速度是相等的，而其线速度则与半径成正比，因此最大线速度发生在漩涡的边界处沿半径向中心递减。漩涡中心的线速度为0，其漩涡内的压力分布，距中心愈远压力愈大，中心点的压力降至最低值，因而形成一个内凹的锥体。③泡水。泡是水流与河床相互作用的产物，是底流动能对一定河床作用转化为势（位）能的结果，它是河底向水面上升水流涌向水面奔腾扩散的水流现象。

小南沱泡区的形成是左岸下牢溪河底山咀迫近主流，使近河底主流向右汇集，使其形成很大的横向底流，直冲小南沱边壁。由于边壁的制约，这股强大的底流不得不改变流向，作垂直向上的流动冲出水面，而形成接连不断的连珠泡。

清凉树泡区是南津关河槽的中层水流，碰到急剧右转的石梁河槽左壁的阻挡，改变原来的流向沿河槽左壁向水面冲出形成清凉树泡区。

大量的原型观测与模型试验互相观测与验证表明（表7.2–2），泡水的形成一是有强大的底流（或中层水流），二是有改变底流（或中层水流）方向的边界条件，即底部障碍物或边壁，三是泡水具有的能量必须大于克服水深阻力所需的功。

回流、漩流及泡水是一种极其复杂的水流结构。这些水流可使上下航行船只“打张”“打抢”“捆弯”等，对航道行航造成不同程度的影响和危害。因此，必须在工程建设中观测回流、漩流、泡水的流态特征和探求成因。通过多年来一系列观测，

表7.2–2　葛洲坝工程坝区南津关泡漩流原型观测分析成果统计表

名称	年–月–日	流量（m^3/s）	泡水					漩流				涌泡周期（分）
			泡高（m）		扩散速度（m/s）		单泡最大半径（m）	漩深（m）		漩涡半径（m）		
			最大	平均	最大	平均		最大	平均	最大	平均	
清凉树	1974–8–1	36500	0.85	0.3	3.25	1.57	67	1.0	0.44	3.45	2.07	3.6~7.0
	1974–8–13	61500	0.98	0.5	2.64	2.28	87.5	1.0	0.57	12.6	8.05	2.0~4.0
	1974–9–9	48400	0.8	0.48	2.83	2.07	87.5	0.65	0.31	8.45	4.52	3.3~4.2
小南沱	1975–6–27	32700	0.3	0.1	2.76	1.62	49	0.2	0.16			2.0~3.0
	1975–10–5	45800	0.4	0.18	4.21	2.51	89	1.3	0.53			10~1.7

注：①南木坑、小南沱、清凉树为南津关河段三大强泡旋区，其中，小南沱和清凉树对大江和三江上引航道口门区连接段造成不良的通航水流条件；②经观测表明：小南沱为连续性涌泡，又称连珠泡；而清凉树则为阵发性涌泡，又称为冷泡；③小南沱泡高小于清凉树，而最大旋涡深度则相反；④小南沱涌泡扩散速度比清凉树要快；⑤泡漩的半径大小、扩散快慢、泡高旋深及涌速大小，总体上随流量增加而增加；⑥泡漩的阵发性、周期性不仅与流量大小有关，还与河道边界条件有关。

对回流、漩流、泡水的范围，泡的隆起高度与扩散流速，涌泡周期与漩涡深度，泡漩半径等提出了大量的资料数据。采用原型观测资料与模型试验相结合研究，对于剪刀水、回流、泡漩水流的成因有了较深刻的认识，为制服险恶流态、整治航道水流进行河势规划打下了牢固的基础。根据原型观测试验研究成果，设计和施工中采取切削山咀清除剪刀水和回流、漩流，填沱抵挡或减缓底流消除泡，为葛洲坝工程枢纽布置和航道整治提供了重要支撑。

（4）环流。弯道水流受重力与离心力的作用，所形成的表层水流流向凹岸，由于水流必须维持连续流动底层水流流向凸岸，即形成横向环流。类似坝上南津关“S”形弯道河床、倒坡、扩散分汊及山咀、石梁挑流等极其复杂的河相是否有横向环流，是以扩散流或环流为主引起的大江、三江航道口门边滩淤积，其看法不一。为得到原型观测资料予以判断，在该河段内，依据环流观测技术要求，进行了全面的观测和分析。

葛洲坝工程坝区正处于南津关出峡右急转弯处，具有典型的弯道环流特征，通过对坝上 15# 和坝上 17# 断面流速分布观测，尽管断面上存在大小不一、方向不同的若干次生环流，但主流部分表流指向凹岸、底流指向凸岸，仍然占主导地位，形成一个主环流。一些较小的环流形成封闭曲线则是受局部地形等其他边界条件影响，形成的次生环流，反映出环流结构的复杂情况。从水面纵横比降、水流的环流强度和旋度及底流面流的流向偏角都说明环流强度较大。

通过对弯道环流的原型观测分析，统一了专家们的认识，更重要的是认识了自然水流，因势利导布置和设计水工建筑物防止泥沙淤积，改善工程运行条件起到了极其重要的作用。

7.2.1.3　坝区河床演变研究

天然时期，受来水来沙影响，葛洲坝坝区河段泥沙冲淤规律主要呈现两个特点：一是对洪峰过程而言，一般为涨水冲落水淤规律。二是对洪枯季而言，一般是“洪季淤、枯季冲”的规律性。

葛洲坝施工期，通过一系列河势调整工程（挖除葛洲坝、削山咀、填深坑、修防淤堤、隔流堤等），坝上游最终形成葛洲坝工程坝区“五水汇流”（二江泄洪水流、二江和三江电站尾水、大江和三江冲沙水流）的新河势，见图 7.2-1。

坝上近坝段（南津关至葛洲坝坝前）长约 2.3km，受葛洲坝工程建设、蓄水运行与三峡工程建设、蓄水运行以及不同年份来水来沙特性的影响，经历了淤积—冲淤平衡—累积冲刷的过程，见表 7.2-3，三峡水库蓄水运用后，总体呈现冲刷趋势。

葛洲坝下游近坝河段（大坝至卷桥河）长约 2.9km，在施工期主要受工程布局及河势变化影响，出现了“四滩两坑”（西坝船厂边滩、大江电厂下游边滩、一支笔心滩、紫阳河边滩和笔架山深坑、二江出口深坑），但在运行期又逐步演变成“两滩一坑”（船厂边滩、江心潜洲和西坝深坑）河床形态，总体呈现累积冲刷趋势。2004 年为克服二江泄洪引起的横波涌浪对大江航道的影响，将大江航道通航能力从 2.5 万 m^3/s 提升至 3 万 m^3/s，实施河势调整工程，包括江心潜洲兴建长 900m 江心堤，并开挖二江下槽底、宜昌船厂水域、江心堤上堤头两侧等工程。

7.2.1.4　三江下引航道往复流及其淤积特性

自 1981 年运行之初，葛洲坝三江下引航道曾经出现过船舶“擦底”事件，引各界高度重视。经 1983 年组织多次原型观测与分析表明，船舶“擦底”系船闸充泄水引起航道内浅水长波往复流，同时也与船舶航行速度有关。

（1）航道蓄水量、闸室蓄水量及冲泄水流量，是引起航道水波的基础和动力源。试验期，上游水位约 60m，2 号闸室蓄水量约 21.7 万 m^3，

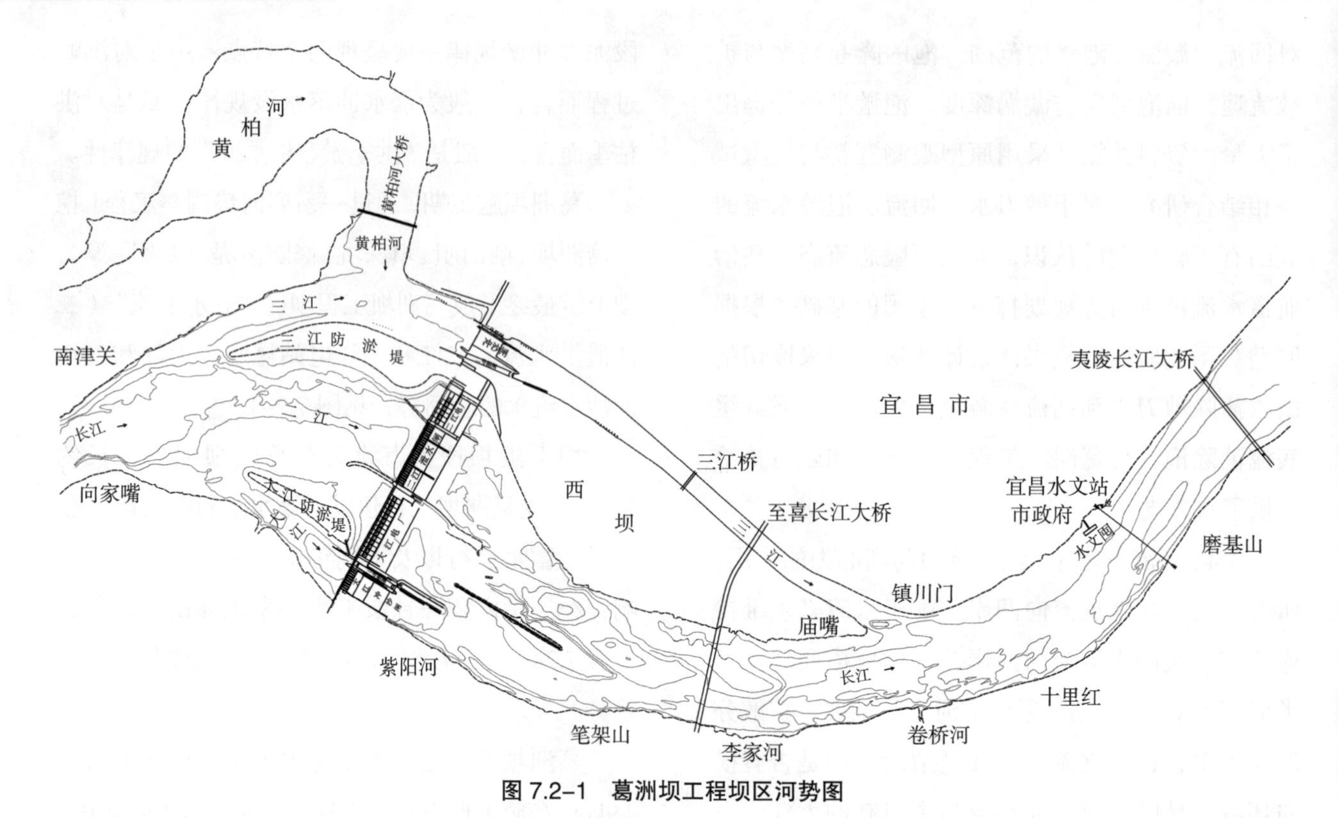

图 7.2–1　葛洲坝工程坝区河势图

表 7.2–3　　葛洲坝近坝段历年冲淤量统计表　　（单位：万 m^3）

时段 河段	1980—1987 年	1987—2002 年	2002—2006 年	2006—2014 年	1980—2014 年
坝上河段	2955.6	–262.8	–649.0	–142.8	1901.0
坝下河段	–240.3	–103.1	–143.6	–39.2	–526.2

泄空时间约 15min，3 号闸室蓄水量约 5.3 万 m^3，泄空时间约 8min；下游航道水位约 39m，蓄水量约 250 万 m^3。

（2）实测闸室泄水的最大流量，2 号船闸为 $532m^3/s$，3 号船闸为 $250m^3/s$。如果 2 号和 3 号船闸同时冲泄水，其叠加后最大流量可达 $736m^3/s$。

（3）波峰与泄流量的关系，3# 闸单泄，第 1 个波峰在开始泄水后 2 ~ 3min 出现；2# 与 3# 闸联泄，第 1 个波峰约在开始泄水后 5min 左右出现。2# 闸单泄，则第 1 个波峰约在开始泄水后 6min 出现。

（4）航道船闸泄水波具有明显的周期性。不论单泄或是联泄，航道内水波的周期均基本相同，其周期（频率）与泄水流量大小及过程无关。5# 水尺处第一个半周期（峰—谷）约为 18min。

（5）船闸泄水后，在航道里水体的波动时间很长，连续观测 2.5h，其波动仍未消失。波动的半周期在波动过程中稍有变化，在 17 ~ 23min 之间。航道水体波动，以 2 号船闸泄水为例，在泄水后 14min，航道蓄水增量达最大，为 16.1 万 m^3，此时航道水面高于长江水面，并向长江排水，约 18min 后航道蓄水量降至最小，此时不仅将全部闸室蓄水量（21.7 万 m^3）排出，因水体流动惯性作用，还将原航道蓄水量排出了 11.9 万 m^3，导致航道水面低于长江水面，之后长江水流又倒灌进入三江。这种周而复始，三江航道水位波动，其波动幅度逐步衰减，直至达到新的平衡，见图 7.2–2。

（6）根据实际观测，波在航道内传播，从 5# 水尺至 11# 水尺（长约 933m），其周期基本保持一致，而 11# 水尺以下，波的周期开始随位置而变化，原来的一个大波分解为几个小波，到 14# 水尺

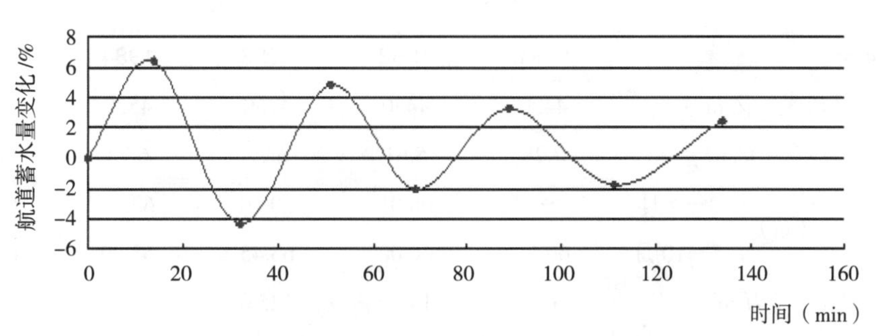

图 7.2–2　船闸泄水下引航道往复流蓄水量变化过程

断面，水波的半周期一般仅为 3 ~ 8min。统计分析表明：航道内实测波速达 6.72 ~ 8.74m/s，水流流速为 0.3 ~ 1.0m/s，波速是水流流速的 8.7 ~ 22.4 倍。

（7）由于航道全长仅 3500m，无法观测到航道船闸泄水波的全波长，根据观测资料计算，其波长达 18700m，而三江下引航道长度仅为波长的 1/5，而水深仅 4 ~ 5m（平均约 4.5m），其比值达 4155，属于浅水长波。各工况水位波动成果，见表 7.2–4。根据观测研究成果，调整船闸运行调度方案和三江航行要求，也为三峡船闸设计提供参考。

原型观测研究表明，船闸单闸泄水运用时，波高较小，波动周期历时较短，双闸同时泄水运用时，则波高较大，波动历时较长，波型属正弦波摆动，其最大峰谷值一般出现在第一、二个周期内。试验表明，二号船闸泄水引起三江航道水位波动自上而下为 0.76 ~ 0.27m；三号船闸则为 0.40 ~ 0.26m；若二、三号船闸同时泄水则为 1.01 ~ 0.47m。为防止往复流影响船舶通行，根据原型观测成果修改了三江通航调度方案，2#、3# 船闸不能同时泄水，船舶应避开与第 1、2 个波谷相遇，以避免触底，发生海损事故。

（8）引航道淤积。原型观测分析表明，葛洲坝三江淤积受往复流和异重流的综合影响，同时还受上游来水来沙和水库运用水位的影响，葛洲坝运用初期的 5 年，总淤积量为 1712 万 m^3，总冲沙量为 1030.6 万 m^3，冲沙效果达 60.2%，效果良好，达到了“静水通航，动水冲沙”的设计要求，见表 7.2–5。经 1981 年 10 月 13 日三江航道冲沙试验（冲沙流量 2800 ~ 5350m^3/s，库水位 60m），航道冲沙最大含沙量达 10.5kg/m^3，见图 7.2–3，

表 7.2–4　葛洲坝三江下引航道水位波动成果统计

船闸泄水工况	泄水量（万 m^3）	最大流量（m^3/s）	波幅特征（m）	水尺位置		
				5#	10#	15#
3# 单泄	5.3	250	波幅	0.40	0.35	0.26
			峰幅	0.18	0.22	0.16
			谷幅	0.22	0.13	0.10
2# 单泄	21.7	532	波幅	0.76	0.73	0.27
			峰幅	0.33	0.40	0.21
			谷幅	0.43	0.33	0.06
2#、3# 联泄	27.1	736	波幅	1.01	0.96	0.47
			峰幅	0.46	0.54	0.34
			谷幅	0.55	0.42	0.13

注：5#、10#、15# 水尺分别距坝 324m、1020m、3217m

表 7.2-5　葛洲坝三江航道淤积量及冲沙效果

年份			1981	1982	1983	1984	1985	5年合计
宜昌水文站	年径流量（亿 m^3）		4420	4480	4760	4520	4560	22740
	输沙量（亿 t）		7.28	5.61	6.22	6.72	5.31	31.14
上引航道	南津关水位(m)	1—4月	—	60.01	60.10	63.53	63.67	—
		5—10月	60.11	60.00	63.45	63.90	63.83	—
	淤积量（万 m^3）		91.0	143.0	225.0	212.0	312.0	983.0
下引航道	宜昌水文站年平均水位（m）		43.83	43.96	44.18	43.57	43.78	—
	淤积量（万 m^3）		217.0	153.0	156.0	92.0	110.0	728.0
航道总淤积量（万 m^3）			308.0	296.0	382.0	304.0	422.0	1712.0
航道冲沙量（万 m^3）			262.6	202.8	244.8	124.9	195.5	1030.6
冲沙总历时（h）			32.5	21.3	27.3	35.5	37.5	154.1
总冲沙效果（%）			85.3	68.2	64.1	41.1	46.3	60.2

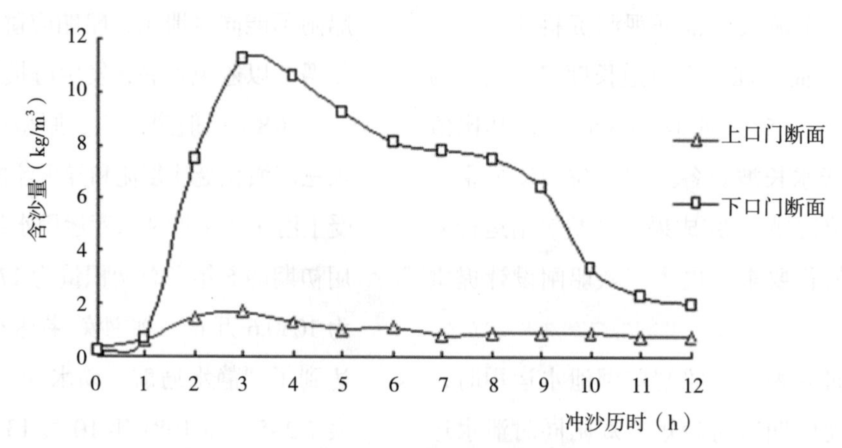

图 7.2-3　三江航道冲沙期含沙量变化图

分析表明三江航道冲沙选择汛末和汛后适当时机，其冲沙流量在 8000 ~ 9000m^3/s 条件下，每次冲沙历时只需 11 ~ 12h 即可达到较好的效果。

7.2.1.5　截流龙口水力学研究

葛洲坝大江截流是长江干流上第一次截断长江，也是坝区河势河床变化最剧烈的阶段，设计截流流量 5200 ~ 7300m^3/s，龙口水深 10 ~ 12m，抛投工程量 22.8 万 m^3，具有水深、流量大、二江分流导流渠及泄水闸底板比龙口河床高 7m 等特点，总体截流难度较大，经过截流水力学计算、水工模型试验和原型水文观测紧密结合，互为补充，确保截流设计合理可靠，并有效指导截流施工。根据原型水文观测，实际截流流量 4400 ~ 4800m^3/s，最终落差 3.23m，最大流速 7.0 ~ 7.5m/s。

通过对原型水文观测成果分析，展示了水文支撑大江截流工程的重要作用：一是截流初期，为龙口位置选择、龙口宽度确定、龙口护底防冲提供地形图、河床组成级配等本底资料；二是非龙口进占期，重点加强口门落差、流速、流态等观测，确保龙口居中，水流平顺贯穿上下口门，提供抛投骨料选择和堤头防冲水力参数；三是龙口合龙期，主要以龙口落差和流速等观测为重点，揭示龙口水力特性变化。主要结论如下：

（1）龙口流态变化。水流进入龙口前 20m，流线明显发生收缩，流速急剧递增，随戗堤进占龙口缩窄，流线逐步侧向收缩直至出现最大流速（位于龙口下游 40 ~ 20m，水力学上称此处为“水舌”）。

（2）龙口纵向流速分布。随戗堤进占，龙口流速越来越大，在龙口宽 44m，龙口下游 26.5m 出现最大流速 7.0（实测）~ 7.5m/s（模拟），随后又随戗堤进占合龙，流速逐步减小。

（3）龙口横向流速分布。主要受戗堤轴线横断面形态影响，断面形态演变由 W → U → V，并逐步变浅，横向流速分布则由∩→ Λ，大约在 U 形河槽演变为 V 形河槽时，龙口出现最大流速值。

（4）戗堤裸头流速变化。流速与裸头迹线形态密切相关，上挑角最大流速区域位于与戗堤轴线形成的 30° ~ 50° 扇形范围内，位于水下相对水深 0.2 ~ 0.4 水层。

（5）水面线变化。上游段：回水长度达 80km，南津关、太平溪、秭归水位分别壅高 2.30m、1.05m、0.19m，太平溪至南津关段比降同流量下减少约 1/3。下游段：受施工影响较小，水流稳定，水位、落差、比降与截流进占前基本一致。二江导流段：随戗堤进占，二江过流量增大，落差相应增大，1.05m 增加至 3.12m。截流龙口段：非龙口进占期，与上下龙口戗堤进占各自承担相应落差，龙口合龙主要由上戗堤承担，落差迅速增大，最终上龙口落差为 3.20m，下龙口落差为 0.03m，截流总落差为 3.23m。

7.2.2 葛洲坝水库淤积研究

1981 年 5 月葛洲坝水库蓄水运用，在葛洲坝水库独立运行期，库水位运用情况为：1981—1985 年为 60 ~ 64m，1986—1989 年为 62 ~ 67m，1992—2002 年为 66.0 ± 0.5m。2003 年以后，三峡工程投入运行，葛洲坝水库被一分为二，一部分成为三峡水库，另一部分成为两坝间库段，为葛洲坝水库的反调节库段。

葛洲坝水库是长江干流上第一座径流式水库，研究涉及径流水库特性、库区淤积、库尾浅滩演变及对航道、防洪的影响等。在“七五”期间曾列入国家重点科技攻关课题“长江三峡工程与航运关键技术研究”之“原型观测与原型观测新技术研究”（编号：75–16–1）研究内容；三峡工程开工后，原型观测与研究列入三峡工程水文泥沙规划、年度计划等内容；“九五”三峡工程泥沙问题研究，在专题 3“三峡工程坝区泥沙问题研究”中增补研究子题“葛洲坝水库冲淤及变动回水区枯水浅滩演变分析”（编号：95–3–5）；“十五”和“十一五”期间三峡水库淤积研究是重点课题；“十二五”期间，与长科院等单位联合承担水利部公益科研专题“三峡水库淤积物理特性及其生态环境效应”。

葛洲坝水库原型观测调查研究，主要包括三个方面：①水库径流特性研究，包括库区水面线、落差、比降、流速、回水长度等变化。②库区泥沙冲淤研究，包括进出库水沙特性、卵石过坝特性、库区泥沙冲淤特性。③库区航道改善与库尾洲滩演变对航道影响观测研究，库区航道（枯水滩、中水滩、洪水滩等）改善和库尾洲滩（五滩两碛）演变对航道尺度与通航条件的影响研究。

7.2.2.1 进出库水沙特性

进库站奉节和出库站宜昌之间的区间流域面积为 1.779 万 km^2。蓄水前宜昌水文站多年平均径流量 4511 亿 m^3（1877—1980 年），多年平均悬移质输移量为 5.15 亿 t（1950—1980 年）；多年平均卵石推移量奉节水文站为 38.7 万 t（1975—1979 年），宜昌水文站为 75.8 万 t（1973—1979 年）；多年平均沙推移量奉节水文站为 87.9 万 t（1974—1979 年），宜昌水文站为 878 万 t（1973—1979 年）。水库来水来沙 90% 以上来源于长江三峡以上地区，区间来水占 2% ~ 8%，来沙占 1% ~ 10%，见表 7.2–6。水库来水来沙主要集中在汛期，5—10 月总径流量约占全年的 80%，输沙量占全年的 95% 左右。水库蓄水后，来水量与悬移质输沙量与天然时期相似。但推移质随水库的蓄水位抬高逐步减少，1992—1998 年平均出库卵石推移量仅为 2.20 万 t（南津关水文站），占天然时期的 2.9%；蓄水后坝下游宜昌水文站多年平均卵石推移量为 28.0 万 t，主要为蓄水后坝址至测验断面河床冲刷的补给量；年平均沙质推移量为 150 万 t，占天然时期的 17.1%。

7.2.2.2 葛洲坝水库冲淤变化

葛洲坝水库蓄水运用后，库水位较天然时期抬升约 20m，为径流式水利枢纽，水库库区呈现“汛期是河道、枯季是水库”特性，3—5 年即达到泥沙淤积平衡，淤积量约 1.5 亿 m^3，平衡后受来水来沙影响，年际间出现冲淤交替形势，见表 7.2–7。

原型观测分析表明，葛洲坝水库淤积主要集中在开阔段，最主要的淤积区为庙（河）南（沱）开阔段（即三峡工程坝区河段），见图 7.2–4。虽然葛洲坝水库淤积总量达 1.01 亿 m^3（1981—1998 年），但水库回水水面线并未因淤积而发生明显的变化，水库淤积末端位置从 1985 年距坝址 180km 下移至 1992 年的 120km 并趋于稳定，而库尾段总体以冲刷为主，回水末端无上延的“翘尾巴”现象。

7.2.2.3 葛洲坝水库库尾浅滩演变与航道变化

葛洲坝水库回水情况（坝前水位 66m）：①静库长约 200km。②入库流量 5000m^3/s 时，回水末端在黛溪附近，回水长度约 188km。③入库流量为 5 万 m^3/s 时，回水末端在秭归附近，回水长

表 7.2–6　葛洲坝水库蓄水后进出库水沙情况统计表

统计时段		年径流量（亿 m^3）		年悬移质输移量（亿 t）		年卵石推移量（万 t）		年沙质推移量（万 t）	
		奉节	宜昌	奉节	宜昌	奉节	宜昌	奉节	宜昌
蓄水前平均		—	4511	—	5.15	38.7	75.8	87.9	878
1981—1985 年平均		4362	4548	6.14	6.23	42.1	91.4	—	130.6
1986—1992 年平均		4106	4279	4.54	4.52	36.8	8.05	—	145.9
1993—2000 年平均		4069	4364	3.91	4.12	16.7	5.81	14.5	165
蓄水后	合计	83106	87607	93.8	95.75	601.76	559.52	72.58	2993.6
	平均	4155	4380	4.69	4.79	30.1	28.0	14.5	150

注：奉节水文站蓄水后沙质推移质平均值统计年限为 1996—2000 年。

表 7.2–7　葛洲坝水库各库段累积冲淤量统计表

库段		各库段冲（-）淤（+）量（万 m^3）及占总淤积量的百分数					
		1981—1985 年	（%）	1981—1992 年	（%）	1981—	（%）
Ⅰ	开阔段	6662.1	47.6	9376.4	64.4	9090.1	90.3
	峡谷段	5899.5	42.1	3804.4	26.1	660.8	6.6
	过渡段	1437.1	10.3	1368.9	9.5	318.5	3.1
Ⅱ	常年回水区	11442.5	81.7	15261.4	104.9	11763.3	116.8
	变动回水区	2547.0	18.2	-285.5	-2.0	-1122.0	-11.1
	进库段	9.4	0.1	-426.6	-2.9	-571.9	-5.7
全库区		13998.9	100	14549.3	100	10069.4	100

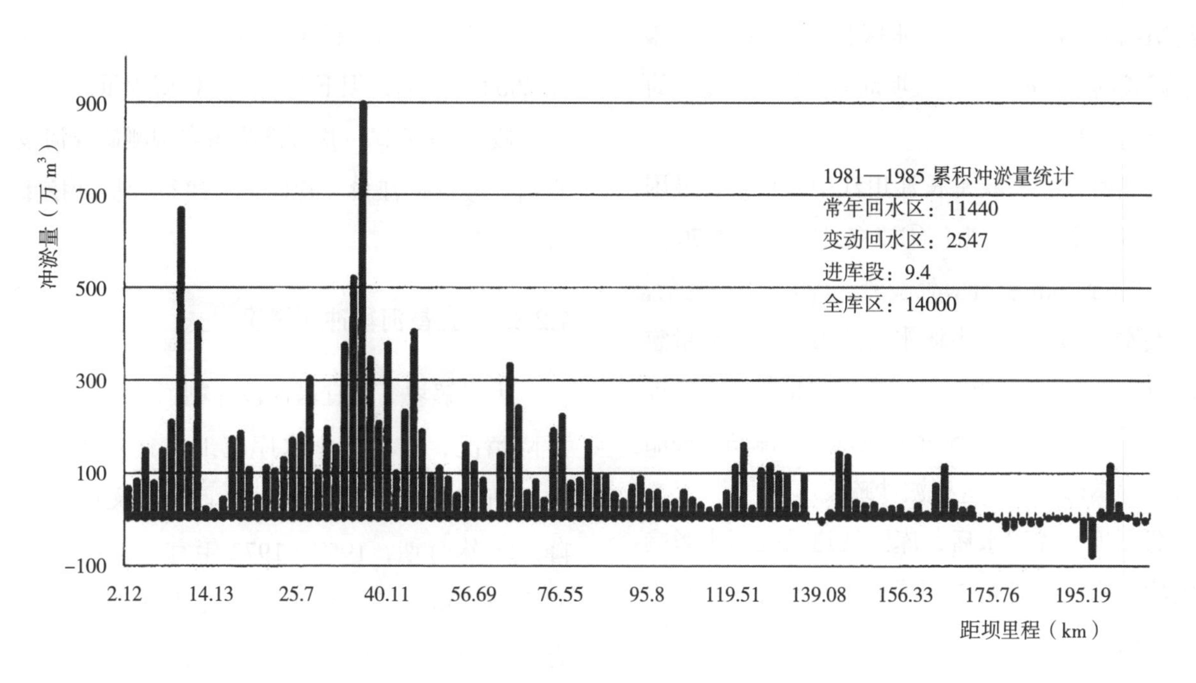

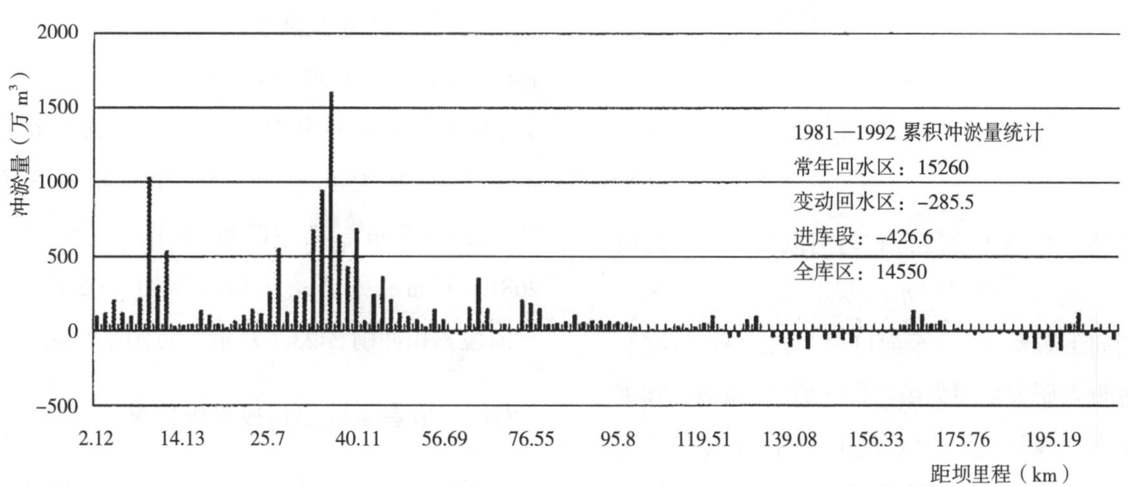

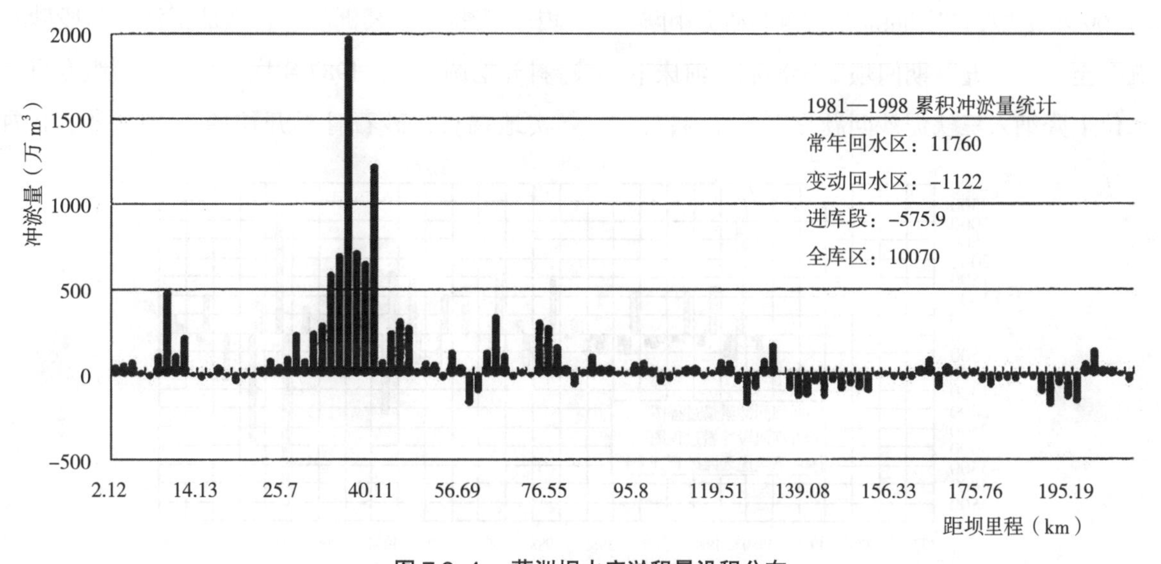

图 7.2-4　葛洲坝水库淤积量沿程分布

度约76km。④水库变动回水区长约112km，常年回水区长约76 km。⑤三峡坝址至葛洲坝坝址（简称两坝间）38 km。

天然时期，三峡是长江川江中最危险、最困难的航道，主要特征为：①滩多且险，多达70余处，平均不到3km就有一处险滩。②水流条件复杂，如泡漩水、回流水、头堰水、剪刀水等，流量愈小滩愈险。在19处单行航道段设立信号站，指挥上、下船舶航行；在15处滩险设立绞滩站，助船过滩；对溪口滩每年进行淤沙疏浚。

葛洲坝水库蓄水后，库区航道凡受回水影响的河段，水流条件均得到了显著改善。其中枯水期影响航行的水流条件均基本消失，中水、洪水期则强度有不同程度的减弱，对航行已不构成严重威胁。

7.2.3 葛洲坝水库下游河床冲刷下切与枯水位下降分析

在葛洲坝施工阶段，宜昌河段纳入坝区河段重点研究范围。葛洲坝水库蓄水后，重点观测研究范围向下游延伸，直至河口。“七五”攻关课题，坝下游重点研究范围为镇江阁（宜30断面）到陈家湾（荆29断面），全长约133km，其中砂石骨料开挖调查范围为葛洲坝工程坝址至江口河段，全长约109.2km；“八五”期间原型观测与研究中断；“九五”至“十一五”期间坝下游冲刷、河床下切和水位下降纳入三峡泥沙问题重点研究内容，研究河段为宜昌至杨家脑河段，全长约120km。在2003年以前，坝下游宜昌—枝城为重点观测调查河段，其中宜昌—虎牙滩为重点观测研究河段，宜昌—枝城—江口（延伸）为建筑骨料开挖重点调查河段。

7.2.3.1　宜昌河段冲刷情况

为了解坝下游宜昌河段冲刷河床下切与水位下降情况，在葛洲坝水库施工与独立运行期，重点研究宜昌河段冲刷引起宜昌水文站水位下降。天然时期，1957—1972年宜昌河段冲淤相对平衡；1972—1980年发生明显冲刷，达846.7万m^3；1981—1986年，宜昌河段发生剧烈冲刷，也与1981年大洪水有关，达1992.9万m^3；1987—1994年出现冲淤交替，以冲为主，为822.6万m^3；1995年后，出现累积淤积情况，尤其1998年大洪水，1995—2000年累积淤积达4725.0万m^3，其中以胭脂坝淤积量最大，达2681.6万m^3；总之，从1980年到2002年9月宜昌河段累积冲刷2423.3万m^3，见图7.2–5。

7.2.3.2　宜昌至江口河段采砂情况

河床冲刷与河道采砂有关。在75–16–1专题中，安排了“葛洲坝工程坝址至江口河段砂石骨料开挖调查”。1987年底，葛实站组织专班，经实地调查，砂石骨料开挖始于1971年，1971—

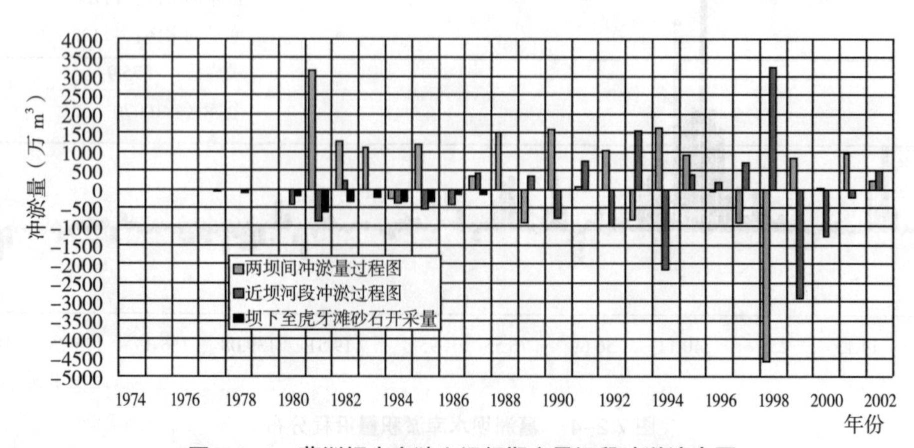

图7.2–5　葛洲坝水库独立运行期宜昌河段冲淤演变图

1987 年坝址至江口河段共计开挖砂石料 3720.4 万 m^3，其中粒径大于 0.6mm 的量达 2992.7 万 m^3。砂石开挖量最多的是宜昌河段（坝址至虎牙滩段，约 23.5km），开挖最多的是 1980 年，达 600.7 万 m^3。统计宜昌河段 1971—1980 年开挖砂石料为 1498.0 万 m^3，其中粒径大于 0.6mm 的量达 1308.8 万 m^3，而 1972—1980 年河段冲刷量为 846.7 万 m^3，砂石开挖量明显大于河段冲刷量，这个时期有推移质补给；1980—1987 年砂石开挖量为 2222.4 万 m^3，其中粒径大于 0.6mm 的量达 1683.9 万 m^3，1980—1986 年河段冲刷量达 2240.0 万 m^3，冲刷量明显大于砂石料开挖量，这个时期推移质补给很少。

对比原型观测分析表明，宜昌河段在葛洲坝水库蓄水前，虽然河床砂石骨料开挖，但可从上游输移下来的推移质补给量较大，对河床变形影响相对较小。水库蓄水后，对粒径大于 0.6mm 砂石被开挖后难以得到补给，致使坝下游水流挟沙力不饱和，必然引起沿程冲刷，导致河床下切和枯水位下降。

7.2.3.3　宜昌枯水位下降特点

葛洲坝水利枢纽设计最小通航流量为 3200m^3/s，对应水位为 39.0m（资用吴淞基面）。

在葛洲坝施工及独立运行时期，宜昌枯水位下降经历了四个阶段（以流量 4000m^3/s 相应水位说明）：① 1973—1980 年在葛洲坝施工期下降了 0.25m，主要受河段内建筑骨料开采引起，大约在 1976 年水位开始下降。② 1981—1986 年在水库运行初期，水位下降了 0.7m，主要受控制河段（主要为宜昌段）河床冲刷引起。③ 1987—1997 年属于调整趋稳时期，水位下降了 0.32m。④ 1998 年大洪水，宜昌水位抬升 0.54m。1998 年大洪水后，宜昌水位又经历新的下降过程。总体上，1970—2003 年初（三峡水库蓄水前），流量 4000m^3/s 条件下，宜昌枯水位共计下降了 1.24m。

7.2.4　葛洲坝径流水库输水输沙特性研究

宜昌水文站控制整个长江上游流域，其来水来沙直接关系枢纽设计布置，更是水文泥沙研究的基础，宜昌水文站水沙组成情况见表 7.2–9，显示出宜昌水文站水沙以金沙江（流域面积大）来源为基础（基流稳定特点），以嘉陵江和岷江（特点为暴雨强度大、汇流迅速）等支流为峰量的主要来源。在 1994—2002 年间，三峡局与中国水科院和长科院联合承担的三峡坝区河床演变观测研究项目中，对葛洲坝水库三峡坝区段输水输沙特性也进行了深入的研究。

7.2.4.1　输水能力特性研究

为分析葛洲坝水库三峡坝区河道输水能力，对两种不同流量之比，可表示为：

$$\frac{Q}{Q_0}=\frac{A}{A_0}\left(\frac{h}{h_0}\right)^{\frac{2}{3}}\left(\frac{J}{J_0}\right)^{\frac{1}{2}}\frac{n_0}{n}$$

其中，A 为过水面积，h 为水深，J 为水面坡降，n 为糙率。式中加下标 0 表示流量为 3 万 m^3/s 有关参数，不加则表示为 6 万 m^3/s 的有关参数。根据原型观测 DX14 断面相关数据，水库淤积平衡后（1993 年）和蓄水前坝区输水能力的比值分别为：

$$\text{蓄水后：}\frac{Q}{Q_0}=\frac{21346}{17647}\left(\frac{22.8}{19.0}\right)^{\frac{2}{3}}\left(\frac{2.45\times10^{-4}}{1.05\times10^{-4}}\right)^{\frac{1}{2}}\frac{0.0429}{0.0448}$$
$$=1.210\times1.129\times1.528\times0.958=2$$

$$\text{蓄水前：}\frac{Q}{Q_0}=\frac{21700}{13500}\left(\frac{23.4}{15.9}\right)^{\frac{2}{3}}\left(\frac{4.76\times10^{-4}}{3.30\times10^{-4}}\right)^{\frac{1}{2}}\frac{0.0517}{0.0646}$$
$$=1.607\times1.294\times1.201\times0.800=2$$

在蓄水前的天然河道中，决定流量加大是靠过水面积和平均水深的加大，两参数对流量加大的影响已达 $\frac{A}{A_0}\left(\frac{h}{h_0}\right)^{\frac{2}{3}}=1.607\times1.294=2.079$。此外，对于天然河道，坡降与糙率对过流能力的作用常常是相互抵消的，即，$\left(\frac{J}{J_0}\right)^{\frac{1}{2}}\frac{n_0}{n}=1.201\times0.800=0.961\approx1$

表 7.2–9　宜昌水文站来水来沙组成情况

来水组成情况					
河名	站名	统计年限	系列长度（a）	年平均流量（m^3/s）	占宜昌百分数（%）
金沙江	屏山	1939—1980	42	4602	32.2
岷江	高场	1940—1980	41	2840	19.9
沱江	李家湾	1949—1980	32	414	2.9
嘉陵江	北碚	1940—1980	41	2112	14.8
乌江	武隆	1952—1980	29	1615	11.3
合计					81.5
长江	宜昌	1878—1980	102	14294	100
来沙组成情况					
河名	站名	统计年限	系列长度（a）	年平均悬移质输沙量（万 t）	占宜昌百分数（%）
金沙江	屏山	1964—1980	17	24135	46.7
岷江	高场	1953—1980	28	4904	9.4
沱江	李家湾	1964—1980	16	959	1.8
嘉陵江	北碚	1954—1980	27	14513	27.5
乌江	武隆	1952—1980	29	3191	6.2
合计					91.7
长江	宜昌	1878—1980	102	51519	100

这对于一般长距离天然河段也大体如此，而有的甚至在 1 左右。

比较蓄水前后输水特性可知，蓄水前主要靠抬高水位（增加水深和过水断面面积）提升输水能力，蓄水后则主要靠增加比降来提升输水能力，这主要决定于葛洲坝径流式枢纽特性，即坝前水位变化很小。

7.2.4.2　葛洲坝库区造床流量

根据韩其为论文《论长期使用水库的造床过程——兼论三峡水库长期使用的有关参数》，在同样的坡降和输水、输沙能力条件下，用一个固定流量代替变动流量过程，其第一造床流量可以表示为：$Q_1=\left[\frac{\sum Q_i^p Q_i t_i}{\sum t_i}\right]^{\frac{1}{p}}$。

对于葛洲坝和三峡水库 P=2.5。此处 Q_i 为时段 t_i 的流量，求和是对有效排沙期（即坝前 水位处于防洪限制水位）进行。对于葛洲坝水库，取 6—9 月，据 1958—1992 年 35 年宜昌水文站资料求出第一造床流量为 2.848 万 m^3/s，同时，据三峡坝区 1992 年和 1993 年资料计算 Q_1 为 2.874 万 m^3/s，1998 年 6—10 月黄陵庙站资料计算 Q_1 为 3.638 万 m^3/s。原三峡水库长期使用淤积研究中，采用的涪陵至三斗坪 6—9 月计算 Q_1=2.724 万 m^3/s，是年平均流量的 1.85 ~ 2.27 倍。可见对于三峡坝区采用 Q_1=2.874 万 m^3/s 是有根据的。根据韩其为的研究，第二造床流量的定义是排沙期流量按照大小顺序排列冲刷达一半时的流量，具体表达的公式可见相关文献，就水库而言，它是前期淤积物冲刷一半的流量。对葛洲坝和三峡水库，按宜昌水文站 35 年水文资料计算为 Q_2=4.384 万 m^3/s。

7.2.4.3　输沙能力特性与冲淤机理

将曼宁公式代入挟沙能力公式，可得到：

$$S^*=k\frac{V^3}{gw}=\frac{k}{gw}\frac{h}{n^3}J^{\frac{1}{5}}$$

式中，w 为泥沙平均沉速，g 为重力加速度，k 为系数。对于两种不同流量（3 万 m^3/s 和 6 万 m^3/s，加下标 0 表示流量为 3 万 m^3/s 有关参数，不加则表示为 6 万 m^3/s 的有关参数），其比值为：

$$\frac{S^*}{S_0^*}=\left(\frac{h}{h_0}\right)\left(\frac{J}{J_0}\right)^{\frac{1}{5}}\left(\frac{n_0}{n}\right)^3=\left(\frac{22.8}{19.0}\right)\left(\frac{2.45\times10^{-4}}{1.05\times10^{-4}}\right)^{\frac{1}{5}}\left(\frac{0.0429}{0.0448}\right)^3$$
$$=3.76$$

可见当流量由 3 万 m^3/s 增加至 6 万 m^3/s 时，挟沙能力加大至 3.76 倍。按照宜昌水文站多年实际资料，当流量 3 万 m^3/s 时，来水含沙量约为 $1.69kg/m^3$，当 6 万 m^3/s 时，来水含沙量约为 $4.01kg/m^3$，可见流量 3 万 m^3/s 与第一造床流量接近，因而处于平衡，挟沙能力 S^* 与实际含沙量 S 相等，则当流量 6 万 m^3/s 时，其挟沙能力应为 $6.35kg/m^3$，远大于实际含沙量，河床将出现明显冲刷。而且在流量大于 3 万 m^3/s 后，是随着流量加大冲刷愈来愈多，河底应当要有足够悬移质补给。

为探讨不冲不淤的条件，设比降和糙率不随流量变化（在平原河流多为这种情况），则不同流量的挟沙能力比值为：$\frac{S^*}{S_0^*}=\frac{h}{h_0}=\frac{22.8}{19.0}=1.47$，此时 $1.69kg/m^3*1.47=2.48kg/m^3$，远小于 $4.01kg/m^3$。对于葛洲坝水库三峡坝区河段，要使河床不冲不淤，则需要调整比降和糙率，即 $\left(\frac{J}{J_0}\right)^{\frac{1}{5}}\left(\frac{n_0}{n}\right)^3=1.614$。对于冲积河道，在不很长的河段内，坡降加大是受限制的，故往往要依赖糙率的减小，当流量为 6 万 m^3/s 时，只需糙率减小到 $n=0.853n_0$，即能使它的挟沙能力与含沙量相等，而维持不淤。

对于葛洲坝径流水库，坝前水位变化很小，淤积 3~5 年即达到了平衡，此后，在枯水期和小流量时挟沙能力几乎接近零，河床发生明显淤积；而在汛期和大流量时，挟沙能力成倍增加，则河床发生明显冲刷，且流量愈大冲刷愈多，即呈现出“小水淤、大水冲”的特性，这种特性明显与冲积河道冲淤机理不一样，且这种特性愈靠近坝前愈明显。

7.3　三峡工程原型观测研究

7.3.1　研究概况

三峡局与三峡集团和长江电力以合同协议方式，先后承担了数十项原型观测实验研究项目或高师，如《三峡工程坝区河床演变观测研究》（1994—2002 年，分两个合同协议阶段）、三峡水库水文监测报汛及测站维护维修、三峡工程坝区实时运行水文泥沙观测分析（主要是坝前发电引水口、坝区码头与引航道等清淤效果监测分析，坝下游冲坑修补效果监测分析等）、水库水面漂浮物监测与清理监理、三峡水库泥沙预测预报研究、三峡水库水面漂浮蒸发观测实验研究、三峡及葛洲坝水库大坝泄流曲线率定、三峡与葛洲坝电力调峰两坝间流态观测分析、2008 年奥运会期间三峡大坝安保声呐扫测、三峡水库生态调度四大家鱼自然繁殖水文效果监测分析、三峡—葛洲坝两坝间通航水流条件观测分析、葛洲坝下游护底试验工程水文效果监测分析、葛洲坝下游关键性节点演变及其对宜昌枯水位影响与治理措施研究、葛洲坝下游大江河势调整工程水文原型观测等，以及“九五”至“十一五”三峡工程泥沙问题研究课题 10 余项。

7.3.2　三峡坝区原型观测研究

三峡坝区（庙河至莲沱）全长约 31km，在不同时期研究河长有差异。根据“三峡工程施工期坝区河床演变观测研究”项目（1994—2002 年），涵盖三峡工程第一期围堰施工期、二期围堰施工期，主要研究了三峡工程坝区施工期水沙及河床演变规律，该项目由三峡局牵头，中国水利水电科学研究院和长科院参与，采用原型观测调查（三峡局）、数学模型计算（中国水科院）和物理模型试验（长科院）三种方法相结合的研究技术路线。

7.3.2.1 构建坝区水文泥沙原型观测系统

根据《三峡工程施工阶段工程水文泥沙观测规划》等规划、计划、实施方案要求，经过施工一期、二期、三期和运行期的逐步调整优化完善，构建了“三峡坝区水文泥沙原型观测研究系统”，包括原型站网（设施）子系统、水文泥沙观测子系统、河床演变观测分析子系统、专项观测实验研究子系统、原型观测管理子系统。

在此基础上，对重大项目施工，如大江截流、明渠截流等专项，设计建立了专项水文（水质）泥沙监测分析服务系统，包括信息采集、传输、处理、发布、反馈等子系统，调研、引进先进监测仪器设备、高新监测技术、网络信息技术，全天候服务重点工程建设。

7.3.2.2 施工期坝区冲淤演变研究

根据1994—2002年坝区原型观测资料，结合坝区物理模型试验成果，新建坝区水流泥沙数学模型、下游引航道异重流数学模型，分析研究坝区河势河床演变规律、特点。主要研究结论为：

（1）揭示了三峡坝区的冲淤特性，为径流水库（葛洲坝水库坝前水位相对稳定，调节幅度较小）冲淤的一般规律。

（2）阐明了工程施工引起的河宽缩窄对河床演变的影响程度。

（3）在揭示坝区冲淤内在规律基础上，提出淤积平衡面积、保留面积等新概念及理论表达等，开展了三峡坝区河段不平衡输沙规律和二维数学模型冲淤计算，对原物理模型试验成果进行了初步的验证。

（4）径流水库冲淤平衡——平衡面积预估。三峡坝区河段在工程开工时（1993年末）处于冲淤平衡状态，河段有大水冲刷，小水淤积，汛期冲刷，枯期淤积的特点。但随着工程的全面展开，河段边界条件发生了很大的变化，改变了断面河宽和水流情况，使河段的淤积分布、冲淤情况有所改变。

葛洲坝水库三峡坝区库段淤积平衡后，其过水面积受平衡面积和相应流量下的保留面积控制，三峡坝区的平衡面积公式为：$A_c=0.0279\frac{A_c^{0.5}Q_1}{n_1\omega^{0.664}\overline{S}^{0.616}}\left(\frac{Q_1}{Q}\right)^{0.616}$，保留面积计算公式为：$A=\left(\frac{n}{n_1}\right)^{0.6}\left(\frac{Q}{Q_1}\right)^{0.6}\left(\frac{J_c}{J}\right)^{0.3}\left(\frac{B}{B_1}\right)^{0.4}A_c=\beta\left(\frac{B}{B_1}\right)^{0.4}A_c$，在保留面积计算公式中，$A$、$B$均为所考虑流量下的过水面积与河宽，系数$\beta$值变化较小，在1.0 ~ 1.28之间。历年计算表明，坝区河段的保留面积仍符合上述规律，各级流量下的保留面积验证结果较好；水流关系符合挟沙能力与不平衡输沙规律，计算的黄陵庙的含沙量与实测值颇为符合。

（5）工程施工重塑淤积平衡。三峡工程施工期坝区河床演变特点，主要为河宽缩窄后引起的冲淤变化：①1993年10—12月按枢纽布置施工控制线外推和弃渣，以及围堰封堵中堡岛后河（即右汊）修建导流明渠，致使河道容积损失约1156万m^3。②工程施工缩窄了部分断面的河宽，主要为隔流堤段。1995年3月测量表明：当流量为5万m^3/s时，平均河宽由原来的1023m，减少至703m，即减少了320m，平均过水面积由1.888万m^2减少至1.6348万m^2，即减少了2532m^2，该段减少河床体积827万m^3。从1993年10月—1997年11月，坝区河段共淤积2193.4万m^3。1998年河床受来水的影响发生大规模的冲刷，使局部河段冲回到了葛洲坝蓄水前的地形，其后几年坝区河床一直处于回淤形势。

坝区河势变化最大的时期为1997年大江截流和2002年明渠截流，从一期围堰过渡到二期围堰再过渡至围堰蓄水发电。1997年5月1日导流明渠开始过水，10月6日临时船闸正式通航，11月8日大江围堰合龙。截流后，导流明渠（长约1600m、宽约400m）形成了上游收缩段和下游扩散段，导致坝区河势的重大调整。大江截流实现坝区河势的三个转变，即大江单一型河道→分汊型河道→明渠单一型渠道。2002 年 5 月 1 日上游围堰爆破，9 月 1 日永久船闸有水调试，10 月 21 日泄洪坝段全部建成，11 月 6 日导流明渠截流合龙，2003 年 4 月 11 日临时船闸停止通航，6 月 1 日零时下闸蓄水，6 月 16 日永久船闸试通航。明渠截流再次调整坝区河势，即明渠单一型渠道→分汊型河道→大江单一型河道（泄洪闸控制）。

两次截流引起坝区河势河床的重大转型调整，可以用河流动力学方法描述为：大江与明渠并存时，当支汊与主汊分流比$\eta_1=\dfrac{Q_1}{Q_1+Q_2}$（或$\eta_2=\dfrac{Q_2}{Q_1+Q_2}$）大于 1/4 时即属于分汊型河道水流，此时两汊流量比符合以下理论关系：

$$\lambda=\frac{Q_1}{Q_2}=\frac{n_2}{n_1}\frac{B_1}{B_2}\left(\frac{h_1}{h_2}\right)^{\frac{5}{3}}\left(\frac{J_1}{J_2}\right)^{\frac{1}{2}}=0.9\left(\frac{\Delta H}{0.5}\right)^{\frac{1}{2}}\left(\frac{B_1}{B_2}\right)\left(\frac{h_1}{h_2}\right)^{\frac{5}{3}}$$

式中 Q、n、J、B、h 为流量、糙率、坡降、河宽、水深，下标 1 表示大江的值，2 表示明渠的值。此外，$n_2/n_1=0.9$，ΔH 为大江截流河段龙口落差，0.15 相当于明渠平均落差。当大江分流比再小时，龙口即符合堰流关系。

（6）1998 年洪水对坝区冲淤的影响。二期围堰阶段，坝区经历了三个典型水沙年的河床冲淤特点：① 1997 年为少水少沙典型年，全年径流量和输沙量分别为 3631 亿 m^3 和 3.37 亿 t，年平均含沙量达 0.927km/m^3，坝区呈微冲特征，共冲刷了 138 万 m^3。② 1998 年为丰水丰沙典型年，全年径流量和输沙量分别达 5110 亿 m^3 和 7.07 亿 t，年平均含沙量达 1.38km/m^3，坝区呈现强烈冲刷特征，共计冲刷了 1289 亿 m^3，且以深槽冲刷为主，占 73.1%。③ 1999 年为丰水少沙的回淤特征，全年径流量和输沙量分别达 4818 亿 m^3 和 4.31 亿 t，年平均含沙量达 1.38km/m^3，按理应为冲刷，实际淤积了 513 万 m^3，这是 1998 年大冲之后引起的回淤。

（7）施工对水位的影响。工程施工缩窄河宽，减小过水面积，导致同流量下水位抬升。施工一期，3 万 m^3/s 流量时，三斗坪站（坝址下游）1997 年较 1992 年总计抬升了 0.35m，其中 1994 年抬升最大达 0.27m；3 万 m^3/s 流量时，茅坪站（坝址上游）1997 年较 1992 年总计抬升了 0.43m，其中 1994 年抬升最大达 0.31m。施工二期，即大江截流后，由于导流明渠进口缩窄段影响，上游产生壅水，坝区（DS10 ~ DX21）1998 年总落差较蓄水前（1992 年）抬升情况，其流量 5000m^3/s、1 万 m^3/s、3 万 m^3/s、5 万 m^3/s 和 6 万 m^3/s 分别抬升了 0.15m、0.49m、1.79m、2.47m 和 2.76m。施工三期（同时也是 135m 围堰蓄水期、156m 初期蓄水期、175m 试验性蓄水期），坝区水位抬升视分期蓄水情况而定，坝前（茅坪）一般在 70 ~ 110m 之间变化；坝下游水位主要受下泄流量大小及葛洲坝坝前水位控制，一般在 63 ~ 75m 之间变化。

7.3.2.3　临时船闸引航道口门栏门沙淤积研究

三峡工程临时船闸于 1998 年 5 月正式启用，至 2002 年底封闭，下引航道改为升船机引航道。根据原型观测资料分析，临时船闸整个下航道（含口门及连接段）均为泥沙淤积区，总计淤积泥沙达 393 万 m^3，人工清淤 352 万 m^3，保证了航道的正常运行，其中下引航道口门区及连接段出现拦门沙淤积，且淤积速度很快，是清淤的重点部位。

临时船闸运行四年，航道及口门区的泥沙淤积与异重流潜入有关，但不同区域影响因素不一，其中口门内淤积量由两部分组成，一部分为异重流淤积，另一部分为口门平面环流带来的泥沙淤积。上引航道异重流淤积占总淤积量的比率大于 90%，口门平面环流带来的淤积小于 10%；下引航道口门区平面环流带来的淤积占总淤积量的 10% 左右，异重流潜入造成的泥沙淤积量约占总淤积量的 90%。

7.3.2.4　永久船闸引航道、口门区淤积及水沙特性

自2003年6月永久船闸通航后，对永久船闸引航道、口门区的泥沙淤积及水沙特性有较为系统的监测与研究。

上引航道及口门区：2003年7月—2012年11月上引航道及口门区共计总淤积泥沙523万m^3，其中航道内共计淤积198万m^3，口门区共计淤积330万m^3。三峡工程围堰发电期及初期运行期永久船闸上引航道及口门区的淤积较为明显，年均淤积量分别达到71万m^3/a、76万m^3/a，进入175m试验性蓄水运行期后，永久船闸上引航道及口门区的淤积有所减小，年均淤积量降至41万m^3/a。

下引航道及口门区：2003年7月—2012年11月下引航道及口门区共计总淤积泥沙187万m^3，其中航道内共计淤积108万m^3，口门区共计淤积79万m^3，由于三峡大坝下游运行水位在63～66m之间，下引航道及口门区航道因泥沙淤积使航深不能满足要求，因此需要进行人工清淤处理，自永久船闸运行以来，下引航道内人工清淤量为50.88万m^3，口门区人工清淤量为61.99万m^3。通过人工清淤，正常通航条件均能满足。

实际观测资料显示：大江水流在下引航道口门外形成斜流、环流、回流，将含沙水流带入口门静水区，较粗的泥沙在口门外动静水斜向交界处落淤，即形成拦门沙淤积。从口门进入航道内的水流含沙量沿程逐步减小，较细的泥沙进入航道形成航道内的异重流淤积。

7.3.2.5　地下电站，左、右电厂厂前引水区淤积

2003年三峡水库开始蓄水运行以来，对三峡电站厂前引水区域的泥沙淤积情况持续进行监测与分析，厂前水域处于大坝坝前，河床的泥沙淤积一般较为明显，当泥沙淤高到一定程度则会对电站机组的取水产生影响。因此，对地下电站，左、右电厂厂前取水区域的泥沙淤积情况进行连续监测与分析非常必要，通过分析及时发现问题，以采取相应的处理措施。

左电厂前：位于三峡工程大坝左侧，与永久船闸相连，其引水水域为上引航道隔流堤向右的大江部分区域，左电厂于2003年首台机组开始发电。成果表明：2003年2月—2011年11月约9年的时间内，左电厂前135m高程以下河床淤积总量为797.0万m^3，90m高程以下河床淤积总量为710.7万m^3，占总淤积量的89.2%，厂前水域平均淤积厚度约为12m，局部最大淤积厚度达25.8m。目前左电厂前引水区域主槽高程均低于60m，泥沙淤积对发电机组取水远未造成影响。

右电厂前：位于三峡工程大坝右侧，与地下电站相连，其引水水域为大江主槽以左的部分区域，右电厂于2007年首台机组开始发电。对右岸电厂引水区域的监测与分析始于2009年汛前。成果表明：2009年4月—2011年11月约9年的时间内，右电厂前135m高程以下河床淤积总量为187.1万m^3，90m高程以下河床淤积总量为55.6万m^3，占总淤积量的29.7%，右电厂前水域平均淤积厚度约为2m，局部最大淤积厚度达3.5m。目前右电厂前引水区域主槽高程均低于70m，泥沙淤积对发电机组的取水远未造成影响。

地下电站前：地下电站布置于右岸茅坪溪白岩尖山脊下，共设6台机组，进水口尺寸为9.6m×15m，底板高程为113.0m，每台机组引流量为900m^3/s，电厂进口前沿平台高程为100.5m，每两台机组底板之间布设有排沙洞，共设三条排沙支洞，支洞后接一条排沙总洞，排沙支洞内径为3.0m，进口底板高程为102.0m，引用流量120m^3/s。

原型观测分析表明：2006年3月—2021年11月右岸地下电站前沿引水区域总计淤积量达到521万m^3，年均淤积量为33.6万m^3/a，愈靠近大坝的区域，淤积幅度愈大。2011年8月18

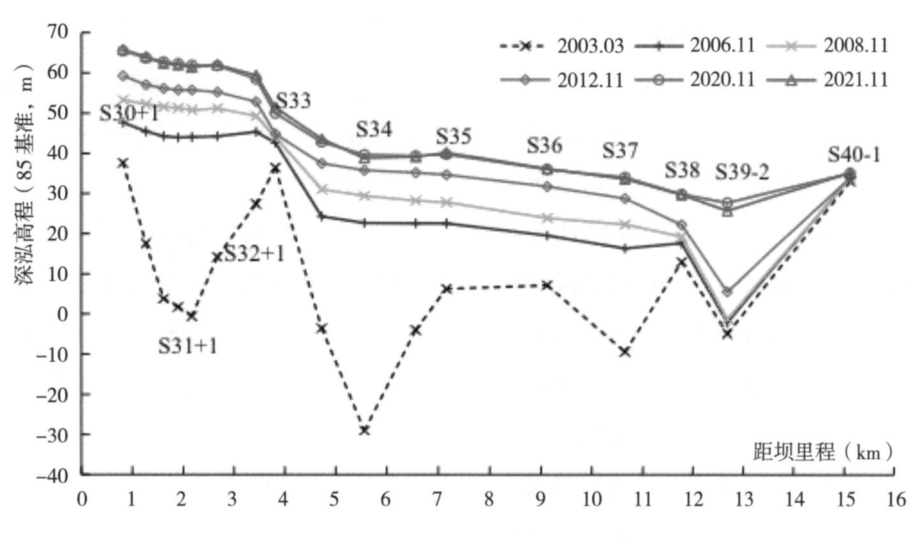

图 7.3-1　三峡坝前河床演变纵断面形态

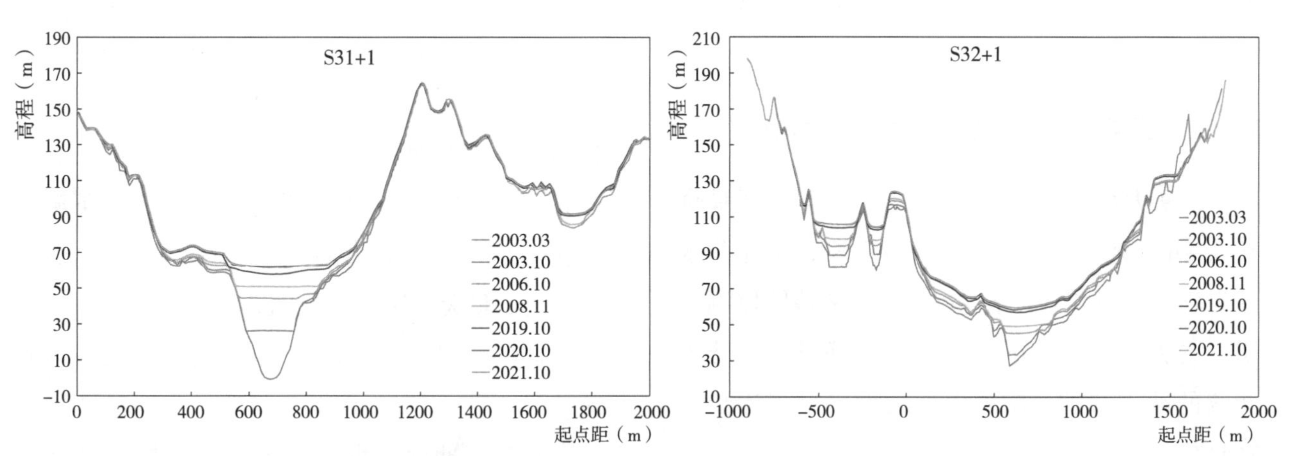

图 7.3-2　三峡坝前典型断面冲淤变化图

日实施冲沙试验，开启三个冲沙洞，冲沙流量为 324 ~ 361m³/s，靠近大坝长约 200m 区域冲刷约 3 万 m³，未形成冲沙漏斗。2021 年 11 月地形显示取水口前沿 20 ~ 70m 水域河床平均高程为 104.5m，高出地下电厂排沙洞进口底板高程（102m）2.5m，低于地下电站进水口底板高程（113m）8.5m。

7.3.2.6　三峡水库坝前段泥沙淤积分析

三峡水库库区总体淤积简况。2003—2021 年，采用进出库输沙量法计算，三峡水库共淤积泥沙 20.48 亿 t，年均淤积泥沙 1.10 亿 t，水库排沙比为 23.6%。水库年均淤积量仅约为原论证预测值（采用 1961—1970 年系列）的 33%。三峡水库蓄水以来，采用地形（固定断面）法计算，库区干流段（江津至大坝）累计淤积泥沙 17.84 亿 m³，其中，变动回水区（江津至涪陵段）累计冲刷泥沙 0.694 亿 m³，常年回水区淤积量为 18.53 亿 m³。从淤积分布来看，库区淤积量的 94.4% 集中在宽谷段，窄深段淤积相对较少或略有冲刷。总体上，库区干、支流淤积在高程 145 ~ 175m 静防洪库容内的泥沙为 1.65 亿 m³，占水库总防洪库容（221.5 亿 m³）的 0.74%，干流淤积主要集中于涪陵—云阳河段。

水库坝前段总体淤积情况。三峡水库坝前段（庙河 S40-1 至大坝）全长约 15km，2003—2021 年总计淤积量达到 1.71 亿 m³，占全库区总淤积的 8.3%。其中，90m 高程以下河槽总淤积量为 1.26

亿 m³，占总淤积量的 73.7%，110m 高程以下河槽总淤积量为 1.40 亿 m³，占总淤积量的 81.8%。淤积强度较大的区域位于S38断面至大坝段之间，淤积量占总淤积量的 92.7%。坝前段 175m 以下河床深泓平均淤厚 39.1m，最大淤厚 S34 断面（距坝 5.6km）67.9m，其次为 S31+1（距坝 2.1km）60 余 m，以及复式淤积形态断面 S32+1（距坝 3.4km），详见图 7.3-1、7.3-2。坝体前沿河床目前低于左、右电厂进水口的底高程（底高程为 108m），对左、右电厂取水未造成影响。右岸地下电站运行以来，地下电站坝前取水区域泥沙淤积较为明显，目前河床平均高程为 104.5m，高出地下电厂排沙洞口底板高程 2.5m，其发展趋势值得关注。

7.3.2.7 三峡大坝下游重点区域冲刷特点

三峡大坝下游重点河段，从大坝至鹰子嘴全长 5.7km，蓄水前属于坝区河段下段，水库蓄水后为坝下游近坝段，自 2003 年以来持续监测表明，受大坝泄洪、电站发电尾水等影响，处于持续的冲刷状态，随着时间的发展呈现逐步减轻趋势。

（1）施工一、二期（1993—2002 年）。三峡施工期对下游河段（两坝间）的影响，主要在施工一期，重点利用中堡岛修建纵向围堰，右支汊形成二期导流明渠，三期建设成为右岸电站，右岸为永久船闸、升船机的共用引航道。根据三峡局编制的《长江三峡工程一期施工期水文泥沙监测成果分析》报告，葛洲坝水库 1981 年蓄水运行，库区淤积 3~5 年即达到了基本的平衡状态，淤积平衡后，库区冲淤呈现出冲淤交替规律，即大水冲、小水淤。1993 年为大水年，施工区下游乐天溪—葛洲坝（G0—G23）冲刷了 330 万 m³；1994 年、1995 年和 1996 年分别淤积了 898 万 m³ 和 826 万 m³ 和 90.3 万 m³，这三年均为小水年，按其规律应该是淤积，但其量不应这么大，尤其 1994 年和 1995 年正是三峡工程围堰施工高峰，开挖、抛填频繁，产生淤积体现了水利工程的施工特点。1997 年汛期流量超过 3 万 m³/s 持续时间长达 25 天，两坝间冲刷 789 万 m³，属于水库冲淤交替特性。

按水库冲淤平衡特性分析，三峡工程施工一期（1993—1997 年）共计引起下游淤积约 696 万 m³。根据施工统计，1993—1997 年共计土石方开挖 1.43 亿万 m³（其中，主体工程 9265 万 m³），回填土石方 5815 万 m³（其中，主体工程 2215 万 m³）。工程施工引起下游河床淤积，河床组成明显粗化。

（2）施工三期及运行期（2003 年至今）。计算分析表明：2003 年 2 月—2012 年 11 月，坝下游近坝河段累计冲刷 827.4 万 m³，主要冲刷时期在围堰发电期，该时期重点河段冲刷量占总冲刷量的 77.9%，冲刷区域为左电厂尾水渠下游覃家沱至鸡公滩边滩，原有覃家沱边滩水流全部冲刷消失，最大冲深达到 38.9m。

此外，坝下游靠近大坝的多处区域形成冲刷坑。

排漂闸冲坑：冲坑长 70m，宽 45m，坑底高程为 -3.7m。2007 年汛前人工沙石抛填处理效果明显。2012 年后排漂孔基本停止使用，冲坑没有再次形成。

左电厂尾水冲坑：冲坑长 120m，宽 50m。主要变化特点为：冲坑尾部向左岸横向扩展的趋势明显，并扩展到与老坑贯穿的趋势，冲坑头部略向右上方向发展。新冲坑发展速度较快，面积扩大，坑底高程最大降低达 22.5m。

7.3.2.8 三峡大坝坝前异重流和絮凝沉降实验研究

（1）坝前异重流。为探究坝前淤积的原因及机理，分别于 2004 年、2005 年、2012 年对坝前特殊水流流速、含沙量分布进行观测，探求坝前泥沙淤积的机理及异重流的成形条件。

坝前河段河底平均纵坡降仅为 1.8‰，难以形成类似于高含沙量河流中的典型异重流，但仍具有异重流的某些水流特性，引起局部库段及航道的淤积，这种非典型异重流一般表现为中层或底层水流含沙量及流速较表层大。

坝前庙河以上河段较窄，135m 水位线下河宽一般在 320 ~ 800m 间，而庙河以下河段河宽则在 700 ~ 2200m 之间，水流下行至坝前宽阔段后，流速大幅降低，当水流含沙量达到一定量时，因库段放宽使流速突然变小或水深突然变大，以及深孔、表孔泄洪闸泄洪，为异重流淤积创造了一定的条件。

研究表明：坝前段水沙分布与天然河流差异较大，主要表现为垂线流速分布中最大流不出现在水面附近，多出现在相对水深 0.6 以下，具有异重流的一些特征。三峡水库蓄水后，在坝前有形成异重流条件，但由于坝前水沙过程为不恒定流，即使形成异重流也是局部的且是非恒定的，坝前段不能形成较典型或较有规律的异重流持续运动现象。

（2）坝前泥沙絮凝沉降。三峡水库坝前泥沙絮凝沉降实验研究，选择坝前 5 个断面，采用 LISST100X 和 ADCP 现场施测水库水体（有絮凝情况）的含沙量垂线分布、颗粒级配和垂线流速分布，并同步采集水（沙）样，送实验室模拟试验无絮凝情况和水质等参数。

试验研究表明：①由于絮凝作用，细颗粒泥沙形成絮团，其絮团中值粒径、平均粒径分别为 0.019mm 和 0.046mm，是单颗粒粒径的 1.6 ~ 8.0 倍和 2.1 ~ 6.2 倍。②泥沙絮团沉速加快，是单颗粒沉速的 2.9 ~ 17.9 倍。絮凝强度与泥沙粒径之间存在对应关系。③经实测验证，近坝区泥沙发生絮凝的分界粒径约为 0.012mm（平均粒径），分界流速约为 0.5m/s（垂线平均流速）。本项研究揭示了坝前淤积量偏大的主要原因，为水库水沙数学模型模拟计算提供参数率定的重要基础。

7.3.2.9　坝前泥沙悬浮高度与过机泥沙观测实验研究

泥沙对水轮机的磨蚀问题已经成为影响电站安全运行的主要问题之一。水轮机磨蚀是高速水流产生的气蚀与泥沙磨损相互作用的结果，其磨蚀程度与来水来沙条件、泥沙特性（含沙量、颗粒级配、矿物成分）等因素有关，同时也与枢纽建筑物布置形式、水头、机型、材质、机组制造工艺、运行工况等有关。三峡局自 1980 年代开始，连续开展葛洲坝和三峡枢纽电站过机泥沙原型观测与实验研究。

（1）坝前泥沙悬浮高度分析。葛洲坝坝前泥沙悬浮高度分析。泥沙悬浮高度直接影响电站取水进入发电机组的含沙量高低及其颗粒级配大小。而泥沙悬浮高度通常与水流紊动强度密切相关，葛洲坝南津关河段水流十分紊乱，悬移质泥沙随水流可以得到充分的交换。根据 1971—1983 年在坝上 17 号断面（1982 年后为南津关水文站测验断面）上进行水沙分布观测。分析建立了葛洲坝蓄水前坝前断面泥沙悬浮高度（H，为相对水深，从河底起算）与垂线平均流速（Vcp）、粒径（d_{95}）的关系，蓄水前不同粒径泥沙断面平均悬浮高度关系式 $H=110e^{-122d_{95}/Vcp}$。式中，e 为自然对数，Vcp 为垂线平均流速，d_{95} 为颗粒级配曲线上 95% 对应的粒径（以消除最大粒径监测的不确定性）。计算结果表明，以于粒径小于 0.5mm 泥沙在所能悬浮的高度内，悬移质输移率沿水深分布比较均匀，这一结论对水轮发电机防止过机泥沙提供了技术支撑。

（2）三峡河段卵石磨圆度及岩性分析。1983 年，葛实站联合长办三峡地质勘测大队、长科院等单位，对南津关水文站采集的卵石进行了磨圆度及岩性分析鉴定，主要结论为：卵石推移质以磨圆度较好的灰岩（属碳酸盐，硬度 3）和磨圆度较差的白云质灰岩（属碳酸盐，硬度 2）为主，其中灰岩占 20% ~ 25%，多为川江沉积物，白云质灰岩占 20% ~ 45%，搬运距离较近，与三峡地区岩性基本相同；花岗岩（属硅酸盐，硬度 7）、闪长岩（属硅酸盐，硬度 6）占 10% ~ 20%，磨圆度较好，与黄陵背斜岩性基本相同；喷出岩（别称火山岩，属硅酸盐，硬度 6）占 1% ~ 4%，磨圆度甚佳，主要产于长江宜宾以上地区。

（3）葛洲坝过机泥沙含沙量分析。1984—1989 年对比监测表明，1#、6#、8# 机组过机含沙量略比宜昌水文站小，为 0.94 ~ 0.98 倍，18# 和 21# 机组明显偏大，为 1.37 ~ 1.63 倍。最大含沙量为 1989 年 21# 机组 2.34kg/m³，其次为 1984 年 1# 机组 1.90kg/m³，再次为 1989 年 18# 机组 1.75 kg/m³，其余机组为 1.50 kg/m³ 左右。总体上，以二江泄洪闸为中心，从左至右机组含沙量及粒径横向分布呈递增趋势，尤其以向右岸递增明显，根据 1989 年实测（流量 3.5 万 ~ 4 万 m³/s）1#、6#、8#、18#、21# 机组含沙量分别为：1.44 kg/m³、1.41 kg/m³、1.40 kg/m³、1.75 kg/m³、2.34kg/m³，中值粒径分别为：0.015mm、0.013mm、0.014mm、0.020mm、0.031mm，最大粒径分别为：0.410mm、0.410mm、0.276mm、0.462mm、0.526mm。实测大于 5 万 m³/s 时，中值粒径分别为：0.020mm、0.018mm、0.016mm、0.029mm、0.053mm，最大粒径分别为：0.526mm、0.481mm、0.495mm、0.542mm、0.570mm。

（4）葛洲坝排沙底孔与机组过机泥沙对比。1986 年 7 月 23—26 日，开启 20# 和 21# 机组下方排沙底孔冲沙，流量 800m³/s，在大江厂前形成底高程 29.2m、左侧边坡 1 ∶ 50、右侧边坡 1 ∶ 16、长度约 320m 的冲刷漏斗，总体上冲沙效果良好。1989 年开展 21# 机组和排沙底孔泥沙对比监测试验表明：排沙底孔含沙量是机组含沙量的 1.33 倍（变化范围 1.00 ~ 1.76），排沙底孔泥沙中值粒径是机组的 2.36 倍（变化范围 1.24 ~ 4.57 倍）。

（5）葛洲坝电站机组磨损程度。机组磨损包括气蚀和磨蚀，其中气蚀主要与设计制造工艺相关，有一定规律性，经初次检修时检测表明：主要发生在叶片转动吊孔封板附近正反面的外圆边缘，以及有关焊缝未打磨抛光局部区域，并以叶片转动中心线附近的外缘稍重。总体上，磨蚀以 8# 机组为最轻，这与过机含沙量低和粒径小密切相关，磨蚀速度为 0.37×10^{-4}mm/h，磨蚀最大的为 20# 机组，磨蚀速度为 4.03×10^{-4}mm/h，21# 机组次之为 3.90×10^{-4}mm/h，可见最大最小相差 10 倍以上。

（6）三峡电站过机泥沙含沙量监测分析。根据各机组坝前含沙量监测分析，含沙量在 0.008 ~ 1.5kg/m³ 范围变化，差异巨大。其中，以 2018 年为最大，含沙量 1.48kg/m³，出现在 16# 机组，其次为 2013 年 21# 机组为 1.41kg/m³，第三为 2020 年 6# 机组为 1.18 kg/m³。

过机泥沙颗粒级配分析。过机泥沙中，最大粒径多年平均为 0.645mm（变化范围 0.3 ~ 0.735mm）；平均粒径多年平均为 0.048mm（变化范围 0.034 ~ 0.076mm）；中值粒径多年平均为 0.010mm（变化范围 0.008 ~ 0.015mm）。粒径较粗的区域主要位于 31#、6# 和 26# 机组，其中 2017 年检测 31# 机组最大粒径为 0.735mm，对应的平均粒径和中值粒径也是最大值，分别为 0.076mm 和 0.015mm。

（7）三峡电站过机泥沙岩性分析。矿物主要分为 11 种类（括号内为硬度范围），即：氧化物（2 ~ 9）、氢氧化物（3 ~ 6）、硅酸盐（1 ~ 8）、碳酸盐（3 ~ 4.5）、硫酸盐（2 ~ 3.5）、钨酸盐（4.5 ~ 5.5）、磷酸盐（5）、硝酸盐（1.5 ~ 2）、卤化物（2 ~ 4）、硫化物（1 ~ 5）、自然元素（1 ~ 10）。其中，金刚石（属自然元素）硬度最高为 10，刚玉（属氧化物）其次为 9，黄玉（属硅酸盐）再次之为 8。从三峡过机泥沙中检测出含量较高的伊利石（属硅酸盐）、石英（属氧化物）、钠长石（属硅酸盐）和绿泥石，其中石英硬度最大为 7，钠长石次之为 6 ~ 6.5，伊利石和绿泥石较低为 2。总体而言，三峡过机泥沙中所含矿物硬度偏大，对机组磨蚀不利。结合泥沙矿物成分、硬度分析（XRD）和泥沙矿物形状分析（SEM），2011—2021 年 32 机组次监测成果中，选取泥沙较大硬度矿物成分含量最多的机组进行比较分析，矿物摩氏硬度最大的伊利石，多年平均含量为 33.1%（变化范围为 5.5% ～ 68.6%，最大值出现在 2017 年 31# 机组），其次为石英，多年平均含量为 28.6%（变化范围为 12.8% ～ 55.9%，最大值出现在 2016 年 31# 机组），第三为钠长石，多年平均含量为 15.9%（变化范围为 0.3% ～ 42.7%，最大值出现在 2020 年 16# 机组），第四为绿泥石，多年平均含量为 14.4%（变化范围为 2.7% ～ 31.5%，最大值出现在 2012 年 28# 机组）。钠长石和石英最大值出现的位置，多为右岸的机组，尤其 31# 机组。

（8）三峡电站过机泥沙其他指标检测分析。电导率一般为 300us/cm 左右。溶解氧 6 ～ 7mg/L，变化不大。pH 值、温度、浊度分别保持在 7 ～ 8、24 ～ 26℃、20 ～ 200NTU。

7.3.3　两坝间河道演变及通航水流条件观测研究

长江三峡水利枢纽工程包括两座大坝（即三峡和葛洲坝）及其连接河段（即两坝间库段），见图 7.3–3。其中两坝间为葛洲坝水库对三峡水库调度的反调节库段。两坝间冲淤变化不仅影响反调节库容和通航水流条件，也会影响葛洲坝下游河段的河床演变。在三峡工程泥沙问题研究中，早先多关注通航水流条件及其反调节措施研究。原型观测分析表明，1998 年大洪水期间两坝间大量前期淤积沙出库，并落淤在宜昌河段下段，即胭脂坝至虎牙滩段，导致宜昌枯水位抬升约 0.5m。因此，“十五”泥沙问题研究课题，要求必须考虑两坝间冲淤对下游河床演变的影响，同时也安排了原型观测分析课题，如在专题 105–4–1《葛洲坝水利枢纽下游近坝段河道冲淤及对策研究》课题中，安排了《1998 年洪水前后三峡至葛洲坝（两坝间）及下游近坝段水沙及河床冲淤变化规律分析》子题。

7.3.3.1　两坝间河道河床演变研究

两坝间河段为葛洲坝水库原常年回水区段，在葛洲坝独立运行期（1980—2002 年）共计淤积泥沙 8387 万 m^3。葛洲坝独立运行期，两坝间是水库最大淤积区，1980—1996 年达到最大为 1.18 亿 m^3，并随来水来沙呈现冲淤交替趋势，1998 年连续 8 次大洪峰，冲刷出库泥沙达 0.46 亿 m^3。

2003 年三峡水库蓄水后，两坝间河段处于持续的冲刷状态，受水库蓄水位抬升出库流量距平化（基本上没有超过 5 万 m^3/s 以上洪水过程）有关，2003—2012 年河段共计冲刷 3897 万 m^3，因此，目前两坝间河段还保留有约 4490 万 m^3 原葛洲坝水库淤积的泥沙。两坝间河段一直处于持续的冲刷状态，2002 年 12 月—2012 年 10 月，河段一共冲刷 3897 万 m^3，主槽冲刷 3473 万 m^3，主槽冲刷占总冲刷量的 89%。135 ～ 139m 运行期冲刷量较大，冲刷幅度明显，占总冲刷量的 78.2%。156 ～ 145m 运行期河冲刷减弱，占总冲刷量的 11.9%。2008 年汛后 175m 试验性蓄水运行，两坝间河段冲刷明显降低，占总冲刷量的 9.9%。

2003—2020 年河段共计冲刷 4508.7 万 m^3，其中主槽冲刷 4028.3 万 m^3，占全河槽下总冲刷量的 89.3%。两坝间河段冲淤量年际变化分布，见图 7.3–4。

总体上，两坝间河段主河槽平面位置稳定，深泓摆动较小，深槽多上、下扩展，槽底高程有所降低，河床纵向上呈下切趋势，下切较缓，河床横向上均表现为主槽的垂向下切，边坡基本稳定。

7.3.3.2　电力调峰两坝间非恒定流特性分析

两坝间（三峡—葛洲坝）全长约 38km，具有宽谷、峡谷、弯道等典型地貌特征，形成一个反

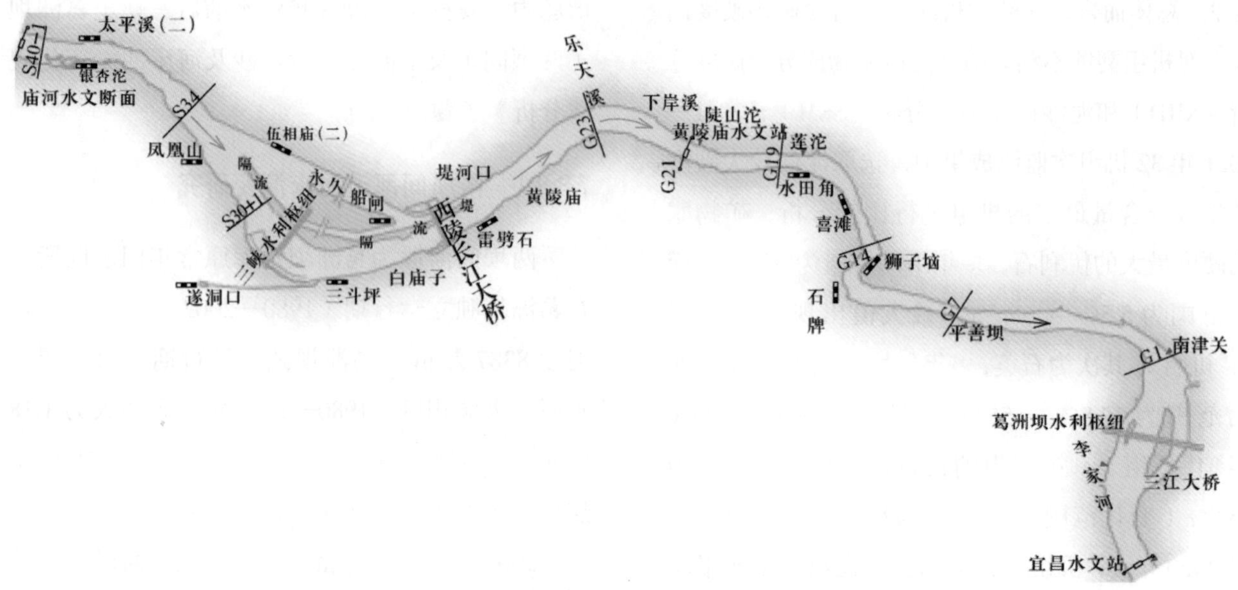

图 7.3–3　三峡、葛洲坝水利枢纽及两坝间河道平面形势图

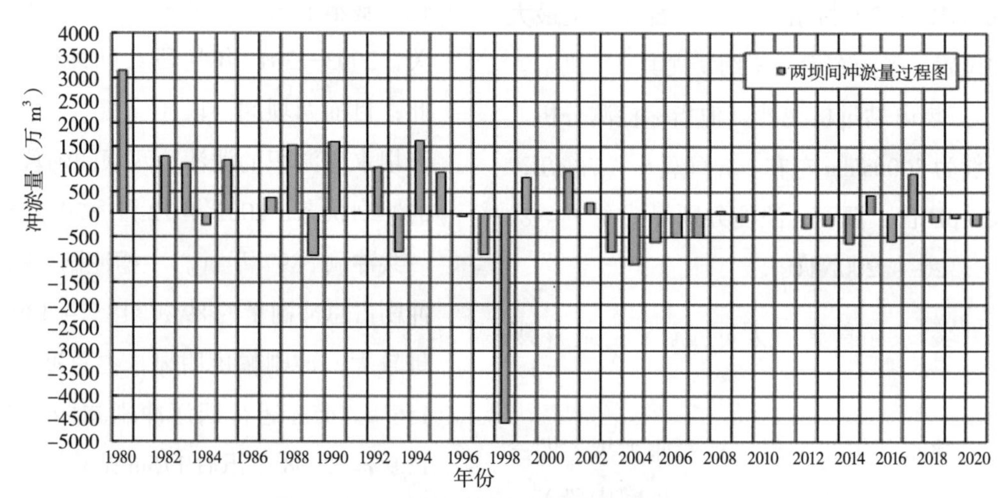

图 7.3–4　两坝间冲淤年际变化分布图

调节库容，在正常水位 62 ~ 66m 之间变化，反调节库容约为 8600 万 m^3。

（1）2005 年调峰期流量变幅约 2000m^3/s，最大流量不大于 8000m^3/s，受调峰非恒定流（波动）影响，出现了顺涨波和逆涨波的双峰现象，传播时间约 30min。波峰与波谷流量均以狮子垴附近河段为最小，向上游或向下游递增。

（2）调峰期，两坝间水位变幅和小时变幅范围分别为 0.523 ~ 0.615m 和 0.185 ~ 0.235m，以葛洲坝大江上游引航道口门及葛洲坝三江上游引航道口门水位变幅和小时变幅为最大，分别为 0.615m 和 0.235m。

（3）两坝间水面线的变化，瞬时水面比降最大的河段在水田角以上河段，水田角—石牌河段比降平缓，石牌—葛洲坝段但在调峰期间因葛洲坝壅水产生负比降。

（4）在调峰期间，各河段流速变化与比降关系密切。调峰期最大瞬时纵向比降为 0.097‰，出现于水田角河段，对应的纵向流速为 0.55m/s。

（5）局部河段存在横比降和横向流速，其中青鱼嘴、渣包、偏垴有从左至右的横向流速，以青鱼嘴河段横向流速最大，为 0.17m/s。水田角、石牌河段则存在从右至左的横向流速，以水田角横向流速为最大，达 0.28m/s。

（6）调峰试验期，石牌河段水流有回流、缓流，葛洲坝大江及三江上引航道口门、三峡下引航道口门存在往复流和弱回流区，其他河段水流较为顺畅。

（7）调峰试验期，水田角、喜滩一带存在有较明显的波浪，以喜滩一带波浪最大，最大波高达 0.43m。

（8）此次三峡电站调峰试验引起的非恒定流波动，其水位变幅、小时变率、局部瞬时纵横比降、纵横向水面流速均在允许范围之内，满足万吨级船队航行要求，无碍航流态。

7.3.3.3　两坝间通航水流条件分析

两坝间河段通航水流条件不仅受葛洲坝水库进出库流量调度的影响，还与葛洲坝坝前水位的高低有关，大流量条件下，两坝间水流较为复杂，水面流速大及纵、横向比降大，对船舶上下通航有较大影响。

（1）两坝间纵比降以石牌河段为界，上段（三峡下引航道口门区—大沙坝）同流量条件下纵比降沿程依次增大，下段（偏垴—葛洲坝三江口门）同流量下纵比降沿程递减。石牌河段受大弯道影响，水面纵比降明显低于上、下相邻河段。各河段纵比降与流量关系密切，流量越大，纵比降越大。偏垴河段流量 4.5 万 m^3/s 时实测最大纵比降 0.295‰。

（2）两坝间横比降分布没有明显的规律，流量 4.5 万 m^3/s 时偏垴河段的横比降最大，达到 0.610‰，其次为石牌中部河段横比降，流量为 4 万 m^3/s 时其相应横比降为 0.501‰。

（3）大流量下两坝间河段沿程水流较为复杂，存在回流、缓流区，同时伴随回流区有明显泡漩、泡涌水流出现，各河段水流均有不同特点。各典型河段最大横比降，水田角（左→右）0.426‰、喜滩（左→右）0.426‰、大沙坝（右→左）0.412‰、石牌（右→左）0.501‰、偏垴（左→右）0.610‰。

（4）流场结构分析，大流量条件下各河段中至底层均存在较强底流，底流流速随流量的增大而增大。各典型河段底层最大实测流速：水田角 2.68m/s，喜滩 2.78m/s，大沙坝 3.10m/s，石牌 2.38m/s，偏垴 2.68m/s。这是产生对通航极为不利的特殊水流泡涌的重要条件。

（5）环流强度分析，以水田角最大、石牌次之、其他依次为：大沙坝、南津关、偏垴和喜滩。而实测横向流速最大为大沙坝，水田角次之，其余依次为：石牌、南津关、偏垴和喜滩。由于各类环流作用，两坝间呈现出泡漩流、回流、夹堰水流等现象，并伴随较强烈的水面波浪。

（6）模型计算表明：各重点河段纵向比降和流速随流量增加而增大，随葛洲坝坝前水位升高而降低，也即葛洲坝坝前水位越低，通航水流条件会越不利。库水位从 63m 抬升至 66.5m，纵比降减小幅度为 7.0% 至 28.2%，横比降减小变幅为 3.9% 至 64.0%。流速减小变幅为 5.8% 至 9.3%，综合分析，受葛洲坝前水位变化影响最大的河段为水田角河段，其次为喜滩和石牌河段。

（7）综合分析表明：两坝间水田角、大沙坝、石牌等航行较困难河段，为避开水流条件复杂的水域，可选择在各险滩之间的过渡段，设置过河横驶区。

7.3.4　葛洲坝下游河床演变分析研究

三峡工程论证及设计研究阶段，重点对葛洲坝下游河段清水下泄对河床的冲刷及宜昌枯水位变化带来的通航问题进行研究，并纳入了三峡工程第八个单项技术设计研究内容。2003 年三峡水库蓄水后，按照三峡工程水文泥沙观测规划和三峡工程泥沙问题研究课题安排，从宜昌至入海口均布置有观测专项和研究课题，其中宜昌至杨家脑河段是重点观测研究观测范围，三峡局长期跟踪、关注，并承担一系列原型观测调查专项与研究课题。

7.3.4.1 坝下游河床冲刷下切

在三峡工程修建前的数十年中，长江中游河道（宜昌至湖口）在自然条件下的河床冲淤变化虽较为频繁，但总体上接近冲淤平衡，1966—2002年年平均冲刷量仅为0.011亿m^3。

1970—2003年葛洲坝工程施工建设及单独运行时期，下游河床冲刷正切主要发生在宜昌河段，且主要因采砂破坏河床床面组成结构所致。

2003年三峡水库蓄水运用后，新环境水沙条件下，坝下游河床冲淤调整，其演变形势也发生了新的变化。一是两坝间原葛洲坝水库淤积泥沙可能对葛洲坝下游有一定的补偿，二是葛洲坝下游冲刷逐步向纵深发展态势，目前河道冲刷已发展到湖口以下。

2002年10月—2021年4月，宜昌至湖口河段平滩河槽冲刷26.244亿m^3，年均冲刷量1.35亿m^3，明显大于水库蓄水前1966—2002年的0.011亿m^3。冲刷主要集中在枯水河槽，占总冲刷量的92%。从冲淤量沿程分布来看，宜昌至城陵矶段河道冲刷强度最大，其冲刷量占总冲刷量的55%，城陵矶至汉口、汉口至湖口河段冲刷量分别占总冲刷量的19%、26%。

分析表明：三峡水库蓄水运用后，宜昌至杨家脑河段河床冲刷总体呈现强烈态势，2002年10月—2021年10月该河段平滩河槽共冲刷4.037亿m^3（含河道采砂影响），目前三个河段均已达到或接近冲淤平衡，见图7.3–5，受侵蚀基面控制，宜昌河段在三峡水库蓄水前就已经达到平衡，宜都河段大约在2017年趋于平衡，枝江河段大约在2020年趋于平衡。宜昌至杨家脑河段持续冲刷下切，河床明显粗化，从蓄水前全河段中值粒径（D_{50}）概约平均值从2001年1.5mm，分别到2006年12.9mm、2016年26.8mm、2021年35.2mm，实际上已从卵石夹沙河床演变为抗冲能力较强的砾卵石河床。

7.3.4.2 宜昌枯水位下降情况

宜昌枯水位是保证船队安全通过葛洲坝水利枢纽通航建筑物（船闸及引航道）的关键性控制指标。交通部门要求，在三峡工程不同运行时期，采用各种措施，必须保证宜昌枯水位分别不低于38.0m（135m运行期）、38.5m（156m运行期）和39.0m（175-145-155运行期）。

葛洲坝坝下游通航设计最小流量3200m^3/s，宜昌相应水位39.0m；设计流量4000m^3/s相应水位39.69m。多家科研单位（长科院、水科院、清华大学）预测，葛洲坝与三峡水利枢纽联合运用宜昌枯水位最终下降值约为1.8m。葛洲坝工程建设与独立运用（1970—2003年），宜昌枯水位从1976年后开始下降，流量4000m^3/s共计下降

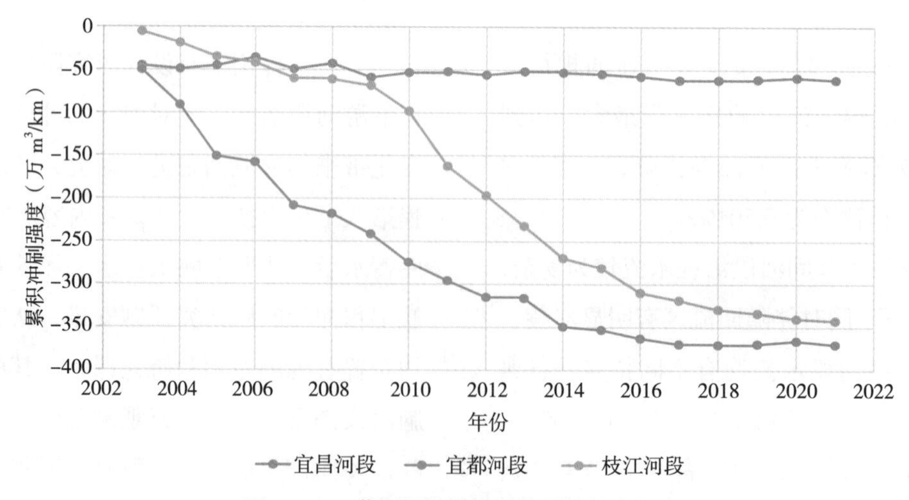

图7.3–5 葛洲坝下游沿程冲刷趋势变化图

了1.24m。2003年三峡水库运用后，按照交通部门要求，三峡水库实施补水调度，宜昌流量均大于4000m³/s。截至2022年末，宜昌水文站流量6000m³/s相应水位为39.34m，较2003年下降了0.76m，较1973年设计线累积下降2.00m；流量5000m³/s相应水位为38.78m，较1973年设计线累积下降了1.89m。宜昌水位实际下降值与预测值较接近。

7.3.4.3　对策措施研究

原型观测分析研究表明：①宜昌枯水位受下游约100 km的长河槽控制，其控制河段泥沙冲淤（含采砂）是引起宜昌枯水位变化的主要原因。②宜昌至杨家脑河段约120km范围内，胭脂坝、宜都弯道和芦家河是控制宜昌枯水位下降最关键的节点河段，尤其以芦家河浅滩控制能力最强，胭脂坝次之。③宜昌至杨家脑河段河床表层覆盖沙砾层较薄，下为粗砾卵石和胶结卵石，洲滩与汊道交错，浅滩与深漕交织，河床粗化阻力增强，形成了抗冲力强的水面线变化的控制节点。

（1）工程措施研究。针对宜昌水位长河槽控制特点，研究控制节点保护，采取必要的工程措施，一是防止节点河床继续冲刷下切，二是护底加糙遏制水位下降。三峡水库2003年蓄水后，以胭脂坝为试验河段，先后开展6区段护底加糙试验工程（包括胭脂坝洲头保护工程），经原型观测分析证实，对宜昌枯水位下降有一定遏制作用。提出了芦家河、宜都弯道等节点保护工程措施。

（2）非工程措施研究。利用三峡水库蓄水量，采取枯季补水方式，提升坝下游枯季流量，保证航道尺度安全航行。2003年三峡水库135m围堰蓄水期间，即通过汛末蓄水至139m，更好地为下游补水。从图7.3-6中来看，随着补水流量的不断增大，宜昌年最枯水位逐渐抬高（图中水位为冻结基面以上米数，应减去0.364m等于资用吴淞基面以上米数）。截至2022年末，按39.0m（资用吴淞基面）通航水位要求，三峡水库补水调度，宜昌流量不得小于5900m³/s，已超出了原预测的补水流量5500 m³/s。

7.3.5　三峡、葛洲坝出库流量率定研究

7.3.5.1　三峡导流底孔和深孔泄流曲线率定

在2003年三峡水库围堰蓄水期间，三峡局受长江电力三峡梯调中心委托，对三峡大坝深孔和底孔泄流曲线进行率定。

（1）率定技术路线：①利用宜昌水文站稳定的水位流量关系。②构建各河段水量平衡模型，以时段3小时，连续推算黄陵庙流量过程，以验证两坝间非恒定流波动情况及实测流量的合理性。③采用ADCP同步实测水文断面流量。④收集三峡大坝和葛洲坝泄流成果，以及水头等实测成果。

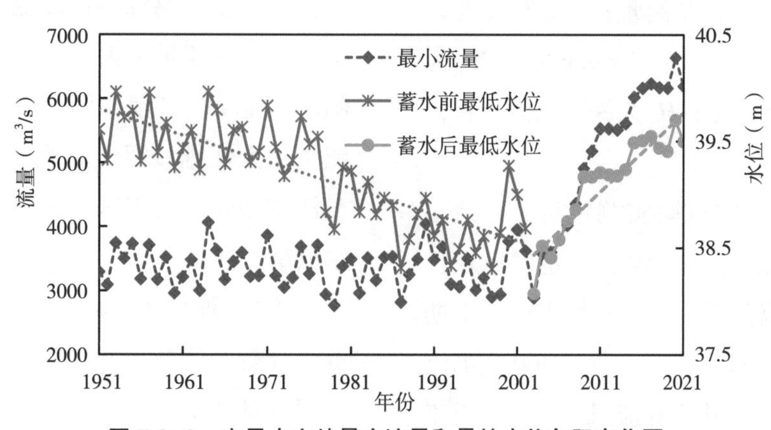

图7.3-6　宜昌水文站最小流量和最枯水位年际变化图

⑤综合分析率定泄流曲线，揭示五个流量之间的差异及其变化。

（2）率定试验时机选择：三峡工程从2003年5月25日进入水库蓄水，至6月10日22时库水位达到135m，考虑蓄水时间不长，将率定时间延长至6月30日。整个蓄水过程中，能够准确调度各底孔及深孔的开、闭情况。

（3）三峡大坝共有22个导流底孔，在泄洪表孔正下方跨缝布置，底孔尺寸6m×8.5m（宽×高），中间16孔进口高程56m，两侧各3孔进口高程57m。水库蓄水期间，坝下游水位均高于65m，导流底孔泄流属于有压管流的淹没或半淹没出流。在底孔开启度为1（全开启）条件下，单孔泄流公式为：

$$Q_{底} = \mu_{底} A_{底} \sqrt{2g(H_{上} + \frac{V_0^2}{2g} - H_{下})}$$

式中：$Q_{底}$为底孔单孔下泄流量；$\mu_{底}$为流量系数；$A_{底}$为单孔过水面积，$A_{底}=6\times8.5=51m^2$；$H_{上}$为坝上水位；$H_{下}$坝下水位；V_0为行近流速。

（4）深孔位于导流底孔之上，共23孔，底板高程90m，孔径为7m×9m（宽×高）。当坝前水位超过100m时，深孔泄流就属于有压管流的自由出流。在开启度为1（全开启）的条件下，其单孔泄流公式为：

$$Q_{深} = \mu_{深} A_{深} \sqrt{2g(H_{上} + \frac{V_0^2}{2g} - H_0)}$$

式中：$Q_{深}$为深孔单孔下泄流量；$\mu_{深}$为流量系数；$A_{深}$为单孔过水面积，$A_{深}=7\times9=63m^2$；$H_{上}$为坝前水位；V_0为行近流速；H_0为深孔顶点高程，H_0=99.0m。

（5）黄陵庙站率定试验实测流量。该站多年实测流量总不确定度为3.55%，满足国家现行《河流流量测验规范》要求。在三峡水库蓄水期（5月25日—6月10日）期间，黄陵庙站实测流量仅35次，用水量平衡法推算流量过程，分析流量测验合理性，剔除受葛洲坝与三峡水库调度影响的测次，可用测次27次，用于底孔率定18次，用于深孔率定9次，总体上仍偏少。率定流量范围：以宜昌水文站水位流量关系推算为3950～3.36万m^3/s（5月25日—6月30日）。

（6）率定结论：率定的底孔、深孔泄流系数与模型参数相比均偏大。其中，底孔流量系数（实测率定值0.94）较设计值（模型试验值0.87）偏大约8%；深孔流量系数（实测率定值0.88）与设计值（模型试验值0.87）较接近，实测值约偏大1.1%。

7.3.5.2　三峡、葛洲坝出库流量率定研究

该课题为三峡水库科学调度关键技术第二阶段重点研究课题1“上游水库群运行后洪水规律和实时预报调度技术研究”之专题8。试验研究期限为2016年4月—2017年8月。

（1）主要研究内容：①分析三峡及葛洲坝水库主要泄水建筑物的结构特征、泄流特性、主要运行条件及泄流的影响因素。②对三峡水库及葛洲坝水库主要泄水建筑物原泄流曲线进行检验，论证原设计参数的精度。③结合率定成果和水库调度方案，确定三峡、葛洲坝水库出库流量的报汛方法。三峡和葛洲坝出库流量组成十分复杂，其中，三峡出库流量=电站发电流量+泄洪表孔泄流量+导流底孔泄流量+泄洪深孔泄流量+排漂孔泄流量+排沙底孔泄流量+空转过流量+船闸泄水流量；葛洲坝出库流量=全厂发电流量+机组空转过流量+大江冲沙闸泄流量+三江冲沙闸泄流量+二江泄水闸泄流量+大江排沙底孔泄流量+大江排沙洞泄流量+大江排漂孔泄流量+二江排沙底孔泄流量+小机组发电流量+船闸泄水流量。

（2）研究技术路线（图7.3-7）：采取历史资料分析、原型观测试验分析、数学模型计算、出库流量率定分析和成果应用等研究技术路线。①利用实测水文资料及枢纽运行工况资料，对控

制三峡、葛洲坝泄水建筑物上下游水文条件的三峡坝区、两坝间、宜昌水文站水文特性加以分析，明确各种水文条件变化对泄流验证的影响程度。②利用水文站、水位站及辅助水文测验断面的测验资料，采用水量平衡法检验各参证站点测验资料精度，选取精度较高的资料用于泄流曲线的验证。③结合枢纽调度资料，分别验证不同泄流建筑物的泄流曲线精度，分析其随流量、水头及运行水文条件的变化情况，得出修正系数。④结合率定成果和水库调度方案，确定三峡、葛洲坝水库出库流量的报汛方法。

（3）主要分析研究内容：①历史资料收集与分析，三峡、葛洲坝水库调度方案及设计泄流曲线与调度泄流量资料；水文站实测资料及整编成果；两坝间电力调峰非恒定流试验水文观测资料等。分析近年来不同调度方式下，枢纽出入库流量与水文测站报汛流量的差异及其规律性。②原型观测试验与分析，开展 ADCP 与传统流速仪法测流比测实验，评定 ADCP 流量测验精度；根据水库调度不同工况，采用 ADCP 在庙河至宜昌河段同步开展多断面观测试验，分析各断面流量差异及流量沿程传播等特性，庙河水文站—宜昌水文站区段水量平衡分析涉及庙河水文站、三峡大坝、黄陵庙水文站、葛洲坝、宜昌水文站五个断面以及五个断面间的四个河段，河段从上至下分别为：庙河站—三峡大坝、三峡大坝—黄陵庙站、黄陵庙站—葛洲坝、葛洲坝—宜昌水文站。③数学模型计算研究，建立各区段水量平衡方程和水动力学非恒定流数学模型，计算河段水流传播特性及各站流量变化的滞后效应，定量研究不同调度方式、不同流量级条件下各水文站水文特性。④泄流曲线率定分析，综合分析大坝泄流系数，评价三峡、葛洲坝泄流曲线误差范围；分析水库调度引起的非恒定流传播引起的泄流量与水文站流量差异及其规律性。⑤研究成果应用，根据修正的泄流系数，分析评价现有大坝泄流量的精度，以及大坝泄流量与水文站相应流量之关系，提出符合实际的工程调度及水文站点流量测验及报汛方案。

（4）主要率定结论：①分析黄陵庙和宜昌水文站 ADCP 和流速仪法的测验精度与误差，流速仪法流量 1.15 万 ~ 2.8 万 m^3/s，宜昌水文站 ADCP 相对误差为 −2.54% ~ 0.37%，黄陵庙站 ADCP 相对误差为 −0.65% ~ 1.63%，满足率定检测试验的精度要求。② 2016—2017 年在 1 万 ~ 2.6 万 m^3/s 范围内开展了 5 次现场率定，认为庙河站—

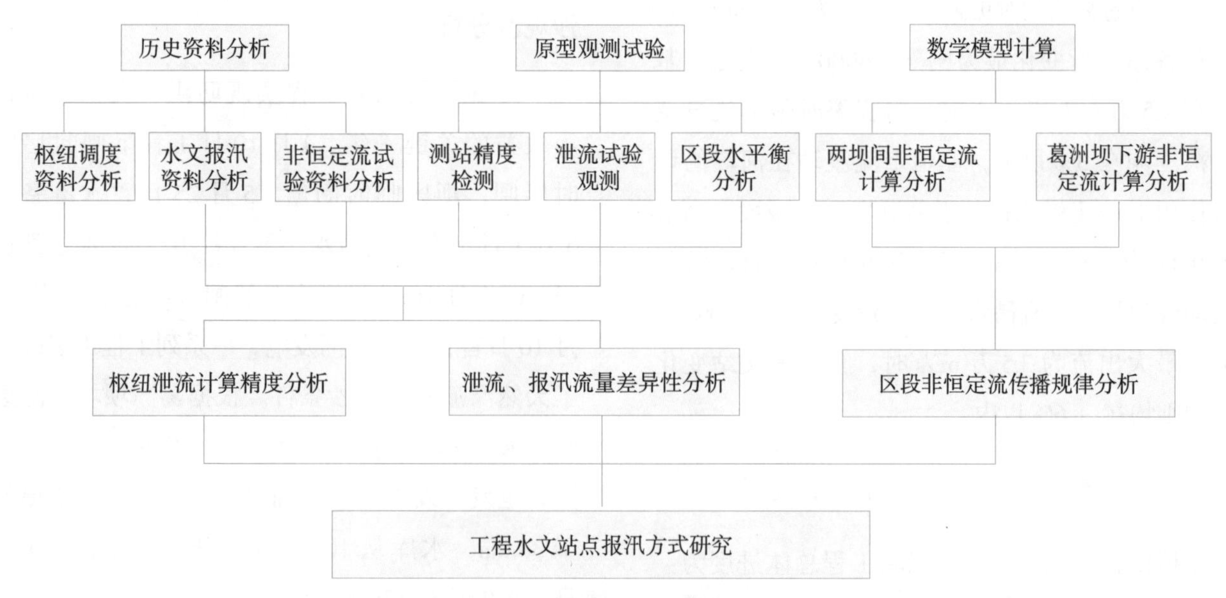

图 7.3−7　三峡、葛洲坝水库出库流量率定研究技术路线图

三峡大坝和葛洲坝—宜昌水文站两个河段率定试验成果精度高，单测次误差在 ±5%以内，平均误差在 ±3%以内。③通过结合两坝间非恒定流监测资料及数学模型计算分析，表明非恒定流特性明显，黄陵庙站—三峡出库流量偏差在 ±10%以内，大部分集中在 ±5% 以内，一些特殊调峰调度瞬时流量差异可达 -32.9% ~ 20.6%。④三峡—葛洲坝联合调度运行时，两坝间产生顺涨（落）波和逆落（涨）波，传播时间 27 ~ 33min。⑤三峡或葛洲坝电站单一调节时，两坝间瞬时附加流量变幅自上游向下游逐渐增大，三斗坪以下河段最大变化范围均在 5% 以上，其中南津关最大变化范围为 46.9% ~ 28.6%，黄陵庙站为 -32.9% ~ 20.6%，水位变幅则自上游向下游逐渐减小，三斗坪—乐天溪段最大波幅近 0.28m；坝下河段瞬时附加流量波幅仍表现为自上而下逐渐增大，但整体波动程度相对较弱，其中宜昌水文站在给定概化工况下变幅 -3.5% ~ 14.0%，枝城站 -14.2% ~ 64.1%。⑥电站调节引起的水流波动剧烈程度与调节幅度、基流、调节历时等多种因素相关，整体来说，调节幅度越大，历时越短，基流越小，该工况下水流波幅越大，河段恢复稳定所需时间越长。对于两坝间河段，三峡调节对流量波动的影响相对更强，当基流为 1 万 m^3/s 时，沿程各站流量变化最为剧烈，6000m^3/s 次之，基流在 4.5 万 m^3/s 及以上时，沿程瞬时附加流量变化范围均在 3% 以下，非恒定流波动在河段的调蓄作用下迅速坦化；对于葛洲坝—枝城段，当最大出流为 2.5 万 m^3/s，基流为 6000m^3/s 时，沿程波动较为强烈，宜昌水文站流量变化可达 10% 以上，最大出流为 3.5 万 m^3/s 时，宜昌水文站变化范围则均在 ±6% 以内。

7.3.6　三峡水库水文泥沙观测研究

根据初步设计报告，三峡工程总体进度为：工程开工第 11 年（自施工准备起算），水库水位蓄至 135m（即围堰蓄水运行期），工程开始发挥发电、航运效益。至第 15 年，水库开始按初期蓄水位 156m 运行。初期蓄水若干年后，水库再抬高至最终正常蓄水位 175m 运行。初期蓄水运用的历时，可根据水库移民安置进展情况、库尾泥沙淤积实际观测成果以及重庆港泥沙淤积影响处理方案等，届时相机确定。初步设计暂定 6 年，即 21 年水库水位可蓄至 175m 最终正常蓄水位运行。

按三峡工程初步设计水库蓄水计划，1993 年施工准备，第 11 年即 2003 年开始 135m 蓄水运用（实际也是 2003 年），第 15 年即 2007 年开始 156m 蓄水运用（实际 2006 年，提前 1 年），第 21 年即 2013 年开始 175m 运用（实际为 2008 年，提前 5 年）。由于泥沙问题直接影响三峡工程进程，因此在各次分期蓄水过程中，均安排专题原型观测与分析研究，其中，三峡局承担了 135m 和 156m 两次水库蓄水过程的专题观测与分析（2007 年与中国水科院联合承担），长江委水文局统筹 175m 试运行期原型观测与研究工作，175m 试运行时间为 2008—2020 年，2021 年三峡工程竣工验收后按 175m 最终正常蓄水位运行。

7.3.6.1　三峡水库 135-139m 蓄水过程水文泥沙观测分析

2003 年是三峡工程实现防洪、发电、航运等效益的关键一年。4 月 10 日工程下闸封堵临时船闸，坝区临时断航，5 月 25 日蓄水准备，6 月 1 日水库开始蓄水，至 6 月 10 日库水位到达 135m，6 月 16 日双线永久船闸首次通航运用，7 月 10 日首台机组并网发电，一系列工程进展改变了天然漂流水文泥沙条件。根据葛洲坝坝下游通航要求，三峡水库为向下游补水，发挥航运效益，同时也发挥发电效益，确保宜昌最低水位不得低于 38.0m，水库从 10 月 25 日开始蓄水，11 月 5 日库水位蓄至 139m。

（1）三峡水库坝前水位（茅坪站）从69.37m蓄水至135m再蓄至139m，上下落差达69 ~ 73m。

（2）135–139m蓄水运用期来水条件。进库站（清溪场站）流量变化，135m蓄水入库流量范围为1万 ~ 1.7万m^3/s；汛末139m蓄水，入库流量维持在1.5万m^3/s左右。出库站（黄陵庙站）135m蓄水期出库流量范围9000 ~ 1.2万m^3/s；汛末139m蓄水，入库流量维持在1万 ~ 8000m^3/s。汛期经历了两次较大的洪水过程，即6月22日—7月21日和9月3日—22日，入库最大洪峰流量分别为4.16万m^3/s和4.64万m^3/s。出库洪水过程滞后很小，传播时间缩短，洪峰流量分别约为4.5万m^3/s和4.6万m^3/s。

（3）135–139m蓄水运用期库区泥沙淤积情况。统计水库135–139m蓄水运行期（6—10月），入库清溪场站总悬移质输沙量2.07亿t，万县站1.58亿t，出库黄陵庙站总悬移质输沙量8418万t，排沙比约41%。库区淤积泥沙约1.2亿t，其中，清溪场至万县淤积约0.49亿t，占40%。

（4）水库回水情况，根据库区近20个水位站观测分析，135–139m水库蓄水期回水末端在洋湾至南沱之间，距坝里程为400 ~ 460km。可见三峡水库135–139m水库蓄水时的静库长不会超过400km。

（5）库水位135m运用时，清溪场明显受水库回水顶托影响，且流量越大水位抬升越高；139m时影响更甚，如流量9800m^3/s，水位抬升已达3m，且流量越小水位抬升越高。

7.3.6.2　三峡水库156m蓄水过程水文泥沙观测分析

2006年三峡水库汛后首次实施156m蓄水运用，鉴于长江上游来水偏枯，经报国家防总批准，水库于9月20日22时开始至10月27日8时结束，历时37天，蓄水111亿m^3。

（1）156m水库库区回水末端约在鱼嘴附近，长度约585km，较135m增加了140km，进一步改善川江下段航道。

（2）以寸滩站为入库水沙控制站，蓄水期总计入库泥沙2120万t，出库44万t，库区淤积2076万t。淤沙以粒径0.004 ~ 0.062mm细沙为主，占48.2%，水库排沙比2%。库区淤积分布，寸滩—清溪场、清溪场—万县、万县—大坝分别淤积了391万t、1439万t和247万t，占比分别为18.8%、69.3%和11.9%。

（3）受蓄水影响，库区水面宽平均从715m（135m）增至827m（156m），过水面积平均从2.479万m^2增至3.775万m^2。近坝段总体增加过水面积明显，但最大过水面积为5.24万m^2，位于奉节下游约4km处，距坝里程约159.3km。

2007年，三峡水库实施提前蓄水计划，自9月25日开始至10月23日结束，历时29天蓄水至156m。三峡局联合中国水科院共同承担观测分析研究工作，完成了《三峡水库156m资料分析与数学模型计算研究》报告，主要结论为：

（1）水库蓄水运用后，入库洪水以重力波形式传播明显，寸滩至黄陵庙站之间的洪水传播时间较天然情况缩短了2天左右。而悬移质输移时间约为6天，较天然时期增加了2 ~ 3天，小流量增加更多。悬移输移比洪水传播滞后，对水库排沙比有一定影响，值得深入研究异步排沙调度方案。

（2）原型观测表明：水库细颗粒泥沙不仅淤积相对较多，采用数学模型模拟计算可能水库存在泥沙絮凝沉降现象，模拟计算表明受絮凝影响主要为坝前180m范围内，絮凝发生在流速小于0.4m/s条件，当入库流量小于1.6万m^3/s时，即使入库含沙量较大，提前蓄水对水库淤积量影响并不大。

（3）原型观测坝前约13km范围淤积量比原一维预测结果明显偏大的原因，通过异重流水流数学模型模拟，在入库含沙量大幅度减小后，坝前段没有形成典型的异重流，淤积量偏大是否为泥沙絮凝引起，鉴于发生絮凝沉降现象影响因子复杂，值得进一步深入观测实验研究。

（4）根据理论分析，对于水库下游冲刷的河段必须改进输沙率测验方法，全部采用多线多点法（如5点以上）测验有困难，可采取测验与理论结合进行研究和校验，归纳出含沙量分布与校正必须分粒径组进行。对于 D=0.5 ~ 1.0mm（或 λ 接近20）的情况，测准的困难更大，解决方法需要深入研究。建议布置悬移质临底悬沙试验研究工作。

7.3.6.3 三峡水库175m蓄水过程水文泥沙观测分析

2008—2020年，三峡水库175m试验性蓄水共进行了13年。试验性蓄水的目的是通过蓄水期间的各项监测数据，分析各枢纽建筑物变形、基础渗流及应力变化情况，机组、船闸运行状态，近坝库区地震、库岸崩塌、滑坡等现象，水库泥沙演变及其影响情况，库区水质变化情况，库区漂浮物清理及其对发电、航运等的影响情况，为工程竣工验收收集基本资料和研究成果。

2021年，以三峡集团为牵头单位，中国水科院、长江委水文局（含三峡局）和长科院参加完成的《三峡水库泥沙运动规律与预测调控》，基于各期蓄水尤其是175m试验性蓄水原型水文泥沙观测调查，在变化环境下三峡泥沙运动规律研究的基础上，研发了长江上游梯级水库泥沙实时监测和预报技术，创新地提出了三峡水库汛期沙峰调度、消落期库尾减淤调度和梯级水库泥沙联合调度技术，构建了“实时监测－泥沙预报－动态调试”平台，提出了三峡水库“调沙提效”的泥沙动态调控模式，满足了防洪、发电、航运、生态、补水、减淤等方面需求，相关成果已纳入三峡水库正常运行调度规程，促进了水库综合效益的全面发挥。

三峡局在实时泥沙监测、水沙运动规律、水库泥沙预测预报等方面，均为主要参与者。一是引进LISST100X和浊度仪并开展比测试验，实现了巴东、庙河、黄陵庙、宜昌水文站泥沙实时监测并报汛（2010年）；二是精细监测入库洪峰与沙峰异步传播过程，开展坝前泥沙异重流监测和絮凝沉降试验研究，为水库排沙减淤提供了理论基础；三是研制了水库泥沙作业预报方案和场次洪水库区重点河段淤积预测方案，并取得初步成效。

经过三峡水库175m试验性蓄水原型观测分析，水库回水末端上延至江津附近（距大坝约660km），变动回水区为江津至涪陵段，长约173.4km，占库区总长度的26.3%；常年回水区为涪陵至大坝段，长约486.5km，占库区总长度的73.7%。

经过13年175m试验性蓄水，至2021年三峡工程通过正式验收，进入正常的175-145-155m运行阶段。在此，①对三峡水库来水来沙统计汇总，见表7.3-1至表7.3-4。②水库库区干支流淤积淤积情况，见表7.3-5至表7.3-7。③水库库区干流纵横断面演变变化，见图7.3-8和图7.3-9。

7.4 三峡专项研究

自1990年代开始，三峡局在完成计划性生产工作任务基础上，开始走向市场，承接水文专业技术有偿服务。尤其具有较高技术含量的综合水文勘测分析、水文（水利）计算、防洪评价、水资源论证、排污口论证、采砂论证等项目，各有其特殊性，都需要经历深入勘测调查、分析计算、评价论证等完整的研究过程。下面仅记述三峡局在三峡水文测区范围内承接的重要科研专项。

表 7.3-1　　三峡水库入库各支流年径流量和输沙量成果表

项目		金沙江	横江	岷江	沱江	长江	嘉陵江	长江	乌江	三峡入库
		向家坝	横江	高场	富顺	朱沱	北碚	寸滩	武隆	朱沱 + 北碚 + 武隆
集水面积（km^2）		458800	14781	135378	19613	694725	156736	866559	83035	934496
径流量（亿 m^3）	1990 年前	1440	90.14	882	129	2659	704	3520	495	3858
	1991—2002 年	1506	76.71	814.7	107.8	2672	533.3	3339	531.7	3737
	2003—2012 年	1391	71.55	789	102.5	2524	659.8	3279	422.4	3606
	2013—2020 年	1395	85.28	866.1	136.5	2725	659.2	3476	492.4	3877
	2003—2020 年	1392	77.65	823.3	117.6	2613	659.5	3367	453.5	3726
	多年平均	1437	83.82	851.7	120	2668	658.6	3448	489	3816
	2021 年	1229	69.19	816.7	139.8	2440	1101	3605	517.4	4058
输沙量（万 t）	1990 年前	24600	1370	5260	1170	31600	13400	46100	3040	48000
	1991—2002 年	28100	1390	3450	372	29300	3720	33700	2040	35100
	2003—2012 年	14200	547	2930	210	16800	2920	18700	570	20300
	2013—2020 年	152	653	2430	1140	5010	3390	8340	302	8700
	2003—2020 年	7940	594	2710	623	11600	3130	14100	451	15200
	多年平均	20800	1140	4250	856	25100	9360	35400	2120	36600
	2021 年	109	162	1170	218	2290	5720	7350	261	8270

注：①多年均值统计年份：向家坝站（屏山站）为 1956—2020 年，横江站为 1957—2020 年，高场站为 1956—2020 年，富顺站（李家湾站）为 1957—2020 年，朱沱站为 1954—2020 年（缺 1967—1970 年），北碚站为 1956—2020 年，寸滩站为 1950—2020 年，武隆站为 1956—2020 年。②朱沱站 1990 年前水沙统计年份为 1956—1990 年（缺 1967—1970 年），横江站 1990 年前水沙统计年份为 1957—1990 年（缺 1961—1964 年），其余 1990 年前均值统计值均为三峡初步设计值。③北碚站于 2007 年下迁 7km。④屏山站 2012 年下迁 24km 至向家坝站（向家坝水电站坝址下游 2.0km）。⑤李家湾站 2001 年上迁约 7.5km 至富顺。⑥横江站 2021 年 1—3 月、12 月沙量按规定停测，富顺站 2021 年 1—4 月、12 月沙量按规定停测。

表 7.3-2　　三峡水库出库站黄陵庙站水沙统计表

项目		1 月	2 月	3 月	4 月	5 月	6 月	7 月	8 月	9 月	10 月	11 月	12 月	全年
径流量（亿 m^3）	2003—2020 年	163	142.6	174.8	215.2	340.7	449.9	730.1	643.8	530.5	353.5	242.5	169.8	4157
	2020 年	212.1	185.5	270.3	264.1	272.7	539.1	912.5	1042	659.1	516.7	298.3	222.3	5395
	2021 年	232.3	167.9	192.4	286.4	393.2	376.4	710.8	623.5	747.8	467.1	284.3	192.6	4674
	变化率 1	39%	17%	10%	31%	14%	−16%	−2%	−3%	38%	30%	16%	13%	12%
	变化率 2	10%	−9%	−29%	8%	44%	−30%	−22%	−40%	13%	−10%	−5%	−13%	−13%
输沙量（万 t）	2003—2020 年	5.34	4.16	5.54	13.7	34.7	124	1370	1130	710	60.8	12.5	4.85	3480
	2020 年	5.49	3.81	5.41	5.29	6.32	106	870	3430	485	33.7	18.8	9.88	4970
	2021 年	6.96	5.03	4.9	7.39	22.6	36.8	533	176	249	44.2	13.6	6.59	1110
输沙量（万 t）	变化率 1	28%	19%	−11%	−45%	−34%	−69%	−60%	−84%	−64%	−26%	9%	33%	−67%
	变化率 2	27%	32%	−9%	40%	258%	−65%	−39%	−95%	−49%	31%	−28%	−33%	−78%

注：①黄陵庙站从 2000 年开始测流测沙；②变化率 1、2 分别为 2021 年与 2003—2020 年均值和 2020 年的相对变化。

表 7.3–3　三峡—葛洲坝梯级水利枢纽总出库站宜昌水文站水沙统计表

项目		1月	2月	3月	4月	5月	6月	7月	8月	9月	10月	11月	12月	全年
径流量（亿 m^3）	三峡蓄水前	114.3	93.65	115.6	171.3	310.4	466.5	804	734.1	657	483.2	259.7	157.2	4369
	2003—2020 年	163.1	142.9	175.7	219.8	345.8	455.9	733.7	648.9	533.6	356	242.5	170.5	4188
	2020 年	220.6	184.4	263.8	272.9	285.2	548.7	921.9	1064	678.1	509.2	272.9	221.2	5442
	2021 年	239.3	168.6	192	298.6	396.4	372	721	626.2	749.6	481.6	280.2	198.1	4723
	变化率 1	109%	80%	66%	74%	28%	−20%	−10%	−15%	14%	0%	8%	26%	8%
	变化率 2	47%	18%	9%	36%	15%	−18%	−2%	−3%	40%	35%	16%	16%	13%
	变化率 3	8%	−9%	−27%	9%	39%	−32%	−22%	−41%	11%	−5%	3%	−10%	−13%
输沙量（万 t）	三峡蓄水前	55.6	29.3	81.2	449	2110	5230	15500	12400	8630	3450	968	198	49200
	2003—2020 年	5.23	4.34	5.51	9.27	31.1	115	1370	1150	727	64.1	11.4	5.65	3490
	2020 年	5.7	6.94	5.44	6.74	8.04	91.5	779	3320	425	24	5.47	4.42	4680
	2021 年	4.77	4.26	4.02	9.56	16.6	32.9	544	181	259	41	11.4	3.99	1110
	变化率 1	−91%	−85%	−95%	−98%	−99%	−99%	−96%	−99%	−97%	−99%	−99%	−98%	−98%
	变化率 2	−9%	−2%	−27%	3%	−47%	−71%	−60%	−84%	−64%	−36%	0%	−29%	−68%
	变化率 3	−16%	−39%	−26%	42%	106%	−64%	−30%	−95%	−39%	71%	108%	−10%	−76%

注：①三峡蓄水前径流量和输沙量资料统计年份为 1950−2002 年。②变化率 1、2、3 分别为 2021 年与三峡蓄水前、2003—2020 年年均值和 2020 年的相对变化。

表 7.3–4　三峡进出库各主要控制站不同粒径级配统计表

粒径范围（mm）	测站 时段	沙重百分数（%）							
		朱沱	北碚	寸滩	武隆	清溪场	万县	黄陵庙	宜昌
$d \leqslant 0.031$	2002 年前	69.8	79.8	70.7	80.4	/	70.3	/	73.9
	2003—2020 年	73.5	82.9	78.0	82.4	81.5	88.6	88.3	87.0
	2021 年	76.9	82.1	76.9	84.1	80.9	81.3	87.6	88.9
$0.031 < d \leqslant 0.125$	2002 年前	19.2	14.0	19.0	13.7	/	20.3	/	17.1
	2003—2020 年	18.5	13.7	16.5	14.4	15.0	10.5	9.1	8.2
	2021 年	19.0	15.6	19.8	14.4	16.7	15.7	10.8	9.3
$d > 0.125$	2002 年前	11.0	6.2	10.3	5.9	/	9.4	/	9.0
	2003—2020 年	8.0	3.4	5.5	3.2	3.5	0.8	2.6	4.8
	2021 年	4.1	2.3	3.3	1.5	2.4	3.0	1.6	1.8
中值粒径	2002 年前	0.011	0.008	0.011	0.007	/	0.011	/	0.009
	2003—2020 年	0.012	0.010	0.010	0.008	0.010	0.007	0.006	0.006
	2021 年	0.012	0.010	0.012	0.009	0.011	0.011	0.008	0.007

表 7.3–5　不同年份三峡水库库区分段淤积量统计表

时段	入库沙量（万 t）	出库沙量（万 t）	库区总淤积量（万 t）	库区分段淤积量（万 t）				水库排沙比
				朱沱—寸滩	寸滩—清溪场	清溪场—万县	万县—大坝	
2003 年 6—12 月	20821	8400	12421			4950	7460	40.3%

续表

时段	入库沙量（万 t）	出库沙量（万 t）	库区总淤积量（万 t）	库区分段淤积量（万 t）				水库排沙比
				朱沱—寸滩	寸滩—清溪场	清溪场—万县	万县—大坝	
2004 年	16600	6370	10230			3630	6600	38.4%
2005 年	25400	10300	15100			4890	10210	40.6%
2006 年	10210	891	9319		590	4790	3940	8.7%
2007 年	22040	5090	16950		370	9610	6970	23.2%
2008 年	21780	3220	18560		2870	8420	7270	14.8%
2009 年	18300	3600	14700	860	−756	7700	6900	19.7%
2010 年	22900	3280	19620	1220	2260	7900	8220	14.3%
2011 年	10200	692	9508	850	483	5740	2398	6.8%
2012 年	21900	4530	17370	780	2118	7600	6870	20.7%
2013 年	12700	3280	9420	490	94	3610	5210	25.8%
2014 年	5540	1050	4490	−280	234	3250	1290	19.0%
2015 年	3200	425	2775	−206	−112	2390	705	13.3%
2016 年	4220	884	3338	−363	448	2160	1088	20.9%
2017 年	3440	323	3117	−172	570	1960	757	9.4%
2018 年	14300	3880	10420	740	349	3100	6220	27.1%
2019 年	6850	936	5910	270	321	3110	2214	13.7%
2020 年	19400	4970	14430	40	2754	5300	6330	25.6%
2021 年	8270	1110	7160	660	791	3050	2660	13.4%
累计	268071	63231	204840	23570	−5297	104449	82021	23.6%

表 7.3–6　　2003 年以来主要支流入汇口典型断面淤积情况统计表

河名	距坝里程（km）	河口宽（m）	河槽底高程（m）（2020.11）	最大淤积厚度（m）	河名	距坝里程（km）	河口宽（m）	河槽底高程（m）（2020.11）	最大淤积厚度（m）
香溪河	30.8	780	78.6	17.4	磨刀溪	221	265	102.9	17.8
卜庄河	31.6	461	79.6	4.6	汤溪河	225	300	110.4	12.6
胜利河	39.5	493	91.8	7.8	小江河	252	600	109.4	16.3
清港河	44.4	380	88.9	20.4	龙河	432	340	137.7	5.1
沿渡河	76.5	180	81.6	14.8	渠溪河	460	180	142.3	8.1
大宁河	123	1600	91.3	18.9	乌江	487	500	132.2	3.9
草堂河	157	680	105.1	13.1	龙溪河	533	184	148.7	4.7
梅溪河	161	350	108.1	19.8	木洞河	574	185	153.6	−1.4
长河	169	1048	114.3	2.8	嘉陵江	612	547	151.4	−2.7
长滩河	206	354	104.6	3.6					

注：统计时段为 2003 年至 2020 年 12 月。

表 7.3–7　　库区其他支流入汇口典型断面情况统计表（2011 年 3 月）

河名	距坝里程（km）	河口宽（m）	河底高程（m）	河名	距坝里程（km）	河口宽（m）	河底高程（m）	河名	距坝里程（km）	河口宽（m）	河底高程（m）
长道河	373.2	225	142	木洞河	574.1	175	155	杨柳溪	661.1	50	177
长滩河	206	365	101	戚家河	369.5	360	139	渔溪河	589	160	165
花溪河	629.9	370	101	綦江	666	145	170	御临河	562.4	190	152
箭滩河	644.3	90	173	汝溪河	345.1	520	130	苎溪河	286.1	530	128
梨香溪	512.3	320	148	桃花溪	535.1	245	153	靖江溪	4.1	1140	83
磨滩河	314.4	750	127	武陵河	321.8	265	131	下小溪	4.9	830	96
旧洲河	35.7	425	83	抱龙河	105.1	150	83	太平溪	5.8	1330	81
胜利河	39.5	410	84	赤溪沟	129.7	395	97	百岁溪	7.6	600	77
陈家小河	46.8	430	82	乌峰溪	137.7	410	95	曲溪	7.4	540	98
紫阳沟	69.6	550	84	错开峡	144.2	415	98	兰陵溪	10.9	480	85
链子溪	81.3	280	78	火炮溪	149.5	885	81	端坊溪	11.4	340	78
富里碛	91.2	380	85	草堂河	156.7	915	92	杉木溪	12	350	87
小溪河	93.5	470	79	木瓜溪	168.2	285	118	横溪	14.5	375	97
鳊鱼溪	98.3	160	71	朱衣河	168.7	530	102	卜庄河	32.3	555	75
下山羊溪	99.5	170	98	下沟	169.9	310	121				
山羊溪	100.4	210	99	上沟	169.9	200	111				

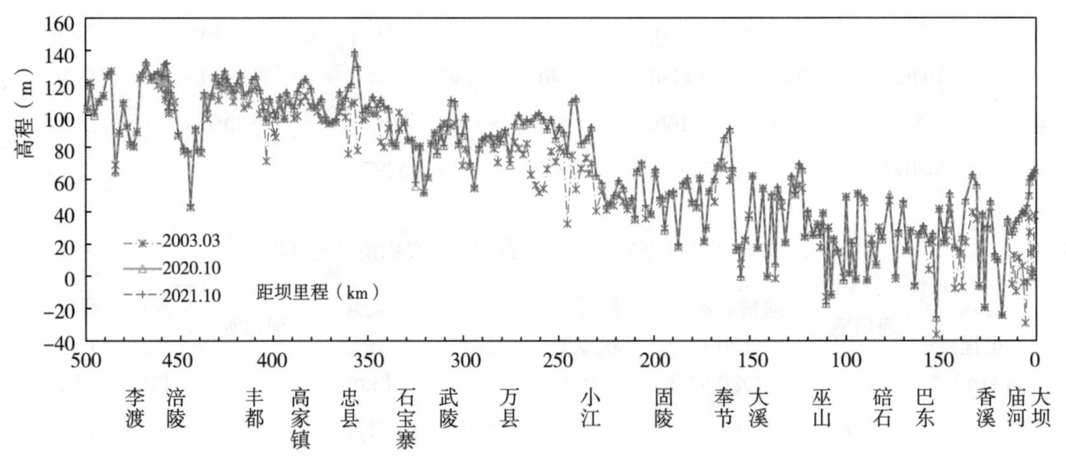

图 7.3–8　三峡库区李渡至大坝干流段深泓纵剖面变化

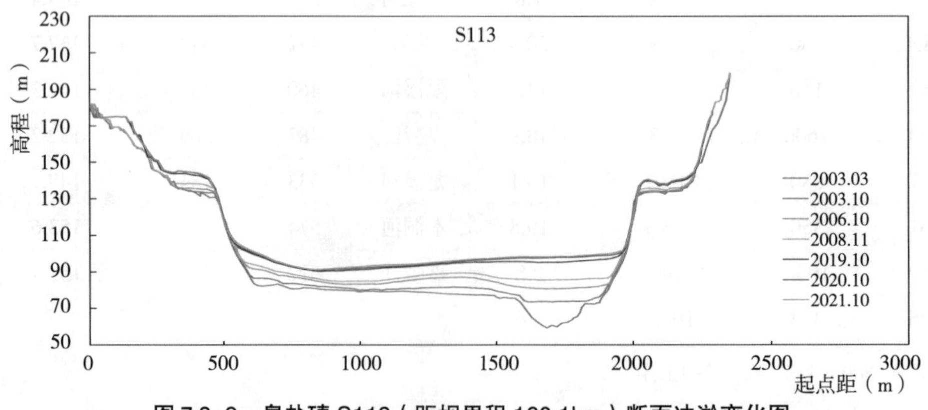

图 7.3–9　臭盐碛 S113（距坝里程 160.1km）断面冲淤变化图

7.4.1　三峡水库淤积沙综合利用可行性研究

河道砂石是河床的重要组成部分，对维持河道水沙平衡和保障河势稳定具有关键作用。河道砂石是重要的建筑材料和填筑材料，长江干流河道采砂由来已久，一度曾出现乱采滥挖的混乱局面。为加强长江河道采砂管理，国家相继出台了一系列政策法规，如 2002 年实施《长江河道采砂管理条例》，长江委会同流域内相关省（直辖市）水行政主管部门编制了多轮河道采砂规划，科学规范和指导采砂，制定和实施了相关监管措施及办法等，如宜昌至沙市规划为禁采区，经过多年努力，长江干流采砂基本形成了总体可控、稳定向好的局面。

砂石料供需矛盾十分突出。近年来，受供需矛盾的影响，全国砂价持续上涨，非法采砂、乱采滥挖活动在一些地方比较严重，影响河流河势稳定，威胁防洪、通航、桥梁码头等水工程安全和水生态安全，受到社会高度关注。河道砂石是河床的重要组成部分，是保持河势稳定的基本要素。河道采砂事关防洪安全、供水安全、航运安全、生态安全和基础设施安全，关系社会和谐稳定，是河湖管理的重点和难点。

水库淤积沙综合利用是一项全新的开创性工作。根据水利部 2019 年编制的《河道采砂管理条例》，提出工程性采砂管理的规定，在长江干流的一些航道、港口等工程清淤疏浚中，开展过工程性采砂管理。但在水库中采砂尚无先例，经湖北省宜昌市向长江委提出开展三峡水库淤积沙综合利用试点申请，获得同意，但应编制可行性研究论证报告，经审查取得相关许可后方可实施。三峡局受宜昌市交投集团委托编制可行性研究报告。

7.4.1.1　三峡水库泥沙淤积分布

为合理选择水库淤积沙开采试点区域，必须详细探明水库泥沙淤积分布情况。

淤积总量。采用输沙率法计算，2003 年 6 月—2018 年 12 月三峡水库入库悬移质泥沙 23.4 亿 t，出库 5.62 亿 t，水库淤积泥沙 17.7 亿 t，年均淤积泥沙约 1.1 亿 t，水库排沙比为 24.1%。

淤积分布。采用地形（固定断面）法计算，2003 年 3 月—2018 年 10 月三峡库区干流（大坝 ~ 江津）累计淤积泥沙 15.559 亿 m^3。其中，变动回水区累计冲刷量 0.783 亿 m^3；常年回水区淤积量 16.342 亿 m^3。各库段淤积分布，见表 7.4–1。

7.4.1.2　淤积沙颗粒级配组成情况

在建筑行业，砂石料粗细按细度模数分为 4 级。①粗砂：细度模数为 3.7 ~ 3.1，平均粒径为 0.5mm 以上。②中砂：细度模数为 3.0 ~ 2.3，平均粒径为 0.5 ~ 0.35mm。③细砂：细度模数为 2.2 ~ 1.6，平均粒径为 0.35 ~ 0.25mm。④特细砂：细度模数为 1.5 ~ 0.7，平均粒径为 0.25mm 以下。根据水库现场取样分析，淤积物干容重约为 1.08t/m^3，变化范围为 0.6 ~ 2.31t/m^3，呈上粗下细分布特征，中值粒径变化范围为 0.002 ~ 184mm。干容重在 2mm

表 7.4–1　　三峡水库典型库段淤积量分布表　　（单位：亿 m^3）

时间	变动回水区				常年回水区				合计
	江津—大渡口	大渡口—铜锣峡	铜锣峡—涪陵	小计	涪陵—丰都	丰都—奉节	奉节—大坝	小计	
2003.03–2006.10	/	/	−0.017	−0.017	0.020	2.698	2.735	5.453	5.436
2006.10–2008.10	/	0.098	0.008	0.107	−0.003	1.294	1.104	2.396	2.502
2017.10–2018.10	−0.006	−0.029	−0.007	−0.042	0.006	0.440	0.321	0.767	0.725
2008.10–2018.10	−0.405	−0.282	−0.185	−0.873	0.397	5.893	2.204	8.493	7.621
2003.03–2018.10	−0.405	−0.184	−0.194	−0.783	0.414	9.885	6.043	16.342	15.559

以上趋于稳定，小于 2mm 则变化较大。

考虑到水利部门泥沙分类和建筑行业砂石料分类标准不一致，在水库泥沙淤积颗粒级配分析基础上，辅以现场钻探取样补充分析。根据进出库站悬移质级配分析成果，寸滩站粗颗粒泥沙（大于 0.125mm）含量由蓄水前的 10.3% 减少到蓄水后的 5.7%，每年进入库区的淤积粗颗粒泥沙 500 万 t。对两个试点区位于清港河和香溪河入河口附近，依据现场钻探取样分析确定淤积沙组成情况。

7.4.1.3 采砂试点区域论证

根据水库淤积观测和钻探取样级配分析，并结合通航安全论证、环境影响评价等，综合选拔秭归县境内沙镇溪和香溪附近两个区域，经湖北省水利厅和长江委审查批准作为首批淤积沙综合试点河段，见图 7.4–1。

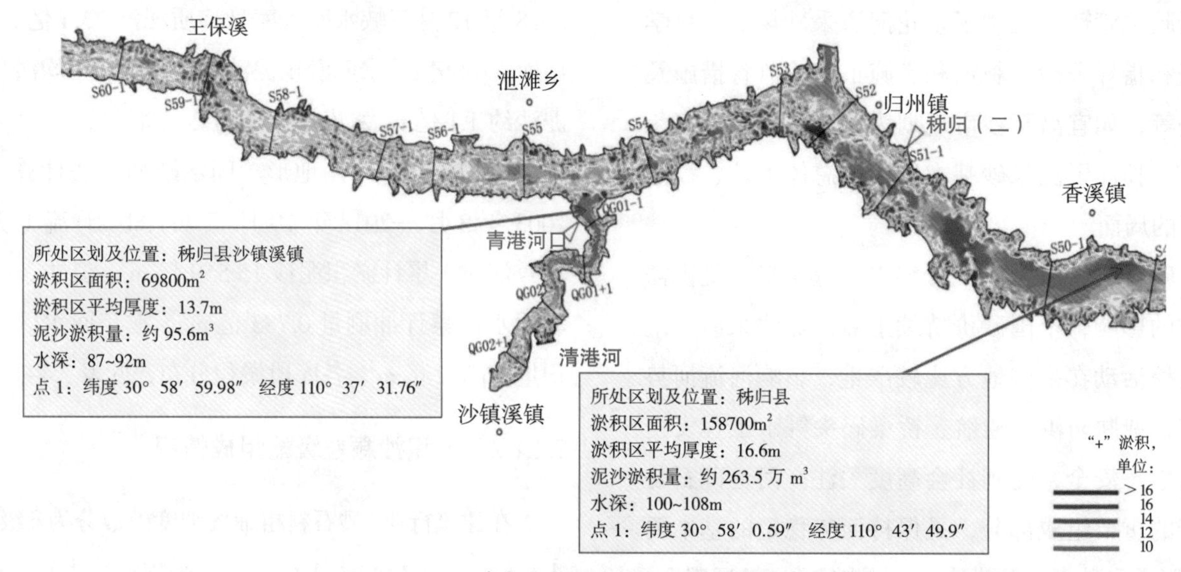

图 7.4–1 三峡水库淤积沙综合利用试验区域示意图

7.4.1.4 采砂试点作业淤积论证

三峡水库宜昌段淤积沙综合利用试点项目采取“政府主导、国企实施、定向供应重点工程”模式实施，试点期一年，批复清淤总量 435 万 m³（其中可利用砂 200 万 m³），淤积沙用于保障市级重点工程建设。采用气动式清淤船疏浚系统，严格按照图 7.4–2 流程作业，并接受现场监督。

7.4.1.5 淤积沙综合利用试点效果

通过采砂可行性研究、通航安全评估和环境影响评价，在库区试点开展淤积沙综合利用，得到湖北省水利厅和长江委许可，以及三峡集团的支持，这是首次开展试点性淤积沙综合利用项目。综合效益主要体现在两个方面，一是从淤积沙获取建筑砂石料，缓解了建筑骨料市场短缺难题；二是清理水库淤积沙，可增加水库库容，有利于水库的长期使用。但限于清淤船的性能，试点淤积沙综合利用只利用了中粗砂部分，其余细沙的利用尚待进一步研究。

7.4.2 三峡水库漂浮物运移规律与治理措施研究

三峡水库漂浮物综合治理，是一项复杂的系统工程。在三峡水利枢纽初步设计中，其原则是“以排为主、辅以坝前机械清污或人工清污”的治理措施。该课题根据河道型水库特点，通过观测、分析和数学模型计算研究，弄清了漂浮物运移滞后于洪水波的传播规律及易于回水缓流区停滞特性，提出了在库区沿程“提前拦截、以拦为主、以排为辅”

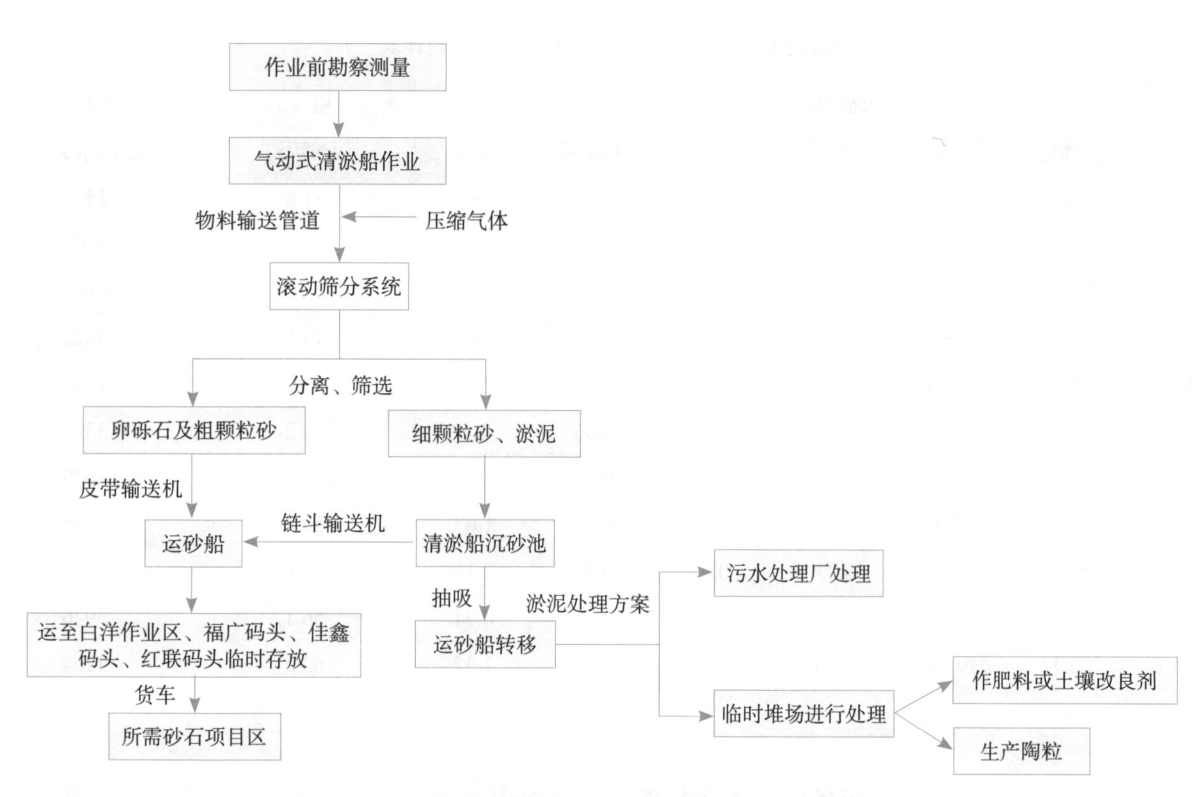

图 7.4–2　三峡水库淤积沙综合利用气动式清淤作业流程论证

的清漂措施，并在实践中取得了巨大成功。

根据 2004 年以来的长期观测分析、清漂监理实践，三峡水库在库区已建立 15 个清漂点，实施沿程打捞，分类处理等综合措施，较好地解决了水库漂浮物这一世界性难题。该研究包括 4 个方面内容：①库区漂浮物总量及其分布特征。②库区水文特性及漂浮物运移规律。③漂浮物对水库水环境的影响实验研究。④库区漂浮物治理措施及清漂管理。

7.4.2.1　库区漂浮物总量及其分布特征

根据 2006—2016 年监测、清理情况统计，三峡水库水面漂浮物监测（估算）统计情况见表 7.4–2，多年平均约为 45.8 万 m^3。主汛期和水库蓄水期是主要的产漂时段，其中洪水期（坝前水位 145m）约占 2/3，蓄水期（坝前水位 145–175m）约占 1/3。

金沙江梯级水电站建成后，洪水期的漂浮物，主要来自向家坝至三峡大坝约 1000km 河段，其中，重庆以上约 400 km 为四川盆地，漂浮物多为农作物，重庆以下三峡库区约 600 km，为丘陵地区，多为植物。蓄水期的漂浮物，主要来自库区周边，多为植物和农作物。

根据调查资料估算，汛期产漂量随流量增加而增加，按洪水量级，一次洪水过程（按 10 天计）产漂量，每增加流量 1 万 m^3/s，约产漂浮物 0.3 万 m^3。蓄水期产漂量随淹没陆域面积增大而增大，平均每淹没 1km^2 陆域，产生漂浮物约 0.1 万 m^3。

7.4.2.2　库区水文特性及漂浮物运移规律

三峡水库初期蓄水后，汛期按 145m 运行，其水库常年回水区在涪陵以下，以上则基本具备天然河道的特性，因此，洪水波在库尾表现为运动波，在回水区则为惯性波。三峡水库蓄水后，洪水传播速度是蓄水前的 3.1 倍，汇流时间从原来 53.2 小时缩短为 17.1 小时。漂浮物随水流输移速度明显减缓，2 万 ~ 6 万 m^3/s 入库流量范围，漂浮物在水库内输移的时间为 4 ~ 10 天，大幅滞后于洪水波的传播时间。

表 7.4-2 三峡蓄水后库区水面漂浮物监测（估算）统计表

年份	水面漂浮物量（万 t）						漂浮物量（万 m^3）	径流量（亿 m^3）
	全库区	重庆	巴东	秭归	夷陵区	坝前	全库区	宜昌水文站
2006	3.9	—	—	—	—	—	11.8	2848
2007	10.7	—	—	—	—	—	32.4	4004
2008	11.64	—	—	—	—	—	35.2	4186
2009	4.88	—	—	—	—	—	14.8	3822
2010	25.41	21.46	0.29	0.69	/	2.97	77.0	4048
2011	11.62	10	0.24	0.22	0.06	1.1	35.2	3393
2012	17.9	14	0.45	0.6	0.05	2.8	54.2	4649
2013	19.92	17.8	0.25	0.15	0.05	1.67	60.4	3756
2014	20.67	18	0.23	0.2	0.09	2.16	62.6	4584
2015	18.5	—	—	—	—	0.94	56.1	3946
2016	20.97	19.13	0.16	0.27	0.04	1.37	63.5	4264
合计	166.1	—	—	—	—	—	503.3	43500

水库蓄水运行以来库区水流条件发生巨大变化，表现为：水流流速分布呈中泓大、两岸小，漂浮物在河道运移快慢不一；库区存在顺流、回流、斜流、泡漩流等复杂流态，漂浮物在运行过程中，可能从岸边运动到中泓，也可能从中泓运动到岸边，当漂浮物进入回流区（通常在支汊入汇处、宽谷段、库弯）时，容易出现漂浮物的汇集；水库在汛期和枯季蓄水位不一，其回水末端也不固定，但总体而言，汛期洪水来临时在库尾（重庆至涪陵）段水流与天然时期接近，水流一般较大，漂浮物运行与天然时期大致相同。库区各区段流速情况，见表 7.4-3。

7.4.2.3 漂浮物对水库水环境的影响实验研究

漂浮物对河道（库区）生态环通航等有一定影响，在三峡库区重庆和湖北各县市均布置漂浮物现场监测，同时在朱沱、铜罐驿、寸滩、长寿、清溪场、万县、奉节、官渡口、巴东、庙河等布设水质取样监测，以及在坝前开展漂浮物沉浸试验，深入分析漂浮物对水体水质的影响。

自三峡水库蓄水运行以来，库区干流现状水质整体较好，监测断面中年度水质基本符合《地表水环境质量标准》（GB 3838—2002）Ⅱ - Ⅲ类水质标准，但从全年水质来看，主汛期大洪水时库区水质明显劣于平水期和枯水期。

在坝前段选取 4 个沉浸试验点，沉浸时间 10 天，监测 pH 值、电导率、溶解氧（DO）、总氮（TN）、总磷（TP）、氨氮、高锰酸盐指数（COD_{Mn}）、铜、铁、镉、锰、锌、铅等指标。试验表明：综合类漂浮物，会对水体产生铁、铜、锰等重金属污染；水体中重金属的迁移转化与悬浮物有着非常密切的联系，而悬浮物与漂浮物的打捞量是线性显著相关的，漂浮物浓度的多少对水体中重金属变化规律有影响作用。

7.4.2.4 库区漂浮物治理措施及清漂管理

三峡水库库区提前拦截清漂措施，应把握重点清漂河段和主要清漂时期。较理想的清漂河段为忠县至巫山和香溪至坝前，最佳清漂时机为入库洪水出现洪峰后 3~5 日内。

加强对重点河段和重点时段的清漂能力建设，建立大、中、小型各类清漂船，尤其加强自动清

表 7.4-3　　三峡库区各河段平均流速统计成果表

库段	河段长（km）	平均流速（m/s）					
		$10000m^3/s$	$20000m^3/s$	$30000m^3/s$	$40000m^3/s$	$50000m^3/s$	$60000m^3/s$
重庆－涪陵	107	1.27	1.86	2.21	1.96	2.32	2.47
涪陵－丰都	54	0.68	1.14	1.45	1.66	1.93	2.12
丰都－忠县	60	0.47	0.87	1.15	1.36	1.56	1.72
忠县－万县	81	0.34	0.66	0.94	1.17	1.38	1.59
万县－云阳	40	0.28	0.54	0.80	1.01	1.23	1.43
云阳－奉节	78	0.30	0.59	0.88	1.14	1.40	1.66
奉节－巫山	39	0.26	0.51	0.75	0.98	1.23	1.45
巫山－巴东	48	0.31	0.61	0.92	1.23	1.53	1.82
巴东－坝前	72	0.17	0.35	0.52	0.69	0.86	1.04

漂船和清漂码头及转运、处置能力建设。全库区沿程布置 15 ~ 20 个清漂点，储备足够的应急清漂资源（清漂船、清漂装备、转运码头等），能够正常应对常年洪水（类似 2020 年洪水除外）的漂浮物处置工作。

7.4.3　三峡水库近坝水环境特性及调控措施研究

该课题为三峡中心与清华大学联合承担。针对三峡水库蓄水，库水位分期抬高，水流减缓，水质如何变化，是否出现水温分层，下泄水流流速增大，卷吸空气的能力增强，溶解气体超饱和现象是否会更加严重等问题。该课题综合运用现场观测、理论分析和数值模拟等手段，研究 2006 年水库蓄水至 156m 水位到 2009 年蓄水至 175m 水位这一时段，坝前 30km 至坝下 40km 的近坝区域内水环境特性的变化规律，并提出保护坝区水环境的措施，研究成果将为三峡工程的运行管理提供重要的技术支撑，具有重要的实际和理论意义。

水质监测站点共布设 7 个监测断面：①香溪断面：在庙河断面的上游。②庙河断面：距大坝前约 18.5km，水温同步监测背景断面。③黄陵庙断面：在三峡大坝下游 12km。④南津关断面：在三峡大坝下游 37km，葛洲坝水利枢纽上游。⑤宜昌断面：在大坝下游 40km，葛洲坝水利枢纽下游。⑥坝前断面：距三峡大坝前约 0.5km，水温同步监测控制断面。⑦东岳庙断面：在三峡大坝下游，距大坝约 2km，主要监测溶解气体超饱和情况。

水质观测时段和检测项目：① 2005 年 1 月—2009 年 6 月，每月一次常规监测，观测项目包括水温、pH 值、SS、DO、COD_{Mn}、BOD_5、NH_3-N、NO_2-N、NO_3-N、总氮、TP、挥发酚、Hg、Cr^{6+}、Cu、Pb、Cd、石油类共 18 项水质指标。② 2007—2009 年 4—6 月，若庙河断面出现水温上、下层温差达 2.0℃，对庙河断面和坝前断面进行水流水温水质同步观测 1 ~ 3 次，深度按照每 5m 一层设置水温观测点，同步测量流速以及水质 pH 值、SS、DO、COD_{Mn}、BOD_5、NH_3-N、NO_2-N、NO_3-N、总氮、TP、挥发酚、Hg、Cr^{6+}、Cu、Pb、Cd、石油类等水质指标，在监测断面上设置 3 条垂线，在每条垂线上设置上、中、下 3 个测点。③ 2007—2009 年间，在流量达到 4 万 m^3/s 时，在庙河、坝前、黄陵庙进行一次洪峰过程的起涨、峰顶、峰腰（退水面）测量，测量流速和水温、pH 值、SS、DO、COD_{Mn}、BOD_5、NH_3-N、NO_2-N、NO_3-N、总氮、TP、挥发酚、Hg、Cr^{6+}、Cu、Pb、Cd、石油类等水质指标。④在流量达到

4 万 m^3/s 时，在坝前、西陵大桥（东岳庙）、黄陵庙、宜昌断面进行一次洪峰过程的起涨面、峰顶、峰腰（退水面），监测溶解氧，并收集泄洪的方式和流量。⑤在 2007—2009 年间，每年年初消落期、汛末蓄水期（156–145–156m），在庙河、坝前、西陵桥、黄陵庙、南津关、宜昌断面进行水温、pH 值、SS、DO、COD_{Mn}、BOD_5、NH_3–N、NO_2–N、NO_3–N、总氮、TP、挥发酚、Hg、Cr^{6+}、Cu、Pb、Cd、石油类等水质指标监测。

主要研究结论：① 156—175m 蓄水期，近坝水域水质变化不明显，各个监测断面的水质浓度在 2005—2008 年起伏不大。近坝水域的总体水质良好，能满足库区水体功能要求，季节变化为夏季较差，冬季较好。② 2005—2008 年，三峡水库近坝水域营养盐浓度水平依然维持在较高的水平，由于水流速度进一步减缓，支流库湾处出现大范围的水华现象。③水库蓄水后，悬浮物浓度随流速的减小而降低，包括 COD_{Mn}、TP、重金属等在内的污染物，随泥沙沉入库底，表观浓度有所下降，但存在随泥沙起浮形成二次污染的可能。④ 2005—2008 年期间，没有出现明显的水温分层现象，但水温的时间变化规律发生改变，由于水深的增加，水温对气象条件的响应更慢，在升温期水温和蓄水前相比有一定程度的下降。预测表明，在正常的水文条件下，三峡水库蓄水到 175m 后，出现分层的可能性不大。⑤ 2005—2008 年期间，坝身泄洪时，仍出现溶解氧过饱和的现象。与蓄水初期（2003—2004 年）相比，由于更多的电站机组投入运行，下游水体的超饱和程度有所缓和，但仍有溶解氧饱和度超过 120% 的现象出现。DO 饱和度的预测表明，发生百年一遇洪水时，大坝下游将会出现大范围的溶解气体超饱和现象，黄陵庙断面的溶解氧饱和度将达 140%。

7.4.4 三峡水库泥沙预测预报研究

三峡水库蓄水运用改变了库区水沙运动特性，洪水传播时间大幅度缩短，出现明显的洪峰、沙峰错峰现象，为建立水库泥沙预测预报提供了理论基础条件。自 2006 年起策划开展前期调研分析工作，2013—2015 年正式立项，获三峡集团资助，研究基于入库洪水及泥沙预报、库区泥沙数学模型、水文泥沙报汛信息、水库调度信息，建立水库泥沙预报模型，提前预测沙峰到达坝前的时间及量级，采取合理的错峰减淤调度措施，大大提高了排沙效果。

原型观测分析揭示：①三峡水库入库洪峰与沙峰异步传播特性和泥沙运动规律，一般沙峰滞后洪峰 3 ~ 7 天，为水库泥沙预报和水库排沙减淤调度提供了足够的预见期。②变化环境下，入库泥沙大幅减沙，多年平均约 1.5 亿 t，为设计值的 30%，径流量年内分配均化，输沙量更集中于暴雨场次洪水，这为阐明水库调度对泥沙淤积调整机制、沙峰输移和排沙比预判模型等提供了理论基础和原型实践。

构建基于“短期水文预报、入库含沙量预测、水沙数学模型、泥沙报汛信息和水库调度方案”的水库泥沙作业预报研究，研制了作业预报软件平台。建立了以朱沱 / 北碚流量比为参数的入库含沙量预测经验模型。

7.4.5 三峡水库漂浮水面蒸发观测实验研究

2013 年受三峡集团委托，开展“三峡水库水面蒸发实验研究”，选择巴东河段建立陆上蒸发观测场和水上漂浮水面蒸发观测场，对比观测水面蒸发实验研究。研究技术路线见图 7.4–3。

主要研究及创新成果：①设计制造蒸发实验漂浮筏，获实用新型专利和中国水利协会水利创新成果二等奖。②揭示了陆上水面蒸发与漂浮水面蒸发的差异及其主要影响因素，即水温。③三峡水库水面蒸发量呈多峰多谷特性，巴东段最大、长寿段最小。④研究构建了 5 个三峡水库水面蒸发模型（经验模型 1、回归模型 2、非线性模型 2）。

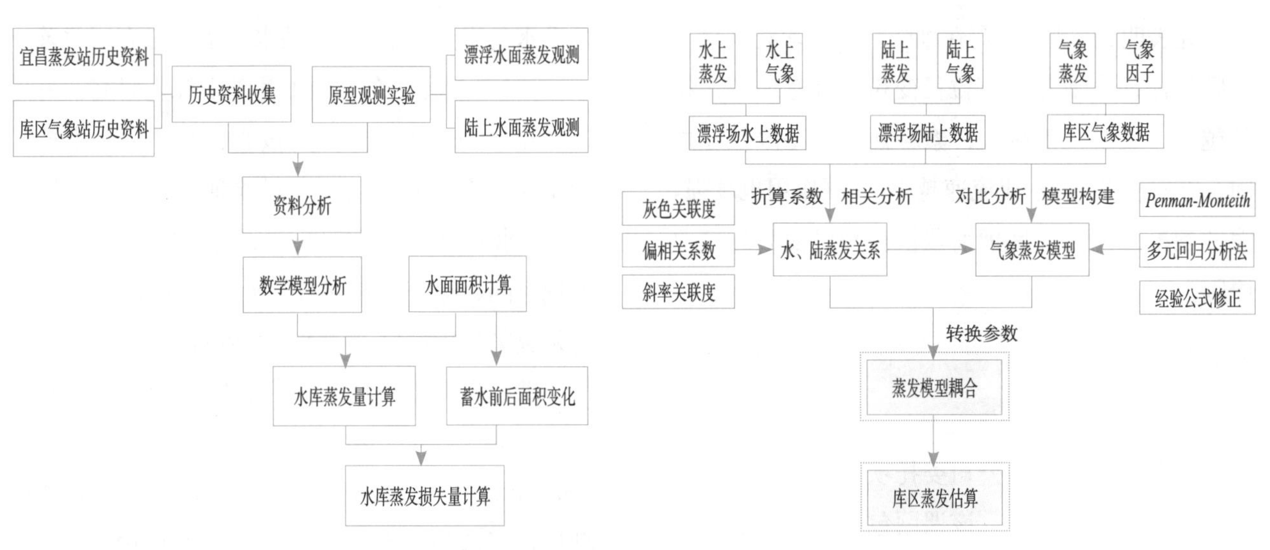

图 7.4–3　三峡水库漂浮水面蒸发实验研究技术路线图

⑤预估三峡水库水面蒸发损失水量约 5.9 亿 m^3。其中，水库 135 ~ 156m 运行期年平均损失水量较蓄水前增加约 2.246 亿 m^3，175m 试验性蓄水运行期，年损失水量较蓄水前增加了 3.264 亿 m^3。

7.4.6　三峡水库淤积物理特性及其生态环境效应研究

2015—2017 年，三峡局承担水利部公益性行业科研专项“三峡水库淤积物理特性及其生态环境效应”（编号：501501042，由长科院牵头）部分工作，包括全库区生态环境调查、河床底泥采样、室内检测，并结合已有观测资料，分析进出库水沙变化、库区淤积特点、坝前泥沙絮凝特性等分析，三峡局提交《三峡水库淤积分析》结题报告，汇入《三峡水库水沙生态环境效应与调控关键技术》，获中国电力科学技术进步奖一等奖。

主要研究结论：①三峡水库蓄水运用以来，受上游来沙减少、水库调度、河道采砂等影响，水库泥沙淤积大为减轻。2003 年 6 月—2018 年 12 月，三峡水库淤积泥沙 17.733 亿 t，近似年均淤积泥沙 1.138 亿 t，仅为论证阶段（数学模型采用 1961-1970 系列年预测成果）的 34%，水库排沙比为 24.1%。②2003 年 3 月—2018 年 10 月库区干流（大坝—江津）累计淤积泥沙 15.559 亿 m^3，其中变动回水区累计冲刷泥沙 0.783 亿 m^3，常年回水区淤积量为 16.342 亿 m^3。库区绝大部分泥沙淤积在水库 145m 以下的库容内，淤积在 145 ~ 175m 之间的泥沙为 1.303 亿 m^3，占总淤积量的 7.5%，占水库静防洪库容的 0.56%，水库有效库容损失较小。③三峡水库蓄水以来大坝至铜锣峡淤积量多集中在宽谷段，河床横向变化有主槽平淤、沿湿周淤积以及弯道处的不对称深槽淤积，在河道水面较窄的峡谷段和回水末端则断面一般出现主槽和湿周的冲刷。④三峡水库蓄水进程的发展，随着坝前水位的抬高，水库淤积纵向分布发生变化，库区泥沙淤积逐渐向上游发展，泥沙主要淤积带从大坝—奉节上移至奉节—丰都段。但库区泥沙淤积强度呈逐步下降的趋势。⑤蓄水以来，三峡库区纵剖面有一定程度的变化，局部河段范围有较明显变化，如坝前段深泓最大淤高达到 66.8m，但这种变化并未改变三峡库区河道深泓的基本形态，河道纵剖面仍呈锯齿状分布，原因主要是：一是水库蓄水运行历时尚短；二是近年来入库泥沙明显减少；三是三峡水库为典型的河道型水库，汛期大流量时水流仍有较大流速，导致泥沙淤积幅度不大。⑥三峡水库蓄水运行以来，入库沙量大幅度减小的同时，入库粗颗粒泥沙含量也有所降低，库区沿程泥沙粒径明显偏细。实验研究表明，三峡水库存在细颗粒泥沙絮凝现象。细颗粒泥沙形成絮团，粒径变粗，沉速加快，粒径越小，絮凝强度越大，絮凝强度与泥沙粒径之间存在对应关系；水流流速越小，絮凝作用也越强。泥沙絮凝作用是库区坝前段淤积相对偏大的主要原因。

7.4.7　三峡大坝至葛洲坝区间水环境监测及决策支持系统研究

该课题为三峡总公司委托项目，由河海大学牵头，三峡中心参与。该课题包括两个专题：①专题1，三峡大坝和葛洲坝区间水污染沿程测算及容量研究，时间为1996年7月—1997年10月。②专题2，三峡大坝至葛洲坝区间水环境监测及决策支持系统研究，时间为1997年大江截流后至1999年9月。

（1）专题1以太平溪断面为本底，现场监测三峡大坝到葛洲坝区间沿程（含各支流入汇）水质变化，预测工程施工期（1999年）、围堰蓄水期（2003年）和最终运行水位期（2010年）各断面水质变化趋势，研究两坝间水环境容量及保护对策措施。在水质现场监测基础上，开展水环境容量研究。具体方法为：在水质变化演算、预测及水环境容量测算中，三峡大坝至葛洲坝之间总体采用一维水量、水质模型；三峡大坝至葛陵庙水文站断面采用二维水量、水质模型；茅坪溪口采用三维水量水质模型。

研究预测结果：在三峡工程建设前、建设过程中、建成后，两坝区间的水质状况主要取决于上游来水水质的好坏。由于两坝区间径流量大，水环境容量大，稀释自净能力强，即便是上游来水处于Ⅱ类水质量最低标准限的情况下，两坝区间水域仍可保持Ⅱ类水质量标准。但由于两坝区间水域属葛洲坝水库库区，水流平缓，污水排放口处存在岸边污染带。在三峡工程建成后，由于枯季水量得到调节加大，枯水期水质会有所改善。

（2）专题2在专题1基础上深入研究：一是以二维水量、水质模拟为核心，水环境污染控制为重点，充分利用实测资料验证模型参数，提高水量、水质模拟的置信度；二是建立空间数据库，实现空间目标信息查询与分析，实现信息可视化；三是决策分析模块支持水环境管理。

课题研究主要成果：①掌握了1998—1999年两坝区间丰、平、枯各期水量、水质资料（尤其1998年大洪水资料），进一步为两坝区间各类模型提供了验证资料。②水质模拟以COD_{Mn}、BOD_5为重点项目，对两坝区间发生突发污染事故后污染物扩散、运动、削减等变化规律进行模拟计算研究。③建立空间数据库和决策支持分析模块，实现信息可视化，并研制网络接口，实现与决策部门有关信息系统联网，实现大系统集成。

（3）两个课题研究主要结论：①两坝间流域总体水质良好，五项评价因子中，总磷的等标污染指数最大为0.67，高锰酸盐指数次之为0.49，氨氮再次之为0.35，生化需氧量和溶解氧分别为0.32和0.13，均在3.0以下，符合Ⅱ类水标准。②葛电厂进出口水温一致，平均18.7℃，最高24.8℃，最低13.0℃，与上游南津关站和下游宜昌水文站水温基本相同。③一、二、三维模型，经验证计算与实测值吻合度高，为课题研究提供了较好的技术手段。④对突发污染事故后污染物扩散、运动、削减等变化规律，模拟研究取得较好成果。⑤该决策支持系统由数据库、模型库和决策分析子系统组成。⑥决策分析步骤为：提出污染控制方案，确定边界条件→调用一、二、三维嵌套的水量、水质模型对两坝间水质状况（COD_{Mn}、BOD_5浓度）进行模拟计算→对预测水环境作出评价→预测结果提供决策者→决策者作出最终决断。

7.5　原型观测实验技术研究

7.5.1　推移质器测法研究

推移质是河流泥沙输移的组成部分，在我国南方和山区河流中，推移质数量占有一定比例。由于推移质泥沙粒径较粗，当受到水利工程建筑物影响时，呈现易淤难冲、导致碍航、引水困难、回水上延、水轮机磨损和水工建筑物冲蚀等问题。在三峡和葛洲坝工程规划、设计、论证、运行等各阶段，都对推移质泥沙高度重视，并部署了一系列原型观测实验研究工作。宜昌水文站 1956 年采用荷兰式采样器开展沙质推移质（粒径小于 2.0mm）输沙率测验，1957 年采用软底网式采样器开展卵石推移质测验（粒径小于 10.0mm），当时长江中下游干支流测站沙质推移质测验还采用波里亚可夫式、顿式等采样器。这些采样器都存在口门不伏贴河床床面、口门前淘刷、进口流速小于天然流速、采样效率低且不稳定等较严重的缺陷，1965 年全面停测，转而研制新采样器。1970 年葛洲坝工程开工，1971 年在三峡出口南津关水文断面布置卵石推移质测验，为解决高洪定位还分别于 1972 年、1973 年先后架设南津关和宜昌吊船缆道，并加快了对采样器研制的进程。

推移质采样器研制。推移质输沙率与水流泥沙特性关系密切，根据相关试验，当粒径 $d \leqslant$ 10mm 时，输沙率 Q_b 是流速 V 的 3 ~ 7 次方成比例，当 $d >$ 10mm 时，输沙率 Q_b 是流速 V 的 7 ~ 11 次方成比例。研制性能良好的采样器，应对水流阻力小、口门贴伏河床、进口流速接近天然整流速、采样效率高且稳定、结构简单牢固并便于操作等。经组织攻关，分别研制了两大类多种形式的采样器：①敞顶卵石推移质采样器（Y64 型、Y80 型），口门尺寸为宽 0.5m、高 0.52m，Y80 型采样效率略高，其他性能相当。②沙质推移质匣式压差型采样器（Y73 型、Y78 型、Y78–1 型），口门尺寸为宽 0.1m、高 0.1m，其中 Y73 型、Y78 型适合粒径小于 2.0mm 沙质推移质测验，Y78–1 型适合粒径小于 10.0mm 沙质推移质测验。根据三峡局测区水力特性，分别选用 Y64 型和 Y78–1 型采样器作为卵石和沙质推移质的主要测验仪器。

推移质测验方法研究。主要包括测验垂线布设、取样历时确定、测次布置及资料整编方法等。①推移质输移带宽探测，按各流量级输移带宽和单宽输沙率变化，以强烈推移带为中心，合理布置测验垂线。②推移质输沙率具有脉动性，通过多次重复性取样试验表明，即使水力条件和补给条件相同，其输移率变化也会相当剧烈，根据随机分析原理，统计计算变差系数 C_V（沙质推移质为 0.756，卵石推移质为 0.94 ~ 1.70），可知采样历时太短导致偶然误差很大；推移质输沙率脉动为正偏态分布（$C_S > 0$），说明小于平均值的机会发生的次数多；离差系数随采样历时增长（或采样次数增多）而减小；总之，卵石推移质脉动大于沙质推移质输沙率，脉动强度有随输沙率增加而减少的趋势。根据上述试验，结合采样器容积限制（卵石推移质采样不得超过仪器容积的 1/3，沙质推移质采样不得超过仪器有效容积的 2/3），确定取样方法为：卵石推移质采样历时不得小于 10min，沙质推移质采样不得小于 2min，且强推移带重复采样不少于 3 次，同时沙质推移质采用样还需满足颗粒级配分析的最小沙量要求（250 ~ 500g）。③测次布设，主要根据来水来沙条件、河床冲淤变化形势，以反映推移质输沙率及其颗粒级配变化过程为原则，从而准确推算总输移量。对沙质推移质，其输沙率与水力因素关系密切，总体上年测 30 次，按流量或流速均匀分设测次，但考虑颗粒级配计算时段代表性，一般汛期月测 3 ~ 4次，枯季月测 0 ~ 2次（可停测）。对卵石推移质，由于卵石或卵石夹沙河床冲淤变化巨大，相同水力条件下输沙率相差可达 10 倍以上，不能建立输沙率与水力要素单一关系，故应按过程线法布设测次，即当输沙率大时，加密测次，可日测1～3次，输沙率小时减少测次或停测。④资料整编，沙质推移质采用平均流速或流量～输沙率关系法，推算逐日平均输沙率；卵石推移质采用输沙率过程线法，推算逐日平均输沙率，无实测采用直线内插日平均输沙率；颗粒级配采用时段输沙量加权计算月年平均值。

7.5.2 临底悬沙实验研究

三峡局先后开展了宜昌河段天然时期（1972—1978年）和水库蓄水后（2006—2007年）临（近）底悬沙观测实验研究，系统收集了原型观测实验资料。

7.5.2.1 天然时期近底悬沙实验研究

天然时期，即在葛洲坝工程建设时期，1973—1978年宜昌水文站开展过近底悬沙观测试验，收集了一系列观测资料，其中含22次中高水试验资料。分析表明：

（1）不论是沙质河床还是卵石河床，悬移质含沙量的垂线分布均符合扩散理论的悬沙分布公式，对于像长江水深较大（大于5m）的河流不必专门开展近底悬沙测验，按水文测验规范采用5点法即可满足推求含沙量垂直分布要求。

（2）当水深小于5m时，用普通横式采样器取样时，不能准确确定含沙量分布，开展近底悬沙测验是必要的。取样采用3线7点（水面、0.2m、0.4m、0.6m、0.8m、河底以上0.5m和0.1m）法，分层混合近似代表断面平均情况。

（3）当水深很浅（小于2m）时，宜采用管嘴离器底0.1m的积深式采样器取样。若使用横式采样器，则应能采集到距河底0.1m的水样。

7.5.2.2 水库蓄水后临底悬沙实验研究

三峡水库蓄水后，变化环境条件下，入库泥沙大量减少，加上水库库区淤积，出库沙量仅为入库的20%左右，库区水深加大，下游河床发生冲刷下切，粗颗粒含沙量启动恢复多沿河床运动，现有的悬移质测验方法（通常采用一点法、二点法、三点法，间或采用5点法）可能漏测临底层含沙量，导致输沙法（重量法）和地形法（体积法）计算的冲刷量差异较大，开展比测实验研究意义重大。三峡局根据库区清溪场、万县和坝下游宜昌、沙市、监利等5站观测实验资料，综合分析形成《2006—2007年临底悬移质输沙率观测成果分析》报告，主要结论为：

（1）清溪场、万县、宜昌、沙市和监利站临底常规法与临底多点法比较，断面平均含沙量抽样相对误差分别为1.95%、1.20%、–1.88%、–13.12%和–10.36%。

（2）以临底多点法为近似真值，比较断面全沙输沙率和床沙质输沙率成果，清溪场、万县、宜昌、沙市和监利站临底常规法断面全沙输沙率相对误差分别为3.39%、4.03%、–1.79%、–14.38%、–10.33%，临底常规法床沙质输沙率相对误差分别为11.14%、6.63%、–2.47%、–19.05%、–12.81%。

（3）输沙量改正计算成果表明，清溪场站、万县站、宜昌水文站、沙市和监利站改正全沙输沙量部分分别占改正前全沙输沙量的–0.43%、–1.02%、–0.1%、16.12%、21.20%；改正床沙质部分分别占改正前全沙输沙量的–0.049%、–0.49%、0.01%、12.28%、13.47%。（其中“–”输沙改正量为负值，表示常规法测验结果大于临底多点法测验结果）。

（4）分组输沙率改正比例随泥沙粒径的增大逐渐增大，即说明常规测验对粗颗粒部分泥沙（床沙质部分）测验的误差相对较大，细颗粒泥沙（冲泻质部分）测验误差较小。

（5）输沙测验误差与含沙量垂向分布情况相关，含沙量垂向分布均匀则测验误差小（如冲泻质部分），含沙量垂向分布梯度大测验误差相对较大（如床沙质部分）。而含沙量垂向分布梯度又与河床冲淤和泥沙粒径组成密切相关，因此一般河床冲刷条件下含沙量垂向分布梯度较大，悬移质组成较粗，测验误差也较大。就宜昌水文站而言，在1970年代河床处于冲刷相对较强的时期，水流中床沙质比例较大（约占悬移质输沙总量的15%），常规输沙测验误差较大（全沙误差3.5%），而2006—2007年河床基本处于平衡状态，水流中床沙质比例较小（约占悬移质输沙总量的3%），常规输沙测验误差仅为-0.1%；就2006—2007年试验的清溪场、万县站位于库区，河床以淤积为主，测验误差较小；沙市、监利站位于水库下游，河床以冲刷为主，测验误差也较大。

（6）库区清溪场、万县站输沙改正量较小，输沙测验精度不是体积法冲淤量与输沙量法冲淤量不匹配的主要影响因素。

（7）下游沙市、监利站输沙改正量相对较大，输沙测验精度对冲淤量匹配有一定影响。将该次试验的初步成果用于2005—2006年宜昌—沙市、沙市—监利段输沙量法和体积法冲淤量改正计算（误差统计以体积法为真值）。用全沙输沙量计算时，改正前宜昌—沙市段输沙量法计算河段冲刷量较体积法偏小11.95%，经输沙改正后输沙量法计算河段冲刷量较体积法偏大11.72%；扣除冲泻质输沙量计算时，改正前宜昌—沙市段输沙量法计算河段冲刷量较体积法偏小16.91%，经输沙改正后输沙量法计算河段冲刷量较体积法偏大1.07%，输沙改正基本消除了两种方法的误差。沙市—监利河段输沙量法和体积法冲淤量在定性上出现不一致，造成这一结果的影响因素复杂多样，需加强监测和研究。

7.5.3　回声测深仪比测试验研究

水深测量是水文泥沙原型观测中最重要的仪器设备之一，其测深精度直接影响原型监测数据的合理性和产品质量，对于三峡河道滩槽相间、宽窄相间、水深流急等山区河流，以及三峡和葛洲坝水库蓄水后泥沙冲淤变化等特点，必须选择合适的回声测深仪方可确保测深精度，并且一旦选定合适指标参数不可随意更换，对产品换代或引进新产品，必须进行严格的比测试验研究，经批准方可投入使用，确保成果系列一致性。

早期水文测验中的水深测量，一般采用测深锤或铅鱼测深，并经偏角改正即可获得满足规范要求的水深数据，随着技术进步逐步改用回声测深仪测量水深，但测深仪种类繁多，单波束、双波束和多波束等类型，不同类型的测深仪性能差异很大，在用于不同水域边界条件的水深测量，必须优选仪器类型。

三峡局在开展葛洲坝和三峡工程原型观测中，先后引进的回声测深仪有CS-500型智能回声测深仪、MS-48型回声测深仪、DF-3200MK Ⅱ型回声测深仪、EF－500型回声测深仪（指向角7.8°）、HY1600型回声测深仪、华测D390单频测深仪等。对不同类型的回声测深仪，开展比测试验取得丰富成果，并初步形成了适合山区窄深河道和深水水库淤积形态的回声测深仪技术指标参数。

7.5.3.1　测深仪测深精度影响因素分析

理论研究与实践证明，回声测深仪的测深精度，主要影响因素为：①仪器性能因素，主要有频率、功率和发射度（或指向角）。②测量环境因素，主要有水体流态、温度、盐度、密度及河床组成形态特征。③工作平台因素，主要有纵偏、横偏和艏偏（Yaw）等特征。

这三类影响因素中，仪器自身性能是最关键的；水体环境特征决定声速校正，获取温度、盐度、密度较容易，但流态获取较复杂，尤其是在水利工程附近水体（如坝下游泄洪影响区域）环境测量容易出现的不确定性因素；河床组成形态影响仪器识别床面（如斜坡床面、淤泥床面）反射回声，也是直接影响仪器测量精度的容易被忽视的重要因素。

纵偏、横偏和艏偏通常又与测量平台（如测船）及移动（航行）密切相关，同时也受测量水体流态影响，可采用高精度的姿态传感器或运动传感器记录并通过相关计算机软件处理。测船起伏度对深度测量产生直接的影响，横摇和纵摇也会使平台产生诱导起伏（或称感生起伏）。测量平台移动速度是导致纵偏、横偏和艏偏和起伏度的主要因素。

7.5.3.2 单波束测深仪比测试验

长江三峡河段水深测量，根据山区河流滩槽交错、宽窄相间、水深流急等特点。三峡局自1975年成立河道勘测队以来，就开展了回声测深仪的选型工作，早期回声测深仪种类较少，且多以进口设备为主。基于不同类型仪器的比测试验，选择了葛洲坝库区10余个固定断面，试验时间为1988年12月—1993年12月。对比试验研究主要结论为：

（1）不同指向角试验。选择不同换能器指向角（17×25°，8°），设仪器指向角为β，则发射声波至河床形成半径α圆形区域，可以表达为：$\alpha=H\cdot\tan\beta$，式中H为水深。可见：H决定仪器要有足够的功率，并且水越深α值越大，但河床不平坦时，则最先回波导致水深偏小，设坡度为γ，则测深误差（ΔH）可表示为：$\Delta H=H[\sec\gamma\cdot\cos(\gamma-\beta)-1]$。可见，坡度越大偏小越多，测深误差也就越大。

（2）不同频率测深试验。选择不同发射频率（30kHz，208kHz），回声测深仪发射脉冲信号，在信道传输过程中，因传播衰减损失、泥沙与介质吸收损失，以及水底反射损失等因素的影响，信号能量被削弱，可采用往返传播损失（$2L$，单位dB）：$2L=20\lg H+2aH+60$。式中，a为水的吸收损失系数（dB/km），与不同工作频率有关，频率越高损失越大，相同水深H（单位为km）条件下，其传播衰减也越大。如30kHz时$2L$为47.5，208kHz时$2L$为63.1，反映频率小穿透力强特性。

（3）不同输出功率测深试验。选择2类不同功率的5种测深仪比测，其中MS-48型、LAZ-721型和DESD-20型功率大于350W，能在各类水流环境采集水深信号，而DE-719型和SDH-13A型功率小于100W，在较常见的水流流速3m/s、含沙量1～2kg/m^3、水深40m条件下不能正常采集水深信号。

通过比测试验研究，探明了三峡河段回声测深仪选型主要技术指标，即：指向角不得大于8°，输出功率不得低于350W。

7.5.3.3 双频回声测深仪比测试验

针对三峡水库蓄水后，库区泥沙淤积可能对回声测深仪测量精度产生影响，三峡局引进了DF-3200MK Ⅱ型回声测深仪（功率20～1600W可调），并与EF－500型回声测深仪（频率100kHZ、指向角7.8°）开展对比试验。DF-3200MK Ⅱ型回声测深仪为美国ODOM公司生产的新一代智能型双波束回声测深仪。

经在三峡水库淤泥水底对比试验研究，试验河床选择相对平坦的S31断面，试验时间为2004年5月4日—9月8日，共进行了4次现场试验，流量范围1.5万～6万m^3/s，淤泥粒径范围0.004～0.129mm，水深范围30～80m，主要结论为：①高工作频率（100～200kHz）的声波信号，在河底表面介质容重最小约为0.18t/m^{3}时就发生反射回波信号。②低工作频率（24kHz）穿透的河底淤泥容重为0.5～1.08t/m^3，且受到发射功率的制约只能穿透5～6m的淤泥厚度，水深越深时穿透能力越小。③在水库河床平坦并存在淤泥的条件下，低频测量水深结果相对贴近于反映水库河床淤积变化的河底高程。

比测试验研究检验了DF-3200MK Ⅱ型回声测深仪的主要性能，即：①窄宽两种波束（低频

24kHZ，高频 200kHZ）结合，融合了窄波束定位和测深的高精度，又可以通过低频宽波束的选择，扩展到河底最大的作业深度，避免了在水流湍急的峡谷河段作业时窄波束可能丢失水深数据造成的空白。②依靠有效地控制窄波束宽度而达到优良的测深精度，即控制机器发射功率（浅水测量的高频发射功率可调至最小 20W，深水测量低频发射功率可调至最大 1600W），发射器的良好设计与合理的自动增益控制，通过调节 TVG（灵敏度）和 AGC（增益控制）获得最佳水深曲线图。微处理器控制的信号处理与模拟式比例注释，减少了普通测深仪的各种误差源。③窄宽波束同步作业，可用于河道或施工河段泥沙淤积程度（淤泥厚度）的监测。

7.5.3.4　多波束测深系统比测试验及应用实例

三峡局先后引进了两台套多波束系统和一台套水声呐系统。其中，2004 年引进的 SeaBat 8101 多波束系统，是一套多传感采集系统，计算机同时接收 81-P 处理器、DGPS、GYRO、MRU 四种传感器信息，各传感器间也互传信息（GYRO 和 MRU 接收 DGPS 数据，81-P 处理器接收 GYRO 和 MRU 数据）。各传感器的时间同步性、传感器的安装位置、角度等对测量成果精度均产生影响，因此需要对这些偏差进行校准。校准的方法是采集一系列特定测线的数据使用软件进行后处理，得到导航系统的时延、纵偏、横偏和艏偏等特征量。

多波束在实践中取得较好的应用案例：① 2004 年 9 月完成了海河口 5km（长）×200m（宽）带状水下地形全覆盖多波束扫测任务。这是引进多波束声呐测深系统第一次大规模测量任务。② 2005 年完成葛洲坝排沙底孔损伤情况扫测试验。以往探伤检查采用潜水员水下探摸方式，而采用多波束技术效果更理想，对修复更具指导价值。③ 2008 年 4 月 17 日—19 日，三峡局利用多波束测深仪对葛洲坝下游江段胭脂坝江底护底试验区进行水下地形扫描，利用先进的 GPS 定位导航技术，以及多波束测深系统对胭脂坝江底的试验区逐区分段扫描。④ 2009 年 10 月 25 日，采用多波束扫测技术，对葛洲坝二江电站、大江电站上游坝前 500m 范围内疑似集装箱判别，精确锁定了集装箱位置，为成功打捞提供技术支撑。

2021 年三峡局引进 R2Sonic 2022 多波束测深系统，与传统的单波束测深系统相比，多波束测深系统能够获得一个条带覆盖区域内多个测量点的水下深度值，实现了从“点－线”测量到“线－面”测量的跨越，并且进一步发展到可以立体测图和自动成图，具有测量范围大、速度快、精度和效率高的优点。为探索多波束测深系统在长江三峡复杂水下地形测量中的适用性和准确性，掌握其测量精度，便于后期投产使用，三峡局于 2022 年 4 月 2 日在三峡库区坝前开展比测试验、验收并正式投产。

7.5.3.5　三峡水库深水水深测量检测基准试验场建设

为进一步探索深水水深测量效果，率定或检验不同类型测深设备的精度与适应性，确保三峡水库水文泥沙原型观测精度与质量，亦是三峡及上游大型水库泥沙冲淤观测关键技术与控制指标实验研究场所。经现场查勘、选址、设计，2019 年 8 月在三峡水库常年回水区坝前段（位于大坝上游约 6km，靖江溪入汇口处）建设水深大于 30m 以上的检测试验场，见图 7.5-1。2022 年 7 月对基准场进行复测维护。《一种大型水库测深基准场建设方法及用途》获国家发明专利（2022 年）。

7.5.4　船用重型三绞研制

水文船用重型三绞系统，是水文测验最重要的专用设备之一，主要由三绞、旋转支架、钢丝绳和水深计数器等组成。

图 7.5-1 三峡水库深水水深测量基准试验场

船用水文重型三绞系统的研制，首先要解决水文测验船舶和测验仪器定位问题，大致经历了五个发展时期：

（1）1946 年成立宜昌水文站，开展流量和含水沙量测验，前者采用浮标法，后者采用水面或岸边取水分析法。新中国成立后，宜昌水文站开始采用流速仪测流、横式采样器取水样，甚至开展推移质测验，对船用水文专用设备设施提出了新要求、高要求。

（2）1955 年贯彻水文暂行规范，重点突破高洪期流速仪测验，木船两舷各安装一台 50kg 可旋绞关（利民绞关），可旋臂长 0.8m，在水深、高流速（大于 3m/s）情况下，偏角太大。为解决测流需要，水利部南京水工仪器厂生产了一批 200kg 转盘式绞关，取代了利民绞关，改用 200kg 铅鱼测流、取沙，实现了高洪期流速仪测速。但该绞关为手摇，体积大、笨重、耗时。

（3）1959 年 5 月，宜昌水文站在木船上安装了水轮绞关全套设备，利用水流冲力，代替手摇绞关，从而使劳动减轻，做到了水轮绞锚、绞流速仪、绞含沙量采样器、绞人字型支架收放、绞测船摆线检钢丝绳、绞水轮机提升的水轮机械化六用。但水轮体积庞大，容易被漂浮物碰坏，维修繁重，行船和停靠码头均不方便，尤其当流速小或锚离河底时，水轮失去了动力作用，要靠人脚踏手攀推动水轮旋转，才能将锚绞到水面，容易发生工伤事故。

（4）1962 年，宜昌水文站申请使用柴油机，租用 14.71kW 大连柴油机和 4t 卷扬机各一部，安装在测船上与水轮机联合试用。柴油机绞锚，水轮绞仪器试验成功，进一步完善传动部件。储荣民同志设计多片摩擦离合器，解决了离合器打滑问题。1964 年正式取消了水轮，由柴油机取代。这个时期宜昌水文站的水文测船均不能自航，于是 1969 年在修理测船（水文 401 轮、水文 203 轮）时，加装了推进器，从而使测量和航行统一，当时被称为一机多用。缺点是对机器磨损大、消耗高，测量中停航不能停机。航行的主机功率要大，而测验绞锚绞仪器的功率太小。

（5）1970 年葛洲坝工程开工后，面对坝区河段最大流速可达 5m/s，最大水深接近 100m，同时控制悬索偏角不宜过大（一般控制在 45°内）等水文水力学条件和技术规范要求，高洪期铅鱼重量不低于 250km，设计绞关负荷不低于 1000kg，设计悬吊支架负荷不低于 300kg，同时考虑承受一定的扭力。

1970 年葛洲坝工程开工后，对水文原型观测提出了更多更高的要求，尤其开展推移质测验，且上述定位问题必须解决。储荣民同志首先提出三绞这一设想，是基于 1963 年他设计出 50~100kg 双滚筒绞关，将测速、取沙两部绞关联合成一部，滚筒之间转换用抱箍制动，齿轮过桥，手摇型。1970 年，将绞锚绞关再合并到一起，成为三用、三合一的手摇绞关，下层单滚筒绞锚，上层横列两个滚筒测流、取沙，三部绞关合一，故按三合一绞关一体化设计制造，并取名为水文船用重型三绞。该三绞体积变小，操作集中，可机动和手动。1972 年，定型设计为 200kg，由陆水施工总队工厂制造，安装在水文 103 轮上使用。同时，又将悬吊仪器的人字型支架，重新设计为可旋支架，满足了重型仪器出进方便。1972 年以后新修建测船时，将主、副机分开，主机用 88.26kW、40t 量级测船可在不低于 4m/s 流速中航行。副机为 14.71kW，专用于三绞动力设备。

最终定型的水文船用重型三绞结构型式及性能包括：动力为柴油机或发电机组（套）、三用绞关、离合器、可旋支架、水深计数器、悬索及绞锚鸡公头等。1983 年 3 月，长办水文局在汉口召开了测船测验设备研制成果交流会议，决定将水文测验船用绞关按驱动方式划分为：电动、机动和手动三种。每种分类又按悬吊重量划分为：50kg、100kg、200kg、300kg 及 300kg 以上共五种形式。宜昌是高流速测站，测量项目繁多，船用三绞，均采用 300kg 型。

总之，水文船用重型三绞，是在 1963 年研制 50 ~ 100kg 手摇型双滚筒绞关基础上，1970 年将绞锚绞关合并到一起，下层单筒绞锚，上层横列同轴两滚筒测流、取沙，成为三合一的绞关，具有体积小、操作集中，可机动和手动两用等特点。为配合三绞的使用，将悬吊铅鱼的人字形支架改为可旋转的弧形支架，使铅鱼和仪器设备进出更方便、更安全。同时，还设计并制造了指针式水深计数器。经多年实践并不断完善，1983 年定型为 300kg 级船用水文重型三绞设备，连同旋转支架、水深计数器，在全江推广应用。

7.5.5　河床质采样器研制

在葛洲坝工程建设时期，需要详细勘测坝区河段河床组成情况，为设计、施工、科学试验研究提供基础依据。早期河床质（或床沙）采样采用锥式采样器，该采样器对淤泥质、沙质河床效果较好，但对于三峡河段砂卵石和卵石河床采样效果差，甚至很难采到样品。为了解决上述问题，1979 年由长办水文处绘制挖斗式采样器图纸，荆实站加工样机并提供一台在葛洲坝河段使用，效果较差。宜实站指定杨维林工程师改进，亲自动手加工样机，先进行室内试验（模拟砂、卵石及卵石夹沙多种河床），再到河流中试验，取得较好效果，多次优化最终定型，先命为 80 型（以 80mm 口门宽度命名）挖斗式河床质采样器。该采样器在下放接触河床时自动开关，上提时利用采样器重量旋转挖斗采样并关闭，经批准正式投入生产使用，成为定型产品：80 型和 120 型。

7.5.6　接触式水位计研制

在葛洲坝坝区水情遥测系统建设中，水位自记是关键难点技术之一。针对坝区河段河岸特点，葛实站杨维林工程师 1978 年提出利用水导电来制作一种水位计的设想。先在室内试验，证明方案可行。1979 年制成第一台试验样机，安装在宝塔河水位站开展现场比测试验。长办水文处认为这是一种有发展前途的水位计，并于 1979 年 9 月 5—9 日在宜昌水文站组织召开全江水位自记仪器科研成果交流会，命名为接触式水位计（取汉语拼音首字母命名 JC-1 型），列入全江 199 组水尺水位自记仪安装配置规划，同时对仪器提出了改进意见，要求尽快完善设计。当年，试制了四台样机，扩大比测试验范围，随后又安装在宝塔河及长阳两站进行比测。

1982 年 8 月 30 日—9 月 20 日，在宜昌召开了 JC-1 型接触式水位计局内鉴定会议，参加会议的单位有长办水文局及所属各水文总站、实验站的技术负责人和仪器研制人员。鉴定意见为：①设计原理正确、方案可行，仪器精度基本满足规范要求。②结构简单、功耗较低，便于安装维修和使用。③电路具有实用特色，可以列入长江流域水位观测仪器的型谱。会议要求进一步收集齐全各种技术资料，提出技术报告，申请部级鉴定会后按 JC-1 型定型设计生产 12 台。分别安装在长阳、茅草街、郭滩、油房沟、彭水及葛洲坝水位遥测系统中的 1#、3#、4#、5#、10# 等站试用。该水位计设计的直径 60mm 倾斜管道，要求铺设在不小于 25° 的沿河岸上。在管内布设能自由上下移动的测锤，通过牵引测锤的导电悬线，与收卷悬线的卷线筒连接，由电动齿轮箱驱动卷线筒、电机由控制板控制，最后显示数字、计数编码，自记和输出接二次仪表（遥测）。它实际上是一种倾斜式的悬锤水位计。在锤体上装两对互相垂直的滚轮，故能在管内上下自由移动。由悬线、锤触头和水组成电的通路，水位上涨时，触头与水接通，电机就将测锤向上绞，退水触头离开水面，电机就将测锤向下放。水不涨不退，电机不转，测锤也不动，测锤自动跟踪水面。计数器显示水位，输出水位编码，还带动自记笔，作长图形水位模拟记录。最适宜于河岸较陡、水位变幅大的地方安装。

7.5.7 同位素低含沙量仪研制

1976—1977 年，宜实站与清华大学水利系合作开展同位素测沙仪研制，具体负责研制该仪器研制的有清华大学水利系张训时、黄泽民和宜实站（葛实站的前身）陈德坤、吴思聪等 4 人。为探讨同位素测沙仪在长江施测低含沙量的可能性，当时提出的要求是能测 1kg/m³ 以上的含沙量，精度须满足水文规范要求。在清华大学原有放射性同位素测沙仪（能测到 3.5kg/m³ 以上）的基础上，经改进于 1976 年制成新的样机，测得最小含沙量 0.6kg/m³。1977 年 5 月在宜昌水文站野外比测，样机可测含沙量 1.3kg/m³。为了进一步降低下限指标，经反复研究、试验了多种探测方案，最后选定了双探头结构，使样机最小能测到含沙量 0.6kg/m³，满足最初设想。该仪器 1982 年用于三江引航道冲沙试验含沙量监测，测得最大含沙量 10.5kg/m³。

实际应用表明：该仪器具有操作简便、施测迅速，有较高的测验精度，能在水深 30m 内、流速 3m/s 以内测到 0.6kg/m³ 的含沙量。尤其是对于含沙量大、测沙历程短、有垂线含沙量分布监测要求、异重流分层含沙量监测、水工建筑物冲沙过程监测等特殊要求的含沙量测验效率较为显著。为我国泥沙测验和水文测验自动化研究提供了一种新的方法。

7.5.8 无人（双舟）测艇研制

水利工程截流龙口具有强烈的动边界、水流紊乱等特点，安全风险大，使用无人测艇是重要的技术措施。在 1981 年葛洲坝大江截流时称为无人双舟，所不同的是，无人测艇装载的水文专用设备不一样。三峡大江截流（1997 年）和明渠截流（2002 年）均采用世界上最先进的多普勒流速剖面仪（即 ADCP），故无人测艇设计建造和现场运行作出相应的调整。

（1）无人双舟龙口流速测量系统研制。在葛洲坝工程大江截流施工中，需要根据龙口流速选择抛投骨料，由于是万里长江第一次截断长江主流，水文监测设计方案将龙口合龙过程按龙口流速划分为 4 个区段（第Ⅰ区段流速相对较小，第Ⅱ区段流速迅速增大，第Ⅲ区段流速达到最大，第Ⅳ区段流速减少至零），当龙口流速小于 6.2m/s 时，采用大功率专用船（水文 628 轮，441.3kW），当龙口流速大于 6.2m/s 时采用无人双舟施测龙口流速。这套系统最关键的设备设施就是无人双舟。该系统设施设备由锚锭船和无人双舟组成，锚锭船（选用 100t 甲板驳船，并将水文 628 轮联绑在一起，牵引船滑锚时可确保其安全）锚锭在龙口上游 200m 处，锚锭船上安装 75kW 发电机组及大型送卷扬机，用于控制无人双舟在龙口上、下、左、右移动。无人双舟由两个密封小舟，通过龙骨连接，中间过水，安装水文仪器支架（含滚筒和偏角器），卷扬机通过锚锭船有线控制收放铅鱼，悬索一头卷扬机通过支架再连接铅鱼，铅鱼安装高速流速仪。偏角器通过望远镜观测读数，用于流速仪入水深度测量。高速流速仪采用水文 628 轮开展“破坏性”试验，确保能监测 7m/s 以上流速。该系统在 1981 年 1 月 4 日上午 11 时测得葛洲坝大江截流龙口中泓、轴线下游 26.5m 处最大流速 7.0m/s，为截流龙口合龙发挥了重要作用。

（2）无人测艇龙口流速在线监测系统研制。无人测艇设计建造应满足稳定、抗沉、小巧、易控制等特点，经设计报批，总长 10.2m，总宽 4.7m、吃水 0.5m、型深 1.0m。无人测艇由两个单体组成，片体宽 1.5m，两单体中心距 3.0m，为对称机翼型，按一般单体船设计，重点考虑中间体与片体连接处的强度结构，采用了加大片体内侧横梁与肋骨间的连接肘板，以抵抗横向撞击力和外侧水压力。测艇为单甲板，采用了变截面梁，平面甲板连接，在保证焊接和装配质量的条件下能较好地满足强度要求。经设计计算，无人测艇按流速 7m/s 设计冲击力为 1838kg，牵引绳采用 6×19 + 1 的半硬钢丝绳，其破断拉力为 12288kg，并附电缆线将 ADCP 与牵引船上的计算机连接，实现流速全天候连续监测。牵引船安装 10kW 卷扬机一台，牵引缆设计长度为 200m，通过滚筒收放缆绳牵引无人测艇上下移动，满足龙口不同部位的流速测量。在 1997 年大江截流和 2002 年明渠截流中，无人测艇装载的哨兵型 ADCP 连续在线监测龙口流速分布资料，相比常规转子式流速仪，具有安全、高效、高质等特点。

7.5.9　水情自动测报系统研制

7.5.9.1　葛洲坝坝区水情遥测系统

自 1977 年三峡局与江苏无线电研究所合作开始研制，到 1982 年建立葛洲坝水文遥测系统，共建遥测中心 1 个，遥测站 9 个。经 19 个月的比测，历经高、中、低水位，收集水位数据 8200 余组。系统遥测接收率 93.2%，仪测、观测数据比测合格率（≤ 2cm）达到规范要求，其他各项误差指标均在允许范围内，取得较好的运行效果，1984 年 12 月通过水利部验收。1985 年 1 月 1 日，葛洲坝遥测系统正式投入使用，成为我国水利行业的第二个遥测系统（继浙江新安江水利枢纽工程之后），也是正式投入使用的第一个遥测系统。标志着当代电子技术在水文资料收集中得到成功运用，改变了传统的水文测报方式，实现水文测报技术飞跃。

1977 年 4 月，葛实站与江苏无线电研究所洽谈联合研制水位遥测仪。经商谈确定：遥测仪在无干扰的情况下，终端设备应能准确地打印出遥测站点的水位数据；系统中的一次仪表（即水位传感部分）由长办水文处提供；遥测仪、短波接收机及终端打印部分，由江苏无线电研究所研制。1979 年 7 月 20 日，经过双方两年多的共同努力，首次在宜昌水文实验站所辖宝塔河水位站进行了联机试测。中心控制室设在宜实站大院，两地间的直线距离约 4km。在连续 20 天的人工观测和遥测对比试验中，共收集比测资料 143 次。比测期间的水位变幅为 4.4m，接收—打印情况亦达到了预期的效果。为进一步完善该系统的各项性能，1979 年 10 月，长办水文处在汉口主持会议讨论进一步开展仪器研制、试验等问题，参加会议的有宜昌水文实验站、江苏无线电研究所、江苏省电子工业局等单位。

1981年4月，江苏无线电研究所再次携带两种遥测仪来宜昌，正式开展现场比测。选择宝塔河水位站（城区）和长阳水文站（山区）作为遥测站点，分别距离中心控制站（宜实站办公楼）10km和75km，宝塔河比测了135天，长阳站比测了115天，中心控制站均能按时接收水情并打印出来。通过试验，不仅说明在葛洲坝坝区附近可以进行水位遥测，对距离较远的山区测站也可以实现水位遥测。1981年初，经水电部批准，在宜昌水文实验站建立遥测系统，同年9月长办水文局党委决定成立“葛洲坝工程水位、雨量遥测系统实施小组”，由谭济林任组长，黄秋福、钟先龙任副组长，负责站房基建、仪器研制等事宜。经过紧张的筹建、调研，最后确定上海自动化仪表四厂、上海1050研究所（微波技术）为合作单位。经过近一年时间的努力，终于在1982年8月进行新型遥测系统的现场安装调试，11月开始试运行。

1983年3月1日选定南津关、黄柏河、庙咀3个站首先进行水位遥测，以后又陆续增加二江闸上左、二江闸下左、杜家沟、向家嘴、宜昌、大堆子等6站。经连续两年、历时19个月的对比测试，终于又一次取得了满意的结果。本系统由一次仪表（即水位、雨量传感器）、执行单机、数传电台、调度单机四大部件组成。各遥测点均配有水位、雨量传感器、执行端机、数传电台及电源稳压设备。通过无线信道，将数据传至中心控制室，经I/0接口到微计算机（TP—803），终端配有CRT显示和M80打印机，最后将接收到的数据，打印成所需的表格。系统中的执行端机和调度端机，是采用上海自动化仪表四厂生产的JYF系列远动装置。根据水文站测报要求，对功能组件线路作了适当的增减。数传电台由上海1050研究所生产的504型电台，具有数传、通话两种功能，便于中心控制室与各遥测站检修时联系。一次仪表根据目前坝区条件，选用有三种类型：即压力式水位计、接触式水位计和浮子式水位计。上述传感器压力式、浮子式水位计为汉口水文总站、重庆水文仪器厂生产。接触式水位计为宜实站工程师杨维林主持研制并生产。考机试验于1984年7月10—13日高洪、高温条件下进行，中心控制室逐时遥测水位，经72小时连续开机试测，除个别站有小故障外，九路遥测仪器全部畅通。整机各项参数，工作前后没有什么变化，工作状态达到了设计要求。遥测率与精度统计，9个站点19个月定时比测共计收集比测数据8231次，包括了测区范围内高、中、低全部水位变化过程。在长时间的定时比测中，整个系统的遥测接收率平均为93.2%。人工与仪器比测结果，除庙嘴站因位于三江出口，受船闸影响误差大外（小于2cm误差为79%），其他各站90%以上的误差均小于2cm（规范规定75%为合格），系统误差等也都在允许限差以内。

水利部委托长办于1984年12月21—23日，在宜昌葛实站对水位遥测系统进行了现场验收。长办副总工程师邵长城主持会议。参加单位有长办科技处、长办水文局水文测验研究所、汉总、荆实站、丹实站、葛实站、葛洲坝工程局等十个单位共21名代表。验收评审意见为：仪器设备的各项技术指示符合设计要求，为今后建立无人值守水位站创造了条件、积累了经验。从该系统二年试运行情况及验收期间所进行的室内外检查情况来看，其功能、设备完整性、工作可靠性、遥测成果精度及管理工作均已达到规定要求。1985年6月1日，葛洲坝水位遥测系统正式投入使用。它标志着当前先进电子技术在长江水文基本资料收集中得到应用，改变了传统方式，出现新的飞跃。

葛洲坝水利枢纽坝区水情遥测系统，自1977年4月开始，历时8年的研制、联调、对比试验，1984年12月通过专家组验收，1985年6月1日葛洲坝水位遥测系统正式投入使用，这是长江流域第一个水情遥测系统，该系统共9个水位站，即：1号（南津关）、2号（大堆子）、3号（杜家沟）、

4 号（黄柏河）、5 号（闸上左）、7 号（闸下左）、10 号（庙嘴）、11 号（向家嘴）、12 号（宜昌）。

7.5.9.2　三峡坝区水情自动测报系统

长江三峡水情自动测报系统于 1997 年 1 月正式开始筹建，1997 年 6 月 1 日开始正式启用。在长江防汛测报和三峡工程大江截流尤其是 1998 年特大洪水期间连续、完整地收集了大量的水位资料，资料的合格率、保证率、无线传输的可靠性等全部达到了自动测报系统规范要求。三峡水情自动测报系统的建成并投入运行，构筑起了三峡局水情测报自动化的框架。三峡局所属的水位、雨量站纳入本系统后，只须在野外测站配备相应的自动测报设备即可。

7.5.9.3　三峡—葛洲坝梯级调度自动化系统建设

三峡工程的运行调度是一个庞大的、完全自动化的调度系统。三峡—葛洲坝梯级调度自动化系统覆盖了整个三峡库区、三峡坝区和三峡—葛洲坝两坝间近 100 个水位雨量站。三峡局作为共建共管单位之一，承担了巴东以下的库区、三峡坝区和两坝间全部 21 个水位雨量站的规划设计、选址、土建工程设计（包含全系统 90 个站）、施工的全部工作，以及部分站的仪器设备的组建及安装等。

7.5.10　ADCP 比测实验研究

声学多普勒流速剖面仪（Acoustic Doppler Current Profiler，简称 ADCP），是一种利用声学多普勒原理测量水流速度剖面的仪器。我国 1991 年首次引进 ADCP 用于长江口海洋二维流场测验与研究。三峡工程黄陵庙专用水文站 1996 年引进走航式 ADCP，则是在国内第一次用于内河流量测验。

ADCP 配备有四个换能器，换能器与 ADCP 轴线成一定夹角，每个换能器即是发射器又是接收器。换能器发射的声波能量尽可能集中于较窄的范围内：称为声束。通过发射某一固定频率的声波并测量、接受被水体中颗粒物散射回来的声波来测定水体流速，即：$V=F_D\cdot\frac{C}{F_S}$，F_D 为声学多普勒频移，Fs 为发射波频率，V 为颗粒物沿声束方向的移动速度（即沿声束方向的水流速度），C 为声波在水中的传播速度。通过横渡河流断面，测量流量，即：$Q=\iint n(L)\cdot u(z\cdot l)\,\mathrm{d}z\mathrm{d}L$，式中 Q 为流量，n 为 L 点法向水平单位矢量，L 为横渡河流路径上任意一点，u 为流速矢量，z 为水深，积分取水面至河底和此岸至彼岸。

比测试验工作由长江委水文局组织，三峡局为主要参与单位之一，主要任务包括：①研究走航式 ADCP 在长江干、支流不同“底沙运动”特性河段测量船速失真，导致流量测验成果不准确的机理和原因；建立流速仪法流量—“河底沙速”—声学多普勒流量估算应用模型；提出走航式 ADCP 在“底沙运动”条件下测流问题的解决方法。②研究走航式 ADCP 在铁质船外界磁场干扰影响下，不同安装位置内置罗盘可能发生“磁偏”的程度及其对流量测验成果影响；木质船与铁质船受外界磁场干扰影响的变化特点与差异；铁质船采用内置罗盘校正存在的问题。③研究提出铁质测船外界磁场干扰影响下，走航式 ADCP 流量测验成果不准确问题的解决方法。④比测试验研究了 H-ADCP 在线流量监测并实验自动报汛。

通过试验研究取得创新性成果主要包括：①首次在长 2000 余 km 的长江干（中、下游）、支流（洞庭湖）不同水沙特性河段，开展了 1000 多个测次的传统流速仪法与走航式 ADCP 流速（量）比测试验，研究解决了 ADCP 流量测验关键技术问题。②首次联合应用 GPS、罗经、测深仪技术，研究解决了 ADCP 在有“底沙运动”、外界磁场干扰影响、含沙量较大等条件下的测流关键技术问题。③首次提出了一套完整的走航式 ADCP 内河进行流速（流量）测验短期测量误差及综合精度指标。④首次建立流速仪法流量—“河底沙速”—

走航式 ADCP 流量估算应用模型。⑤首次解决了水平式 H-ADCP 与遥测终端的自动通信问题。

该项研究较全面、系统地解决了声学多普勒流量测量关键技术问题，能使 ADCP 在各种复杂流态下实时动态地监测河道、水库、湖泊、海洋的水文信息，真实、准确掌握水流变化过程。较传统的河流流量测验提高了效率几倍至几十倍，提高了我国水文测验工作的效率和流量巡测能力。为我国首次编制水利行业标准《声学多普勒流量测验规范》（SL 337-2006）提供了技术支持，并被该规范直接采纳。同时也能为今后修订国家现行《河流流量测验规范》（GB 50179-93）做好技术准备。通过该项研究成果，使我国流量测验达到了国际先进水平，编制的国际标准被采纳，供全球使用。

7.5.11 现场测沙仪比测实验研究

传统的悬移质泥沙含沙量测验采用各类采样器现场取样送室内处理分析，全过程大约需要 7 天时间，不能满足水库排沙减淤调度要求，为满足含沙量实时报汛需求必须寻求更先进的监测技术。经调研，先后引进了现场激光粒度仪（LISST-100X）和浊度仪（HACH2100Q），并开展比测试验研究，经批准后投入含沙量报汛，大大提高了时效，从传统的 7 天减为 1 小时以内。

LISST-100X 既可以测定含沙量，还可以监测泥沙颗粒级配，其测量为沿水深往返（从水面至河底，再从河底至水面）取其平均即为得到垂线的含沙量分布和颗粒级配分布曲线，其原理为体积法，与传统的重量法有一个转换系数（即 VCC），比测试验即需要求出不同泥沙特性的转换系数。2008—2011 年在黄陵庙水文站开展比测试验，分析转换系数的影响因素，主要为泥沙粒径及分布，从而构造一个 VCC 统计量，从泥沙粒径特征参数（如算术平均粒径 D_m、几何平均粒径 $D_{几}$、中值粒径 D_{50} 等）中，可以研究一个综合参数，如表征颗粒级配及其分布离散程度及对称程度的偏态度：$\alpha=\frac{6\,(D_m\text{-}D_{50})}{\sigma}$，式中 α 为表征颗粒级配的偏态度，σ 为均方差或标准差，表示泥沙颗粒级配分布的分散度，可表示为 $\sigma=\sqrt{\frac{D_{84.1}}{D_{15.9}}}$，式中 $D_{84.1}$、$D_{15.9}$ 分别为颗粒级配曲线沙重百分数 84.1% 和 15.9% 对应的粒径（mm）。通过比测试验，建立 VCC 与 $F=\ln\left(D_{几}^{2}/\sigma\right)$关系，即：VCC=195.39$F^2$+256.31$F$+2593.1，相关系数为 0.9146，系统误差小，满足含沙量报汛要求，见表 7.5-1。

表 7.5-1　　LISST-100X 特征粒径对数相关法率定 VCC 误差统计表

样本数量	系统误差（%）	最大误差（%）	系统相对标准差（%）	标准差（%）	总随机不确定度（%）
94	-0.11	25.4	11.8	1.2	23.61

浊度即水的混浊程度，由水中含有微量不溶性悬浮物质、胶体物质所致，ISO 标准所用的测量单位为 FTU 或 NTU。浊度测定比较常用的仪器为OBS浊度仪。HACH2100Q型浊度计为美国产品，是一种现场快速水质监测仪器，采用比率测量技术，即采用 90 度散射光和透射光之比测定水体浑浊度，测定范围 0 ~ 1000NTU。江河中的泥沙是影响浑浊度的主要物质，可以通过建立含沙量与浊度之关系，达到快速测报含沙量的目的。2011 年引进该仪器，经比测实验，建立 $C_s=\alpha\cdot N$，式中 C_s 为含沙量，N 为浊度，α 为含沙量与浊度之转换系数，在黄陵庙、庙河站比测，黄陵庙站 α 为 0.0005，庙河站为 0.0006 之间，相关系数均高达 0.98 以上，见表 7.5-2。

7.5.12 计算机软件开发及运用情况

自 1980 年代引进首台计算机以来，三峡局针对水文测验、河道勘测、水环境监测、水文预报、科学实验研究、内部管理等开发、引进了大量计算机软件或信息系统，极大地提升了工作效率、成果质量和服务水平。引进计算软件系统 40 余套，自行开发软件近 20 套（不完全统计），见表 7.5-3。在引进 PC-1500 袖珍计算机和长城 0520C-H 微机不久，就开发出河道（水库）固定断面测量和流量测验软件，部分软件后来移置到笔记本电脑应用至今。此外，还参与全国水文资料通用整编程序（南方片）开发。

7.6　原型观测实验研究效益与价值

三峡工程和葛洲坝工程原型观测实验研究的作用十分显著，效益十分明显，一是为规划、科研、设计、施工、运用提供第一手资料，二是揭示水库蓄水前后水沙运动规律及其影响趋势，三是针对枢纽水文泥沙问题，研究提出对策措施，为水

表 7.5-2　　HACH2100Q 型浊度计测定含沙量误差统计表

断面	项目	系统误差（%）	标准差（%）	随机不确定度（%）	最大相对误差（%）	最大绝对误差（kg/m^3）
黄陵庙	垂线含沙量（kg/m^3）	−1.77	7.04	14.08	−15.38	−0.010
	单样含沙量（kg/m^3）	−0.79	3.51	7.02	9.09	−0.008
庙河	垂线含沙量（kg/m^3）	−1.30	7.15	14.30	−16.67	0.004
	单样含沙量（kg/m^3）	0.42	3.97	7.94	−11.11	0.002

表 7.5-3　　三峡局计算机软件或系统自主开发应用情况统计表

序号	软件或系统名称	开发人	投产时间	应用情况
1	水库（河道）固定断面处理软件	孙伯先 李　平	1987	采用 PC-1500 袖珍机（外业）和长城 0520C-H 微机（内业）及打印机等构成处理系统
2	PC-1500 流量测验软件	郭家舫	1987	Basic 语言，在测区水文站投产应用
3	河道测量数据处理软件	李　平	1993	三峡河道勘测中应用
4	流量测验记载程序	胡焰鹏	1998	流速仪实测流量计算
5	水文月报处理程序	胡焰鹏	2000	各类水文月报及数据处理
6	常规法测流	胡焰鹏	2000	常规法流量测验计算
7	推移质计算整编软件	胡焰鹏	2000	推移质资料计算、整编
8	三峡水文网站	三峡局	2003	2015 年（内网）和 2021 年升级为外网
9	三峡局 OA 系统	三峡局	2004	2015 年升级改造接入水文局办公平台
10	H-ADCP 在线监测报汛软件	徐刚	2005	拟合报汛曲线，实现流量自动报汛
11	H-ADCP 流量整编软件	三峡局	2010	H-ADCP 流量在线整编处理
12	水准之星	黄忠新	2011	三、四等水准测量数据记录
13	四等高程导线测量	黄忠新	2011	高程导线测量数据记录
14	SurJhn 测绘数据处理软件	聂金华	2012	数据处理
15	蒸发站数据管理系统	朱喜文	2013	蒸发气象数据的录入和整理
16	H-ADCP 流量整编程序	胡焰鹏	2014	H-ADCP 流量处理及在线流量资料整编
17	水准及水尺测量记录程序	田苏茂	2015	水文站水准及水尺测验记录计算
18	三峡水库泥沙预测预报系统	三峡局	2017	泥沙预报、相应流量报汛、两坝间非恒定流模型计算
19	水尺零点高程测量程序	田苏茂	2019	水准（水尺零点高程）测量数据整理

库科学调度、优化调度提供基础技术支撑。

7.6.1 原型观测揭示三峡河段水沙特性

（1）水沙特性。在葛洲坝水库蓄水前，三峡局在完成历史资料整汇编基础上，对上游来水来沙特性进行分析计算，成果见表7.3–1。统计表明：以宜昌水文站代表上游流域水沙控制站，流域面积占长江流域面积的55%。①径流量各大支流占比从大到小为：屏山（金沙江）32.2%、高场（岷江）19.9%、北碚（嘉陵江）14.8%；武隆（乌江）11.3%、李家湾（沱江）2.9%，合计81.1%，屏山—宜昌区间干支流占18.9%。②输沙量占比从大到小为，金沙江46.7%、嘉陵江27.5%、岷江9.4%、乌江6.2%、沱江1.8%，合计91.7%，屏山～宜昌区间干支流占8.3%。③统计分析表明，金沙江水沙量较为平稳，是宜昌水沙量的重要基础，而岷江、嘉陵江因暴雨强度大、产沙量大、汇流迅速，是宜昌洪峰、沙峰的主要来源。根据奉节与宜昌水沙资料统计分析表明：三峡区间径流量约占宜昌的3.8%，输沙量约占5.6%。

（2）水温特性。水温是水生态极其重要的参数。①统计1956年以来水温观测资料（统计年限1957—1980年），在天然时期宜昌水文站多年平均水温为17.9℃，最高水温为29.5℃（1959年7月20日），最低水温为1.4℃（1959年1月1日），多年汛期平均水温为23.0℃，多年枯季平均水温为12.9℃。②葛洲坝水库蓄水后，由于水库库容小，为径流式枢纽，对水温影响甚微，蓄水前（1981—2003年）朱沱站、寸滩站、黄陵庙站、宜昌水文站多年平均水温分别为17.8℃、18.4℃、18.4℃、18.2℃。③三峡水库蓄水后，2004—2015年朱沱站、寸滩站、巴东站、黄陵庙站、宜昌水文站各站平均水温分别为：18.2℃、18.8℃、18.9℃、19.0℃、18.9℃。根据朱沱、寸滩、黄陵庙、宜昌等4站2014年专题观测，水温滞后现象明显，见表7.6–1，同一水温延时19～27天，升温期和降温期延迟不一致，这对“四大家鱼”（春—夏）和中华鲟（秋—冬）有一定影响。另据庙河站水温梯度观测，因水库坝前水深达150m以上，在春夏之交呈现水温跃层，上下层水温相差最大达10℃以上，见图7.6–1。

7.6.2 原型观测揭示截流龙口水力学指标及其变化规律

在葛洲坝工程和三峡工程建设中，每一次截流都是一次伟大的创举，三峡局从1981年葛洲坝大江截流，1997年三峡大江截流，再到2002年三峡明渠截流，创建了“截流水文监测系统”，采用先进技术手段，全天候实时监测截流工程施工全过程的水文、泥沙、水质等动态变化，及时发布水文信息，为截流成功作出重大贡献，其创新成果达到国际先进水平，主要技术创新及效益：①研究构建了科学合理的现代化截流水文监测系

表7.6–1　各水文站特征水温延迟时间统计表

特征水温	时段	朱沱站	寸滩站	黄陵庙站	宜昌水文站
升温至18℃	蓄水前	3.24—4．22	3.21—4.22	4.4—4.28	4.3—4.26
	蓄水后	3.21—4.21	3.26—4.22	4.22—5.24	4.21—5.23
	延迟天数	未延迟	未延迟	19天	19天
降温至20℃	蓄水前	9.16—10.18	9.27—11.2	10.1—10.25	10.1—10.26
	蓄水后	9.19—11.16	10.5—11.4	10.15—11.23	10.19—11.24
	延迟天数	12天	12天	27天	27天

注：①观测时间为2014年；②据有关专家研究，长江“四大家鱼”的繁殖季节为4—7月，最低温度18℃，最适宜水温范围为20～24℃。中华鲟生殖季节一般在10—11月，自然产卵水温16.1～20.6℃，最适宜产卵水温17～20.2℃

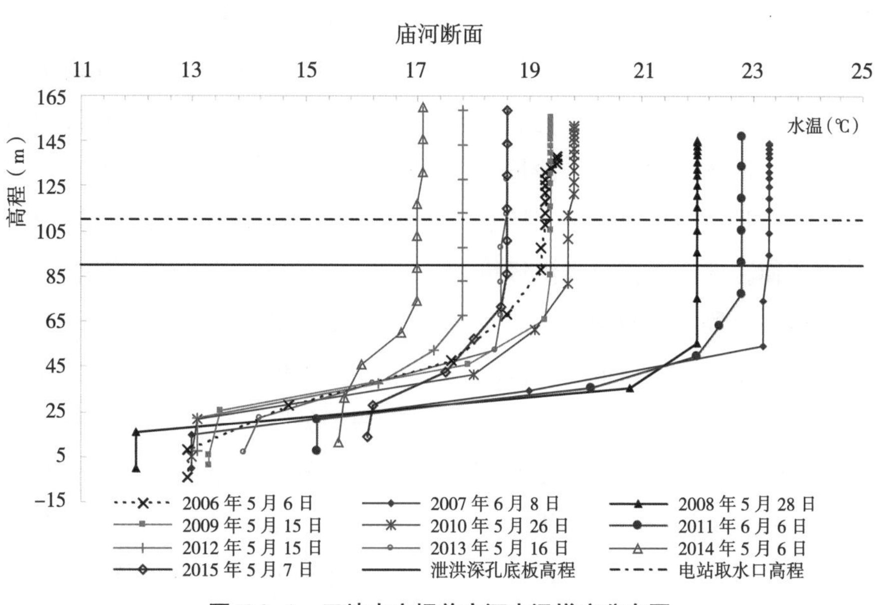

图 7.6–1　三峡水库坝前庙河水温梯度分布图

统。②揭示了截流龙口水文水力学变化规律，实时发布龙口流速、落差等截流关键指标信息，为调整施工进度、抛投骨料等提供技术支撑。③揭示了葛洲坝水库调度影响机理，通过控制坝前水位可以适当降低三峡截流水力学指标，为提前截流设计、施工、科研等提供依据。④揭示了葛洲坝水库三峡坝区段淤积形态和砂石料漂距试验成果，为平抛垫底施工提供技术支撑。⑤揭示了截流高强度施工对水环境的影响。

7.6.3　水库淤积观测研究与预测预报

（1）葛洲坝水库淤积观测效益。设计阶段采用数学模型计算，预计 3 ~ 5 年库区淤积达到相对平衡，淤积量为 3 亿 ~ 5 亿 m^3。为不使水库淤积量增大，运行调度规定水库坝前水位枯季 66m、汛期 63m，流量超过 4 万 m^3/s 时 66m。蓄水运用后水库淤积观测表明，水库运行至 1983 年库区淤积已基本达到相对平衡，其淤积量仅为 1.3 亿 m^3，原型观测分析揭示了淤积量远小于设计值这一重要结论，指导水库从 1986 年开始全年按 66—66.5m 运行，每年可多发电约 20 亿 kW·h。

（2）葛洲坝水库淤积上延问题。原预测研究认为水库淤积后，水库回水会因淤积而上延，出现“翘尾巴”现象，对库尾防洪、通航可能产生重大影响。通过 10 余年原型观测与分析研究，揭示水库回水水面线并未因淤积发生明显变化，回水末端也无上延趋势，水库淤积回水上延理论可能不适用于南方水库，这为泥沙界也提出了新的研究课题。

（3）三峡水库泥沙淤积观测效益。按原论证研究，三峡水库 175–145–155m 运行 100 年，三峡水库库区干流淤积量为 166.6 亿 m^3。根据原型观测计算表明，2003—2021 年库区干、支流总淤积量约 20.0 亿 m^3，按输沙法（质量法）为 20.5 亿 t，见表 7.6–2。多年平均入库沙量约 1.5 亿 t，仅为初步设计值的 30%，远好于预期。其中，淤积在防洪库容内泥沙为 1.648 亿 m^3，占总淤积量的 8%，占防洪库容 221.5 亿 m^3 的 0.74%。

（4）三峡水库坝前淤积量偏大的原因。在新水沙条件下，三峡水库坝前淤积明显较原设计预测值偏大，通过原型观测实验证实，系泥沙絮凝沉降所致，并得到了发生絮凝的水流（平均流速小于 0.5m/s）和泥沙（平均粒径小于 0.012mm）条件，从而为水库排沙减淤调度提供了技术支撑，也为水库淤积机理及理论研究、泥沙预测预报模型提供了重要依据。

（5）三峡水库水文泥沙运动规律研究。原型观测调查与分析研究，一是探明了变化环境下水库入库泥沙和场次洪水泥沙输移规律，输沙量更加集中于场次暴雨洪水过程；二是揭示了三峡水库洪峰沙峰异步传播规律，库区水位越高洪峰传播越快，沙峰传播越慢，导致出库沙峰普遍滞后于洪峰3 ～ 7天，为水库泥沙预测预报和排沙减淤调度措施提供了足够的预见期。

（6）坝下游近坝河道冲刷。三峡水库蓄水运用后，2002—2022年坝下游宜昌至杨家脑河段（全长118.6km）总计冲刷了3.89亿m^3。其中，宜昌（23.1km）、宜都（37.7km）、枝江（57.8km）分别冲刷了0.195亿m^3、1.45亿m^3和2.25亿m^3，见表7.6-3. 从各河段冲刷强度看，宜昌河段仅为84.5m^3/km，说明在葛洲坝水库运行时期已发生冲刷，经调查主要为葛洲坝工程施工期河道采砂引起，1972—2002年总计冲刷了0.327亿m^3。1972至2021年总冲刷量为0.522亿m^3，冲刷强度为226.1m^3/km。截至2021年，三个河段已趋于冲刷平衡或已基本冲刷至侵蚀基准面。

（7）基于“入库流量预报+入库含沙量预测+水沙数学模型”建立三峡水库泥沙作业预报方案，其预见期一般为6 ～ 10天（其中入库流量预报预见期一般为3天，沙峰滞后洪峰3 ～ 7天），并可根据水沙报汛信息和水库调度信息修正预报成果，为水库科学调度提供了理论支撑和实践方法，充分发挥了梯级水库防洪、发电、航运、生态、补水等综合利用效益。

7.6.4 通航水流条件观测实验研究

（1）葛洲坝上游引航道航迹线观测效益。在

表7.6-2　2003—2021年三峡水库库区淤积量计算统计表

方 法	统计项目	单 位	干 流	支 流	总淤积量
质量法	总淤积量	亿t	20.5		20.5
	$d \leqslant 0.062$mm		17.8		17.8
	0.062mm $< d \leqslant$ 0.125mm		1.45		1.45
	$d >$ 0.125mm		1.23		1.23
体积法（动库）	$z \leqslant$ 175m	亿m^3	18.4		18.4
	145m $< z <$ 175m		0.69		0.69
	$z \leqslant$ 145m		17.7		17.7
体积法（静库）	$z \leqslant$ 175m	亿m^3	17.4	2.56	20.0
	145m $< z <$ 175m		1.52	0.13	1.65
	$z \leqslant$ 145m		15.9	2.43	18.4

表7.6-3　2002—2021年葛洲坝下游宜昌至杨家脑河段冲淤量及其分布

流量级（m^3/s）	冲刷量（万m^3）			
	宜昌河段	宜都河段	枝江河段	合计
$Q \leqslant 5000$	−1421.7	−13937.1	−19784.1	−35142.9
$5000 < Q \leqslant 10000$	−27.3	−433.8	−1442.9	−1904.0
$10000 < Q \leqslant 30000$	−506.9	−342.7	−1080.1	−1929.7
$30000 < Q \leqslant 50000$	3.1	239.0	−155.3	86.8
$Q \leqslant 50000$	−1952.8	−14474.6	−22462.4	−38889.8
冲刷强度（万m^3/km）	−84.5	−383.9	−388.6	−327.9

南津关河段整治河势规划中，巷子口至恶狮子沟岸线曲率半径设计为1200m，通过原型观测对总长200m和206m的船队在各级流量下进行航迹线观测，最大曲率半径只有577m，而巷子口至恶狮子沟段极限曲率半径为820m，应该也满足577m的实际情况，但考虑安全，修改设计时将曲率半径调整为1000m，节约岸线开挖100余万m^3。

（2）葛洲坝三江下引航道浅水长波往复流观测。三江引航道的水流结构，在科研设计时，引航道淤积和航深预测主要考虑异重流影响。三江航道运行后，通过原型观测发现水流为往复流，其波长、波幅、周期等变化有一定规律，流速、流向分布随时间而有规律变化，据此修改三江通航调度方案，避免在引航道内发生海损事故，同时也为三峡工程船闸引航道设计提供了依据。

（3）三峡升船机引航道往复流水位波动观测。在三峡引航道设计时吸取葛洲坝三江引航道有关经验，消除了因船闸冲泄水影响的航道内往复流波动，但大江水流同样会引起航道内水位波动，通过原型观测揭示了升船机引航道内水位波动机理，建立了预测预报模型，为建设预警系统提供技术支撑。

（4）三峡下引航道口门区在临时船闸运行和水库135m运行时期（1998—2006年），原型观测发现了明显的拦门沙淤积，超出了设计阶段已有物理模型和数学模型的预测结果，严重影响航道尺度及通航水流条件，需采取应急清淤保持航道畅通。经进一步的观测分析，揭示了航道（含口门区）淤积机理，系倒灌异重流和口门区环流综合影响所致，并通过建立拦门沙坎高度模型，根据来水来沙信息预测沙坎调度变化过程，为清淤决策提供技术支撑，确保航道畅通。

（5）葛洲坝水利枢纽工程上游约2.2km的南津关河段，在天然情况下，河床十分复杂，包括急弯、扩宽、河床倒坡、两岸山咀挑流等各种形态，引起水流急变的因素十分集中，以致剪刀水、夹堰水顺流与逆流接壤处之水流、回流、泡水、漩涡水等大尺度的紊动流态比比皆是，而此河段紧接葛洲坝水利枢纽，处于大江、三江两航道上口门，称为枢纽航道的“咽喉”。

（6）葛洲坝下游河势调整观测研究。原型观测（多波束精细扫测影像）发现了葛洲坝大江下游和三峡大坝左电厂下游局部冲刷坑，为精准修复提供基础支撑。同时，原型观测还发现葛洲坝大江下游引航道及连接河段存在横波、涌浪等不良流态，为河势调整设计（采用900m江心堤及挖槽扩容改善流态方案）、施工及工程效果检验（从2.5万m^3/s通航标准提升至3万m^3/s）提供了重要的基础技术支撑，进一步发挥了大江航道的通航效益。

（7）坝下游通航补水调度措施研究。按葛洲坝初步设计最小通航流量3200m^3/s的相应三江庙嘴水位为39.0m，经论证，交通部门提出三峡水库补水的分阶段控制标准为：三峡水库135m运用按38.0m补偿调度；156m运行按38.5m补偿调度；175m运行按39.0m补偿调度。根据原型观测分析，提出39m（资用吴淞基面高程）每年度调度补水方案，见表7.6–4，其中2021年补水流量为5900m^3/s。

7.6.5　原型观测消除问题争论

葛洲坝工程建设期间曾发生过两次较大的技术争论。一是卵石是否出峡过坝的问题。通过设立南津关专用水文站，与宜昌水文站同步开展卵石推移质测验，证明了天然时期卵石能够出峡（南津关），蓄水后卵石出峡量锐减99%，且只有少量卵石可能过坝。二是葛洲坝水库库尾淤积演变是否碍航的问题。1986年库尾臭盐碛发生碍航，认为是水库蓄水运用造成的，当时业界反应相当强烈。通过水库完整的原型观测资料分析葛洲坝水库不存在“翘尾巴”现象，揭示了该河段蓄水前亦发生过碍航情况，关键是要合理分析水库回

表 7.6–4　　葛洲坝下游通航水位 39m 水库补水调度方案

年份	补水控制流量（m^3/s）	年份	补水控制流量（m^3/s）
2003	4910	2013	5600
2004	4950	2014	5800
2005	5000	2015	5850
2006	5100	2016	5850
2007	5100	2017	5500
2008	5060	2018	5750
2009	5450	2019	5750
2010	5470	2020	5750
2011	5500	2021	5900
2012	5500	2022	5900

水影响与碍航条件的关系，通过原型观测分析统一了认识，消除了争论。

7.6.6　促进水文泥沙学科发展

50 年来，三峡局紧紧围绕葛洲坝和三峡工程，开展一系列原型观测与分析研究，为水文、水力学、河道（水库）泥沙、水质水生态、测绘等学科发展做出了巨大贡献，主要的探索性创新成果有：推移质器测法研究、接触式水位计研制、河床质采样器研制、水情遥测系统研制、水深计数器研制、船用水文重型三绞研制、水面漂浮蒸发筏研制、水文吊船缆道研制、悬索偏角试验研究、受水工程影响流量单值化技术研究、ADCP 流量测验技术比测试验研究、单样含沙量计算方法研究、窄深河道测深回声仪选型试验研究、水体中黄磷检测方法研究、无人立尺高精度测量技术研究、水库泥沙预测预报方法研究、引航道往复流观测实验研究、引航道水位波动预测预警系统研究、引航道口门拦门沙观测实验研究、特殊水流（弯道环流、剪刀水、泡漩流、滑梁水等）观测实验研究、在线流量监测资料整编技术方法研究、水库泥沙絮凝实验研究、实时（现场）含沙量测报技术比测实验研究、在线含沙量测量技术比测实验研究、临底悬沙测验技术试验研究、水利工程截流龙口水文监测技术研究、GPS 大比例尺测量延时改正技术研究、EPS 数字测绘技术应用研究、多波束精细扫测质量控制方法研究、水面漂浮物环境影响试验研究、水道地形测量断面构建模型研制、梯级枢纽非恒定流观测试验研究、水工建筑物流量测验及资料整编技术研究、径流水库输水输沙特性研究、水库泥沙淤积与坝下游冲刷及其影响研究、水文应急抢险监测技术研究。

第 8 章　水文改革发展与服务

8.1　水文改革

水文是公益事业单位，葛实站成立后，1984 年按照长江委水文局部署启动长江水文系统改革工作，探索站队结合新思路，提出开展多种经营。1984—1986 年开办企业（隆中站青年商店），1993 年开办养殖、电器维修部，1995 年开办水情咨询服务部，1998 年注册成立宜昌市禹王水文科技有限公司（简称禹王公司）。三峡局水文测区因地处山区，主要围绕水利工程水文服务，多为指令性任务，在葛洲坝和三峡工程完工后，任务减少经济下滑，1990—1992 年曾出现过财务危机。因此，谋求单位改革发展核心之一是经济发展，从多种经营到专业有偿服务，在市场经济大潮中逐步形成了“双轨制”格局（事业和企业）和“立足三峡、面向全国、走出国门”的经营总体思路。

三峡局在内部改革发展方面，主要经历以下六个阶段：

8.1.1　内设机构改革

1984 年 10 月，葛实站宣布成立改革领导小组，1985 年 4 月颁发改革成果，包括五个方面：①制定各职能科室职责，实行主要岗位（科长、主任工程师）责任制。②制定文明单位评定标准。③经济承包责任试行办法。④机构改革方案，调整为政工科、生产技术科、行政科、保卫科、水质监测室、科研室、水位组、资料分析室、企业办公室、船舶队。⑤是制定劳动组合改革方案，实行干部任期两年制包干，增收节支按比例分成。

8.1.2　探索水文多种经营

面对葛洲坝工程即将完工，计划性工程水文、泥沙、河道观测任务锐减的形势，葛实站 1989 年 4 月成立综合经营办公室，探索走向市场经济路子。1990 年 5 月相继出台了《葛实站横向测绘收入提成分配办法》《葛实站外勤津贴发放办法》和《葛实站评发奖金试行办法》。1990 年代初期，葛洲坝工程施工基本结束，水文工作任务锐减，葛实站步入经济最困难时期，并开始谋求改革发展，走市场经济必然之路。1992 年，葛实站党委认真贯彻落实邓小平南行讲话精神，统一思想认识，加快改革步伐，开始实施目标责任制，站队实行项目任务承包制，管理部门实行类别系数分配制。

8.1.3　探索专业有偿服务

1992 年 11 月三峡工程进入施工准备。1993 年，葛实站承接了三峡工程施工区水情报汛服务和三峡大坝坝址区 1 ∶ 1000 水下地形测绘项目，当年取得水利部首批甲级水文水资源调查评价证书和国家测绘局首批甲级测绘资质证书。1994 年水利部颁布《水文专业有偿服务收费标准》，葛实站承接了夷陵长江大桥两个专题（桥址河段水文分析计算河床演变分析）科研项目，为大桥设计复核提供技术支撑。根据水利部水文综合改革座谈会精神，1994 年 7 月长委水文局指定葛实站作为全国水文改革试点单位，8 月长委水文局机构改革将外业总站、实验站改为水文水资源勘测局，改革目的是从思想观念、经营管理、站网体制、测报手段等努力实现四个转变，即：①由传统单一专业型水文模式向多功能全方位服务的大水文转变。②从单一型行业管理向无偿与有偿服务相结合的经营转变。③从固守断面观测向站队结合、巡测、点面结合的转变。④从人工观测向技术密集型转变。三峡局围绕三峡工程建设，积极拓展水文有偿服务，经济收入逐年增长，促进单位内部改革，推行项目承包制和全面质量管理，逐步规范内部管理，2000 年首次大规模修订和汇编规章制度，之后每 5 年汇编一次规章制度。

8.1.4 全员聘用制改革

实行全员竞争上岗，推行人事聘用制度改革。2002 年 12 月，经过一个多月的演讲、答辩、考评，按照长江委水文局机构改革的要求，顺利完成了机构精简、调整和干部职工的竞争上岗以及高中级职称的竞聘工作。该次改革，精简机构 5 个，新提拔副处级干部 1 人、科级干部 8 人；125 名职工中有 106 人通过演讲考评正式上岗；65 人次参加了中高级、技师职称竞聘。2003 年，推行 ISO 质量管理体系，获得国家级体系认证，进一步规范了内部管理，提升了市场竞争能力。2004 年，三峡局成为长江委水文局人事制度改革试点单位，2005 年 7 月，《长江三峡水文水资源勘测局试行人员聘用制度实施方案》获职代会通过，2005 年 12 月三峡局首次实行全员绩效考核，这是人事制度改革的一项重要举措，探索“一次考评，多种应用”并取得良好效果。

8.1.5 绩效工资改革

三峡局职工工资构成中，绩效工资经费来源主要依靠经济创收项目利润收入，多年来已形成以项目为导向的分配制度。

根据上级文件精神，2014 年冻结绩效工资总额。2018 年实行“双控”措施，即绩效工资总量和人均都不得突破上级批复额度，强调以人事口径统计年度绩效工资分配情况，并通过审计、巡察和财务检查等管控。

2018 年实施绩效工资改革，将绩效工资分解为两大部分：绩效工资和暂时保留绩效工资。绩效工资改革以分配为抓手，进一步优化考评管理体系，实现新老分配制度的平稳过渡。探索内部管理，挖掘内生动力。在 2011 年形成的“一个管理平台（计算机网络信息）、三个管理体系（预算、质量、绩效）”（即 1+3）基础上，2019 年作为长江委水文局试点单位，引进精细化管理理念，提出三峡局五大管理链（双轨战略、预算分解、目标执行、过程管控、绩效考评），形成了“1+3+N”精细化管理体系，即增加了 N 项精细化管理工作。其中，绩效管理体系逐步形成“平时考核、月执行力评价、年度绩效考评”整合管理体系。

8.1.6 社会养老保险改革

根据《国务院关于机关事业单位工作人员养老保险制度改革的决定》《人力资源社会保障部关于印发 < 机关事业单位工作人员基本养老保险经办规程 > 的通知》《湖北省人民政府关于机关事业单位养老保险制度改革的实施意见》及配套文件，按《湖北省机关事业单位工作人员基本养老保险经办规程（试行）》（简称《经办规程》）落实。

按《经办规程》第四条：中央驻鄂机关事业单位的汉外单位原则上在省直参保，由省社会保险局负责其业务经办。三峡局 2017 年正式启动全体职工养老保险办理工作。具体业务由党群办人事科负责，主要开展了以下几项工作：

（1）参保单位登记。收集整理报送五类材料（复印件）：①单位成立批文。②《组织机构代码证书》或《统一社会信用代码证书》。③单位法定代表人（负责人）任职文件和居民身份证。④单位经办人居民身份证。⑤《事业单位法人登记证书》，提供编办事业单位分类改革文件。登记取得《参保单位登记回执单》《机关事业单位数字证书业务受理表》。

（2）网上申报业务。定期将《参保单位登记回执单》《机关事业单位数字证书业务受理表》《组织机构代码证》或《统一社会信用代码证书》、单位经办人居民身份证送交 CA 数字证书公司制发 CA 数字证书，用于参保单位办理网上申报业务，取得《社会保险登记证》，并按年填报《社会保险登记证验证表》，定期验证和换证制度（有效期为 4 年）。

（3）缴费申请办理。三峡局按年度申报一个缴费年度内全部在职职工的参保资料和缴费工资基数，参保人员年度缴费工资基数按照本人上一年度 12 月份职务职级（技术职称）所对应的月工资标准申报。改革第一个申报年度为 2014 年 10 月 1 日至 2015 年 12 月 31 日，参保人员缴费工资为其 2014 年 9 月 30 日职务职级（技术职称）所对应的月工资标准。新进人员，包括新录（聘）用、调入、安置等人员，以起薪月的职务职级（技术职称）对应本统筹地区上一年度 12 月份缴费工资标准进行申报。

（4）参保人员管理。在职人员参保登记类业务，包括在职参保人员新增、信息变更、停保、续保、终止参保、在职转退休、参保人员信息修改、缴费补（退）收等业务。登记新参保人员时，向社保经办机构申报办理人员参保登记手续，填报《湖北省机关事业单位基本养老保险在职参保人员信息登记表》《湖北省机关事业单位基本养老保险参保人员业务申报表》《湖北省机关事业单位养老保险参保人员缴费工资基数申报表》，提供以下材料：①机构编制管理部门出具的编制管理文书。②党委组织部门、政府人力资源社会保障部门等有干部管理权限的机关提供的录（聘）用、调动、任职文件等。③参保人员居民身份证。④未制发社会保障卡的，需要按照社会保障卡制卡要求提供电子照片、居民身份证复印件等。⑤社保经办机构规定的其他证件、资料。

（5）档案管理。对在社保经办业务过程中，直接形成的具有保存和利用价值的文字材料、电子文档、图表等不同载体的历史记录，简称为社保业务档案。按照《社会保险业务档案管理规定（试行）》（人社部令 3 号）要求，对业务材料做好收集、整理、立卷、归档、保管、统计、利用、鉴定销毁、移交和数字化处理等工作，保证业务档案真实、完整、安全和有效。尤其职工个人档案，是办理离退休养老保险的关键材料之一，三峡局 2017—2018 年、2020—2021 年分别对干部人事档案和职工人事档案进行了详细整理，并通过了湖北省人力资源和社会保障厅的审查。

总之，社会保险涉及每一位职工的切身利益，改革难度极大。职工社会养老保险以 2014 年 10 月为界，实行“老人老办法、新人新办法”的改革方案。2019 年 2 月按照上级要求，三峡局完成了湖北省直单位养老保险参保工作。除养老保险以外，三峡局已于 2012 年 6 月按宜昌市政府部门要求办理了属地医疗保险、公务员补充医疗保险、生育保险、工伤保险、失业保险。住房公积金严格按照宜昌市有关政策要求落实。

8.2　水文发展

8.2.1　职工队伍建设情况

8.2.1.1　总体情况

三峡局是在宜昌水文站基础上逐步发展壮大的。在宜昌水文站刚成立时，只有 2 ~ 3 人，任务多时聘请临时工协助完成。1950 年代启动三峡工程前期工作，任务逐步增多，增设临时性水文观测站点，1960 年为加强站网管理成立了三峡工程水文站，与宜昌水文站一块牌子，统筹负责三峡测区工作，人员也迅速增加，至1973年成立宜实站时，职工队伍已达69人。随着葛洲坝工程开工、停工、复工，施工区水文监测任务成倍增加，职工队伍也相应快速递增，到葛实站后期职工总人数已接近300人。三峡局成立后，经过三峡工程建设，职工队伍得到极大的锻炼，引进和培养高层次人才增多，引进先进技术仪器设备，也极大地提升了劳动生产率，职工队伍从过去人海战术逐步向自动测报、有人看管模式，自动化、智能化程度越来越高，精简职工队伍是必经之路，因此在2012年三定方案时，三峡局编制208人，但实际按照157人控制，各重要时间节点职工队伍统计见表8.2–1，职工队伍历年变化见图8.2–1。

8.2.1.2 高层次人才队伍

截至2022年末，三峡局通过近50年的发展，取得高层次人才情况主要有：①正高级工程师8人。②高级技师2人。③高层次专家3人，其中，水利部5151第三、四层次人选2人，湖北省新世纪高层次人才第三层次人选1人。④各类注册师、职业师11人，其中，注册测绘师7人、注册会计师2人、注册安全工程师1人、高级项目管理师1人。

8.2.1.3 创新团队建设

宜昌水文站1958年创办了“小工厂”（即水文车间），并在宜实站和葛实站时期得到了加强，是三峡局早期重要的创新平台，根据不同任务组成相关小组，解决了一系列创业、革新、创新等技术问题和难题。

在三峡局时期，创新团队多以基层站队、兴趣小组、QC小组、课题研究小组、比测试验小组等形式体现。先后解决了诸如GPS水下地形测量中延时问题、ADCP“动床”流量偏小问题、龙口流速在线测报、水位雨量自动测报、流量与含沙

表8.2–1 三峡局各个时期职工队伍建设统计表

时期	职工总人数	党员人数	专业技术人员	技术工人	统计年份	说明
宜实站	69	10	37	22	1973	无离退休人员
葛实站	251	50	89	132	1982	离退休13人
三峡局	303	69	99	150	1994	离退休59人
	305	112	76	69	2022	离退休168人，党员人数含离退休职工

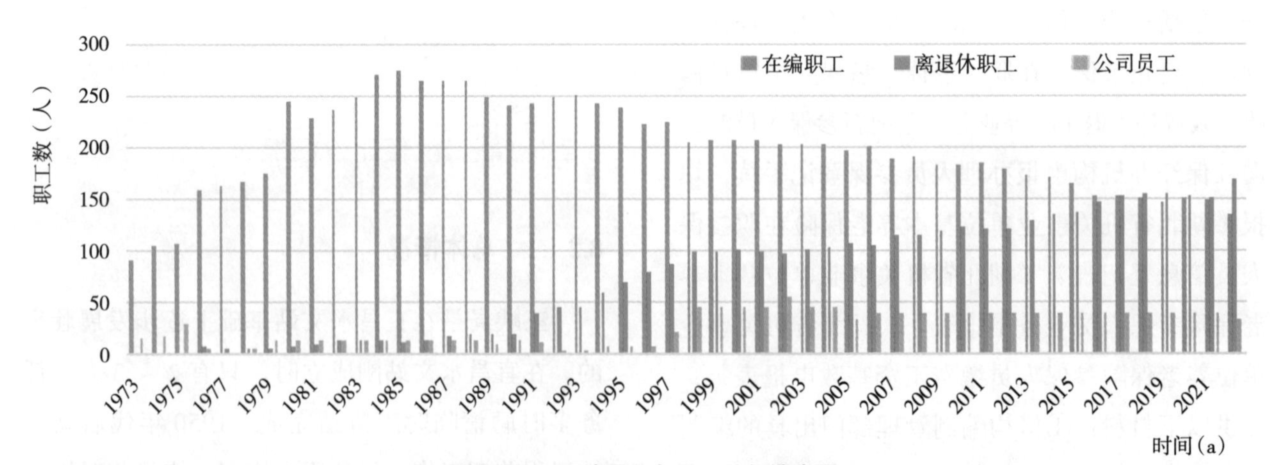

图8.2–1 三峡局历年职工队伍演变图

量在线监测、不同河型测深仪选型问题、大水深声速校正模型、水库泥沙预测预报模型、航道水位波动预测预警、水库水面蒸发模型等。总体上，随着科技发展、时代进步，创新方向与内容都发生了巨大的变化，在宜实站时期处于起步探索阶段，主要解决水文测验难题，随后在葛实站、三峡局发展中，主要在水文自动测报、水文资料在线整编、水文泥沙实时预报、水文智慧分析计算、水文科学实验研究等方面，充分利用现代科学技术，尤其是信息技术，基本思路是在引进世界先进仪器设备和技术基础上，消化、吸收、再创新，使水文逐步走向现代化。

中国特色社会主义进入新时代，落实新发展理念，创新是第一位的。2018 年初，三峡局根据上级工会文件精神，着眼于基层水文事业发展，提升年轻职工技术创新能力，经党委研究决定，以劳模、学科带头人、注册师、技术能手等牵头组建了 5 个职工（劳模）创新工作室。其中，闫金波创新工作室 2018 年 12 月被命名为“长江委职工（劳模）创新工作室”，2019—2021 年连续三年通过长江工会复审命名。2020 年 12 月，被命名为“湖北省职工（劳模、工匠）创新工作室”。

8.2.2　经费与资产情况

8.2.2.1　经费收入情况

历年经费情况，详见图 8.2–2。总体上，总收入由财政拨款收入、事业收入和公司收入组成。其中事业收入又包括专项收入和对外创收收入。

（1）财政拨款收入。1973 年成立宜实站，当年财政拨款仅 9.29 万元；1982 年葛实站成立时财政拨款为 81.82 万元；三峡局 1994 年成立时财政拨款达到 483.5 万元。2006 年、2012 年、2015 年财政拨款分别突破 1000 万元、2000 万元和 3000 万元，2021 年达到历史最高为 5125.71 万元。

（2）事业收入，包括两部分：一是专项经费收入，主要为葛洲坝和三峡工程水文泥沙观测、水利水电勘测设计（含国外项目）等，由长江委水文局下达。1980 年以前没有单独下达专项经费，包含在财政拨款经费之中；1980—1991 年主要为葛洲坝大江截流、水库冲淤积观测专项经费，平均每年约 15 万元；1992—2002 年主要为三峡工程坝区施工区水文泥沙观测专项（含大江截流、明渠截流），平均每年约 500 万元；2003—2022

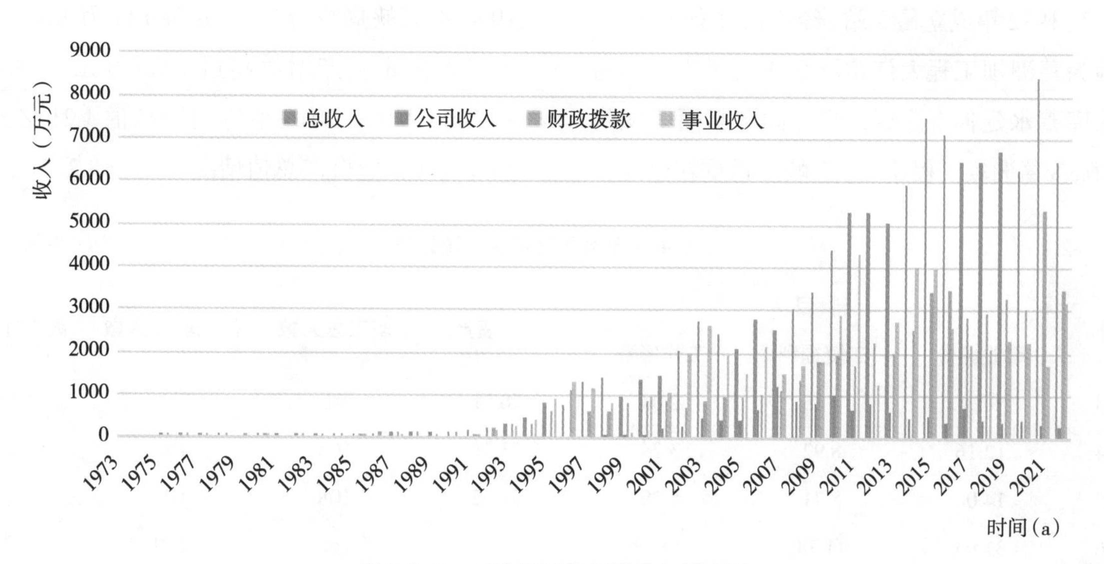

图 8.2–2　三峡局历年经费收入演变图

年主要为三峡水库库区、坝区、坝下游水文泥沙观测，平均每年约1300万元。二是自主创收收入。1992年之前主要开展多种经营（如养殖、电器维修、水情服务等），1973—1992年多年平均3万余元。1993年加大创收力度，经费收入增长较快，从1993年的80余万元，到2002年980余万元，增长10倍多，到2011年的2000余万元，但市场业务极不稳定。

（3）公司收入。禹王公司于1998年成立，业务涉及面广，除经营门面、租车、租船等业务外，还承接水文泥沙勘测设计服务，平均每年收入约500万元，最高峰达1200余万元（2007年）。

8.2.2.2　经费使用情况

三峡局各年度经费使用情况统计，见表8.2–2。

（1）1973年宜实站成立之初，创业艰辛，工作经费很少，职工工资低。1973—1981年，职工人数快速增长，工作经费从不足10万元增加到70余万元，且有升有降，主要与生产任务，尤其与葛洲坝工程建设相关的水文工作量密切联系。1973—1981年期间经费使用，总体上工资福利占35.9%，职工（含离退休职工）人均年收入约830元，工作经费占64.1%。

（2）1982年成立葛实站，经费相对增加较多，主要因为葛洲坝工程大江截流水文观测任务和葛洲坝水库蓄水延伸至库区地形、固定断面等观测任务。随着葛洲坝工程建成，三峡工程重新论证，开工建设推延，相应水文勘测任务骤减，经费也大量减少，导致“七五”期间（1986—1990年）是葛实站时期最困难时期。1982—1993年期间经费使用，总体上工资福利占47.0%，工作经费占53.0%，职工（含离退休职工）人均年收入约2250元。

（3）1994年三峡局成立，始终围绕服务三峡工程，以经济创收弥补财政拨款不足，职工队伍得到稳定，单位面貌发生巨大变化。1994—2012年是三峡局经济发展最快时期，每年创收新增均超过10%，从刚开始自主创收不足100万元（不含水文局下达的专项，下同），到2003年三峡蓄水时1000多万元，再到2012年的2000多万元。总体上，1994—2021年期间，经费使用情况为：工资福利占56.1%，工作经费占43.9%。职工收入增加幅度较大，其中，1994—2002年、2003—2011年和2012—2021年三个时期，职工（含离退休职工）人均年收入分别为1.67万元、5.09万元和13.2万元。

8.2.2.3　固定资产情况

1973年成立宜实站时，固定资产总值仅为56.51万元，1982年葛实站成立时增至262.10万元，1994年三峡局成立时增至580.11万元。从1997年开始固定资产增值超过1000万元，2004年达到5000万元，2016年达到最高值1.21亿元。三峡局历年固定资产总值情况，见表8.2–2。

表8.2–2　三峡局历年经费使用情况统计表　（单位：万元）

年份	科目			固定资产	职工总人数	在编职工人数	离退休人员
	事业经费	工资福利	工作经费				
1973	9.29	7.25	2.04	56.51	91	91	
1974	12.16	8.92	3.24	73.31	106	106	
1975	14.00	8.71	5.29	91.62	108	108	
1976	31.93	11.74	20.19	134.99	166	159	7
1977	32.97	12.84	20.13	138.23	170	164	6

续表

年份	科 目			固定资产	职工总人数	在编职工人数	离退休人员
	事业经费	工资福利	工作经费				
1978	39.42	13.87	25.55	150.34	173	167	6
1979	59.25	15.03	44.22	168.18	182	176	6
1980	74.83	22.02	52.81	150.12	253	245	8
1981	77.94	25.78	52.16	262.00	239	229	10
1982	81.82	24.78	57.04	262.10	251	238	13
1983	77.13	29.23	47.90	306.19	262	249	13
1984	75.79	32.00	43.79	369.59	283	270	13
1985	85.52	37.06	48.46	372.22	286	274	12
1986	100.57	47.13	53.44	488.40	279	265	14
1987	123.16	53.38	69.78	486.01	283	266	17
1988	117.51	59.42	58.09	482.64	286	266	20
1989	113.90	69.60	44.30	494.64	270	250	20
1990	136.68	75.50	61.18	496.57	262	242	20
1991	171.19	75.50	95.69	492.26	283	244	39
1992	219.94	117.94	102.00	529.36	295	249	46
1993	329.25	140.12	189.13	511.26	298	252	46
1994	483.50	294.80	188.70	580.11	303	244	59
1995	802.56	388.97	413.59	692.33	309	240	69
1996	792.25	378.29	413.96	505.72	304	224	80
1997	1319.30	414.00	905.30	1074.38	314	226	88
1998	1416.08	532.80	883.28	1122.24	306	206	100
1999	990.00	456.00	534.00	1191.02	307	208	99
2000	1381.25	593.50	787.75	3334.11	308	207	101
2001	1470.95	713.60	757.35	3390.03	306	207	99
2002	2056.87	815.20	1241.67	3701.10	301	204	97
2003	2718.19	936.45	1781.74	3827.72	305	204	101
2004	2438.04	899.02	1539.02	5043.54	307	204	103
2005	2084.52	957.15	1127.37	3282.47	305	198	107
2006	2795.10	1390.22	1404.88	3578.79	306	201	105
2007	2567.27	1511.08	1056.19	4181.66	305	190	115
2008	3019.08	1726.13	1292.95	4779.44	306	191	115
2009	3436.53	1934.01	1502.52	4853.91	303	184	119
2010	4407.69	2191.47	2216.22	4984.80	307	184	123
2011	5314.11	2446.25	2867.86	5466.49	306	185	121

续表

年份	科目			固定资产	职工总人数	在编职工人数	离退休人员
	事业经费	工资福利	工作经费				
2012	5314.51	2713.50	2601.01	5906.97	301	180	121
2013	5056.76	2985.36	2071.40	6648.27	302	173	129
2014	5925.24	3572.14	2353.10	6211.42	307	172	135
2015	7495.10	4594.00	2901.10	6581.91	303	165	138
2016	7139.22	4572.75	2566.47	12165.36	301	153	148
2017	6475.25	4679.99	1795.26	11490.38	306	153	153
2018	6497.64	4722.68	1774.96	7226.96	308	152	156
2019	6706.92	4199.44	2507.48	7815.12	302	147	155
2020	6278.95	3935.62	2343.33	8142.98	305	152	153
2021	8466.70	4218.82	4247.88	8965.79	301	150	151
2022	5950.75	4038.18	1812.57	9021.04	310	142	168

注：各个时期均有部分水利工程水文泥沙观测、长江堤防水文勘测经费包含在基建经费中。

截至2022年，三峡局固定资产总值9021.04万元，主要包括位于夷陵区虾子沟的宜昌水文巡测基地（含黄柏河水文专用码头）内房屋、建筑物等价值，共有房产31处，其中：

（1）三峡局综合办公大楼1处3200m^{2}和一层门面1处449.39m^2，合计3649.93m^2，位于宜昌市伍家岗区胜利四路20号，现均为三峡局办公业务用房，分别于2004年和2010年办理房产证。

（2）宜昌水文巡测基地1处，面积2880.94m^2，位于宜昌市夷陵区晓溪塔冯家湾（虾子沟），1985年建成并办理房产证，已于2020年被地方征收，采取异地土地置换和还建方式补偿，评估价约5155万元，正在征地还建中。

（3）三峡水文巡测基地1处，面积1782.09m^2，位于宜昌市伍家岗区胜利四路15号，1984年建成（竣工）为葛洲坝坝区水情遥测系统中心主控楼，1999年改建为三峡水文巡测基地并办理房产证，曾招租开办商务酒店，2021年租期截止，现为空置房。

（4）水位站业务用房，包括站房11处、库房7处、缆道房1处、仪器房1处，建成时间大都在1980年之前，部分在2000年前建成，有8处办理房产证，面积680m^2，12处未办理的房产大部分在葛洲坝工程坝区（即在工程施工时间建成，已无法取得房产证）。其中，宜昌水文站水位观测房面积150.39m^2，2000年建成，后作为宜昌水文站办公用房，因面积有限部分职工及船舶管理科在趸船上办公多年，于2020年经宜昌市政府现场办公协调，在原地改建办公业务用房，面积约350m^2，已于2022年竣工验收并办理房产证，9月正式投入办公。

（5）居住用房7处，总面积2605.75m^2，分别于1996—2006年期间陆续办理房产证，位于宜昌市伍家岗区胜利四路15号和西陵区隆康路39号，大部分按相关政策出售给职工，少量存量房作为新职工暂时居住的过渡用房。

8.2.3 水文基本建设

宜昌水文站时期，总体上基建项目较少，至1973年成立宜实站时固定资产仅为56.51万元。1973—2022年基建投资累计达1.28亿元（不含宜昌水文巡测基地迁建5155万元）。见表8.2-3。

表 8.2-3　　三峡局 2013-2022 年基建投资统计表

单位	时间（年）	项目数	主要基建内容	总投资（万元）
宜实站	1973—1981	17	办公楼、水位站站房、吊船缆道、测船及设备购置等	208.39
葛实站	1982—1993	34	葛洲坝水位遥控中心、蒸发站、虾子沟基地、船舶建造、水文设施改造等	1181.54
三峡局	1994—2000	35	水质室改造、家属楼建设及维修、码头建设、船舶大修、水文设施改造等	2441.00
	2001—2005	20	宜昌巡测基地建设、水资源能力建设、三峡巡测基地建设等	1539.49
三峡局	2006—2010	16	水资源监测能力建设、水文基础设施建设、水道地形观测、水文泥沙观测等	570.08
	2011—2015	9	水环境中心建设、船舶建造、水文泥沙观测等	1919.21
	2016—2020	13	庙河站建设、水环境中心能力建设、水文泥沙观测等	1927.00
	2021—2022	5	水文监测系统工程、三峡水库水文实验站建设等	8152.00
			宜昌水文巡测基地异地还建（含土地）	5154.72
	小计	98		21703.50
1973—2022 年合计		149		23093.43

8.2.3.1　宜昌水文站基建情况

在宜昌水文站设立初期，基础设施及技术装备很差，没有站房，租用民房办公。1953 年冬，在隆中路购地建房，水文站首有站房，分设办公室、泥沙室、仪器室、工测具室及宿舍等。1955—1956 年，为开展高流速试验和加强泥沙测量，水文工作发展极快，人员骤增。长办、长江水利工会、水文总站均派工作组驻站指导工作。加之大专水电院校实习生，汛期在站工作人员高达 80 人余人，有测船 4 ~ 5 条，多为木船结构，为安全停泊船只，在水文断面处设置了水文专用码头。1957 年投资 9306.40 元，扩建新办公室 99.57 m^2。1958—1960 年，创造了木船安装水轮机测流。1972 年为满足葛洲坝工程设计施工提供水文资料的需要，宜昌水文站建造了 88.26kW 水文 103 专用工作船。1973 年 5 月架设水文测量吊船缆道，才完全解决了测流锚定的困难，使水文测验在机械化和现代化方面前进了一步。

8.2.3.2　宜实站基建情况

宜实站时期基建投资 208.39 万元。1973 年宜实站成立后，1973 年李家河等 3 站水文测验站房、观测缆道建设。1974 年 5 月在隆中后路（现胜利四路 15 号）新建三层楼 1000m^2 的办公楼建成投入使用，全站由原隆中路旧址搬入新楼，随后新建 200 m^2 食堂；水化分析室改造及购置仪器设备；在隆中路旧站址院内新建四层楼共计 500m^2 职工宿舍。1975 年宝塔河站房及实验仓库、设备购置。1976 年测船建造、长阳缆道及同位素埋设。1977 年购置水化仪器室。1978 年建造水文工作挺及长阳水位站房。1980 年 5 月，长办批准宜实站自筹资金在现胜利四路 15 号修建宿舍楼约 2000m^2，共六层楼。1981 年长阳缆道建设及设备购置。

8.2.3.3　葛实站基建情况

葛实站时期基建投资 1181.54 万元。1982 年 5 月报批兴建水位遥测系统（中心）主控楼，共七层楼，约 1100m^2，1984 年 3 月 17 日竣工。1982 年 5 月，购买宜昌县航运公司两层楼房一栋及空地共 2063 m^2，总价为 10 万元，作为南津关专用水文站筹建站房。1982 年还购置仪器设备用于坝区水文泥沙监测。1983 年修建南津关蒸发场、水位遥测站及黄柏河码头等。1983—1985 年经长办批准，在宜昌县冯家湾虾子沟多批次征地共计约 44.2 万 m^2（66.3 亩），建设水文基地（2880m^2 办公楼和 498 m^2 厨房），总投资 45.6 万元，作为三峡工程建设水文基地，后命名为宜昌水文巡测基地。1985 年修建宜昌水文站报汛站房。1986 年 601 轮大修、三江航道淤积观测及设备购置等。1987 年大江拉沙观测研究、库区淤积调查研究。1988—1991 年水利前期 – 清江高坝洲设站及野外水文勘测职工住宅建设、设备购置及 103 轮改造等。1992 年购置金杯工具汽车。1993 年防汛车更新、水文测报设施及 601 轮改造。

8.2.3.4 三峡局基建情况

三峡局时期基建投资 1.14 亿元（不含宜昌水文巡测基地迁建 5155 万元）。其中，1994—1995 年投资了633.7万元,1994年虾子沟基地围墙维修、水质室改造、胜利四路宿舍维修、船舶维修保养、办公设备购置。1995 年宜昌水文码头建设、野外水文勘测职工住宅（1989—1995 年，即胜利四路 15 号高层住宅楼）、流域水文计划管理软件建设、血防改水改厕安全区建设、隆康路宿舍。

“九五”期间累计投入 1807.3 万元。其中，1996 年重要水文站测报设施建设、测船改建、特检、水环境监测仪器、泥沙设备购置、防汛车更新、通信报讯设施建设、血防改水改厕安全区建设。1996—1999 年隆康路宿舍建设。1997 年血防改水改厕安全区建设、办公楼维修。1998 血防工程（国债）、长江委小基建。1999 年胜利四路临街建筑门前整治、流域重要水文站建设、设备购置、长江流域防洪规划、水文防汛应急工程（测船、巡测工具）、血防工程（国债）。1999—2002 年长江堤防水文勘测及杨家脑以下水面线险工护岸观测。

“十五”期间累计投入 1539.49 万元。其中，2001 年通信设备、水利灭螺、夷陵路 138 号房屋购置。2002—2003 年宜昌水文巡测基地建设、血防 – 李家河水位站改水工程、南津关站人饮用水工程。2003 年巡测交通工具购置、血防改水改厕安全区建设。2003—2006 年水资源监测能力建设（含水保局）。2004 年水资源综合规划、血防工程。2004—2005 年三峡水文巡测基地建设。2005 年杨家脑泥沙观测。

“十一五”期间累计投入 570.08 万元。其中，2007—2009 年水利前期工作《长江流域综合规划》修编。2008 年中央直属水文基础设施工程、长江委水文巡测基地 2008 年应急建设、长江杨家脑至湖口河道泥沙观测、水利前期工作《长江流域综合规划》修编、长江干流三库联调。2009 年以三峡水库为核心的长江干流控制性水库群综合调度研究、长江杨家脑至湖口河道泥沙观测研究、长江中下游河道水下地形测量、“十一五”水资源监测能力建设（2009-2010）。2010 年长江三峡工程杨家脑以下河段水文泥沙观测研究（2010 年）、以三峡水库为核心的长江干流控制性水库群综合调度研究、“十一五”水资源监测能力建设、“十一五”水文水资源工程。

“十二五”期间累计投入 1919.21 万元。2013 年长江中下游宜昌至大通水文测报工程、长江三峡工程杨家脑以下河段（2010—2019 年）水文泥沙观测（2013 年）。2014 年长江三峡工程杨家脑以下河段（2010—2019 年）水文泥沙观测（2014 年）、长江中下游宜昌至大通水文测报工程、七大流域水文设计成果修订。2015 年长江委 31 处水文站改建 – 庙河水文站建设、长江委水文三峡局水环境监测中心水资源监测能力建设、长江三峡工程杨家脑以下河段（2010—2019 年）水文泥沙观测（2015 年）。

“十三五”期间累计投入 1927.00 万元。其中，2016 年长江干流安庆至南京段黄金水道建设对河势控制与防洪影响分析对策措施、长江委 31 处水文站改建－庙河水位站建设、长江委水文三峡局水环境监测中心水资源监测能力建设、长江中下游河道测量。2017 年长江三峡工程杨家脑以下河段（2010—2019 年）水文泥沙观测（2017 年）、长江经济带入河排污口监控能力建设可行性研究。2018 年长江三峡工程杨家脑以下河段（2010—2019 年）水文泥沙观测（2018 年）、长江流域水生态及重点水域富营养化状态调查与评价。2019 年大江大河水文监测系统建设工程（一期）、三峡后续工作长江中下游影响河道观测（宜昌至湖口）2019 实施方案。2020 年大江大河水文监测系统建设工程（一期）、长江委三峡测区宜昌水文站改建、三峡后续工作长江中下游影响河道观测（宜昌至湖口）2019 年实施方案。

“十四五”期间，2021—2022 年总投资约 8152 万元。其中，2021 年大江大河水文监测系统建设工程（一期）、长江委三峡测区巴东、银杏沱 2 处水文测站及三峡水库水文实验站建设。2019 年经宜昌市政府批准，征收宜昌水文巡测基地，采取异地置换土地并还建两站两中心和办公业务用房。2022 年 4 月取得 6487m^2（9.73 亩）商服用地证书，10 月取得 20201m^2（30.3 亩）划拨土地用于宜昌水文巡测基地还建(两站两场)用地，两宗土地及还建工程共计总资产约 5155 万元。

8.2.4　实物固定资产

以 2019 年资产清查统计成果，见表 8.2–4。三峡局 2019 年固定资产总值达 7227 万元。其中，房屋资产 2645.79 万元（含建筑物 545.6 万元），面积 2.91 万 m^2（含建筑物面积 1.72 万 m^2）；通用设备 2221.36 万元，包括计算机、办公设备、车辆、机械设备、电气设备、雷达、无线电和卫星导航设备、通信设备、广播电视电影设备、仪器仪表、计量标准器具等; 专用设备 2247.81 万元，包括专用码头、专用趸船、专用测船、专用缆道、专用 ADCP 平台、专用测量（量）仪器设备等；家具用具装具及动植物 112 万元。

其中，2002 年购买宜昌胜利四路 20 号办公楼（原为世纪花园开发商办公楼）一栋，六层楼 3700m^2，作为三峡局关机新办公楼，2003 年竣工，2004 年 5 月三峡局机关及部分下属业务单门搬入办公。

8.2.5　水文基础装备

8.2.5.1　实验站时期

从 1973 年成立宜实站时固定资产 56.51 万元，1985 年葛实站发展高峰时期达到 372 万余元，1994 年成立三峡局时达到 1000 余万元。主要水文基础装备有：

（1）水文船舶 8 艘：水文 601 轮（441.3kW）、

表 8.2–4　三峡局固定资产统计表

序号	固定资产名称	价值（万元）	面积（m^2）	说明
1	房屋	2645.79	29131.91	多为老旧站房、职工住房
2	通用设备	2221.36		车辆等设备老化严重
3	专用设备	2247.81		
4	家具用具装具及动植物	112.00		
5	合计	7226.96		

水文 206 轮（176.52kW）、水文 127 轮、103 轮、120轮、121轮（均为88.2 6 kW）、水文040艇（29.42 kW）及小机划（14.71 kW）。有 6 艘非机动船：宿舍 1 号（50t）、宿舍 2 号（100t）、铁趸船（50m × 7m × 1.9m）、水泥趸船（17m × 5m × 1.6m）、双舟 2 艘及跳板船等。

（2）吊船缆道 3 座，长阳水文站主索直径 24mm 的电动测验缆道一座，主索直径 32mm 电动试验缆道一座，总投资 6.46 万余元。宜昌水文站主索直径 37mm 高塔吊船缆道一座（含钢塔），投资 12 万余元。南津关专用水文站主索直径 35mm 高空吊船缆道一座，投资 5 万余元。

（3）仪器设备 200 余台套，包括：经纬仪 39 部，水准仪 33 部，六分仪 14 部，回声仪 11 部，流速仪 135 部，水位计 22 台，克罗门柯Ⅲ型计算机 1 台，流向仪 3 部，水位遥测系统仪器 1 套（9 台），水质、泥沙、科研研究分析仪器及设备维修工厂的机床、工具仪器等。

（4）交通运输工具，有 6 辆汽车，东风牌汽车（5t）、解放牌汽车（4t）、140 工具车、吉普车、罗马小客车、三轮大摩托车。

8.2.5.2 三峡局时期

三峡局时期在水文基础设施、技术装备等方面引领全国水文同行，财政投入上亿元基本建设，水文基础装备得到进一步发展。

（1）先后多次对 1980 年代建设的水文测船、趸船都进行了更新换代（包括宜昌水文站、南津关站、河道队专用测量船），沿江撤除商用码头，宜昌码头为公务性质保留，并按长江大保护要求改造排污设施设备（不得直排长江），对趸船按宜昌主城区要求改造增添了灯光工程。

（2）新建码头 3 座、测船 6 艘、趸船 3 艘，包括 1996 年新建黄陵庙码头、趸船和测船（三峡集团出资），2004 年新建庙河码头、趸船和测船，2022 年新建巴东码头、趸船和测船。这些码头、趸船和测船全部按长江大保护要求改造或设计了排污设施设备。

（3）新建 H-ADCP 平台 3 座、泥沙在线监测平台 1 座，包括 2004 年新建黄陵庙站 H-ADCP 平台（水文站院内）、2015 年新建宜昌水文站 H-ADCP 平台（右岸，磨基山脚下水文断面附近）、2015 年新建巴东站 H-ADCP 平台（省界断面水资源监测平台）、2020 年新建宜昌水文站在线含沙量监测平台（宜昌趸船）。

（4）改扩建水环境监测分析标准化实验室，总面积达 1000 余 m^2，并购置数百万元先进仪器设备，2016 年新建国产化水质自动监测站（庙河趸）。

（5）改造升级水情分中心，包括机房、通信、网络、自动测报系统等设施设备。

（6）升级河道勘测设备设施，一是三峡工程原型观测设施整顿、现代化测绘设备提档升级，二是"十三五"财政基建投资更新换代测绘装备，其固定资产达 1000 余万元，如多波束测深系统、水声呐侧扫系统、浅地层剖面仪、泥浆密度仪、无人机、无人船等。

（7）1998 年和 2021 年两次按国家二级档案管理库房要求改造升级档案库房，新增密集架、防磁柜、底图柜、声像柜，以及消防设施、恒温（湿）设备等。

（8）2020 年改造宜昌水文站办公业务用房，建筑面积从 $150m^2$ 提升至 $350m^2$，并建设测站水文文化，共分四个板块展示（按"八大归源"文化元素展示宜昌水文"四脉合一"）：百年老站文化（文脉）、现代水文测报（业脉）、防汛水情会商（人脉）、水文科普知识（水脉）。

（9）通过宜昌水文巡测基地置换还建，2022 年购置庙河水文站办公用房，同时新建宜昌蒸发站办公用房、蒸发实验观测场和土壤墒情观测场。2022 年新建三峡水库水文实验站（巴东基地及巴东水文站业务用房）办公业务用房，新建水面漂浮蒸发观测场。

（10）2022 年改造黄陵庙水文站（长江电力出资），包括站房（房顶、屋面、门窗、室内装饰）、大院设施（围墙、护栏、水电、涵管、绿化等）、草坪、篮球场、道路等，并建设测站水文文化，包括室内 5 个展厅（入门大厅、测站文化展厅、三峡水文文化展厅、水电文化展厅、VR 影视厅）和室外 4 个园区（历史洪水园区、水文科技园区、水文设施园区、水文文化园区）。

8.2.6 信息化建设

8.2.6.1 局域网建设

1997 年，三峡工程大江截流期间，在截流前方组建局域网，把计算机网络技术用于大江截流期的水文数据收集、整理和水文信息发布。

网络服务器为 COMPAQ PROLIANT 2500，用同轴电缆连接 8 台微机。在其中的 4 台微机上各连接 1 台打印机。2 台微机连接到电话线路上，其中的 1 台用于接收外业站点的测量数据；另 1 台用于发布水文信息传真，或以拨号方式连到长江开发总公司的 INTRANET 网（简称公司网），在公司网上发布水文信息、接收或发送电子邮件。再用 1 台微机联接无线数据传输电台，用于收集外业站点的测量数据。

网络服务器采用 WINDOWS NT 4.0 网络操作系统。客户机及外业站点微机的操作系统为 WINDOWS 95。上公司网使用 Lotus Notes 4.0 中文版网络软件。外业站点与数据处理中心无线数据传输采用自行开发的 HYDROCOM 软件，电话线路传输数据采用 UCCOM。数据处理中心用自行开发的一系列软件建数据库、计算、分析、处理数据。

各外业站点配备微机加电话线路或微机加无线数据传输电台。

1997 年底，以三峡工程大江截流使用的设备为基础进行三峡局网络建设。采用星形布置双绞线，即从主机房的交换机直接连到所有终端机。由于计算机设备的限制，采用 100M、10M 两台交换机，由计算机管理人员根据不同的计算机处理能力，分配不同速度的端口。该网络只是提供资源共享，如磁盘、打印机、绘图仪共享。

1999 年，三峡局尝试进行三峡水文内部网站建设，宣传三峡局改革成果、查询水情信息、发布通知、文件、与单位业务有关的消息、政策法规、相关软件、黄页、歌曲音乐等，以提高大家对网络的认识和兴趣。

2001 年，更换服务器为 HP LH3000，以解决原服务器速度慢（主频 200M）、内存少（32M）、硬盘也小（4G）等问题。通过 ISDN 拨号方式上互联网。局网络用户通过代理服务器都可上互联网。

8.2.6.2 网站建设

2002 年，三峡工程明渠截流，三峡局在前方数据处理中心也组建了截流网络，并建设“三峡水文气象信息”网站，用于收集、整理、发布截流信息。该网络在明渠截流水文监测信息发布中发挥了重要作用。

三峡工程明渠截流水文气象信息网络，包括中心局域网、数据中心与三峡总公司的网络连接、公司网络与长江委水文局的网络连接。

中心局域网：包括 1 台服务器、7 台微机、6 台笔记本计算机、2 台打印机，用双绞线连接到交换机。5 条电话线路接调制解调器，用于客户拨号访问中心的网络。在其中的一台计算机上连接水位自记仪和无线数据传输电台。各外业站点配备计算机，其数据信息通过 Internet、无线数据传输电台、无线对讲机传到中心。

与三峡总公司网互联：在中心的服务器上安装双网卡，一块用于连接中心局域网，另一块用于与公司网互联。与公司网连接的网卡通过绑定公司网分配的 IP 地址、网关、DNS 连接到公司网络。同时由公司提供域名解析服务，使公司网络可用域名访问中心的数据信息服务网站。

与长江委水文局网络互联：水文局采用租用电信局2M口的DDN专线通过路由器，实现与公司的网络互联。通过公司网络实现了和中心网络相互通信。同时，在水文局网络上，设置了一个WEB服务器，作为中心的镜像网站，该网站通过访问中心的数据库，在Internet上发布水文监测公众信息。

软件环境：中心的服务器使用Windows 2000 Server网络操作系统，安装了Microsoft SQL Server、IIS、Sygate、Lotus Notes办公自动化系统等软件，并采用在此基础上开发的“明渠截流水文气象信息网站”，使中心服务器能向整个网络提供Web网站服务、数据库服务、拨号服务和路由服务。客户机及外业站点微机的操作系统为Windows 98/Windows 2000。外业站点与中心无线数据传输采用自行开发的通信软件，或用电子邮件发送数据到中心。数据处理中心利用自行开发的一系列软件对数据进行计算、分析、处理等操作后向整个网络发布数据信息。

2002年用ADSL（电信）上互联网，提高了局域网用户上网速度。截流完成后，将三峡水文气象信息网络中有关设备对我局局域网进行了扩充。对“三峡水文气象信息”网站进行改版，建设三峡水文网站（内网）。后经2005年、2014年和2021年三次改版，并分内网和外网发布信息。

8.2.6.3　办公自动化平台建设

2005年，三峡局信息网络不断完善，将分布在胜利四路20号办公楼（新办公楼）、胜利四路15号办公楼（老办公楼）、宜昌水文站、黄陵庙水文站、蒸发站的计算机与专门的外部设备用通信线路互连成网络系统，并将自身连到长江委水文局，从而使众多的计算机可以方便地互相传递信息，共享硬件、软件、数据信息等资源。OA系统实现系统正式运行。实现了无纸化办公，使文件的传达与批阅更方便快捷。

三峡局域网络采用HP系列服务器，Cisco系列交换机、光纤收发器、G/E转换器、防火墙（Netscreen-25）。各办公楼、水文站信号传输采用双绞线，新办公楼与老办公楼、宜昌水文站用光纤连接，新办公楼与黄陵庙用微波、光纤连接。其中：主机房与黄陵庙水文站连接采用（主机房交换机→G/E转换器→微波设备→微波→西坝公司通信系统→公司前方→光纤→黄陵庙2楼光端机→）G/E转换器→交换机。注：“（）”内为公司系统及设备。宜昌蒸发站可上互联网，采用VPN方式进入三峡局网络。通过租用的专用长城宽带/电信公司线路上互联网，并与长江委水文局连接。

2014年，重新建设“三峡水文网站”和“三峡局信息管理系统”。其中“三峡水文网站”包括单位概况、常用下载、信息系统（链接）、政策法规、科技之窗、水文黄页、职工之家、档案查询等栏目，及实时水情、水情预报、沙情预报、局内新闻、政务公开、网站公告、党建工作、安全生产、单位文化等板块。“三峡局信息管理系统”2015年并入长江委水文局综合办公平台，包括：考勤管理（考勤录入、考勤统计、出差申请、个人申请）、项目管理（项目计划、申报、检验、归档、审核、结算、统计及项目所处阶段）、水文测报（站网列表、测报信息、水位流量过程线）、综合管理（车船使用申请、行车记录、行车统计、科技管理、奖惩登记、财务报表/ISO评价、内部事项申请、报汛质量、培训登记）、设备管理（设备档案、查询与输出、维修查询）、安全管理（安全事件、安全检查、安全月报）、人力资源（用户管理、部门管理）等功能。

8.2.7　创新发展情况

8.2.7.1　技术创新情况

三峡局技术创新大致经历了三个阶段：①创业时期（宜昌水文站、宜实站、葛实站），主要靠自己动手，先后研制了三绞、采样器、计数器、水位自记仪、同位素测沙仪等产品，并取得了巨大成绩，解决了一系列技术难题。②发展壮大时期，主要以引进先进技术应用研究为主，1994 年后，为优质服务三峡工程，大力开展技术引进及应用研究，先进引进了 GPS、ADCP、多波束测深系统、浅地层剖面仪、LISST 等先进仪器设备，并加强了应用创新研究力度，自 1997 年开始，每年拿出 10 万元奖励科技人员，促进科技进步，取得较好效果，在水文原型观测调查、科学实验研究中，实现了每年汇编一期论文集，并不定期出版论文专辑，参与编写专著，申报科技奖项和优质测绘工程奖。③新时代时期，重点以融合创新为主，2012 年以后，以创新为首的新发展理念，指引着水文高质量发展，尤其网络信息化技术快速融入水文事业发展，创新必须融合大数据、云计算、区块链、智能智慧化、空—天—地一体化等前沿技术。以论文、专著、专利、奖项反映创新情况，截至 2022 年末，三峡局共计公开发表论文 371 篇，出版专著 20 余部，取得国家专利 20 余项，获得省部级奖项 20 余项计 100 余人次。

8.2.7.2　管理创新情况

三峡局在长江水文基层勘测局中成立较晚，1973 年宜实站成立时，内设管理部门 3 个，业务单位 6 个，其中 1980 年 3 月专设一个属站管理机构—水位组，统管测区所有水位站网，是巡测管理方法的一种探索。1984 年 10 月，葛实站调整内设机构，管理部门拓展为 7 个，业务单位增加至 8 个。1994 年成立三峡局，原则上维持了葛实站时期的内设机构；2003 年机构及人事改革，精减了部分内设机构，实行全员竞争上岗；2012 年下达“三定”方案，进一步精简机构，形成职能部门 3 个，业务单位 7 个，并对职能管理部门和部分事业单位升格为副处级机构，其中三个职能管理部门分别下设了 2 个科，两个分局分别管辖若干水文站、蒸发站、水位站。

三峡局发展过程，主要以水利工程水文泥沙原型观测调查研究为主线，在内部管理方面先后进行了有益的探索。1992 年引进全面质量管理方法，探讨工作质量保证成果质量方式方法。1993 年实行承包制，探讨基层单位年度承包和项目承包管理办法。2003 年建立质量管理体系并首次通过 ISO 质量管理体系认证。2003 年 10 月首次发布《质检月报》，旨在以质量管理为业务中心，以问题为导向，2011 年 1 月改为《管理月报》，2019 年改版为《精细化管理月报》，截至 2022 年 12 月共计发布了 220 期。2005 年探索绩效考核办法，并与年度绩效挂钩，将过去的评先、评奖、职称考评、干部考核等合并，形成“一次考评、多种应用”的考评模式，2015 年和 2019 年补充了“三峡局月执行力评价”和“平时考核”等内容，形成一套较为完备的绩效考评管理体系。2011 年总结多年来三峡水文业务管理经验，编制了《三峡水文勘测管理系统研究与实践》，旨在为干部职工提供一个规范的内部管理文件。该项研究首次提出了“一个管理平台、三个管理体系”的管理方法，即“1+3”管理模式，“1”指三峡局任务管理系统，该平台于 2006 年开发，2015 年改版为三峡局管理信息系统平台，并接入长江委水文局综合办公平台，“3”指预算（计划）管理体系、质量管理体系和绩效考评体系。2018 年上级下达严格绩效工资分配管理，实行“双控”措施，即“总量”和“人均”均不得超出上级核批额度。2019 年长江委水文局启动“精细化管理”三年行动，三峡局被指定为勘测局级试点单位。经过调研梳理，在三峡局基于原有的“1+3”管理方法基础上，进一步拓展为“1+3+N”的管理模式，其中“1+3”保持不变，“N”指需要精细化管理的若干重点领域或工作。2020 年汇编规章制度时，结合精细化管理理念，初步构建了三峡局管理规章制度体系，包括行政管理、党群管理、技术管理、企业管理和精细化管理等5个子体系，总计汇编成果4册（规章制度和精细化操作手册各2册）。

8.2.7.3 资质与荣誉情况

资质是单位能力建设的重要成果。葛实站1987年5月经湖北省测绘局审查批准获《测绘许可证》；1993年8月首次获得水利部水文水资源调查评价甲级证书；1993年9月首次获得国家测绘局甲级测绘许可证。三峡中心1996年首次通过中国国家认证认可监督管理委员会检验检测机构资质认定证书，之后分别于2001年、2006年、2009年、2013年、2016年、2022年通过复查换证，质量管理体系文件升至第八版。三峡局2003年首次获质量管理体系国家级认证证书，并于2015年和2017年换证，至2021年，质量管理体系文件（A版）先后于2004年、2006年、2010年、2013年、2018年改版为B ~ F版。在质量管理体系认证基础上，三峡局2022年首次获“三证合一”管理体系认证，原质量管理体系文件改版为《质量、环境和职业健康安全管理体系文件》。三峡局1998年11月获国家二级档案室，2020年获国家二级档案规范化管理证书。三峡局2005年12月首次获水利部建设项目水资源论证乙级资质证书，2017年10月获中国水利水电勘测设计协会建设项目水资源论证乙级资质证书；三峡局2019年获湖北省自然资源局丙级测绘资质证书，2021年升至乙级测绘资质证书。

50年来，单位和个人先后被全国总工会、水利部、湖北省、长江委、宜昌市、长江委水文局等授予全国水利文明单位、全国模范职工之家、湖北省“模范职工之家”、湖北省“五一劳动奖状”、防洪抗旱先进集体、青年文明号、青年突击队、共青团工作先进集体、先进党委、党支部、团委、团支部；水利部（湖北省）先进工作者（劳动模范）、三峡工程优秀建设者、长江委治江重大成就奖（突出贡献先进个人）、抗震救灾先进个人、三峡工程泥沙研究先进个人、测绘行业先进个人、优秀共产党员、共青团员、职业道德先进个人、洪抢险先进个人等。

三峡局围绕长江防洪、三峡工程建设，以及水文测报、测绘、水质监测等业务工作，开展技术创新、科学实验研究，取得发明专利（新型实用专利、软件著作权证书）近20余项，其重点勘测研究成果多次荣获省部级发明奖、科技进步奖、优秀测绘工程奖、国务院政府津贴、优秀论文奖。青年职工踊跃参与技能竞赛、论文竞赛（评选）、青年论坛，多次荣获湖北省、长江委、宜昌市团体和个人奖项，多人次被评为省（长江委、宜昌市）年青岗位能手、宜昌市青年岗位能手、长江委技能人才大奖等。

8.3 水文公益服务

根据“三定”方案，三峡局职责主要包括八个方面。

（1）行业管理方面，组织管理公益服务或协调长江三峡河段水文工作，根据授权，参与相关水文行业管理。

（2）站网建设与管理方面，按照规定和授权，负责辖区内水文和河道监测站网的规划、建设和管理，负责辖区内水文基本建设规划的编制。承担相关水环境监测站网的规划、建设和管理。承担辖区内水文信息系统的规划、建设和管理。

（3）水量水质监测方面，按照规定和授权，负责辖区内水文、水质、河道及地下水监测工作，负责辖区内重要水域、直管江河湖库及跨流域调水的水量水质监测工作。承担辖区内相关水资源、水环境、水生态监测工作；承担辖区内重大突发水污染、水生态事件的水文应急监测工作。

（4）防汛水文测报方面，负责制订所属水文站的测报方案，重点包括7个中央报汛站和31个流域报汛站；收集辖区内防汛抗旱的水文及相关信息，根据授权，发布水文情报。其中，在汛期宜昌水文站是天然时期长江上游的大河控制站，又是葛洲坝和三峡梯级枢纽建成后水库的出库总控制站，在枯季宜昌最小通航流量之相应水位是葛洲坝下游通航的生命线，黄陵庙水文站是三峡水库出库控制站，同时又是葛洲坝和三峡水利枢纽联合调度两坝间非恒定流专用监测站。水文情报预报对长江中下游防洪和通航十分重要。

（5）水文实验研究方面，承担辖区水文、水资源、水质等分析与和研究工作；开展辖区内长江干流及主要支流、水库、湖泊等河势演变基本规律的实验和分析研究。三峡局先后设立宜实站、葛实站、宜昌蒸发实验站、巴东漂浮水面蒸发实验站、三峡水库水文实验站等实验研究站网，水文实验研究是三峡局各个时期的重点业务之一。

（6）资料整编汇编方面，负责相关水文、河道、水质等基本资料的分析、整编和审查工作，开展新技术、新仪器的研制、推广和应用；参与流域水资源公报、泥沙公报的编制工作。

（7）水文水资源调查评价方面，开展辖区水文水资源的调查评价和分析研究工作，参与辖区内有关水利水电工程的水文设计工作。其中，宜昌水文站长系列水文资料，是辖区内大型水利枢纽、大桥、港口、码头、堤防、护岸等涉水工程的设计依据站。其中，三峡和葛洲坝水文泥沙原型观测调查是三峡局各个时期的重点业务之一。

（8）其他公益服务方面，承担上级交办的其他事项。历年完成多项上级临时安排的水利工程（水库）检查、岸线利用调查、崩岸调查、取水口与排污口调查、省界水文监测断面检查，为生态文明建设、长江大保护、长江经济带建设、黄金水道建设、最严格水资源管理、落实河长制等提供监测、调查资料与分析成果。

8.4　水文专业有偿服务

从葛洲坝工程到三峡工程，三峡局各个时期在水文专业相关业务方面得到了充分的实践锻炼，建立健全高新技术装备、高素质队伍及高效组织管理体系，为开展水文专业有偿服务和市场竞争打下了坚实基础，并逐步形成“立足三峡、面向全国、走出国门”的经营思路。

8.4.1　立足三峡，服务国之重器

立足三峡，优质服务三峡工程（含葛洲坝工程）及经济社会发展。除了在三峡水利枢纽选址、科研、试验、论证、设计阶段按计划开展的水文原型观测以外，自 1992 年施工准备开始，工程进入实质性施工、监理、运行调度、管理等阶段，也为水文工作提出了更高更严的要求，必须以高质量优质服务为目标，精心做好各项水文专业有偿服务工作。

1992—1993 年承担三峡水库库尾重庆主城区河段的走沙观测（1994 年移交上游局继续观测）。1993 年承接三峡坝区水情报汛服务（含茅坪溪官庄坪和隧洞口两个断面的水文测验）和三峡大坝坝址区本底 1 ： 1000 水下地形测绘。1995 年中标承建三峡工程黄陵庙专用水文站，拓展工程水文服务的新市场，相继承接了一系列三峡工程施工期水文原型观测、河道测绘、工程测量、河床演变观测分析等业务，如：1993—1996 年一期围堰水文监测分析；1994—2002 年三峡坝区河床演变观测分析研究（分一期和二期，与中国水利水电科学研究院和长科院合作）；1995 年联合长江口局、上游局完成三峡水库库区 470km 本底 1 ： 5000 水下地形测量；1993—1996 年完成三峡库区宜昌、秭归、兴山等地移民线界桩测量、库区涪陵、兴山等移民搬迁城镇地形测绘；1997 年三峡大江截流和 2002 年明渠截流水文观测服务（平抛垫底区水下地形测绘、坝区水位自动测报系统建设）；1999—2000 年葛洲坝水库和坝下游宜昌河段冲淤观测分析等。2002 年明渠截流后，先后承接 135m（2003—2005 年）、156m（2006—2008 年）、175m（2009—2021 年）水库试验性蓄水过程水文观测分析；2004—2022 年连续开展坝下游护底

试验效果监测分析和关键性控制节点演变观测分析；2005—2007 年葛洲坝工程大江河势调整工程水文泥沙勘测研究；2011—2022 年三峡水库生态调度四大家鱼自然繁殖水文效果监测分析(其中，2017 年系三峡 - 向家坝梯级水库首次联合生态调度）；2013—2022 年承担三峡水库水面蒸发观测实验研究（分 3 个合同期）；2015—2017 年承担三峡、葛洲坝泄流曲线率定（三峡水库第一阶段科学调度研究课题）；2012—2015 年承担三峡水库泥沙预测预报研究；2003—2022 年承担三峡工程坝区实时运行水文泥沙监测分析；承担“九五”至“十一五”三峡工程泥沙问题研究课题 10 余项。此外，1995 年长委水文局以招投标方式中标获得三峡工程黄陵庙专用水文站建设工程，三峡局具体负责现场施工与运行管理工作。

8.4.2 面向全国，服务社会经济建设

8.4.2.1 总体情况

宜实站和葛实站时期，主要按计划完成葛洲坝工程（包括三峡工程前期科研论证）水文泥沙原型观测，开展市场水文专业有偿服务始于 1992 年宜（昌）—万（县）铁路长江宜昌大桥桥址水文勘测工作，为河工模型试验提供水文基础资料。三峡局作为宜昌夷陵长江大桥设计复核单位之一，1994 年承接大桥桥址（位）水文分析计算和河床演变分析两个专题；1999—2002 年承接长江中下游堤防隐蔽工程建设水文河道勘测。在拓展水文专业服务领域方面，2003 年开展海洋水文测验业务，2005 年承接涉河建设项目防洪影响评价报告书编制，2011 年承接高原湖泊容积测算，2011 年承接建设项目对水文站的影响评价，2015 年承接山洪灾害调查评价，2017 年承接水资源论证报告书编制和入河排污口设置论证报告书编制，2018 年承接采砂论证报告书编制，2022 年承接河湖健康评价报告书编制。自 1993 年以来，承接市场水文相关项目（课题）合同额，见图 8.4–1。自主创收从 1993 年的几个项目（不含三峡工程专项业务），合同额不足 100 万元，到 2010 年后基本保持在 2000 万元左右。

三峡局围绕治江事业、经济发展和生态文明建设等，开展各类水文专业咨询服务，从 1993 年—2021 年（共 28 年）自主承接市场项目 640 余项，总合同额达 3.3 亿元。承接的主要项目，包括水文测验（含潮汐水文测验）、水文泥沙预报、水质监测与评价、测绘（水下、陆上、海洋）、建设项目水资源论证、防洪影响评价、排污口论证、采砂论证、水文水资源分析计算、取水许可监督检查、排污口调查、岸线利用调查、山洪灾害调查、重要堤防隐蔽工程水文测量、三峡与葛洲坝工程水文泥沙勘测、河道（航道）清淤效果监测，广东飞来峡大江截流和广西大藤峡大江截流水文

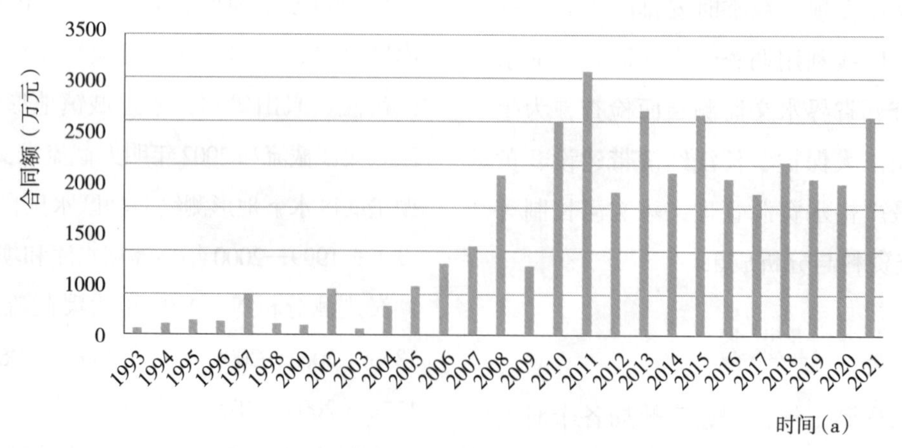

图 8.4–1 三峡局历年自主创收合同额变化情况

监测分析、西部高原湖泊容积测量等。

8.4.2.2 技术咨询业务拓展情况

三峡局技术咨询业务，以传统的水文测验、水情预报、测绘、水质监测为基础，并逐步延伸至水文自动测报、水文水资源分析计算、山洪灾害调查评价、水文泥沙原型观测调查实验研究、河床演变分析研究、建设项目防洪影响评价（含对水文站影响评价）、河道取水水资源论证、入河排污口论证、采砂论证、河湖健康评价等方面，年均约 50 个咨询项目（不含三峡水文泥沙观测研究专项），合同额超过 2000 万元。重大咨询项目或首次承接项目，简述如下：

（1）水文分析计算。1994 年首次承接宜昌夷陵长江大桥水文分析计算；2005 年承接宜昌开发区猇亭园区防洪水文分析计算,包括: 设计洪水、设计枯水、设计水位流量关系、河床冲刷对河道的影响、水库调度对设计洪、枯水的影响、排涝水文分析计算；宜昌火车南站附近铁路路基涵洞排洪能力复核计算，对隧道排洪能力不足提出了工程措施建议。

（2）水利工程截流龙口水文勘测。利用葛洲坝和三峡工程多次截流水文监测技术优势与经验，1998 年承接了广东飞来峡水利枢纽大江截流龙口流速监测技术咨询服务；2014 年承接了四川省紫坪铺水利枢纽工程库容变化趋势研究，揭示了 2008 年“5·20”汶川地震对紫坪铺水库的影响程度; 2019 年与珠江委水文局联合投标承接了广西大藤峡水利枢纽大江截流水文监测分析服务，采用高科技水文测报技术（如 ADCP、GPS、无人机载电波流速仪、电子浮标、侧扫雷达、无人立尺、龙口水力学数学模型）,高效优质指导截流工程全过程。

（3）长江中下游堤防隐蔽工程水文勘测。1998 年大洪水后，党中央、国务院作出长江堤防建设列入国债项目重点工程建设的决策，对长江堤防建设给予高度重视和强大的资金支持。三峡局在长江委统筹部署下，1999—2002 年先后承接湖北、湖南、安徽等省长江中下游堤防隐蔽工程建设水文河道勘测，累计完成 451.91km 堤防工程的水文原型观测工作，按设计、施工、监理、竣工验收等要求，提交各类图纸资料，包括流速分布 1302 垂线次、流速流向 453 断面次、床沙 415 点、固定断面 10203 个、地形面积 258.18 标准 km^2，绘制断面图和地形图 3000 余张。三峡局首次率先使用 EPS 电子平板测绘技术，大大提升了测绘成果质量和工效。

（4）建设项目防洪影响评价。2005 年，首次承担建设项目防洪影响评价报告编制，一是宜－万铁路宜昌和万州长江大桥防洪评价，主要利用长科院河工模型试验成果编制；二是中船重工宜昌柴油机厂（403）码头工程防洪评价，是三峡局独立完成的第一个防洪评价。2009 年中标承担煤制天然气管道穿越河流工程防洪评价，涉及内蒙古、山西、河北、天津等四个省（直辖市、自治区）上百条河流。2021 年中标金沙江航运 2 个标段 30 余座码头建设工程防洪评价。

（5）建设项目对水文站影响评价。2011 年，首次承接建设项目对水文站的影响评价，项目为“四川省宜宾县安边镇金沙江防洪护岸综合整治工程对向家坝水文站影响评价报告书编制”；2012 年承接“宜昌市江南一级公路（临江路段）建设对宜昌水文站的影响评价报告书编制”；2013 年承接“南津关救助基地建设工程对南津关水位站的影响评价报告书编制”。

（6）中小河流山洪灾害调查评价。2015 年 5 月，以招投标方式中标承接“湖北省省级政府采购项目 2014 年度山洪灾害防治项目—调查评价类第 3 标段 宜昌市山洪灾害调查评价”项目，包括兴山、秭归、五峰、远安、当阳五县（市）。三峡局成立了专门领导小组和若干工作小组，投入技术人员 100 余人，各类仪器设备及交通工具近 100 台（套），整个工作分为前期基础工作、山洪灾害调查、山洪灾害评价三个阶段，历时110天，完成的主要调查评价工作，包括8个方面：历史洪水调查、小流域与基础信息现场核对、沿河村落防洪现状评价及危险区等级划分、沿河村落河道控制断面测量（五县共计747个沿河村落，共计完成896.4km断面测量，其中兴山县129.6km、远安县169.2km、当阳市156km、秭归县200.4km、五峰县241.2km）、沿河重要集镇沟道控制断面测量、小流域暴雨洪水分析评价、预警指标分析计算、重要集镇危险区图绘制（包括危险区图和特殊工况危险区图）。技术创新成果汇入《山洪灾害调查评价关键技术》获湖北省科技进步奖二等奖。该获奖项目，主要创新点为：①揭示了小流域短历时高强度垂向混合的产流特征，提出了垂向混合模型嵌套和降雨－流量－水位过程耦合两种山洪灾害临界雨量计算方法；建立临界雨量系数和山洪灾害易发程度分区的临界雨量系数判别指标体系。提高了山洪灾害雨量预警的准确性和时效性。②首次建立了降雨时空模式不均匀判别模型，提出了山洪灾害暴雨时空耦合差异修正的动态预警方法，有效减少了预警漏报和误报；建立了山洪灾害危险区划分点云数据算法的高程校准模型，解决了资料短缺地区山洪灾害危险区确定的技术难题。③研发了峡谷窄深河道水深测量方法和装置、历史洪痕标记装置，提出了山洪灾害调查评价数据处理系统平台，实现了从调查数据分析评价成果一站式智能转化。

（7）取水许可水资源论证。2012年10月，首次承接的建设项目水资源论证项目为“湖北省宜昌市猇亭第一水厂工程（一期）水资源论证报告书编制”。之后2017年4月承接了“涪陵区自来水有限公司二水厂水资源论证报告书编制”。

（8）入河排污口论证。2017年4月，首次承接的排污口论证项目为“宜昌市临江溪污水处理厂扩建及提标改造工程入河排污口设置论证报告书编制”；2017年7月承接“宜昌市猇亭污水处理厂提标改造工程入河排污口设置论证报告书编制”。

（9）采砂论证。2018年12月，首次承接的采砂论证项目为“杨家厂至孟家溪段路基采砂可行性论证报告书编制”；2019年又先后承接“巴东县神农溪、链子溪河道清淤及淤泥处置实施方案编制”“枝江市中小河流采砂规划编制（2019–2023年度）”“三峡水库淤积沙综合利用可行性研究”试点项目，两个试点采沙区选择在湖北省宜昌市秭归县归州镇和沙镇溪镇。

（10）河湖健康评价。2022年4月，首次承接宜昌夷陵区的暮阳溪、雾渡河健康评价工作，是集河道、水文、水质、河湖生态于一体的综合性项目，采用的方法为现场调查与历史资料信息相结合的方式进行，依据导则要求的六个准则开展评价：①水文水资源：流动性指数、生态流量满足度。②物理结构：缓冲带宽度、滨岸带植被覆盖率、河流纵向连通性指数、滨岸带人为干扰程度。③水质状况：水质类别、叶绿素a浓度。④水生生物状况：浮游植物多样性指数、鱼类生物损失指数、鸟类状况（备选）。⑤社会服务功能：公众满意度、防洪工程达标率（备选）和排涝工程达标率（备选）。⑥管理状况：体制机制。河源健康评价分类，共五类：①一类河湖：非常健康，$90 \leq R/L \leq 100$。②二类河湖：健康，$75 \leq R/L < 90$。③三类河湖：亚健康，$60 \leq R/L < 75$。④四类河湖：不健康，$40 \leq R/L < 60$。⑤五类河湖：劣态，$0 \leq R/L < 40$。

8.4.2.3 近海潮汐水文与测绘情况

从1998年首次参与长江口南北支全潮水文测验开始，三峡局长期与长江口局和下游局合作，于2006年7月19日与长江口局签订了《项目合作纪要》，在长江口局驻地（江苏太仓市浏河镇）设办事处，开展近海潮汐水文测验与水下地形测绘，涉及天津、山东、上海、浙江、福建、广东、海南等沿海区，如长江口潮流测验、苏通大桥多波束扫测、珠江口河网潮汐水文测验等项目。2011 年，根据多年潮汐水文测验经验和三峡局资源配置情况，初步设计了三峡局潮汐水文测验“5+5”（即 5 条海流计或流速流向仪流速分布测验垂线和 5 个 ADCP 流场测验断面）生产能力，每次出测人力资源不超过 30 人，并按此标准配备相应仪器、车辆等专用设备，开展相应技术培训，长期租用临时办公、生活用房及仪器设备储藏室。

8.4.2.4　高原湖泊容积测量情况

根据《国务院关于开展第一次全国水利普查的通知》要求，针对西部高原湖泊信息缺乏，自 2011 年起在水利部水文局统一协调下，长江委水文局先后与青海水文局和西藏水文局合作，由三峡局、中游局、荆江局、汉江局组建测绘队伍先后承担了 9 个高原湖泊容积测量，至 2019 年结束，共计耗时 200 余天，投入仪器设备、车辆、测船达 40 余台（套）（包括 ADCP、GPS、全站仪、激光测距仪、红外测距仪、电子经纬仪、三维激光扫描数字化测绘系统等），总计完成总面积 1.16 万 km^2 湖泊容积测算，填补了高原湖泊无国情基础信息的空白，构建了青藏高原湖泊地理信息精细感知技术体系，取得了多项专利技术，其成果《青藏高原湖泊地理信息精细感知关键技术》获 2019 年度湖北省科技进步奖二等奖。三峡局先后有 56 人次直接参与湖泊现场测量，详见表 8.4–1。

表 8.4–1　西部高原湖泊容积测量成果统计表

湖泊名称	测量时间	三峡局参加人员	
		现场测绘	容积计算
青海湖	2011.7	樊　云、谭　良、全小龙、聂金华、张伟革、邱晓峰、张黎明、谭　俊、彭勤文、曾祥平、袁　勇、杜武山、秦爱干	闫金波 谭　良 李秋平 胡琼方 林涛涛
纳木错	2011.7	樊　云	
羊卓雍错	2013.6	樊　云、谭　良、全小龙、张黎明、谭　俊、袁　兵、文高峰、黄　童、彭勤文、江　平、车　兵、廖天马、董志华、杜武山、张伟革	
扎日南木错	2013.7		
塔若错	2014.7	谭　良、黄　童、张黎明、彭勤文、张伟革	
当惹雍错	2015.6	谭　良、聂金华、董志华、张伟革、张黎明、谢绍建、刘建华、胡章蒲	
色林错	2015.7		
格仁错	2018.7	全小龙、樊　云、黄　童、李　腾、文高峰、袁　斌、张　军、邱晓峰、廖天马、董志华、张黎明	
普莫雍错	2019.7	全小龙、樊　云、黄　童、李　腾、文高峰、袁　斌、赵方正、张　军、吕　强、廖天马、董志华、张黎明、谭　俊	

8.4.3　走出国门，服务“一带一路”

“一带一路”是国家战略。三峡局主要与长江勘测规划设计研究院合作，先后承接了非洲赤道几内亚测量（2009 年）、缅甸孟东水电站水文勘测（2011—2012 年）、尼加拉瓜运河工程水文勘测（2013—2015 年）、厄瓜多尔全国流域综合规划水文勘测（2013 年）、刚果（金）水电站水文勘测（2016 年）、秘鲁圣加旺Ⅲ水电站水文勘测（2017—2018 年）。共计 46 人次参与国外项目水文勘测服务工作，详见表 8.4–2。

（1）非洲赤道几内亚测量（2009 年 5—11 月）。这是三峡局第一个海外工程项目，主要为吉布劳水电站电力线传输及国家电网线路设计进行前期的基础测量，为高压线及高压线塔位设计提供准确的线路断面图及塔位地形图。三峡局派出 3 名技术人员，与长江委设计院三峡勘测院共同组成测量队伍。

表 8.4-2　　三峡局历次国外项目参与人员统计表

序号	项目名称	时间	参加项目现场人员	说明
1	赤道几内亚吉布劳水电站电力线传输及电网线路基础测量	2009 年 5—11 月	邱晓峰、车兵、钟共恩	为三峡局第一个国外勘测项目，共 3 人次
2	缅甸孟东水电站水文勘测	2011—2012 年	①叶德旭、刘天成、王定鳌、孟万林；②刘天成、黄忠新、张辰亮、车兵、张军；③王宝成、金正、邱维舟；④胡焰鹏、伍勇、张辰亮	现场勘测工作分四批次开展，其中第 1 ~ 3 批赴缅甸，第 4 批赴泰国，共 15 人次
3	尼加拉瓜运河工程水文勘测	2013—2015 年	①叶德旭、柳长征、邹涛、龙飞、田苏茂、彭勤文、邱维舟、任伟、金正、伍勇；②赵灵、石明波、张辰亮、谢绍建、王定杰、廖天马、周红军、张更生；③王宝成、张更生、钟共恩、甘圣斌、袁勇、苑晟	柳长征随设计院参加现场查勘工作。现场勘测工作分三批次开展，共 25 人次
4	厄瓜多尔全国流域综合规划水文勘测	2013 年	谭良、王宝成、樊乾和、江平、车兵、谢绍建	共 6 人次
5	刚果（金）水电站水文勘测	2016 年	胡焰鹏、谢绍建、苑晟、董志华	共 4 人次
6	秘鲁圣加旺Ⅲ级水电站水文勘测	2017—2018 年	张辰亮、彭勤文、龙飞	共 3 人次

（2）缅甸孟东水电站水文勘测（2011—2012 年）。缅甸孟东水电站开发项目以 BOT 模式，由中、泰、缅三国联合开发，水库库容达 300 余亿 m^3，规划装机约 700 万 kW，建设工期为 15 年。按水利工程设计、施工、运行要求，水文勘测工作内容包括：布设坝区水文站、水位站、雨量站、气象站，开展水文测验、观测及资料整编，同时培训现场聘用的缅方工作人员。项目分三批人员轮换实施。在实施过程中，设计单位收集了泰国一个水文站（与缅甸边境交界附近）资料作为设计依据，但根据所收集资料分析，尚需要现场对比观测，验证已有水位流量关系，一是水位高程基面问题，二是流量测验精度问题，由技术管理室组队于 2012 年完成。

（3）尼加拉瓜运河工程水文勘测（2013—2015 年）。这是三峡局开展的国外最大、参与人数最多的一个项目。尼加拉瓜运河工程，线路从加勒比海侧的蓬塔戈尔达河，沿杜乐河进入尼加拉瓜湖，再到太平洋岸的布里托河口，全长约 276km，是巴拿马运河长度的 3 倍。为设计单位（铁四院和长江委设计院）提供运河沿线穿越河流水文资料，是该项目水文勘测的主要工作任务。2013 年 9 月 26 日，长江委设计院下达“尼加拉瓜运河水文站网观测”项目任务书，委托长江委水文局承担尼加拉瓜运河水文站网观测工作，水文局将现场勘测任务下达三峡局。任务包括水文站、水位站、潮位站设立、水文仪器设备采购安装调试，以及一个水文年的观测及资料整编和为后续水文观测人员提供技术培训。该项目从 2013 年 6 月 20 日启动，到 2015 年 2 月 3 日为止，共开展了五个阶段的工作及参与人员：①前期项目申报，2013 年 6 月 20 日—8 月 18 日。②查勘，2013 年 8 月 19 日—9 月 12 日，技术管理室派员随设计院队伍前往查勘。③水文站网建设及观测（第一批），2013 年 10 月 6 日—2014 年 4 月 12 日，组织 9 名技术人员参加。④水文站网观测（第二批），2014 年 3 月 25 日—11 月 19 日，组织 7 名技术人员参加。⑤水文站网观测、培训与交接（第三批），2014 年 11 月 9 日—2015 年 2 月 3 日，组织 5 名技术人员参加。该项目成果于 2015 年 4 月 29 日由水文局组织专家审查验收。

（4）厄瓜多尔全国流域综合规划水文勘测（2013 年）。厄瓜多尔流域规划是长江设计院在国外自主经营获得的第一个全国性技术咨询项目，是长江设计院国际化战略迈出的重要步伐，也是长江设计院规划专业的重要突破。因此，这个项目对水文工作提出很高的要求，三峡局组织 3 名技术人员参加，主要按厄瓜多尔全国流域综合规划要求，施测规划河流横断面和水准测量、统一水文站基面等工作。一是开展瓜亚斯流域的瓜亚斯河，马纳维流域的乔内河，波托维耶霍河，以及科卡市和昆卡市主要河流的 138 个水文站进行大断面测量；二是将水文站大断面高程全部统一到厄瓜多尔国家水准基面（La Liberdad）上；三是将大断面平面位置全部统一到指定的平面坐标系统上。138 个水文站中，山区河流水文站占多数，平原性河流水文站较少。为此，采用了多种大断面测量方法，保质保量地完成了测量任务，满足了流域综合规划要求。

（5）刚果（金）水电站水文勘测（2016 年）。刚果河河流全长 4320km（以西源为上源），干支流流域面积 370 万 km^2。流域面积和流量均仅次于亚马孙河，居世界第二位。刚果河水能资源丰富，估计蕴藏量约为 1.32 亿 kW，占世界总蕴藏量的 1/6。位于刚果河下游的英加瀑布，在 14.5km 的范围内河床总落差 96m，瀑布年平均流量 4.25 万 m^3/s，最大达 7.08 万 m^3/s，是世界水量最大的瀑布。英加水电站位于刚果（金）下刚果省境内，建设在刚果河上的 25km 河段中，水位落差达 100m。电站总装机容量 4.4 万 kW，将分期进行开发。1972 年动工，1974 年已部分发电，目前正进入三期建设，全部建成后将成为世界上最大的水电站之一。根据设计，针对刚果（金）英加水电站收集坝址水文资料，共布设 5 组水尺和 2 个流量监测点开展水文监测，开展水位、流量、含沙量测验，另有 2 个河段，开展河床组成调查、级配、矿物组成及分流比测验。三峡局高度重视，成立局协调领导小组，先期由技术管理室现场查勘，了解现场情况，拟定实施方案，由技术室牵头组队，7 月前往现场开展工作，但因客观原因，只完成一部分工作。

（6）秘鲁圣加旺Ⅲ级水电站水文勘测（2017—2018 年）。秘鲁圣加旺 III 水电站位于秘鲁东南部普诺省，是圣加旺河最下游梯级电站。电站采用低坝长引水集中水头发电，额定水头 630.71m，总装机容量 20.93 万 kW。根据项目设计要求，电站附近设立坝址水文站和厂房水文站，开展水文测验（水位、流量）及资料整编。项目由黄陵庙分局组队完成。由于测验河段为山区河流，设站和测验都极其困难，通过艰苦奋斗，较好地完成了勘测任务。

8.5 水文应急监测服务

1985 年 6 月葛洲坝水库新滩滑坡水文应急监测，葛实站第一次迅速组织监测队伍前往现场勘测滑坡体体积。2000 年组队完成西藏易贡巨型滑坡抢险水文监测，是国内首次开展堰塞湖应急监测工作。2011 年 8 月三峡局正式成立应急支队。各个时期共计参与 15 次应急抢险监测与救灾工作，历次参与应急抢险监测人员，详见表 8.5-1。

8.5.1 葛实站时期的应急监测

（1）1985 年 6 月 12 日，湖北省秭归县新滩镇发生一次震撼全国的新滩山体大滑坡，滑坡体积约 3000 万 m^3。滑坡范围上起文家崖 900m 高程，下至江边 70m，长约 2km 的崩塌积体，冲毁大片耕地，摧毁了整个新滩镇及一个村庄，激起的涌浪高达 54m，冲毁江中船只 77 艘，死亡民工 12

表 8.5–1　　三峡局参与应急抢险监测情况统计表

序号	险情名称	时间	参与单位（人员）及仪器设备	完成情况说明
1	葛洲坝水库新滩滑坡水文河道应急监测	1985	葛实站河道勘测队、水位组；经纬仪、回声仪等测绘设备	三峡局最早的水文应急监测
2	葛洲坝库区支流黄柏河黄磷水体污染应急监测	1989	葛实站水质分析室，吴学德、于飞等；现场水样采样仪	三峡局最早的水污染应急监测
3	巴东县特大暴雨泥石流抢险救灾	1991	巴东水位站，孙林	职工个人参与抢险救灾
4	湖南省株树桥水库大坝防渗漏水监测	1999	李云中、聂勋龙、谭良、叶德旭、李平、刘建华；ADCP、GPS 等设备	与长江委设计联合开展
5	西藏易贡巨型滑坡堰塞湖应急监测	2000	李云中、叶德旭、李平、于飞；ADCP 等设备	西藏易贡滑坡体监测，开创了堰塞湖水文应急监测的先河。
6	荆门市东宝区李家洲煤矿透水渗漏区域应急探测	2008	叶德旭、彭勤文、樊乾和、秦爱干；ADCP、GPS 等设备	继湖南株树桥水库渗漏探测技术咨询后又一次成功的渗漏应急监测
7	四川汶川大地震唐家山等滑坡体及堰塞湖应急监测	2008	樊云、叶德旭、谭良、左训青、胡家军、刘建华、王平；GPS、全站仪等设备	三峡局派出队伍规模最大的一次应急抢险
8	三峡水库坝前水下异物应急探测	2008	谭良、全小龙、张黎明、李贵生、廖天马、王平、杨静、吴延平、文高峰、吕淑华、向家华、张方泽、王福洲、李健、杜忠三；多波束、水声纳、GPS 等设备	一次具有特殊意义的应急监测
9	西藏墨脱滑坡堰塞湖应急监	2009	叶德旭、谭良、李平、彭勤文；GPS、全站仪、水文自动监测等设备	水文现代化监测设备投入应急抢险监测
10	两坝间海损事故集装箱打捞应急探测	2009	谭良、张黎明、秦爱干，张方泽、王福洲、杨向东；多波束、GPS 等设备	高新技术在水下探物的成功应用
11	甘肃舟曲特大山洪泥石流灾害应急抢险	2010	刘建华	千里驰援应急抢险
12	江西唱凯堤决堤抢险应急监测	2010	李云中、谭良、李平、彭勤文、刘建华；手持 GPS、电波流速仪（雷达枪）等设备	第一次参与决堤封堵抢险应急监测
13	汉江秋汛水文应急抢险监测	2011	叶德旭、彭勤文、王平；手持 GPS、电波流速仪（雷达枪）等设备	三峡水文支队第一次应急抢险行动
14	巴东县平阳坝溪丘湾葛藤坪村渗水应急监测	2011	彭勤文、樊乾和、刘建华；手持 GPS、全站仪等设备	三峡水库移民村落安全应急监测
15	西藏日喀则市聂拉木县波曲河嘉隆错冰湖堰塞湖应急监	2020	张黎明、王宇岩；GPS、回声仪等设备	冒疫情风险千里驰援西藏水文局开展应急监测

人，被迫停航 12 天。从 6 月 13 日起至 6 月 30 日止，葛实站安排泄滩、秭归、庙河、太平溪、三斗坪、南津关 6 个水位站逐时观测水位，收集比降资料。6 月 19 日，河道一队前往滑坡现场调查，并测量固定断面（G45），推算滑坡入水量为 132 万 m^3，电告长办和宜昌地、市领导。

（2）1989 年 8 月 17 日葛洲坝库区黄柏河水域发生黄磷污染事故。三峡水质分析室成功探索

黄磷水体污染监测方法，及时获得黄磷污染水体及其发展趋势，为宜昌市人民政府采取果断措施提供基础支撑

（3）1991 年 8 月 5 日 23 时 59 分—8 月 6 日 12 时 25 分，特大暴雨导致巴东老县城后山沟系发生泥石流。三峡局职工孙林，不顾个人安危，投入抢险救灾，从泥石流中救出 3 人，并协助送往医院救治。

8.5.2 三峡局时期的应急监测

（1）1999 年 7 月，应湖南省株树桥水库管理处委托，为尽快了解大坝渗漏情况，为病险水库治理提供基础支撑。三峡局携带先进仪器设备（ADCP、GPS 等），开展流速流向（即流速场）测量和渗流（漏）量测量，并根据水库流速场勘测成果，借助相关资料分析水库渗漏量的部位和强度。其中，测得 7 月 15 日 16 时渗漏流量为 3.68m^3/s，主要渗漏点（带）的垂向流速约为 0.021cm/s，为设计提供参考。

（2）2000 年 4 月 9 日，西藏林芝地区波密县境内发生巨型滑坡，形成堰塞湖险情。水利部水文局协调组成水文科技抢险队，深入现场，监测入湖流量、湖泊容积、水面面积，构建水位—湖容曲线、水位—水面面积关系，预估决堤时间及湖泊容积，以及可能产生的影响，为堰塞湖抢险、排险提供决策依据。

（3）2008 年 5 月 7 日，荆门市东宝区李家洲煤矿井下上北采煤工作面发生透水，该采区距离漳河水库陈家冲溢洪道闸仅 110m。接长江委现场检查处置组指示，三峡局迅速赶赴现场，采用 ADCP+GPS 寻找水库渗水重点区域，为事故处置提供参考。

（4）2008 年 5 月 12 日，四川省汶川发生里氏 8.0 级大地震。按水利部水文局部署，三峡局派出 7 名应急监测队员，组建两应急监测突击队，分赴绵阳和德阳两个重灾区，突击包括唐家山等多个滑坡堰塞体体积及河道地形、纵横断面，为堰塞湖除险、排洪等提供决策依据。

（5）2008 年 8 月 8—24 日，三峡局组织队伍连续 20 余天，两条测船（装载多波束、水声呐、GPS 等先进设备）在三峡大坝坝上游对开，全断面、全天候探测水下异物，确保北京奥运会期间大坝安全。

（6）2008 年 12 月 22 日西藏墨脱县发生山体滑坡，形成堰塞湖，距离国境线 183km。水利部水文局组建应急监测队，三峡局 4 人参加，到达现场后迅速新建 3 个水文站、完善 2 个水文站自动监测设施，实测上游 5 条支流流量，并通过卫星实时传输水位雨量信息，为抢险救灾提供现代化的水文技术支撑。

（7）2009 年 8 月 10 日 23 时 20 分许，重庆市丰都县“航龙 518”滚装船在两坝间石牌水域发生集装箱落水事故。62 个集装箱落水，经前期打捞仍有 20 余只集装箱下落不明。10 月上旬，三峡支队组织队伍在葛洲坝上游二江发电厂前多波束扫描成功打捞出 4 个集装箱，消除了集装箱对二江发电厂的威胁。

（8）2010 年 6 月 21 日 18 时 30 分，抚州市临川区抚河干流右岸唱凯堤溃决，决堤宽度达 400m，造成受灾乡镇 4 个、受灾村 41 个。三峡局与下游局联合参与现场抢险监测，为抢险提供决堤口附近实测水文信息

（9）2010 年 8 月 7 日 22 时，舟曲县城东北部山区突降特大暴雨，引发三眼峪、罗家峪等四条沟系特大山洪地质灾害，泥石流长约 5km，平均宽度 300m，平均厚度 5m，总体积 750 万 m^3，流经区域被夷为平地。三峡局技师（驾驶员）星夜兼程火速运送应急队员安全到达灾区，并投入紧张的现场应急抢险工作。

8.5.3 三峡支队时期的应急监测

（1）2011 年 9 月 20 日汉江发生特大洪水，

在预报下游河道可能达到或接近警戒水位时，为满足汉江和长江中下游防洪决策需要，在长江委水文局应急监测队统一指挥下，新成立的三峡支队迅速派员开赴现场，与中游局一道开展汉川、江汉一桥、江汉二桥、江口37码头、龙王庙等处水位、流速、流量监测。

（2）2011年11月7日，三峡水库蓄水已达175m，受连日来暴雨影响，三峡重点移民村—巴东县平阳坝溪丘湾葛藤坪村出现少数房屋渗水现象，危及移民安全。受三峡集团枢纽部委托，三峡支队迅速派员现场勘测村落房屋地基最低点和乡村公路最低点高程，为分析判断渗水原因提供基础数据。

（3）2020年7月，聂拉木县位于县城上游嘉隆错冰湖突现险情，一旦决口将会对县城造成毁灭性的破坏。8月16日应西藏水文局邀请，三峡支队应急监测队员冒疫情风险48小时长途奔袭30000km，驰援冰湖应急抢险监测，精细获取冰湖库容、水深及地形等重要数据，为抢险决策部署提供了可靠的基础依据。

附 录

附录Ⅰ 三峡水文站史站志汇编

附录Ⅰ-0 概述

截至2022年底，三峡局水文站网由41个站点组成，包括水位（39个）、水温（5个）、雨量（18个）、流量（4个）、泥沙（4个）、蒸发（3个）、墒情（1个）、实验（1个）等8类站网，构成90个不同类别的三峡测区水文站网体系。其中，有7个中央报汛站和24个流域报汛站。1877年设立宜昌海关水尺，是三峡地区第一个近代水文站。1946年设立宜昌水文站，1973年4月设立宜实站，1982年3月升格为葛实站，1994年8月成立三峡局；2022年完成三峡水库生态水文实验站基建任务，为整合水库库区省界断面附近相关的水文、水质、水生态、水面蒸发等实验工作提供基础。

水文站网是水文事业发展的根基。按我国水文测站的测验工作内容，将测站主要划分为5大类：一是水文站，开展水位、流量、泥沙、水质、降水、蒸发等观测项目；二是水位站，开展水位、水温、降水量等观测；三是雨量站或蒸发站，只观测降水量或蒸发量；四是实验站，开展水文水资源科学研究；五是地下水站，主要开展地下水的观测。三峡局90个不同站网点分别归属于水文站、水位站、蒸发站和实验站，其中有4个水文站和1个蒸发站具有行政机构建制，是三峡局的基层事业单位，分别为：宜昌水文站、黄陵庙水文站、庙河水文站、巴东水文站和宜昌蒸发站。

以附录形式收录这五个站的站史站志。

附录Ⅰ-1 宜昌水文站

▲ 宜昌水文站站房（2017年7月拍摄）

▲ 宜昌水文站测验断面（2017年7月拍摄）

附录1.1 基本情况

宜昌水文站是长江中游干流第一个大河控制站，是大国重器三峡工程、葛洲坝工程的设计代表站，同时也是长江三峡水利枢纽工程的总出库控制站。宜昌水文站有系列的水文观测资料始于1877年4月，1946年3月成立宜昌水文站，隶属水利部长江委水文局长江三峡水文水资源勘测局（以下简称三峡局）宜昌分局。测验方式为驻测，主要项目为：水位、降水量、水温、流量、悬移质与推移质（沙质、卵石）输沙率及泥沙（悬沙、推沙、床沙）颗粒级配分析、水化学（水质）。

▲ 保存在宜昌站的实测最大卵石推移质（2015年拍摄）

附录 1.2　地理环境

宜昌，湖北省地级市、省域副中心城市，地处长江上游和中游的分界处，“上控巴蜀，下引荆襄”，素有“三峡门户”“川鄂咽喉”之称。宜昌古称夷陵，因“水至此而夷、山至此而陵”得名，清朝时取“宜于昌盛”之意改称“宜昌”，是屈原、王昭君等历史名人的故里。宜昌是长江三峡起始地、三峡工程所在地，被誉为“世界水电之都”、中国优秀旅游城市。宜昌水文站就坐落于宜昌市主城区滨江公园内。

宜昌水文站属于长江中游干流区，有四季分明，水热同季，寒旱同季的气候特征。多年平均降水量1215.6mm。平均气温16.9℃，极端最高温度41.4℃（7月），极端最低温度零下9.8℃（1月）。全年大部分径流量主要集中在汛期，年内水量分配不均匀。

宜昌水文站测验河段上下游约3km顺直，断面宽约700m，位于葛洲坝水利枢纽工程下游约6km。左岸为宜昌市城区，右岸为低山丘陵区，河岸稳定。断面上游约7km有黄柏河支流入汇；下游38 km有清江入汇，其来水对宜昌水位有短暂的顶托影响作用。

宜昌水文站下游约3km有胭脂坝洲滩、下游20km有虎牙滩、38km有宜都弯道、80km有芦家河浅滩、115km有杨家脑洲滩等，对宜昌中低水位有显著控制作用。1970年葛洲坝工程动工兴建，1993年三峡工程开工兴建、水库蓄水运用清水下泄，以及河道采沙等因素导致河床冲刷下切，宜昌中低水位显著下降，经过胭脂坝等控制节点治理保护，2010年后下降趋势减缓。

附录 1.3　历史沿革

1877年，宜昌海关水尺设立，每天定时观测水位一次。从此，宜昌始有水位记载。1946年5月，扬子江水利委员会设立宜昌水文站，测量水位、流量、含沙量。次年7月，增加降水量、蒸发量观测。宜昌水文站设站时，水尺断面位于在海关水尺下约150m处，两组水尺并立观测直到1957年，海关水尺撤销，统一使用宜昌水文站的水位。1949年7月16日，宜昌解放，宜昌水文站由宜昌市军事管制委员会接管。8月，转交湖北省人民政府水利局领导。1950年8月，中原临时人民政府农林水利部在汉口设立长江水利委员会。湖北省农业厅水利局改组成立长江水利委员会中游工程局和湖北省农业厅水利局两个机构。宜昌水文站由水利局调属中游工程局领导。恩施水位站同时划属宜昌水文站领导。

1951年2月，水文站网机构调整时，宜昌水文站列为二等水文站，增加气温、湿度、气压、风向、风力观测。1952年3月，宜昌水文站由二等水文站改为一等水文站，并管辖枝江、牌楼口、松滋口、长阳二等水文站。

1955年开始水温观测。1956年增加推移质泥沙观测。1956年增加悬移质、床沙颗粒级配分

▲ 宜昌站泥沙分析（1960 年 3 月拍摄）

▲ 20 世纪 50 年代观测记载簿

析。1957 年增加水化学（水质）分析等。1957 年 2 月，随同全国水文站名称统一改名为宜昌流量站。1959 年 4 月 18 日宜昌站开始水情报汛工作，在二马路设立水情公告牌，同年 5 月 1 日宜昌站建成第一个水位自记设施。

1960 年 1 月 1 日成立三峡工程水文站，与宜昌站合署办公（即一个单位，两块牌子），同年 3 月完成西陵峡喜滩吊船缆道建设任务。

1964 年 6 月，水利电力部将全国各流量站的名称恢复为水文站，宜昌流量站复名宜昌水文站。

1965 年 1 月，三峡工程水文站撤销，各水位站和三斗坪气象站由宜昌水文站管辖。

1970 年葛洲坝工程（亦称三三〇工程）开工后，为适应工程施工、设计需要，在宜昌水文站的基础上于 1973 年 4 月 1 日，成立宜昌水文实验站（简称宜实站），宜昌水文站业务分别由宜实站技术组（1973—1975 年）和第二河道勘测队（1975—1980 年）承担。1980 年 3 月，恢复宜昌水文站。

宜昌水文站成立以来，先后有 26 位同志担任站长。首任站长为岳德懋；1958 年建立第一个党支部，首任支部书记为梁景祥；赵文堂是第一个副科级站长；李云中是第一个正科级站长；王宝成是第一个兼任站长的副处级干部。

▲ 第一艘木制测船（20 世纪 50 年代拍摄）

▲ 水文观测塔（20 世纪 50 年代拍摄）

附录 1.4 技术进步

1955—1957 年在宜昌站率先开展悬索偏角试验，三年收集了 9 个测次、60 条垂线、6 种不同铅鱼、4 种悬索直径、附导线和不附导线等试验资料，提出了“分段改正法”。

1959 年 5 月 1 日宜昌站建成第一个水位自记设施。1977—1983 年宜昌站列入葛洲坝工程坝区水情遥测系统并投产运行，这是长江干流上第一个水情遥测系统。

宜昌站 1959 年架设喜滩流量站吊船缆道，这是长江上第一座高空测流缆道。1973 年架设宜昌站吊船缆道，解决了高洪测验船舶定位难题。该缆道由两座重力地锚、一座 45.3m 高钢塔及 4 根斜拉线，主索直径 37mm 跨度 980m、两个移动行车及吊船索组成。

▲ 吊船缆道钢塔（1991 年 5 月拍摄）

▲ 主索养护（1981 年 5 月拍摄）

1972 年设计建造投产船用重型三绞系统。该系统由三合一绞关、可旋转支架、水深计数器、悬索及铅鱼等组成。其技术参数为 300kg，可满足高洪期流量、悬沙、推沙等测验。

1987 年开发 PC1500 水文测验（流量、悬沙）计算机软件，实现了现场记录、现场分析、计算、校核、报汛、存储、打印等一体化作业。2000 年 1 月 7 日沙质推移质计算及整编软件正式投入使用。

此外，宜昌站还开展了水位流量关系分析研究、泥沙测验技术研究。2002 年开始采用自记水位、2003 年采用自记雨量，实现全年水位、雨量自记。宜昌站作为长江委水文局 118 个中央报汛站之一，2005 年实现报汛自动化。

▲ 施测沙质推移质（2015 年拍摄）

附录 1.5 服务葛洲坝工程

万里长江第一坝葛洲坝工程，宜昌水文站为该工程的顺利兴建，搜集和积累了大量完整的水文基本资料。在工程大江截流时，水文职工承担了一系列包括龙口水文测验等重要的水文技术观测任务，1981 年 1 月 4 日，长江葛洲坝工程大江截流成功，宜昌水文站作为截流水文测报主要承担单位，圆满完成任务。

▲ 无人双舟在葛洲坝截流龙口进行水文测验

在举世瞩目的三峡工程的前期设计中，长江委水文局对宜昌站百余年的资料进行了深入查核和细致的修改考证，为确定三峡水库库容和坝高提供了科学依据。在三峡工程施工期间，特别是大江截流和明渠截流期间，宜昌水文站投入了大量的人力物力连续作战、精心观测，为截流指挥提供所需的各种重要的水文数据。1997 年 11 月 8 日，长江三峡水利工程实现大江截流，宜昌水文站作为截流水文测报主要承担单位，圆满完成任务。

附录 1.6 服务防洪减灾

在搞好工程水文测报的同时，宜昌水文站也为下游荆江等广大地区的防洪减灾起到了关键性的“耳目”作用。宜昌站洪枯水设计频率曲线，是三峡河段各类涉河工程项目的重要设计依据。

1954 年 7 月 22 日至 8 月 22 日，宜昌水文站站房淹水达 1.4m，下游荆江分洪闸 3 次开闸分洪。宜昌市人民政府在十分紧张的情况下为水文站提供办公用房，宜昌站全体职工连续作战两个多月，为战胜洪水作出了重要贡献。

▲ 宜昌站 1954 年高洪期临时办公地点

1998 年夏天，长江再次发生了全流域性的大洪水，水位之高、持续时间之长、洪峰次数之多均为历史罕见。宜昌站从 6 月 4 日起连续奋战 3 个半月，施测了 8 次洪峰的全过程，特别是为了抢测洪峰，冒生命危险，进行了 10 次夜测，为中下游防洪及时提供宝贵的流量资料。在这 100 多天的日子里，同志们始终保持了高昂的斗志，用实际行动认真负责、兢兢业业地测报每一个数据、收集每一份资料，为三峡工程和长江中下游防洪及时提供科学依据。

▲ 宜昌站 1998 年高洪水文测验图

附录 1.7 主要荣誉

1981 年，宜昌水文站获水利电力部“81.7”洪水测报先进单位；1998 年，荣获长江水利委员会水文局 1998 年防汛抗洪先进集体荣誉称号；

2001年，荣获长江水利委员会水文局全审站资料评比总分第三名；2002年，荣获长江水利委员会水文局第五届全江水文成果质量优胜杯评比水文站一等奖；2004年，荣获长江水利委员会水文局第七届水文成果质量优胜杯；2000-2003年度，被授予长江水利委员会水文局文明单位称号；2012年，被授予中国农林水利工会长江水利委员会“工人先锋号”荣誉称号。

附录Ⅰ-2 黄陵庙水文站

▲ 黄陵庙水文站（2007年拍摄）

▲ 黄陵庙站水文码头（2018年7月拍摄）

附录2.1 基本情况

黄陵庙水文站设立于1995年11月22日，是国家基本水文站、中央报汛站。隶属于水利部长江水利委员会水文局长江三峡水文水资源勘测局（以下简称“三峡局”）黄陵庙分局。测验项目有水位、水温、降水、蒸发、流量、悬移质及推移质输沙率、泥沙（悬沙、推沙、床沙）颗粒级配、水质、能见度等水文要素。1998年8月17日，出现建站以来最高水位。2004年9月9日，出现建站以来最大流量。2003年2月28日，出现建站以来最小流量。

黄陵庙水文站是三峡工程的出库站、葛洲坝枢纽的进库站，作为三峡工程专用水文站，是三峡水利枢纽工程的重要组成部分。

黄陵庙水文站测验断面地处西陵峡东段和西段之间的庙（河）南（沱）开阔段，上距三峡大坝12km，下距葛洲坝26km，测验河段上下游4km顺直。上游2km有乐天溪弯道及支流入汇，下游2km有莲沱弯道及支流磨刀溪入汇。测验断面形态呈“U”形窄深河床，水深达80m，水面宽约500m。河床由沙质组成，有周期性冲淤变化。黄陵庙水文站建有水文专用码头、水文吊船缆道、自记水位台、水文标点杆（水尺、水准点、断面杆、基线桩、辐射杆、中心杆）、降蒸观测场、码头等工程。有“禹王渡”趸船，长40m、宽9m，于1996年建成投产；“长江水文208”测船，长26m、宽5.4m，2019年建成投产。

黄陵庙水文站为驻测站。2012年黄陵庙分局成立后，也是黄陵庙分局驻地。

▲ 黄陵庙站测验河段（2018年7月拍摄）

▲ 黄陵庙禹王殿立柱上的 1870 洪水痕迹

附录 2.2　地理环境

黄陵庙，古称黄牛庙、黄牛祠，又称黄牛灵应庙，位于长江南岸黄牛岩山脚下，三峡大坝下游 5km。历史上有关黄陵庙的传说很多，据《宜昌府志》载：此庙为纪念大禹治水的丰功伟绩，建于春秋战国时期。据《东湖县志初稿》《游黄陵庙证》碑中云："考诸古迹，今庙之基，即汉建黄牛庙之遗址也，庙遭兵焚，古碣无存，追明季重建，廓而大之，兼奉神禹，益嫌牛字不敬，故为黄陵。"可见，黄牛庙建于汉代，复建于唐朝，改名为黄牛祠，重修于明朝，并改名为黄陵庙。2006 年 5 月 25 日，黄陵庙被中华人民共和国国务院公布为第六批全国文物保护单位。

黄陵庙的主体建筑是禹王殿，经考证，殿内 36 根楠本立柱的水浸痕迹，是 1870 年长江特大洪水时留下的洪痕，海拔高程为 81.16m。1985 年对黄陵庙进行修缮时，殿内保留了两根洪痕立柱，作为重要水文文物标志予以保护。该洪痕也是设计葛洲坝、三峡工程时调查历史洪水的重要依据。

黄陵庙水文站位于湖北省宜昌市夷陵区乐天溪镇下岸溪村，距宜昌市区约 30km。三峡工程建成后，黄陵庙站位于两坝间河段，具有独具一格的西陵峡谷地貌，属于黄牛背斜地质地带，其地表主要由石灰岩、花岗岩组成，平均海拔 480m，最高海拔 1197m。峡谷风光秀丽，四季分明，夏季炎热多雨，冬季干燥寒冷，属典型亚热带季风气候，年降雨量在 990 ~ 1370mm 之间。

附录 2.3　历史沿革

根据 1992 年 4 月 3 日第七届全国人民代表大会第五次会议关于兴建长江三峡工程的决议，国务院三建委审查批准的《长江三峡水利枢纽工程初步设计报告（枢纽工程）》中明确提出"在坝区设水文站，以观测坝区各处水位及出库流量、含沙量"。

黄陵庙水文站按国家一类水文站规划设计，1994 年规划选址，1995 年开始测验断面试测。1996 年试运行，由南津关水文站以巡测方式开展水位、流量、悬移质、推移质、床沙、水温及降水、蒸发等项目观测，收集了全年完整的水文泥沙资料。1997 年 1 月 1 日，正式开始运行，全面收集水文泥沙资料。

1996 年 12 月，正式组建黄陵庙水文站（正科级建制），汪劲松、叶德旭、黄忠新、刘天成、张辰亮先后担任站长。

▲ 常规水文测验（2002 年 9 月拍摄）

▲ 蒸发观测（2010 年 3 月拍摄）

▲ 水平式 ADCP 在线流量监测平台（2010 年 3 月拍摄）

附录 2.4　技术发展

黄陵庙水文站配备有水文测船 2 艘、趸船 1 艘、业务及巡测车 2 台、专用码头 1 座，ADCP、GPS、全站仪、水准仪、流速仪、采样器等水文、泥沙、水质监测分析仪器设备 60 余台（套）。

1996 年引进走航式多普勒流速仪 BBADCP 用于流量测验，是国内最早使用该类型仪器进行内河流量测验的水文站，经过不断的比测试验研究，采用 GPS 罗经、卫星导航系统、测深仪等仪器，解决了使用中存在的问题，对 ADCP 在全国推广起到了引领作用。先后引进的哨兵型 ADCP（1997 年）、水平式 ADCP（2004 年），进行在线流量监测，取得较好效果。2006 年引进 Lisst-100X 现场测沙仪、浊度仪，开展含沙量、泥沙颗粒级配测验。自行研发相应的流量、泥沙处理软件，建立了从数据采集、整理到资料整编一体化处理流程。

▲ 在三峡坝区截流河段开展水文测验（2002 年 10 月拍摄）

▲ 在三峡坝区截流河段开展水文测验（2002 年 10 月拍摄）

附录 2.5　服务三峡工程

1997 年为研究葛洲坝水库调度对三峡坝区水文条件的影响，开展电力调峰影响试验两坝间非恒流和汛期通航水流条件监测与分析，采用 ADCP 连续监测流量过程 19 次，初步探明调度对两坝间水文条件的影响及其程度，为大江截流设计施工提供原型观测资料及分析成果。开展三峡坝前异重流、泥沙絮凝、过机泥沙监测，为水库泥沙预测预报和水库运行调度管理提供基础支撑。2016—2017 年黄陵庙水文站参与三峡、葛洲坝出库流量率定测验，取得丰富的率定测验成果。

附录 2.6　难忘岁月

黄陵庙水文站包括站址建筑物、水文测验建筑物、水电环境工程和仪器设备安装调试四个部分。工程从 1995 年 11 月开工，1998 年 5 月竣工验收，总体工期非常紧，建设任务重，水文局为此专门成立建设指挥部，三峡局组建现场筹建组，一批经验丰富的老领导和老专家汇聚陡山沱。建设难度最大的是吊船缆道工程，1995 年 11 月开工，于 1996 年 1 月 5 日、2 月 11 日和 4 月 8 日分别完成右岸地锚、左岸地锚和主索架设，6 月 3 日缆道投入试运行，7 月 25 日单项工程验收。

黄陵庙水文站是长江水文服务三峡工程的前方基地。在 1997 年三峡大江截流、2002 年明渠截流、2006 年电力调峰两坝间非恒定流观测等大型水文原型观测工作，在三峡坝区一般设立3个基地（坝河口、三斗坪、黄陵庙），其中黄陵庙站是最大的、最重要的基地。截流指挥部多次在这里召开会议，布置水文工作。

附录2.7 荣誉表彰

1999年，被授予长江委水文局文明单位。2000年，被授予宜昌市青年文明号。2002年，被授予长江三峡工程劳动竞赛先进班组。2016年，被授予中国农林水利工会全江先进职工小家称号。2020年，被授予长江水利委员会防汛抗洪先进集体。

附录Ⅰ-3 庙河水文站

附录3.1 基本情况

庙河水文站设立于2003年4月，是国家重要水文站及三峡工程专用水文站，也是流域报汛站，隶属于水利部长江委水文局长江三峡水文水资源勘测局（以下简称三峡局）黄陵庙分局，2015年明确为副科建制。监测项目有水位、水温梯度、流量、悬移质泥沙、床沙、水质监测等。

庙河水文站设站目的是为研究上游来水来沙在坝前区域变化规律，满足工程度汛需要，验证工程运行调度数学模型和物理模型，为三峡水利枢纽与葛洲坝水利枢纽联合调度规程制定和科研提供原始资料。

▲庙河水文站监测断面（2022年6月摄）

庙河水文站是三峡水库库首第一个水文站，各水文因子特征值受上游来水和水库调度运行影响严重。2004年9月9日实测到建站最大流量，2005年2月19日实测到最小流量，2007年8月3日实测到建站以来最大含沙量1.54kg/m^3。

附录3.2 地理环境

庙河水文站位于三峡大坝上游，距三峡大坝13km，下距葛洲坝水利枢纽约51km，距黄陵庙分局(黄陵庙水文站所在地)约30km,驾车约45分钟，上距巴东水文站约58km。

庙河水文站基本水尺断面位于湖北省宜昌市秭归县兰陵村。测站所在地秭归县是世界文化名人屈原的故乡，是举世闻名的三峡工程坝上库首第一县。

庙河水文测验河段基本顺直，水流较顺畅，测验断面形态呈“U”形，主槽宽度随水位变动而变化，基本宽度约650m，断面最大水深约148m，河床由淤泥和细沙组成，年际间呈累积淤积状态。断面高程100m以上为风化沙土，其他部分为基岩。断面上游左岸1.5km有横溪汇入，下游1.0km右岸有杉木溪、左岸有端方溪入汇，下游右岸1.5km有兰陵溪入汇。本站水位主要受三峡水库调度影响，每年1-6月为三峡水库消落期，水位从上一年汛后175m逐渐消落至145m左右，汛期水位一般保持在145m左右运行，当上游来水时水库调度水位有所变化，9—11月为三

▲庙河码头（2021年2月拍摄）

峡水库蓄水期，水位逐渐抬升至175m。受三峡水利枢纽调度影响，水位流量关系较差。

庙河码头位于湖北省宜昌市秭归县银杏沱村，位于庙河测流断面下游约5km处，开船至测流断面需要约20分钟。目前码头停靠庙河趸船和长江水文205测轮。庙河趸船长约30m，宽约8m；水文205轮长约26m，宽约5.4m，主机动力240匹马力。

附录3.3　历史沿革

2000年11月，三峡工程泥沙专家组对“三峡工程分期蓄水与水流及泥沙冲淤验证问题”提出加强8个方面的原型观测与验证建议；2001年4月10日，国务院三建委主持召开“三峡水库分期蓄水和调度运行方式讨论会”，纪要明确由泥沙专家组牵头制定《长江三峡工程2002-2019年泥沙原型观测计划》（简称“计划”），经专家审查（组长为潘家铮院士），明确在坝区上游增设专用水文断面，监测进入坝区的水沙变化；2003年2月22日，泥沙专家组安排部分专家来三峡局调研近期宜昌枯水位变化情况，并商讨三峡工程坝上太平溪（在引航道前水流平稳处上1～2km）设立水文泥沙观测专用断面；2003年3月，三峡局组织技术人员现场查勘选址和测试，太平溪河段两岸库湾多且不顺直，不利于开展水文测验，同时考虑已建物理模型、数学模型的模

▲长江水文205轮测船在庙河断面开展水文测验（2018年10月拍摄）

▲多仓采样器悬移质颗分取样（2022年6月拍摄）

拟范围，最终选址位于大坝上游约13km的水库淤积观测固定断面G39-1并适当调整断面方向，作为庙河水文测验断面。从2003年4月开始正式收集水沙资料，该断面不仅能验证模型试验、计算成果，还承担长期测报坝前水沙情信息，系统收集近坝区基本水文资料，为水库科学调度尤其是为坝前排沙减淤调度提供基础支撑，2005年1月更名为庙河水文站，从建站开始，庙河站采用巡测方式开展水文测验。

附录3.4　技术发展

庙河水文站水位资料在建站初期主要通过基本水尺人工水位与坝前太平溪（二）站（庙河站下游6km）自记水位建立关系，推求本断面水位过程。2005年开始采用气泡压力式水位计采集水位数据，通讯方式采用GPRS。

由于特殊的水文条件，主要采用走航式ADCP开展流量测验，流量资料整编主要根据水量平衡原理，建立庙河流量与宜昌站流量相关关系进行流量整编。2017年尝试通过庙河实测流量与三峡水库出库流量建立综合关系线形成推流方法（即采用水工建筑物测流法），该方法获长江委水文局批准并投产使用，2021年庙河流量整编采用三峡水库出库流量综合关系线法推流。

庙河站悬移质输沙率及颗粒级配测验，主要采用传统的横式采样器（2000 毫升）取样，但因断面水深很大，一次输沙率及颗分级配测验需要近 3 个小时，2020 年 9 月在庙河水文站开展了多仓采样器试验，可同时采集垂线多点相对水深含沙量，将原取样时间缩短为一个小时左右，测验时间大大缩短。

2006 年汛期开始增加泥沙报汛业务，采用 LISST100X 和浊度仪现场测量含沙量，颗粒级配分析也从建站初期的粒仪结合方法逐渐变为现在的激光仪分析。床沙从筛仪结合法变化为现在的激光仪分析。

▲在庙河断面运用 LISST100X 进行水文测验（2011 年 8 月拍摄）

附录 3.5 科研工作

为保证三峡水库科学调度，深入分析水量不平衡的原因，确保出库流量的报汛精度，给防洪、发电、航运等枢纽运行有关的计算分析工作提供依据，庙河水文站自建站以来承担了三峡水文泥沙收集中的多项试验比测工作，如深泓水温梯度观测、水库异重流测验、液压深水绞关、现场激光粒度仪 LISST-100X 比测试验、三峡和葛洲坝出库流量率定、三峡水库中小洪水与水资源利用实时调度专题观测等科研工作，并利用大量原型数据发表了多篇论文，如《三峡水库下泄流量在庙河站流量资料整编中的应用研究》《三峡水库水温变化特性及影响》《三峡库区水深测量影响因素及改正方法研究》《三峡水库坝前泥沙絮凝沉降实证分析》《水库过机泥沙特性研究初探》等，这些项目和科研分析均为庙河为代表的三峡水库坝前水文泥沙因子变化规律的掌握提供了基础。

▲在三峡大坝坝前开展洪水沙峰应急监测（2020 年 8 月拍摄）

附录 3.6 服务三峡工程

为监测三峡水库坝前水沙变化、泥沙淤积、过机泥沙等情况，研究如何减小水库运行调度对库容的损失，掌握水库运行调度期间变动回水区淤积情况，庙河水文站还承担了大量三峡水库坝前水文测量工作，如坝前洪水沙峰观测、过机泥沙测验、坝前流速场等。

2020 年 7—8 月，长江上游连续出现 5 次编号洪水，8 月 20 日三峡水库出现建库以来最大入库流量 7.5 万 m^3/s，为及时了解洪水沙峰以及沿程水面线变化，需对库区大坝至巴东河段进行洪水沙峰应急监测与现场调查，以便及时准确评估库区土地线、移民线淹没风险，摸清洪水造成的临时淹没损失，为水库调度提供有效的信息支撑。应三峡集团要求，庙河水文站在满足本断面测验的情况下，历时 11 天完成了库区三峡大坝至巴东河段 8 个断面 21 个测次的洪水沙峰应急监测工作。

附录Ⅰ-4　巴东水文站

附录 4.1　基本情况

巴东水文站是长江上游干流基本水文站，也是三峡水库生态水文实验站巴东基地。水文测验断面上游左岸约 4km 有沿渡河入汇，下游左岸约 3km 有东壤溪入汇；下游约 71km 为长江三峡水利枢纽工程，于 2003 年开始 135m 围堰蓄水发电运用、2006 年 156m 初期蓄水运用、2008 年 175m 试验性蓄水运用、2021 年正式按 175m–145m–155m 蓄水运用。水文测验河段顺直长度约 2km，处于三峡水库常年回水区内，为水库水文站和长江干流渝鄂省界水文断面。

巴东水文站设站目的：为基本水文资料收集、长江中下游防汛抗旱、水资源管理和三峡水库运行调度提供水文专业服务。

三峡水库生态水文实验站（巴东基地）整合省界河段上已建的国家基本水文站、省界水质监测断面、国家水资源监控断面，以及三峡水库调度水沙监控、大型水体漂浮水面蒸发实验和水库水面漂浮物监测等项目，为水循环、水资源、水库泥沙、水环境、水生态、水库调度等开展科学实验研究。

巴东水文站属三峡水库生态水文实验站的重要组成部分。

附录 4.2　地理环境

巴东水文站，地处长江三峡腹地、巫峡出口的巴东县城区。

巴东县位于湖北省西南部，长江中上游下段，恩施土家族苗族自治州东北部，介于东经 110° 04′—110° 32′，北纬 30° 28′—31° 28′之间，东连宜昌市兴山县、秭归县、长阳土家族自治县，南接宜昌五峰土家族自治县、鹤峰县，西交建始县、重庆市巫山县，北靠神农架林区。东西宽 10.3km，南北长 135km，总面积 3351.6km^2。巴东县府驻信陵镇，濒临长江南岸，在 209 国道线上与长江交汇点上，水路沿江东下至武汉，溯江西上抵重庆，陆上经 209 和 318 国道通达州府恩施。209 国道连接南北，318 国道贯通东西，西南沿 209 国道与 318 国道相接，交通便利。

巴东县位于亚热带季风区，温暖多雨，湿热多雾，四季分明。光、热、水分布垂直差异明显，形成各种不同的山地型小气候。海拔升高 100m，气候平均下降 0.62℃，无霜期减少 5 ~ 7 天。太阳辐射总量处于全国低值区，年平均 88 ~ 99km 卡 / 平方厘米，日照总时数在 1200 ~ 1650 小时之间。气温立体分布，无霜期最长为 311 天，最短 173 天。年平均降雨量为 1100 ~ 1900mm，多集中 4–9 月。年风速偏低，平均风速 1.5 ~ 3.4m/s，多为偏东风和偏西南风，北风、西风频率低。

巴东县境内武陵山余脉、巫山山脉、大巴山余脉盘踞南北，长江、清江横贯东西，另外还有支流 68 条。巴东地貌特点：地表崎岖，山峦起伏，峡谷幽深，沟壑纵横，是典型的喀斯特地貌。最高海拔 3005m，最大相对高差 2938.2m。地表平均坡度 28.6 度，其中 25 度以上的高山占总面积的 66%，地形以山地为主；海拔 1200m 以上的高山占面积的 37.09%，800 ~ 1200m 以上的中山区占 33.07%。

附录 4.3　历史沿革

1931 年 2 月，由扬委会设立巴东雨量站，始有降水量观测记录，1938 年停测；1952 年 5 月，由长委会设立水位站，为汛期站，恢复降水量观测，开展汛期水位观测，为中央报汛站；1953 年 1 月改为常年水位、雨量观测站；1955 年 6 月改为巴东水文站，增设流量测验；1956 年 5 月水文测验断面向下游迁移 100m；1965 年长办改巴东水文站为水位站，站名为巴东（二），观测断面再向下游迁移 520m；1978 年 10 月增设水质项目（省界断面）；1981 年增设水温观测，收集葛洲坝水库库区水温资料；2000 年 6 月按三峡水库库区水文观测设施迁建要求，巴东（二）站测验断面向上游迁移 5000m，改名为巴东（三）；2005 年 7 月 1 日实现水位、雨量自动报汛；2010 年增设含沙量观测，并开展汛期含沙量报汛；2004 年增设水库水面漂浮物监测（省界断面）；2006 年增设三峡水库中小洪水调度奉节至秭归段水沙输移动态监测；2013 年增设水库漂浮水面蒸发观测实验；2014 年底开展水面能见度观测，2018 年 3 月停测；2017 年水利部批复巴东水位站升格为国家基本水文站；2018 年增设国家水资源监测控制断面，建立 H-ADCP 在线流量自动监测平台；2020 年增设水质自动监测站（省界）；2022 年建成三峡水库生态水文实验站（巴东基地）基础设施，包括站房、码头、测船、水文断面设施及仪器设备。

▲巴东水文站老站房

▲巴东水文站新水文码头

附录 4.4 技术进步

三峡水库生态水文实验站（巴东基地）作为国家基本水文站网提档升级改造规划的建设内容之一，主要针对三峡水库成库以后，水文泥沙条件及水环境、水生态条件的变化而开展一系列的原型观测实验和分析研究工作。

巴东站建成了 H-ADCP 水资源在线监测平台、国产化水质自动监测站、水面蒸发实验场（含水面漂浮蒸发筏和陆上蒸发实验场）、500m^2 实验室（楼）、专用码头和水文专用测船。引进一系列世界级先进仪器设备，如多波束水深测量系统，水文、泥沙、水质、蒸发在线监测与自动监测系统等。

（a）2013 年拍摄（旧浮筏）

（b）2023 年拍摄（新浮筏）

▲巴东水面漂浮蒸发实验场对比

附录 4.5 科学实验研究

加强野外科学观测实验研究，围绕我国大型水库水文水资源、水生态、水环境及水陆物资通量和能量交换等重大科学问题开展基础研究，围绕解决现实需求中关键科技问题开展试验研究，围绕支撑服务国家和地方未来经济建设发展开展长期系统的基础性研究工作。

（1）三峡水库泥沙问题研究。三峡水库是河道型水库，河床演变和泥沙运动有其特殊的规律性，目前存在的主要问题包括三峡水库区间来沙不清、河床形态变化监测数据不足、水库泥沙运动规律研究不够等，有待深入探讨。需开展长江干流和各支流入口的来沙监测、库区河床形态变化监测和河床构成层理分析，以及库区异重流、干容重等特殊泥沙运动规律的研究工作。

（2）水环境水生态问题研究。三峡水库是我国重要的水源地，水环境与水位、流量、泥沙、水温等水文要素密切相关，要深入研究库区的水环境水生态变化，就必须开展水环境、水生态和水文诸多要素的同步监测，深入分析不同水文条件下水环境变化规律，为三峡库区水环境水生态保护提供技术支撑。

（3）水面蒸发实验研究。三峡水库为狭长河道型水库，水深流缓，受水库频繁调度影响。在这种特殊形态下的洪水传播规律、水体水文要素在不同条件下变化规律、大水面蒸发试验等水文科学基础性研究课题有待深入探讨。

有关水面漂浮蒸发实验研究，已先后开展了实验场论证与选址、漂浮筏设计与修改、设备选型与安装调试，历史资料收集整理与一致性分析、观测实验与分析研究。①分析了三峡水库库区蒸发、气象变化特点及其演变趋势；②基于巴东漂浮水面蒸发实验场及库区各气象站长系列水面蒸发与气象资料，采用多种相关分析方法（灰色关联法、相关系数法、斜率关联度法等），探讨了水面蒸发与气象要素的关系，选取 6 个气象因子（平均水面温度 TS、平均风速 U、平均相对湿度 R、平均水汽压 e、平均大气压 B、最高气温 T_{max}）作为研究漂浮水面蒸发的主要影响因素；③对比分析陆上（含实验场陆上水面蒸发和巴东气象站陆上水面蒸发）与水上漂浮水面蒸发的差异，并初步建立了转换参数；④在相关分析的基础上，采用多种建模方法（最小二乘法、偏最小二乘法、人工神经网络法、支持向量机及经验公式法等）构建了基于气象因子的陆上、水上漂浮水面蒸发旬、月尺度的数学模型，并依据模型延展气象站水面蒸发资料系列；⑤采用断面法（近似梯形计算法）和地形法（长江水沙计算系统 GeoHydrology2.0）计算库区面积，并建立了水库蓄水前后库

三峡水库生态水文实验站实验研究内容

序号	实验布置	实验研究项目	说明
1	巴东水文站	水位、水温、降水量、流量、含沙量	国家基本站、中央报汛站
2	漂浮水面蒸发实验站	陆上与漂浮水面蒸发，以及辅助气象对比实验	水库蒸发实验站
3	生态监测站	水生生物、水生植物、水面漂浮物监测	生态监测试点站
4	省界水资源（水量水质）监测控制断面	流量自动监测站、水质自动监测站、水质常规监测 36 个项目	省界监测断面
5	水库水沙输移监测（奉节至秭归）	水位、流量、含沙量	5 个监测断面
6	水文监测、实验与资料整编技术	20 ㎡蒸发池漂浮水面蒸发实验技术、山区河道与大水深的测深技术研究、在线监测及资料整编技术、移动水质自动监测技术等	按实验研究任务计划开展

区水面面积计算模型；⑥依据漂浮实验场水上、陆上水面蒸发的转换参数，对气象蒸发模型进行修正或模型耦合，建立了水库水面蒸发预测模型，初估了三峡库区不同时期的水面蒸发损失量。三峡水库蓄水前（1987—2002年），江津至坝址间的蒸发量约2.72亿m^3。随着三峡水库的建成蓄水，初期（2003—2008年）水面蒸发产生的年损失水量达3.95亿m^3，较蓄水前增加1.23亿m^3；175m试验性蓄水以后（2009年以后），年蒸发损失水量约5.89亿m^3，较蓄水前增加3.17亿m^3，增加一倍多。

（4）深水水文测验技术研究。三峡水库水体巨大，流速缓慢，水深极深。部分常规测验设备和测验方法不能适应，特别是大水深水文泥沙测验存在技术上的难题，需加大新设备、新方法研究意义重大。

附录Ⅰ–5　宜昌蒸发站

附录5.1　基本情况

设站目的。宜昌蒸发站地处长江中上游交界处，葛洲坝水库库区，是长江流域目前规模最大、观测项目最多的蒸发站，也是国内大型陆上水面蒸发观测实验站之一。

站址选择。宜昌蒸发站始建于1983年，1984年1月1日正式开始观测使用，隶属三峡局宜昌分局。宜昌蒸发站蒸发观测场场地25m×25m，土壤墒情观测场占地约1亩，以驻巡测验相结合，业务涵盖蒸发、降水、土壤墒情及气象辅助等4大类观测项目，具体包括降水量、蒸发量、土壤含水量、气温、湿度、气压、水汽压、风速风向、水温、地温、日照及不同层次风梯度、温湿梯度等40余分项监测要素。其独有的20 m^2蒸发池、E601B型蒸发器、80cm套盆式蒸发盆及20cm蒸发皿4种不同型号蒸发器同步观测模式，为区域水量平衡研究方式提供了多样性。

▲宜昌蒸发站观测场（拍摄于1990年代）

▲宜昌蒸发站观测场（2020年拍摄）

附录5.2　地理环境

宜昌蒸发站位于宜昌市夷陵区冯家湾村（东经：111° 18′，北纬：30° 46′），上距三峡大坝约36km，下距葛洲坝约2km 。宜昌市夷陵区属中亚热带季风气候区，四季分明，气候温和、雨量适中，受地势影响，气候垂直差异较大。宜昌蒸发站年平均气温17.3℃，最高42.4℃（2022年8月15日），最低气温 -6.1℃（1989年2月13日），分布特征为1—7月为上升阶段，8—12月为下降过程，气温年际温差大。宜昌蒸发站建站以来E601B蒸发器最大日蒸发量为10.1mm（1993年8月1日）。宜昌蒸发站多年平均降水量1155㎜，最大年降雨量1770.8mm（2020年），2020年6月27日日降雨量251.6mm为建站以来最大日降雨量。宜昌土壤墒情站质量含水量最大为30.9%，最小为5.8%。随着社会经济快速发展，现在宜昌蒸发站周边高楼林立，交通便利，距城区中心车程仅需半小时。

附录 5.3 历史沿革

1979 年 9 月，为了研究葛洲坝水库库区水面蒸发情况，根据相关要求，宜实站向长办呈报在南津关建立蒸发站，收集水面蒸发观测资料，研究大型水体水面蒸发规律和预估蒸发水量损失。11 月 21 日，长办行文宜昌市建委、市建设局，要求划拨用地 10 亩左右，建设南津关大型蒸发实验场。1982 年 3 月设立葛洲坝工程南津专用水文站，原计划布设的蒸发实验站纳入南津关专用水文站统筹管理，经市政府协调，购置原南津关航运临时客运站房屋一栋及空地共 2063m²，为南津关专用水文站站房。6 月 13 日，为新建南津关蒸发场，与宜昌市平湖风景区南津关大队签订征购土地 4.9 亩协议书。1983 年 11 月 15 日，南津关站正式搬入新址办公。1983 年 12 月南津关蒸发场建成，1984 年 1 月 1 日正式开始观测。南津关蒸发场位于长江三峡西陵峡峡口，距葛洲坝水库最高水位线的水平距离约 30m，观测项目包括蒸发、降水及气象辅助等 3 大类观测项目，均为人工观测。

鉴于南津关蒸发场靠近峡口，受周围环境影响，场地小不利用开展大规模蒸发实验研究。经批准于 1988 年将南津关蒸发场向东迁至夷陵区冯家湾村（葛实站在此地，自 1977—1985 年先后多次征地约 66 亩，建设水文基地，已建成 2880m² 及相应设施），正式设立宜昌蒸发实验站，距原

▲ 80cm 套盆式蒸发盆蒸发观测（1980 年代拍摄）

▲南津关蒸发实验站时期 80cm 套盆式蒸发器和 E601 型蒸发器

南津关蒸发实验场 2km，观测场地离较大水体（葛洲坝库区支流黄柏河）最高水位线的水平距离约为 300m，为大规模开展水面蒸发实验提供了优良场所。

2007 年为贯彻水利部、长江委及水文局有关“大水文观”精神，在宜昌蒸发实验站拓展观测业务，于 2007 年 6 月 1 日正式开展开始土壤墒情监测，按有关规范要求，试点先采用人工采样、室内烘干称重，计算整理观测成果。随后引进土壤水分自动监测仪，经与人工比测后投产实现自动监测。

2012 年，根据“三定”方案，宜昌蒸发站和宜昌水文站合并组建成立三峡局宜昌分局。目前宜昌蒸发站观测项目包括蒸发、降水、土壤墒情及气象辅助等 4 大类 40 余个观测子项目。

宜昌蒸发站建站至今，历任站长为杨文波、张圣昭、朱喜文、石明波、张鹏宇。

▲时任水文局局长王俊检查指导宜昌蒸发站工作

附录 5.4　技术创新发展

1983 年，随着大型水库蒸发场在南津关的建成及试运行，三峡水文拥有了一个在当时国内还十分少见的独立专业业务——水库水面蒸发观测。2003 年，宜昌蒸发站开发并自编计算机程序和数据库，解决了多年积累的大量观测资料的整编问题，发表了多篇有价值的学术论文。2005 年引进蒸发、气象自动监测系统，成为全江第一套自动气象站，实现了蒸发与气象（近 20 个观测子项目）的自记。2007 年引进土壤墒情自动监测系统，建成长江水文第一个土壤墒情自记监测站。蒸发站在 30 多年的运行实践中，为葛洲坝、三峡枢纽工程建设收集了大量的降水、蒸发、气象等翔实的第一手资料，在水量平衡演算，水资源评价等方面发挥了重要作用，为防汛减灾、水环境保持、水库水量调度运行决策提供了科学依据，同时填补了国内在水库蒸发领域的诸多空白，意义深远。

▲ $20m^2$ 蒸发池（2020 年拍摄）

▲检修自动气象站（拍摄于 2021 年）

附录 5.5　实验研究工作

三峡局宜昌蒸发站建成至今，在蒸发实验研究、蒸发器性能研究、蒸发折算系数研究、蒸发量时空分布变化特征研究等方面取得了丰富的研究成果。

附录 5.5.1　各种类型蒸发器皿折算系数实验成果

宜昌蒸发站对国内不同行业使用的蒸发器皿开展对比实验，结果表明：蒸发器皿水体容量大小，反映了热容量大小，从而也对蒸发产生影响；小容器观测值，夏季蒸发量少，冬季蒸发量大，白天蒸发量少，夜间蒸发量多。经对比实验，各类型蒸发器皿性能较稳定，$E_{20cm} > E_{80cm} > E_{E-601B} > E_{20m^2}$，式中 E_{20cm}、E_{80cm}、E_{E-601B}、E_{20m^2} 分别为 20cm、80cm、E-601B 和 $20m^2$ 蒸发器皿的蒸发量。以 $20m^2$ 蒸发池为近似自然水体蒸发量，20cm、80cm 和 E-601B 蒸发器皿观测的蒸发量年折算系数分别为 0.65、0. 84、0.95，折算系数年变幅变化为 0.11 ~ 0.12，稳定性和代表性较好。

附录 5.5.2　降水量与水面蒸发量年际年内变化规律

【年际变化】1984—2021 年，宜昌蒸发站实测年降水量和年蒸发量，呈现截然不同的升降趋势。其中，多年平均年降水量为 1155.2mm，最大为 2020 年 1770.8mm，其次为 1989 年 1731.1mm，再次为 1996 年 1699.7mm，最小为 2004 年 800.9mm，总体稳定呈微弱上升趋势；多年平均年蒸水量为 761.8mm，最大为 1990 年 909.0mm，其次为 1984 年 870.9mm，再次为 2013 年 855.9mm，最小为 2020 年 631.5mm，呈明显的减小趋势。

【年内变化】陆地水面蒸发呈周期性变化，最大蒸发量在 8 月，最小蒸发量在 1 月。每年 2—7 月为气温上升期，水面蒸发量随月逐渐上升；当年 8 月—次年 1 月为气温下降期，水面蒸发量随月逐渐下降。水面蒸发量时空分布变化：春季

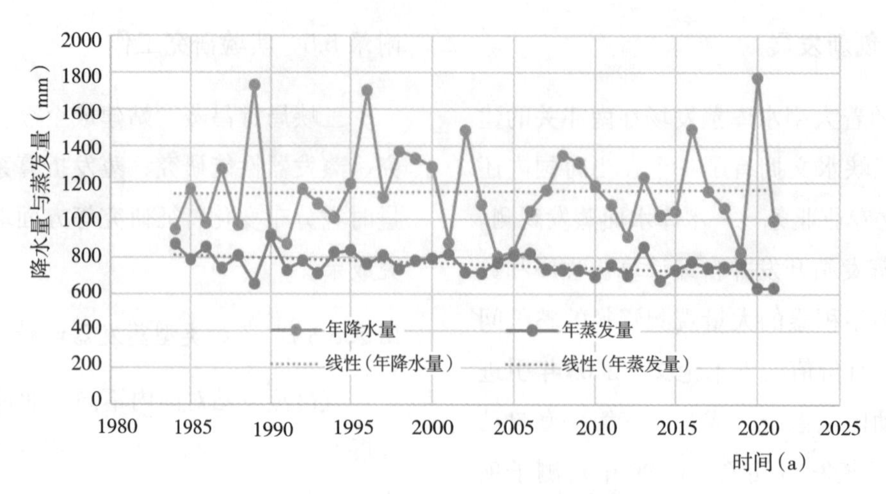

▲宜昌蒸发站降水量与蒸发量年际演变图

（3—5 月）占全年的 21.6%；夏季（6—8 月）占 39.3%；秋季 (9—11 月) 占 27 .1%；冬季（12—2 月）占 12%。6—9 月份 4 个月的蒸发量占全年的 51.5%。

附录 5.5.3　蒸发量与气象因子关系

【水面蒸发量与气温关系】全球气候变暖背景下，年平均气温年际间呈上升趋势，宜昌蒸发站实测资料表明，1984—2021 年约上升了 1℃。而年蒸发量却呈明显减少趋势，1984—2021 年减少了 50 ~ 100mm。年平均气温与年蒸发量没有相关性。

【水面蒸发量与地温关系】地温观测有地面（0.0m）及地下（0.2m 、0.8m 、1.6m ）的温度。由于 E-601B 蒸发器水体埋置在土层，不同层次的地温对蒸发量都有一定的影响。气温只是反映在通风条件较好情况下的室内温度，地面温度则反映了真实情况下的室外温度。地面温度的年变化与气温的年变化趋势比较一致。最高出现在 7 月，最低出现在 1 月。地面温度的年平均值比气温高 1.9 ~ 3.2℃，年变幅比气温大。从相关分析上可以看出，水面蒸发量与地面温度呈正相关。

【水面蒸发量与水温关系】宜昌蒸发站 E-601B 蒸发器内年平均水温为 19.0℃，略高于年平均气温 (17.9℃)。其年内分布特征为：1 月最低，7 月最高，2—7 月为气温升温阶段，当年 8 月—次年 1 月为气温降温过程，年温差较大。从水面蒸发量与水温的相关分析可知，水面蒸发量与水温呈正指数关系。

【水面蒸发量与日照关系】日照反映了太阳辐射的强弱，受阳光直接照射的水体与无日光照射下的水体受热程度不同，蒸发量的大小也不

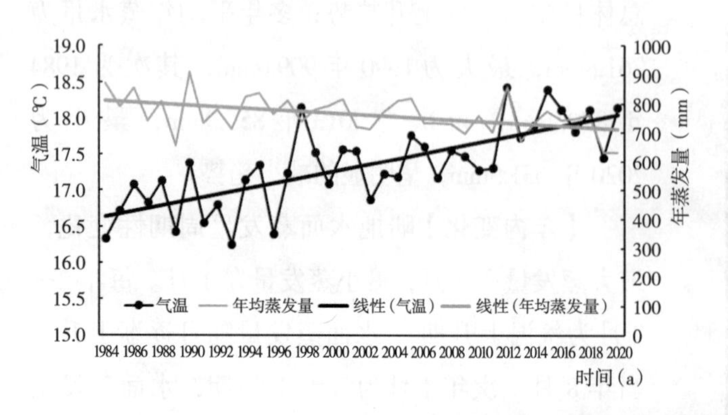

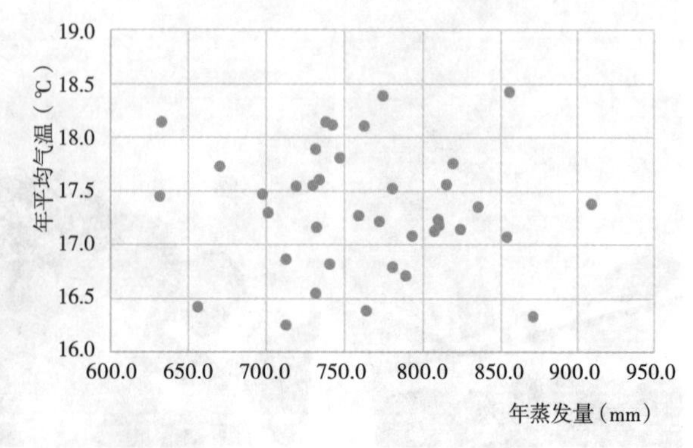

▲年均气温与年蒸发量趋势及相关图

同，一般前者大于后者。宜昌地区年平均日照为1542 ~ 1904h，日照时数的年变化以2月最少，8月最多。

附录 5.5.4 土壤墒情变化分析

【宜昌气候】我国的四季，划分方法很多，主要有：天文法、节气法、农历法、阳历法、物候法和气温法。其中气温法为国际惯例划分方法，即按连续5天日平均气温稳定上升到10℃以上为春季开始、22℃为夏季开始、下降至22℃为秋季开始、下降至10℃以下为冬季开始。宜昌属于亚热带季风性湿润气候，四季分明，降水丰沛，雨热同季，积温较高，无霜期长。根据宜昌蒸发站多年气温观测成果，按照国际惯例划分结果为：3—5月为春季、6—8月为夏季、9—11月为秋季、12月—次年2月为冬季。

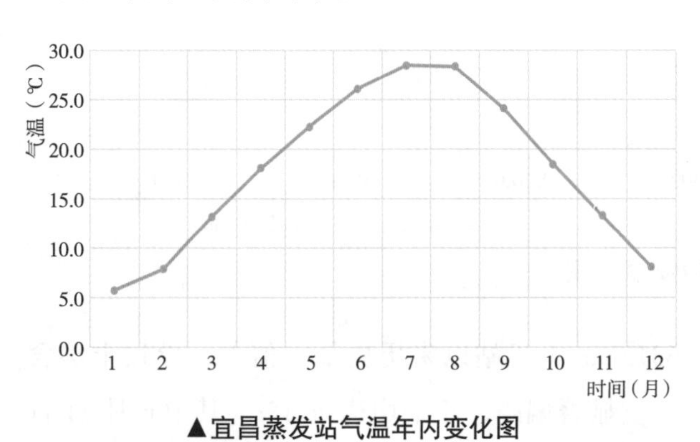

▲宜昌蒸发站气温年内变化图

【宜昌土壤】湖北省土壤类型较为复杂，主要有水稻土、潮土、黄棕壤、黄褐土、石灰（岩）土、红壤、黄壤及紫色土等，这8个土类占全省总耕地面积的98.65%。其中水稻土占总耕地面积50.35%，潮土19.03%，黄棕壤占14.54%，其他5个土类的面积占总耕地面积比均小于5%。宜昌主要为黄壤土，分布于黄陵背斜中心区和枝城、长阳与渔洋关之间地区，水土侵蚀较为严重，土壤呈酸性，有机质含量较高，质地黏重，土体紧实，农业垦种历史较长。宜昌蒸发站墒情观测场为黄壤土。

【土壤蒸发和植物散发】影响土壤蒸发的因素，一是气象因素（日照、温度、湿度、气压、风速、水面大小及形状、水深、水质）；二是土壤特性（土壤孔隙性、地下水位、温度梯度）。国内外研究表明，土壤蒸发过程的不同阶段有着不同的定量规律，可以表达为：

$$E_s=\begin{cases} E_{ms} & \theta \geqslant \theta_f \\ \dfrac{E_{ms}}{\theta_f}\theta & \theta_m < \theta < \theta_f \\ CE_{ms} & \theta < \theta_m \end{cases}$$

式中，E_s为土壤蒸发；E_{ms}为土壤蒸发能力；θ为土壤含水率；θ_f为田间持水量；θ_m为毛管断裂含水量；C为土壤含水量小于θ_m时的土壤蒸发系数，其值远小于1。

植物散发是发生在土壤－植物－大气系统中现象，受到气象因素、土壤含水量和植物生理特性的综合影响。当土壤含水量小到一定值植物或农作物就会发生凋萎而逐步死亡，这个土壤临界含水量即为凋萎含水量或凋萎系数，用θ_k表示。不同植物或农作物的凋萎系数是不同的，但总体上θ_k是介于θ_f和θ_m之间的，即$\theta_f < \theta_k < \theta_m$。开展土壤墒情监测研究，就是针对不同植物或作物，探讨θ_k变化规律，提出管理措施（如补水、松土等）。

通常，流域（或区域）蒸散发能力可以表示为：$E_m=\varphi E_0$，式中E_m为蒸散发能力，E_0为水面蒸发，φ为蒸散发系数，当采用E-601B观测蒸发量时，近似地$\varphi \approx 1$。利用降水量和水面蒸发量，即可估算某时段内土壤水分收支，即：$P-E_0$。

【土壤含水量】土壤含水量即土壤湿度，一般以17% ~ 44%为最适宜植物生长。在农业部门，尤其农村，一般以“干、稍润、润、潮、湿”等衡量土壤湿度。农业和水利科学以田间持水量、毛管断裂含水量、凋萎系数等表述。土壤湿度过低（称），不利于农作物生长，土壤湿度过高，恶化土壤通气性，影响土壤微生物的活动，使作物根系的呼吸、生长等生命活动受到阻碍，从而影响作物地上部分的正常生长，影响田间耕作措施和播种质量，并影响土壤温度的高低。

【宜昌土壤含水量年际变化】整理宜昌蒸发站2010—2021年土壤墒情监测数据，多年平均各土层土壤含水量（率）与实验场土壤年水量收支（降水量P–蒸发量E），呈一定的线性关系，初步揭示了土壤含水量变化特性：①10cm、20cm土壤含水量受降雨量影响显著，变幅大（18%～30%）；②40cm土壤含水量变化平缓，变幅相对较小（20%～25%），受降雨量影响不显著。③0～40cm土层是农作物生长最重要的耕层土壤，多年平均土壤含水量为22.6%，总体上接近壤土的田间持水量，一般情况下无需补水。

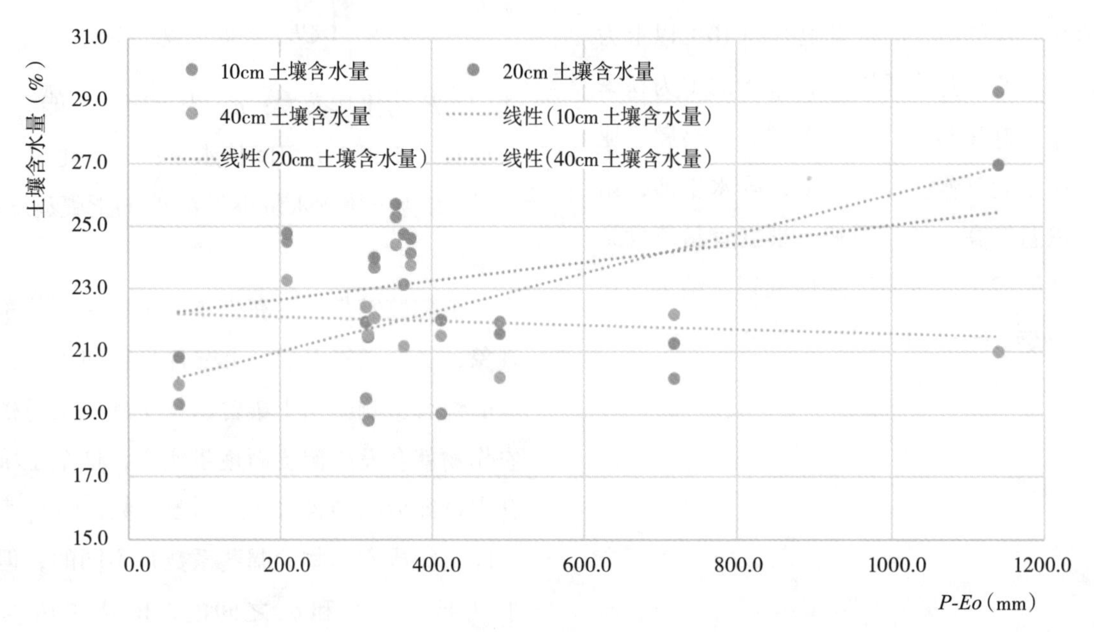

▲土壤含水量与 *P-E* 关系图

【宜昌土壤含水量年内变化】从年内变化角度来看，土壤含水率与土壤水分收支（降水量–蒸发量）变化趋势一致，受季节气候影响显著，春季为土壤含水率高位时段，夏季次之，秋季第三，冬季最低，总体上春夏多年平均在23%以上，秋冬则接近22%，多年平均22.5%，土壤表现为显著的湿润特征。其中，2020年因全年降水量达到1770.8mm（建站以来最大值），而蒸发量仅为631.5mm（建站以来历史最小值），导致土壤含水量显著偏高，年平均达26.1%。其中6月21日10cm土壤含水量达到35.8%（自墒情观测以来最高值）。注：按三点法布置土壤含水量监测，则垂向平均土壤含水量为：$\overline{\theta}=\sum_{i=1}^{n}(\theta_i h_i)/H$。式中$\overline{\theta}$为垂向平均土壤含水量（%），$\theta_i$第$i$土层的土壤含沙量（%），$h_i$为第$i$土层厚度（cm），$H$为采集土层厚度（cm）。

土壤含沙量年内季节变化表

季节	季节时段	土壤含水量（%）	土壤水分收支（*P-E*）	土壤湿润系数	气温（℃）
春	3—5月	23.4	98.9	1.61	17.9
夏	6—8月	23.1	271.9	1.98	27.7
秋	9—11月	21.9	67.6	1.34	18.7
冬	12—2月	21.5	–22.6	0.74	7.3
全年	1—12月	22.5	415.8	1.57	17.9

【典型干旱土壤含水量特征】点绘宜昌蒸发站墒情观测场2010年1月至2022年10月土壤含水量变化过程线（见下图），其中，在夏、秋、冬季节，出现影响农作物生长的土壤含水量（17%）情况，时间一般持续1~2月，尤其以2022年最为典型。从8月开始连续数月土壤含水量持续减少至10%以下，其中9月11日土壤含水最达到历史最低，仅为4.0%，属于极度干旱，8—10月的总降水量仅为90.3mm，最高气温达42.4℃。

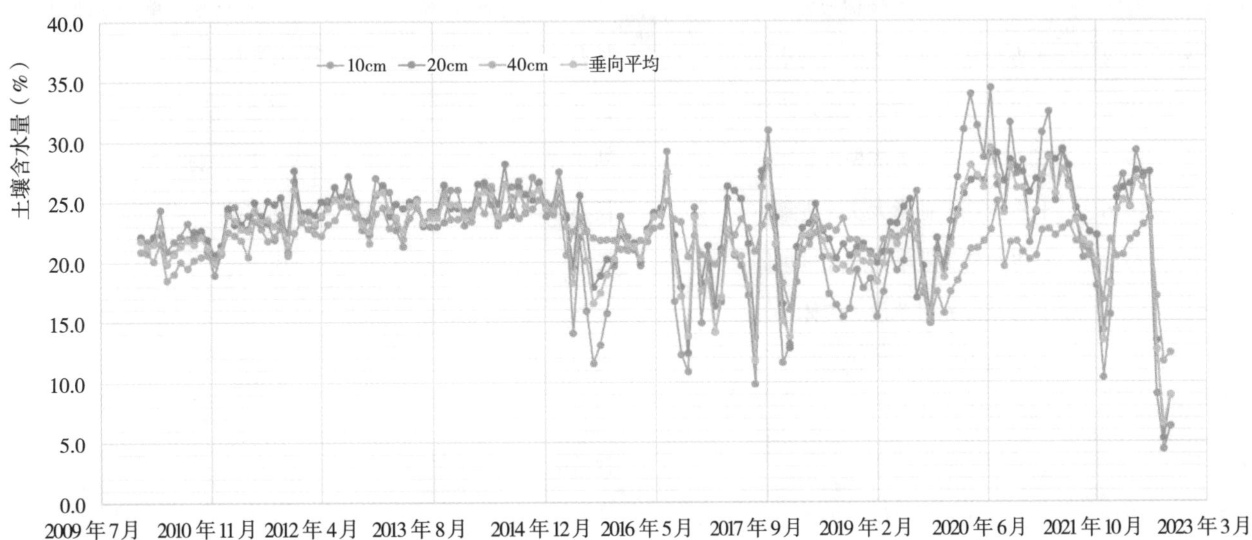

▲宜昌土壤含水量变化过程线图

附录5.5.5 主要学术成果

1984—2022年，以宜昌蒸发站观测实验研究成果，发表和交流学术论文10余篇，主要有：《宜昌站蒸发器折算系数分析》《各种型式蒸发器（皿）水面蒸发量的统计相关分析》《葛洲坝蓄水以后库区蒸发水量的计算与分析》《20㎡蒸发池坑内的积水处理》《不同高度雨量器施测雨量对蒸发量影响分析》《蒸发站数据管理系统的开发与应用》,《探讨宜昌地区水面蒸发量的时空分布》《宜昌水面蒸发量的分析研究》《宜昌蒸发站1984—1998年数据库的开发和应用》《水面蒸发的实验研究》《宜昌城区短历时暴雨强度公式参数优化及暴雨雨型特征分析》《宜昌市土壤墒情变化规律分析》。

附录Ⅱ 三峡局集体及职工个人主要荣誉称号汇编

附录Ⅱ－1 单位集体主要荣誉称号统计表（省部级以上）

<table>
<tr><th>序号</th><th>时间</th><th>荣誉称号名称</th><th>授予机构</th><th>获得荣誉单位或部门</th></tr>
<tr><td>1</td><td>1974</td><td>长办全江工业学大庆先进集体</td><td>长办</td><td>宜实站测验组</td></tr>
<tr><td>2</td><td>1975</td><td>长办全江工业学大庆先进集体</td><td>长办</td><td>河道一队、搬鱼咀站</td></tr>
<tr><td>3</td><td>1975</td><td>湖北省工业学大庆先进集体</td><td>湖北省</td><td>宜实站测验组</td></tr>
<tr><td>4</td><td>1976</td><td>长办全江工业学大庆先进集体</td><td>长办</td><td>宜实站</td></tr>
<tr><td>5</td><td>1978</td><td>长办全江工业学大庆先进集体</td><td>长办</td><td>河道一队、二队、科研组</td></tr>
<tr><td rowspan="4">6</td><td rowspan="4">1979</td><td>长办全江先进单位（集体）</td><td>长办</td><td rowspan="4">宜实站</td></tr>
<tr><td>全国电力工业大庆式单位</td><td>水利电力部</td></tr>
<tr><td>湖北省大庆式单位</td><td>湖北省</td></tr>
<tr><td>宜昌市大庆式企业</td><td>宜昌市</td></tr>
<tr><td>7</td><td>1981</td><td>长办全江先进单位（集体）</td><td>长办</td><td>宜昌站</td></tr>
<tr><td>8</td><td>1981</td><td>“81.7”洪水测报先进集体</td><td>水利电力部</td><td>宜实站</td></tr>
<tr><td>9</td><td>1983</td><td>长办全江先进单位（集体）</td><td>长办</td><td>126 轮、水情科、南津关站</td></tr>
<tr><td>10</td><td>1983</td><td>全国水文系统先进集体</td><td>水利部</td><td>葛实站</td></tr>
<tr><td>11</td><td>1985</td><td>全江先进单位（集体）</td><td>长办</td><td>宜昌站</td></tr>
<tr><td>12</td><td>1989</td><td>1988 年度集体二等功</td><td>长办</td><td>水情科、保卫科</td></tr>
<tr><td>13</td><td>1990</td><td>1989 年度集体一等功</td><td>长江委</td><td>水质监测室</td></tr>
<tr><td>14</td><td>1990</td><td>1989 年度集体二等功</td><td>长江委</td><td>水文 203 轮</td></tr>
<tr><td>15</td><td>1990</td><td>全国水文系统先进集体</td><td>水利部</td><td>水质监测室</td></tr>
<tr><td>16</td><td>1993</td><td>1993 年通讯报道全委先进集体</td><td>人民长江报社</td><td>葛实站</td></tr>
<tr><td>17</td><td>1995</td><td>全国水利系统水环境监测工作先进单位</td><td>水利部</td><td>三峡中心</td></tr>
<tr><td>18</td><td>1996、2000</td><td>宜昌市保密工作先进集体</td><td>中共宜昌市委保密委员会</td><td>三峡局</td></tr>
<tr><td>19</td><td>1997、2001</td><td>水利宣传先进集体</td><td>长江委</td><td>三峡局党办</td></tr>
<tr><td>20</td><td>1998</td><td>全国防汛测报先进单位</td><td>水利部</td><td>三峡局</td></tr>
<tr><td>21</td><td>1999</td><td>消防工作先进单位</td><td>宜昌市防火安全领导小组</td><td>三峡局</td></tr>
<tr><td>22</td><td>1999</td><td>湖北省级安全文明单位</td><td>湖北省</td><td>三峡局</td></tr>
<tr><td>23</td><td>1999</td><td>三峡工程劳动竞赛先进班组</td><td>三峡总公司</td><td>河道勘测队</td></tr>
<tr><td>24</td><td>1999</td><td>宜昌市安全文明单位先进集体</td><td>宜昌市</td><td>三峡局</td></tr>
<tr><td>25</td><td>1999、2001</td><td>档案工作先进集体</td><td>长江委</td><td>三峡局</td></tr>
<tr><td>26</td><td>1999—2001</td><td>离退休工作先进单位</td><td>长江委</td><td>离退休职工管理办公室</td></tr>
</table>

续表

序号	时间	荣誉称号名称	授予机构	获得荣誉单位或部门
27	1999、2001	保密工作先进集体	长江委	三峡局
28	2001	长江三峡工程“九五”泥沙课题研究先进单位	三峡总公司、国务院三峡办	三峡局
29	2001、2005	治保工作先进集体	长江委	三峡局
30	2001	办公室工作先进集体	长江委	办公室
31	2001	第三个五年法制宣传教育工作合格单位	宜昌市依法治市工作领导小组	三峡局
32	2001	科技管理工作先进集体	长江委	三峡局
33	2002	全国水利系统先进集体	水利部	三峡局
34	2002	三峡工程劳动竞赛优秀组织单位	长江委	三峡局
35	2002	三峡工程劳动竞赛先进班组	长江委	黄陵庙站、风云 2 号
36	2002	三峡工程劳动竞赛先进集体	长江委	三峡局
37	2003	湖北省“五一”劳动奖	湖北省	河道勘测队
38	2003	三峡工程建设优秀班组	三峡总公司	黄陵庙站
39	2006	“十五”期间治安新闻宣传工作先进集体	长江委	三峡局
40	2007	长江三峡工程“十五”泥沙课题研究先进单位	国务院三峡办、三峡总公司	三峡局
41	2008	社会治安综合治理先进单位	长江委	三峡局
42	2009	按比例安排残疾人就业工作先进单位	宜昌市	三峡局
43	2018	2016—2017 年全江先进基层工会	长江委	三峡局工会
44	2020	长江委长江防汛抗洪先进集体	长江委	黄陵庙分局
45	2021	长江委档案工作先进集体	长江委	三峡局

附表Ⅱ－2 职工个人荣誉称号统计表（省部级以上）

<table>
<tr><th>序号</th><th>授予时间</th><th>荣誉称号名称</th><th>职工姓名</th></tr>
<tr><td rowspan="3">1</td><td rowspan="2">1955</td><td>全国青年社会主义建设积极分子</td><td rowspan="3">刘昌凉 / 沙头站</td></tr>
<tr><td>长委会全江劳动模范（乙等）</td></tr>
<tr><td>1956</td><td>全国农业水利系统先进生产者</td></tr>
<tr><td rowspan="4">2</td><td>1955</td><td>长委会全江劳动模范（甲等）</td><td rowspan="4">汪永富</td></tr>
<tr><td>1958</td><td>长办先进生产（工作）者</td></tr>
<tr><td rowspan="2">1959</td><td>湖北省先进生产者</td></tr>
<tr><td>全国工业、交通运输、基本建设先进个人</td></tr>
</table>

续表

序号	授予时间	荣誉称号名称	职工姓名
3	1958	长办先进生产（工作）者	廖子占 / 汉实站
4	1959	长办全江先进生产（工作）者	廖子占 / 汉实站、汪永富、刘昌凉、龙应华、秦嗣田
5	1960	长办全江先进生产（工作）者	汪永富、秦嗣田、刘昌凉、廖子占
6	1961	长办全江先进生产（工作）者	刘昌凉、廖子占
7	1962	长办全江先进生产（工作）者	刘昌凉、廖子占、江义贵 / 荆实站
8	1963	长办全江先进生产（工作）者	廖子占
9	1964	长办全江五好职工	廖子占
10	1975	长办全江工业学大庆先进生产（工作）者	廖子占、王能全、文明安、佘绪平、曾世莹（女）
11	1976	长办全江工业学大庆先进生产（工作）者	廖子占、王能全、文明安、龙应华、佘绪平、金玉林、张梅香（女）
12	1977	长办全江工业学大庆先进生产（工作）者	廖子占、阮大政、文明安
13	1977	长办全江工业学大庆先进科技工作者	陈德坤、阮大政
14	1978	长办全江工业学大庆先进生产（工作）者	廖子占、阮大政、王能全、向远新（女）、袁见清、孟万林
16	1979	长办全江先进生产（工作）者	廖子占、杨维林、苏家林、伍馥馨（女）、储荣民、李建华、郭霞林、杨卫东 / 汉总
17	1981	水利电力部“81.7”洪水测报先进个人	储荣民、苏家林、伍馥馨、陈道才、刘润德
18	1983	全国水文系统先进个人	储荣民
19	1983	长办全江先进生产（工作）者	王斯延、袁雅鸣、袁见清、邵远贵、钟友良
20	1983	宜昌市 1983 年度先进生产（工作）者	邵远贵
21	1985	长办全江先进生产（工作）者	钟友良、杨文波、李双全
22	1990	长江水利委员会 1990 年度防汛抗旱积极分子	李云中
23	1992	国务院政府特殊津贴	向熙珑
24	1992、1993	长江委优秀纪检监察干部	郭霞林
25	1995	长江中下游防汛总指挥部抗洪抢险先进个人	李云中
26	1997	三峡工程优秀建设者	戴水平
27	1999	三峡总公司三峡工程防汛度汛先进工作者	叶德旭
28	1999	长江委 1999 年度先进生产工作者	樊云
29	2001	三峡总公司、国务院三峡办长江三峡工程“九五”泥沙课题研究先进个人	李云中
30	2002	长江委三峡工程导流明渠截流先进个人	樊云、叶德旭
31	2002—2005	长江委治安保卫先进个人	王定鳌

续表

序号	授予时间	荣誉称号名称	职工姓名
32	2003	长江委三峡工程劳动竞赛岗位能手	樊云、谭良
33	2003	长江委治江重大成就奖	戴水平
34	2006	湖北省测绘行业先进工作者	谭良
35	2007、2008	长江委社会综合治理先进个人	王定鳌
36	2007	国务院三峡办、三峡总公司长江三峡工程“十五”泥沙课题研究先进个人	牛兰花
37	2008	长江委抗震救灾先进个人	樊云、谭良、胡家军、左训青、王平、刘建华
38	2008	水利部全国水利抗震救灾英雄模范	叶德旭
39	2009	长江委抗震救灾英雄模范	叶德旭
40	2010	全国水利系统先进工作者	叶德旭
		长江委奉献治江工作突出贡献先进个人	
41	2020	长江委长江防汛抗洪先进个人	田苏茂
42	2021	长江委先进个人	田苏茂
43	2022	长江委档案工作荣誉奖	向容、金正

附录Ⅱ-3　先进党（团）组织荣誉称号统计表（宜昌市及长江委以上）

序号	年度	单位	荣誉称号名称	授予机构
1	1978	宜实站支委	先进党支部	宜昌市委
2	1980	宜实站党委	先进党委	宜昌市委
3	1981	河道二队党支部	先进党支部	长办临时党委
4	1994	水文大禹号轮	湖北省青年文明号	共青团湖北省委
5	1994	防汛测报青年突击队	湖北省青年突击队	共青团湖北省委
6	1996	三峡局	共青团工作先进单位	共青团宜昌市委
7	1996	三峡局	2014—2015 年度青年文明号	长江委团委
8	1998	三峡局	共青团工作先进单位	共青团宜昌市委
9	1998	三峡局	湖北省青年文明号	共青团湖北省委
10	2000	黄陵庙水文站	青年文明号	共青团宜昌市委
11	2016	河道勘测中心党支部	先进基层党组织	长江委党组
12	2022	水情预报室	长江委年青文明号	长江委团委

附录Ⅱ－4 优秀党（团）员、党（团）务工作者统计表（宜昌市及长江委级以上）

序号	时间	姓名	荣誉称号名称	授予机构
1	1978	廖子占	优秀共产党员	宜昌市委
2	1980	廖子占	优秀共产党员	宜昌市委
3	1980	李建华	新长征突击手	长办团委
4	1980	文明安、胡兴良	优秀共产党员	宜昌市交通局党委
5	1981	郑家文、陈道才、文明安	优秀共产党员	长办临时党委
6	1985	李建华、郑家文	优秀共产党员	宜昌市委
7	1995	李云中	宜昌市青年岗位能手	共青团宜昌市委
8	1995	李平	湖北省青年岗位能手	共青团湖北省委
9	1996	柳长征	宜昌市青年岗位能手	共青团宜昌市委
10	1996	李云中	湖北省青年岗位能手	共青团湖北省委
11	1997	张伟革	全江模范团干部	长江委团委
12	1998	叶德旭	湖北省青年岗位能手	共青团湖北省委
13	2002	樊云、谭良	三峡工程劳动竞赛岗位能手	长江委
14	2003	黄忠新	2002—2003 年度青年岗位能手	共青团宜昌市委
15	2005	李云中	2003—2004 年度优秀共产党员	长江委直属机关党委
16	2006	谭良	优秀共产党员	长江委党组
17	2008	谭良、左训青	抗震救灾优秀共产党员	长江委党组
18	2008	黄忠新	优秀共产党员	长江委党组
19	2011	王定鳌	2010 年度优秀共产党员	长江委党组
20	2011	闫金波	2011 年度青年岗位能手	长江委团委
21	2014	黄童	2012—2014 年度优秀共产党员	长江委党组
22	2015	李腾	湖北省青年岗位能手	共青团湖北省委
23	2016	谭良	优秀共产党员	长江委党组
24	2018	赵灵	优秀共产党员	长江委党组
25	2018	李腾	长江委青年岗位能手	长江委团委
26	2021	曾雅立	2020 年度优秀共产党员	长江委党组
27	2022	李秋平	宜昌市“新时代青年标兵”	共青团宜昌市委

附录Ⅱ－5 单位集体（个人）文明创建荣誉称号统计表（长江委以上）

序号	授予时间	荣誉称号名称	集体（或个人）	命名机构
1	1960	攀登珠穆朗玛峰奖状	向熙珑	中华人民共和国体育运动委员会
2	1986	“献身水利、水保事业满30年”荣誉证书	杨荣庭	水利电力部
3	1993	1992年度先进职工之家	葛实站	长江工会
4	1996	长江委文明单位	三峡局	长江委
5	1997	先进职工之家	三峡局	长江工会
6	1998、1999、2001	宣传新闻工作先进个人	张伟革	长江委
7	2000	省级模范职工之家	三峡局	湖北省总工会
8	2003	湖北五一劳动奖状	河道勘测队	湖北省总工会
9	2006	全国水利文明单位	三峡局	水利部
10	2001	2000年度全江先进基层工会	三峡局工会	长江工会
11	2001	模范职工之家	三峡局工会	湖北省总工会
12	2003	2002年度全江先进基层工会	三峡局工会	长江工会
13	2005	2004年度全江先进基层工会	三峡局工会	长江工会
14	2009	长期奉献水利优秀人员荣誉称号	温生贵	水利部
15	2010	2009年度全江先进基层工会	三峡局工会	长江工会
16	2011	工人先锋号	宜昌水文站	长江工会
17	2015	全江工会工作积极分子	赵灵、李红卫	长江委
18	2016	全江先进职工小家	黄陵庙分局工会小组 宜昌分局工会小组	长江工会
19	2018	2016-2017年度全江先进基层工会	三峡局工会	长江工会
20	2018	长江委优秀工会工作者	赵俊林	长江工会
21	2019	长江委机关事业单位养老保险制度改革工作通报表扬	孟娟	长江委
22	2020	新冠肺炎疫情防控工作表现突出集体通报表扬	三峡局防疫志愿者服务队	长江委
23	2020	全国模范职工之家	三峡局工会	中华全国总工会
24	2020	中国人民志愿军抗美援朝出国作战70周年纪念章	杨卫东	中共中央、国务院、中央军委
25	2021	“最美一线职工”	田苏茂	长江委

附录Ⅱ－6　单位文化建设成果获奖情况统计表（长江委级以上）

序号	时间	文化作品获奖名称	职工姓名	授予机构
1	1996	全国水利系统廉政宣传月廉政书法二等奖	王显福	水利部纪检组
2	1996	长江委廉政书法一等奖	王显福	长江委纪检组
3	1998	长江委新闻宣传先进个人	张伟革	长江委人事局
4	1999	长江委新闻宣传先进个人	张伟革	长江委机关党委
5	2001	长江委新闻宣传先进个人	张伟革	长江委办公室
6	2008	长江委“廉政”书画作品评展书法类一等奖	王显福	长江工会
7	2011	全国水文系统建党90周年书法作品二等奖（书法作品：《测量人之歌》）	王显福	水利部水文局
8	2012	长江委廉政书法（软笔）作品展一等奖	王显福	长江工会
9	2013	全国水文系统摄影作品二等奖	张伟革	水利部
10	2013	长江委水行政执法知识竞赛三等奖	王定鳌	长江委
11	2015	长江委“长江之春”艺术节摄影作品一等奖	张伟革	长江工会
12	2018	长江委“清风颂”廉政书画作品评选一等奖（书法作品：《不忘初心，牢记使命》）	王显福	长江委廉政办
13	2018	长江委纪念改革开放四十周年摄影展一等奖	张伟革	长江委
14	2020	长江委“长江之春”艺术节摄影作品一等奖	张伟革	长江工会
15	2021	“我看建党百年新成就”全国水利系统离退休干部征文书画摄影活动书法类优秀奖（书法作品《丹青歌盛世 翰墨颂党恩》）	王显福	水利部
16	2021	“我看建党百年新成就”全国水利系统离退休干部征文书画摄影活动摄影类二等奖（《长江防汛精兵（组照）》）、优秀奖（《不畏艰险永向前》）	张伟革	水利部
17	2021	长江委庆祝建党100周年书法比赛三等奖（书法作品《七月红旗迎风飘》）	王定鳌	长江委

附录Ⅱ－7　技能竞赛（论文评比）获奖情况统计表（宜昌市、长江委级以上）

序号	团队或个人	技能竞赛（论文）或奖项名称	授予机构	授予时间
1	孙贤汉	宜昌市第四届青工“五小”发明活动二等奖 成果名称：应用水深查算表	宜昌市团委	1986
2	程家益	宜昌市第四届青工“五小”发明活动二等奖 成果名称：计算机接口发报机发报	宜昌市团委	1986
3	李云中	长办第二届青年论文竞赛一等奖（题目：葛洲坝水库蓄水运用对宜昌水文断面冲淤及水位流量关系的影响）	长办团委	1988
4	郭霞林	宜昌市纪念中国共产党成立70周年理论讨论会入选论文（题目：试论基层党组织如何加强和改善党的领导）	宜昌市委	1991

续表

序号	团队或个人	技能竞赛（论文）或奖项名称	授予机构	授予时间
5	李云中	长委第二次青年优秀论文评选三等奖（题目：葛洲坝水库蓄水后宜昌站卵石推移质特性分析及测量时机选择）	长委科协、长委团委	1991
6	李继林	“全国水文勘测工技术大赛”荣誉证书	水利部、劳动部、中华全国总工会和共青团中央	1992
		长委1992年度水文勘测工比赛，荣获乙组第二名	长委人劳局	
7	李云中	长委论文评选优秀奖（题目：水文职工职业道德特征及教育）	长委科协、长办团委	1993
8	张伟革	湖北省青年岗位能手	湖北省团委	1996
9	向家华	全国水利技能大奖	水利部	2000
10	王平	长江委第七届职业技能（汽车驾驶）竞赛，个人三等奖	长江工会	2012
11	聂金华、孙振勇（上游局）	湖北省第三届测绘地理信息行业职业技能竞赛地籍测绘项目团体二等奖，个人三等奖	湖北省总工会	2013
12	李腾、黄童	长江委第八届职业技能（工程测量）竞赛，团体二等奖，个人二等奖和三等奖	长江工会	2015
13	李腾、刘杰（荆江局）	湖北省工程测量技能竞赛，个人第三名，团体第二名	湖北省总工会	2015
14	林涛涛	长江委第八届职业（水文信息应用技术）技能竞赛三等奖	长江工会	2016
15	邹涛	长江委第八届职业（水文信息应用技术）技能竞赛二等奖	长江工会	2016
16	李腾	“南方测绘杯”湖北省第五届测绘地理信息行业职业技能竞赛团体二等奖，个人二等奖	湖北省总工会	2017
17	张释今	长江委职工职业技能（计算机设计与应用）竞赛决赛计算机应用技术（甲组）个人三等奖	长江工会	2017
18	张释今	长江委2017年职工第九套广播体操比赛最佳领操员	长江工会	2017
19	李腾	湖北省技术能手	湖北省总工会	2018
20	赵灵	第十二届湖北省职工职业道德建设评选活动先进个人	湖北省委宣传部	2018
21	孟娟	职工水上技能比武活动女子青年50米蛙泳第一名、女子青年100米蛙泳第一名	长江委	2018
22	黄琛	职工水上技能比武活动女子青年50米自由泳第二名	长江委	2018
23	谭良	职工水上技能比武活动男子中年100米自由泳第三名	长江委	2018
24	张释今	长江委成立70周年活动标识征集评选优秀奖	长江工会	2019

续表

序号	团队或个人	技能竞赛（论文）或奖项名称	授予机构	授予时间
25	彭洁颖	长江委“我心中的新时代水利精神”主题征文活动三等奖（作品：践行新时代水利精神做新时代水文青年）	长江工会	2019
26	赵方正	长江水利委员会职工职业（无人机监测）技能竞赛三等奖	长江工会	2020
27	程雯	湖北省会计学会优秀论文评选三等奖	湖北省会计学会	2020
28	黄童、全小龙、李腾	青年“创新创效创优”竞赛“技术创新类”三等奖（课题名称：船载三维激光扫描系统在西部重要高原湖泊测量中的应用）	长江委团委	2021
29	李腾、全小龙、黄童、车兵	青年“创新创效创优”竞赛“技术创新类”三等奖（课题名称：多潮位站海道地形测量潮位控制方法研究）	长江委团委	2021
30	李腾	长江委技能人才大奖	长江委	2021
31	程雯	湖北省会计学会长江委分会会计学术研讨征文二等奖（论文题目：财政基建项目预算执行精度管理存在的问题和建议）	湖北省会计学会	2021
32	胡名汇	“决胜全面小康·决战脱贫攻坚”水利人在行动征文三等奖（作品题目：近山水韵意悠长）	中国水利文学艺术学会	2021
33	田苏茂	“湖北工匠杯”技能大赛——长江委职工职业（水文勘测）技能竞赛个人优胜奖二等奖	长江委	2021
34	杨晨皓	庆祝中国共产党成立100周年系列文艺活动朗诵优秀奖（诗朗诵：红船，从南湖起航）	长江委	2021
35	赵国龙	长江委中国梦·劳动美——奋进新征程 建功新时代职工（网络）宣讲比赛决赛三等奖	长江委	2022
36	李腾	长江委中国梦·劳动美——奋进新征程 建功新时代职工（网络）宣讲比赛决赛三等奖	长江委	2022
37	陈文重、彭春兰、严海涛、伍秀秀	宜昌市首届生态环境检验检测技能竞赛，团体三等奖、特别精神风貌奖	宜昌市生态环境局、宜昌市总工会	2022

附录Ⅱ-8　三峡局科技成果获奖情况统计表（省部级以上）

序号	年度	成果名称	奖项等级
1	1984	同位素低含沙量仪	国家科委发明奖三等奖
2	2006	国际跨境河流典型山体滑坡（崩塌）堵江水文极值事件应急实验研究	大禹水利科技进步奖三等奖
3	2007	长江葛洲坝水利枢纽下游河床护底工程扩大生产性试验水文泥沙监测	中国测绘学会优秀测绘工程奖银奖
4	2009	长江宜昌至沙市控制性节点及护底试验效果研究	长江水利委员会科技进步奖二等奖

续表

序号	年度	成果名称	奖项等级
5	2012	三峡水利枢纽电力调峰期两坝间流态观测分析	长江委青年科学技术奖二等奖
6	2013	长江葛洲坝下游河床应急护底工程测量	中国测绘学会优秀测绘工程奖铜奖
7	2015	2010 年三峡—葛洲坝两坝间通航水流条件水文原型观测	中国测绘学会优秀测绘工程铜奖
8	2018	山洪灾害调查评价关键技术	湖北省科技进步奖二等奖
9	2019	青藏高原湖泊地理信息精细感知关键技术	湖北省科技进步奖二等奖
10	2019	通过督促指导与检查考核，压紧压实管党治党责任方法研究	中国水利政研会第一学组（长江学组）优秀研究成果组织奖
11	2019	一种漂浮水面蒸发测量站应用	中国水利教育协会水利职工创新成果二等奖
12	2020	三峡水库泥沙输移行为的环境效应及生态水利关键技术与应用	长江委科技进步奖一等奖
13	2021	三峡水库水沙生态环境效应与调控关键技术	中国电力科学技术进步奖一等奖
14	2021	基层水文单位绩效考评系统设计与管理实践——以长江三峡水文水资源勘测局为例	中国水利学会水利人事工作典型案例三等奖

附录Ⅱ－9　三峡局职工科技成果获奖情况统计表（省部级以上）

序号	年度	三峡局获奖职工姓名	科技成果名称	奖项等级
1	1984	陈德坤、吴思聪	同位素低含沙量仪	国家科委发明奖三等奖
2	1986	向熙珑	Y78-1 型沙推移质采样器	水利电力科学技术进步奖三等奖
3	1988	黄光华、向熙珑、孙伯先	葛洲坝二、三江工程及其水电机组	首届国家级科学技术进步特等奖
4	1988	向熙珑	葛洲坝水库运用以来库区的淤积与冲淤特性	湖北省水利学会优秀论文二等奖
5	1995	向熙珑、黄光华	原型观测及原型观测新技术研究	长江委科技进步奖二等奖
6	1996	李云中、黄光华	葛洲坝水库蓄水前后推移质泥沙变化分析	湖北省水利学会优秀论文三等奖
7	1997、1998	汪福盛	中华人民共和国行业标准《河流泥沙颗粒分析规程》	黄委技术进步奖一等奖 水利部科技进步奖二等奖
8	1998	戴水平、孙伯先、陈松生、李云中、樊云、叶德旭、欧阳再平、张景森、刘平、李平、邵远贵、孟万林、汪劲松、胡望源	长江三峡工程大江截流水文泥沙监测系统技术研究与实践	长江水利委员会科技进步奖一等奖
9	1999	孙伯先	三峡工程大江截流设计项目	全国第八届优秀工程设计金奖（全国优秀工程勘察设计评选委员会）

续表

序号	年度	三峡局获奖职工姓名	科技成果名称	奖项等级
10	2004	戴水平、李云中、樊云、汪劲松、叶德旭、孙伯先、张年洲、李平、张景森、谭良、柳长征	三峡工程明渠截流施工水文监测	中国测绘学会科技进步奖三等奖
11	2006	李云中	国际跨境河流典型山体滑坡（崩塌）堵江水文极值事件应急实验研究	大禹水利科学技术奖三等奖
13	2006	李云中、牛兰花、谭良	三峡工程临时引航道泥沙淤积数值模拟	中国水科院2006年度重大科技创新成果奖优秀科技论文奖
14	2007	戴水平、李云中、樊云、黄忠新、全小龙、于飞、牛兰花、柳长征、谭良、王治中	长江葛洲坝水利枢纽下游河床护底工程扩大生产性试验水文泥沙监测	中国测绘学会优秀测绘工程奖银奖
15	2007	李云中、胡焰鹏	声学多普勒流量测验关键技术开发研究	大禹水利科技奖二等奖
16	2007	李云中	水库水文泥沙观测规范	湖北省科技进步奖三等奖
17	2008	樊乾和	基于GIS的内外业一体化河道成图系统	湖北省科技进步奖二等奖
18	2009	戴水平、李云中、樊云、牛兰花、闫金波、成金海、张年洲、叶德旭	长江宜昌至沙市控制性节点及护底试验效果研究	长江委科技进步奖二等奖
19	2012	牛兰花、闫金波、全小龙、王宝成、黄忠新、邱晓峰、李贵生	三峡水利枢纽电力调峰期两坝间流态观测分析	长江委青年科学技术奖二等奖
20	2013	李云中、樊云、叶德旭、谭良、柳长征、张景森、樊乾和、张年洲、牛兰花、杜林霞、全小龙、王宝成、王治忠、聂金华、彭勤文	长江葛洲坝下游河床应急护底工程测量	中国测绘地理信息学会优秀测绘工程奖铜奖
21	2013	樊云、柳长征	2013年度长江三峡工程水文泥沙观测研究	中国测绘地理信息学会全国优秀测绘工程奖金奖
22	2013	谭良、樊云	琼州海峡跨海通道工程水下地形测绘	中国中铁股份有限公司优秀工程勘察奖二等奖
23	2015	柳长征	内陆水体边界成套测量技术	湖北省科技进步奖一等奖
24	2015	李云中、樊云、叶德旭、谭良、柳长征、张景森、张年洲、牛兰花、闫金波、杜林霞、胡焰鹏、樊乾和、全小龙	2010年三峡—葛洲坝两坝间通航水流条件水文原型观测	中国测绘地理信息学会优秀测绘工程奖铜奖
25	2013	全小龙、聂金华	2013年度金沙江下游梯级水电站水文泥沙监测	全国优秀测绘工程奖白金奖
26	2017	樊云	南黄海辐射状沙脊群调查与评价——水下地形测量	江苏省测绘行业优质测绘工程一等奖
27	2018	谭良、李云中	高寒湖泊地理国情信息关键技术与工程应用	西藏自治区科技进步奖三等奖
28	2018	全小龙 闫金波	山洪灾害调查评价关键技术	湖北省科学技术进步奖二等奖

续表

序号	年度	三峡局获奖职工姓名	科技成果名称	奖项等级
29	2019	谭良、李云中	青藏高原湖泊地理信息精细感知关键技术	湖北省科技进步奖二等奖
30	2019	全小龙	长江中下游防洪河道动态监测关键技术研究与应用	中国测绘学会科技进步奖二等奖
31	2019	叶德旭、刘天成、闫金波、吕淑华、田苏茂、李云中、朱喜文	一种漂浮水面蒸发测量站应用	中国水利教育协会2016—2018年度全国水利职工创新成果
32	2019	李云中、赵俊林、赵灵、王定鳌、孟娟	党务干部队伍建设研究	长江委政研会（党建研究会）2018年度优秀研究成果
33	2020	李云中、牛兰花	三峡水库泥沙输移行为的环境效应及生态水利关键技术与应用	长江委科技进步奖一等奖
34	2020	张伟革	三峡工程拦蓄建库最大洪水	湖北省专业报记者协会专业报新闻奖一等奖
35	2020	李云中、赵俊林、王安、王定鳌、赵灵	压紧压实基层单位管党治党责任方法研究——以水文三峡局为例	长江委政研会（党建研究会）优秀研究成果二等奖、全国水利系统优秀水利思想政治工作及水文化研究成果三等奖
36	2021	牛兰花、林涛涛	三峡水库水沙生态环境效应与调控关键技术	中国电力科学技术进步奖一等奖
37	2021	李云中、闫金波	三峡水库泥沙运动规律与预测调控	中国大坝工程学会科技进步奖特等奖
38	2021	李云中、赵灵、王定鳌、杨波、孟娟	基层水文单位绩效考评系统设计与管理实践——以长江三峡水文水资源勘测局为例	中国水利学会水利人事工作典型案例三等奖

参考文献及史志资料

[1] 长江葛洲坝水利枢纽水文实验站 . 葛实站志汇编 [R]. 内部交流文件 .1987.

[2] 长江三峡水文水资源勘测局 . 与水共舞——纪念宜昌水文实验站成立三十周年《回忆录》文集 [R]. 内部交流文件 .2002.

[3] 长江三峡水文水资源勘测局 . 三峡水文风雨四十载 [R]. 内部交流文件 .2013.

[4] 长江三峡水文水资源勘测局 . 三峡水文水资源勘测专业志专辑 [P]. 长江志季刊 .2002（1）.

[5] 长江水利委员会水文局 . 长江志 . 水文 [M]. 北京：中国大百科全书出版社，1999.

[6] 长江水利委员会综合勘测局 . 长江志 . 测绘 [M]. 北京：中国大百科全书出版社，2003.

[7] 长江水利委员会水文局 . 长江志 . 水系 [M]. 北京：中国大百科全书出版社，2003.

[8] 水利部长江水利委员会 . 治江七十年先进人物简册 [R].2020.

[9] 水利部长江水利委员会直属机关党委，水利部长江水利委员会宣传出版中心 . 委情教育读本 [R].2020.

[10] 淮委水文局（信息中心）. 淮河水文志（1990—2010 年）[M]. 南京：东南大学出版社，2014.

[11]《中国水文志》编辑部 . 中国水文志 [M]. 北京：中国水利水电出版社，1997.

[12] 水利部长江水利委员会 . 长江三峡水利枢纽初步设计报告（枢纽工程）[R].1992.

[13]《长江三峡大江截流工程》编辑委员会 . 长江三峡大江截流工程 [M]. 北京：中国水利水电出版社，1999.

[14] 王家柱，郑守仁，魏璇 . 导流与截流 [M]. 北京：水利电力出版社，1995.

[15] 三峡工程泥沙专家组 . 长江三峡工程泥沙问题研究十年工作总结（1996—2005）[R].2007.

[16] 中共中央党史研究室，中共湖北省宜昌市委员会，中共湖北省委党史研究室 . 中国共产党与三峡工程 [M]. 北京：中共党史出版社，2007.

[17] 长江水利委员会 . 长江干堤加固工程（1998—2002 年）建设质量报告 [R]，2003.

[18] 中国工程院三峡工程阶段性评估项目组 . 三峡工程阶段性评估报告（综合卷）[M]. 北京：中国水利水电出版社，2010.

[19] 中共长江委直属单位委员会，中共长江委组织史资料编纂办公室 . 中国共产党长江水利委员会组织史资料（1950.2—1995.12）[R].1997.

[20] 中共长委水文局委员会，中共长委水文局组织史资料编纂办公室 . 中国共产党长江水利委员会水文局组织史资料（1950.2—1995.12）[R].2000.

[21] 中共湖北省宜昌市委组织部，中共湖北省宜昌市委党史办公室 . 中国共产党湖北省宜昌市组织史

资料（第四卷，1999.12—2004.12）[R].2007.

[22] 长江水利委员会水文局，长江水利委员会江务局．长江流域防汛降雨预报手册 [R].2000.

[23] 水利部长江水利委员会．长江流域水旱灾害 [M]. 北京：中国水利水电出版社，2002.

[24] 潘庆燊．长江水利枢纽工程泥沙研究 [M]. 北京：中国水利水电出版社，2003.

[25] 水利部科技司，三峡工程论证泥沙专家组．长江三峡工程泥沙研究文集 [C]. 北京：中国科学技术出版社，1990.

[26] 三峡工程泥沙专家组，国际泥沙研究培训中心．长江葛洲坝工程泥沙问题研讨会论文集 [C]，1995.

[27] 长江水利委员会水文局．长江三峡大江截流水文测报专辑 [C]. 水文，1999（1）.

[28] 长江水利委员会．葛洲坝水利枢纽论文选集——纪念葛洲坝水利枢纽通航发电 20 周年 [C]. 郑州：黄河水利出版社，2002.

[29] 长江水利委员会水文局．长江三峡明渠截流水文测报专辑 [C]. 人民长江，2003（S1）.

[30] 长江三峡水文水资源勘测局．三峡水文监测技术与应用研究论文专辑 [C]. 水利水电快报，2012（7）.

[31] 长江三峡水文水资源勘测局．三峡水文水资源技术创新实践与研究应用专辑 [C]. 水利水电快报，2019（2）.

[32] 三峡工程泥沙专家组．长江三峡工程坝区泥沙研究报告集 [R]. 长江三峡工程泥沙问题研究（1996—2000，第三卷）. 北京：知识产权出版社，2002.

[33] 三峡工程泥沙专家组．长江三峡工程坝下游泥沙问题研究报告集 [R]. 长江三峡工程泥沙问题研究（2001—2005，第六卷）. 北京：知识产权出版社，2002.

[34] 三峡工程泥沙专家组．三峡工程坝区泥沙问题研究 [T]. 长江三峡工程泥沙问题研究（2001—2005，第三卷）. 北京：知识产权出版社，2008.

[35] 三峡工程泥沙专家组．三峡水库下游河道演变及对策研究 [R]. 长江三峡工程泥沙问题研究（2006—2010，第五卷）. 北京：知识产权出版社，2008.

[36] 三峡工程泥沙专家组．三峡工程坝区河段泥沙淤积原型观测成果分析和试验研究 [R]. 长江三峡工程泥沙问题研究（2006—2010，第五卷）. 北京：中国科学技术出版社，2013.

[37] 三峡工程泥沙专家组．三峡至杨家脑河段河床冲淤及其对崩岸的影响以及控制宜昌枯水位下降的工程措施研究 [R]. 长江三峡工程泥沙问题研究（2006—2010，第六卷上册、下册）. 北京：中国科学技术出版社，2013.

[38] 长江水利委员会水文局．坚守与传承——长江水文传统大家谈 [C]. 武汉：长江出版社，2017.

[39] 长江水利委员会水文局．赢在执行力——长江水文执行力漫谈 [C]. 武汉：长江出版社，2019.

[40] 长江水利委员会水文局．锤炼党性——长江水文党员干部专谈 [C]. 武汉：长江出版社，2020.

[41] 张训时，黄泽民，陈德坤．同位素低含沙量 [A]. 第一次河流泥沙国际学术讨论会论文集 [C]. 北京：水利电力出版社，1980.

[42] 黄光华，高焕锦，王玉成．长江推移质器测法研究 [A]. 第二次河流泥沙国际学术讨论会论文集 [C]. 北京：水利电力出版社，1983：1008-1016.

[43]Songsheng CHEN，Yunzhong LI，Lanhua NIU. Sediment Deposition in the Run-of-Rive Reservoirs and

Scouring in the Downstream Rive Channels[A]. 第九次国际泥沙学术大会论文集（英文）[C]. 北京：清华大学出版社，2004：1716-1721.

[44] 陶冶，邹涛，闫金波，等 . 三峡水库泥沙优化调度研究与实践 [A]. 科技创新与水利改革——中国水利学会 2014 学术年会论文集（上册）[C]. 北京 . 中国水利学会会议论文集，2014：268-272.

[45] 张馨月，严海涛 . 基于主成分分析法初探三峡大坝近坝段水质特征 [A]. 践行绿色发展理念 建设美丽中国——2018 年第五届中国（国际）水生态安全战略论坛论文集 [C]. 北京 . 中国水利水电出版社，2018.

[46] 张馨月 . 三峡水库近坝段水漂浮物对水质的影响研究 [A]. 中国水利学会 2019 学术年会论文集 [C]，2019.

[47] 胡琼方，闫金波，伍勇，等 . 大藤峡水利枢纽工程大江截流水文监测分析 [A]. 中国水利学会 2020 学术年会论文集 [C]，第五分册 . 2020.

[48] 左训青 . 长江三峡河段水深测量中回声测深仪选型 [J]. 水文，1996（2）：49-51.

[49] 王宝成，左训青，车兵 . 不同频率回声测深仪测量水库淤泥的初步研究 [J]. 人民长江，2006（12）：88-92.

[50] 孟万林，李云中，凡云 .SSA1-1 型声学水位计在三峡陡山沱水位站的比测试验 [J]，台湾海峡，1996（2）：205-209.

[51] 孙伯先，李云中 . 三峡工程大江截流水文测验设计 [J]. 中国三峡建设，1997（9）：14-16.

[52] 戴水平，陈松生，季学武 . 三峡工程大江截流的水文技术 [J]. 水文，1997（6）：2-8.

[53] 张祎 . 各种型式蒸发器（皿）水面蒸发量的统计相关分析 [J]. 水文，1998（2）：46-48.

[54] 周刚炎，李云中，李平 . 西藏易贡巨型滑坡水文抢险监测 [J]. 人民长江，2000（9）：31-33+49.

[55] 韩其为，李云中 . 三峡工程第一、二期围堰阶段坝区河床演变研究——径流水库输水输沙特性、平衡条件及河床演变机理 [J]. 泥沙研究，2001（1）：3-15.

[56] 李云中 . 长江宜昌河段低水位变化研究 [J]. 中国三峡建设，2002（5）：14-16+50.

[57] 孟万林 . 三峡工程建设中的水情自动测报系统 [J]. 水利水电快报，2003（S1）：30-32.

[58] 谭良，张景森，李红岩 . 三峡库区中的星站 GPS[J]. 全球定位系统，2004（6）：10-14.

[59] 牛兰花，张小峰，李云中 . 三峡电站调峰试验两坝间非恒定流原型观测分析 [J]. 人民长江，2006（12）：28-31.

[60] 樊云，李云中，王宝成 . 三峡 135m 库水位运用初期坝前泥沙淤积分析 [J]. 人民长江，2006（12）：76-78.

[61] 方春明，李云中，牛兰花，等 . 三峡工程临时引航道泥沙淤积数值模拟 [J]. 水利学报，2006（3）：70-74.

[62] 叶德旭，肖中 . 堰塞湖几何参数及典型断面应急勘测 [J]. 人民长江，2008（22）：63-64.

[63] 孟万林，廖襄胜，孟娟 . 三峡工程上游 RCC 围堰拆除爆破波浪监测与分析 [J]. 水利水电快报，2008（S1）：128-131.

[64] 胡兴娥，李云中，李明超 . 三峡水库 135m 运行阶段永久船闸下引航道泥沙淤积分析 [J]. 水科学进展，2008（1）：3-9.

[65] 牛兰花，张小峰，李云中．葛洲坝枢纽下游河床护底结构型式比选试验 [J]. 武汉大学学报 2008（1）：52–56.

[66] 伍勇，柳长征，张辰亮．误差传递及合成对含沙量测验成果的影响分析 [J]. 人民长江，2008（20）：56–58.

[67] 谭良，胡家军，韩超．德阳堰塞湖群水文抢险监测 [J]. 人民长江，2009（3）：91–92.

[68] 谭良，全小龙，张黎明．多波束测深系统及其在水下工程监测中的应用 [J]. 全球定位系统，2009（1）：41–45.

[69] 伍勇，徐克兵，柳长征．对当代水文测验的辨证思考 [J]. 人民长江，2010（1）：102–106.

[70] 胡焰鹏，叶德旭，李云中．基于小波分析和 BP 神经网络的 H-ADCP 整编方法研究 [J]. 水文，2011（S1）：149–153.

[71] 王悦，叶绿，高千红．三峡库区 175m 试验性蓄水期间水温变化分析 [J]. 人民长江，2011（15）：9–12.

[72] 陶冶，刘天成．基于一维水沙模型的三峡库区泥沙预报初探 [J]. 人民长江，2011（6）：4.

[73] 马琳．三峡水电站过机泥沙量初步监测与分析 [J]. 人民长江，2012（2）：100–104.

[74] 牛兰花，李云中，成金海，等．葛洲坝下游胭脂坝河床护底工程效果分析 [J]. 人民长江，2012（S2）：106–109.

[75] 王治忠，丁院锋，廖正香．曲线内插法在水下等高线编辑中的应用．地理空间信息 [J]，2012（4）：12+169–170+176.

[76] 张建军，樊云，李剑坤．多波束在琼州海峡跨海工程水下地形测量中的应用 [J]. 铁道勘察，2012（2）：12–14.

[77] 谭良，樊云，全小龙，等．高原湖泊容积测量中的关键技术及应用 [J]. 人民长江，2012（10）：43–45.

[78] 唐庆霞，闫金波，邹涛．宜昌至沙市段水位流量关系变化及影响因素分析 [J]. 人民长江，2013（15）：18–22.

[79] 谭良，叶德旭，李平，等 .3S 技术在西藏墨脱堰塞湖水文抢险监测中的应用 [J]. 水文，2013（6）：49–53.

[80] 闫金波，唐庆霞，邹涛．三峡坝下游河道造床流量与水流挟沙力变化 [J]. 长江科学院院报，2014（2）：120–124.

[81] 牛兰花，李云中，杜林霞．三峡工程坝下河段控制节点演变试验效果分析 [J]. 长江科学院院报，2014（6）：127–133.

[82] 江玉姣，聂金华，任伟．水库过机泥沙特性研究初探 [J]. 水利水电快报，2014（12）：29–31.

[83] 朱文浩，李云中，闫金波．三峡水库蓄水前后黄华城河段水流条件变化及泥沙冲淤分析 [J]. 科学技术与工程，2015（11）：101–105.

[84] 聂金华，全小龙，张辰亮．三峡库区水深测量影响因素及改正方法研究 [J]. 水利水电快报，2015（11）：34–36.

[85] 江玉娇，彭春兰，叶德旭．不同介质对三峡河段泥沙沉降特征影响的比较分析 [J]. 水利水电快报，2016（11）：19–21.

[86] 聂金华，李保，樊云 . 深水水库测量最佳声速公式探讨 [J]. 东华理工大学学报（自然科学版），2016（S1）：147–151.

[87] 车兵 . 浅析电子仪器设备的维护保养 [J]. 现代工业经济和信息化 2016（9）：38–39.

[88] 李贵生，全小龙 . 无纸化测深技术在水下地形测量中应用 [J]. 经纬天地，2016（2）：19–21.

[89] 江玉娇，李贵生，严海涛 . 葛洲坝三江冲沙水环境监测初步分析 [J]. 水利水电快报 .2016（11）：8–11.

[90] 李贵生，高千红，张馨月 . 三峡水库蓄水前后上下游溶解氧变化分析 [J]. 水利水电快报，2016（11）：5–7+11.

[91] 杜林霞，牛兰花，黄童 . 三峡水库水温变化特性及影响分析 [J]. 水利水电快报，2017（6）：60–65.

[92] 张馨月，钱宝，樊云，等 . 长江干流宜昌段浮游植物群落结构初步研究 [J]. 人民长江，2017（3）：32–36+51.

[93] 王悦，高千红 . 长江水文过程与四大家鱼产卵行为关联性分析 [J]. 人民长江 .2017（6）：28–31.

[94] 舒卫民，李秋平，鲍正风，等 . 三峡水库入库洪水与坝址洪水关系研究 [J]. 水力发电，2017（11）：13–17.

[95] 阿松，谭良，车兵，等 . 西部重要湖泊测量中控制系统的解决方法 [J]. 人民长江，2018（20）：54–58.

[96] 李腾，全小龙，黄童，等 . 船载三维激光扫描系统在三峡库区库岸地形测量中的应用 [J]. 水利水电快报，2018（10）：31–34+38.

[97] 张祎，刘杨，张释今 . 三峡水库近 20 年水面蒸发量分布特征及趋势分析 [J]. 水文，2018（3）：92–98.

[98] 史常乐，牛兰花，成金海 . 水质模型中污染物衰减系数敏感性分析 [J]. 水资源与水工程学报，2018（4）：94–99+105.

[99] 陈文重，彭春兰，王宇岩 . 实验室分析人员安全系数综合评价方法研究 [J]. 水利水电快报，2019（8）：79–82.

[100] 张馨月，马沛明，高千红，等 . 三峡大坝上下游水质时空变化特征 [J]. 湖泊科学，2019（3）：633–645.

[101] 吕淑华，章茂林，叶德旭 . 基层水文船舶资源“五关一档”管理实践与探索——以长江三峡水文水资源勘测局为例 [J]. 水利水电快报，2020（6）：69–74.

[102] 田苏茂，曾雅立，黄童 . 大藤峡水利枢纽工程截流龙口流速监测关键技术研究与应用 [J]. 水利水电快报，2021（4）：24–28.

[103] 胡焰鹏，胡名汇，樊云 . 基于葛洲坝出库流量的宜昌站流量整编方法 [J]. 水利水电快报，2021（1）20–23.

[104] 张馨月，高千红，闫金波，等 . 三峡水库近坝段水面漂浮物对水质的影响 [J]. 湖泊科学，2020（3）：15–24.

[105] 伍勇，田苏茂 . 大藤峡水利枢纽大江截流水文多因素变化分析 [J]. 水利水电快报，2020（10）：14–18+22.

[106] 史常乐，牛兰花，赵国龙，等 . 三峡大坝—葛洲坝河段水沙变化及冲淤特性 [J]. 水科学进展，2020（6）：67–76.

[107] 张鹏宇，王振洋，张雅，等 . 宜昌城区短历时暴雨强度公式参数优化及暴雨雨型特征分析 [J]. 水利水电快报，2021（6）：12–15+19.

[108] 杨婷婷，黄童 . 基于 TEQC 的三峡库区 GNSS 控制网数据质量评估 [J]. 北京测绘，2022（1）：59–63.

[109] 成金海，陈红芳，李腾，等 . 三峡库区水面漂浮物清理及水库来漂量演化分析 [J]. 人民长江，2022（S1）：16–21.

[110] 闫金波，殷红，杨云平，等 . 长江下游和畅洲水道滩槽演变及引流塑槽机制研究 [J]. 水电能源科学，2022（4）：47–50.

[111] 柳长征，樊云，黄化冰，等 . 河道勘测质量管理实践 [J]. 水利技术监督，1999（5）：7–9.

[112] 杨波，龙军 . 谈谈改革精神 [J]. 党政干部论坛，2003（4）：22–23.

[113] 全小龙 . 浅谈多波束测深质量控制 [J]. 人民长江，2007（9）：142–143+148.

[114] 孟娟 . 面向水文基层事业单位绩效评价的设计与运行 [J]. 决策与信息，2015（416）：186–188.

[115] 刘东生，柳长征 . 西部湖泊测量项目的管理模式创新 [J]. 中国水利，2017（13）：11+62–64.

[116] 柳长征，赵俊林，赵灵 . 执行力评价在基层水文内部管理中的探索应用——以长江三峡水文水资源勘测局为例 [J]. 中国水利，2017（19）：32–35.

[117] 欧阳再平 . 改革水文船舶体制，走全方位服务的道路 [J]. 长委政工研究（水文专辑），1993（2）：19–20.

[118] 李云中 . 水文职工职业道德特征及教育 [J]. 长委政工研究（水文专辑），1993（2）：28–29.

[119] 刘道荣 . 改革、思想政治工作要同行 [J]. 长委政工研究（水文专辑），1993（2）：30.

[120] 张伟革，傅新平 . 一生何求——忆储荣民同志 [J]. 长委政工研究（水文专辑），1993（2）：45–46.

[121] 邹柏平 . 浅谈新时期会计人员职业道德 [J].《长江财会》1999（4）.

[122] 李云中 . 长江宜昌站 '98 洪水特点与思考 [J]. 湖北水利，2018（6）：34–37.

[123] 张馨月 . 水文数字留下的长江宜昌段洪水记忆 [J]. 档案记忆，2021（350）.

[124] 曾祥平，吕淑华，袁斌 . 金沙江动船水文测验船舶操纵方法 [J]. 科协论坛，2012（7）：2.

[125] 柳长征，邱晓峰，叶德旭 . 浅谈水文勘测生产现场管理 [J]. 中国防汛抗旱，2021（S1）：25–29.

[126] 闫金波，牛兰花 . 长江宜昌站同流量枯水位变化阶段特征及作用机制 [J]. 人民长江，2022（12）：79–86.

[127] 闫金波，纪道斌，杨忠勇 . 三峡电站日调度驱动的支流振荡对支流水温垂向结构的影响 [J]. 长江科学院院报，2022（11）：93–97+105.

跋

——谨以此志献给“平凡”的三峡水文人！

这部专志记述了三峡局 50 年发展历程，追述了 1877 年以来的三峡水文简史。通过编纂这部专志，我们详细梳理出三峡水文 140 多年来最经典的六个“里程碑”式的发展标志。一是 1876 年不平等的《中英烟台条约》开辟宜昌为通商口岸，1877 年设立英制海关水尺并于 4 月 1 日始有水位观测记录，这是三峡地区第一个近代水位站，这支海关水尺也是旧中国沦为半殖民地半封建社会、警醒后人落后就要挨打的一个历史记忆符号；二是 1940—1945 年长达 5 年的水位观测记录中断，这也见证了日本帝国主义野蛮侵略中国所导致的宜昌水文观测历史记忆的缺失；三是 1946 年设立宜昌水文站，或许是海关水情资料在号称“东方敦刻尔克”宜昌大撤退中起到过重要的作用，1945 年日本投降后，民国政府扬子江水利委员会决定设立宜昌水文站，这是中国人在宜昌建立的近代水文站，同时增加了流量、含沙量等观测项目；四是为三峡工程作实战准备，1970 年底葛洲坝工程动工兴建，为收集工程建设急需的水文泥沙原型观测资料，1973 年在宜昌水文站基础上成立了宜昌水文实验站，这是我国第一个专门为水利枢纽工程施工设立的水文实验站，并于 1982 年经水利部批复升格为长江葛洲坝水利枢纽水文实验站，这也是长江委水文局下设的第一个正处级水文机构；五是 1994 年为适应改革发展和三峡工程建设需要，设立长江三峡水文水资源勘测局，并保留葛实站建制，实行“一套班子、两块牌子”的运作模式；六是 2012 年为适应新时代改革发展需要，调整并升格内设机构，同时加强国有企业转型发展，吹响了三峡水文现代化建设的号角。

总体上，三峡局是因葛洲坝工程而生、因三峡工程而发展壮大，因新时代中国特色社会主义建设而赋予新的发展内涵。我们以两大工程为时间节点，可以把三峡水文百年发展历程，分为四个发展阶段（时期）：水文站时期（1973 年 4 月之前）、宜实站时期（1973 年 4 月—1982 年 3 月）、葛实站时期（1982 年 3 月—1994 年 8 月）和三峡局时期（1994 年 8 月以后）。三峡局曾多次安排志书修编和纪念文集编辑，一是 1986 年编纂《葛实站志》，共计编纂了 19 篇志稿及 1949—1986 年大事记；二是 2002 年在《长江志季刊》发表《三峡水文水资源勘测专辑》，共 18 篇专业志稿；三是 2012 年布置编纂《三峡水文志》，共计编纂了水文测验与资料整编、水文情报预报、水质监测、河道勘测、水文科研、水政监察等志稿；四是 2002 年编辑了《与水共舞——纪念宜昌水文实验站成立 30 周年回忆录文集》，共征集了 61 篇回忆录文章；五是 2013 年编辑了《三峡水文风雨四十载》，共征集了 81 篇回忆录文章及 10 件大事。本次续编《三峡水文志》，综合上述专稿，重点反映三峡水文独有的三大特色，即：①工程泥沙原型观测调查特色；②水库水文科学实验研究特色；③百年三峡水文文化特色。

工程泥沙原型观测调查特色。三峡局介入原型观测调查始于1958年，具体包括6个阶段：① 1958—1970年三峡坝址（太平溪、三斗坪、南津关等10多个坝址河段）、葛洲坝坝区水文原型观测调查；② 1970年12月葛洲坝工程开工后，重点围绕坝区河势规划、推移质出峡过坝、航线设计、引航道运行等原型观测调查；③ 1981年葛洲坝水库蓄水运用后，原型观测调查延伸至库区及坝下游河段；④ 1986—1990年三峡论证期，加大了原型观测调查研究力度，参与国家重点科技攻关课题（75-16）工作；⑤ 1993年三峡工程进入施工准备后，重点围绕三峡坝区开展水文原型观测调查；⑥ 2003年三峡水库进入围堰蓄水后，原型观测调查扩大至三峡库区、两坝间及坝下游河道。

水库水文科学实验研究特色。三峡局水文科学实验研究始于1973年，并先后设立了五个不同类型的实验站网（其中，葛实站是长江水文系统至今唯一保留建制的水文实验站网机构），包括：① 1973年成立宜实站，主要围绕葛洲坝工程坝区开展水文实验研究；② 1982年成立葛实站，主要围绕水库淤积开展径流式枢纽库区输水输沙特性、水库泥沙淤积规律及库尾浅滩演变及其影响实验研究；③ 1984年设立葛洲坝库区蒸发实验站，开展长江干流第一个水库（葛洲坝水库）水面蒸发实验研究；④ 1994年成立三峡局，但仍保留葛实站建制，继续开展水利枢纽运行相关实验研究工作；⑤ 2013年设立巴东漂浮水面蒸发实验站，这是三峡水库第一座漂浮水面蒸发实验站；⑥ 2021年国家财政预算投资兴建三峡水库生态水文实验站（三峡水库水文水资源野外观测研究站），进一步拓展三峡水库水文、水资源、水生态等综合性实验研究工作。

百年三峡水文文化特色。三峡水文测区跨越上中游结合江段，具有独特的三峡水文文化内涵：①测区内有著名的长江三峡（瞿塘峡、巫峡、西陵峡），是世界级地标名片，具有独特的山水文化特色；②测区上控巴蜀、下引荆襄，具有深厚的巴楚文化、土家文化特色；③测区内建有三峡工程和葛洲坝工程，是世界水电之都，具有现代水电文化特色。这部三峡水文志，是一部全面反映三峡水文创造辉煌历史的最新文化成果，也是一部研究三峡水文文化的科普文献。

这本志书，历经三届编纂委员会（小组），参与职工达数十人，多次组稿修编，前后跨越30余年。尤其1987年11月完成的《葛实站志汇编》，当时是为《长江志·水文篇》和宜昌市《交通志》提供素材而编纂的，包括15篇专稿，以及大事记（1949—1986年）、历年水文、河道生产（科研）项目（资料、成果）统计、历年经费决算统计、人物传记（名录）及照片（图集）等，为本次编纂《三峡水文志（1877—2022）》提供了大量史料。借此机会，向历年参与编纂的作者表示衷心的感谢。由于我们几届编辑委员会（小组）从事修志工作时间短，技术水平不高，疏漏与错误在所难免，敬请批评指正赐教，或提供修正、补充材料与线索。

三峡水文人创造了三峡水文史。我们衷心希望《三峡水文志（1877—2022）》能够传承三峡水文的优良传统，能够成为广大职工从事三峡水文事业发展的工具书、百科全书。

谨以此志献给“平凡”的三峡水文人！

编　者

2023年3月

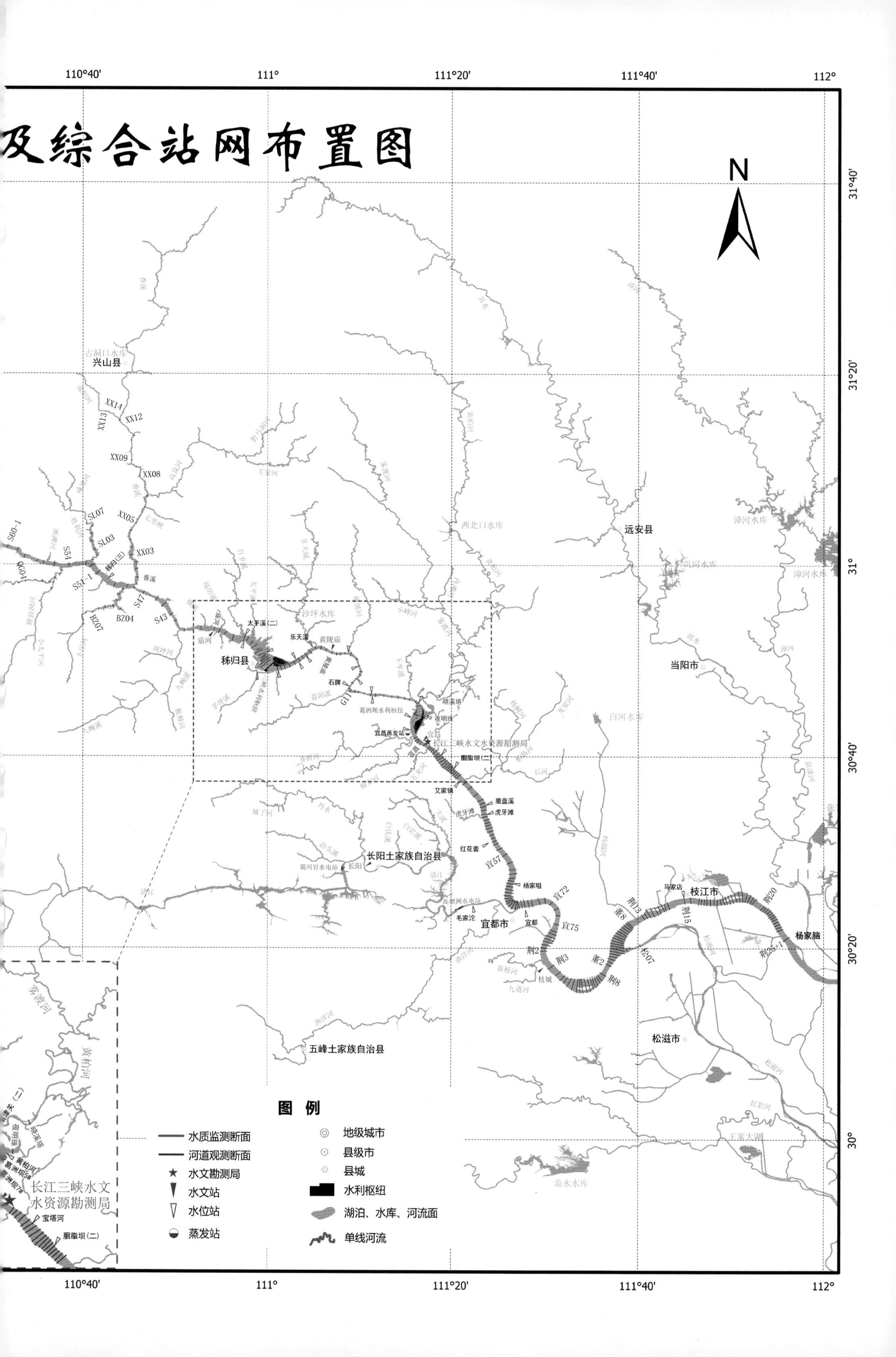

及综合站网布置图
110°40'
111°
111°20'
111°40'
112°
31°40'
31°20'
31°
30°40'
30°20'
30°
N
兴山县
古洞口水库
远安县
漳河水库
当阳市
西北口水库
沙坪水库
秭归县
太平溪(二)
乐天溪
黄陵庙
庙河
石牌
葛洲坝水利枢纽
宜昌蒸发站
夜明珠
长江三峡水文水资源勘测局
胭脂坝(二)
艾家镇
磨盘溪
虎牙滩
红花套
宜57
杨家咀
宜72
宜75
宜都市
宜都
毛家沱
高坝洲水电站
长阳土家族自治县
长阳
隔河岩水电站
清江
白河水库
枝城
荆2
荆3
董2
荆8
荆13
董8
荆15
荆20
马家店
枝江市
杨家脑
荆25+1
松滋市
五峰土家族自治县
洈水水库
XX14
XX13
XX12
XX09
XX08
XX05
XX03
SL07
SL03
S60-1
S54
S51-1
S47
S43
BZ04
BZ07
G11
香溪
黄柏河
长江三峡水文
水资源勘测局
宝塔河
胭脂坝(二)
图 例
水质监测断面
河道观测断面
水文勘测局
水文站
水位站
蒸发站
地级城市
县级市
县城
水利枢纽
湖泊、水库、河流面
单线河流

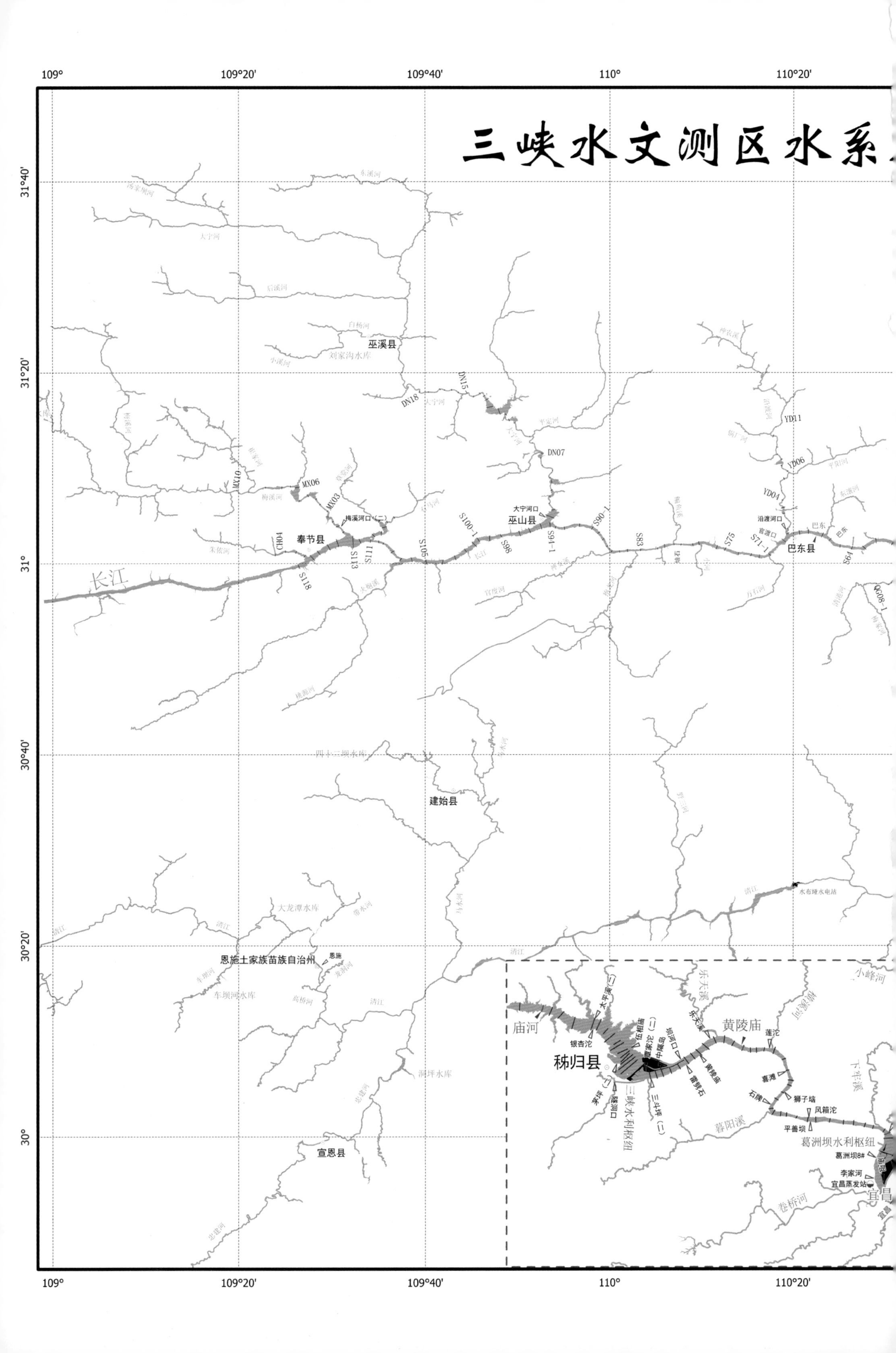

三峡水文测区水系
109°
109°20'
109°40'
110°
110°20'
31°40'
31°20'
31°
30°40'
30°20'
30°
长江
巫溪县
刘家沟水库
奉节县
巫山县
巴东县
巴东
建始县
恩施土家族苗族自治州
恩施
宣恩县
大龙潭水库
车坝河水库
洞坪水库
四十二坝水库
水布垭水电站
清江
DN18
DN15
DN07
MX10
MX06
MX03
CH04
梅溪河口（二）
大宁河口
沿渡河口
官渡口
S118
S113
S111
S105
S100-1
S98
S91-1
S90-1
S83
S75
S71-1
S64
YD11
YD06
YD04
QG08-1
秭归县
庙河
银杏沱
太平溪（二）
中堡岛
坝河口
黄陵庙
乐天溪
莲沱
小峰河
下牢溪
喜滩
狮子垴
石牌
风箱沱
平善坝
三峡水利枢纽
三斗坪（二）
葛洲坝水利枢纽
葛洲坝8#
李家河
宜昌蒸发站
宜昌